중식 조리기능사 필기시험 합격하기

중식조리기능사 필기시험 합격하기

2020. 9. 21. 초 판 1쇄 인쇄
2020. 9. 28. 초 판 1쇄 발행

저자와의 협의하에 검인생략

지은이 | 김호석, 한은주
펴낸이 | 이종춘
펴낸곳 | BM (주)도서출판 **성안당**
주소 | 04032 서울시 마포구 양화로 127 첨단빌딩 3층(출판기획 R&D 센터)
10881 경기도 파주시 문발로 112 출판문화정보산업단지(제작 및 물류)
전화 | 02) 3142-0036
031) 950-6300
팩스 | 031) 955-0510
등록 | 1973. 2. 1. 제406-2005-000046호
출판사 홈페이지 | **www.cyber.co.kr**
ISBN | 978-89-315-8912-2 (13590)
정가 | 23,000원

이 책을 만든 사람들
책임 | 최옥현
기획 · 진행 | 박남균
교정 · 교열 | 디엔터
본문 · 표지 디자인 | 디엔터, 박원석
홍보 | 김계향, 유미나
국제부 | 이선민, 조혜란, 김혜숙
마케팅 | 구본철, 차정욱, 나진호, 이동후, 강호묵
마케팅 지원 | 장상범, 조광환
제작 | 김유석

■ 도서 A/S 안내

성안당에서 발행하는 모든 도서는 저자와 출판사, 그리고 독자가 함께 만들어 나갑니다.
좋은 책을 펴내기 위해 많은 노력을 기울이고 있습니다. 혹시라도 내용상의 오류나 오탈자 등이 발견되면 **"좋은 책은 나라의 보배"**로서 우리 모두가 함께 만들어 간다는 마음으로 연락주시기 바랍니다. 수정 보완하여 더 나은 책이 되도록 최선을 다하겠습니다.
성안당은 늘 독자 여러분들의 소중한 의견을 기다리고 있습니다. 좋은 의견을 보내주시는 분께는 성안당 쇼핑몰의 포인트(3,000포인트)를 적립해 드립니다.
잘못 만들어진 책이나 부록 등이 파손된 경우에는 교환해 드립니다.

새 출제기준·NCS 교육 과정 완벽 반영

중식 조리기능사 필기시험 합격하기

김호석·한은주 지음
조리교육과정연구회 감수

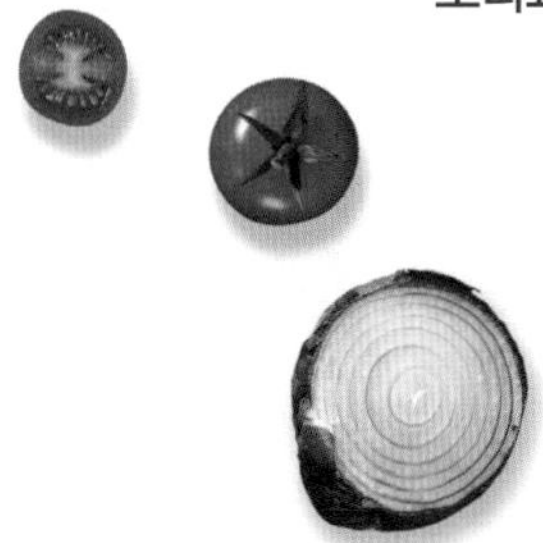

BM (주)도서출판 성안당

저자 약력

김 호 석

학력사항	가톨릭관동대학교 조리외식경영학과 교수 세종대학교 대학원 외식경영전공(외식경영학 박사) 中國四川烹飪專科學校 수료 中國北京外國語大學 연수
경력사항	리츠칼튼호텔 근무 / 리베라호텔 근무 / ㈜부첼라 메뉴개발팀 / 중국상하이포토만호텔 연수
자격 및 수상경력	국가공인조리기능장 / 中國烹飪世界大賽 단체전 은상, 개인전 동상 수상 / 서울국제요리대회 퓨전요리 단체전 은상 수상

한 은 주

학력 및 경력	세종대학교 대학원 조리외식경영학과 박사 졸업(조리학박사) 현) 한국폴리텍대학 강서캠퍼스 외식조리과 교수 한국산업인력공단 국가기술 자격검정 문제 출제 및 검토위원 조리기능사, 조리산업기사, 조리기능장 실기 채점위원
자격사항	국가공인 조리기능장(2010) / 식품기술사 취득(2012) / 영양사 취득(1985) / 미위생사 NRA자격 취득 / 한식, 중식, 중식, 일식, 복어, 제과, 제빵, 떡제조, 조리산업기사(한식), 아동요리 지도사, 바리스타 등 자격취득
수상경력	2014 대한민국 국제요리경연대회 은상 수상 / 전) 호원대학교 식품외식조리학부 겸임교수 / 전) 원광디지털대학교 한방건강학과 초빙교수 / 전) 광주대학교 식품영양학과 외래교수 / 전) 우송대학교 외식조리학과 외래교수
학회	동아시아식생활학회 정회원 / 한국조리학회 정회원
협회	대한영양사협회 회원 / 대한민국 조리기능장협회 회원 / 식품기술사협회 회원 / 식품 & 외식산업연구소 이사 / 전북음식연구회 이사 / 세계푸드코디네이터 협회 이사
저서	한식조리기능사 실기 외 다수

조리교육 과정 연구회

감수 위원	**김호석**	가톨릭관동대학교 조리외식경영학과 교수
	박종희	경민대학교 호텔외식조리과 교수
	장명하	대림대학교 호텔조리과 전임교수
	한은주	한국폴리텍대학 강서캠퍼스 외식조리과 교수

머리말

최근 경제성장과 소득수준의 향상은 한류 열풍과 더불어 조리, 외식분야의 눈부신 변화와 발전을 가져와 식생활에서 양보다는 질과 가치를 중시하는 구조로 바뀌었습니다. 따라서 급변하는 식생활의 변화에 대처하고 적극적인 변화를 이끌어 나갈 수 있는 조리사의 필요는 절대적이라 할 수 있으며, 음식에 대한 관능적 만족과 올바른 음식문화 정착을 위한 전문 조리인의 양성이 요구되고 있는 실정입니다.

이에 저자는 조리기능사를 취득하고자 하는 수험생들의 필요를 채워주고, 수험생들이 자격증을 좀 더 손쉽게 취득할 수 있도록 그 동안의 교육경험은 물론, 다양한 경험을 토대로 한국산업인력공단의 최신 출제기준에 맞추어 출제빈도가 높은 내용을 담아 적중도 높은 책을 펼치려고 노력했습니다.

본서의 본문은 조리기능사를 준비하는 모든 수험생들이 알아야 할 내용을 수록하였고, 또한 각 단원별로 이론과 함께 자주 출제되는 기출문제들을 "빈출 Check"로 제시하여 이론과 문제 유형을 한눈에 확인할 수 있도록 구성하였습니다. 또한 기출문제와 CBT(컴퓨터 기반 시험)를 대비한 CBT 상시시험 적중문제, CBT 실전모의고사도 정확하고 자세한 해설과 함께 수록하였습니다.

본서를 통해 요리에 입문하고자 하는 모든 분들을 조리기능사 필기시험 합격의 길로 인도하는 적중도 높은 필기시험 이론서가 되도록 끊임없이 독자의 편에 서서 문제를 출제하고 눈높이에 맞는 해설로 다가갈 것을 약속드리며, 조리기능사 시험을 준비하는 모든 수험생들에게 합격의 영광이 함께 하시기를 바랍니다.

끝으로 이 책이 나오기까지 애써 주신 성안당 출판사 이종춘 회장님 이하 임직원들, 편집부 직원들께 진심으로 감사를 드립니다.

저자 **김 호 석 · 한 은 주**

CONTENTS

국가직무능력표준(NCS)

국가직무능력표준(NCS)이란?

국가직무능력표준(NCS, National Competency Standards)은 산업현장에서 직무를 행하기 위해 요구되는 지식·기술·태도 등의 내용을 국가가 산업 부문별, 수준별로 체계화한 것으로, 산업현장의 직무를 성공적으로 수행하기 위해 필요한 능력을 국가적 차원에서 표준화한 것을 의미한다.

NCS 학습모듈이란?

NCS가 현장의 '직무 요구서'라고 한다면, NCS 학습모듈은 NCS의 능력단위를 교육훈련에서 학습할 수 있도록 구성한 '교수·학습 자료'이다. NCS 학습모듈은 구체적 직무를 학습할 수 있도록 이론 및 실습과 관련된 내용을 상세하게 제시하고 있다. NCS 학습모듈은 산업계에서 요구하는 직무능력을 교육훈련 현장에 활용할 수 있도록 성취목표와 학습의 방향을 명확히 제시하는 가이드라인의 역할을 하며, 특성화고, 마이스터고, 전문대학, 4년제 대학교의 교육기관 및 훈련기관, 직장교육기관 등에서 표준교재로 활용할 수 있으며 교육과정 개편 시에도 유용하게 참고할 수 있다.

NCS 기반 조리분야 분류

세분류 직무정의

- 한식조리 : 조리사가 메뉴를 계획하고, 식재료를 구매, 관리, 손질하여 정해진 조리법에 의해 조리하며 식품위생과 조리기구, 조리 시설을 관리하는 일이다.
- 양식조리 : 서양식 음식을 조리사가 메뉴를 계획하고, 식재료를 구매, 관리, 손질하여 정해진 조리법에 의해 조리하며 식품위생과 조리기구, 조리 시설을 관리하는 일이다.
- 중식조리 : 중국음식을 제공하기 위하여 메뉴를 계획하고, 식재료를 구매, 관리, 손질하여 정해진 조리법에 의해 조리하며 식품위생과 조리기구, 조리 시설을 관리하는 일이다.
- 일식·복어조리 : 다양한 식재료와 식용 가능한 복어를 선별하여 안전하게 제독 처리하고 손질한 후 재료 본연의 맛과 계절감을 살려 위생적이고, 다양한 조리법으로 조리하는 일이다.

CBT 안내

CBT란?

CBT란 Computer Based Test의 약자로, 컴퓨터 기반 시험을 의미한다. 정보기기운용기능사, 정보처리기능사, 굴삭기운전기능사, 지게차운전기능사, 제과기능사, 제빵기능사, 한식조리기능사, 양식조리기능사, 일식조리기능사, 중식조리기능사, 미용사(일반), 미용사(피부) 등 12종목은 이미 오래 전부터 CBT 시험을 시행하고 있으며, 복어조리기능사는 2016년 5회 시험부터 CBT 시험이 시행됐다. CBT 필기시험은 컴퓨터로 보는 만큼 수험자가 답안을 제출함과 동시에 합격 여부를 확인할 수 있다.

CBT 체험하기

한국산업인력공단에서 운영하는 홈페이지 큐넷(http://www.q-net.or.kr/)에서는 누구나 쉽게 CBT 시험을 볼 수 있도록 실제 자격시험 환경과 동일하게 구성한 가상 웹 체험 서비스를 제공하여 수험생이 실제 시험 전에 CBT를 체험해보고 안내 및 유의사항, 시험과정을 숙지할 수 있도록 하고 있다.

대상 종목 및 시행 지역

- 시행지역 : 24개 지역(서울, 서울서부, 서울남부, 경기북부, 부산, 부산남부, 울산, 경남, 경인, 경기, 성남, 대구, 경북, 포항, 광주, 전북, 전남, 목포, 대전, 충북, 충남, 강원, 강릉, 제주)
- 시행종목 : 12종목(굴삭기운전, 지게차운전, 제과, 제빵, 한식조리, 양식조리, 일식조리, 중식조리, 미용사(일반), 미용사(피부), 미용사(메이크업), 미용사(네일))

원서접수 및 시행

- 원서접수방법 : 인터넷접수(q-net.or.kr)
- 정해진 회별 접수기간 동안 접수하며 연간 시행계획을 기준으로 자체 실정에 맞게 시행
- 합격자발표 : 필기시험 - 1~8부 시험종료 즉시

  ※ CBT 필기시험은 시험종료 즉시 합격 여부를 확인이 가능하므로 별도의 ARS 발표 없음

  실기시험 - 목요일(09:00) 발표

중식 조리기능사 시험안내

개요

중식조리의 메뉴 계획에 따라 식재료를 선정, 구매, 검수, 보관 및 저장하며 맛과 영양을 고려하여 안전하고 위생적으로 조리 업무를 수행하며 조리기구와 시설을 위생적으로 관리·유지하여 음식을 조리·제공하는 전문인력을 양성하기 위하여 자격제도 제정

수행직무

중식메뉴 계획에 따라 식재료를 선정, 구매, 검수, 보관 및 저장하며 맛과 영양을 고려하여 안전하고 위생적으로 음식을 조리하고 조리기구와 시설관리를 수행하는 직무

취득방법

① 시행처 : 한국산업인력공단(http://q-net.co.kr)

② 필기 : 객관식 4지 택일형, 60문항(60분)

③ 실기 : 작업형(70분 정도)

④ 합격기준 : 100점 만점에 60점 이상

진로 및 전망

식품접객업 및 집단 급식소 등에서 조리사로 근무하거나 운영이 가능함. 업체간, 지역간의 이동이 많은 편이고 고용과 임금에 있어서 안정적이지는 못한 편이지만, 조리에 대한 전문가로 인정받게 되면 높은 수익과 직업적 안정성을 보장받게 된다.

- 식품위생법상 대통령령이 정하는 식품접객영업자(복어조리,판매영업 등)와 집단급식소의 운영자는 조리사 자격을 취득하고, 시장·군수·구청장의 면허를 받은 조리사를 두어야 한다.

※ 관련법 : 식품위생법 제34조, 제36조, 같은법 시행령 제18조, 같은법 시행규칙 제46조

시험과목 및 활용 국가직무능력표준(NCS)

<필기>

- 과목명 : 중식 재료관리, 음식조리 및 위생관리
- 활용 NCS 능력단위 : 중식 위생관리, 중식 안전관리, 중식 재료관리, 중식 구매관리, 중식 기초 조리실무, 중식 절임·무침 조리, 중식 육수·소스 조리, 중식 튀김 조리, 중식 조림 조리, 중식 밥 조리, 중식 면 조리, 중식 냉채 조리, 중식 볶음 조리, 중식 후식 조리
- NCS 세분류 : 중식조리

※ 국가직무능력표준(NCS)란?

산업현장에서 직무를 수행하기 위해 요구되는 지식·기술·태도 등의 내용을 국가가 산업부문별·수준별로 체계화한 것

과정평가형 자격 취득정보

위 자격증은 과정평가형으로도 취득할 수 있습니다(단, 해당종목을 운영하는 교육훈련기관이 있을시에만).

① 교육·훈련 과정 목표

서중식 음식을 조리사가 메뉴를 계획하고, 식재료를 구매, 관리, 손질하여 정해진 조리법에 의해 조리하며 식품위생과 조리기구, 조리 시설을 관리하는 직무수행을 할 수 있는 인력을 양성

② 교육·훈련시간

구분	능력단위 총 시간	교육 · 훈련 기준시간
직업기초능력	30	30 이상
필수능력단위	315	315 이상
선택능력단위	330	55 이상

조리기능사 필기시험 출제기준

중식 재료관리, 음식조리 및 위생관리

주요항목	세부항목	세세항목
1. 중식 위생관리	개인 위생관리	• 위생관리기준 • 식품위생에 관련된 질병
	식품 위생관리	• 미생물의 종류와 특성 • 식품과 기생충병 • 살균 및 소독의 종류와 방법 • 식품의 위생적 취급기준 • 식품첨가물과 유해물질
	주방 위생관리	• 주방위생 위해요소 • 식품안전관리인증기준 (HACCP) • 작업장 교차오염발생요소
	식중독 관리	• 세균성 식중독 • 자연독 식중독 • 화학적 식중독 • 곰팡이 독소
	식품위생 관계 법규	• 식품위생법 및 관계법규 • 제조물책임법
	공중 보건	• 공중보건의 개념 • 환경위생 및 환경오염 관리 • 역학 및 감염병 관리
2. 중식 안전관리	개인안전 관리	• 개인 안전사고 예방 및 사후 조치 • 작업 안전관리
	장비 · 도구 안전작업	• 조리장비 · 도구 안전관리 지침
	작업환경 안전관리	• 작업장 환경관리 • 작업장 안전관리 • 화재예방 및 조치방법
3. 중식 재료관리	식품재료의 성분	• 수분 • 탄수화물 • 지질 • 단백질 • 무기질 • 비타민 • 식품의 색 • 식품의 갈변 • 식품의 맛과 냄새 • 식품의 물성 • 식품의 유독성분
	효소	• 식품과 효소
	식품과 영양	• 영양소의 기능 및 영양소 섭취기준

주요항목	세부항목	세세항목
4. 중식 구매관리	시장조사 및 구매관리	• 시장 조사 • 식품구매관리 • 식품재고관리
	검수 관리	• 식재료의 품질 확인 및 선별 • 조리기구 및 설비 특성과 품질 확인 • 검수를 위한 설비 및 장비 활용 방법
	원가	• 원가의 의의 및 종류 • 원가분석 및 계산
5. 중식 기초 조리실무	조리 준비	• 조리의 정의 및 기본 조리조작 • 기본조리법 및 대량조리기술 • 기본 칼 기술 습득 • 조리기구의 종류와 용도 • 식재료 계량방법 • 조리장의 시설 및 설비 관리
	식품의 조리원리	• 농산물의 조리 및 가공 · 저장 • 축산물의 조리 및 가공 · 저장 • 수산물의 조리 및 가공 · 저장 • 유지 및 유지 가공품 • 냉동식품의 조리 • 조미료와 향신료
6. 중식 절임 · 무침조리	절임 · 무침조리	• 절임 · 무침 준비 • 절임류 만들기 • 무침류 만들기 • 절임 보관 무침 완성
7. 중식 육수 · 소스조리	육수 · 소스조리	1. 육수 · 소스 준비 2. 육수 · 소스 만들기 3. 육수 · 소스 완성 보관
8. 중식 튀김조리	튀김조리	• 튀김 준비 • 튀김 조리 • 튀김 완성
9. 중식 조림조리	조림조리	• 조림 준비 • 조림 조리 • 조림 완성
10. 중식 밥조리	밥조리	• 밥 준비 • 밥 짓기 • 요리별 조리하여 완성
11. 중식 면조리	면조리	• 면 준비 • 반죽하여 면 뽑기 • 면 삶아 담기 • 요리별 조리하여 완성
12. 중식 냉채조리	냉채조리	• 냉채 준비 • 냉채 조리 • 냉채 완성
13. 중식 볶음조리	볶음조리	• 볶음 준비 • 볶음 조리 • 볶음 완성
14. 중식 후식 조리	후식 조리	• 후식 준비 • 더운 후식류 조리 • 찬 후식류 조리 • 후식류 완성

Part 01

중식 위생관리

중식조리기능사 필기시험 합격하기

개인 위생관리

빈 출 Check

01 손의 소독에 가장 적합한 것은?
① 1~2% 크레졸 수용액
② 70% 에틸알코올
③ 0.1% 승홍수용액
④ 3~5% 석탄산 수용액

70% 에틸알코올
손, 피부, 기구소독에 사용

정답 _ 01 ②

*** 위생관리의 의의**

음료수 처리, 쓰레기, 분뇨, 하수와 폐기물 처리, 공중위생, 접객업소와 공중이용시설 및 위생용품의 위생관리, 조리, 식품 및 식품첨가물과 이에 관련된 기구 용기 및 포장의 제조와 가공에 관한 위생 관련 업무를 말한다.

Section 1 위생관리 기준

1 종업원이 조리에 참여하지 않아야 할 경우

(1) 식품위생법 제26조 부적격자, 복통, 구토, 황달 증상, 발진현상, 감기, 기침 환자, 화농성 질환자, 건강상태가 좋지 않은 자

(2) 식품위생법 시행규칙 제50조에 의거 피부병과 화농성 질환을 가진 사람은 작업을 하면 안 된다.

2 개인위생 관리하기

(1) 위생 복장

① 위생모와 위생복은 항상 청결하게 세탁하여 착용한다.
② 앞치마의 끈은 바르게 묶고 안전화를 착용한다.
③ 지나친 화장과 장신구는 착용하지 않는다.
④ 긴 머리카락이 흘러내리지 않도록 머리 망으로 감싸서 단정하게 한다.
⑤ 입과 턱수염을 감싸는 마스크를 코부분부터 착용한다.

(2) 감염 예방

① 손세정액을 사용하여 자주 씻는다.
② 손톱은 짧고 정결하게 관리하며 손에 상처를 입히지 않도록 한다.
③ 정기적으로 건강검진과 예방접종을 받는다.
④ 전염병 환자와 피부병, 화농성 질환을 가진 사람의 작업을 중지한다.
⑤ 물은 끓여서 마시고 조리 도중 머리와 얼굴 등은 만지지 않는다.
⑥ 화장실을 이용할 때는 앞치마와 모자를 착용하지 않는다.
⑦ 작업대, 도마, 칼, 행주 등은 소독을 철저히 한다.

3 손 위생관리

(1) 음식을 조리할 때 손의 역할이 가장 중요하기 때문에 음식을 조리하기 전이나 용변 후에는 반드시 손을 씻어야 한다. 물이 손에 닿을 정도에서 비누나 역성비누를 사용하여 손을 씻을 경우 대장균은 거의 손에 남게 되며, 이와 반대로 비누만을 사용하여 정성껏 씻으면 거의 모든 균은 제거된다. 비누는 균을 살균하는 것이 아니고 씻어 흘려 없애는 것이고, 또한 더러운 먼지 같은 것을 제거하는 작용을 하는 것이다. 그러므로 이때 다시 역성비누를 사용하는 것이 좋다. 이는 냄새도 없애고 독성도 적으므로 식품 종사자의 소독 방법에는 가정 적합한 방법이다.

(2) 그러나 역성비누는 더러운 것을 떨어뜨리는 세척력은 약한 것이기 때문에 많이 더러운 손을 씻고자 할 때에는 비누와 함께 병용하는 것이 바람직하다. 손은 항상 이같이 청결하게 유지되어야 하고, 특히 용변 후, 조리 전, 식품 취급 전에는 반드시 올바른 손 씻는 방법에 따라 손을 씻어야 한다.

(3) 올바른 손 세척 방법 6단계

① 손바닥과 손바닥을 문지른다.
② 손가락을 마주 잡고 문지른다.
③ 손바닥과 손등을 마주 보고 문지른다.
④ 엄지손가락을 다른 쪽 손바닥으로 돌려주면서 문질러 준다.
⑤ 손바닥을 마주 대고 손 깍지를 끼고 문지른다.
⑥ 손가락 끝을 반대편 손바닥에 놓고 문질러 손톱 밑을 깨끗하게 한다.

Section 2 식품위생에 관련된 질병

1 경구 감염병

(1) 경구 감염병의 감염 경로

① 환자, 보균자 손, 배설물, 침구, 의류 등이 병원균에 오염되는 경우(직접 감염)
② 환자, 보균자의 배설물 처리가 철저하지 못한 경우 : 병원균이 하천이나 우물물에 침입하여 물을 음용 시 수인성 전염병 발생(간접 감염)

(2) 감염병의 생성 과정

① **병원체** : 병원체를 직접 인간에게 전달하는 모든 것을 전염원이라 한다. (박테리아, 바이러스, 리케차, 기생충)
② **병원소** : 병원체가 생활하고 증식하여 질병이 전파될 수 있는 장소로 사람, 동

빈출 Check

02 다음 중 경구 감염병에 대한 설명으로 바른 것은?
① 잠복기가 짧다.
② 2차 감염이 거의 없다.
③ 대량의 균으로 발병한다.
④ 면역성이 있다.

해설 경구감염병의 특징
2차 감염이 발생, 잠복기가 길다. 면역이 형성된다. 소량의 균으로 발병한다.

03 다음 중 공중보건상 감염병 관리가 가장 어려운 것은?
① 동물 병원소
② 환자
③ 건강 보균자
④ 토양 및 물

해설 건강 보균자란 균을 내포하고 있으나 증상이 나타나지 않아 본인 또는 주변 사람들이 보균자로 인식하지 못하므로 감염병 관리상 가장 어려운 보균자이다.

04 식당에서 조리 작업자 및 배식자의 손 소독에 가장 적당한 것은?
① 생석회 ② 연성세제
③ 역성비누 ④ 승홍수

해설 조리자의 손 소독에 사용하는 것은 역성비누이다.

정답 _ 02 ④ 03 ③ 04 ③

빈출 Check

05 사람과 동물이 같은 병원체에 의하여 발생하는 인수공통감염병은?
① 성홍열 ② 콜레라
③ 결핵 ④ 디프테리아

해설 결핵은 같은 병원체에 의해 소와 사람에게 발생하는 인수공통감염병이다.

06 사람과 동물이 같은 병원체에 의하여 발생하는 질병을 무엇이라 하는가?
① 인수공통감염병
② 법정 감염병
③ 세균성 식중독
④ 기생충성 질병

해설 인수공통감염병이란 사람과 동물이 같은 병원체에 의해 감염되는 병이다.

정답 _ 05 ③ 06 ①

물, 토양이 될 수 있다.

③ **병원소로부터 병원체의 탈출** : 호흡기계, 소화기계로 탈출 등

④ **병원체의 전파** : 직접전파, 간접전파

⑤ **병원체의 침입** : 호흡기계, 소화기계 침입, 피부 점막 침입

⑥ **숙주의 감수성** : 숙주가 병원체에 대한 저항성이나 면역성이 없을 것

보균자
- 건강보균자 : 병균은 있으나 증상이 없다.
- 병후보균자, 잠복기 보균자 : 증상과 병균이 있다.
- 건강 보균자가 가장 위험하다.

2 인수공통 감염병

(1) 인수공통 감염병의 특징 및 예방 대책

① 사람과 동물이 같은 병원체에 의해 감염되는 병
(결핵 : 소 / 탄저·비저 : 양·말 / 살모넬라증, 돈단독, 선모충 : 돼지 / 페스트 : 쥐 / 개 : 광견병)

(2) 예방 대책

① **병원체(감염원)의 격리 및 예방** : 환자의 조기 발견, 격리 및 치료, 법정 감염병 환자 신고, 건강 보균자의 조사

② **환경(감염경로)의 개선** : 소독, 살균, 해충구제, 상하수도의 위생관리를 철저히 하고 식품의 생산, 저장, 유통 시 냉장, 냉동 상태를 유지

③ **숙주(감수성 숙주)의 관리** : 예방 접종 실시 철저히 할 것

3 식품과 위생동물

(1) 위생동물의 종류

① 파리, 바퀴벌레, 쥐, 진드기, 벼룩, 모기 등

(2) 위생동물의 예방 대책

① 발생원 및 서식처를 제거하여 환경을 철저히 할 것

② 발생 초기에 구충, 구서하여 개체의 확산을 방지할 것

③ 위생동물과 해충의 서식 습성에 따라 동시에 광범위하게 구제법을 실시할 것

식품 위생관리

Section 1 식품과 미생물

1 미생물의 종류와 특성

(1) 식품 중의 미생물

식품은 미생물이 활동하기에 매우 좋은 장소이며 유기 영양 미생물의 유용한 영양원이 된다.

① **병원성 미생물** : 식품 중에 가장 문제가 되는 미생물로 오염된 식품을 섭취하면 식중독 및 급성감염병과 같은 질병을 일으킨다.

② **비병원성 미생물** : 식품의 부패나 변패의 원인이 되는 유해한 것으로 발효, 양조 등 유익하게 이용되는 미생물이다(유산균, 효모, 곰팡이류).

③ **식품 중의 주요 미생물** : 인간이 있는 모든 환경에는 어디든지 미생물이 존재한다. 세균, 바이러스, 효모균, 사상균, 원충류 등의 미생물 가운데 식품과 직접 관계되는 것은 적으나 비교적 많이 나타나는 식품 미생물은 다음과 같다.

식품 미생물

미생물의 종류		오염되기 쉬운 식품
세균류	바실루스(bacillus)속	전분질 식품과 단백질 식품
	클로스트리디움(clostridium)속	수육 및 가공품, 패류
	마이크로코커스(micrococcus)속	수산연제품, 어패류 등의 단백질 식품의 부패균
	슈도모나스(pseudomonas)속	어패류, 육류, 우유, 달걀 및 저온 저장 식품
	에스케리히아(escherichia)속	식품이나 물의 분변 오염 지표
	프로테우스(proteus)속	육류, 어패류, 연제품, 두부
	세라티아(serratia)속	연제품 식품을 적변시키는 부패 세균
	비브리오(vibrio)속	육상 동물의 장내 세균
곰팡이	뮤코아(mucor)속	전분의 당화, 치즈 숙성
	리조퍼스(rhizopus)속	빵류, 딸기, 밀감, 채소의 부패 원인균
	아스퍼질러스(aspergillus)속	염장품, 당장품
	페니실리움(penicillium)속	치즈, 버터, 산성 통조림, 과실, 채소
효모	토룰라(torula)속	양조류, 장류, 빵류, 꿀의 변패
	캔디나(candida)속	맥주, 간장, 포도주의 유해균

빈 출 Check

07 병원 미생물을 큰 것부터 나열한 순서가 옳은 것은?
① 세균 - 바이러스 - 스피로헤타 - 리케차
② 바이러스 - 리케차 - 세균 - 스피로헤타
③ 리케차 - 스피로헤타 - 바이러스 - 세균
④ 스피로헤타 - 세균 - 리케차 - 바이러스

해설 미생물의 크기
진균류 〉 스피로헤타 〉 세균 〉 리케차 〉 바이러스

08 다음 미생물 중 곰팡이가 아닌 것은?
① 아스퍼질러스(aspergillus)속
② 페니실리움(penicillium)속
③ 리조푸스(rhizopus)속
④ 클로스트리디움(clostridium)속

해설 클리스트리움속은 세균류에 속한다.

정답 _ 07 ④ 08 ④

빈 출 Check

09 미생물의 생육에 필요한 온도 중 고온성균의 최적 온도는?
① 15~20℃ ② 25~37℃
③ 40~70℃ ④ 50~60℃

해설 미생물의 생육에 필요한 최적 온도는 저온성균 15~20℃, 중온성균 25~37℃, 고온성균 50~60℃이다.

10 식품의 변질 현상에 대한 설명 중 틀린 것은?
① 산패 : 지방질 식품이 산소에 의해 산화되는 것
② 발효 : 당질 식품이 미생물에 의해 해로운 물질로 변화되는 것
③ 변패 : 탄수화물 식품의 고유 성분이 변화되는 것
④ 부패 : 단백질 식품이 미생물에 의해 변화되는 것

해설 발효는 미생물에 의해 유기산 등 유용한 물질을 나타내는 현상이다.

11 다음 중 산소가 없어야 잘 자라는 균은?
① 대장균
② 클로스티리디움 보툴리늄
③ 포도상구균
④ 살모넬라균

해설 밀봉 처리한 통조림 가공품이 원인 식품인 클로스티리디움 보툴리늄균은 혐기성 세균이다.

정답 _ 09 ④ 10 ② 11 ②

④ 미생물 발육에 필요한 조건

㉠ **영양소** : 미생물의 발육·증식에는 탄소원, 질소원, 무기질, 생육소 등이 필요하다.

㉡ **수분** : 미생물이 발육·증식하는데 필요로 하는 수분의 양은 종류에 따라 다르나 보통 40% 이상이어야 하고 그 이하가 되면 장기간 생명을 연장할 수는 있으나 발육·증식할 수는 없다. 생육에 필요한 수분량은 세균(0.96) > 효모(0.88) > 곰팡이(0.8) 순이다.

㉢ **온도** : 일반적으로 0℃ 이하와 80℃ 이상에서는 잘 발육하지 못한다.

- 저온성균 : 발육온도가 0~25℃이고 최적온도가 15~20℃인 균으로 저온에 보존하는 식품에 부패를 일으키는 세균이다.
- 중온성균 : 발육온도가 15~55℃이고 최적온도가 25~37℃인 균으로 병원균을 비롯한 대부분의 세균이다.
- 고온성균 : 발육온도가 40~70℃이고 최적온도가 50~60℃인 균으로 온천수 등에 사는 세균이다.

㉣ **pH(수소이온농도)** : 미생물이 발육 증식하기에 적합한 pH는 5.0~8.5 정도이며, 미생물은 중성이나 약알칼리성(pH 6.5~7.5)에서 잘 자란다. 곰팡이와 효모는 산성인 pH 4.0~6.0에서 잘 자란다.

㉤ **산소** : 미생물은 산소를 필요로 하는 것과 그렇지 않은 것으로 분류할 수 있다.

- 호기성균 : 산소를 필요로 하는 세균(곰팡이, 효모, 식초산균)
- 혐기성균 : 산소를 필요로 하지 않는 세균
- 통성혐기성균 : 산소 유무에 상관없이 발육하는 세균
- 편성혐기성균 : 산소를 절대적으로 기피하는 균

2 미생물에 의한 식품의 변질

식품을 그대로 내버려두면 식품의 구성 성분이 미생물에 의해서 분해되어 결국에는 식품으로 섭취할 수 없게 된다. 곰팡이는 녹말 식품, 효모는 당질 식품, 세균은 주로 단백질 식품에 잘 번식하며, 식품 자체의 효소 작용에 기인하기도 한다. 식품의 변질은 수분, 산소, 광선, 금속 등의 영향을 받는다.

식품변질과 원인

종류	원인
변패	탄수화물 식품의 고유 성분이 변화되어 품질이 저하되는 것
부패	단백질 식품이 미생물에 의해 분해되어 악취를 나타내는 현상 (cf. 후란 : 단백질 식품이 호기성 미생물의 작용을 받아 부패된 것으로 악취가 없음)

산패	지방질 식품이 공기 중 산소에 의해 산화되어 맛이나 색, 냄새가 변화되는 현상
발효	당질 식품이 미생물에 의해 유기산 등 유용한 물질을 나타내는 현상

- 미생물 증식의 3대 요건 : 영양소, 수분, 온도
- 미생물 생육에 필요한 최저 수분 활성도(Aw) : 세균(0.90~0.95) 〉 효모(0.88) 〉 곰팡이(0.65~0.80)

3 미생물에 의한 감염과 면역

음식물의 오염 여부와 그 정도를 알아보기 위하여 일상 검사에서 개개의 병원균을 검사하기 곤란하고 화학적으로 검사하기도 불편하므로 비교적 간단하고 효율적으로 검출되는 균을 오염 지표로 삼아 검사한다. 따라서 소화기계 병원균인 시겔라(shigella), 살모넬라(salmonella) 등과 출처가 같고 검사법이 비교적 간단한 장관 유래의 일부 세균을 오염의 지표로 삼아 검사한다. 오염 지표로는 예전부터 대장균군이 이용되었으나 최근에는 장구균도 이용되고 있다.

(1) 대장균군

① 대장균군은 유당을 분해하여 산과 가스를 생산하는 모든 호기성 또는 통성혐기성균을 말하며 세균학에서의 대장균과는 다르다. 대장균군은 인축의 장관 내에 상주하지만, 반드시 분변에서만 유래되었다고 볼 수는 없으며 토양이나 식품 등에서 유래되기도 한다.

② 식품위생면에서 대장균군은 식품이 대변 때문에 오염되었는지의 유무를 판정하는 지표로서 최근에는 대장균을 분변성 대장균으로 중시하여 이 균의 유무와 양을 식용 가부의 판정 척도로 사용하는 경향이 있다.

(2) 장구균

장구균은 인축의 장관 내에 상존하는 균으로 대장균과 같이 분변 오염의 지표로 삼는다. 일반적으로 분변 중의 장구균의 수는 대장균의 수보다 적고 오염원이 일치하지는 않지만, 장구균은 냉동식품 중에서도 동결에 대한 저항성이 강하여 냉동식품의 오염 지표로 이용된다.

- 초기 부패의 생균 수 : 식품 1g당 일반세균수가 10^7~10^8마리 정도
- 생균 수 검사의 목적 : 식품의 신선도(초기 부패) 측정용도
- 대장균 검사의 목적 : 음식물과 물의 병원성 미생물 오염 여부 판정

빈출 Check

12 식품의 초기 부패를 판정할 때 식품의 생균 수가 몇 마리 이상일 때를 기준으로 하는가?

① 10^2 ② 10^5
③ 10^8 ④ 10^4

식품 1g당 생균 수가 10^7~10^8 마리일 때 초기부패로 판정한다.

13 식품에 대한 분변 오염의 지표로 특히 냉동식품의 오염지표균은?

① 대장균
② 장구균
③ 포도상구균
④ 일반세균

장구균은 대장균과 함께 분변에서 발견되는 균으로 냉동에서 오래 견딘다.

정답 _ 12③ 13②

빈 출 Check

14 간디스토마와 폐디스토마의 제1중간숙주를 순서대로 짝지어 놓은 것은?

① 우렁이 - 다슬기
② 잉어 - 가재
③ 사람 - 가재
④ 붕어 - 참게

해설 • 간흡충(간디스토마): 왜우렁이(제1중간숙주) → 붕어, 잉어(제2중간숙주)
• 폐흡충(폐디스토마) : 다슬기(제1중간숙주) → 가재, 게(제2중간숙주)

15 집단감염이 잘되며 항문 주위에서 산란하는 기생충은?

① 요충 ② 편충
③ 구충 ④ 회충

해설 요충은 항문 주위에 기생하여 가렵게 하는 특징이 있다.

16 다음 중 채소를 통하여 매개하는 기생충과 거리가 가장 먼 것은?

① 편충
② 구충
③ 동양모양선충
④ 선모충

해설 선모충은 돼지고기를 매개로 기생하는 기생충이다.

17 바다에서 잡히는 어류를 먹고 기생충증에 걸렸다면 다음 중 가장 관계가 깊은 것은?

① 선모충 ② 아니사키스충
③ 유구조충 ④ 동양모양선충

해설 아니사키스충은 포유류인 고래, 돌고래 등에 기생하는 기생충으로 본충에 감염된 어류를 섭취 시 감염된다.

정답 _ 14① 15① 16④ 17②

Section 2 식품과 기생충병

1 기생충의 종류

(1) 선충류

채소를 매개로 하며, 중간숙주가 없다. 종류로는 회충, 요충, 편충, 구충, 동양모양선충 등이 있다.

(2) 흡충류(중간숙주 두 개)

종류	제1중간숙주	제2중간숙주
간흡충(간디스토마)	왜우렁이	붕어, 잉어
폐흡충(폐디스토마)	다슬기	게, 가재
횡천(요꼬가와)흡충	다슬기	송어, 은어
아나사키스충	갑각류	바다생선(고래)
광절열두조충	물벼룩	연어, 송어

(3) 조충류(중간숙주 한 개)

① 무구조충(민촌충) : 소
② 유구조충(갈고리촌충) : 돼지
③ 만소니열두조충 : 닭

TIP
• 경피 감염 기생충 : 십이지장충, 말라리아 원충
• 요충 : 집단 감염, 항문 소양증
• 동양모양선충 : 내염성이 강함
• 유구조충(유구낭충증) : 주로 낭충(알) 감염이 잘 됨

(4) 원충류

이질 아메바 원충, 말라리아 원충

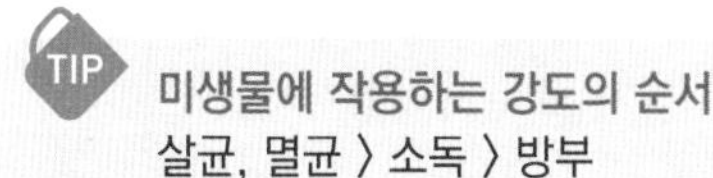

Section 3 살균 및 소독의 종류와 방법

1 살균 및 소독의 정의

① 소독 : 병원성 미생물을 사멸하거나 병원성을 약화시켜서 감염력을 없애는 것이다.

② 살균, 멸균 : 병원균, 아포, 병원 미생물 등 모든 미생물을 사멸하는 것이다.

③ 방부 : 미생물의 성장·증식을 억제하여 균의 증식을 억제하는 것이다.

TIP 미생물에 작용하는 강도의 순서
살균, 멸균 〉 소독 〉 방부

2 살균 · 소독의 종류 및 방법

(1) **물리적 소독 방법**

① 비가열법 : 자외선 조사, 방사선 조사, 세균여과법

② 가열법

종류	방법
화염멸균법	불에 타지 않는 물건에 사용, 불꽃에서 20초 이상 가열
건열멸균법	150℃에서 30분간 건열 가열
유통증기멸균법	100℃ 증기에서 30~60분간 가열
고압증기멸균법	통조림 등에 사용, 15~20분간 121℃에서 살균
자비소독(열탕소독)	식기, 행주 등에 사용, 100℃에서 30분간 가열
저온소독법	우유 살균에 사용, 61~65℃에서 30분간 가열
고온단시간소독법	우유 살균에 사용, 70~75℃에서 15~20초간 가열
초고온순간살균법	우유 살균에 사용, 130~140℃에서 2초간 가열
간헐멸균법	100℃의 유통증기에서 24시간마다 15~20분씩 3회 반복하는 방법

(2) **화학적 소독 방법**

① 소독약의 구비조건

㉠ 살균력이 강할 것

㉡ 금속 부식성이 없을 것

㉢ 표백성이 없을 것

㉣ 용해성이 높은 것

㉤ 사용하기 간편하고 저렴할 것

빈출 Check

18 다음 중 미생물에 작용하는 강도의 순으로 표시한 것 중 옳은 것은?

① 멸균 〉 소독 〉 방부
② 방부 〉 멸균 〉 소독
③ 소독 〉 멸균 〉 방부
④ 소독 〉 방부 〉 멸균

해설 •멸균 : 병원균을 포함한 모든 균을 사멸
•소독 : 병원균을 사멸
•방부 : 균의 성장을 억제

19 소독약의 구비 조건이 아닌 것은?

① 표백성이 있을 것
② 침투력이 강할 것
③ 금속 부식성이 없을 것
④ 살균력이 강할 것

해설 **소독약의 구비 조건**
•살균력이 강할 것
•사용이 간편하고 가격이 저렴할 것
•금속 부식성과 표백성이 없을 것
•용해성이 높으며 안전성이 있을 것
•침투력이 강할 것
•인축에 대한 독성이 적을 것

정답 _ 18 ① 19 ①

빈 출 Check

20 석탄산의 90배 희석액과 어느 소독약의 180배 희석액이 동일 조건에서 같은 소독 효과가 있었다면 이 소독약의 석탄산계수는 얼마인가?

① 5.0 ② 2.0
③ 0.2 ④ 0.5

해설 석탄산계수

$$\frac{\text{다른 소독약의 희석배수}}{\text{석탄산의 희석배수}} = \frac{180}{90} = 2$$

21 손의 소독에 가장 적합한 것은?

① 1~2% 크레졸 수용액
② 70% 에틸알코올
③ 0.1% 승홍수용액
④ 3~5% 석탄산 수용액

해설 70% 에틸알코올
손, 피부, 기구소독에 사용

정답 _ 20 ② 21 ②

ⓗ 침투력이 강할 것

ⓢ 인축에 대한 독성이 없을 것

Section 4 식품의 위생적 취급기준

② 소독약의 종류 및 용도

㉠ 염소, 차아염소산나트륨 : 수돗물(0.2ppm), 과일, 야채, 식기(50~100ppm) 소독에 사용한다.

㉡ 클로로칼키(표백분) : 우물, 수영장, 야채, 식기 소독에 사용한다.

㉢ 역성비누 : 과일, 야채, 식기(0.01%~0.1%), 손(10%) 소독에 사용한다. 중성세제는 식기 소독에 0.1~0.2% 정도의 농도를 사용한다.

㉣ 석탄산(3%) : 화장실, 하수도, 진개 등의 오물을 소독하는데 사용한다.

- 장점 : 살균력이 안정적이다.
- 단점 : 냄새가 독하고 독성이 강하다. 피부 점막에 대한 강한 자극성과 금속 부식성이 있다.

소독의 지표(석탄산계수법)

- 석탄산은 살균력이 안정하여 다른 소독약의 살균력 비교 시에 사용한다.
- 석탄산계수 $= \frac{\text{다른 소독약의 희석배수}}{\text{석탄산의 희석배수}}$

㉤ 크레졸(3%) : 화장실, 하수도, 진개 등 오물 소독과 손 소독에 사용한다.

㉥ 과산화수소(3%) : 피부, 상처 소독에 사용한다.

㉦ 포름알데히드 : 병원, 도서관, 거실 등의 소독에 사용한다.

㉧ 포르말린 : 화장실, 하수도, 진개 등의 오물 소독에 사용한다.

㉨ 생석회 : 화장실, 하수도, 진개 등에 가장 우선적으로 실시한다.

㉩ 승홍수(0.1%) : 비금속 기구 소독에 사용한다.

㉪ 에틸알코올(70%) : 금속 기구, 손 소독에 사용한다.

Section 5 식품첨가물과 유해물질

[식품첨가물의 개요]

1 식품첨가물의 정의

세계식량기구(FAO)와 세계보건기구(WHO)는 식품첨가물을 "식품의 외관, 향미, 조직 또는 저장성을 향상시키기 위한 목적으로 식품에 첨가되는 비영양물질"로 정의한다.

2 식품첨가물의 구비조건

① 인체에 무해할 것

② 미량으로 효과가 나타날 것

③ 독성이 없을 것

④ 식품에 영향을 미치지 않을 것

3 식품첨가물의 지정

화학적 합성품을 식품첨가물로 사용하려면 보건복지부장관이 국민보건상 필요하다고 인정할 때 판매를 목적으로 하는 식품 또는 식품첨가물의 성분에 관한 규격을 정하여 고시하여야 한다.

[식품첨가물의 종류와 용도]

1 식품의 변질 · 변패를 방지하는 식품첨가물

(1) 보존료

식품 저장 중 미생물의 증식에 의해 일어나는 부패나 변질을 방지하고 부패 미생물에 대한 정균 작용 중 효소의 발효 억제 작용을 하며 부패 미생물의 증식 억제 효과가 크고 식품에 나쁜 영향을 주지 않고 독성이 없거나 낮아야 하고 사용법이 간편하고 값이 싸야 한다.

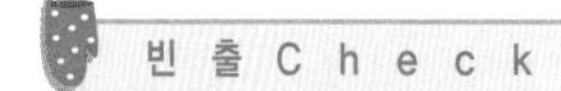

빈출 Check

22 식품, 식품첨가물, 기구 또는 용기, 포장의 위생적 취급에 관한 기준을 정하는 것은?

① 국무총리령
② 고용노동부령
③ 환경부령
④ 농림축산식품부령

식품, 식품첨가물, 기구 또는 용기, 포장의 위생적 취급에 관한 기준은 국무총리령으로 한다.

23 식품위생법상 식품을 제조·가공·조리 또는 보존하는 과정에서 감미, 착색, 표백 또는 산화방지 등을 목적으로 식품에 사용되는 물질(기구·용기·포장을 살균·소독하는 데에 사용되어 간접적으로 식품으로 옮아갈 수 있는 물질을 포함)은 무엇에 대한 정의인가?

① 식품
② 식품첨가물
③ 화학적 합성품
④ 기구

식품첨가물은 식품을 제조·가공·조리 또는 보존하는 과정에서 감미, 착색, 표백 또는 산화방지 등을 목적으로 식품에 사용되는 물질을 말한다. 이 경우 기구·용기·포장을 살균·소독하는 데에 사용되어 간접적으로 식품으로 옮아갈 수 있는 물질을 포함한다.

정답 _ 22 ① 23 ②

빈 출 Check

24 유지나 버터가 공기 중의 산소와 작용하면 산패가 일어나는데 이를 방지하기 위한 산화방지제는?

① 데히드로초산
② 아질산나트륨
③ 부틸히드록시아니졸
④ 안식향산

해설 • 아질산나트륨 : 육류발색제
• 데히드로초산 : 치즈, 버터, 마가린
• 안식향산 : 청량음료 및 간장
• 부틸히드록시아니졸(BHA) : 지용성 항산화제

25 다음 보존료와 식품과의 연결이 식품위생법상 허용되어 있지 않은 것은?

① 데히드로초산 - 청량음료
② 소르빈산 - 육류가공품
③ 안식향산 - 간장
④ 프로피온산 나트륨 - 식빵

해설 데히드로초산은 버터, 마가린에 사용하는 첨가물이다.

정답 _ 24 ③ 25 ①

허용 보존료 및 사용 기준

보존료명	사용 기준
데히드로초산(DHA) 데히드로초산나트륨(DHA-S)	데히드로초산으로서 • 치즈, 버터, 마가린 0.5g/kg
소르빈산 소르빈산칼륨	소르빈산으로서 • 치즈 3g/kg 이하 • 식육제품, 어육연제품, 젓갈류 2g/kg 이하 • 장류 및 각종 절임식품 1g/kg 이하 • 잼, 케첩 및 식초절임 0.5g/kg 이하 • 유산균 음료 0.05g/kg 이하 • 과실주 0.2g/kg 이하
안식향산 안식향산나트륨	안식향산으로서 • 청량음료, 간장, 인삼음료 0.6g/kg 이하 • 알로에즙 0.5g/kg 이하
프로피온산나트륨 프로피온산칼슘	프로피온산으로서 • 빵, 생과자 2.5g/kg 이하 • 치즈 3g/kg 이하
파라옥시안식향산 에스테르류	파라옥시안식향산으로서 • 간장 0.25g/ℓ 이하 • 식초 0.51g/ℓ 이하 • 청량음료 0.1g/kg 이하 • 과일소스 0.2g/kg 이하 • 과일 및 과채의 표피 0.012g/kg 이하
파라옥시안식향산부틸	파라옥시안식향신부틸로서 • 과실주, 약주, 탁주 0.05g/ℓ

(2) 살균제

살균제는 부패 미생물 및 병원균을 사멸시키기 위해 사용되는 첨가물로서 살균 작용이 주가 된다. 음료수, 식기, 손 소독에 사용되며 살균 효과가 강하고 발암성, 유전자 파괴, 돌연변이성이 없어야 한다.

허용 살균제와 사용 기준

살균제명	사용 기준
표백분 고도표백분	사용 기준 없음
이염화이소시아뉼산나트륨 차아염소산나트륨	참깨에 사용 불가
메틸렌옥사이드	잔존량 50ppm 이하

(3) 산화방지제

유지의 산패 및 식품의 변색이나 퇴색을 방지하기 위하여 사용되는 첨가물로 항산화제라고도 한다.

허용 산화방지제 및 사용 기준

산화방지제명	사용 기준
디부틸히드록시톨루엔(BHT) 부틸히드록시아니졸(BHA) 티셔리부틸히드로퀴논(TBHQ)	• 유지, 버터, 어패건제품, 어패염장품 0.2g/kg 이하 • 어패냉동품 1g/kg 이하 • 껌 0.75g/kg 이하
몰식자산프로필	유지, 버터 0.1g/kg 이하
에리소르빈산 에르소르빈산나트륨	산화 방지 이외의 목적에 사용 금지
EDTA 칼슘 2 나트륨 EDTA 2 나트륨	EDTA 2 나트륨으로서 • 마요네즈, 샐러드드레싱 0.075g/kg 이하 • 병용 시 합계량이 0.075g/kg 이하

2 관능을 만족시키는 첨가물

(1) 조미료

식품의 본래의 맛을 돋우거나 기호에 맞게 조절하여 풍미를 좋게 하기 위하여 사용한다.

① **핵산계 조미료** : 이노신산나트륨, 구아닐산나트륨(MSG), 리보뉴클레오티드나트륨, 리보뉴클레오티드칼슘 등이 있다.

② **아미노산계 조미료** : 글루타민산나트륨, 알라닌, 글리신 등이 있다.

③ **유기산계 조미료** : 주석산나트륨, 구연산나트륨, 사과산나트륨, 호박산나트륨, 젖산나트륨, 호박산 등이 있다.

(2) 산미료

식품을 가공·조리할 때 식품에 적합한 산미를 부여하고 미각에 청량감과 상쾌한 자극을 주기 위하여 사용된다. 사과산, 구연산, 주석산, 푸말산, 젖산, 후발산, 이산화탄소, 이디피산 등이 있다.

(3) 감미료

식품에 감미를 주고 식욕을 돋우기 위하여 사용되는 당질 이외의 화학적 합성품으로서 영양가가 없으며 용량에 따라서 인체에 해로운 것도 있어 사용 기준이 정해져 있다.

허용 감미료 및 사용 기준

감미료명	사용 기준
사카린나트륨	식빵, 이유식, 백설탕, 포도당, 물엿, 벌꿀 및 알사탕류에는 사용 금지
글리실리친산2나트륨 글리실리친산3나트륨	된장 및 간장 이외의 식품에 사용 금지

26 다음 중 인공감미료에 속하지 않는 것은?

① 구연산
② D-솔비톨
③ 글리실리친산나트륨
④ 사카린나트륨

해설 **인공감미료**
사카린나트륨, 글리실리친산나트륨, D-솔비톨

27 식품의 신맛을 부여하기 위하여 사용되는 첨가물은?

① 산미료 ② 향미료
③ 조미료 ④ 강화제

해설 신맛의 종류로는 식초산, 구연산, 주석산 등이 있다.

정답 _ 26 ① 27 ①

D-소르비톨	설탕의 0.7배(충치 예방에 적당), 과일 통조림, 냉동품의 변성방지제
아스파탐	가열 조리를 요하지 않는 식사대용, 곡류 가공품, 껌, 분말 청량음료, 인스턴트커피, 식탁용 감미료 이외의 식품에 사용금지

(4) 발색제

발색제 자체는 색이 없으나 식품 중의 색소 단백질과 반응하여 식품의 색을 안정시키고 선명하게 한다.

종류	발색제명
육류 발색제	아질산나트륨, 질산나트륨, 질산칼륨
식물 발색제	황산제1철, 황산제2철, 소명반

(5) 표백제

식품의 제조 과정 중 식품 중의 색소가 퇴색 또는 변색되어 외관이 나쁠 경우나 그 식품이 완성되었을 때 색을 아름답게 하기 위하여 사용되는 첨가물을 말한다.

허용 표백제 및 사용 기준

종류	표백제명	사용 기준
환원 표백제	메타중아황산칼륨 무수아황산 아황산나트륨 산성아황산나트륨 치아황산나트륨	아황산으로서 잔존량 • 박고지 5.0g/kg 이하 • 당밀, 물엿 0.3g/kg 이하 • 엿 0.4g/kg 이하 • 과실주 0.35g/kg 이하 • 천연과즙 0.15g/kg 이하 • 건조과실류 2g/kg 이하 • 곤약분 0.9g/kg 이하 • 새우살 20.1g/kg 이하
산화 표백제	과산화수소	최종 식품의 완성 전에 분해 또는 제거할 것

3 식품의 품질 개량, 품질 유지에 사용되는 식품첨가물

(1) 밀가루 개량제

제분 직후의 밀가루는 카로티노이드계 색소 및 단백질 분해 효소 등을 함유하고 있어 색, 맛, 냄새 등이 부적당하다. 따라서 종전에는 밀가루를 저장하여 공기 중의 산소에 의해 표백과 숙성을 시켰으나 장기간 저장한다는 것은 품질이나 경제적 측면에서 실용적이지 못하므로 밀가루의 표백과 숙성 시간을 단축시키고 제빵 효과의 저해 물질을 파괴시켜 분질을 개량할 목적으로 첨가되는 것이 밀가루 개량제이다. 밀가루 개량제의 효과는 산화 작용에 근거한 표백 작용과 숙성 작용이지만 표백 작용은 없고 숙성 작용만 갖는 것도 있다. 과산화벤조일, 염소 및 이산화염소는 표백 작용을 주로 하는 것이고, 과황산암모늄이나 브롬산칼륨은 표백 작용은 약하지만

빈 출 Check

28 다음 중 유해 보존료에 속하지 않는 것은?
① 붕산
② 소르빈산
③ 불소화합물
④ 포름알데히드

해설 소르빈산은 육제품, 절임 식품에 사용되는 허용 보존료이다.

29 밀가루의 표백과 숙성을 위하여 사용하는 첨가물은?
① 유화제 ② 개량제
③ 팽창제 ④ 점착제

해설 밀가루의 표백과 숙성 기간을 단축하고 가공성을 개량할 목적으로 사용되는 소맥분 개량제로는 과산화벤조일, 과황산암모늄, 과붕산나트륨, 이산화염소, 브롬산칼륨 등이 있다.

정답 _ 28 ② 29 ②

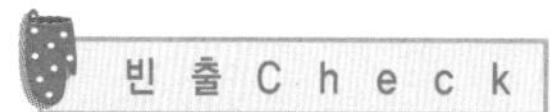

제빵 효과를 좋게 하는 것이며, 과황산암모늄이나 브롬산칼륨은 표백 작용은 없으나 전분의 호화 및 빵생지를 개량하고 노화를 방지하는 효과가 있다.

허용 밀가루 개량제 및 사용 기준

밀가루 개량제명	사용 기준
과산화벤조일 과황산암모늄 브롬산칼륨 아조디카르본아미드 염소 이산화염소	• 밀가루 0.3g/kg 이하 • 밀가루 0.3g/kg 이하 • 빵 조제용 밀가루, 브롬산으로서 0.03g/kg 이하 • 밀가루 45mg/kg 이하 • 케이크 및 카스텔라 제조용 밀가루 1.25g/kg 이하 • 케이크 및 카스텔라 제조용 밀가루 30mg/kg 이하
스테아릴젖산칼슘 스테아일젖산나트륨	• 빵, 비낙농크림 이외는 사용 금지 • 빵, 면류, 비낙농크림 이외는 사용 금지

(2) **품질 개량제**

식품, 특히 햄, 소시지 등의 식육연제품에 사용하여 결착성을 향상시키고 식품의 탄력성, 보수성 및 팽창성을 증대시켜 조직을 개량함으로써 맛의 조화와 풍미를 향상시키고 변질 및 변색을 방지하기 위하여 첨가하는 것으로 결착제라고도 한다. 품질 개량제는 주로 인산염, 중합인산염 또는 축합인산염 등이 이용되고 있으며 여러 종류를 혼합하여 사용하는 것이 상승 효과를 나타내어 좋은 결과를 얻을 수 있으며 이들은 사용 제한이 없다.

(3) **호료**

호료는 식품에 대해 점착성 증가, 유화 안정성 향상, 가열이나 보존 중 선도 유지, 형체 보존 및 미각에 대해 점활성을 주어 촉감을 좋게 하기 위하여 첨가하는 물질이다. 한편 호료는 식품에 사용하면 증점제로서의 역할뿐만 아니라 분산 안정제, 결착 보수제, 피복제 등으로도 널리 이용되고 있다.

호료는 마요네즈, 유산균 음료, 아이스크림의 분산 안정제로, 햄이나 소시지의 결착 보수제로 사용된다.

허용 호료 및 사용 기준

호료명	사용 대상	사용량
폴리아크릴산나트륨	일반식품	0.2[%] 이하
아르진산프로필렌글리콜	일반식품	1[%] 이하
메틸셀룰로오스 카르복시메틸셀룰로오스나트륨 카르복시메틸셀룰로오스칼슘 카르복시메틸스타아치나트륨	일반식품	2[%] 이하
아르진산나트륨 카제인 카제인나트륨		

30 식품의 점착성을 증가시키고 유화 안정성을 좋게 하는 것은?

① 호료 ② 소포제
③ 강화제 ④ 발색제

해설 호료는 식품에 소량 첨가함으로써 점성을 좋게 하여 식감을 개서나는 첨가물로 대표적인 것이 알긴산이다.

정답 _ 30 ①

빈 출 Check

31 식품첨가물의 사용 목적이 아닌 것은?
① 식품의 기호성 증대
② 식품의 유해성 입증
③ 식품의 부패와 변질을 방지
④ 식품의 제조 및 품질 개량

해설 식품첨가물의 사용 목적은 식품의 부패와 변질을 방지하고 식품 제조 및 품질 개량을 통해 기호성을 증대시키기 위함이다.

정답 _ 31 ②

(4) 유화제

서로 잘 혼합되지 않는 두 종류의 액체를 혼합할 때 유화 상태를 오래 지속시키기 위하여 사용하는 물질이다. 빵, 케이크, 면류, 시리얼 등의 곡류가공품, 아이스크림, 커피 크림 등의 유제품 및 기타 가공식품에 사용되고 대두인지질, 글리세린, 지방산에스테르, 자당지방산에스테르, 프로필렌글리콜, 소르비탄지방산에스테르 등이 사용되며, 사용량에 제한이 없으나 대개 0.1~0.5[%] 이하로 첨가한다.

(5) 이형제

빵 제조 시 반죽이 달라붙지 않게 하고 모양을 그대로 유지하기 위하여 사용하는 것으로 유동파라핀만 허용된다.

(6) 용제

식품에 천연물의 첨가물을 균일하게 혼합되도록 하기 위해서는 용제에 녹여 첨가하는 것이 효과적인데, 이러한 목적으로 사용되는 첨가물이다.

4 식품 제조 및 가공에 필요한 첨가물

(1) 팽창제

빵이나 과자 등을 부풀게 하여 적당한 형체를 갖추게 하기 위하여 사용되는 첨가물이다(탄산염과 암모늄염 등).

(2) 껌 기초제

껌에 적당한 점성과 탄력성을 주어 풍미에 중요한 역할을 하는 것으로 원래 천연수지인 치클이 사용되었으나, 현재는 합성수지가 많이 사용되고 있다(에스테르검, 초산비닐수지, 폴리부텐, 폴리이소부틸렌 등).

(3) 소포제

거품을 없애기 위하여 사용되는 첨가물로 규소수지(0.05g/kg 이하)만이 허용된다.

(4) 추출제

유지 추출을 용이하게 하기 위해 사용되는 물질로 최종 제품 완성 전에 제거해야 한다(n–핵산).

[중금속 유해물질]

1 비소 간장 사건

글루텐을 염산으로 가수분해하고 단백질 분해물을 탄산나트륨으로 중화한 아미노산 간장에 다량의 비소가 함유되어 구토, 설사, 복통, 안면 부종, 관절과 근육통 등의 중독 증상을 나타낸 사건이다.

2 비소 우유 사건

영아가 비소가 함유된 분유에 의해 식욕 부진, 빈혈, 피부 발진, 색소 침착, 설사 등의 증상을 나타낸 식중독 사건이다.

3 유증(미강유) 사건

미강유 제조 중 탈취 공정에서 열매체로 사용된 PCB가 유출된 미강유를 사용하여 조리된 식품에서 발생한 대규모 식중독 사건이다.

4 기구 · 용기 · 포장재 등에 기인되는 유해 독성 물질

제조, 포장 과정에서 유해 금속류에 우발적으로 오염되어 이들 중금속염들이 체내에 잔류 축적되면서 일으키는 중독 현상이다.

기구·용기·포장재 등에 기인되는 유해 독성 물질

유해 독성 물질	특징	증상
구리(Cu)	조리용기구 부식	구토, 설사, 위통
아연(Zn)	용기나 도금에 사용된 아연	구토, 설사, 복통
카드뮴(Cd)	식기의 도금	구토, 설사, 복통
안티몬(Sb)	식기의 재료	구토, 설사, 경련
납(Pb)	납땜, 상수도 파이프	구토, 인사불성
수은(Hg)	상온에서 액체로 존재	구토, 설사, 복통

[조리 및 가공에서 기인하는 유해 물질]

최근 식품 공업이 발달하고 식품이 대량 생산됨에 따라 식품의 품질 개량 및 유지, 보존성 향상 또는 영양적, 상품적 가치를 향상시킬 목적으로 여러 화학약품이 식품첨가물로 사용되고 있다. 그러나 이들 식품첨가물이 불순하거나 유해할 경우 이를 함유하는 식품이나 기구, 용기, 포장 등에서 식품 중으로 용출·이행되어 식중독을 일으킬 수 있다. 또는 어떤 유해한 화학약품이 고의 또는 잘못으로 식품에 혼입되거나 기구, 용

32 다음 내용이 설명하는 물질의 명칭으로 옳은 것은?

> 유독물질, 허가물질, 제한 물질 또는 금지 물질, 사고대비물질, 그밖에 유해성 또는 위해성이 있거나 그러할 우려가 있는 물질을 말한다.

① 독성물질
② 식품첨가물
③ 유해위험물질
④ 화학적 합성품

유해위험물질이란
유독물질, 허가물질, 제한 물질 또는 금지 물질, 사고대비물질, 그밖에 유해성 또는 위해성이 있거나 그러할 우려가 있는 물질을 말한다.

정답 _ 32 ③

빈 출 Check

33 다음 중 허가된 착색제는?
① 파라니트로아닐린
② 인디고카민
③ 오라민
④ 로다민 B

해설 파라니트로아닐린, 오라민, 로다민 B는 인체에 독성이 강하여 사용이 허가되지 않은 착색제이며, 인디고카민은 식용색소 청색 2호로 사용이 허용된 착색제이다.

정답 _ 33 ②

기 등이 조악하여 식품 중에 독성물질로 혼입되어 식중독을 일으키는 경우가 있다.

1 고의 또는 과실 사용에 의한 중독

(1) 유해 착색제에 의한 중독

식품의 기호성을 높이기 위한 목적으로 타르색소를 많이 사용한다. 원래 타르색소는 의료품의 염색이 목적이었고 제조 도중 불순물이 함유될 가능성이 많아 대부분 인체에 유해하다. 특히, 인공 타르색소 중 염기성 타르색소는 독성이 강하며 이러한 유해성 착색료는 값이 싸고 선명하며 사용하기가 간편하므로 부정, 불량식품 등에 사용될 위험이 있다.

유해성 착색제의 종류

종류	특징	증상
아우라민(auramine)	• 염기성, 황색 색소 • 과자, 팥 앙금류, 단무지, 카레 등에 사용	두통, 구토, 흑자색 반점
로다민B(rhodamine B)	• 염기성, 주황색 색소 • 과자, 생선묵, 케첩 등에 사용	전신이 착색, 색소 뇨
파라니트로아닐린(P-nitroaniline)	• 황색의 결정성 분말 • 과자류에 사용	두통, 맥박 감퇴, 황색뇨 배설

(2) 유해성 감미료에 의한 중독

인공감미료는 대부분 사용이 금지되었으나 설탕보다 몇 배의 감미도를 갖고 있기 때문에 사용하는 경우가 있어 이로 인한 중독 사고가 많이 발생하였다.

유해성 감미료의 종류

종류	특징	증상
둘신	설탕 감미의 약 250배	특유한 불쾌미, 간에 종양
사이클라메이트	설탕 감미 40~50배	발암성 물질
메타니트로아닐린	설탕의 200배, 살인당	식욕부진, 권태

(3) 유해성 표백제에 의한 중독

색깔이 좋지 않은 식품을 표백하여 색을 좋게 하기 위해 사용하는 것이 표백제이며 산화 작용을 이용한 과산화수소와 환원 작용을 이용한 아황산계통의 표백제가 식품첨가물로 지정되어 있으나 착색된 식품을 표백하기 위해 유해성 표백제를 사용하는 경우 식중독을 일으키게 된다.

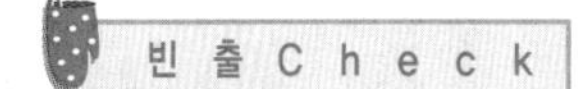

유해성 표백제의 종류

종류	사용 목적	특징 및 증상
롱가릿	물엿, 연근 등 표백	신장을 자극
형광표백제	압맥, 국수, 생선물 표백	독성이 강하여 사용 금지
니트로겐트리글로라이드	밀가루 표백	사용 금지

(4) 유해성 보존료에 의한 중독

식품보존이나 살균의 목적으로 사용하며 허가된 보존료는 독성이 비교적 약하지만 완전히 무해한 것이 아니므로 사용 기준을 엄수해야 한다.

유해성 보존료에 의한 중독

종류	사용 목적	특징 및 증상
붕산	햄, 어묵, 마가린 등의 방부나 광택을 위해 사용	사용 금지
포름알데히드	주류, 육제품, 간장 등의 살균, 방부를 위해 사용	• 독성이 매우 강함 • 호흡 곤란, 현기증
불소화합물	육류, 우유, 알코올, 음료의 방부, 살균 억제제로 사용	사용 금지
증량제	설탕, 전분, 향신료 등의 증량제	소화불량, 위장염 증세

2 공해로부터 일어나는 병

수질오염	• 미나마타병 : 수은(Hg) 중독 • 이타이이타이병 : 카드뮴(Cd) 중독
대기오염	만성 기관지염, 폐암, 만성 폐섬유화 및 폐수종, 납 중독(연 중독)

빈출 Check

34 다음 중 유해 보존료에 속하지 않는 것은?
① 붕산
② 소르빈산
③ 불소화합물
④ 포름알데히드

해설 소르빈산은 육제품, 절임 식품에 사용되는 허용 보존료이다.

35 미나마타병의 원인이 되는 금속은?
① 카드뮴 ② 비소
③ 수은 ④ 구리

해설 미나마타병은 수은 중독, 이타이이타이병은 카드뮴 중독에 의한 질병이다.

정답 _ 34 ② 35 ③

주방 위생관리

빈 출 C h e c k

36 주방 청결을 유지하기 위한 방역 방법으로 바른 것은?
① 물리적 방법은 천적생물을 이용하는 방법으로 해충의 서식지를 제거하는 것이다.
② 화학적 방법은 해충이 발생하지 못하도록 시설 및 환경개선을 하는 것이다.
③ 화학적 방법은 약제를 살포하여 해충을 구제하는 것이다.
④ 물리적 방법은 약제를 살포하여 해충을 구제하는 것이다.

해설 화학적 방법은 약제를 살포하여 해충을 구제하는 것이다.

정답 _ 36 ③

Section 1 주방위생 위해요소

1 주방위생의 기본조건

(1) 조리장의 3원칙

① **위생** : 식품의 오염을 방지할 수 있고 채광, 환기, 통풍 등이 잘 되고 배수와 청소가 용이해야 한다.

② **능률** : 적당한 공간이 있어 식품의 구입, 검수, 저장, 식당 등과의 연결이 쉽고 기구, 기기 등의 배치가 능률적이어야 한다.

③ **경제** : 내구성이 있고 구입이 쉬우며 경제적이어야 한다.

(2) 조리장의 구조 및 위치

① 통풍, 채광 및 급·배수가 용이하고 소음, 악취, 가스, 분진, 공해 등이 없는 곳이어야 한다.

② 화장실, 쓰레기통 등에서 오염될 염려가 없을 정도의 거리에 떨어져 있는 곳이어야 한다.

③ 물건의 구입 및 반출이 용이하고 종업원의 출입이 편리한 곳이어야 한다.

④ 음식을 배선하고 운반하기 쉬운 곳이어야 한다.

⑤ 손님에게 피해가 가지 않는 위치여야 한다.

⑥ 비상시 출입문과 통로에 방해되지 않는 장소여야 한다.

2 조리장의 설비 및 관리

(1) 조리장 건물

① 충분한 내구력이 있는 구조일 것

② 객실과 객실과는 구획이 분명할 것

③ 바닥으로부터 1m까지의 내벽은 타일 등 내수성 자재를 사용한 구조일 것

④ 배수 및 청소가 쉬운 구조일 것

(2) 급수 시설

급수는 수돗물이나 공공 시험 기관에서 음용에 적합하다고 인정하는 것만 사용, 우물일 경우에는 화장실로부터 20m, 하수관에서 3m 떨어진 곳의 물을 사용한다.

(3) 작업대

작업대의 높이는 신장의 52% 가량이며, 55~60cm 넓이가 효율적이고, 작업대와 뒤 선반과의 간격은 150cm 이상 떨어져야 한다.

① ㄷ자형 : 면적이 같을 경우 가장 동선이 짧으며 넓은 조리장에 사용한다.

② L자형 : 동선이 짧으며 조리장이 좁은 경우에 사용한다.

③ 병렬형 : 180°의 회전을 요하므로 피로가 쉽게 온다.

④ 일렬형 : 작업 동선이 길어 비능률적이지만 조리장이 좁은 경우에 사용한다.

(4) 냉장 · 냉동고

냉장고는 5℃ 내외의 온도를 유지하는 것이 표준이고 보존 기간은 2~3일 정도가 적당하며, 냉동고는 0℃ 이하를 유지하고 장기 저장에는 –40~–20℃를 유지하는 것이 좋다.

(5) 환기 시설

창에 팬을 설치하는 방법과 후드(hood)를 설치하는 방법이 있다.

(6) 조명 시설

식품위생법상의 기준 조명은 객석 30Lux, 단란주점은 30Lux, 조리실은 50Lux 이상이어야 한다.

(7) 방충 · 방서 시설

창문, 조리장, 출입구, 화장실, 배수구에는 쥐 또는 해충의 침입을 방지할 수 있는 설비를 해야 하며 조리장의 방충망은 30mesh(가로, 세로 1인치 안의 구멍수) 이상이어야 한다.

(8) 화장실

남녀용으로 구분되어 사용하는데 불편이 없는 구조여야 하며 내수성 자재로 하고 손 씻는 시설을 갖춰야 한다.

(9) 조리장의 관리

① 조리장의 내부 및 전체 시설은 1일 1회 청소하여 청결하고 건조한 상태를 유지한다.

② 조리기구의 사용 시마다 잘 씻고 2~4시간 마다 소독한다.

③ 음식물 및 음식물 재료는 상온에서 2시간 이상 보관하지 않고 냉장 보관한다.

④ 잔여 식품과 주방 쓰레기는 위생적으로 처리 또는 폐기한다.

⑤ 매주 1회 이상 대청소를 하고 소독을 실시한다.

⑥ 가스기기의 경우 조립 부분은 모두 분리해서 세제로 깨끗이 씻고 화구가 막혔을 경우에는 철사로 구멍을 뚫는다.

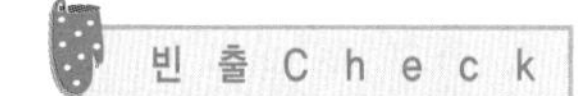

37 식당에서 조리 작업자 및 배식자의 손 소독에 가장 적당한 것은?

① 생석회 ② 연성세제
③ 역성비누 ④ 승홍수

해설 조리자의 손 소독에 사용하는 것은 역성비누이다.

38 위생적인 식품 보관 방법으로 틀린 것은?

① 냉동식품은 냉동보관이 원칙이고 녹인 것은 다시 얼리지 않는다.
② 채소류는 칼이 닿는 경우 쉽게 상하므로 관리를 철저히 해야 한다.
③ 채소류는 후입선출이 기본으로 가장 최근에 들어온 싱싱한 것부터 사용한다.
④ 바나나는 상온에 보관하고 수박이나 멜론 등은 랩을 사용하여 표면이 마르지 않도록 한다.

해설 채소류는 선입선출이 기본으로 가장 먼저 들어온 것부터 사용한다.

정답 _ 37 ③ 38 ③

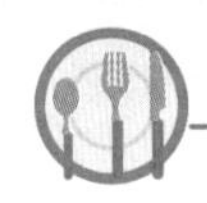

⑦ 조리기계류의 경우는 기계의 전원이 꺼진 것을 확인하고 손질한다.

⑧ 스테인리스 용기 및 기구는 중성세제를 이용하여 세척하며 열탕 소독, 약품 소독을 사용 전후에 하는 것이 좋다.

⑨ 칼, 도마, 행주는 중성세제, 약알칼리성 세제를 사용하여 세척하며 바람이 잘 통하고 햇볕이 잘 드는 곳에서 1일 1회 이상 소독한다.

Section 2 식품안전관리인증기준(HACCP)

(1) HACCP(식품안전관리인증기준, Hazard Analysis and Critical Control Point)은 해썹이라고 부르며, HA와 CCP의 결합어로 위해요소분석(HA, Hazard Analysis)과 중요관리점(CCP, Critical Control Point)으로 구성된다. HA는 위해 가능성이 있는 요소를 전체적인 공정 과정의 흐름에 따라 분석·평가하는 것이며, CCP는 확인된 위해한 요소 중에서 중점적으로 다루어야 하는 위해요소를 뜻한다. 식품안전관리인증기준의 목적은 사전에 위해한 요소들을 예방하며 식품의 안전성을 확보하는 것이다.

(2) 우리나라는 식품의 제조, 생산, 유통, 소비에 이르기까지 전 과정에서 식품 관리의 사전 예방 차원에서 식품의 안전성을 확보함은 물론 식품 업체의 자율적인 위생관리체계를 정착화할 목적으로 식품위생법에 HACCP제도를 1995년에 도입하였다.

Section 3 작업장 교차오염 발생요소

1 교차오염의 정의

식재료, 기구, 용수 등에 오염되어 있던 미생물이 오염되어 있지 않은 식재료, 기구, 종사자와의 직, 간접 접촉 또는 작업과정에 혼입됨으로 미생물의 전이가 일어나는 것

2 교차오염 발생 경우

(1) 맨손으로 식품을 취급시

(2) 손 씻기 방법이 부적절한 경우

(3) 식품 쪽에서 기침을 한 경우

(4) 칼, 도마 등을 혼용한 경우

빈출 Check

39 다음의 정의에 해당하는 것은?

> 식품의 원료 관리, 제조, 가공, 조리, 유통의 모든 과정에서 위해한 물질이 식품에 섞이거나 식품이 오염되는 것을 방지하기 위하여 각 과정을 중점적으로 관리하는 기준

① 식품안전관리인증기준(HACCP)
② 식품 Recall 제도
③ 식품 CODEX 제도
④ ISO 인증 제도

해설 식품안전관리인증기준(HACCP)은 식품의 원료 관리, 제조, 가공, 조리, 유통의 모든 과정에서 위해한 물질이 식품에 섞이거나 식품이 오염되는 것을 방지하기 위하여 각 과정을 중점적으로 관리하는 기준을 말한다.

40 HACCP 인증 집단급식소(집단급식소, 식품접객업소, 도시락류 포함)에서 조리한 식품은 소독된 보존식 전용용기 또는 멸균 비닐봉지에 매회 1인분 분량을 담아 몇 ℃ 이하에서 얼마 이상의 시간 동안 보관하여야 하는가?

① 4℃ 이하, 48시간 이상
② 0℃ 이하, 100시간 이상
③ -10℃ 이하, 200시간 이상
④ -18℃ 이하, 144시간 이상

해설 HACCP 인증 집단급식소의 보존식은 -18℃ 이하에서 144시간 이상 보관한다.

정답 _ 39 ① 40 ④

빈 출 C h e c k

3 교차오염 방지요령

작업장에서의 작업은 물론 구매한 물품을 검수하는 일에서 시작하여 전처리, 소독, 조리, 배식, 세정, 정리정돈에 이르기까지 다양한 작업이 수작업에 의하여 이루어짐. 이 과정에서 발생할 수 있는 부주의에 의한 교차오염이 식중독 발생의 주요 원인이 되므로 작업과정의 위생관리가 보다 체계적으로 철저하게 관리되어야 함,

4 교차오염 방지요령

(1) 일반 구역과 청결 구역으로 구획을 설정하여 전처리, 조리, 기구세척 등을 별도의 구역에서 한다.
(2) 칼, 도마 등의 기구나 용기는 용도별로 구분하여 각각 전용으로 준비하여 사용한다.
(3) 세척 용기는 어, 육류로 구분 사용하고 사용 전, 후에 충분히 세척, 소독한 후 사용한다.
(4) 식품 취급 등의 작업은 바닥으로부터 60cm 이상에서 실시하여 바닥의 오염물이 들어가지 않도록 한다.
(5) 식품취급 작업은 반드시 손을 세척, 소독한 후에 하며, 고무장갑을 착용하고 작업을 하는 경우는 장갑을 손에 준하여 관리한다.
(6) 전처리하지 않은 식품과 전처리 식품을 구분하여 보관한다.
(7) 전처리 사용용수는 반드시 먹는 물을 사용한다.

일반 구역
제품의 제조 가공에 있어 위생 및 안전에 직접적인 영향을 주지 않는 장소로서 정기적인 청소가 필요한 구역
청결 구역
오염에 극히 민감하여 제품의 위생 및 안전에 직접적인 영향을 미치는 장소로 미생물 관리가 필요한 구역을 말한다.

식중독 관리

Section 1 식중독의 개요

식중독(食中毒)은 급성 위장 장애 현상으로 일반적으로 병원 미생물이나 유독·유해 물질이 음식물에 혼입되어 경구적으로 섭취함으로써 생리적 이상을 일으키는 것을 말하며, 6~9월 사이에 주로 발생한다.

식중독 발생 시 보고 순서
(한)의사 → 시장, 군수, 구청장 → 시 · 도지사 → 식품의약품안전처장

Section 2 세균성 식중독

세균성 식중독은 여름에 발생 빈도가 가장 높고, 식중독 중 발생률이 가장 높다.

(1) 감염형 식중독

식품 내에 세균이 증식하여 세균을 대량으로 식품과 함께 섭취함으로써 발병한다.

구분	특징	오염원	예방
살모넬라 식중독	• 그람음성간균, 통성혐기성균, 급격한 발열	쥐, 파리, 바퀴벌레, 가축, 가금의 오염	60℃에서 30분 가열 처리
장염비브리오 식중독	• 호염성균	어패류의 생식	60℃에서 5분 가열 처리, 조리기구, 행주 등 소독
병원성 대장균 식중독	• 그람음성간균	동물의 배설물, 우유	용변 후 손 세척 등 위생적 처리
웰치균 식중독	• 그람음성간균, 편성혐기성균	식육류, 어패류 및 가공품	분변 오염 방지, 10℃ 이하, 60℃ 이상 보존

(2) 독소형 식중독

식품에서 세균이 증식할 때 생기는 특유의 독소에 의해 발병한다.

구분	특징	오염원	예방
포도상구균 식중독	• 화농성 질환의 대표적인 식품균 • 독소 : 엔테로톡신	조리사의 손가락 등의 화농성 질환, 우유, 버터, 쌀, 떡	식품 및 기구를 멸균하여 식품 오염 방지, 조리사 손 청결 유지

빈 출 Check

41 웰치균에 대한 설명으로 바른 것은?
① 아포는 60℃에서 10분간 가열하면 사멸한다.
② 혐기성균이다.
③ 냉장 온도에서 잘 발육한다.
④ 당분이 많은 식품에서 주로 발생한다.

웰치균 식중독은 열에 강한 균으로 가열해도 잘 사멸되지 않는 편성혐기성균이다. 냉장 보관하면 예방이 가능하며 원인 식품은 육류를 사용한 가열 식품이다.

42 장염비브리오균에 의한 식중독 발생과 가장 관계가 깊은 것은?
① 유제품 ② 어패류
③ 난가공품 ④ 돼지고기

장염비브리오 식중독의 원인 식품 : 어패류

정답 _ 41 ② 42 ②

보툴리누스균 식중독	• 통조림, 소시지 등 혐기성 조건하에서 발육, 치명률이 높음 • 독소 : 뉴로톡신 • 그람양성간균, 아포 생성, 편성혐기성균	햄, 소시지, 식육 제품	토양에 의한 오염 방지, 가열 섭취

(3) 기타 식중독

구분	특징	오염원	예방
장구균에 의한 식중독	• 원인균 : 스트렙토코커스 • 최적온도 : 10~45℃	소시지, 햄, 두부	60℃에서 30분 가열
바실루스 세레우스 식중독	• 자연계에 널리 분포	• 구토형 : 쌀밥, 볶은 밥 • 설사형 : 수프, 푸딩	10℃ 이하로 냉각시켜 저온 보존
알레르기성 식중독	• 히스타민의 원인 • 프로테우스 모르가니균	꽁치, 정어리, 고등어	붉은 살 생선
비브리오 설사증	• 복통, 발열, 설사	저호염균	어패류 생식 금지

세균성 식중독과 소화기계 감염병의 차이

세균성 식중독	소화기계 감염병(경구 감염병)
• 식중독균에 오염된 식품을 섭취하여 발생 • 대량의 균 또는 독소에 의해 발생 • 살모넬라 외에 2차 감염이 없음 • 잠복기가 짧음 • 면역이 되지 않음	• 감염병균에 오염된 식품의 섭취로 감염 • 적은 양으로도 발병 • 2차 감염이 됨 • 잠복기가 길 • 면역이 됨

Section 3 자연독 식중독

동·식물체 중에서 자연적으로 생산되는 독성 성분을 함유하고 있는데 이러한 독성 성분은 사람에게 영양 장애 및 급성 중독을 일으킬 뿐 아니라 돌연변이나 발암의 원인이 되기도 한다.

(1) 동물성 자연독에 의한 식중독

구분	특징	오염원	예방
복어독	• 지각 마비, 구토, 의식혼미, 호흡 정지, 사망 • 치사율 : 50~60% • 독성분 : 테트로도톡신	주로 복어의 난소, 간장, 간, 피부	유독 부분 폐기
마비성 패중독	• 입술, 혀, 말초신경 마비 • 치사율 10% • 독성분 : 삭시톡신	섭조개, 검은조개	위세척 등 독소 제거

43 식품에 대한 분변 오염의 지표로 특히 냉동식품의 오염지표균은?
① 대장균
② 장구균
③ 포도상구균
④ 일반세균

장구균은 대장균과 함께 분변에서 발견되는 균으로 냉동에서 오래 견딘다.

44 엔테로톡신(enterotoxin)이 원인이 되는 식중독은?
① 살모넬라 식중독
② 장염비브리오 식중독
③ 병원성대장균 식중독
④ 황색포도상구균 식중독

황색포도상구균 식중독은 엔테로톡신에 의한 독소형 식중독이다.

정답 _ 43 ② 44 ④

모시조개 중독	• 혈변, 혼수상태 • 치사율 44~50% • 독성분 : 베네루핀	모시조개	내열성 강함
고동 중독	• 구토, 설사, 복통 • 독성분 : 테트라민	고둥	
시큐어테라 중독	• 먹이 연쇄에 의한 축적	아열대지방 독어 섭취	

(2) 식물성 자연독에 의한 식중독

① **버섯에 의한 식중독** : 가족적 발생이 특징이며, 버섯의 발생 시기인 9~10월경에 자주 발생한다.

 버섯 식중독의 증상 및 분류

증상	종류	증상
위장형 중독	무당버섯, 붉은버섯, 화경버섯	구토, 복통, 설사
콜레라형 중독	알광대버섯, 독우산버섯, 달걀광대버섯	혼수, 경련, 중추신경 장애
신경계 장애형 중독	파리버섯, 광대버섯, 미치광이버섯, 환각버섯	광란, 환각, 혼수

TIP

독버섯의 감별법
- 줄기가 세로로 찢어지지 않고 부스러지는 것
- 색깔이 선명하고 아름다운 것
- 줄기에 마디가 있는 것
- 버섯을 찢었을 때 액즙이 분비되는 것
- 악취가 나는 것
- 쓴맛, 신맛이 나는 것
- 은수저 등으로 문질렀을 때 검게 변하는 것
- 표면에 점액이 있는 것

② **감자에 의한 식중독** : 감자는 솔라닌이라는 독성 물질을 함유하고 있는데 감자가 발아하거나 햇볕에 노출된 경우 솔라닌 함량이 증가되어 0.2~0.4g/kg 이상이 되면 중독을 일으킨다.

	유독 성분	증상	예방
감자 중독	• 솔라닌 : 감자의 싹튼 부분, 껍질의 녹색 부분 • 셉신 : 썩은 부분	중추신경 장애, 용혈작용, 구토, 복통 장애	싹튼 부분 제거, 서늘한 곳에 보관

③ 기타 식물성 식중독

종류	유독 성분	증상
고사리	티큐로사이드(praquiloside)	고사리가 가축에게 장관의 출혈을 발생시킴
독미나리	시큐톡신(cicutoxine)	암을 유발

빈출 Check

45 복어의 테트로톡신 독성분은 복어의 어느 부위에 가장 많은가?
① 근육 ② 피부
③ 난소 ④ 껍질

해설 복어 독성분의 정도는 난소 〉 간 〉 내장 〉 피부 순이다.

46 다음 중 독버섯의 유독 성분은?
① 솔라닌(solanine)
② 무스카린(muscarine)
③ 아미그달린(amygdalin)
④ 테트로도톡신(tetrodotoxin)

해설 ① 솔라닌(감자), ③ 아미그달린(청매), ④ 테트로도톡신(복어)

정답 _ 45 ③ 46 ②

목화씨	고시풀(gossypol)	심한 위통, 구토, 현기증
오두	아코니틴(aconitine)	위장 장애, 식욕 감퇴
오색두	파세오루나틴(phaselunatin)	입, 안면마비, 안면 창백, 언어 장애
은행종자	청산	소화기계 증상, 호흡곤란
매실	아미그달린(amgdaline)	중추신경 자극, 어지러움
피마자	리신(ricin)	적혈구 응집, 복통, 구토, 설사

Section 4 화학적 식중독

화학적 식중독

종류	특징	예방법
메틸알코올	• 과실주의 알코올 발효 시 생성 • 두통, 현기증, 설사, 시신경 마비로 실명	• 수확 전 15일 이내 농약 살포 금지 • 농약 살포 시 흡입 주의, 마스크 착용 • 과채류의 산성액 세척 • 농약의 위생적 보관 및 사용법 준수 • 조리 시 직접 굽기보다는 찜 등의 조리 방법 이용 권장
벤조알파피렌	• 석유, 석탄, 식품을 태울 때 불완전 연소 시 생성 • 발암성 강함	
PCB 중독	• PCB가 생체에 혼입 시 지방 조직에 중독 증상 발생 • 피부병, 간질환, 신경 장애	

알레르기성 식중독
- 원인균 : 프로테우스모르가니균
- 원인독소 : 히스타민
- 원인 식품 : 고등어 같은 등 푸른 생선 및 그 가공품
- 증상 : 두드러기, 피부 발진, 염증

Section 5 곰팡이독소(마이코톡신, mycotoxin)

마이코톡신은 진균독 또는 곰팡이독이라 하며 곰팡이가 생산하는 유독성 대사산물로 식품과 함께 경구 섭취되어 식중독을 일으키는데, 이를 진균 중독증이라 한다. 계절과 관계가 깊고 탄수화물이 풍부한 곡류에 많이 발생하며, 동물 또는 사람 사이에는 전파되지 않는다.

빈출 Check

47 버섯의 중독 증상 중 콜레라형 증상을 일으키는 버섯류는?
① 화경버섯, 외대버섯
② 알광대버섯, 독우산버섯
③ 광대버섯, 파리버섯
④ 마귀곰보버섯, 미치광이 버섯

해설 독버섯 증상
- 위장형 중독 : 무당버섯, 화경버섯
- 콜레라형 중독 : 알광대버섯, 독우산버섯, 마귀곰보버섯
- 신경계 장애형 중독 : 파리버섯, 광대버섯, 미치광이 버섯

48 화학성 식중독의 가장 현저한 증상이 아닌 것은?
① 설사 ② 복통
③ 구토 ④ 고열

해설 화학성 식중독의 일반적인 증상은 복통, 설사, 구토, 두통이다.

정답 _ 47 ② 48 ④

빈 출 Check

49 황변미 중독이란 쌀에 무엇이 기생하여 문제를 일으키는 것인가?
① 세균 ② 곰팡이
③ 리케차 ④ 바이러스

해설 황변미 중독
쌀에 푸른곰팡이가 번식하여 시트리닌, 시크리오비리딘과 같은 독소를 생성한다.

50 다음 미생물 중 곰팡이가 아닌 것은?
① 아스퍼질러스(aspergillus)속
② 페니실리움(penicillium)속
③ 리조푸스(rhizopus)속
④ 클로스트리디움(clostridium)속

해설 클리스트리움속은 세균류에 속한다.

정답 _ 49 ② 50 ④

마이코톡신에 의한 식중독과 예방법

종류	유독 성분	증상	예방법
아플라톡신(aflatoxin)	• 아스퍼질러스속 곰팡이 대사산물 • 쌀, 보리, 옥수수	간 출혈, 신장 출혈, 발암물질	• 습한 곳에 보관하지 말 것 • 마른 용기에 밀봉 보관할 것 • 저온 보존할 것
맥각독	• 에르고타민 • 에르고톡신 • 밀, 보리, 호밀	신경 장애	
황변미 중독	• penicillium, 쌀의 곰팡이	간 경련, 신경 장애	

식품위생 관계 법규

Section 1 식품위생법 및 관계 법규

[식품위생의 의의]

1 식품위생의 정의

(1) 세계보건기구(WHO)의 정의

식품위생이란 '식품원료의 재배, 생산, 제조에서 유통과정을 거쳐 최종적으로 사람에게 섭취되기까지의 모든 단계에 걸친 식품의 안전성, 보존성의 악화 방지를 위해 취해지는 모든 수단'을 말한다.

(2) 우리나라의 정의

식품위생이란 '식품, 식품첨가물, 기구 또는 용기·포장을 대상으로 하는 음식에 관한 모든 위생'을 말한다.

2 식품위생의 목적

식품으로 인한 위생상의 위해를 방지하고 식품영양의 질적 향상을 도모하며 식품에 관한 올바른 정보를 제공함으로써 국민보건의 증진에 이바지함을 목적으로 한다.

3 식품위생의 대상

식품위생은 식품, 식품첨가물, 기구 또는 용기·포장 등 음식에 관한 전반적인 것을 대상으로 한다.

4 식품위생 행정기구

(1) 중앙기구

식품위생 행정은 보건행정의 일부분으로 식품위생법에 그 기초를 두고 식품의약품안전처에서 지휘·감독한다.

(2) 지방기구

특별시, 광역시, 도마다 식품위생 행정기구가 있고 군청, 구청의 위생과에서는 식품위생 감시원을 배치하여 일선 업무를 담당하게 하고 있으며, 각 보건소에서는 건강

빈출 Check

51 식품위생법상 식품위생의 대상이 되지 않는 것은?

① 식품 및 식품첨가물
② 의약품
③ 식품 및 기구
④ 식품, 용기 및 포장

해설 식품위생의 정의
식품, 식품첨가물, 기구, 용기, 포장을 대상으로 하는 음식에 관한 위생을 말한다.

52 식품위생 행정을 담당하는 기관 중에서 중앙기구에 속하지 않는 것은?

① 질병관리본부
② 시·군·구청 위생과
③ 식품의약품안전처
④ 식품위생 심의위원회

해설 시, 군, 구청의 위생과는 지방기구에 속한다.

정답 _ 51 ② 52 ②

빈 출 Check

53 식품위생행정의 목적이 아닌 것은?
① 식품위생의 위해 방지
② 국민보건의 증진에 이바지
③ 식품영양의 질적 향상 도모
④ 식품산업의 발전도모

해설 식품으로 인한 위생상의 위해방지, 식품영양의 질적 향상 도모, 식품에 관한 올바른 정보를 제공함으로써 국민보건증진에 이바지함을 목적으로 한다.

54 식품위생법상 식품위생의 대상이 되지 않는 것은?
① 식품
② 의약품
③ 식품첨가물
④ 기구 또는 용기·포장

해설 식품위생이란 식품, 식품첨가물, 기구 또는 용기·포장을 대상으로 하는 음식에 관한 위생을 말한다.

정답 _ 53 ④ 54 ②

진단 및 역학 조사들을 담당하고 있다.

[총칙]

1 식품위생법 총칙

(1) **목적**

이 법은 식품으로 인하여 생기는 위생상의 위해(危害)를 방지하고 식품영양의 질적 향상을 도모하며 식품에 관한 올바른 정보를 제공하여 국민보건의 증진에 이바지함을 목적으로 한다.

(2) **용어의 정의**

① **식품** : 모든 음식물(의약으로 섭취하는 것은 제외한다)을 말한다.

② **식품첨가물** : 식품을 제조·가공·조리 또는 보존하는 과정에서 감미, 착색, 표백 또는 산화방지 등을 목적으로 식품에 사용되는 물질을 말한다. 이 경우 기구·용기·포장을 살균·소독하는 데에 사용되어 간접적으로 식품으로 옮아갈 수 있는 물질을 포함한다.

③ **화학적 합성품** : 화학적 수단으로 원소 또는 화합물에 분해 반응 외의 화학 반응을 일으켜서 얻은 물질을 말한다.

④ **기구** : 식품 또는 식품첨가물에 직접 닿는 기계·기구나 그 밖의 물건(농업과 수산업에서 식품을 채취하는 데에 쓰는 기계·기구나 그 밖의 물건은 제외)을 말한다.

㉠ 음식을 먹을 때 사용하거나 담는 것

㉡ 식품 또는 식품첨가물을 채취, 제조, 가공, 조리, 저장, 소분(완제품을 나누어 유통을 목적으로 재포장하는 것), 운반, 진열할 때 사용하는 것

⑤ **용기 · 포장** : 식품 또는 식품첨가물을 넣거나 싸는 것으로서 식품 또는 식품첨가물을 주고받을 때 함께 건네는 물품을 말한다.

⑥ **위해** : 식품, 식품첨가물, 기구 또는 용기·포장에 존재하는 위험요소로서 인체의 건강을 해치거나 해칠 우려가 있는 것을 말한다.

⑦ **표시** : 식품, 식품첨가물, 기구 또는 용기·포장에 적는 문자, 숫자 또는 도형을 말한다.

⑧ **영양표시** : 식품에 들어있는 영양소의 양 등 영양에 관한 정보를 표시하는 것을 말한다.

⑨ **영업** : 식품 또는 식품첨가물을 채취, 제조, 가공, 조리, 저장, 소분, 운반 또는 판매하거나 기구 또는 용기·포장을 제조, 운반, 판매하는 업(농업과 수산업에 속하는 식품채취업은 제외한다)을 말한다.

⑩ **영업자** : 영업허가를 받은 자나 영업신고를 한 자 또는 영업등록을 한 자를 말한다.

⑪ **식품위생** : 식품, 식품첨가물, 기구 또는 용기·포장을 대상으로 하는 음식에 관한 위생을 말한다.

⑫ **집단급식소** : 영리를 목적으로 하지 아니하면서 특정 다수인에게 계속하여 음식물을 공급하는 기숙사, 학교, 병원, 사회복지시설, 산업체, 국가, 지방자치단체 및 공공기관, 그 밖의 후생기관 등의 급식시설로서 1회 50명 이상에게 식사를 제공하는 급식소를 말한다.

⑬ **식품이력추적관리** : 식품을 제조·가공단계부터 판매단계까지 각 단계별로 정보를 기록·관리하여 그 식품의 안전성 등에 문제가 발생할 경우 그 식품을 추적하여 원인을 규명하고 필요한 조치를 할 수 있도록 관리하는 것을 말한다.

⑭ **식중독** : 식품 섭취로 인하여 인체에 유해한 미생물 또는 유독물질에 의하여 발생하였거나 발생한 것으로 판단되는 감염성 질환 또는 독소형 질환을 말한다.

⑮ **집단급식소에서의 식단** : 급식대상 집단의 영양섭취기준에 따라 음식명, 식재료, 영양성분, 조리방법, 조리인력 등을 고려하여 작성한 급식계획서를 말한다.

[식품 및 식품첨가물]

1 위해식품 등의 판매 금지

식품 등을 판매하거나 판매할 목적으로 채취, 제조, 수입, 가공, 사용, 조리, 저장, 소분, 운반 또는 진열해서는 안 된다.

① 썩거나 상하거나 설익어서 인체의 건강을 해칠 우려가 있는 것

② 유독·유해물질이 들어 있거나 묻어 있는 것 또는 그러할 염려가 있는 것. 다만, 식품의약품안전처장이 인체의 건강을 해칠 우려가 없다고 인정하는 것은 제외한다.

③ 병을 일으키는 미생물에 오염되었거나 그러할 염려가 있어 인체의 건강을 해칠 우려가 있는 것

④ 불결하거나 다른 물질이 섞이거나 첨가된 것 또는 그 밖의 사유로 인체의 건강을 해칠 우려가 있는 것

⑤ 안전성 심사 대상인 농·축·수산물 등 가운데 안전성 심사를 받지 아니하였거나 안전성 심사에서 식용으로 부적합하다고 인정된 것

⑥ 수입이 금지된 것, 또는 수입신고를 하여야 하는 경우 신고하지 아니하고 수입한 것

55 다음 중 식품위생법상 판매가 금지된 식품이 아닌 것은?

① 병원미생물에 의하여 오염되어 인체의 건강을 해할 우려가 있는 식품
② 영업신고 또는 허가를 받지 않은 자가 제조한 식품
③ 안전성 평가를 받아 식용으로 적합한 유전자 재조합 식품
④ 썩었거나 상하였거나 설익은 것으로 인체의 건강을 해할 우려가 있는 식품

해설 식품위생법상 안전성 평가를 받아 식용으로 적합한 유전자 재조합 식품은 판매가 가능하다.

56 식품위생법상 식품을 제조·가공·조리 또는 보존하는 과정에서 감미, 착색, 표백 또는 산화방지 등을 목적으로 식품에 사용되는 물질(기구·용기·포장을 살균·소독하는 데에 사용되어 간접적으로 식품으로 옮아갈 수 있는 물질을 포함)은 무엇에 대한 정의인가?

① 식품
② 식품첨가물
③ 화학적 합성품
④ 기구

해설 식품첨가물은 식품을 제조·가공·조리 또는 보존하는 과정에서 감미, 착색, 표백 또는 산화방지 등을 목적으로 식품에 사용되는 물질을 말한다. 이 경우 기구·용기·포장을 살균·소독하는 데에 사용되어 간접적으로 식품으로 옮아갈 수 있는 물질을 포함한다.

정답 _ 55 ③ 56 ②

빈 출 Check

57 식품, 식품첨가물, 기구 또는 용기. 포장의 위생적 취급에 관한 기준을 정하는 것은?

① 국무총리령
② 고용노동부령
③ 환경부령
④ 농림축산식품부령

해설 식품, 식품첨가물, 기구 또는 용기. 포장의 위생적 취급에 관한 기준은 국무총리령으로 한다.

정답 _ 57 ①

⑦ 영업허가를 받지 아니한 자가 제조, 가공, 소분한 것

2 병든 동물 고기 등의 판매 금지

누구든지 질병에 걸렸거나 걸렸을 염려가 있는 동물이나 그 질병에 걸려 죽은 동물의 고기, 뼈, 젖, 장기 또는 혈액을 식품으로 판매하거나 판매할 목적으로 채취, 수입, 가공, 사용, 조리, 저장, 소분 또는 운반하거나 진열하여서는 아니 된다.

3 기준 · 규격이 정하여지지 아니한 화학적 합성품

누구든지 다음의 어느 하나에 해당하는 행위를 하여서는 아니 된다. 다만, 식품의약품안전처장이 식품위생심의위원회(이하 심의위원회)의 심의를 거쳐 인체의 건강을 해칠 우려가 없다고 인정하는 경우에는 그러하지 아니하다.

① 기준·규격이 정하여지지 아니한 화학적 합성품인 첨가물과 이를 함유한 물질을 식품첨가물로 사용하는 행위

② 식품첨가물이 함유된 식품을 판매하거나 판매할 목적으로 제조, 수입, 가공, 사용, 조리, 저장, 소분, 운반 또는 진열하는 행위

기준과 규격

- 기준 : 식품, 식품첨가물의 제조, 가공, 사용, 조리 및 보존의 방법 등
- 규격 : 식품 또는 식품첨가물의 성분에 관한 것

4 식품 또는 식품첨가물에 관한 기준 및 규격

① 식품의약품안전처장은 국민보건을 위하여 필요하면 판매를 목적으로 하는 식품 또는 식품첨가물에 관한 제조, 가공, 사용, 조리, 보존방법에 관한 기준과 성분에 관한 규격의 사항을 정하여 고시할 수 있다.

② 식품의약품안전처장은 기준과 규격이 고시되지 아니한 식품 또는 식품첨가물의 기준과 규격을 인정받으려는 자에게 제조, 가공, 사용, 조리, 보존방법에 관한 기준과 성분에 관한 규격의 사항을 제출하게 하여 지정된 식품위생 검사기관의 검토를 거쳐 기준과 규격이 고시될 때까지 그 식품 또는 식품첨가물의 기준과 규격으로 인정할 수 있다.

③ 수출할 식품 또는 식품첨가물의 기준과 규격은 ① 및 ②에도 불구하고 수입자가 요구하는 기준과 규격을 따를 수 있다.

5 권장규격 예시 등

① 식품의약품안전처장은 판매를 목적으로 하는 식품 또는 식품첨가물, 기구 및 용기·포장에 관한 기준 및 규격이 설정되지 아니한 식품 등이 국민보건상 위해 우려가 있어 예방조치가 필요하다고 인정하는 경우에는 그 기준 및 규격이 설정될 때까지 위해 우려가 있는 성분 등의 안전관리를 권장하기 위한 규격을 예시할 수 있다.

② 식품의약품안전처장은 권장규격을 예시할 때에는 국제식품규격위원회 및 외국의 규격 또는 다른 식품 등에 이미 규격이 신설되어 있는 유사한 성분 등을 고려하여야 하고 심의위원회의 심의를 거쳐야 한다.

③ 식품의약품안전처장은 영업자가 권장규격을 준수하도록 요청할 수 있으며 이행하지 아니한 경우 그 사실을 공개할 수 있다.

[기구와 용기 · 포장]

1 유독기구 등의 판매 · 사용 금지

유독·유해물질이 들어 있거나 묻어 있어 인체의 건강을 해할 우려가 있는 기구 및 용기·포장과 식품 또는 식품첨가물에 직접 닿으면 해로운 영향을 끼쳐 인체의 건강을 해칠 우려가 있는 기구 및 용기·포장을 판매하거나 판매할 목적으로 제조, 수입, 저장, 운반, 진열하거나 영업에 사용하여서는 안 된다.

2 기구 및 용기 · 포장의 기준과 규격

식품의약품안전처장은 국민보건을 위하여 필요한 경우에는 판매하거나 영업에 사용하는 기구 및 용기·포장에 관하여 제조방법에 관한 기준, 기구 및 용기·포장과 그 원재료에 관한 규격을 정하여 고시한다.

[표시]

1 표시기준

식품의약품안전처장은 국민보건을 위해 표시에 관한 기준을 다음과 같이 정하여 고시할 수 있다.

① 판매를 목적으로 하는 식품 또는 식품첨가물의 표시

② 기준과 규격이 정해진 기구 및 용기·포장의 표시

58 식품 등의 표시기준에 명시된 표시사항이 아닌 것은?
① 업소명
② 성분명 및 함량
③ 유통기한
④ 판매자 성명

해설 제품명, 식품의 유형, 제조연월일, 유통기한 또는 품질유지기한, 내용량 및 내용량에 해당하는 열량, 원재료명, 업소명 및 소재지, 성분명 및 함량, 영양성분 등은 식품 등의 표시사항이다.

59 허위표시, 과대광고의 범위에 해당되지 않는 것은?
① 제조방법에 관하여 연구 또는 발견한 사실로서 식품학, 영양학 등의 분야에서 공인된 사항의 표시·광고
② 외국어의 사용 등으로 외국제품으로 혼동할 우려가 있는 표시·광고
③ 질병의 치료에 효능이 있다는 내용 또는 의약품으로 혼동할 우려가 있는 내용의 표시·광고
④ 다른 업체의 제품을 비방하거나 비방하는 것으로 의심되는 광고

해설 학문적 근거를 두고 표시·광고하는 경우는 허위표시, 과대광고에 해당하지 않는다.

정답 _ 58 ④ 59 ①

빈 출 Check

60 수출을 목적으로 하는 식품 또는 식품첨가물의 기준과 규격은?

① 산업통상자원부장관의 별도 허가를 획득한 기준과 규격
② F.D.A의 기준과 규격
③ 국립검역소장이 정하여 고시한 기준과 규격
④ 수입자가 요구하는 기준과 규격

해설 수출을 목적으로 하는 식품 또는 식품첨가물의 기준과 규격을 수입자가 요구하는 기준과 규격에 맞춘다.

정답 _ 60 ④

③ ①에 따라 표시에 관한 기준이 정하여진 식품 등은 그 기준에 맞는 표시가 없으면 판매하거나 판매할 목적으로 수입, 진열, 운반하거나 영업에 사용하여서는 안 된다.

2 식품의 영양표시

① 식품의약품안전처장은 식품의 영양표시에 관하여 필요한 기준을 정하여 고시할 수 있다. 식품을 제조, 가공, 소분 또는 수입하는 영업자가 식품을 판매하거나 판매할 목적으로 수입, 진열, 운반하거나 영업에 사용하는 경우 정해진 영양표시 기준을 지켜야 한다.

② 식품의약품안전처장은 국민들이 영양표시를 식생활에서 활용할 수 있도록 교육, 홍보를 하여야 한다.

3 유전자변형식품 등의 표시

① 다음 각 호의 어느 하나에 해당하는 생명공학기술을 활용하여 재배·육성된 농산물·축산물·수산물 등을 원재료로 하여 제조·가공한 식품 또는 식품첨가물은 유전자변형식품임을 표시하여야 한다. 다만, 제조·가공 후에 유전자변형 디엔에이(DNA, Deoxyribonucleic acid) 또는 유전자변형 단백질이 남아 있는 유전자변형식품 등에 한정한다.

② 유전자변형식품 등은 표시가 없으면 판매하거나 판매할 목적으로 수입, 진열, 운반하거나 영업에 사용하여서는 아니 된다.

③ 표시의무자, 표시대상 및 표시방법 등에 필요한 사항은 식품의약품안전처장이 정한다.

4 표시 · 광고의 심의

① 영유아식, 체중조절용 조제식품 등 대통령령으로 정하는 식품에 대하여 표시·광고를 하려는 자는 식품의약품안전처장이 정한 식품 표시·광고 심의기준, 방법 및 절차에 따라 심의를 받아야 한다.

② 식품의약품안전처장은 식품의 표시·광고 사전심의에 관한 업무를 대통령령으로 정하는 기관 및 단체 등에 위탁할 수 있다.

5 허위표시 등의 금지

① 누구든지 식품 등의 명칭, 제조방법, 품질, 영양표시, 유전자변형식품 등 및 식품이력추적관리 표시에 관하여는 다음에 해당하는 허위, 과대, 비방의 표시·광고

를 하여서는 안 되고, 포장에 있어서는 과대포장을 하지 못한다. 식품 또는 식품첨가물의 영양가, 원재료, 성분, 용도에 관하여도 또한 같다.

㉠ 질병의 예방 및 치료에 효능, 효과가 있거나 의약품 또는 건강기능식품으로 오인, 혼동할 우려가 있는 내용의 표시·광고

㉡ 사실과 다르거나 과장된 표시·광고

㉢ 소비자를 기만하거나 오인·혼동시킬 우려가 있는 표시·광고

㉣ 다른 업체 또는 그 제품을 비방하는 광고

㉤ 영유아식 또는 체중조절용 조제식품 등 대통령령으로 정하는 식품에 대하여 표시·광고를 하려는 자가 식품의약품안전처장이 정한 식품 표시·광고 심의기준, 방법 및 절차에 따라 심의를 받지 아니하거나 심의 받은 내용과 다른 내용의 표시·광고

② 허위표시·과대광고, 비방광고 및 과대포장의 범위와 그 밖에 필요한 사항은 총리령으로 정한다.

[식품 등의 공전(公典)]

1 식품첨가물 공전

식품의약품안전처장은 다음의 내용을 수록한 식품 등의 공전을 작성·보급하여야 한다.

① 식품 또는 식품첨가물의 기준과 규격

② 기구 및 용기·포장의 기준과 규격

③ 식품 등의 표시기준

[검사 등]

1 위해평가

① 식품의약품안전처장은 국내외에서 유해물질이 함유된 것으로 알려지는 등 위해의 우려가 제기되는 식품 등이 위해식품 판매 등 금지식품 등에 해당한다고 의심되는 경우에는 그 식품 등의 위해요소를 신속히 평가하여 그것이 위해식품인지를 결정하여야 한다.

② 식품의약품안전처장은 위해평가가 끝나기 전까지 국민건강을 위하여 예방조치가 필요한 식품 등에 대하여는 판매하거나 판매할 목적으로 채취, 제조, 수입, 가공, 사용, 조리, 저장, 소분, 운반 또는 진열하는 것을 일시적으로 금지할 수 있다. 다만 국민건강에 급박한 위해가 발생하였거나 발생할 우려가 있다고 식품의약

빈출 Check

61 식품첨가물 공전은 누가 작성하는가?
① 시장, 군수, 구청장
② 국무총리
③ 시·도지사
④ 식품의약품안전처장

식품의약품안전처장은 식품, 식품첨가물, 기구 및 용기·포장의 기준과 규격 및 표시기준을 실은 식품 등의 공전을 작성·보급하여야 한다.

정답 _ 61 ④

빈 출 Check

62 식품위생법령상에 명시된 식품위생감시원의 직무가 아닌 것은?
① 표시기준 또는 과대광고 금지의 위반여부에 관한 단속
② 조리사, 영양사의 법령준수사항 이행 여부 확인·지도
③ 생산 및 품질관리일지의 작성 및 비치
④ 시설기준의 적합 여부의 확인·검사

해설 생산 및 품질관리일지의 작성 및 비치는 식품위생관리인의 직무이다.
식품위생감시원의 직무
- 식품 등의 위생적인 취급에 관한 기준의 이행 지도
- 수입·판매 또는 사용 등이 금지된 식품 등의 취급 여부에 관한 단속
- 표시기준 또는 과대광고 금지의 위반 여부에 관한 단속
- 출입·검사 및 검사에 필요한 식품 등의 수거
- 시설기준의 적합 여부의 확인·검사
- 영업자 및 종업원의 건강진단 및 위생교육의 이행 여부의 확인·지도
- 조리사 및 영양사의 법령 준수사항 이행 여부의 확인·지도
- 행정처분의 이행 여부 확인
- 식품 등의 압류·폐기 등
- 영업소의 폐쇄를 위한 간판 제거 등의 조치
- 그 밖에 영업자의 법령 이행 여부에 관한 확인·지도

정답 _ 62 ③

품안전처장이 인정하는 경우에는 그 금지조치를 하여야 한다.

③ 식품의약품안전처장은 일시적 금지조치를 하려면 미리 심의위원회의 심의·의결을 거쳐야 한다. 다만 국민건강을 급박하게 위해할 우려가 있어서 신속히 금지조치를 하여야 할 필요가 있는 경우에는 먼저 일시적 금지조치를 한 뒤 지체 없이 심의위원회의 심의·의결을 거칠 수 있다.

④ 심의위원회는 ③의 본문 및 단서에 따라 심의하는 경우 대통령령으로 정하는 이해관계인의 의견을 들어야 한다.

⑤ 식품의약품안전처장은 ①에 따른 위해평가나 ③의 단서에 따른 사후 심의위원회의 심의·의결에서 위해가 없다고 인정된 식품 등에 대하여는 지체 없이 일시적 금지조치를 해제하여야 한다.

⑥ 위해평가의 대상, 방법 및 절차, 그 밖에 필요한 사항은 대통령령으로 정한다.

2 식품위생감시원

① 관계 공무원의 직무와 그 밖에 식품위생에 관한 지도 등을 하기 위하여 식품의약품안전처, 특별시, 광역시, 특별자치시, 도, 특별자치도 또는 시·군·구에 식품위생감시원을 둔다.

② 식품위생감시원의 직무
- ㉠ 식품 등의 위생적 취급기준의 이행지도
- ㉡ 수입, 판매 또는 사용 등이 금지된 식품 등의 취급 여부에 관한 단속
- ㉢ 표시기준 또는 과대광고 금지의 위반 여부에 관한 단속
- ㉣ 출입, 검사에 필요한 식품 등의 수거
- ㉤ 시설기준의 적합 여부의 확인, 검사
- ㉥ 영업자 및 종업원의 건강진단 및 위생교육의 이행 여부의 확인, 지도
- ㉦ 조리사, 영양사의 법령 준수사항 이행 여부 확인, 지도
- ㉧ 행정처분의 이행 여부 확인
- ㉨ 식품 등의 압류, 폐기 등
- ㉩ 영업소의 폐쇄를 위한 간판제거 등의 조치
- ㉪ 기타 영업자의 법령 이행 여부에 관한 확인, 지도

[영업]

1 시설기준

다음의 영업을 하려는 자는 총리령으로 정하는 시설기준에 적합한 시설을 갖추어야 한다.

① 식품·식품첨가물의 제조업, 가공업, 운반업, 판매업 및 보존업

② 기구 또는 용기·포장의 제조업

③ 식품접객업(휴게음식점영업, 일반음식점영업, 단란주점영업, 유흥주점영업, 위탁급식영업, 제과점영업)

식품접객업의 유형
- 휴게음식점 : 음식류를 조리, 판매하는 영업으로서 음주행위가 허용되지 않음(다방, 과자점, 떡, 과자, 아이스크림 제조판매업)
- 일반음식점 : 음식류를 조리, 판매하는 영업으로 식사와 음주행위가 허용
- 단란주점 : 주로 주류를 조리, 판매하는 영업으로 손님이 노래를 부르는 행위가 허용
- 유흥주점 : 주류를 조리, 판매하는 영업으로서 유흥종사자를 두거나 유흥시설을 설치할 수 있고, 손님이 노래를 부르거나 춤을 추는 행위를 허용

유흥종사자의 범위
- 유흥접객원 : 손님과 함께 술을 마시며 노래, 춤으로 손님의 유흥을 돋우는 부녀자

2 허가를 받아야 하는 영업과 허가 관청

(1) 식품조사처리업 : 식품의약품안전처장의 허가

(2) 단란주점영업, 유흥주점영업 : 특별자치시장, 특별자치도지사 또는 시장, 군수, 구청장의 허가

3 영업신고를 해야 하는 업종

즉석판매제조·가공업, 식품운반업, 식품소분·판매업, 식품냉동·냉장업, 용기·포장류 제조업, 휴게음식점영업, 일반음식점영업, 위탁급식영업 및 제과점영업은 식품의약품안전처장 또는 특별자치시장, 특별자치도지사 또는 시장, 군수, 구청장에게 신고하여야 한다.

4 영업등록을 해야 하는 업종

식품제조·가공업, 식품첨가물제조업은 식품의약품안전처장 또는 특별자치시장·특별자치도지사·시장, 군수, 구청장에게 등록하여야 한다(주류 제조업의 경우 식품의약품안전처장에게).

5 건강진단

① 식품 또는 식품 첨가물을 채취, 제조, 가공, 조리, 저장, 운반 또는 판매하는 일에 직접 종사하는 영업자 및 그 종업원(완전 포장된 식품 또는 식품첨가물을 운반

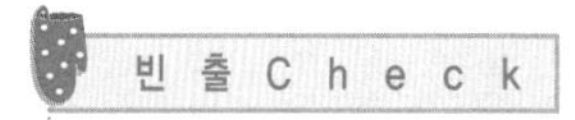

빈출 Check

63 영업허가를 받아야 할 업종이 아닌 것은?
① 단란주점영업
② 유흥주점영업
③ 식품조사처리업
④ 일반음식점영업

해설 식품조사처리업은 식품의약품안전처장에게, 단란주점, 유흥주점영업은 특별자치시장, 특별자치도지사 또는 시장, 군수, 구청장에게 허가를 받아야 한다.

64 일반음식점의 영업신고는 누구에게 하는가?
① 동사무소장
② 시장, 군수, 구청장
③ 식품의약품안전처장
④ 보건소장

해설 일반음식점의 영업신고는 관할시장·군수·구청장에게 하여야 한다.

정답 _ 63 ④ 64 ②

또는 판매하는데 종사하는 자를 제외)은 영업 시작 전 또는 영업에 종사하기 전에 미리 건강진단을 받아야 한다.

② 영업에 종사하지 못하는 질병의 종류

㉠ 제1군 감염병 : 콜레라, 장티푸스, 파라티푸스, 세균성이질, 장출혈성대장균감염증, A형간염

㉡ 결핵(비감염성인 경우 제외)

㉢ 피부병 또는 화농성 질환

㉣ 후천성면역결핍증(성병에 관한 건강진단을 받아야 하는 영업에 종사하는 자에 한함)

6 식품위생교육

① 영업자 및 유흥종사자를 둘 수 있는 식품접객업의 종업원은 매년 식품위생에 관한 교육을 받아야 한다.

② 영업을 하려는 자는 미리 식품위생교육을 받아야 한다. 다만, 부득이한 사유로 미리 식품위생교육을 받을 수 없는 경우에는 영업을 시작한 뒤에 식품의약품안전처장이 정한 바에 따라 교육을 받을 수 있다.

③ 교육을 받아야 하는 자가 영업에 직접 종사하지 아니하거나 두 곳 이상의 장소에서 영업을 하는 경우에는 종업원 중 식품위생에 관한 책임자를 지정하여 영업자 대신 교육을 받게 할 수 있다. 다만, 집단급식소에 종사하는 조리사 및 영양사가 식품위생에 관한 책임자로 지정되어 교육을 받은 경우에는 해당 연도의 식품위생교육을 받은 것으로 본다.

④ 조리사, 영양사 또는 위생사 면허를 받은 자가 식품접객업을 하려는 경우에는 식품위생교육을 받지 않아도 된다.

⑤ 영업자는 특별한 사유가 없는 한 식품위생교육을 받지 아니한 자를 그 영업에 종사하게 하여서는 안 된다.

⑥ 식품위생에 관한 교육내용, 교육비 및 교육 실시 기관 등은 총리령으로 정한다.

7 위생교육시간

① 영업자와 종업원이 받아야 하는 식품위생교육시간

㉠ 식품제조·가공업, 즉석판매제조·가공업, 식품첨가물제조업, 식품운반업, 식품소분·판매업, 식품보존업, 용기·포장류제조업, 식품접객업(식용얼음판매업자와 식품자동판매기영업자는 제외) : 3시간

㉡ 유흥주점영업의 유흥종사자 : 2시간

빈출 Check

65 영업소에서 조리에 종사하는 자가 정기 건강진단을 받아야 하는 법정 기간은?

① 3개월마다
② 6개월마다
③ 매년 1회
④ 2년에 1회

해설 건강 진단
- 정기 건강진단 : 매년 1회 실시
- 수시 건강진단 : 감염병이 발생하였거나 발생할 우려가 있는 경우

66 건강진단을 받지 않아도 되는 사람은?

① 식품 및 식품첨가물의 채취자
② 식품첨가물의 제조자
③ 식품을 가공하는 자
④ 완전 포장 제품의 판매자

해설 건강진단을 받아야 하는 사람은 식품 또는 식품첨가물(화학적 합성품 또는 기구 등의 살균·소독제는 제외)을 채취·제조·가공·조리·저장·운반 또는 판매하는 일에 직접 종사하는 영업자 및 종업원으로 한다. 다만, 완전 포장된 식품 또는 식품첨가물을 운반하거나 판매하는 일에 종사하는 사람은 제외한다.

정답 _ 65 ③ 66 ④

ⓒ 집단급식소를 설치·운영하는 자 : 3시간

② 영업을 하려는 자가 받아야 하는 식품위생교육시간

㉠ 식품제조·가공업, 즉석판매제조·가공업, 식품첨가물제조업 : 8시간

㉡ 식품운반업, 식품소분·판매업, 식품보존업, 용기·포장류제조업 : 4시간

㉢ 식품접객업 : 6시간

㉣ 집단 급식소를 설치·운영하려는 자 : 6시간

8 우수업소 및 모범업소의 지정

① **식품제조 · 가공업 및 식품첨가물제조업** : 우수업소와 일반업소로 구분한다.

② **집단급식소 및 일반음식점영업** : 모범업소와 일반업소로 구분한다.

③ **우수업소 및 모범업소의 지정권자**

㉠ 우수업소의 지정 : 식품의약품안전처장 또는 특별자치시장, 특별자치도지사, 시장, 군수, 구청장

㉡ 모범업소의 지정 : 특별자치시장, 특별자치도지사, 시장, 군수, 구청장

[조리사 및 영양사]

1 조리사

① 집단급식소 운영자와 대통령령으로 정하는 식품접객업자(복어를 조리·판매하는 영업을 하는 자)는 조리사를 두어야 한다.

② **조리사를 두지 않아도 되는 경우**

㉠ 집단급식소 운영자 또는 식품접객영업자 자신이 조리사로서 직접 음식물을 조리하는 경우

㉡ 1회 급식인원 100명 미만의 산업체인 경우

㉢ 영양사가 조리사의 면허를 받은 경우

③ **조리사의 직무**

㉠ 집단급식소에서의 식단에 따른 조리업무(식재료의 전처리에서부터 조리, 배식 등의 전 과정)

㉡ 구매식품의 검수 지원

㉢ 급식설비 및 기구의 위생·안전 실무

㉣ 그 밖에 조리실무에 관한 사항

④ **조리사의 면허** : 특별자치시장, 특별자치도지사, 시장, 군수, 구청장의 면허를 받아야 한다.

67 사람과 동물이 같은 병원체에 의하여 발생하는 질병을 무엇이라 하는가?

① 인수공통감염병
② 법정 감염병
③ 세균성 식중독
④ 기생충성 질병

해설 인수공통감염병이란 사람과 동물이 같은 병원체에 의해 감염되는 병이다.

68 식품위생법령상의 조리사를 두어야 하는 영업자 및 운영자가 아닌 것은?

① 국가 및 지방자치단체의 집단급식소 운영자
② 면적 100m² 이상의 일반음식점 영업자
③ 학교, 병원 및 사회복지시설의 집단급식소 운영자
④ 복어를 조리·판매하는 영업자

해설 조리사를 두어야 하는 경우로는 집단급식소 운영자와 복어를 조리·판매하는 식품접객업자가 해당되며 일반음식점은 해당되지 않는다.

69 다음 중 식품위생교육시간이 바르게 연결되지 않은 것은?

① 유흥주점 종사자 – 2시간
② 집단급식설치·운영자 – 3시간
③ 식품 제조·즉석판매, 식품 첨가물 제조업 – 6시간
④ 식품접객영업을 하려는 자 – 6시간

해설 식품 제조, 즉석판매, 식품 첨가물 제조업의 위생교육시간은 8시간이다.

정답 _ 67 ① 68 ② 69 ③

빈 출 Check

70 식품위생법령상의 조리사를 두어야 하는 영업자 및 운영자가 아닌 것은?

① 국가 및 지방자치단체의 집단급식소 운영자
② 면적 100m² 이상의 일반음식점 영업자
③ 학교, 병원 및 사회복지시설의 집단급식소 운영자
④ 복어를 조리·판매하는 영업자

해설 조리사를 두어야 하는 경우로는 집단급식소 운영자와 복어를 조리·판매하는 식품접객업자가 해당되며 일반음식점은 해당되지 않는다.

71 다음 중 조리사 또는 영양사의 면허를 발급받을 수 있는 자는?

① 정신질환자
② 감염병 환자
③ 마약 중독자
④ 파산 선고자

해설 조리사 또는 영양사의 면허를 발급받을 수 없는 자는 정신질환자(전문의가 적합하다고 인정하는 자는 제외), 감염병 환자(B형 간염 환자는 제외), 마약이나 그 밖의 약물 중독자, 면허취소 처분을 받고 그 취소된 날로부터 1년이 경과하지 아니한 자이다.

정답 _ 70 ② 71 ④

⑤ 조리사 결격사유
　㉠ 정신질환자
　㉡ 감염병의 예방 및 관리에 관한 법률에 따른 감염병 환자(B형 간염 환자 제외)
　㉢ 마약이나 그 밖의 약물 중독자
　㉣ 조리사 면허의 취소처분을 받고 그 취소된 날부터 1년이 지나지 않은 자

⑥ 조리사의 면허취소 사유
　㉠ 결격사유에 해당하게 된 경우
　㉡ 교육을 받지 않은 경우
　㉢ 식중독이나 그 밖에 위생과 관련한 중대한 사고 발생에 직무상의 책임이 있는 경우
　㉣ 면허를 타인에게 대여하여 사용하게 한 경우
　㉤ 업무정지기간 중에 조리사의 업무를 하는 경우

2 영양사

① 집단급식소 운영자는 영양사를 두어야 한다.

② 영양사를 두지 않아도 되는 경우
　㉠ 집단급식소 운영자 자신이 영양사로서 직접 영양 지도를 하는 경우
　㉡ 1회 급식인원 100명 미만의 산업체인 경우
　㉢ 조리사가 영양사의 면허를 받은 경우

③ 영양사의 직무
　㉠ 집단급식소에서의 식단작성, 검식 및 배식관리
　㉡ 구매식품의 검수 및 관리
　㉢ 급식시설의 위생적 관리
　㉣ 집단급식소의 운영일지 작성
　㉤ 종업원에 대한 영양 지도 및 식품위생교육

④ **영양사의 면허** : 보건복지부장관의 면허를 받아야 한다.

⑤ 영양사 결격사유
　㉠ 정신질환자
　㉡ 감염병의 예방 및 관리에 관한 법률에 따른 감염병 환자(B형 간염 환자 제외)
　㉢ 마약·대마 또는 향정신성의약품 중독자
　㉣ 영양사 면허의 취소처분을 받고 그 취소된 날부터 1년이 지나지 않은 자

⑥ 영양사의 면허취소 사유
　㉠ 결격사유에 해당하게 된 경우

㉡ 면허정지처분 기간 중에 영양사의 업무를 하는 경우
㉢ 3회 이상 면허정지처분을 받은 경우

[시정명령 · 허가취소 등 행정제재]

1 시정명령

① 식품의약품안전처장과 시·도지사 또는 시장, 군수, 구청장은 식품 등의 위생적 취급에 관한 기준에 맞지 아니하게 영업하는 자와 이 법을 지키지 아니하는 자에게는 필요한 시정을 명하여야 한다.
② 식품의약품안전처장과 시·도지사 또는 시장, 군수, 구청장은 시정명령을 한 경우에는 영업을 관할하는 관서의 장에게 그 내용을 통보하여 시정명령이 이행되도록 협조를 요청할 수 있다.
③ 협조를 요청을 받은 관계기관의 장은 정당한 사유가 없으면 이에 응해야 하며 그 조치결과를 지체 없이 요청한 기관의 장에게 통보하여야 한다.

2 허가취소 등

식품의약품안전처장 또는 특별자치시장, 특별자치도지사, 시장, 군수, 구청장은 영업자가 다음의 어느 하나에 해당하는 경우에는 대통령령으로 정하는 바에 따라 영업허가 또는 등록을 취소하거나 6개월 이내의 기간을 정하여 그 영업의 전부 또는 일부를 정지하거나 영업소 폐쇄를 명할 수 있다.

① 식품과 식품첨가물 판매 등 금지 규정, 정해진 기준·규격에 맞지 않는 식품 및 식품첨가물의 판매 등 금지 규정, 유독기구 등 판매금지 규정, 정해진 규격에 맞지 않는 기구 및 용기·포장의 판매 등 사용금지 규정, 식품의 영양표시, 나트륨함량 비교 표시, 유전자변형식품 등의 표시 규정 등을 위반한 경우
② 허위표시 등의 금지 규정을 위반한 경우
③ 위해식품 등의 제조·판매금지 규정을 위반한 경우
④ 자가품질검사 의무 규정을 위반한 경우
⑤ 영업장 등 시설기준을 위반한 경우
⑥ 영업의 허가·신고의무, 허가·신고 받은 사항 또는 경미한 사항의 변경 시 허가·신고의무 등을 위반한 경우
⑦ 피성년후견인이거나 파산선고를 받고 복원되지 아니한 자에 해당하는 경우
⑧ 건강진단을 받지 아니한 자나 타인에게 위해를 끼칠 우려가 있는 질병이 있는 자를 영업에 종사시킨 경우

빈출 Check

72 조리사 또는 영양사 면허의 취소 처분을 받고 그 취소된 날부터 얼마의 기간이 경과되어야 면허를 받을 자격이 있는가?
① 1개월 ② 3개월
③ 6개월 ④ 1년

해설 조리사 또는 영양사 면허의 취소 처분을 받고 그 취소된 날 부터 1년이 지나야 조리사 또는 영양사 면허를 받을 수 있다.

정답 _ 72 ④

빈 출 Check

⑨ 식품위생교육을 받지 아니한 자를 영업에 종사하게 한 경우
⑩ 영업 제한을 위반한 경우
⑪ 영업자 등의 준수사항을 위반한 경우
⑫ 위해식품 등의 회수 조치를 하지 아니한 경우
⑬ 위해식품 등의 회수 계획을 보고하지 아니하거나 거짓으로 보고한 경우
⑭ 식품안전관리인증기준을 지키지 아니한 경우
⑮ 식품이력추적관리를 등록하지 아니한 경우
⑯ 집단급식소 운영자나 대통령령으로 정하는 식품접객업자(복어를 조리·판매하는 영업을 하는 자)가 조리사를 두지 않은 경우
⑰ 시정명령, 폐기처분 , 위해식품 등의 공표, 시설 개수명령 등을 위반한 경우
⑱ 성매매알선 등 행위의 처벌에 관한 법률에 따른 금지행위를 한 경우

73 영업에 종사하지 못하는 질병의 종류로 맞지 않는 것은?
① 제1군 전염병
② 후천성 면역 결핍증
③ 피부병 기타 화농성 질환
④ 제3군전염병 v중 결핵(비전염성의 경우 포함)

해설 제3군 전염병 중 결핵(비전염성인 경우는 제외)

3 조리사의 면허취소 등의 행정처분 기준

위반 사항	1차 위반	2차 위반	3차 위반
결격사유 중 하나에 해당하게 된 경우	면허취소		
교육을 받지 아니한 경우	시정명령	업무정지 15일	업무정지 1개월
식중독이나 그 밖에 위생과 관련한 중대한 사고 발생에 직무상의 책임이 있는 경우	업무정지 1개월	업무정지 2개월	면허취소
면허를 타인에게 대여하여 사용하게 한 경우	업무정지 2개월	업무정지 3개월	면허취소
업무정지기간 중에 조리사의 업무를 한 경우	면허취소		

[보칙]

1 식중독에 관한 조사보고

① 다음의 어느 하나에 해당하는 자는 지체 없이 관할 시장, 군수, 구청장에게 보고하여야 한다. 이 경우 의사나 한의사는 대통령령으로 정하는 바에 따라 식중독 환자나 식중독이 의심되는 자의 혈액 또는 배설물을 보관하는 데에 필요한 조치를 하여야 한다.

㉠ 식중독 환자나 식중독이 의심되는 자를 진단하였거나 그 사체를 검안한 의사 또는 한의사

㉡ 집단급식소에서 제공한 식품 등으로 인하여 식중독 환자나 식중독으로 의심되는 증세를 보이는 자를 발견한 집단급식소의 설치·운영자

정답 _ 73 ④

② 시장, 군수, 구청장은 보고를 받은 때에는 지체 없이 그 사실을 식품의약품안전처장 및 시·도지사에게 보고하고, 대통령령으로 정하는 바에 따라 원인을 조사하여 그 결과를 보고하여야 한다.

③ 식품의약품안전처장은 보고의 내용이 국민보건상 중대하다고 인정하는 경우에는 해당 시·도지사 또는 시장, 군수, 구청장과 합동으로 원인을 조사할 수 있다.

④ 식품의약품안전처장은 식중독 발생의 원인을 규명하기 위하여 식중독 의심환자가 발생한 원인시설 등에 대한 조사절차와 시험, 검사 등에 필요한 사항을 정할 수 있다.

2 집단급식소

① 집단급식소를 설치·운영하려는 자는 총리령으로 정하는 바에 따라 특별자치시장, 특별자치도지사, 시장, 군수, 구청장에게 신고하여야 한다.

② 집단급식소를 설치·운영하는 자는 집단급식소 시설의 유지·관리 등 급식을 위생적으로 관리하기 위하여 다음의 사항을 지켜야 한다.

㉠ 식중독 환자가 발생하지 아니하도록 위생관리를 철저히 할 것

㉡ 조리·제공한 식품의 매회 1인분 분량을 총리령으로 정하는 바에 따라 144시간 이상 보관할 것

㉢ 영양사를 두고 있는 경우 그 업무를 방해하지 않을 것

㉣ 영양사를 두고 있는 경우 영양사가 집단급식소의 위생관리를 위하여 요청하는 사항에 대하여 정당한 사유가 없으면 그대로 따를 것

㉤ 그 밖에 식품 등의 위생적 관리를 위하여 필요하다고 총리령으로 정하는 사항을 지킬 것

[벌칙]

1 3년 이상 징역, 1년 이상의 징역

① 소해면상뇌증(광우병), 탄저병, 가금 인플루엔자에 걸린 동물을 사용하여 판매할 목적으로 식품 또는 식품첨가물을 제조, 가공, 수입 또는 조리한 자는 3년 이상의 징역에 처한다.

② 마황, 부자, 천오, 초오, 백부자, 섬수, 백선피, 사리풀에 해당하는 원료 또는 성분 등을 사용하여 판매할 목적으로 식품 또는 식품첨가물을 제조, 가공, 수입 또는 조리한 자는 1년 이상의 징역에 처한다.

③ ①과 ②의 경우 제조, 가공, 수입, 조리한 식품 또는 식품첨가물을 판매하였을 때

74 식품위생법상 집단급식소는 상시 1회 몇 인에게 식사를 제공하는 급식소인가?

① 20명 이상
② 50명 이상
③ 100명 이상
④ 200명 이상

해설 집단급식소란 비영리를 목적으로 특정 여러 사람을 상대로 50인 이상에게 음식을 제공하는 기숙사, 학교, 병원 등의 급식시설을 말한다.

75 HACCP 인증 집단급식소(집단급식소, 식품접객업소, 도시락류 포함)에서 조리한 식품은 소독된 보존식 전용용기 또는 멸균 비닐봉지에 매회 1인분 분량을 담아 몇 ℃ 이하에서 얼마 이상의 시간 동안 보관하여야 하는가?

① 4℃ 이하, 48시간 이상
② 0℃ 이하, 100시간 이상
③ -10℃ 이하, 200시간 이상
④ -18℃ 이하, 144시간 이상

해설 HACCP 인증 집단급식소의 보존식은 -18℃ 이하에서 144시간 이상 보관한다.

정답 _ 74 ② 75 ④

빈 출 Check

정답 _

에는 그 소매가격의 2배 이상 5배 이하에 해당하는 벌금을 병과한다.

④ ①과 ②의 죄로 형을 선고받고 그 형이 확정된 후 5년 이내에 다시 동일한 죄를 범한 자가 그 식품 또는 식품첨가물을 판매하였을 때는 ③에서 정한 형의 2배까지 가중한다.

2 10년 이상의 징역 또는 1억 원 이하의 벌금이나 병과

① 위해 식품, 병든 동물 고기, 기준·규격이 정하여지지 아니한 화학적 합성품 등의 판매 등 금지를 위반한 자
② 유독기구 등의 판매·사용 금지 규정을 위반한 자
③ 허위표시 등의 금지 규정을 위반한 자
④ 영업허가의 규정을 위반한 자

3 5년 이하의 징역 또는 5천만 원 이하의 벌금이나 병과

① 기준과 규격에 맞지 아니하는 식품 또는 식품첨가물을 판매하거나 판매할 목적으로 제조, 수입, 가공, 사용, 조리, 저장, 소분, 운반, 보존 또는 진열한 자
② 기준과 규격에 맞지 아니한 기구 및 용기·포장을 판매하거나 판매할 목적으로 제조, 수입, 저장, 운반, 진열하거나 영업에 사용한 자
③ 허위표시 등의 금지 규정을 위반한 자
④ 영업등록의 규정을 위반한 자
⑤ 폐기처분 등에 대한 명령 또는 위해식품 등의 공표에 따른 명령을 위반한 자
⑥ 영업정지 명령을 위반하고 영업을 계속한 자
⑦ 위해식품 등의 회수 규정 위반한 자
⑧ 영업 제한 위반한 자

4 3년 이하의 징역 또는 3천만 원 이하의 벌금이나 병과

① 조리사를 두지 않은 식품접객영업자와 집단급식소의 운영자
② 영양사를 두지 않은 집단급식소의 운영자

5 3년 이하의 징역 또는 3천만 원 이하의 벌금

① 표시기준, 유전자변형식품 등의 표시, 위해 식품 등에 대한 긴급대응, 자가품질검사 의무, 영업신고, 영업 승계, 식품안전관리인증기준, 식품이력추적관리 등록기준, 명칭 사용 금지에 대한 규정을 위반한 자
② 검사, 출입, 수거, 압류, 폐기를 거부·방해 또는 기피한 자

③ 시설기준을 갖추지 못한 영업자

④ 영업허가에 따른 조건을 갖추지 못한 영업자

⑤ 영업자가 지켜야 할 사항을 지키지 아니한 자(총리령으로 정하는 경미한 사항을 위반한 자는 제외)

⑥ 영업정지 명령을 위반하여 계속 영업한 자 또는 영업소 폐쇄명령을 위반하여 영업을 계속한 자

⑦ 제조정지 명령을 위반한 자

⑧ 관계 공무원이 부착한 봉인 또는 게시문 등을 함부로 제거하거나 손상시킨 자

빈 출 Check

6 1년 이하의 징역 또는 1천만 원 이하의 벌금

① 손님과 함께 술을 마시거나 노래 또는 춤으로 손님의 유흥을 돋우는 접객행위를 하거나 다른 사람에게 그 행위를 알선한 자(유흥종사자를 둘 수 있는 영업장소 제외)

② 소비자로부터 이물 발견의 신고를 접수하고 이를 거짓으로 보고한 자

③ 이물의 발견을 거짓으로 신고한 자

④ 위해식품 등의 회수계획을 보고하지 아니하거나 거짓으로 보고한 자

7 1천만 원 이하의 과태료

① 영양표시 기준을 준수하지 아니한 자

② 나트륨 함량 비교 표시를 하지 아니하거나 비교 표시 기준 및 방법을 지키지 아니한 자

8 500만 원 이하의 과태료

① 식품 등의 위생적인 취급, 건강진단, 식품위생교육, 식중독에 관한 조사 보고를 위반한 자

② 검사기한 내에 검사를 받지 아니하거나 자료 등을 제출하지 아니한 영업자

③ 식품 및 식품첨가물을 제조·가공하는 경우와 중요한 사항을 변경하는 경우의 보고를 하지 아니하거나 허위의 보고를 한 자

④ 실적보고를 하지 아니하거나 허위의 보고를 한 자

⑤ 식품안전관리인증기준 적용업소가 아닌 업소에서 식품안전관리인증기준 적용업소라는 명칭을 사용한 영업자

⑥ 식품의약품안전처장에게 교육 명령을 받고 교육을 받지 않은 조리사 또는 영양사

⑦ 시설 개수명령에 위반한 자

빈 출 Check

⑧ 집단급식소의 설치·운영에 대한 신고를 하지 아니하거나 허위의 신고를 한 자

⑨ 집단급식소를 설치·운영하는 자가 지켜야 할 사항을 위반한 자

9 300만 원 이하의 과태료

① 영업자가 지켜야 할 사항 중 총리령으로 정하는 경미한 사항을 지키지 아니한 자

② 소비자로부터 이물 발견신고를 받고 보고하지 아니한 자

③ 식품이력추적관리 등록사항이 변경된 경우 변경사유가 발생한 날부터 1개월 이내에 신고하지 아니한 자

④ 식품이력추적관리정보를 목적 외에 사용한 자

10 양벌규정

법인의 대표자나 법인 또는 개인의 대리인·사용인, 기타의 종업원이 그 법인 또는 개인의 업무에 관하여 위반 행위를 한 때에는 그 행위자를 벌하는 외에 그 법인이나 개인에 대하여도 해당 각 조의 벌금형을 과한다.

TIP

식품의 기준 및 규격(식품공전)

- 온도의 표시는 셀시우스법(℃)을 쓴다.
- 표준온도는 20℃, 상온은 15~25℃, 실온은 1~35℃, 미온은 30~40℃로 한다.
- 찬물은 15℃ 이하, 온탕 60~70℃, 열탕은 100℃
- 냉암소라 함은 따로 규정이 없는 한 0~15℃의 빛이 차단된 장소를 말한다.
- 감압은 따로 규정이 없는 한 15mmHg 이하로 한다.
- 무게를 '정밀히 단다'라 함은 최소 단위를 고려하여 0.1mg, 0.01mg, 0.001mg까지 다는 것을 말한다.
- 검체를 취하는 양에 "약"이라함은 90~110%의 범위 내에서 취하는 것을 말한다.

용어의 풀이

- 유통기한 : 소비자에게 판매가 가능한 기간
- 규격 : 최종 제품에 대한 규격
- 냉동, 냉장식품은 공전에서 정하여진 것을 제외하고는 냉동은 -18℃ 이하, 냉장은 0~10℃를 말한다.
- 심해 : 태양광선이 도달하지 않는 수심이 200m 이상인 바다를 말한다.
- 이매패류 : 두 장의 껍데기를 가진 조개류로 대합, 굴, 진주담치, 가리비, 홍합, 피조개, 키조개, 새조개, 개량조개, 동죽, 맛조개, 재첩류, 바지락, 개조개 등을 말한다.

식품 원재료 분류

*식물성 과일류
- 인과류 : 사과, 배, 모과, 감, 석류 등
- 감귤류 : 감귤, 오렌지, 자몽, 레몬, 유자, 라임, 금귤, 탱자, 시트론 등
- 핵과류 : 복숭아, 대추, 살구, 자두, 매실, 체리, 앵두, 산수유, 오미자 등
- 장과류 : 포도, 딸기, 무화과, 오디, 월귤, 커런트, 베리, 구기자, 머루 등

*동물성
- 극피 또는 척색류 : 성게, 해삼, 멍게, 미더덕 등

Section 2 제조물 책임법

PL(Product Liability: 제조물 책임)

제조물 책임은 제품의 안전성이 결여되어 소비자가 피해를 입을 경우 제조자가 부담해야 할 손해 배상 책임을 말한다. 제조물 책임은 제품의 결함으로 인해 발생한 인적·물적·정신적 피해까지 공급자가 부담하는 한 차원 높은 손해배상제도로 우리나라는 제조물의 결함으로 인해 발생하는 손해로부터 소비자를 보호하기 위하여 2000년 1월12일 제정하고 2018년 4월 19일 시행되었다.

1 목적

이 법은 제조물의 결함으로 발생한 손해에 대한 제조업자 등의 손해배상책임을 규정함으로써 피해자 보호를 도모하고 국민생활의 안전 향상과 국민경제의 건전한 발전에 이바지함을 목적으로 한다.

2 정의

제조물이라함은 제조되거나 가공된 동산(다른 동산이나 부동산의 일부를 구성하는 경우를 포함한다)을 말한다,

(1) 결함이란

① "제조상의 결함"이란 제조업자가 제조물에 대하여 제조상·가공상의 주의의무를 이행하였는지에 관계없이 제조물이 원래 의도한 설계와 다르게 제조·가공됨으로써 안전하지 못하게 된 경우를 말한다.

② "설계상의 결함"이란 제조업자가 합리적인 대체설계를 채용하였더라면 피해나 위험을 줄이거나 피할 수 있었음에도 대체설계를 채용하지 아니하여 해당 제조물이 안전하지 못하게 된 경우를 말한다.

③ "표시상의 결함"이란 제조업자가 합리적인 설명·지시·경고 또는 그 밖의 표시를 하였더라면 해당 제조물에 의하여 발생할 수 있는 피해나 위험을 줄이거나 피할 수 있었음에도 이를 하지 아니한 경우를 말한다.

(2) "제조업자"란

① 제조물의 제조·가공 또는 수입을 업으로 하는 자

② 제조물에 성명·상호·상표 또는 그 밖에 식별가능한 기호 등을 사용하여 자신을 가목의 자로 표시한 자 또는 가목의 자로 오인하게 할 수 있는 표시를 한 자

빈출 Check

76 식품공전상 표준 온도라 함은 몇 ℃인가?

① 5℃ ② 10℃
③ 15℃ ④ 20℃

해설 식품공전상 표준 온도는 20℃, 상온은 15~ 25℃, 실온은 1~35℃, 미온은 30~40℃이다.

77 다음의 정의에 해당하는 것은?

제품의 결함으로 인해 발생한 인적·물적·정신적 피해까지 공급자가 부담하는 한 차원 높은 손해배상제도로 제조물의 결함으로 인해 발생하는 손해로부터 소비자를 보호하는 제도

① 위해요소중점관리기준(HACCP)
② 식품 Recal 제도
③ 식품 CODEX 제도
④ PL(제조물 책임) 제도

해설 제조물의 결함으로 발생한 손해에 대한 제조업자 등의 손해배상책임을 규정함으로써 피해자 보호를 도모하고 국민생활의 안전 향상과 국민경제의 건전한 발전에 이바지함을 목적으로 시행

정답 _ 76 ④ 77 ④

빈 출 Check

3 제조물 책임

① 제조업자는 제조물의 결함으로 생명·신체 또는 재산에 손해(그 제조물에 대하여만 발생한 손해는 제외한다)를 입은 자에게 그 손해를 배상하여야 한다.

② 제1항에도 불구하고 제조업자가 제조물의 결함을 알면서도 그 결함에 대하여 필요한 조치를 취하지 아니한 결과로 생명 또는 신체에 중대한 손해를 입은 자가 있는 경우에는 그 자에게 발생한 손해의 3배를 넘지 아니하는 범위에서 배상책임을 진다. 이 경우 법원은 배상액을 정할 때 다음 각 호의 사항을 고려하여야 한다. <신설 2017. 4. 18.>

㉠ 고의성의 정도

㉡ 해당 제조물의 결함으로 인하여 발생한 손해의 정도

㉢ 해당 제조물의 공급으로 인하여 제조업자가 취득한 경제적 이익

㉣ 해당 제조물의 결함으로 인하여 제조업자가 형사처벌 또는 행정처분을 받은 경우 그 형사처벌 또는 행정처분의 정도

㉤ 해당 제조물의 공급이 지속된 기간 및 공급 규모

㉥ 제조업자의 재산상태

㉦ 제조업자가 피해구제를 위하여 노력한 정도

③ 피해자가 제조물의 제조업자를 알 수 없는 경우에 그 제조물을 영리 목적으로 판매·대여 등의 방법으로 공급한 자는 제1항에 따른 손해를 배상하여야 한다. 다만, 피해자 또는 법정대리인의 요청을 받고 상당한 기간 내에 그 제조업자 또는 공급한 자를 그 피해자 또는 법정대리인에게 고지한 때에는 그러하지 아니하다.

4 면책사유

① 제3조에 따라 손해배상책임을 지는 자가 다음 각 호의 어느 하나에 해당하는 사실을 입증한 경우에는 이 법에 따른 손해배상책임을 면한다.

㉠ 제조업자가 해당 제조물을 공급하지 아니하였다는 사실

㉡ 제조업자가 해당 제조물을 공급한 당시의 과학·기술 수준으로는 결함의 존재를 발견할 수 없었다는 사실

㉢ 제조물의 결함이 제조업자가 해당 제조물을 공급한 당시의 법령에서 정하는 기준을 준수함으로써 발생하였다는 사실

㉣ 원재료나 부품의 경우에는 그 원재료나 부품을 사용한 제조물 제조업자의 설계 또는 제작에 관한 지시로 인하여 결함이 발생하였다는 사실

② 제3조에 따라 손해배상책임을 지는 자가 제조물을 공급한 후에 그 제조물에 결함이 존재한다는 사실을 알거나 알 수 있었음에도 그 결함으로 인한 손해의 발생

을 방지하기 위한 적절한 조치를 하지 아니한 경우에는 제1항 제2호부터 제4호까지의 규정에 따른 면책을 주장할 수 없다.

공중보건

빈 출 Check

78 세계보건기구(WHO)의 기능과 관계없는 사항은?

① 회원국의 기술 지원
② 후진국의 경제 보조
③ 회원국의 자료 공급
④ 국제적 보건 사업의 지휘·조정

해설 세계보건기구는 UN의 산하 기관으로 각 회원국의 보건관계자료 공급, 기술 지원 및 자문, 국제적 보건 사업의 지휘 및 조정을 담당한다.

79 WHO가 규정한 건강의 정의로 가장 맞는 것은?

① 질병이 없고 육체적으로 완전한 상태
② 육체적, 정신적으로 완전한 상태
③ 육체적 완전과 사회적 안녕이 유지되는 상태
④ 육체적, 정신적, 사회적 안녕의 완전한 상태

해설 건강이란 단순한 질병이나 허약의 부재 상태만을 의미하는 것이 아니고 육체적, 정신적, 사회적으로 모두 완전한 상태를 말한다.

정답 _ 78 ② 79 ④

Section 1 공중보건의 개념

1 공중보건의 정의

(1) 세계보건기구(WHO, World Health Organization)의 정의

질병을 예방하고 건강을 유지·증진시킴으로써 육체적, 정신적인 능력을 발휘할 수 있게 하기 위한 과학적 지식을 사회의 조직적 노력으로 사람들에게 적용하는 기술이다.

(2) 공중보건에 대한 윈슬로우(C.E.A Winslow)의 정의

조직적인 지역사회의 공동 노력을 통하여 질병을 예방하고 생명을 연장시키며 신체적, 정신적 효율을 증진시키는 기술이고 과학이다.

2 건강의 정의

WHO는 건강이란 "단순한 질병이나 허약의 부재 상태만을 의미하는 것이 아니고 육체적, 정신적, 사회적으로 모두 완전한 상태이다"라고 정의하고 있다.

세계보건기구(WHO)
- 창설 : 1948년 4월
- 우리나라 가입 : 1949년 6월
- 본부 : 스위스 제네바
- 기능 : 국제적인 보건 지휘 및 조정, 회원국에 대한 기술 지원 및 자료 공급, 전문가 파견에 의한 기술 자문 활동

3 공중보건의 대상

국민 전체, 지역사회의 전 주민을 대상으로 한다.

4 보건수준의 평가 지표

① 보건지표 : 영아사망률(대표적), 조사망률, 질병이환률
② 건강지표 : 평균수명, 조사망률, 비례사망자수

• 영아의 정의 : 생후 12개월 미만의 아이
• 신생아의 정의 : 생후 28일 미만의 아이

Section 2 환경위생 및 환경오염관리

[환경위생]

1 환경요소의 종류

(1) 자연환경

기온, 기습, 기류, 일광, 기압, 공기, 물 등

(2) 인위적 환경

채광, 조명, 환기, 냉방, 상하수도, 오물 처리, 공해 등

① 채광, 조명

㉠ 채광 : 유리창 면적은 바닥 면적의 1/5~1/7이 적당하며, 창이 높을수록 밝고 천장에 있는 창의 경우 보통 창보다 3배가 밝다.

㉡ 인공조명

• 직접조명 : 조명 효율이 크고 경제적이지만 눈이 피로하다.
• 간접조명 : 조명 효율이 나쁘고 비경제적이나 눈이 피로하지 않고 안정하다.
• 반간접조명(절충식) : 부엌 조리장에 사용한다(50~100lux).

② 환기

㉠ 자연환기 : 실외의 온도차, 풍력, 기체의 확산 등을 이용한 환기로, 중성대는 천장 가까이가 좋다.

㉡ 인공환기 : 환풍기, 후드(사방형이 좋다) 등을 사용한 환기를 말한다.

③ 냉 · 난방

㉠ 냉방 : 실내온도가 26℃ 이상일 때 필요하며, 실내와 실외의 온도차는 5~8℃를 유지한다.

㉡ 난방 : 실내온도가 10℃ 이하일 때 필요하다.

㉢ 중앙난방식과 국소(부분)난방식으로 분류한다.

(3) 사회적 환경

정치, 경제, 종교 등

빈출 Check

80 다음 중 실내공기의 오염지표로 사용되는 것은?
① 이산화탄소(CO_2)
② 산소(O_2)
③ 질소(N_2)
④ 아르곤(Ar)

이산화탄소는 실내공기 오염도를 화학적으로 측정하는 지표로 사용되며 위생학적 허용한계는 0.1%(1,000ppm)이다.

정답 _ 80 ①

빈 출 C h e c k

81 일광 중 가장 강한 살균력을 가지고 있는 자외선 파장은?

① 1000~1800Å
② 1800~2300Å
③ 2300~2600Å
④ 2600~2800Å

해설 자외선은 2,600~2800Å(260nm)일 때 살균력이 가장 강하다.

정답 _ 81 ④

[일광]

1 일광의 종류

(1) 자외선

① 장점

㉠ 자외선은 일광의 3분류 중 파장이 가장 짧으며, 범위는 2,500~2,800Å(가장 살균력이 강함)이다.

㉡ 피부에서 비타민 D를 생성한다(구루병 예방).

㉢ 식품, 물, 공기, 의복, 식기 등을 자연 소독·살균한다.

㉣ 결핵균, 디프테리아, 기생충 등을 사멸시킨다.

㉤ 관절염 치료 작용을 한다.

㉥ 신진대사, 적혈구 생성을 촉진한다.

② 단점

㉠ 결막이나 각막을 손상시킨다.

㉡ 피부암을 유발한다.

(2) 가시광선

파장의 범위는 4,000~7,000Å이며, 사람에게 색채를 부여하고 밝기나 명암을 구분한다.

(3) 적외선

파장의 범위는 7,800Å 이상으로 파장이 가장 길며, 피부에 닿으면 열이 생겨 열사병, 백내장, 홍반을 유발할 수 있다.

2 온열인자

(1) 감각온도(체감온도)의 변화 인자

① 쾌적 기온(온도) : 18±2℃

② 쾌적 기습(습도) : 40~70%(60~65%)

③ 쾌적 기류(공기의 흐름, 바람) : 1m/sec로 이동할 때가 건강에 좋다.

불감기류
공기의 흐름이 0.2~0.5m/sec로 약하게 이동됨

(2) **온열 조건**

기온, 습도, 기류, 복사열 등이 있다.

(3) **실외의 기온 측정**

지면의 1.5m 위에서 건구온도계로 측정한다.

① 최고 온도 : 오후 2시에 측정한다.

② 최저 온도 : 일출 전에 측정한다.

(4) **불쾌지수(D.I)**

D.I 가 70이면 10%의 주민이 불쾌감을 느끼고, 80이면 거의 모든 사람이 불쾌감을 느낀다.

기온 측정
- 건구온도계 : 실외 기온 측정
- 습구온도계 : 실내 기온 측정
- 카타온도계 : 기류 측정

기압
물 표면은 1기압, 10m씩 내려가면 1기압씩 상승한다. 즉, 수심 40m에서는 5기압의 압력을 받는다.

[공기와 대기오염]

1 공기

(1) **공기의 조성**

질소(78%), 산소(21%), 이산화탄소(0.03~0.04%)로 이루어진다.

(2) **이산화탄소(CO_2)**

공기 중의 이산화탄소는 실내 공기오염의 지표이며, 이산화탄소의 서한도(위생학적 허용단계)는 0.1%(1000ppm)이다.

(3) **일산화탄소(CO)**

① 무색, 무취, 무미, 무자극성 기체이다.

② 헤모글로빈과의 친화력이 산소(O_2)에 비해 250~300배 강하다.

③ 조직 내의 산소 결핍을 초래한다.

④ 연탄이 타기 시작할 때와 꺼질 때 발생한다(불완전 연소 시 발생).

⑤ 서한도(위생학적 허용 한계) : 8시간 기준으로 0.01%(100ppm), 4시간 기준으로

82 공기의 자정 작용에 속하지 않는 것은?
① 산소, 오존 및 과산화수소에 의한 산화 작용
② 세정 작용
③ 여과 작용
④ 공기 자체의 희석 작용

해설 공기는 산소, 오존, 과산화수소에 의한 산화 작용, 공기 자체의 희석 작용, 세정 작용, 자외선에 의한 살균 작용, CO_2와 O_2의 교환 작용 등에 의하여 자체 정화한다.

83 실내 공기의 오염지표인 이산화탄소(CO_2)의 실내(8시간 기준) 위생학적 허용 한계는?
① 0.001% ② 0.01%
③ 0.1% ④ 1%

해설 이산화탄소의 위생학적 허용 한계는 0.1%, 일산화탄소의 허용 한계는 0.01%이다.

정답 _ 82 ③ 83 ③

84 비말 감염이 가장 잘 이루어질 수 있는 조건은?
① 군집
② 피로
③ 영양 결핍
④ 매개 곤충의 서식

해설 비말 감염이란 기침이나 재채기, 대화 등을 통해 감염되는 경우로 사람이 많이 모여 있는 군집 상태에서 잘 이루어진다.

정답 _ 84 ①

0.04%(400ppm)이다.

(4) **아황산가스(SO_2)**

① 중유의 연소 과정에서 다량 발생한다(자동차 배기가스).

② 냄새가 강하다.

③ 금속을 부식시킨다.

④ 식물의 고사(농작물 피해)를 유발한다.

⑤ 실외 공기오염의 지표가 된다.

(5) **군집독**

영화관과 같은 밀폐된 곳에 다수인이 밀집되었을 경우 두통, 구토, 현기증 등을 일으키는 것으로, 실내 공기오염의 일종이다.

공기의 자정 작용
공기의 희석 작용, 강우 · 강설에 의한 세정 작용, 산소와 오존에 의한 산화 작용, 자외선에 의한 살균 작용

2 대기오염

(1) **원인**

공장의 배기가스, 자동차 배기가스, 가정용 굴뚝 연기, 공사장 분진 등

(2) **대기오염 물질**

아황산가스, 일산화탄소, 질소화합물, 옥시탄트 등

(3) **피해**

호흡기계 질병, 식물의 고사, 금속의 부식 등

[상하수도, 오물처리 및 수질오염]

1 물

(1) **인체에서의 물**

① **인체 내 물의 필요량** : 인체의 2/3, 즉 60~70%를 차지하며 1일 필요량은 2~3L이다.

② 인체 내 물의 10%를 상실할 경우 신체 기능의 이상이 생긴다.

③ 인체 내 물의 20%를 상실할 경우 생명의 위험을 초래한다.

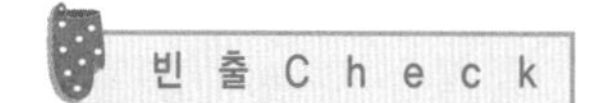

85 수인성 감염병의 특징과 거리가 먼 것은?
① 환자 발생이 폭발적이다.
② 잠복기가 길고 치명률이 높다.
③ 성과 나이에 무관하게 발병한다.
④ 급수 지역과 발생 지역이 거의 일치한다.

수인성 감염병은 환자 발생이 폭발적이며, 음료수의 사용 지역과 일치하고 계절과 관계가 없으며, 성별, 연령, 직업, 생활수준에 따른 발생 빈도의 차이가 없다.

정답 _ 85 ②

(2) 물의 종류

경수(우물물, 센물)	연수(수돗물, 단물)
칼슘염과 마그네슘염을 함유	칼슘염과 마그네슘염이 거의 없음
거품이 잘 일어나지 않음	거품이 잘 생김
끈끈함	미끄러움

(3) 음료수의 수원

① 천수, 지하수, 지표수, 복류수로 구분한다.

② 지하수 오염 방지를 위해서 화장실와 최소한 20m 이상 떨어져 있어야 하며, 우물 내벽의 3m까지 방수 처리한다.

(4) 물에 의한 질병

① 수인성 감염병

㉠ 장티푸스, 파라티푸스, 세균성 이질, 콜레라, 아메바성 이질 등

㉡ 환자 발생이 폭발적이다.

㉢ 음료수 사용 지역과 유행 지역이 일치한다.

㉣ 치명률이 낮고 2차 감염 환자의 발생이 거의 없다.

㉤ 계절에 관계없다.

㉥ 성, 연령, 직업, 생활수준에 따른 발생 빈도에 차이가 없다.

수인성 감염병 발생지, 수영장, 공업용 제빙용수는 잔류 염소 0.4ppm을 유지해야 한다.

② **우치, 충치** : 불소가 없거나 적은 물을 장기 음용 시 발생한다.

③ **반상치** : 불소가 과다하게 함유된 물을 장기 음용 시 발생한다.

④ **청색아** : 질산염이 많은 물을 장기 음용 시 소아가 청색증에 걸려 사망할 수 있다.

⑤ **설사** : 황산마그네슘이 많이 함유된 물을 음용하면 설사가 발생할 수 있다.

(5) 물의 정수

① **정수법** : 침사, 침전, 여과, 소독으로 이루어지며, 반드시 실시해야 한다.

② **정수 작용** : 희석 작용, 침전 작용, 살균 작용, 자정 작용

③ **소독** : 염소 소독(잔류량 0.2ppm), 열처리법, 자외선 소독법, 오존 소독법, 표백분 소독

(6) 음용수의 수질 기준

① **일반세균** : 1ml 중 100을 넘지 아니할 것

빈 출 Check

86 상수를 정수하는 일반적인 순서는?
① 침전 → 여과 → 소독
② 예비 처리 → 본 처리 → 오니 처리
③ 예비 처리 → 여과 처리 → 소독
④ 예비 처리 → 침전 → 여과 → 소독

해설 상수의 정수는 '침전 → 여과 → 소독'의 순서로 진행되며 '예비 처리 → 본 처리 → 오니 처리'는 하수도의 정수법이다.

87 일반적으로 생물학적 산소요구량(BOD)과 용존산소량(DO)은 어떤 관계가 있는가?
① BOD가 높으면 DO가 높다.
② BOD가 높으면 DO는 낮다.
③ BOD와 DO는 항상 같다.
④ BOD와 DO는 무관하다.

해설 하수의 위생 검사 지표로 BOD는 20ppm 이하여야 하고 DO는 5ppm 이상이어야 한다. BOD의 수치가 클수록 물이 많이 오염된 것이므로 DO는 낮아지게 된다.

88 하천수에 용존산소가 적다는 것은 무엇을 의미하는가?
① 유기물 등이 잔류하여 오염도가 높다.
② 물이 비교적 깨끗하다.
③ 오염과 무관하다.
④ 호기성 미생물과 어패류의 생존에 좋은 환경이다.

해설 DO(용존산소량)가 많을 경우 깨끗한 물, 적을 경우 오염된 물이다.

정답 _ 86 ① 87 ② 88 ①

② 대장균

㉠ 50ml에서 검출되지 아니할 것

㉡ 수질, 분변 오염의 지표, 위생 지표 세균

㉢ 다른 세균의 오염을 간접적으로 알 수 있음

(7) 음용수의 판정 기준

① 물은 무색투명하고 색도는 5도, 탁도는 2도 이하일 것

② 소독으로 인한 냄새와 맛 이외의 냄새와 맛이 없을 것

③ 수소이온농도 : pH 5.5~8.5일 것

④ 시안 : 0.01ml/L를 넘지 않을 것

⑤ 암모니아성질소 : 0.5ml/L를 넘지 않을 것

⑥ 질산성질소 : 10ml/L를 넘지 않을 것

⑦ 과망간산칼륨 소비량 : 10ml/L를 넘지 않을 것

⑧ 수은 : 0.001ml/L를 넘지 않을 것

⑨ 염소 이온 : 250ml/L를 넘지 않을 것

⑩ 증발잔류물 : 500ml/L를 넘지 않을 것

⑪ 불소 : 1.5ml/L를 넘지 않을 것

⑫ 비소 : 0.05ml/L를 넘지 않을 것

⑬ 카드뮴 : 0.01ml/L를 넘지 않을 것

⑭ 세제(음이온 계면활성제) : 0.5ml/L를 넘지 않을 것

2 상하수도

(1) 상수도

① 상수를 운반하는 시설을 말한다.

② 정수 과정 : 침사 → 침전 → 여과 → 소독

(2) 하수도

① 하수 처리 과정 : 예비 처리 → 본 처리 → 오니 처리

② 종류

㉠ 합류식 : 생활하수와 천수(눈, 비)를 같이 처리한다(시설비가 적고, 하수관이 자연 청소, 수리·청소가 용이).

㉡ 분류식 : 생활하수와 천수를 분리하여 처리한다.

㉢ 혼합식 : 생활하수와 천수의 일부를 함께 처리한다.

③ 하수 처리의 위생검사

㉠ BOD(생화학적 산소요구량) : BOD는 하수의 오염도를 나타내며, BOD가 높

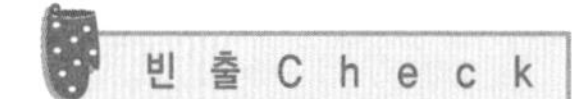

다는 것은 하수 오염도가 높다는 의미로 BOD는 20ppm 이하여야 한다(BOD는 20℃에서 5일간 측정한다).

ⓒ DO(용존산소량) : DO는 수중에 용해된 산소량으로 DO의 수치가 낮으면 오염도가 높음을 의미하며, DO는 4~5ppm 이상이어야 한다.

3 오물 처리

(1) 분뇨의 처리

완전 부숙 기간은 여름 1개월, 겨울 3개월이다.

(2) 진개의 처리

① 매립법 : 쓰레기를 땅속에 묻고 덮는 방법으로 진개의 두께는 2m, 복토는 0.6~1m가 적당하다.

② 소각법 : 가장 위생적인 방법이지만 처리비용이 비싸고 대기오염의 원인이 된다.

③ 비료화법 : 음식물 처리에 가장 효과적이다.

4 수질오염

① 원인 : 농업, 공업, 광업, 도시하수 등

② 물질 : 카드뮴, 수은, 시안, 농약 등

③ 피해 : 식물의 고사, 상수원 오염, 어류의 사멸

수질오염에 의한 질병
- 수은(Hg) 중독 : 미나마타병(지각 마비)
- 카드뮴(Cd) 중독 : 이타이이타이병(골연화증)

[소음 및 진동]

1 소음

① 소음은 듣기 싫은 소리를 말하며 음압은 데시벨(dB)로 측정한다.

② 소음에 의한 장애 : 청력 장애, 신경과민, 불면, 작업 방해, 소화불량, 두통 등의 장애가 발생한다.

2 진동

일정한 점을 중심으로 하여 양쪽으로 흔들려 움직이는 운동을 말하며 진동에 의한 질병으로 레이노병이 대표적이다.

빈 출 Check

89 수질의 분변 오염 지표로 사용되는 균은?
① 장염비브리오균
② 대장균
③ 살모넬라균
④ 웰치균

해설 대장균은 사람이나 동물의 장 속에 서식하는 균으로 수질의 분변 오염 지표로 활용된다.

90 다음 중 진개의 처리방법이 아닌 것은?
① 소각법
② 위생 매립법
③ 비료화법(퇴비법)
④ 활성오니법

해설 활성오니법은 하수처리방법 중 하나이다.

정답 _ 89 ② 90 ④

빈 출 Check

91 우리나라에서 식중독 사고가 가장 많이 발생하는 계절은?

① 봄 ② 여름
③ 가을 ④ 겨울

해설 식중독은 6~9월까지 고온다습한 여름철에 발생빈도가 높다.

정답 _ 91 ②

[구충구서]

 구충구서의 일반적 원칙

① 광범위하게 실시하며, 생태 습성에 따라 행한다.

② 발생의 근원을 제거(가장 근본적인 방법)한다.

③ 발생 초기에 행한다.

TIP 바퀴벌레 중 우리나라에 가장 많은 것은 독일 바퀴벌레이며, 바퀴벌레는 잡식성, 야간 활동성, 군서성(집단 서식) 등의 습성을 지닌다.

Section 3 역학 및 감염병 관리

[역학 및 감염병 관리]

1 역학의 정의

역학이란 인간 집단에서 발생하는 모든 질병을 집단현상으로 규정하여 연구하는 학문이며, 의학적 생태학으로서 보건학적 진단학을 의미한다.

2 역학의 시간적 특성

종류	내용
추세 변화	• 일정한 주기로 반복하면서 유행하는 현상 • 이질과 장티푸스(20~30년), 디프테리아(10~24년), 성홍열(10년 전후), 유행성 독감(30년)
순환 변화	• 단기간 순환적으로 반복하면서 유행하는 주기 변화 • 백일해와 홍역(2~4년), 유행성뇌염(3~4년)
계절 변화	• 1년을 주기로 계절적으로 반복 유행하는 현상 • 소화기계 감염병(여름), 호흡기계 감염병(겨울)
불규칙 변화	• 외래 감염병이 국내에 발생할 때, 돌발적인 유행 • 콜레라

[급 · 만성 감염병 관리]

1 감염병 발생의 요인과 대책

(1) 감염원

병원체를 인간에게 가져오는 감염병의 원인

① **병원체** : 세균, 바이러스, 리케차 등

② **병원소** : 인간, 동물, 토양

③ **감염원에 대한 대책** : 환자, 보균자 격리 조치

(2) 감염경로

병원체가 새로운 숙주에게 전파하는 과정이 있어야만 질병이 성립되므로 음식물, 공기, 접촉, 매개, 개달물 등으로 인해 질병이 전파된다.

(3) 감염병 대책

① 질병에 대한 감수성 및 면역력을 증진시킨다.

② 예방접종을 실시한다.

감수성 지수
두창, 홍역(95%) > 백일해(60~80%) > 성홍열(40%) > 디프테리아(10%) > 소아마비(0.1%)

2 질병의 원인별 분류

(1) 양친에게서 감염되거나 유전되는 질병

① **감염성 질환** : 매독, 두창, 풍진 등

② **비감염성 질환** : 혈우병, 당뇨병, 알레르기, 색맹 등

(2) 잘못된 식습관으로 인해 일어나는 질병

비만증, 관상동맥, 고혈압, 위암, 간암, 식도암, 각기병, 구루병 등

3 병원체에 대한 면역력 증강

(1) 선천적 면역

종속 면역, 인종 면역, 개인차 특이성

(2) 후천적 면역

① 능동 면역

㉠ 자연 능동 면역 : 질병 감염 후 획득되는 면역 예 홍역, 수두, 유행성 이하선

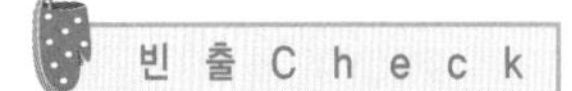

빈 출 Check

92 수혈을 통하여 감염되기 쉬우며 감염률이 높은 것은?
① 홍역 ② 두창
③ 백일해 ④ 유행성 간염

해설 수혈을 통하여 감염이 쉬운 것은 유행성 간염이다.

93 모체로부터 태반이나 수유를 통해 얻어지는 면역은?
① 자연 능동 면역
② 인공 능동 면역
③ 자연 수동 면역
④ 인공 수동 면역

해설 **후천적 면역**
- 자연 능동 면역 : 질병 감염 후 획득
- 인공 능동 면역 : 예방접종으로 획득
- 자연 수동 면역 : 모체로부터 얻는 면역
- 인공 수동 면역 : 혈청제제의 접종으로 획득

94 인공능동면역의 방법에 해당되지 않는 것은?
① 생균백신 접종
② 글루불린 접종
③ 사균백신 접종
④ 순화독소 접종

해설 면역글로불린은 특정질환에 대한 수동면역을 필요로 하는 환자와 선천성 면역 글로불린 결핍증 환자에게 사용된다.

정답 _ 92 ④ 93 ③ 94 ②

빈 출 Check

95 병원체가 리케차인 것은?
① 장티푸스 ② 결핵
③ 백일해 ④ 발진티푸스

리케차성 전염병에는 발진열, 발진티푸스, 양충병이 있다. 장티푸스, 백일해, 결핵은 세균성 감염병이다.

96 병원체가 바이러스인 감염병은?
① 결핵 ② 회충증
③ 일본뇌염 ④ 발진티푸스

① 결핵은 세균, ② 회충증은 기생충, ④ 발진티푸스는 리케차에 의한 감염병이다.

정답 _ 95 ④ 96 ④

염, 백일해

㉡ 인공 능동 면역 : 예방접종으로 획득되는 면역 예 일본뇌염, 파상풍, 콜레라, 결핵

② 수동 면역

㉠ 자연 수동 면역 : 모체로부터 얻은 면역 예 수유

㉡ 인공 수동 면역 : 혈청제제 접종으로 획득되는 면역 예 수혈

4 감염병의 분류

(1) 병원체에 따른 분류

① 바이러스 : 뇌염, 홍역, 인플루엔자, 천연두, 급성회백수염(소아마비, 폴리오), 전염성 간염, 트라콤, 전염성 설사병, 풍진, 광견병(공수병), 유행성 이하선염 등

② 리케차 : 발진티푸스, 발진열, 양충병 등

③ 세균 : 콜레라, 이질, 파라티푸스, 성홍열, 디프테리아, 백일해, 페스트, 유행성 뇌척수막염, 장티푸스, 파상풍, 결핵, 폐렴, 나병, 수막구균성 수막염 등

④ 스피로헤타 : 와일씨병, 매독, 서교증, 재귀열 등

⑤ 원충 : 말라리아, 아메바성 이질, 트리파노조마(수면병) 등

(2) 인체 침입구에 따른 분류

① 호흡기계 감염병

㉠ 원인 : 경구 감염병의 감염원과 비슷하다.

㉡ 종류 : 디프테리아, 백일해, 홍역, 천연두, 유행성 이하선염, 풍진, 성홍열, 결핵, 폐렴, 수막구균성 수막염, 인플루엔자, 두창

② 경구 감염병(소화기계 감염병)

㉠ 원인 : 병원균이 음식물과 함께 체내에 들어가 소화기관의 점막에 부착하여 번식하고 조직에 염증을 일으킴으로써 발병한다.

㉡ 종류 : 장티푸스, 파라티푸스, 이질(세균성, 아메바성), 콜레라, 병원성 대장균, 급성 회백수염(소아마비), 폴리오, 유행성 간염

③ 경피침입 감염병

㉠ 원인 : 병원체의 피부 접촉에 의해 그 자신의 힘으로 숙주의 체내에 침입한다.

㉡ 종류 : 파상풍, 매독, 한센병, 탄저 등

(3) 예방접종을 하는 감염병의 종류

연령	예방접종의 종류
4주 이내	BCG
2개월	경구용 소아마비, DPT

4개월	경구용 소아마비, DPT
6개월	경구용 소아마비, DPT
15개월	홍역, 볼거리, 풍진(13~15세 여아만 접종해도 됨)
3~15세	일본 뇌염

DPT
디프테리아(D), 백일해(P), 파상풍(T)에 대한 예방접종이다.

(4) 잠복기에 따른 감염병의 분류

① **잠복 기간이 긴 것** : 나병, 매독, AIDS

② **잠복 기간이 짧은 것** : 콜레라, 이질, 성홍열, 파라티푸스, 디프테리아

(5) 감염 경로에 따른 감염병의 분류

① **직접 접촉** : 매독, 임질

② **간접 접촉** : 기침이나 재채기에 의해서 감염되는 것(비말 감염) 예 디프테리아, 인플루엔자, 성홍열

③ **개달물 감염** : 의복, 수건에 의한 감염 예 결핵, 트라코마(눈병), 천연두

④ **수인성 감염** : 이질, 콜레라, 파라티푸스, 소아마비, 유행성 간염

⑤ **음식물 감염** : 이질, 콜레라, 파라티푸스, 장티푸스, 소아마비, 유행성 간염

⑥ **절족동물 감염**

㉠ 이 : 발진티푸스, 재귀열

㉡ 모기 : 말라리아, 일본뇌염, 황열(말레이), 사상충증, 뎅기열

㉢ 벼룩 : 발진열, 페스트, 재귀열

㉣ 바퀴 : 이질, 콜레라, 장티푸스, 소아마비

㉤ 파리 : 장티푸스, 파라티프스, 이질, 콜레라, 결핵, 디프테리아

㉥ 쥐 : 페스트, 서교증, 재귀열, 발진열, 와일씨병, 유행성 출혈열

⑦ 토양 감염 : 파상풍

(6) 우리나라 법정 감염병의 종류

① **제1군 감염병** : 콜레라, 장티푸스, 파라티푸스, 세균성 이질, 장출혈성 대장균 감염증, A형 간염

② **제2군 감염병** : 디프테리아, 백일해, 파상풍, 홍역, 유행성 이하선염, 풍진, 폴리오, B형 간염, 일본뇌염, 수두, 폐렴구균

③ **제3군 감염병** : 말라리아, 결핵, 한센병, 성홍열, 수막구균성 수막염, 레지오넬라증, 비브리오 패혈증, 발진티푸스, 발진열, 쯔쯔가무시증, 렙토스피라증, 브루

빈출 Check

97 다음 중 소화기계 감염병에 속하지 않는 것은?
① 장티푸스 ② 세균성 이질
③ 결핵 ④ 발진티푸스

해설 인체 침입에 따른 감염병
• 소화기계 감염병 : 장티푸스, 파라티푸스, 세균성 이질, 콜레라, 소아마비 등
• 호흡기계 감염병 : 디프테리아,

98 다음 중 제1군 감염병에 속하는 것은?
① 홍역 ② 일본뇌염
③ 장티푸스 ④ 백일해

해설 제1군 감염병
콜레라, 장티푸스, 파라티푸스, 세균성 이질, 장출혈성 대장균 감염증, A형 간염

정답 _ 97 ③ 98 ③

빈 출 Check

99 우리나라 검역 감염병이 아닌 것은?

① 장티푸스 ② 황열
③ 콜레라 ④ 페스트

해설 우리나라 검역 감염병의 종류로는 콜레라(120시간), 페스트(144시간), 황열(144시간), 중증급성호흡기증후군, 조류인플루엔자 인체감염증, 신종인플루엔자감염증, 중동호흡기증후군이 있다.

셀라증, 탄저, 공수병, 신증후군 출혈열, 인플루엔자, 후천성면역결핍증(AIDS), 매독, 크로이츠펠트-야콥병(CJD) 및 변종크로이츠펠트-야콥병(vCJD)

④ **제4군 감염병** : 페스트, 황열, 뎅기열, 바이러스성 출혈열, 두창, 보툴리눔독소증, 중증 급성호흡기 증후군(SARS), 동물인플루엔자 인체감염증, 신종인플루엔자, 야토병, 큐열, 웨스트나일열, 신종감염병증후군, 라임병, 진드기매개뇌염, 유비저, 치쿤구니야열, 중증열성혈소판감소증후군(SFTS), 중동 호흡기 증후군(MERS)

⑤ **제5군 감염병** : 회충증, 편충증, 요충증, 간흡충증, 폐흡충증, 장흡충증

TIP

검역법(국내외로 감염병이 번지는 것을 방지하는 것을 목적으로 함)에 지정된 검역 감염병과 그에 대한 검역기간은 다음과 같다.

- 콜레라 : 5일(120시간)
- 페스트 : 6일(144시간)
- 황열 : 6일(144시간)
- 중증급성호흡기증후군 : 10일(240시간)
- 조류인플루엔자 인체감염증 : 10일(240시간)
- 신종인플루엔자감염증, 중동호흡기증후군(MERS) 및 그 외 감염병 : 그 최대 잠복기

(7) 감염병의 전파 예방 대책

① **감염병의 보고** : 의사 또는 한의사 → 의료기관의 장 → 관할 보건소장 또는 보건복지부장관

② 보균자의 검색

③ 역학 조사

정답 _ 99 ①

실전예상문제

01 식품위생법상 식품위생의 대상이 되지 않는 것은?

① 식품 및 식품첨가물
② 의약품
③ 식품 및 기구
④ 식품, 용기 및 포장

> 해설 식품위생의 정의
> 식품, 식품첨가물, 기구, 용기, 포장을 대상으로 하는 음식에 관한 위생을 말한다.

02 식품위생행정의 목적이 아닌 것은?

① 식품위생의 위해 방지
② 국민보건의 증진에 이바지
③ 식품영양의 질적 향상 도모
④ 식품산업의 발전 도모

> 해설 식품으로 인한 위생상의 위해방지, 식품영양의 질적 향상 도모, 식품에 관한 올바른 정보를 제공함으로써 국민보건증진에 이바지함을 목적으로 한다.

03 식품위생행정을 담당하는 기관 중에서 중앙기구에 속하지 않는 것은?

① 질병관리본부
② 시·군·구청 위생과
③ 식품의약품안전처
④ 식품위생 심의위원회

>  시, 군, 구청의 위생과는 지방기구에 속한다.

04 식품의 변질 중 부패 과정에서 생성되지 않는 물질은?

① 인돌　② 암모니아
③ 포르말린　④ 황화수소

> 해설 부패란 단백질 식품이 혐기성 세균에 의해서 분해되어 인체에 해를 끼치는 현상으로 악취뿐 아니라 암모니아, 인돌, 황화수소 등이 생성된다.

05 미생물의 생육에 필요한 온도 중 고온성균의 최적 온도는?

① 15~20℃　② 25~37℃
③ 40~70℃　④ 50~60℃

> 해설 미생물의 생육에 필요한 최적 온도는 저온성균 15~20℃, 중온성균 25~37℃, 고온성균 50~60℃이다.

06 다음 중 건조식품, 곡류 등에 주로 번식하는 미생물은?

① 바이러스　② 세균
③ 효모　④ 곰팡이

> 해설 곰팡이는 수분 함량이 적은 곡류 등에 잘 번식한다.

07 미생물의 발육에 필요한 조건 중 가장 거리가 먼 것은?

① 수분　② 온도
③ 산　④ 산소

> 해설 산은 식품 속 각종 균의 번식을 억제하는 역할을 하므로 부패를 방지해주며 이런 성질을 이용한 식품 가공법 중 산 저장법이 있다.

정답 01 ② 02 ④ 03 ② 04 ③ 05 ④ 06 ④ 07 ③

08 **식품의 변질 현상에 대한 설명 중 틀린 것은?**

① 산패 : 지방질 식품이 산소에 의해 산화되는 것
② 발효 : 당질 식품이 미생물에 의해 해로운 물질로 변화되는 것
③ 변패 : 탄수화물 식품의 고유 성분이 변화되는 것
④ 부패 : 단백질 식품이 미생물에 의해 변화되는 것

해설 발효는 미생물에 의해 유기산 등 유용한 물질을 나타내는 현상이다.

09 **식품의 초기 부패를 판정할 때 식품의 생균 수가 몇 마리 이상일 때를 기준으로 하는가?**

① 10^2 ② 10^5
③ 10^8 ④ 10^4

해설 식품 1g당 생균 수가 10^7~10^8 마리일 때 초기 부패로 판정한다.

10 **병원 미생물을 큰 것부터 나열한 순서가 옳은 것은?**

① 세균 – 바이러스 – 스피로헤타 – 리케차
② 바이러스 – 리케차 – 세균 – 스피로헤타
③ 리케차 – 스피로헤타 – 바이러스 – 세균
④ 스피로헤타 – 세균 – 리케차 – 바이러스

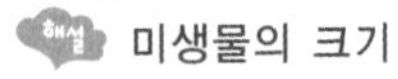

진균류 〉 스피로헤타 〉 세균 〉 리케차 〉 바이러스

11 **식품에 대한 분변 오염의 지표로 특히 냉동식품의 오염지표균은?**

① 대장균 ② 장구균
③ 포도상구균 ④ 일반세균

해설 장구균은 대장균과 함께 분변에서 발견되는 균으로 냉동에서 오래 견딘다.

12 **식중독 중 가장 많이 발생하는 식중독은?**

① 화학성 식중독 ② 세균성 식중독
③ 자연독 식중독 ④ 알레르기성 식중독

세균성 식중독의 발생 빈도가 가장 높다.

13 **간디스토마와 폐디스토마의 제1중간숙주를 순서대로 짝지어 놓은 것은?**

① 우렁이 – 다슬기 ② 잉어 – 가재
③ 사람 – 가재 ④ 붕어 – 참게

해설
- 간흡충(간디스토마) : 왜우렁이(제1중간숙주) → 붕어, 잉어(제2중간숙주)
- 폐흡충(폐디스토마) : 다슬기(제1중간숙주) → 가재, 게(제2중간숙주)

14 **광절열두조충의 제1, 2중간숙주와 인체 감염 부위로 맞게 짝지어진 것은?**

① 다슬기 – 가재 – 폐
② 물벼룩 – 연어 – 소장
③ 왜우렁이 – 붕어 – 간
④ 다슬기 – 은어 – 소장

해설 광절열두조충(긴촌충)의 제1중간숙주는 물벼룩, 제2중간숙주는 연어, 송어이며, 인체 내의 소장에 기생한다.

15 **다음 중 음료수 소독에 가장 적합한 것은?**

① 생석회 ② 알코올
③ 염소 ④ 승홍수

해설 염소는 잔류 효과가 크고 광범위한 시설의 소독에 적합하며 살균소독력이 강해 음료수 소독에 가장 적합하다.

정답 08 ② 09 ③ 10 ④ 11 ② 12 ② 13 ① 14 ② 15 ③

16 **우유의 초고온순간살균법에 가장 적합한 가열온도와 시간은?**

① 180℃에서 2초간

② 165℃에서 5초간

③ 155℃에서 5초간

④ 132℃에서 2초간

> 해설 초고온순간살균법(HTST)은 130~140℃의 온도에서 1~2초간 살균 후 냉각하는 것이다.

17 **우리나라에서 7~9월 중 해수 세균에 의해 집중적으로 발생하는 식중독은?**

① 장염비브리오 식중독

② 살모넬라 식중독

③ 포도상구균 식중독

④ 클로스트리디움 보툴리늄 식중독

> 해설 장염비브리오 식중독은 호염성 식중독으로 특히 여름철에 집중적으로 발생한다.

18 **다음 중 세균성 식중독에 해당하는 것은?**

① 감염형 식중독

② 자연독 식중독

③ 화학적 식중독

④ 곰팡이독 식중독

> 해설 식중독은 크게 세균성, 자연독, 화학적, 곰팡이 식중독으로 구분하는데 세균성 식중독은 다시 감염형과 독소형으로 구분한다.

19 **다음 중 감염형식중독에 해당하지 않는 식중독은?**

① 살모넬라 식중독

② 병원성 대장균 식중독

③ 포도상구균 식중

④ 알레르기성 식중독

>  포도상구균 식중독은 독소형 식중독이다.

20 **여름철에 음식물을 실온에 방치하였다가 먹었더니 4시간 후에 식중독이 발병했다. 어느 균에 의한 것인가?**

① 포도상구균

② 살모넬라균

③ 비브리오균

④ 클로스트리디움 보툴리늄균

> 해설 식중독 중 잠복기가 가장 짧은 식중독은 포도상구균 식중독으로 3~4시간 후에 발병한다.

21 **살모넬라 식중독은 어느 식중독에 속하는가?**

① 화학성 식중독　② 독소형 식중독

③ 자연독 식중독　④ 감염형 식중독

> 해설 살모넬라 식중독은 세균성 식중독 중 감염형에 속한다.

22 **식중독 증상 중 가장 심한 발열을 수반하는 식중독은?**

① 포도상구균 식중독

② 살모넬라 식중독

③ 복어 식중독

④ 클로스트리디움 보툴리늄 식중독

> 해설 살모넬라 식중독은 급성위염과 급격한 발열을 일으킨다.

정답　16 ④　17 ①　18 ①　19 ③　20 ①　21 ④　22 ②

23 다음 중 장염비브리오의 특징으로 옳은 것은?

① 열에 강하다.
② 독소를 생성한다.
③ 아포를 형성한다.
④ 염분이 있는 곳에서 잘 자란다.

> 해설 비브리오는 해수 세균으로 3~4%의 소금 농도에서 잘 자란다.

24 다음 중 화농성 질환을 가진 조리사로 인해 발생하기 쉬운 식중독은?

① 살모넬라 식중독
② 웰치균 식중독
③ 포도상구균 식중독
④ 클로스트리디움 보툴리늄 식중독

> 해설 화농성 질환을 가진 조리사의 손을 통해 포도상구균 식중독이 발생할 수 있다.

25 원인 식품이 크림빵, 도시락 등이며 주로 소풍철인 봄, 가을에 많이 발생하는 식중독은?

① 장염비브리오 식중독
② 포도상구균 식중독
③ 살모넬라 식중독
④ 클로스트리디움 보툴리늄 식중독

> 해설 포도상구균 식중독의 원인 식품은 빵, 도시락, 떡 등이다.

26 다음 중 산소가 없어야 잘 자라는 균은?

① 대장균
② 클로스트리디움 보툴리늄
③ 포도상구균
④ 살모넬라균

> 해설 밀봉 처리한 통조림 가공품이 원인 식품인 클로스티리디움 보툴리늄균은 혐기성 세균이다.

27 다음 중 병원성 대장균 식중독의 원인 식품은?

① 어패류 ② 육류 및 그 가공품
③ 우유 및 달걀 ④ 통조림

> 해설 **식중독의 원인 식품**
> • 장염비브리오 : 어패류
> • 살모넬라 : 육류 및 그 가공품
> • 병원성 대장균 : 우유 및 달걀
> • 클로스트리디움 보툴리늄 : 통조림

28 다음 미생물 중 알레르기성 식중독의 원인이 되는 히스타민과 관계 깊은 것은?

① 포도상구균
② 바실러스균
③ 프로테우스 모르가니균
④ 장염비브리오균

> 해설 **알레르기성 식중독**
> • 원인 식품 : 꽁치나 고등어 같은 등 푸른 생선
> • 증상 : 두드러기와 발열
> • 원인물질 : 프로테우스 모르가니균이 형성한 히스타민
> • 항히스타민제를 복용하면 회복이 빠르다.

29 다음 중 경구 감염병에 대한 설명으로 바른 것은?

① 잠복기가 짧다.
② 2차 감염이 거의 없다.
③ 대량의 균으로 발병한다.
④ 면역성이 있다.

> 해설 경구감염병의 특징
> 2차 감염이 발생, 잠복기가 길다. 면역이 형성된다. 소량의 균으로 발병한다.

정답 23 ④ 24 ③ 25 ② 26 ② 27 ③ 28 ③ 29 ④

30 **알레르기성 식중독의 원인물질은?**

① 고등어　② 닭고기
③ 돼지고기　④ 쇠고기

알레르기성 식중독의 원인물질은 꽁치, 고등어와 같은 등푸른 생선이다.

31 **엔테로톡신이 원인이 되는 식중독은?**

① 살모넬라 식중독
② 병원성 대장균 식중독
③ 포도상구균 식중독
④ 장염비브리오 식중독

독소형 식중독의 독소
- 포도상구균 식중독 : 엔테로톡신
- 클로스트리디움 보툴리눔 식중독 : 뉴로톡신

32 **클로스트리디움 보툴리눔균이 생산하는 독소와 관계되는 식중독은?**

① 엔테로톡신　② 뉴로톡신
③ 에르고톡신　④ 삭시톡신

독소형 식중독의 독소
- 포도상구균 식중독의 독소 : 엔테로톡신
- 클로스트리디움 보툴리눔 식중독의 독소 : 뉴로톡신

* 자연독 : 식중독의 독소
- 복어 : 테트로 톡신
- 섭조개 : 삭시톡신
- 바지락 : 베네루핀
- 곰팡이 : 에르고톡신

33 **클로스트리디움 보툴리눔균 중 식중독의 원인이 되는 형은?**

① C형　② D형
③ E형　④ G형

클로스트리디움 보툴리눔 식중독은 A, B, E형에 의해 발생한다.

34 **세균성 식중독 중 감염형이 아닌 것은?**

① 살모넬라 식중독
② 포도상구균 식중독
③ 장염비브리오 식중독
④ 병원성 대장균 식중독

포도상구균 식중독은 독소형 식중독이다.

35 **살모넬라 식중독의 발병은?**

① 인축 모두에게 발병한다.
② 동물에만 발병한다.
③ 인체에만 발병한다.
④ 어른들에게만 발병한다.

살모넬라는 급격한 발열 증상을 나타내며, 인축 모두에게 발병하는 인수공통감염병이다.

36 **60℃에서 30분이면 사멸되고 소, 돼지 등은 물론 달걀 등의 동물성 식품으로 인한 감염원으로 식중독을 일으키는 것은?**

① 살모넬라균　② 장염비브리오균
③ 웰치균　④ 세리우스균

살모넬라균은 60℃에서 30분이면 사멸되며 원인식품은 육류 및 그 가공품, 어패류 및 그 가공품, 우유, 알 등이다.

37 **집단감염이 잘되며 항문주위에서 산란하는 기생충은?**

① 요충　② 편충
③ 구충　④ 회충

요충은 항문주위에 기생하여 가렵게 하는 특징이 있다.

정답　30 ①　31 ③　32 ②　33 ③　34 ②　35 ①　36 ①　37 ①

38 사람과 동물이 같은 병원체에 의하여 발생하는 인수공통감염병은?

① 성홍열 ② 콜레라
③ 결핵 ④ 디프테리아

해설 결핵은 같은 병원체에 의해 소와 사람에게 발생하는 인수공통감염병이다.

39 돼지고기를 가열하지 않고 섭취하면 감염될 수 있는 기생충은?

① 간흡충 ② 광절열두조충
③ 유구조충 ④ 무구조충

해설 유구조충은 돼지고기에 기생하는 기생충이다.

40 다음 중 채소를 통하여 매개하는 기생충과 거리가 가장 먼 것은?

① 편충 ② 구충
③ 동양모양선충 ④ 선모충

해설 선모충은 돼지고기를 매개로 기생하는 기생충이다.

41 사람과 동물이 같은 병원체에 의하여 발생하는 질병을 무엇이라 하는가?

① 인수공통감염병 ② 법정 감염병
③ 세균성 식중독 ④ 기생충성 질병

해설 인수공통감염병이란 사람과 동물이 같은 병원체에 의해 감염되는 병이다.

42 회충, 편충과 같은 기생충 예방을 위해 가장 우선적으로 해야 할 일은?

① 청정채소를 재배해야 한다.
② 음식물은 반드시 끓여 먹어야 한다.
③ 구충제는 연 2회 복용한다.
④ 채소는 흐르는 물에 5회 이상 씻은 후 먹는다.

해설 청정채소는 충란으로 감염되는 회충이나 편충을 예방할 수 있다.

43 바다에서 잡히는 어류를 먹고 기생충증에 걸렸다면 다음 중 가장 관계가 깊은 것은?

① 선모충 ② 아니사키스충
③ 유구조충 ④ 동양모양선충

해설 아니사키스충은 포유류인 고래, 돌고래 등에 기생하는 기생충으로 본충에 감염된 어류를 섭취 시 감염된다.

44 민물고기를 생식한 일이 없는데도 간디스토마에 감염될 수 있는 경우는?

① 오염된 채소를 생식했을 때
② 가재, 게의 생식을 통해서
③ 민물고기를 요리한 도마를 통해서
④ 해삼, 멍게를 생식했을 때

해설 민물고기를 조리한 조리기구를 위생적으로 취급하지 않았을 때 2차 오염에 의해 감염된다.

45 기생충란을 제거하기 위하여 야채를 세척하는 방법은?

① 물을 그릇에 받아 2회 세척한다.
② 수돗물에 씻는다.
③ 소금물에 1회 씻는다.
④ 흐르는 수돗물에 5회 이상 씻는다.

해설 기생충란을 제거하기 위해서는 흐르는 물에 5회 이상 세척한다.

정답 38 ③ 39 ③ 40 ④ 41 ① 42 ① 43 ② 44 ③ 45 ④

46 다음 기생충 중 경피 감염되는 기생충은?

① 회충 ② 요충
③ 편충 ④ 십이지장충

해설 십이지장충은 피낭유충으로 오염된 식품 및 물을 섭취했을 때 피부를 뚫고 경피 감염이 된다.

47 채소를 통해서 감염될 수 없는 기생충은?

① 동양모양선충 ② 요충
③ 무구조충 ④ 회충

해설 무구조충(민촌충)의 중간숙주는 소고기로 소고기의 생식을 금해야 예방이 가능하다.

48 다음 중 미생물에 작용하는 강도의 순으로 표시한 것 중 옳은 것은?

① 멸균 〉 소독 〉 방부
② 방부 〉 멸균 〉 소독
③ 소독 〉 멸균 〉 방부
④ 소독 〉 방부 〉 멸균

해설
- 멸균 : 병원균을 포함한 모든 균을 사멸
- 소독 : 병원균을 사멸
- 방부 : 균의 성장을 억제

49 물리적 소독방법 중 1일 100℃에서 30분씩 연 3일간 계속하는 멸균법은 다음 중 어느 것인가?

① 화염멸균법
② 유통증기소독법
③ 고압증기멸균법
④ 간헐멸균법

해설 간헐멸균법은 100℃의 유통 증기 중에서 1일 30분씩 3회 계속하는 방법으로 아포를 형성하는 균을 사멸시키는 멸균법이다.

50 우유에 사용하는 살균방법이 아닌 것은?

① 고온 단시간 살균법
② 저온 살균법
③ 고온 장시간 소독법
④ 초고온순간 살균법

해설 고온 장시간 살균법은 95~120℃에서 30~60분간 가열하는 방법으로 통조림 살균에 사용하는 살균법이다.

51 소독약의 구비 조건이 아닌 것은?

① 표백성이 있을 것
② 침투력이 강할 것
③ 금속 부식성이 없을 것
④ 살균력이 강할 것

소독약의 구비 조건
- 살균력이 강할 것
- 사용이 간편하고 가격이 저렴할 것
- 금속 부식성과 표백성이 없을 것
- 용해성이 높으며 안전성이 있을 것
- 침투력이 강할 것
- 인축에 대한 독성이 적을 것

52 석탄산의 90배 희석액과 어느 소독약의 180배 희석액이 동일 조건에서 같은 소독 효과가 있었다면 이 소독약의 석탄산계수는 얼마인가?

① 5.0 ② 2.0
③ 0.2 ④ 0.5

석탄산계수

$$\frac{\text{다른 소독약의 희석배수}}{\text{석탄산의 희석배수}} = \frac{180}{90} = 2$$

정답 46 ④ 47 ③ 48 ① 49 ④ 50 ③ 51 ① 52 ②

53 다음 중 과일이나 채소의 소독에 사용할 수 있는 약제는?

① 클로르칼키
② 석탄산
③ 포르말린
④ 크레졸비누

> 해설 **클로르칼키**
> 과일, 채소, 식기 소독에 사용한다.

54 승홍수를 사용할 때 적당하지 않은 용기는?

① 나무 ② 유리
③ 금속 ④ 사기

> 해설 승홍은 살균력이 강한 반면에 금속을 부식시키는 성질이 있어 금속에는 사용을 금한다.

55 음료수의 소독에 사용되지 않는 방법은?

① 염소 소독
② 표백분 소독
③ 자외선 소독
④ 역성비누 소독

> 해설 음료수 소독에는 염소, 표백분, 차아염소산나트륨, 자외선, 자비소독이 사용된다.

56 중간숙주와 관계없이 감염이 가능한 기생충은?

① 아니사키스충 ② 회충
③ 간흡충 ④ 폐흡충

> 해설 **중간숙주가 없는 기생충**
> 회충, 구충, 편충, 요충

57 손의 소독에 가장 적합한 것은?

① 1~2% 크레졸 수용액
② 70% 에틸알코올
③ 0.1% 승홍수용액
④ 3~5% 석탄산 수용액

> 해설 70% 에틸알코올 : 손, 피부, 기구소독에 사용

58 감자의 싹과 녹색 부분에서 생성되는 독성 물질은?

① 리신(ricin)
② 시큐톡신(cicutoxin)
③ 솔라닌(solanine)
④ 아미그달린(amygdalin)

> 해설 ① 리신(피마자), ② 시큐톡신(독미나리), ④ 아미그달린(청매)

59 사시, 동공 확대, 언어 장애 등의 특유의 신경마비 증상을 나타내며 비교적 높은 치사율을 보이는 식중독 원인균은?

① 포도상구균
② 병원성 대장균
③ 셀레우스균
④ 클로스트리디움 보툴리늄

> 해설 클로스트리디움 보툴리늄균은 소시지나 햄, 통조림에 증식하여 독소를 형성하며 섭취 시 호흡곤란, 언어 장애 등을 수반하고 치사율은 70%이다.

60 복어의 테트로톡신 독성분은 복어의 어느 부위에 가장 많은가?

① 근육 ② 피부
③ 난소 ④ 껍질

> 해설 복어 독성분의 정도는 난소 〉 간 〉 내장 〉 피부 순이다.

정답 53 ① 54 ③ 55 ④ 56 ② 57 ② 58 ③ 59 ④ 60 ③

61 다음 중 독버섯의 유독 성분은?

① 솔라닌(solanine)
② 무스카린(muscarine)
③ 아미그달린(amygdalin)
④ 테트로도톡신(tetrodotoxin)

> 해설 ① 솔라닌(감자), ③ 아미그달린(청매), ④ 테트로도톡신(복어)

62 목화씨로 조제한 면실유를 식용한 후 식중독이 발생했다면 그 원인 물질은?

① 리신(ricin)
② 솔라닌(solanine)
③ 아미그달린(amygdalin)
④ 고시폴(gossypol)

> 해설 ① 리신(피마자), ② 솔라닌(감자), ③ 아미그달린(청매)

63 식품과 해당 독성분의 연결이 잘못된 것은?

① 복어 – 테트로톡신
② 목화씨 – 고시폴
③ 감자 – 솔라닌
④ 독버섯 – 베네루핀

> 해설 베네루핀은 모시조개, 굴, 바지락 등의 독성분이다.

64 섭조개 속에 들어 있으며 특히 신경계통의 마비 증상을 일으키는 독성분은?

① 무스카린 ② 시큐톡신
③ 삭시톡신 ④ 베네루핀

> 해설 ① 무스카린(독버섯), ② 시큐톡신(독미나리), ④ 베네루핀(모시조개)

65 버섯의 중독 증상 중 콜레라형 증상을 일으키는 버섯류는?

① 화경버섯, 외대버섯
② 알광대버섯, 독우산버섯
③ 광대버섯, 파리버섯
④ 마귀곰보버섯, 미치광이 버섯

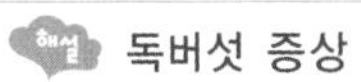

> 해설 독버섯 증상
> • 위장형 중독 : 무당버섯, 화경버섯
> • 콜레라형 중독 : 알광대버섯, 독우산버섯, 마귀곰보버섯
> • 신경계 장애형 중독 : 파리버섯, 광대버섯, 미치광이 버섯

66 버섯 식용 후 식중독이 발생했을 때 관련 없는 물질은?

① 무스카린 ② 뉴린
③ 콜린 ④ 테무린

> 해설 • 버섯의 독소 : 무스카린, 무스카리딘, 팔린, 아마니타톡신, 콜린, 뉴린 등
> • 독보리의 독소 : 테무린

67 화학성 식중독의 가장 현저한 증상이 아닌 것은?

① 설사 ② 복통
③ 구토 ④ 고열

> 해설 화학성 식중독의 일반적인 증상은 복통, 설사, 구토, 두통이다.

68 다음 중 유해 보존료에 속하지 않는 것은?

① 붕산 ② 소르빈산
③ 불소화합물 ④ 포름알데히드

> 해설 소르빈산은 육제품, 절임 식품에 사용되는 허용 보존료이다.

정답 61 ② 62 ④ 63 ④ 64 ③ 65 ② 66 ④ 67 ④ 68 ②

69 통조림 식품의 통조림관에서 용출되는 식중독 물질은?

① 카드뮴 ② 구리, 아연
③ 수은 ④ 납, 주석

해설 유해 물질의 종류
- 도자기류 : 납, 카드뮴
- 통조림 : 납, 주석
- 플라스틱 제품 : 포르말린

70 황변미 중독이란 쌀에 무엇이 기생하여 문제를 일으키는 것인가?

① 세균 ② 곰팡이
③ 리케차 ④ 바이러스

황변미 중독
쌀에 푸른곰팡이가 번식하여 시트리닌, 시크리오비리딘과 같은 독소를 생성한다.

71 복어독이 가장 높은 시기는?

① 산란기 직후
② 산란기 직전
③ 겨울 동면 시
④ 해빙한 봄

해설 복어의 테트로톡신에 의한 사망률은 50% 이상으로, 복어독이 가장 높은 시기는 산란기 직전이다.

72 곰팡이 독으로서 간장에 해를 끼치는 것은?

① 시트리닌 ② 파툴린
③ 아플라톡신 ④ 솔라닌

해설 ① 시트리닌(신장독), ② 파툴린(신경독), ④ 솔라닌(감자독)

73 다음 미생물 중 곰팡이가 아닌 것은?

① 아스퍼질러스(aspergillus)속
② 페니실리움(penicillium)속
③ 리조푸스(rhizopus)속
④ 클로스트리디움(clostridium)속

클리스트리움속은 세균류에 속한다.

74 다음 중 허가된 착색제는?

① 파라니트로아닐린
② 인디고카민
③ 오라민
④ 로다민 B

해설 파라니트로아닐린, 오라민, 로다민 B는 인체에 독성이 강하여 사용이 허가되지 않은 착색제이며, 인디고카민은 식용색소 청색 2호로 사용이 허용된 착색제이다.

75 다음 중 인공감미료에 속하지 않는 것은?

① 구연산
② D-솔비톨
③ 글리실리친산나트륨
④ 사카린나트륨

인공감미료
사카린나트륨, 글리실리친산나트륨, D-솔비톨

76 유지나 버터가 공기 중의 산소와 작용하면 산패가 일어나는데 이를 방지하기 위한 산화방지제는?

① 데히드로초산
② 아질산나트륨
③ 부틸히드록시아니졸
④ 안식향산

정답 69 ④ 70 ② 71 ② 72 ③ 73 ④ 74 ② 75 ① 76 ③

해설 • 아질산나트륨 : 육류발색제
• 데히드로초산 : 치즈, 버터, 마가린
• 안식향산 : 청량음료 및 간장
• 부틸히드록시아니졸(BHA) : 지용성 항산화제

77 **히스티딘 식중독을 유발하는 원인 물질은?**

① 발린 ② 히스타민
③ 알리신 ④ 트립토판

해설 등 푸른 생선에 함유된 히스티딘은 히스타민으로 변하여 알레르기성 식중독을 일으킨다.

78 **복어독 중독의 치료법으로 적합하지 않은 것은?**

① 호흡 촉진제 투여
② 진통제 투여
③ 위세척
④ 최토제 투여

해설 복어 중독을 치료할 때는 구토제(최토제), 위세척, 설사제를 사용한다. 마비성 중독이므로 진통제는 투여하지 않는다.

79 **화학물질에 의한 식중독으로 일반 중독 증상과 시신경의 염증으로 실명의 원인이 되는 물질은?**

① 아연
② 메틸알코올
③ 수은
④ 납

해설 메틸알코올은 두통, 현기증, 복통, 설사 등의 증상이 나타나며 심하면 시신경의 염증으로 실명에 이른다.

80 **식품첨가물의 사용 목적이 아닌 것은?**

① 식품의 기호성 증대
② 식품의 유해성 입증
③ 식품의 부패와 변질을 방지
④ 식품의 제조 및 품질 개량

해설 식품첨가물의 사용 목적은 식품의 부패와 변질을 방지하고 식품 제조 및 품질 개량을 통해 기호성을 증대시키기 위함이다.

81 **식품의 신맛을 부여하기 위하여 사용되는 첨가물은?**

① 산미료 ② 향미료
③ 조미료 ④ 강화제

해설 신맛의 종류로는 식초산, 구연산, 주석산 등이 있다.

82 **밀가루의 표백과 숙성을 위하여 사용하는 첨가물은?**

① 유화제 ② 개량제
③ 팽창제 ④ 점착제

해설 밀가루의 표백과 숙성 기간을 단축하고 가공성을 개량할 목적으로 사용되는 소맥분 개량제로는 과산화벤조일, 과황산암모늄, 과붕산나트륨, 이산화염소, 브롬산칼륨 등이 있다.

83 **식품의 점착성을 증가시키고 유화 안정성을 좋게 하는 것은?**

① 호료 ② 소포제
③ 강화제 ④ 발색제

해설 호료는 식품에 소량 첨가함으로써 점성을 좋게 하여 식감을 개선하는 첨가물로 대표적인 것이 알긴산이다.

정답 77 ② 78 ② 79 ② 80 ② 81 ① 82 ② 83 ①

84 식품 중 멜라민에 대한 설명으로 틀린 것은?

① 잔류 허용 기준상 모든 식품 및 식품첨가물에서 불검출되어야 한다.
② 생체 내 반감기는 약 3시간으로 대부분 신장을 통해 소변으로 배출된다.
③ 반수치사량(LD50)은 3.2kg 이상으로 독성이 낮다.
④ 많은 양의 멜라민을 오랫동안 섭취할 경우 방광 결석 및 신장 결석 등을 유발한다.

해설 식품 및 식품첨가물에서 잔류 허용 기준을 넘지 말아야 한다.

85 어패류의 신선도 판정 시 초기 부패의 기준이 되는 것은?

① 삭시톡신(saxitoxin)
② 베네루핀(venerupin)
③ 트리메틸아민(trimethylamine)
④ 아플라톡신(aflatoxin)

해설 생선의 비린내는 트리메틸아민(TMA)에 의한 것이다.

86 웰치균에 대한 설명으로 바른 것은?

① 아포는 60℃에서 10분간 가열하면 사멸한다.
② 혐기성균이다.
③ 냉장 온도에서 잘 발육한다.
④ 당분이 많은 식품에서 주로 발생한다.

해설 웰치균 식중독은 열에 강한 균으로 가열해도 잘 사멸되지 않는 편성혐기성균이다. 냉장 보관하면 예방이 가능하며 원인 식품은 육류를 사용한 가열 식품이다.

87 살균이 불충분한 저산성 통조림 식품에 의해 발생하는 세균성 식중독의 원인균은?

① 포도상구균
② 젖산균
③ 병원성대장균
④ 클로스트리디움 보툴리늄

해설 클로스트리디움 보툴리늄균은 소시지나 햄, 통조림에 증식하여 독소를 형성하며 섭취하면 호흡 곤란, 언어 장애 등을 일으킨다.

88 부적절하게 조리된 햄버거 등을 섭취하여 식중독을 일으키는 O157:H7균은 다음 중 무엇에 속하는가?

① 살모넬라균　② 대장균
③ 리스테리아균　④ 비브리오균

해설 O157:H7은 대장균의 일종으로 감염 시 출혈이 동반된 설사 증세를 보인다.

89 엔테로톡신(enterotoxin)이 원인이 되는 식중독은?

① 살모넬라 식중독
② 장염비브리오 식중독
③ 병원성대장균 식중독
④ 황색포도상구균 식중독

해설 황색포도상구균 식중독은 엔테로톡신에 의한 독소형 식중독이다.

90 다음 보존료와 식품과의 연결이 식품위생법상 허용되어 있지 않은 것은?

① 데히드로초산 – 청량음료
② 소르빈산 – 육류가공품
③ 안식향산 – 간장
④ 프로피온산 나트륨 – 식빵

정답 84 ① 85 ③ 86 ② 87 ④ 88 ② 89 ④ 90 ①

해설 데히드로초산은 버터, 마가린에 사용하는 첨가물이다.

91 다음 중 당 알코올로 충치 예방에 가장 적합한 것은?

① 맥아당 ② 글리코겐
③ 펙틴 ④ 소르비톨

해설 소르비톨은 당 알코올의 종류로 충치 예방에 효과가 있다.

92 식품의 부패 과정에서 생성되는 불쾌한 냄새 물질과 거리가 먼 것은?

① 암모니아 ② 인돌
③ 황화수소 ④ 포르말린

해설 포르말린은 포름알데히드라는 기체를 물에 녹인 물질이다.

93 납중독에 대한 설명으로 틀린 것은?

① 대부분 만성중독이다.
② 뼈에 축적되거나 골수에 대해 독성을 나타내므로 혈액장애를 일으킬 수 있다.
③ 손과 발의 각화증 등을 일으킨다.
④ 잇몸의 가장자리가 흑자색으로 착색된다.

해설 납중독은 만성중독으로 잇몸이 흑자색으로 변하거나 복통 등의 증상이 생긴다.

94 중독될 경우 소변에서 코프로포르피린(corpro-porphyrin)이 검출될 수 있는 중금속은?

① 철(Fe) ② 크롬(Cr)
③ 수은(Ag) ④ 납(Pb)

해설 납중독은 연중독이라고도 하며 소변 중 코프로포르피린이 검출된다.

95 식품위생법에서 말하는 식품이란?

① 모든 음식물
② 의약품을 제외한 모든 음식물
③ 담배 등의 기호품과 모든 음식물
④ 포장·용기와 모든 음식물

해설 식품위생법상 식품이란 '모든 음식물'을 말한다. 다만 의약품으로 섭취되는 것은 제외한다.

96 다음의 정의에 해당하는 것은?

식품의 원료 관리, 제조, 가공, 조리, 유통의 모든 과정에서 위해한 물질이 식품에 섞이거나 식품이 오염되는 것을 방지하기 위하여 각 과정을 중점적으로 관리하는 기준

① 식품안전관리인증기준(HACCP)
② 식품 Recall 제도
③ 식품 CODEX 제도
④ ISO 인증 제도

해설 식품안전관리인증기준(HACCP)은 식품의 원료 관리, 제조, 가공, 조리, 유통의 모든 과정에서 위해한 물질이 식품에 섞이거나 식품이 오염되는 것을 방지하기 위하여 각 과정을 중점적으로 관리하는 기준을 말한다.

97 식품위생법상 집단급식소는 상시 1회 몇 인에게 식사를 제공하는 급식소인가?

① 20명 이상 ② 50명 이상
③ 100명 이상 ④ 200명 이상

해설 집단급식소란 비영리를 목적으로 특정 여러 사람을 상대로 50인 이상에게 음식을 제공하는 기숙사, 학교, 병원 등의 급식시설을 말한다.

정답 91 ④ 92 ④ 93 ③ 94 ④ 95 ② 96 ① 97 ②

98 **식품, 식품첨가물, 기구 또는 용기. 포장의 위생적 취급에 관한 기준을 정하는 것은?**

① 국무총리령 ② 고용노동부령
③ 환경부령 ④ 농림축산식품부령

> 해설 식품, 식품첨가물, 기구 또는 용기. 포장의 위생적 취급에 관한 기준은 국무총리령으로 한다.

99 **식품공전상 표준 온도라 함은 몇 ℃인가?**

① 5℃ ② 10℃
③ 15℃ ④ 20℃

> 해설 식품공전상 표준 온도는 20℃, 상온은 15~25℃, 실온은 1~35℃, 미온은 30~40℃이다.

100 **영업허가를 받아야 할 업종이 아닌 것은?**

① 단란주점영업 ② 유흥주점영업
③ 식품조사처리업 ④ 일반음식점영업

> 해설 식품조사처리업은 식품의약품안전처장에게, 단란주점, 유흥주점영업은 특별자치시장, 특별자치도지사 또는 시장, 군수, 구청장에게 허가를 받아야 한다.

101 **식품위생법령상의 조리사를 두어야 하는 영업자 및 운영자가 아닌 것은?**

① 국가 및 지방자치단체의 집단급식소 운영자
② 면적 $100m^2$ 이상의 일반음식점 영업자
③ 학교, 병원 및 사회복지시설의 집단급식소 운영자
④ 복어를 조리·판매하는 영업자

> 해설 조리사를 두어야 하는 경우로는 집단급식소 운영자와 복어를 조리·판매하는 식품접객업자가 해당되며 일반음식점은 해당되지 않는다.

102 **식품위생법상 식품위생의 대상이 되지 않는 것은?**

① 식품 ② 의약품
③ 식품첨가물 ④ 기구 또는 용기·포장

> 해설 식품위생이란 식품, 식품첨가물, 기구 또는 용기·포장을 대상으로 하는 음식에 관한 위생을 말한

103 **다음 중 식품위생법상 판매가 금지된 식품이 아닌 것은?**

① 병원미생물에 의하여 오염되어 인체의 건강을 해할 우려가 있는 식품
② 영업신고 또는 허가를 받지 않은 자가 제조한 식품
③ 안전성 평가를 받아 식용으로 적합한 유전자 재조합 식품
④ 썩었거나 상하였거나 설익은 것으로 인체의 건강을 해할 우려가 있는 식품

> 해설 식품위생법상 안전성 평가를 받아 식용으로 적합한 유전자 재조합 식품은 판매가 가능하다.

104 **식품위생법상 식품을 제조·가공·조리 또는 보존하는 과정에서 감미, 착색, 표백 또는 산화방지 등을 목적으로 식품에 사용되는 물질(기구·용기·포장을 살균·소독하는 데에 사용되어 간접적으로 식품으로 옮아갈 수 있는 물질을 포함)은 무엇에 대한 정의인가?**

① 식품 ② 식품첨가물
③ 화학적 합성품 ④ 기구

> 해설 식품첨가물은 식품을 제조·가공·조리 또는 보존하는 과정에서 감미, 착색, 표백 또는 산화방지 등을 목적으로 식품에 사용되는 물질을 말한다. 이 경우 기구·용기·포장을 살균·소독하는 데에 사용되어 간접적으로 식품으로 옮아갈 수 있는 물질을 포

정답 98 ① 99 ④ 100 ④ 101 ② 102 ② 103 ③ 104 ②

105 **식품 등의 표시기준에 명시된 표시사항이 아닌 것은?**

① 업소명
② 성분명 및 함량
③ 유통기한
④ 판매자 성명

해설 제품명, 식품의 유형, 제조연월일, 유통기한 또는 품질유지기한, 내용량 및 내용량에 해당하는 열량, 원재료명, 업소명 및 소재지, 성분명 및 함량, 영양성분 등은 식품 등의 표시사항이다.

106 **허위표시, 과대광고의 범위에 해당되지 않는 것은?**

① 제조방법에 관하여 연구 또는 발견한 사실로서 식품학, 영양학 등의 분야에서 공인된 사항의 표시·광고
② 외국어의 사용 등으로 외국제품으로 혼동할 우려가 있는 표시·광고
③ 질병의 치료에 효능이 있다는 내용 또는 의약품으로 혼동할 우려가 있는 내용의 표시·광고
④ 다른 업체의 제품을 비방하거나 비방하는 것으로 의심되는 광고

해설 학문적 근거를 두고 표시·광고하는 경우는 허위표시, 과대광고에 해당하지 않는다.

107 **식품위생법규상 무상 수거 대상 식품은?**

① 도소매 업소에서 판매하는 식품 등을 시험검사용으로 수거할 때
② 식품 등의 기준 및 규격 제정을 위한 참고용으로 수거할 때
③ 식품 등을 검사할 목적으로 수거할 때
④ 식품 등의 기준 및 규격 개정을 위한 참고용으로 수거할 때

해설 국민의 보건위생을 위하여 필요하다고 판단되는 경우로 검사에 필요한 식품 등을 무상 수거할 수 있다.

108 **식품위생법령상에 명시된 식품위생감시원의 직무가 아닌 것은?**

① 표시기준 또는 과대광고 금지의 위반여부에 관한 단속
② 조리사, 영양사의 법령준수사항 이행 여부 확인·지도
③ 생산 및 품질관리일지의 작성 및 비치
④ 시설기준의 적합 여부의 확인·검사

해설 생산 및 품질관리일지의 작성 및 비치는 식품위생관리인의 직무이다.

식품위생감시원의 직무

- 식품 등의 위생적인 취급에 관한 기준의 이행 지도
- 수입·판매 또는 사용 등이 금지된 식품 등의 취급 여부에 관한 단속
- 표시기준 또는 과대광고 금지의 위반 여부에 관한 단속
- 출입·검사 및 검사에 필요한 식품 등의 수거
- 시설기준의 적합 여부의 확인·검사
- 영업자 및 종업원의 건강진단 및 위생교육의 이행 여부의 확인·지도
- 조리사 및 영양사의 법령 준수사항 이행 여부의 확인·지도
- 행정처분의 이행 여부 확인
- 식품 등의 압류·폐기 등
- 영업소의 폐쇄를 위한 간판 제거 등의 조치
- 그 밖에 영업자의 법령 이행 여부에 관한 확인·지도

정답 105 ④ 106 ① 107 ③ 108 ③

109 식품접객업 중 음주행위가 허용되지 않는 영업은?

① 일반음식점영업 ② 단란주점영업
③ 휴게음식점영업 ④ 유흥주점영업

해설 휴게음식점은 음식물을 조리·판매하는 영업으로서 음주 행위가 허용되지 않는다.

110 일반음식점의 영업신고는 누구에게 하는가?

① 동사무소장
② 시장, 군수, 구청장
③ 식품의약품안전처장
④ 보건소장

해설 일반음식점의 영업신고는 관할시장·군수·구청장에게 하여야 한다.

111 조리사 또는 영양사 면허의 취소 처분을 받고 그 취소된 날부터 얼마의 기간이 경과되어야 면허를 받을 자격이 있는가?

① 1개월 ② 3개월
③ 6개월 ④ 1년

해설 조리사 또는 영양사 면허의 취소 처분을 받고 그 취소된 날 부터 1년이 지나야 조리사 또는 영양사 면허를 받을 수 있다.

112 HACCP 인증 집단급식소(집단급식소, 식품접객업소, 도시락류 포함)에서 조리한 식품은 소독된 보존식 전용용기 또는 멸균 비닐봉지에 매회 1인분 분량을 담아 몇 ℃ 이하에서 얼마 이상의 시간 동안 보관하여야 하는가?

① 4℃ 이하, 48시간 이상
② 0℃ 이하, 100시간 이상
③ -10℃ 이하, 200시간 이상
④ -18℃ 이하, 144시간 이상

해설 HACCP 인증 집단급식소의 보존식은 -18℃ 이하에서 144시간 이상 보관한다.

113 다음 중 식품위생법에서 다루고 있는 내용은?

① 먹는 물 수질 관리
② 감염병 예방 시설의 설치
③ 식중독에 관한 조사·보고
④ 공중위생감시원의 자격사항

해설 식품위생법 제86조에는 식중독에 관한 조사·보고에 대한 내용을 다루고 있다. 식중독에 관한 보고는 (한)의사 또는 집단급식소의 설치·운영자 → 시장, 군수, 구청장 → 식품의약품안전처장 및 시·도지사 순으로 이루어진다.

114 다음 중 조리사 또는 영양사의 면허를 발급받을 수 있는 자는?

① 정신질환자 ② 감염병 환자
③ 마약 중독자 ④ 파산 선고자

해설 조리사 또는 영양사의 면허를 발급받을 수 없는 자는 정신질환자(전문의가 적합하다고 인정하는 자는 제외), 감염병 환자(B형 간염 환자는 제외), 마약이나 그 밖의 약물 중독자, 면허취소 처분을 받고 그 취소된 날로부터 1년이 경과하지 아니한 자이다.

115 식품 또는 식품첨가물의 완제품을 나누어 유통할 목적으로 재포장·판매하는 영업은?

① 식품제조·가공업
② 식품 운반업
③ 식품 소분업
④ 즉석 판매제조·가공업

해설 식품 또는 식품첨가물의 완제품을 나누어 유통을 목적으로 재포장·판매하는 영업을 식품 소분업이라고 한다.

정답 109 ③ 110 ② 111 ④ 112 ④ 113 ③ 114 ④ 115 ③

116 **다음 중 모든 식품에 꼭 표시해야 할 내용과 거리가 먼 것은?**

① 제조업소명 ② 영양성분
③ 제품명 ④ 실중량

해설 영양성분은 건강보조식품, 특수영중식품에만 반드시 표시해야 한다.

117 **다음 영업 중 제조 월일시를 표시하여야 하는 영업은?**

① 청량음료제조업
② 인스턴트식품제조업
③ 도시락제조업
④ 식품첨가물제조업

해설 도시락제조업에서는 연월일시까지 표시하여야 한다.

118 **식품위생법상의 식품이 아닌 것은?**

① 유산균 음료 ② 채종유
③ 비타민 C의 약제 ④ 식용얼음

해설 식품이라 함은 모든 음식물을 말한다. 다만, 의약품은 제외한다.

119 **영업소에서 조리에 종사하는 자가 정기 건강진단을 받아야 하는 법정 기간은?**

① 3개월마다 ② 6개월마다
③ 매년 1회 ④ 2년에 1회

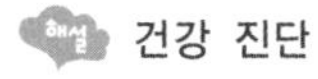
건강 진단
- 정기 건강진단 : 매년 1회 실시
- 수시 건강진단 : 감염병이 발생하였거나 발생할 우려가 있는 경우

120 **건강진단을 받지 않아도 되는 사람은?**

① 식품 및 식품첨가물의 채취자
② 식품첨가물의 제조자
③ 식품을 가공하는 자
④ 완전 포장 제품의 판매자

해설 건강진단을 받아야 하는 사람은 식품 또는 식품첨가물(화학적 합성품 또는 기구 등의 살균·소독제는 제외)을 채취·제조·가공·조리·저장·운반 또는 판매하는 일에 직접 종사하는 영업자 및 종업원으로 한다. 다만, 완전 포장된 식품 또는 식품첨가물을 운반하거나 판매하는 일에 종사하는 사람은 제외한다.

121 **식품첨가물 공전은 누가 작성하는가?**

① 시장, 군수, 구청장
② 국무총리
③ 시·도지사
④ 식품의약품안전처장

해설 식품의약품안전처장은 식품, 식품첨가물, 기구 및 용기·포장의 기준과 규격 및 표시기준을 실은 식품 등의 공전을 작성·보급하여야 한다.

122 **수출을 목적으로 하는 식품 또는 식품첨가물의 기준과 규격은?**

① 산업통상자원부장관의 별도 허가를 획득한 기준과 규격
② F.D.A의 기준과 규격
③ 국립검역소장이 정하여 고시한 기준과 규격
④ 수입자가 요구하는 기준과 규격

해설 수출을 목적으로 하는 식품 또는 식품첨가물의 기준과 규격을 수입자가 요구하는 기준과 규격에 맞춘다.

정답 116 ② 117 ③ 118 ③ 119 ③ 120 ④ 121 ④ 122 ④

123 **식품공전에 따른 우유의 세균수에 관한 규격은?**

① 1㎖ 당 10,000 이하이어야 한다.

② 1㎖ 당 20,000 이하이어야 한다.

③ 1㎖ 당 100,000 이하이어야 한다.

④ 1㎖ 당 1,000 이하이어야 한다.

> 해설 식품공전에 따른
> • 우유의 세균수 : 1㎖ 당 20,000 이하
> • 대장균군 : 1㎖ 당 2 이하

124 **식품위생법의 규정상 판매가 가능한 식품은?**

① 영양분이 없는 식품

② 수입이 금지된 식품

③ 무허가 제조식품

④ 썩었거나 상한 식품

> 해설 영양분이 없는 식품은 식품위생법상 판매 금지식품은 아니다.

125 **영업에 종사하지 못하는 질병의 종류로 맞지 않는 것은?**

① 제1군 전염병

② 후천성 면역 결핍증

③ 피부병 기타 화농성 질환

④ 제3군전염병 중 결핵(비전염성의 경우 포함)

> 해설 제3군 전염병 중 결핵(비전염성인 경우는 제외)

126 **다음 중 식품위생교육시간이 바르게 연결되지 않은 것은?**

① 유흥주점 종사자 – 2시간

② 집단급식설치·운영자 – 3시간

③ 식품 제조·즉석판매, 식품 첨가물 제조업 – 6시간

④ 식품접객영업을 하려는 자 – 6시간

> 해설 식품 제조, 즉석판매, 식품 첨가물 제조업의 위생교육시간은 8시간이다.

127 **다음 식품위생관리 제도의 설명으로 맞지 않은 것은?**

① 자진회수제도는 식품의 사후관리 방안의 일환으로 위해식품으로 판정 시 생산자 등이 자발적으로 즉시 회수·폐기하는 사전보호제도이다.

② 제조물 책임인 PL은 제품의 안전성이 결여되어 소비자에게 피해를 준 경우 제조자가 부담해야 할 손해배상책임을 말한다.

③ HACCP은 위해요소분석과 중요관리점으로 구성되어 있으며 식품의 사후예방차원에서 안전성을 확보하는데 의미가 있다.

④ HACCP은 식품의 제조, 생산, 유통에 이르기까지 전 과정에서 식품 관리의 사전 예방차원에서 식품의 안전성을 확보하는 제도이다.

> 해설 HACCP은 식품의 사전 예방차원의 안전성을 확보하는 데 목적이 있다.

128 **세계보건기구(WHO)의 기능과 관계없는 사항은?**

① 회원국의 기술 지원

② 후진국의 경제 보조

③ 회원국의 자료 공급

④ 국제적 보건 사업의 지휘·조정

> 해설 세계보건기구는 UN의 산하기관으로 각 회원국의 보건관계자료 공급, 기술 지원 및 자문, 국제적 보건 사업의 지휘 및 조정을 담당한다.

정답 123 ② 124 ① 125 ④ 126 ③ 127 ③ 128 ②

129 공기의 자정 작용에 속하지 않는 것은?

① 산소, 오존 및 과산화수소에 의한 산화 작용
② 세정 작용
③ 여과 작용
④ 공기 자체의 희석 작용

해설 공기는 산소, 오존, 과산화수소에 의한 산화 작용, 공기자체의 희석 작용, 세정 작용, 자외선에 의한 살균 작용, CO_2와 O_2의 교환 작용 등에 의하여 자체 정화한다.

130 실내 공기의 오염지표인 이산화탄소(CO_2)의 실내(8시간 기준) 위생학적 허용 한계는?

① 0.001%　② 0.01%
③ 0.1%　④ 1%

해설 이산화탄소의 위생학적 허용 한계는 0.1%, 일산화탄소의 허용 한계는 0.01%이다.

131 상수를 정수하는 일반적인 순서는?

① 침전 → 여과 → 소독
② 예비 처리 → 본 처리 → 오니 처리
③ 예비 처리 → 여과 처리 → 소독
④ 예비 처리 → 침전 → 여과 → 소독

해설 상수의 정수는 '침전 → 여과 → 소독'의 순서로 진행되며 '예비 처리 → 본 처리 → 오니 처리'는 하수도의 정수법이다.

132 일반적으로 생물학적 산소요구량(BOD)과 용존산소량(DO)은 어떤 관계가 있는가?

① BOD가 높으면 DO가 높다.
② BOD가 높으면 DO는 낮다.
③ BOD와 DO는 항상 같다.
④ BOD와 DO는 무관하다.

해설 하수의 위생 검사 지표로 BOD는 20ppm 이하여야 하고 DO는 5ppm 이상이어야 한다. BOD의 수치가 클수록 물이 많이 오염된 것이므로 DO는 낮아지게 된다.

133 비말 감염이 가장 잘 이루어질 수 있는 조건은?

① 군집　② 피로
③ 영양 결핍　④ 매개 곤충의 서식

해설 비말 감염이란 기침이나 재채기, 대화 등을 통해 감염되는 경우로 사람이 많이 모여 있는 군집상태에서 잘 이루어진다.

134 다음 중 실내공기의 오염지표로 사용되는 것은?

① 이산화탄소(Co₂)　② 산소(O_2)
③ 질소(N_2)　④ 아르곤(Ar)

해설 이산화탄소는 실내공기 오염도를 화학적으로 측정하는 지표로 사용되며 위생학적 허용한계는 0.1%(1,000ppm)이다.

135 일광 중 가장 강한 살균력을 가지고 있는 자외선 파장은?

① 1000~1800Å　② 1800~2300Å
③ 2300~2600Å　④ 2600~2800Å

해설 자외선은 2,600~2800Å(260nm)일 때 살균력이 가장 강하다.

136 WHO가 규정한 건강의 정의로 가장 맞는 것은?

① 질병이 없고 육체적으로 완전한 상태
② 육체적, 정신적으로 완전한 상태
③ 육체적 완전과 사회적 안녕이 유지되는 상태
④ 육체적, 정신적, 사회적 안녕의 완전한 상태

해설 건강이란 단순한 질병이나 허약의 부재 상태만을 의미하는 것이 아니고 육체적, 정신적, 사회적으로 모두 완전한 상태를 말한다.

정답 129 ③ 130 ③ 131 ① 132 ② 133 ① 134 ① 135 ④ 136 ④

137 다음 중 눈 보호를 위해 가장 좋은 인공조명 방식은?

① 직접 조명　② 간접 조명
③ 반간접 조명　④ 전반확산 조명

> 해설 눈의 피로도에 가장 적게 영향을 미치는 조명은 간접 조명이다.

138 BOD(생화학적 산소요구량) 측정 시 온도와 측정 기간은?

① 10℃에서 7일간　② 20℃에서 7일간
③ 10℃에서 5일간　④ 20℃에서 5일간

> 해설 BOD는 호기성 미생물이 물속에 있는 유기물을 분해할 때 사용하는 산소의 양을 말하며 물의 오염 정도를 표시하는 지표로 사용되며 20℃에서 5일간 측정한다.

139 식품 공업 폐수의 오염 지표와 관련이 없는 것은?

① 용존산소(DO)
② 생화학적 산소요구량(BOD)
③ 대장균
④ 화학적 산소요구량(COD)

> 해설 대장균은 분변 오염의 지표로 쓰이며 공업 폐수와는 관련이 없다.

140 수질의 분변 오염 지표로 사용되는 균은?

① 장염비브리오균　② 대장균
③ 살모넬라균　④ 웰치균

> 해설 대장균은 사람이나 동물의 장 속에 서식하는 균으로 수질의 분변 오염 지표로 활용된다.

141 하천수에 용존산소가 적다는 것은 무엇을 의미하는가?

① 유기물 등이 잔류하여 오염도가 높다.
② 물이 비교적 깨끗하다.
③ 오염과 무관하다.
④ 호기성 미생물과 어패류의 생존에 좋은 환경이다.

> 해설 DO(용존산소량)가 많을 경우 깨끗한 물, 적을 경우 오염된 물이다.

142 다음 중 진개의 처리방법이 아닌 것은?

① 소각법
② 위생 매립법
③ 비료화법(퇴비법)
④ 활성오니법

>  활성오니법은 하수처리방법중 하나이다.

143 수인성 감염병의 특징과 거리가 먼 것은?

① 환자 발생이 폭발적이다.
② 잠복기가 길고 치명률이 높다.
③ 성과 나이에 무관하게 발병한다.
④ 급수 지역과 발생 지역이 거의 일치한다.

> 해설 수인성 감염병은 환자 발생이 폭발적이며, 음료수의 사용 지역과 일치하고 계절과 관계가 없으며, 성별, 연령, 직업, 생활수준에 따른 발생 빈도의 차이가 없다.

정답　137 ②　138 ④　139 ③　140 ②　141 ①　142 ④　143 ②

144 우리나라의 4대 보험에 해당되지 않는 것은?

① 생명보험　② 국민연금
③ 고용보험　④ 산재보험

> 해설 우리나라의 4대 보험에는 국민연금, 고용보험, 건강보험, 산재보험이 있다.

145 다음 중 공중보건사업과 거리가 먼 것은?

① 보건교육　② 인구보건
③ 질병치료　④ 보건행정

> 해설 공중보건사업에 속하는 내용은 치료보다는 예방이 목적이다.

146 기온 역전 현상의 발생 조건은?

① 상부 기온이 하부 기온보다 낮을 때
② 상부 기온이 하부 기온보다 높을 때
③ 상부 기온과 하부 기온이 같을 때
④ 안개와 매연이 심할 때

> 해설 대기층의 온도는 100m 상승할 때마다 1℃씩 낮아진다. 기온 역전 현상은 고도가 상승함에 따라 기온도 상승하여 상부 기온이 하부 기온보다 높을 때를 말하며 대기오염의 심각을 일으킨다.

147 물의 자정 작용에 해당되지 않는 것은?

① 희석 작용　② 침전 작용
③ 소독 작용　④ 산화 작용

> **물의 자정 작용**
> 희석 작용, 침전 작용, 자외선에 의한 살균 작용, 산화 작용, 수중 생물에 의한 식균 작용

148 하수 처리 방법으로 혐기성 처리 방법은?

① 살수여과법　② 활성오니법
③ 산화지법　④ 임호프탱크법

> 해설 **하수 처리 방법**
> • 호기성 처리법 : 살수여과법, 활성오니법, 산화지법
> • 혐기성 처리법 : 임호프탱크법, 부패조처리법

149 다음 중 분변 오염의 지표균은?

① 일반세균　② 대장균
③ 웰치균　④ 살모넬라균

> 분변 오염의 지표균은 대장균이다.

150 다음 감염병 중 바이러스가 병원체인 것은?

① 세균성 이질　② 폴리오
③ 파라티푸스　④ 장티푸스

> 해설 **병원체에 따른 감염병의 분류**
> • 세균 : 세균성 이질, 파라티푸스, 장티푸스, 콜레라
> • 바이러스 : 폴리오

151 다음 중 공중보건상 감염병 관리가 가장 어려운 것은?

① 동물 병원소　② 환자
③ 건강 보균자　④ 토양 및 물

> 해설 건강 보균자란 균을 내포하고 있으나 증상이 나타나지 않아 본인 또는 주변 사람들이 보균자로 인식하지 못하므로 감염병 관리상 가장 어려운 보균자이다.

152 만성 감염병과 비교할 때 급성 감염병의 역학적 특성은?

① 발생률은 낮고 유병률은 높다.
② 발생률은 높고 유병률은 낮다.
③ 발생률과 유병률이 모두 높다.
④ 발생률과 유병률이 모두 낮다.

> 해설 만성 감염병은 발생률이 낮고 유병률이 높으나, 급성 감염병은 발생률이 높고 유병률이 낮다.

정답 144 ① 145 ③ 146 ② 147 ③ 148 ④ 149 ② 150 ② 151 ③ 152 ②

153 **채소류 및 과일류에 적당한 소독법은?**

① 승홍수　② 알코올 소독
③ 클로로칼키 소독　④ 열탕 소독

해설 채소, 과일류의 소독에는 클로로칼키(표백분), 염소 등이 사용된다.

154 **다음 중 분변 소독에 가장 적합한 것은?**

① 생석회　② 약용비누
③ 과산화수소　④ 표백분

해설 분변 소독에는 석탄산, 크레졸, 생석회 등이 사용되며 이 중 생석회가 가장 우선적으로 사용된다.

155 **쓰레기 소각처리 시 위생적으로 가장 문제가 되는 것은?**

① 높은 열의 발생
② 사후 폐기물 발생
③ 대기오염과 다이옥신
④ 화재 발생

해설 소각법은 가장 확실한 쓰레기 처리법이지만 소각 과정에서 발생되는 다이옥신 등의 물질로 대기오염을 유발할 수 있다.

156 **조리사 및 배식자의 손 소독에 가장 적합한 것은?**

① 역성비누　② 생석회
③ 경성세제　④ 승홍수

해설 역성비누는 무색, 무취, 무자극이며, 독성이 없어 손 소독이나 과일, 야채, 식기 등의 세척에 사용된다.

157 **다음 물질 중 소독의 효과가 가장 낮은 것은?**

① 석탄산　② 중성세제
③ 크레졸　④ 알코올

해설 석탄산은 살균력의 지표로 이용되고, 크레졸은 석탄산보다 소독력이 2배 강하며 알코올은 소독력이 강해 손소독용으로 사용된다.

158 **장염비브리오균에 의한 식중독 발생과 가장 관계가 깊은 것은?**

① 유제품　② 어패류
③ 난가공품　④ 돼지고기

 장염비브리오 식중독의 원인 식품 : 어패류

159 **다음 중 벼룩이 매개하는 감염병은?**

① 쯔쯔가무시병　② 유행성 출혈열
③ 발진티푸스　④ 발진열

해설 벼룩이 매개하는 감염병은 발진열이다.

160 **다음 감염병 중에서 병원체가 세균인 것은?**

① 유행성 간염　② 백일해
③ 급성회백수염　④ 홍역

해설 병원체가 세균인 감염병에는 장티푸스, 파라티푸스, 세균성 이질, 콜레라, 결핵, 백일해, 페스트, 파상풍 등이 있다.

161 **다음 중 소화기계 감염병이 아닌 것은?**

① 유행성 이하선염　② 장티푸스
③ 파라티푸스　④ 이질

해설 소화기계 감염병으로는 장티푸스, 파라티푸스, 콜레라, 세균성 이질, 아메바성 이질, 급성회백수염, 유행성 간염이 있다.

정답 153 ③ 154 ① 155 ③ 156 ① 157 ② 158 ② 159 ④ 160 ② 161 ①

162 미나마타병의 원인이 되는 금속은?

① 카드뮴　　② 비소
③ 수은　　④ 구리

> 해설 미나마타병은 수은 중독, 이타이이타이병은 카드뮴 중독에 의한 질병이다.

163 감염병의 감수성 대책에 속하는 것은?

① 소독을 실시한다.
② 매개곤충을 구제한다.
③ 예방접종을 실시한다.
④ 환자를 격리시킨다.

> 해설 감염병의 감수성 대책으로 예방접종을 실시한다.

164 이질을 앓은 후 얻는 면역은?

① 면역성이 없음　　② 영구 면역
③ 수동 면역　　④ 능동 면역

>  이질은 면역성이 없다.

165 다음 전염병 중 감염경로가 토양인 것은?

① 파상풍　　② 디프테리아
③ 천연두　　④ 콜레라

> 해설 파상풍은 경피감염으로 토양에 존재하던 파상풍균이 피부 상처를 통해 감염된다.

166 다음 질병 중 양친에게서 감염되는 병이 아닌 것은?

① 색맹　　② 혈우병
③ 당뇨병　　④ 결핵

> 해설 **양친에게서 감염되는 질병**
> 매독, 두창, 풍진, 중풍, 진성 간질, 정신분열증, 색맹, 당뇨병, 혈우병 등이 있다.

167 이가 옮기는 감염병은?

① 장티푸스　　② 콜레라
③ 발진열　　④ 발진티푸스

> 해설 이가 매개하는 감염병은 발진티푸스, 재귀열 등이다.

168 파리가 매개하는 질병이 아닌 것은?

① 일본뇌염
② 디프테리아
③ 장티푸스
④ 이질

> 해설 **파리가 매개하는 질병**
> 장티푸스, 디프테리아, 이질, 콜레라 등이다.

169 소독약의 살균 지표가 되는 소독제는?

① 생석회　　② 알코올
③ 크레졸　　④ 석탄산

> 해설 석탄산은 살균력이 안정하여 살균력 비교 시 이용되며, 하수, 화장실 등의 소독에 사용한다.

170 식당에서 조리 작업자 및 배식자의 손 소독에 가장 적당한 것은?

① 생석회　　② 연성세제
③ 역성비누　　④ 승홍수

> 해설 조리자의 손 소독에 사용하는 것은 역성비누이다.

정답 162 ③ 163 ③ 164 ① 165 ① 166 ④ 167 ④ 168 ① 169 ④ 170 ③

171 감염병을 예방할 수 있는 3대 요소가 아닌 것은?

① 물리적 요인　② 환경
③ 숙주　④ 병원소

해설 감염병 발생의 3대 요인은 감염원(병원소), 감염경로(환경), 감수성 숙주이다.

172 다음 중 소화기계 감염병에 속하지 않는 것은?

① 장티푸스　② 세균성 이질
③ 결핵　④ 파라티푸스

해설 **인체 침입에 따른 감염병**
- 소화기계 감염병 : 장티푸스, 파라티푸스, 세균성 이질, 콜레라, 소아마비 등
- 호흡기계 감염병 : 디프테리아, 백일해, 결핵, 홍역, 천연두 등

173 우리나라 검역 감염병이 아닌 것은?

① 장티푸스　② 황열
③ 콜레라　④ 페스트

해설 우리나라 검역 감염병의 종류로는 콜레라(120시간), 페스트(144시간), 황열(144시간), 중증급성호흡기증후군, 조류인플루엔자 인체감염증, 신종인플루엔자감염증, 중동호흡기증후군이 있다.

174 정기 예방 접종을 받아야 하는 질병은?

① 말라리아　② 파라티푸스
③ 백일해　④ 세균성 이질

해설 정기 예방 접종을 받아야 하는 질병에는 백일해, 결핵, 파상풍, 디프테리아, 홍역, 소아마비 등

175 다음 중 개달물로 전파가 되지 않는 질병은?

① 결핵　② 트라코마
③ 황열　④ 천연두

해설 개달물 감염은 의복, 침구, 서적 등 비생체 접촉 감염으로 결핵, 트라코마, 천연두 등이 있으며 황열은 절족동물 매개 감염병으로 모기에 의해 전파된다.

176 병원체가 리케차인 것은?

① 장티푸스　② 결핵
③ 백일해　④ 발진티푸스

해설 리케차성 전염병에는 발진열, 발진티푸스, 양충병이 있다. 장티푸스, 백일해, 결핵은 세균성 감염병이다.

177 리케차에 의해서 발생되는 전염병은?

① 세균성 이질
② 파라티푸스
③ 디프테리아
④ 발진티푸스

해설 세균성 이질, 파라티프스, 디프테리아는 세균에 의해 발생되는 감염병이다.

178 DPT 예방접종과 관계없는 감염병은?

① 파상풍　② 백일해
③ 디프테리아　④ 페스트

해설 D : 디프테리아, P : 백일해, T : 파상풍

179 다음 중 제1군 감염병에 속하는 것은?

① 홍역　② 일본뇌염
③ 장티푸스　④ 백일해

해설 **제1군 감염병**
콜레라, 장티푸스, 파라티푸스, 세균성 이질, 장출혈성 대장균 감염증, A형 간염

정답 171 ① 172 ③ 173 ① 174 ③ 175 ③ 176 ④ 177 ④ 178 ④ 179 ③

180 병원체가 바이러스인 감염병은?

① 결핵　② 회충증
③ 일본뇌염　④ 발진티푸스

해설 ① 결핵은 세균, ② 회충증은 기생충, ④ 발진티푸스는 리케차에 의한 감염병이다.

181 생균백신을 예방접종하는 질병은?

① 콜레라　② 결핵
③ 장티푸스　④ 일본뇌염

해설 결핵은 BCG 생균백신을 접종하여 예방한다.

182 수혈을 통하여 감염되기 쉬우며 감염률이 높은 것은?

① 홍역　② 두창
③ 백일해　④ 유행성 간염

해설 수혈을 통하여 감염이 쉬운 것은 유행성 간염이다.

183 다음 중 접촉감염지수가 가장 높은 질병은?

① 소아마비　② 홍역
③ 성홍열　④ 디프테리아

해설 **접촉감염지수**
홍역(95%) 〉 성홍열(40%) 〉 디프테리아(10%) 〉 폴리오, 소아마비(0.1%)

184 다음 감염병 중 생후 가장 먼저 접종을 실시하는 것은?

① 홍역　② 백일해
③ 결핵　④ 파상풍

해설 **예방 접종 시기**
- 생후 4주이내 : 결핵(BCG)
- 생후 2, 4, 6개월 : DPT(디프테리아, 백일해, 파상풍)
- 생후 12~15개월 : MMR(홍역, 볼거리, 풍진)
- ~15세 : 일본뇌염

185 모체로부터 태반이나 수유를 통해 얻어지는 면역은?

① 자연 능동 면역
② 인공 능동 면역
③ 자연 수동 면역
④ 인공 수동 면역

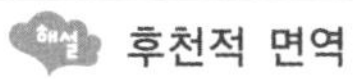

해설 **후천적 면역**
- 자연 능동 면역 : 질병 감염 후 획득
- 인공 능동 면역 : 예방접종으로 획득
- 자연 수동 면역 : 모체로부터 얻는 면역
- 인공 수동 면역 : 혈청제제의 접종으로 획득

186 인공능동면역의 방법에 해당되지 않는 것은?

① 생균백신 접종　② 글루불린 접종
③ 사균백신 접종　④ 순화독소 접종

해설 면역글로불린은 특정질환에 대한 수동면역을 필요로 하는 환자와 선천성 면역 글로불린 결핍증 환자에게 사용된다.

187 감수성지수(접촉감염지수)가 가장 높은 감염병은?

① 폴리오　② 디프테리아
③ 홍역　④ 백일해

해설 감수성지수란 미감염자에게 병원체가 침입했을 때 발병하는 비율을 의미하는 것으로 감수성이 높으면 면역성이 낮으므로 질병이 발병하기 쉽다. 감수성지수는 천연두·홍역 95%, 백일해 60~80%, 성홍열 40%, 디프테리아 10%, 폴리오 0.1%이다.

정답 180 ③ 181 ② 182 ④ 183 ② 184 ③ 185 ③ 186 ② 187 ③

188 잠복기가 가장 긴 감염병은?

① 파라티푸스 ② 콜레라
③ 결핵 ④ 디프테리아

해설 잠복기간이 긴 감염병으로는 한센병, 결핵 등이 있다.

189 인공 능동 면역에 의하여 면역력이 강하게 형성되는 감염병은?

① 이질 ② 말라리아
③ 폴리오 ④ 폐렴

해설 인공 능동 면역이란 예방접종으로 획득한 면역으로 생균백신의 접종을 통해 장기간 면역이 지속된다. 폴리오, 홍역, 결핵, 황열, 탄저, 두창, 광견병 등이 있다.

190 식중독 사고 발생 시 가장 먼저 취해야 할 행정조치로 옳은 것은?

① 역학조사
② 연막소독
③ 식중독의 발생신고
④ 원인 식품 폐기처리

해설 식중독 발생시 식중독을 발견한 의사는 지체없이 보건소장에게 신고해야 한다.

191 우리나라에서 식중독 사고가 가장 많이 발생하는 계절은?

① 봄 ② 여름
③ 가을 ④ 겨울

해설 식중독은 6~9월까지 고온다습한 여름철에 발생빈도가 높다.

192 급속여과법에 대한 설명으로 옳은 것은?

① 보통 침전법으로 한다.
② 사면대치를 한다.
③ 역류세척을 한다.
④ 넓은 면적이 필요하다.

해설 급속여과법은 약품 침전시 좁은 면적에 사용하며 역류세척을 한다.

193 주방 청결을 유지하기 위한 방역 방법으로 바른 것은?

① 물리적 방법은 천적생물을 이용하는 방법으로 해충의 서식지를 제거하는 것이다.
② 화학적 방법은 해충이 발생하지 못하도록 시설 및 환경개선을 하는 것이다.
③ 화학적 방법은 약제를 살포하여 해충을 구제하는 것이다.
④ 물리적 방법은 약제를 살포하여 해충을 구제하는 것이다.

해설 화학적 방법은 약제를 살포하여 해충을 구제하는 것이다.

194 위생적인 식품 보관 방법으로 틀린 것은?

① 냉동식품은 냉동보관이 원칙이고 녹인 것은 다시 얼리지 않는다.
② 채소류는 칼이 닿는 경우 쉽게 상하므로 관리를 철저히 해야 한다.
③ 채소류는 후입선출이 기본으로 가장 최근에 들어온 싱싱한 것부터 사용한다.
④ 바나나는 상온에 보관하고 수박이나 멜론 등은 랩을 사용하여 표면이 마르지 않도록 한다.

해설 채소류는 선입선출이 기본으로 가장 먼저 들어온 것부터 사용한다.

정답 188 ③ 189 ③ 190 ③ 191 ② 192 ③ 193 ③ 194 ③

195 다음 내용이 설명하는 물질의 명칭으로 옳은 것은?

> 유독물질, 허가물질, 제한 물질 또는 금지 물질, 사고대비물질, 그밖에 유해성 또는 위해성이 있거나 그러할 우려가 있는 물질을 말한다.

① 독성물질

② 식품첨가물

③ 유해위험물질

④ 화학적 합성품

유해위험물질이란
유독물질, 허가물질, 제한 물질 또는 금지 물질, 사고대비물질, 그밖에 유해성 또는 위해성이 있거나 그러할 우려가 있는 물질을 말한다.

196 다음의 정의에 해당하는 것은?

> 제품의 결함으로 인해 발생한 인적 · 물적 · 정신적 피해까지 공급자가 부담하는 한 차원 높은 손해배상제도로 제조물의 결함으로 인해 발생하는 손해로부터 소비자를 보호하는 제도

① 위해요소중점관리기준(HACCP)

② 식품 Recal 제도

③ 식품 CODEX 제도

④ PL(제조물 책임) 제도

해설 제조물의 결함으로 발생한 손해에 대한 제조업자 등의 손해배상책임을 규정함으로써 피해자 보호를 도모하고 국민생활의 안전 향상과 국민경제의 건전한 발전에 이바지함을 목적으로 시행

정답 195 ③ 196 ④

Part 02

중식 안전관리

개인안전 관리

재해 발생의 원인 재해는 근로자가 물체나 사람과의 접촉으로 혹은 몸담고 있는 환경의 갖가지 물체나 작업조건에 작업자의 동작으로 말미암아 자신이나 타인에게 상해를 입히는 것이지만 이를 방지하기 위해서 재해사고의 결과상태만을 놓고 봐서는 그 원인을 예측하기 힘들다.

이러한 재해사고는 시간적 경로 상에서 나타나게 되는 것이기 때문에 시간적인 과정에서 본다면 구성요소의 연쇄반응현상이라고도 말할 수 있다.

Section 1 개인 안전사고 예방 및 사후 조치

재해 발생의 문제점 재해 발생으로 인한 경제적 손실은 매년 증가하는 추세인데, 우리나라의 재해 발생 비율은 선진국의 재해 발생 비율에 비해 월등히 높은 수준이다. 이러한 재해 발생 비율을 줄이기 위한 노력으로 재해관리를 전담할 수 있는 안전관리자를 선임하는 것이 중요하다.

안전관리자로부터 실시 되어지는 안전교육은 교육이라는 수단을 통하여 일상생활에서 개인 및 집단의 안전에 필요한 지식, 기능, 태도 등을 이해시키고 자신과 타인의 생명을 존중하며, 안전한 생활을 영위할 수 있는 습관을 형성시키는 것이다.

인간의 행동에는 목적이 수반되어 일어나지만 때로는 의도하는 목적과 상반되는 행동의 결과가 나타나기도 한다. 바람직하지 못한 행동의 결과는 불가항력적인 현상에 의한 것보다는 인위적 요인에 의한 경우가 많으며, 그 요인은 지속적인 교육에 의해 개선될 수 있다.

응급조치의 목적 응급조치라 함은 다친 사람이나 급성 질환자에게 사고현장에서 즉시 취하는 조치로 119신고부터 부상이나 질병을 의학적 처치 없이도 회복될 수 있도록 도와주는 행위까지 포함한다.

응급조치는 생명과 건강을 심각하게 위협받고 있는 환자에게 전문적인 의료가 실시되기에 앞서 긴급히 실시되는 처치로서 환자의 상태를 정상으로 회복시키기 위해서라기보다는 생명을 유지시키고, 더 이상의 상태악화를 방지 또는 지연시키는 것을 목적으로 하고 있다.

빈 출 Check

01 재난의 원인 요소인 "4M"에 해당하지 않는 것은?

① 인간(Man)
② 분위기(Mood)
③ 매체(Media)
④ 관리(Management)

해설 재난원인요소 4M
사람(Man), 환경(Media), 기계(Machine), 관리(Management)이다.

02 산업체에 재해관리를 전담하는 자로 옳은 것은?

① 공장장
② 업체 대표
③ 생산관리자
④ 안전관리자

해설 산업체 재해 발생 책임자
안전관리자

정답 _ 01 ② 02 ④

1 구성요소의 연쇄반응

(1) 사회적 환경과 유전적 요소

(2) 개인적인 성격의 결함

(3) 불안전한 행위와 불안전한 환경 및 조건

(4) 산업재해의 발생

2 재해 발생의 원인

(1) 부적합한 지식

(2) 부적절한 태도의 습관

(3) 불안전한 행동

(4) 불충분한 기술

(5) 위험한 환경

3 직업병 관리

(1) 산업보건

*국제 노동기구(ILO)와 세계보건기구(WHO)

모든 직업에서 일하는 근로자들의 육체적, 정신적 그리고 사회적 건강을 고도로 유지. 증진시키며, 작업조건으로 인하여 발생하는 질병을 예방하고 근로자를 생리적으로나 심리적으로 적합한 작업환경에 배치하여 일하도록 하는 것이다.

(2) 직업병 관리

직업성 질환은 근로자들이 그 직업에 종사함으로써 발생하는 특정질환을 말한다.

(3) 직업병의 종류

직업병은 고온장애, 저온장애, 작업장의 분진에 의한 장애, 공업중독에 의한 장애 등으로 나눌 수 있다.

고온장애의 종류 및 원인과 증상

종류	원인	증상
열경련	탈수로 인한 수분 부족과 NaCl의 감소 고온 환경에서 심한 육체 노동	경련, 발작, 현기증, 두통, 호흡곤란
열사병	체온의 부조화, 중추신경장애	체온 상승, 고온 환경
열허탈	고온 환경, 심한 육체운동	탈수증, 염분 부족증
열쇠약	고온 작업 시 비타민 B_1의 결핍으로 발생	전신 피로감

03 재해 발생의 원인에 해당하지 않는 것은?

① 부적합한 지식
② 불안전한 행동
③ 위험한 환경
④ 적절한 태도의 습관

재해 발생의 원인
- 부적합한 지식
- 부적절한 태도의 습관
- 불안전한 행동
- 불충분한 기술
- 위험한 환경

04 작업장의 위생관리 방법으로 적절하지 않은 것은?

① 식품 등의 원료 및 제품 중 부패, 변질이 도기 쉬운 것은 모두 냉동시설에 보관·관리하여야 한다.
② 작업장 바닥은 콘크리트 등으로 내수 처리를 하여야 하며 배수가 잘되도록 하여야 한다.
③ 작업장은 폐기물, 폐수처리 시설과 격리된 장소에 설치하여야 한다.
④ 외부로부터 개방된 흡·배기구 등에는 여과망이나 방충망 등을 부착하여야 한다.

식품별로 식품 특성에 따라 보관 방법에 유의한다.

정답 _ 03 ④ 04 ①

빈 출 Check

05 규폐증과 관계가 먼 것은?
① 유리규산
② 골연화증
③ 폐조직의 섬유화
④ 암석가공업

해설 규폐증의 원인은 분진으로 유리규산의 미립자가 섞여 있는 공기를 오랫동안 마심으로써 발생하는 만성질환이며 폐조직의 섬유화가 일어난다.

06 소음의 측정단위인 데시벨(db)은?
① 음의 강도
② 음의 질
③ 음의 파장
④ 음의 전파

해설 데시벨은 소리의 상대적 크기를 나타내는 단위이며 일반적으로 음의 강도의 단위로 사용된다.

07 소음에 의하여 나타나는 피해로 적절하지 않은 것은?
① 불쾌감 ② 대화방해
③ 중이염 ④ 소음성 난청

해설 중이염은 미생물의 감염으로 발생하는 질병이다.

정답 _ 05 ② 06 ① 07 ③

저온장애의 종류 및 원인과 증상

종류	원인 및 증상
참호족	동결상태에 이르지 않더라도 한랭에 계속해서 노출되고 지속적으로 습기나 물에 잠기게 되면 발생
동상	피부조직이 동결되어 세포구조에 문제가 생김 • 1도 동상 : 발적, 동창 • 2도 동상 : 수포 형성에 의한 염증 상태 • 3도 동상 : 국소조직의 괴사상태

작업장에 따른 원인별 질병 증상

종류	원인 및 증상
진폐증	산업장에서 분진을 흡입함으로 발생, 탄폐, 규폐, 석면폐
규폐증	유리 규산의 분진 흡입으로 폐에 만성 섬유증식 발생, 도자기 공업, 요업, 금속광업, 석공업, 토건업
석면폐증	석면 흡입으로 발생, 섬유화 현상, 절연제, 내화 직물제조

공업중독의 종류 및 증상

종류	원인	증상
납(Pb)중독	페인트, 안료, 장난감, 화장품공장	빈혈, 안맥창백증, 적혈구 감소
수은(Hg)중독	수은광산, 수은정련, 수은봉입법	미나마타병, 중추신경마비, 구내염
크롬(Cr)중독	안료, 내화제, 인쇄잉크, 착색제	신장장애, 코, 폐, 위장점막에 병변
카드뮴(Cd)중독	정련가공도금, 합성수자, 도료, 안료, 비료제조업	이타이이타이병, 구토, 설사, 골연화증, 폐기종, 단백뇨, 신장장애

직업병의 종류
• 고열환경 : 열중증
• 저온환경 : 동상, 동창, 참호족염
• 저압환경 : 고산병, 항공병
• 고압환경 : 잠함병
• 분진 : 진폐증, 규폐증, 석면폐증, 활석폐증

Section 2 작업 안전관리

1 작업 안전관리 지침

(1) 조리 장비, 도구의 주방에서 사용하고 있는 장비나 도구는 시대적인 흐름과 음식 문화의 변화와 함께 눈부시게 발전을 거듭하여 오늘날에 이르렀다. 그 결과 조리작업 과정이 조직화 및 기계화되어가고 있으며 이러한 과정을 통하여 조리제품의 대

량생산과 표준화 시대로 접어들게 되었다. 따라서 이러한 장비와 도구들은 조리사들이 공동으로 사용하며, 주방공간을 차지하는 점유율이 높기 때문에 기능, 색상, 크기, 사용의 간편함을 고려하여 구입 과정에서부터 사용관리에 철저해야 한다.

(2) 주방시설과 장비, 도구에 대하여 조직적이고 체계적으로 관리하고 사용방법을 숙지하는 것은 오직 주방종사자들의 책임만이 아니라는 것을 인식해야 한다.

(3) 주방 관련 모든 종사자에게 책임과 의무감을 철저하게 주지시켜 관리절차에 따라 주방의 업장별 장비와 도구 등을 관리하는 것이 매우 적절한 방법이다.

(4) 주방 장비 및 도구들의 관리 목적을 달성하기 위한 것으로는 먼저 시설물에 대한 사전지식이 필요하다. 사용방법과 용도, 사용 연한 및 생산지 등을 파악하여 적절한 기법을 적용시켜야 한다.

① 모든 조리 장비와 도구는 사용방법과 기능을 충분히 숙지하고 전문가의 지시에 따라 정확히 사용해야 한다.

② 장비의 사용용도 이외 사용을 금해야 한다.

③ 장비나 도구에 무리가 가지 않도록 유의해야 한다.

④ 장비나 도구에 이상이 있을 경우엔 즉시 사용을 중지하고 적절한 조치를 취해야 한다.

⑤ 전기를 사용하는 장비나 도구의 경우 전기사용량과 사용법을 확인한 다음 사용해야 하며, 특히 수분의 접촉 여부에 신경을 써야 한다.

⑥ 사용 도중 모터에 물이나 이물질 등이 들어가지 않도록 항상 주의하고 청결하게 유지해야 한다.

빈출 Check

08 다음 중 작업 안전관리 지침에 해당하지 않는 것은?

① 장비의 사용용도 이외 사용을 금해야 한다.
② 장비나 도구에 무리가 가지 않도록 유의해야 한다.
③ 사용 도중 모터에 물이나 이물질 등이 들어가면 한 번에 모아 두었다가 청소해야 한다.
④ 모든 조리 장비와 도구는 사용방법과 기능을 충분히 숙지하고 전문가의 지시에 따라 정확히 사용해야 한다.

09 작업환경 측정의 의의에 대해 바르게 설명한 것은?

① 주방 관련 모든 종사자에게 책임과 의무감을 철저하게 주지시켜야 한다.
② 근로자의 건강에 장해를 줄 수 있는 물리, 화학, 생물학적 및 인간공학적인 유해인자들을 알아내고, 측정, 분석, 평가하는 과정
③ 조리 장비, 도구에 대하여 조직적이고 체계적으로 관리하고 사용방법을 숙지하여야 한다.
④ 생명을 유지하고 건강상태 악화를 방지 또는 지연시키는 것을 목적으로 해야 한다.

10 주방의 바닥조건으로 맞는 것은?

① 산이나 알칼리에 약하고 습기, 열에 강해야 한다.
② 바닥 전체의 물매는 20분의 1이 적당하다.
③ 조리작업을 드라이 시스템화 할 경우의 물매는 100분의 1 정도가 적당하다.
④ 고무타일, 합성수지타일 등이 잘 미끄러지지 않으므로 적합하다.

해설 주방의 바닥조건
산, 알칼리, 습기, 열에 강해야 한다. 물매는 100분의 1 정도가 적당하다. 고무 타일, 합성수지타일 등 잘 미끄러지지 않는 소재를 사용해야 한다.

정답 _ 08 ③ 09 ② 10 ④

장비·도구 안전작업

1 조리 장비 · 도구 안전관리 지침

(1) 장비가 정해진 작업을 위한 것인가, 질을 개선시킬 수 있는 것인가, 작업 비용을 감소시킬 수 있는가 등을 파악하여 평가하여야 한다.

(2) 장비의 필수적 또는 기본적 기능과 활용성, 사용 가능성 등을 고려하여 조리작업에 적절한 장비를 계획하여 배치할 수 있도록 하고 미래에 예상되는 성장 혹은 변화에 따라 필요 장비를 고려하여 사전에 관리할 수 있어야 한다.

2 성능

(1) 주방 장비는 요구되는 기능과 특수한 기능을 달성시킬 수 있어야 한다.

(2) 장비의 비교는 주어지는 만족의 정도, 그리고 주어진 성능을 얼마나 오랫동안 유지하느냐에 중점을 두어야 하며, 조작의 용이성, 분해, 조립, 청소의 용이성, 간편성, 사용기간에 부합되는 비용인가를 고려하여 성능을 평가한다.

3 요구에 따른 만족도

(1) 투자에 따른 장비의 성능이 효율적이지 못하다면 차후 장비 구입 시 여러 가지 어려움이 따른다. 그러므로 필요조건에 대한 상세한 분석이 필수적이다.

(2) 특정 작업에 요구되는 장비의 기능이 미비하거나 지나친 것은 사전계획의 오류에서 발생한다.

(3) 이러한 경험은 차후 장비 선택 시 시행착오로 인한 개선의 정보를 제공할 수 있으나 이것도 특정한 요구조건의 견지에서 평가되어야 한다.

4 안전성과 위생

조리 장비를 계획하거나 선택할 때는 안전성과 위생에 대한 위험성, 그리고 오염으로부터 보호할 수 있는 정도를 고려해야 한다.

빈 출 Check

11 개인위생에 대한 설명으로 적절하지 않은 것은?

① 손톱은 짧고 깨끗하게 하여 매니큐어는 손톱보호를 위해 발라도 된다.
② 조리를 위해 깨끗한 조리복과 위생모자, 앞치마를 착용한다.
③ 긴 머리카락이 흘러내리지 않도록 머리망을 이용해 머리를 단정하게 한다.
④ 조리 중에는 손목시계, 팔찌 등의 장신구는 착용하지 않는다.

해설 조리 중에는 매니큐어도 바르지 않는다.

12 기계 및 설비 위생관리 방법으로 적절하지 않은 것은?

① 기계·설비는 깨지거나 금이 가거나 하는 등 파손된 상태가 없어야 한다.
② 도구·용기는 바닥에서 30cm만 떨어뜨려 사용한다.
③ 세척·소독한 기계, 설비에 남아 있는 물기를 완전히 제거한다.
④ 수분이나 미생물이 내부로 침투하기 쉬운 목재는 가급적 사용하지 않는다.

해설 도구 및 용기는 바닥에서 60cm 이상 떨어뜨려야 한다.

정답 _ 11 ① 12 ②

작업환경 안전관리

Section 1 작업장 환경관리

1 작업환경 측정의 의의

(1) 근로자의 건강에 장해를 줄 수 있는 물리, 화학, 생물학적 및 인간공학적인 유해인자들을 알아내고, 측정, 분석, 평가하는 과정이다.

(2) 특히 화학적 유해인자의 노출 평가를 하기 위해서는 예비조사, 측정전략 수립, 측정기구의 보정, 시료 채취, 시료의 운반 및 보관, 분석, 자료처리 등의 복잡한 과정을 거치게 되고, 전문성이 요구된다. 따라서 평가결과의 정확성은 실험실에서 이루어지는 시료 분석만으로 달성할 수 없으며 예비조사부터 자료처리까지 전 과정에 걸쳐서 세심한 주의를 기울여야 한다.

2 작업환경 측정의 목적

작업 시 발생하는 소음, 분진, 유해화학물질 등의 유해인자에 근로자가 얼마나 노출되는지를 측정, 평가한 후 시설과 설비 등의 적절한 개선을 통하여 깨끗한 작업환경을 조성함으로써 근로자의 건강보호 및 생산성 향상에 기여하는 데 있다.

(1) 작업환경의 개념

작업환경이란 작업공학에서 비롯된 용어로 작업공학이란 인간이 일하고 생활하는 환경이라든가 기기들이 사용하는 제품이나 기구, 작업자가 수행하는 작업 방법 내지 작업 수단들을 인간의 신체 심리 특성, 환경 등과 연결시켜 효율인 시스템을 만들어 운영하려는 부분이다.

(2) 작업공학의 목표

작업의 안전과 속도 그리고 정확성을 높여서 일의 성과를 높이며 교육훈련을 줄이고, 인간의 오류로 인한 안전사고를 감소시키고, 작업자가 안락하고 편리하도록 작업에 임하게 하는 것이다.

(3) 작업환경에 대한 정의

① 작업을 수행하는 환경요인으로 설명하여지는데, 인간이 작업을 수행할 때 사용하는 물리 수단을 작업수단이라 하고, 인간이 작업을 수행하는 환경을 작업환경이라 정의한다. 즉, 작업환경이란 작업에 미치는 재료의 품질이나 기계의 성능

빈 출 Check

13 재난의 원인 요소인 "4M"에 해당하지 않는 것은?
① 인간(Man)
② 분위기(Mood)
③ 매체(Media)
④ 관리(Management)

재난원인요소 4M
사람(Man), 환경(Media), 기계(Machine), 관리(Management)이다.

14 조리 장비, 도구 안전관리 지침에 해당하지 않는 것은?
① 요구에 따른 만족도
② 안전성과 위생
③ 장비의 성능
④ 특정한 장비의 구입

조리 장비 · 안전관리 지침
안전성과 위생, 요구에 따른 만족도, 장비의 성능을 고려하여야 함

정답 _ 13 ② 14 ④

빈 출 Check

15 작업환경의 개념에 속하지 않는 것은?
① 환경 ② 기구, 제품
③ 교육훈련 ④ 작업방법

해설 작업환경이란 환경, 제품, 기구, 작업방법 등

16 진동이 심한 작업을 하는 사람에게 국소진동장애로 생길 수 있는 직업병은?
① 진폐증 ② 레이노병
③ 잠함병 ④ 군집독

해설 레이노병은 진동에 의해 손가락의 말초혈관 운동 장해로 혈액순환의 장해가 발생하여 창백해지는 현상이다.

정답 _ 15 ③ 16 ②

등의 작업조건이 아니라, 작업가에게 영향을 주는 작업장의 온도, 환기, 소음 등을 의미한다.

② 주방의 작업환경 주방환경이란 "조리사를 둘러싸고 있는 것과 일정하게 접촉을 유지하면서 형태와 인체에 영향을 미치는 모든 외계조건, 즉 조리사를 둘러싸고 있는 물리적 공간인 주방에서 조리사의 반응을 야기시키는 작업장"이라고 할 수 있다.

③ 또한, 생활환경을 주방환경에 비추어 볼 때, 열·온도·습도·광선·소음 등의 작업환경 요인은 작업자의 피로, 건강 및 작업태도 등에 영향을 주어 제품과 서비스의 품질과 생산성을 떨어뜨릴 수 있다.

(4) 주방의 조리환경

① 주방 내에서 자체적으로 관리와 통제가 가능한 요소로 주방근무자인 조리사들에게 직접적으로 관계가 있으며, 업무 수행에 있어서 능률이 저하될 수도 있다.

② 주방환경은 조리작업을 위한 공간이며, 주방 내의 조리 종사원에게 직·간접적으로 영향을 미치는 환경적 요인으로서 조리 종사원의 근무의욕과 건강 등에 영향을 미친다. 즉, 물리적 환경이란 주방의 제한된 공간에서 음식물을 생산하는 데 영향을 미치는 물리적 요소라고 할 수 있다.

(5) 조리작업장 환경요소

온도와 습도의 조절, 조명시설, 주방 내부의 색깔, 주방의 소음, 환기(통풍장치) 등이 있다. 주방의 물리적 환경관리는 주방에서 종사하는 조리사의 건강관리(보건)와 연결된다. 따라서 물리적 환경의 합리적인 설계와 배치방법은 작업자의 피로와 스트레스를 적게 할 수 있고, 작업능률을 높일 수 있다.

Section 2 작업장 안전관리

작업장의 안전관리는 기관이 운영되는 날로부터 항상 동일한 수준에서 유지되어야 하고, 더 나아가 지속적인 품질향상을 위하여 노력하여야 한다. 안전관리 인증을 통과한 시설들이 인증시설로서 바람직한 운영수준을 지속적으로 유지하고 있는지에 대한 관리는 매우 중요하다. 이는 안전관리 인증의 궁극적 목적이 서비스의 품질향상에 있으며, 시설물에 대한 사후 유지관리를 통해 안전관리가 무엇보다 중요하기 때문이다.

1 작업장의 안전 및 유지 관리 기본방향 설정

(1) 작업장 안전 및 유지 관리기준의 정립

안전점검 및 객관적인 시설물 상태에 대한 평가기준 마련 등의 시설물 안전 및 유지 관리 기준이 필요하다.

(2) 작업장 안전 및 유지 관리 체계의 개선

주방시설의 설계단계에서부터 안전 및 유지 관리를 위한 기준 마련 등 시설물 안전 및 유지 관리 체계의 개선이 필요하다.

(3) 작업장 안전 및 유지 관리 실행 기반의 조성

시설물 안전 및 유지 관리를 위해서는 시설물 안전 및 유지관리 관련 법령의 내용에 기초하여 시설물 안전 및 유지 관리 실행 기반을 마련하여야 한다.

(4) 원소·화학물 및 그에 인위적인 반응을 일으켜 얻어진 물질과 자연상태에서 존재하는 물질을 화학적으로 변형시키거나 추출 또는 정제한 것을 말한다. 그리고 유해화학물질이란 유독물질, 허가물질, 제한물질, 또는 금지물질, 사고대비물질, 그 밖에 유해성 또는 위해성이 있거나 그러할 우려가 있는 화학물질을 말한다.

(5) 안전교육의 필요성

우리 사회는 안전불감증, 안전에 대한 낮은 국민의식, 사업주의 안전경영과 근로자의 안전수칙 준수 미흡 등으로 인해 산업재해가 선진국에 비해 심각한 양상을 띠고 있다. 안전에 관한 가치관과 의식을 고양시키고, 안전을 생활화하기 위해서는 교육을 통한 가치관과 태도변화가 이루어져야 한다.

(6) 산업현장에서 안전교육이 필요한 이유

① 외부적인 위험으로부터 자신의 신체와 생명을 보호하려는 것은 인간의 본능이다. 안전은 인간의 본능이지만 이러한 의지에 상반되는 재해가 발생하는 이유는 그 본능에도 불구하고 그것을 행동화하는 기술을 알지 못하기 때문이다.

② 안전사고에는 물체에 대한 사람들의 비정상적인 접촉에 의한 것이 많은 부분을 차지 하고 있다.

③ 안전교육은 위험에 관한 인식을 넓히고, 직업병과 산업재해의 원인에 대한 지식을 확산시키며 효과적인 예방책을 증진하는 데 있다.

④ 과거의 재해경험으로 쌓은 지식을 활용함으로써 기계·기구·설비와 생산기술의 진보 및 변화는 이루어졌다. 그러나 인적 요인에 의한 안전문화는 교육을 통해서만 실현될 수 있다.

⑤ 작업장에 아무리 훌륭한 기계·설비를 완비하였다 하더라도 안전의 확보는 결국 근로자의 판단과 행동 여하에 따라 좌우된다.

빈출 Check

17 다음 중 작업장의 안전 및 유지관리의 기본 방향에 대한 설명이 바르지 않은 것은?
① 작업장 안전 및 유지 관리 체계의 개선
② 작업장 안전 및 유지 관리기준의 정립
③ 안전 인증을 통과한 시설들은 관리하지 않아도 된다.
④ 작업장 안전 및 유지 관리 실행 기반의 조성

해설 인증을 통과한 시설들은 인증시설로서 바람직한 운영수준을 지속적으로 유지하는 것이 중요하다.

18 안전교육이 필요한 이유가 아닌 것은?
① 신체와 생명을 보호하려고
② 직업병과 산업재해의 원인에 대한 지식을 확산시키며 효과적인 예방책을 증진시키려고
③ 근로자의 판단과 행동 여하에 따라 안전이 확보되기 때문에
④ 사업장의 위험성 등에 대한 지식, 기술, 태도 등이 습관화되면 안 되기 때문에

해설 사업장의 위험성에 대한 모든 지식, 기술, 태도 등이 습관화가 되도록 계속 반복해야 함

19 다음 중 위생복장 착용 시 주의해야 할 점은?
① 앞치마의 끈은 바르게 묶고 안전화를 착용한다.
② 위생모와 위생복은 항상 청결하게 세탁하여 착용한다.
③ 액세서리는 착용하지 않는다.
④ 화장실을 이용할 때 조리화를 신고 가는 것은 무방하다.

해설 조리실 밖으로 나갈 때는 조리실의 오염을 피하기 위해서 조리화와 조리복을 벗는다.

정답 _ 17 ③ 18 ④ 19 ④

⑥ 사업장의 위험성이나 유해성에 관한 지식, 기능 및 태도는 이것이 확실하게 습관화되기까지 반복하여 교육훈련을 받지 않으면 이해, 납득, 습득, 이행이 되지 않는다.

Section 3 화재예방 및 조치방법

화재의 원인이 될 수 있는 곳을 점검하고 화재 진압기를 배치, 사용한다.

① 인화성 물질 적정보관 여부를 점검한다.
② 소화기구의 화재안전기준에 따른 소화전함, 소화기 비치 및 관리, 소화전함 관리상태를 점검한다.
③ 출입구 및 복도, 통로 등에 적재물 비치 여부를 점검한다.
④ 비상통로 확보 상태, 비상조명등 예비 전원 작동상태를 점검한다.
⑤ 자동 확산 소화 용구 설치의 적합성 등에 대해 점검한다.

빈출 Check

20 화재 예방 조치방법으로 틀린 것은?

① 소화기구의 화재안전기준에 따른 소화전함, 소화기 비치 및 관리, 소화전함 관리상태를 점검하지 않는다.
② 인화성 물질 적정보관 여부를 점검한다.
③ 출입구 및 복도, 통로 등에 적재물 비치 여부를 점검한다.
④ 자동 확산 소화용구 설치의 적합성 등에 대해 점검한다.

해설 소화기구의 화재안전기준에 따른 소화전함, 소화기 비치 및 관리, 소화전함 관리상태를 점검한다.

21 개인 안전관리 예방 방법으로 적절하지 않은 것은?

① 원·부재료의 이동 시 바닥의 물기나 기름기를 제거하여 미끄럼을 방지한다.
② 원·부재료의 전처리 시 작업할 분량만큼 나누어서 작업한다.
③ 기계의 이상 작동 시 기계의 전원을 차단하지 않고 정지된 상태만 확인한 후 작업해도 된다.
④ 재료의 가열 시 가스 누출 검지기 및 경보기를 설치한다.

해설 안전을 위해 전원을 차단하고 실시한다.

정답 _ 20 ① 21 ③

실전예상문제

01 재난의 원인 요소인 "4M"에 해당하지 않는 것은?

① 인간(Man) ② 분위기(Mood)
③ 매체(Media) ④ 관리(Management)

 **재난원인요소 4M**
사람(Man), 환경(Media), 기계(Machine), 관리(Management)이다.

02 재해 발생의 원인에 해당하지 않는 것은?

① 부적합한 지식 ② 불안전한 행동
③ 위험한 환경 ④ 적절한 태도의 습관

재해 발생의 원인
- 부적합한 지식
- 부적절한 태도의 습관
- 불안전한 행동
- 불충분한 기술
- 위험한 환경

03 산업체에 재해관리를 전담하는 자로 옳은 것은?

① 공장장 ② 업체 대표
③ 생산관리자 ④ 안전관리자

 **산업체 재해 발생 책임자**
안전관리자

04 다음 중 작업 안전관리 지침에 해당하지 않는 것은?

① 장비의 사용용도 이외 사용을 금해야 한다.
② 장비나 도구에 무리가 가지 않도록 유의해야 한다.
③ 사용 도중 모터에 물이나 이물질 등이 들어가면 한 번에 모아 두었다가 청소해야 한다.
④ 모든 조리 장비와 도구는 사용방법과 기능을 충분히 숙지하고 전문가의 지시에 따라 정확히 사용해야 한다.

 사용 도중 모터에 물이나 이물질 등이 들어가지 않도록 항상 주의하고 청결하게 유지해야 한다.

05 조리 장비, 도구 안전관리 지침에 해당하지 않는 것은?

① 요구에 따른 만족도
② 안전성과 위생
③ 장비의 성능
④ 특정한 장비의 구입

조리 장비·안전관리 지침
안전성과 위생, 요구에 따른 만족도, 장비의 성능을 고려하여야 함

06 작업환경 측정의 의의에 대해 바르게 설명한 것은?

① 주방 관련 모든 종사자에게 책임과 의무감을 철저하게 주지시켜야 한다.
② 근로자의 건강에 장해를 줄 수 있는 물리, 화학, 생물학적 및 인간공학적인 유해인자들을 알아내고, 측정, 분석, 평가하는 과정
③ 조리 장비, 도구에 대하여 조직적이고 체계적으로 관리하고 사용방법을 숙지하여야 한다.
④ 생명을 유지하고 건강상태악화를 방지 또는 지연시키는 것을 목적으로 해야 한다.

07 작업환경의 개념에 속하지 않는 것은?

① 환경 ② 기구, 제품
③ 교육훈련 ④ 작업방법

 작업환경이란 환경, 제품, 기구, 작업방법 등

정답 01 ② 02 ④ 03 ④ 04 ③ 05 ④ 06 ② 07 ③

08 **개인위생에 대한 설명으로 적절하지 않은 것은?**

① 손톱은 짧고 깨끗하게 하여 매니큐어는 손톱 보호를 위해 발라도 된다.
② 조리를 위해 깨끗한 조리복과 위생모자, 앞치마를 착용한다.
③ 긴 머리카락이 흘러내리지 않도록 머리망을 이용해 머리를 단정하게 한다.
④ 조리 중에는 손목시계, 팔찌 등의 장신구는 착용하지 않는다.

해설 조리 중에는 매니큐어도 바르지 않는다.

09 **작업장의 위생관리 방법으로 적절하지 않은 것은?**

① 식품 등의 원료 및 제품 중 부패, 변질이 도기 쉬운 것은 모두 냉동시설에 보관·관리하여야 한다.
② 작업장 바닥은 콘크리트 등으로 내수 처리를 하여야 하며 배수가 잘되도록 하여야 한다.
③ 작업장은 폐기물, 폐수처리 시설과 격리된 장소에 설치하여야 한다.
④ 외부로부터 개방된 흡·배기구 등에는 여과망이나 방충망 등을 부착하여야 한다.

해설 식품별로 식품 특성에 따라 보관 방법에 유의한다.

10 **기계 및 설비 위생관리 방법으로 적절하지 않은 것은?**

① 기계·설비는 깨지거나 금이 가거나 하는 등 파손된 상태가 없어야 한다.
② 도구·용기는 바닥에서 30cm만 떨어뜨려 사용한다.
③ 세척·소독한 기계, 설비에 남아 있는 물기를 완전히 제거한다.
④ 수분이나 미생물이 내부로 침투하기 쉬운 목재는 가급적 사용하지 않는다.

해설 도구 및 용기는 바닥에서 60cm 이상 떨어뜨려야 한다.

11 **진동이 심한 작업을 하는 사람에게 국소진동 장애로 생길 수 있는 직업병은?**

① 진폐증 ② 레이노병
③ 잠함병 ④ 군집독

해설 레이노병은 진동에 의해 손가락의 말초혈관 운동 장해로 혈액순환의 장해가 발생하여 창백해지는 현상이다.

12 **국소진동으로 인한 질병 및 직업병의 예방대책이 아닌 것은?**

① 보건교육 ② 작업시간 단축
③ 완충장치 ④ 방열복 착용

해설 레이노병은 진동에 의한 질병으로 예방을 위해서는 보건교육, 완충장치, 작업시간 단축 등이 필요하다.

13 **규폐증과 관계가 먼 것은?**

① 유리규산 ② 골연화증
③ 폐조직의 섬유화 ④ 암석가공업

해설 규폐증의 원인은 분진으로 유리규산의 미립자가 섞여 있는 공기를 오랫동안 마심으로써 발생하는 만성질환이며 폐조직의 섬유화가 일어난다.

14 **소음의 측정단위인 데시벨(db)은?**

① 음의 강도 ② 음의 질
③ 음의 파장 ④ 음의 전파

정답 08 ① 09 ① 10 ② 11 ② 12 ④ 13 ② 14 ①

해설 데시벨은 소리의 상대적 크기를 나타내는 단위이며 일반적으로 음의 강도의 단위로 사용된다.

15 공기의 성분 중 잠함병과 관련이 있는 것은?

① 산소 ② 질소
③ 아르곤 ④ 이산화탄소

해설 잠함병은 고압환경(물속)에서 작업 시 급속 감압했을 때 몸속 질소가 체외로 배출되지 않고 혈액속으로 혼입되어 발생하는 질병으로 고압환경에서 일어나는 대표적인 직업병이다.

16 조명이 불충분할 때는 시력저하, 눈의 피로를 일으키고 지나치게 강렬할 때는 어두운 곳에서 암순응능력을 저하시키는 태양광선은?

① 전자파 ② 자외선
③ 적외선 ④ 가시광선

해설 대기를 통해 지상에 가장 많이 도달하는 태양복사에너지로 눈의 망막을 자극하여 색채와 명암을 구분하게 함

17 직업병과 관련 원인의 연결이 틀린 것은?

① 미나마타병 – 수은
② 난청 – 소음
③ 진폐증 – 석면
④ 잠함병 – 자외선

해설 잠함병은 고압환경이 원인이 되어 나타나는 직업병임

18 작업장의 조명 불량으로 발생될 수 있는 질병이 아닌 것은?

① 결막염 ② 안정피로
③ 안구진탕증 ④ 근시

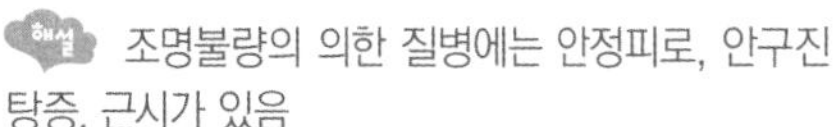

해설 조명불량의 의한 질병에는 안정피로, 안구진탕증, 근시가 있음

19 고온작업환경에서 작업할 경우 말초혈관의 순환장애로 혈관신경의 부조절, 심박출량 감소가 생길 수 있는 열중증은?

① 열허탈증
② 열경련
③ 열쇠약증
④ 울열증

해설 고온환경에 의한 질병 중 열허탈증은 말초혈관의 운동신경 조절장애와 심박출량의 부족으로 초래됨

20 고열 장애로 인한 직업병이 아닌 것은?

① 열경련
② 일사병
③ 열쇠약
④ 참호족

참호족은 저온환경에서 생기는 직업병이다.

21 직업과 직업병과의 연결이 옳지 않은 것은?

① 용접공 – 백내장
② 인쇄공 – 진폐증
③ 채석공 – 규폐증
④ 용광로공 – 열쇠약

해설 인쇄공에게 많이 나타나는 직업병에는 납 중독이 있으며 진폐증은 광부나 채석공에게 많이 나타나는 직업병임

정답 15 ② 16 ④ 17 ④ 18 ① 19 ① 20 ④ 21 ②

22 규폐증에 대한 설명으로 틀린 것은?

① 먼지 입자의 크기가 0.5~5.0㎛일 때 잘 발생한다.
② 대표적인 진폐증이다.
③ 납중독, 벤젠중독과 함께 3대 직업병이라 하기도 한다.
④ 위험요인에 노출된 근무경력이 1년 이후에 잘 발생한다.

해설 규폐증은 유리규산의 분진을 흡입하여 폐에 만성의 섬유증식을 일으키는 질병으로 보통 근무 경력 3년 정도 후에 나타남

23 금속 중독과 그 증상의 연결이 틀린 것은?

① 납 중독 – 연연, 권태, 체중감소, 염기성 과립적혈구 수의 증가, 요독증 증세
② 수은 중독 – 피로감, 언어장애, 기억력 감퇴, 지각이상, 보행 곤란 증세
③ 크롬 중독 - 레이노드병
④ 카드뮴 중독 – 폐기종, 신장기능장애, 골연화, 단백뇨의 증세

해설 크롬 중독의 증상으로는 비염, 인두염, 기관지염, 비중격천공 등이 있음

24 저기압환경에서 나타날 수 있는 질병은?

① 고산병 ② 잠수병
③ 피부암 ④ 동창

해설 고산병은 저기압환경 즉 고산 지대에서 작업을 하거나 고공비행 시 대기압이 낮아서 발생하는 병이다.

25 다음 중 작업장의 안전 및 유지관리의 기본 방향에 대한 설명이 바르지 않은 것은?

① 작업장 안전 및 유지 관리 체계의 개선
② 작업장 안전 및 유지 관리기준의 정립
③ 안전 인증을 통과한 시설들은 관리하지 않아도 된다.
④ 작업장 안전 및 유지 관리 실행 기반의 조성

해설 인증을 통과한 시설들은 인증시설로서 바람직한 운영수준을 지속적으로 유지하는 것이 중요하다.

26 안전교육이 필요한 이유가 아닌 것은?

① 신체와 생명을 보호하려고
② 직업병과 산업재해의 원인에 대한 지식을 확산시키며 효과적인 예방책을 증진시키려고
③ 근로자의 판단과 행동 여하에 따라 안전이 확보되기 때문에
④ 사업장의 위험성 등에 대한 지식, 기술, 태도 등이 습관화되면 안 되기 때문에

해설 사업장의 위험성에 대한 모든 지식, 기술, 태도 등이 습관화가 되도록 계속 반복해야 함

27 화재 예방 조치방법으로 틀린 것은?

① 소화기구의 화재안전기준에 따른 소화전함, 소화기 비치 및 관리, 소화전함 관리상태를 점검하지 않는다.
② 인화성 물질 적정보관 여부를 점검한다.
③ 출입구 및 복도, 통로 등에 적재물 비치 여부를 점검한다.
④ 자동 확산 소화용구 설치의 적합성 등에 대해 점검한다.

해설 소화기구의 화재안전기준에 따른 소화전함, 소화기 비치 및 관리, 소화전함 관리상태를 점검한다.

정답 22 ④ 23 ③ 24 ① 25 ③ 26 ④ 27 ①

28 **개인 안전관리 예방 방법으로 적절하지 않은 것은?**

① 원·부재료의 이동 시 바닥의 물기나 기름기를 제거하여 미끄럼을 방지한다.
② 원·부재료의 전처리 시 작업할 분량만큼 나누어서 작업한다.
③ 기계의 이상 작동 시 기계의 전원을 차단하지 않고 정지된 상태만 확인한 후 작업해도 된다.
④ 재료의 가열 시 가스 누출 검지기 및 경보기를 설치한다.

 안전을 위해 전원을 차단하고 실시한다.

29 **작업장의 장비에 대한 안전관리 방법으로 바르지 않은 것은?**

① 젖은 손으로 장비 스위치를 조작하지 않는다.
② 장비의 흔들림이 없도록 작업대 바닥면과 고정 상태를 확인하고 수평을 유지한다.
③ 장비의 정지시간이 짧을 경우에도 반드시 전원 스위치를 끈다.
④ 작업장은 충분한 조명(180룩스)을 유지한다.

 작업장의 조명은 220룩스 이상으로 해야 한다.

30 **다음 중 위생복장 착용 시 주의해야 할 점은?**

① 앞치마의 끈은 바르게 묶고 안전화를 착용한다.
② 위생모와 위생복은 항상 청결하게 세탁하여 착용한다.
③ 액세서리는 착용하지 않는다.
④ 화장실을 이용할 때 조리화를 신고 가는 것은 무방하다.

해설 조리실 밖으로 나갈 때는 조리실의 오염을 피하기 위해서 조리화와 조리복을 벗는다.

31 **군집독의 가장 큰 원인은?**

① 실내공기의 이화학적 조성의 변화 때문이다.
② 실내의 생물학적 변화 때문이다.
③ 실내공기 중 산소의 부족 때문이다.
④ 실내기온이 증가하여 너무 덥기 때문이다.

해설 다수의 사람이 밀폐된 공간에서 장시간 있을 경우 고온, 고습, 산소부족, 악취 발생 등으로 인하여 공기의 이화학적 조성변화가 나타나게 되는데 이로 인하여 불쾌감과 두통, 구토, 현기증, 권태감이 나타나게 된다.

32 **주방의 바닥조건으로 맞는 것은?**

① 산이나 알칼리에 약하고 습기, 열에 강해야 한다.
② 바닥 전체의 물매는 20분의 1이 적당하다.
③ 조리작업을 드라이 시스템화할 경우의 물매는 100분의 1 정도가 적당하다.
④ 고무타일, 합성수지타일 등이 잘 미끄러지지 않으므로 적합하다.

 **주방의 바닥조건**
산, 알칼리, 습기, 열에 강해야 한다.
물매는 100분의 1 정도가 적당하다.
고무 타일, 합성수지타일 등 잘 미끄러지지 않는 소재를 사용해야 한다.

33 **소음에 의하여 나타나는 피해로 적절하지 않은 것은?**

① 불쾌감 ② 대화방해
③ 중이염 ④ 소음성 난청

 중이염은 미생물의 감염으로 발생하는 질병이다.

정답 28 ③ 29 ④ 30 ④ 31 ① 32 ④ 33 ③

34 다음 중 조리장에서 일할 때 잘못된 점은?

① 항상 깨끗하고 청결한 조리복과 안전화를 반드시 착용한다.
② 바닥을 수시로 닦아 낙상사고를 방지한다.
③ 액체가 담긴 그릇은 높은 곳에 놓아두지 않는다.
④ 뜨거운 용기를 이동할 때는 젖은 행주를 사용한다.

해설 젖은 행주는 행주 내의 수분이 열을 이동함에 따라 화상을 입을 수 있으므로 마른 수건을 이용해야 한다.

35 단체급식시설의 작업장별 관리에 대한 설명으로 잘못된 것은?

① 개수대는 생선용과 채소용으로 구분하는 것이 식중독균의 교차오염을 방지하는 데 효과적이다.
② 가열, 조리하는 곳에는 환기장치가 필요하다.
③ 식품 보관 창고에 식품을 보 관시 바닥과 벽에 식품이 직접 닿지 않게 하여 오염을 방지한다.
④ 자외선 등은 모든 기구와 식품 내부의 완전살균에 매우 효과적이다.

해설 자외선 소독은 소도구와 용기류 등에 이용하는 소독법이다.

36 조리실의 후드(hood)는 어떤 모양이 가장 배출효율이 적당한가?

① 1방형 ② 2방형
③ 3방형 ④ 4방형

해설 조리실의 후드는 사방개방형이 가장 효율이 높다.

37 작업장의 부적당한 조명과 가장 관계가 적은 것은?

① 가성근시 ② 열경련
③ 안정피로 ④ 재해 발생의 원인

해설 열경련은 고열환경에서 발생된다.

38 다음의 장소에서 조도가 가장 높아야 할 곳은?

① 조리장 ② 거실
③ 화장실 ④ 객실

해설 조리장은 항상 청결과 작업의 능률성, 종업원의 피로예방을 위해 50Lux를 유지해야 한다.

39 다음은 식당 넓이에 대한 조리장의 일반적인 크기를 나타낸 것이다. 가장 적당한 것은?

① 1/2 ② 1/3
③ 1/4 ④ 1/5

해설 일반적으로 조리장의 면적은 식당 넓이의 1/3이 적당하다.

40 조리작업장의 창문 넓이는 벽 면적을 기준으로 하였을 때 몇 %가 적당한가?

① 40% ② 50%
③ 60% ④ 70%

해설 창의 면적은 벽 면적의 70%, 바닥면적의 20~30%가 가장 적당하다.

정답 34 ④ 35 ④ 36 ④ 37 ② 38 ① 39 ② 40 ④

41 취식자 1인당 취식 면적을 1.0m², 식기회수 공간을 취사면적의 10%로 할 때 1회 200인을 수용하는 식당의 면적은 얼마나 되는가?

① $200m^2$　② $220m^2$
③ $400m^2$　④ $440m^2$

해설 1인당 취사면적 1.0m², 1회 200인을 수용하므로 1.0□=200m², 식기회수공간 10%가 필요하므로 200□.1=20m², 그러므로 취식자 200인을 수용하는 식당면적은(식당면적=취사면적+식기회수공간) 200+20=220m²

42 가장 이상적인 작업대의 높이는?

① 60~65cm　② 70~75cm
③ 80~85cm　④ 90~95cm

해설 작업대의 높이는 신장의 52%(80~85cm)가량이며, 55~60cm 넓이가 효율적이다.

43 다음은 어떤 설비 기기의 배치형태에 대한 설명인가?

- 대규모 주방에 적합하다.
- 가장 효율적이며 짜임새가 있다.
- 동선의 방해를 받지 않는다.

① ㄷ자형　② ㄴ자형
③ 병렬형　④ 일렬형

해설 ㄷ자형은 같은 면적의 경우 작업 동선이 짧고 넓은 조리장에 사용한다.

44 다음 중 조리장의 구조로 바른 설명이 아닌 것은?

① 배수 및 청소가 쉬운 구조일 것
② 구조는 충분한 내구력이 있는 구조일 것
③ 바닥과 바닥으로부터 5m까지의 내벽은 타일, 콘크리트 등의 내수성자재의 구조일 것
④ 객실 및 객석과는 구획되어 구분이 분명할 것

해설 바닥과 바닥으로부터 1m까지의 내벽은 타일, 콘크리트 등의 내수성 자재의 구조일 것

정답 41 ② 42 ③ 43 ① 44 ③

Part 03

중식 재료관리

식품재료의 성분

Section 1 수분

우리 몸의 약 2/3를 차지하고 체내에서 영양소의 운반, 소화, 흡수를 돕는다.

1 수분의 작용

① 물질의 운반 작용(영양소 및 노폐물 운반과 배설)
② 체온 조절 작용과 체세포의 삼투압 조절 유지
③ 체액을 구성하여 윤활제로 작용한다(타액, 골격 윤활유, 신경자극 전달 원활).
④ 인체에서 수분 10% 상실은 신체 기능 이상을 유발하고, 20% 상실은 생명의 위험을 초래한다.
⑤ **1일 생리적 필요량** : 2~2.5L 필요(성인 1cc/kcal, 신생아 1.5cc/kcal)

2 수분의 종류

① **자유수(유리수)** : 식품 중에 유리 상태로 존재하는 보통의 물
② **결합수** : 식품 중의 탄수화물이나 단백질 분자의 일부분을 형성하는 물

자유수와 결합수

결합수	유리수(자유수)
• 용질에 대하여 용매로 작용하지 않는다. • 0℃ 이하에서도 동결하지 않는다. • 건조되지 않는다. • 미생물이 이용하지 못한다. • 유리수에 비해 밀도가 크다.	• 전해질을 잘 녹인다. • 0℃ 이하에서 동결한다. • 쉽게 건조된다. • 미생물이 생육, 번식에 이용한다.

3 수분 활성도

수분 활성도(Aw)란, 어떤 임의의 온도에서 식품이 나타내는 수증기압을 그 온도의 순수한 물의 최대 수증기압으로 나눈 것이다.

$$\text{식품의 수분 활성도(Aw)} = \frac{\text{식품 속의 수증기압}}{\text{순수한 물의 수증기압}}$$

① 순수한 물의 수증기압은 1이다(물의 Aw=1)
② 일반 식품의 수분 활성도는 항상 1보다 작다.

빈출 Check

01 자유수와 결합수에 대한 다음 설명 중 틀린 것은?
① 식품 내의 어떤 물질과 결합된 물을 결합수라 한다.
② 식품 내 여러 성분 물질을 녹이거나 분산시키는 물을 자유수라 한다.
③ 식품을 냉동시키면 자유수, 결합수 모두 동결된다.
④ 자유수는 식품 내의 총 수분량에서 결합수를 뺀 양이다.

해설 자유수와 결합수

자유수	• 수용성 물질을 녹일 수 있음 • 미생물 생육이 가능 • 건조로 쉽게 분리할 수 있음 • 0℃ 이하에서 동결
결합수	• 물질을 녹일 수 있음 • 미생물 생육이 불가능 • 쉽게 건조되지 않음 • 0℃ 이하에서도 동결되지 않음

02 식품이 나타내는 수증기압이 0.75기압이고, 그 온도에서 순수한 물의 수증기압이 1.5기압일 때 식품의 수분 활성도(Aw)는?
① 0.5 ② 0.6
③ 0.7 ④ 0.8

해설 $Aw = \frac{\text{식품 속의 수증기압}}{\text{순수한 물의 수증기압}} = \frac{0.75}{1.5} = 0.5$

정답 _ 01 ③ 02 ①

③ 미생물은 수분 활성도가 낮으면 생육이 억제된다.

④ 곡류나 건조식품 등은 과일, 채소류보다 수분 활성도가 낮다.

㉠ 과일, 채소, 육류 : 0.98～0.99

㉡ 건조식품(곡류, 두류 등) : 0.60～0.64

⑤ 수분 활성도가 큰 미생물일수록 번식이 쉽다(세균 > 효모 > 곰팡이).

⑥ **수분 활성도를 낮춘 저장법**

㉠ 냉동법 : 수분을 얼려 식품 내 수분 활성도를 낮춘다.

㉡ 건조법 : 건조시켜 수분 함량을 낮춰 식품 내 수분 활성도를 낮춘다.

㉢ 당장법 : 설탕을 넣어 용질의 농도를 높여 식품 내 수분 활성도를 낮춘다.

㉣ 염장법 : 소금을 넣어 용질의 농도를 높여 식품 내 수분 활성도를 낮춘다.

Section 2 탄수화물

1 탄수화물의 특성

(1) 당질(소화되는 탄수화물)과 섬유소(소화되지 않는 탄수화물)로 구분된다.

(2) 과잉 섭취하면 지방으로 저장되며, 비타민 B_1 부족이 우려된다.

(3) 탄수화물을 많이 먹으면 글리코겐으로 변하여 간이나 근육 속에 저장된다(간 > 근육).

구성요소	C, H, O가 1 : 2 : 1로 구성된다.
1g당 열량	4kcal
권장량	총 섭취 열량의 65%
소화율	98%
최종 분해산물	포도당
소화효소	프티알린, 말타아제, 아밀롭신, 사카라아제, 락타아제

2 탄수화물의 분류

(1) 단당류

① **포도당(glucose)**

㉠ 혈액(0.1%), 과즙, 포도(20%), 꿀에 함유되어 있다.

㉡ 탄수화물의 최종 분해 산물(소화 후 최후에 가장 작은 형태)이다.

㉢ 섬유소, 전분, 서당, 유당, 맥아당, 글리코겐의 구성 성분이다.

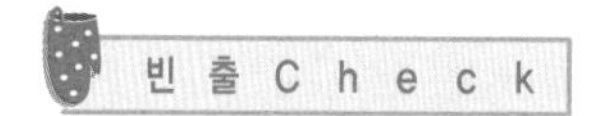

03 자유수와 결합수의 설명으로 옳은 것은?

① 결합수는 용매로서 작용한다.
② 자유수는 4℃에서 비중이 제일 크다.
③ 자유수는 표면장력과 점성이 작다.
④ 결합수는 자유수보다 밀도가 작다.

해설 결합수는 용매로서 작용할 수 없으며 미생물의 번식에도 이용 불가능하고 쉽게 분리되지 않는다.
• 자유수는 표면장력과 점성이 크고 결합수에 비해 밀도가 작다.

04 다음 중 단당류인 것은?

① 포도당 ② 유당
③ 맥아당 ④ 전분

해설 **탄수화물의 분류**
• 단당류 : 과당, 포도당, 갈락토오스
• 이당류 : 서당, 맥아당, 유당
• 다당류 : 섬유소, 펙틴, 글리코겐

정답 _ 03 ② 04 ①

빈출 Check

05 다음 당류 중 단맛이 가장 강한 당은?
① 과당 ② 설탕
③ 포도당 ④ 맥아당

해설 당류의 감미도 순서
과당 〉 전화당 〉 자당 〉 포도당 〉 맥아당 〉 갈락토오스 〉 유당

06 동물의 저장 물질로서 간과 근육에 저장되는 당의 형태를 무엇이라고 하는가?
① 글리코겐 ② 포도당
③ 이눌린 ④ 올리고당

해설 탄수화물의 과잉 섭취 시 포도당은 글리코겐의 형태로 간과 근육에 저장되며 보통 체내에서 저장되는 양은 300~350g이다.

정답 _ 05 ① 06 ①

② 과당(fructose)

㉠ 과일, 꽃, 벌꿀에 함유되어 있으며, 감미는 포도당의 2.3배이다.

㉡ 당류 중 단맛이 가장 강하다.

㉢ 용해도가 크고, 결정화되지 않으며 흡습성이 있다.

③ 갈락토오스(galactose)

㉠ 젖당의 구성 성분이다.

㉡ 천연 식품 중에 유리된 상태로는 거의 존재하지 않는다.

㉢ 뇌와 신경조직의 구성성분이다.

㉣ 물에 녹지 않으며 동물체 내에서만 존재한다.

④ 만노오스(mannose) : 곤약, 식물 줄기, 잎 등에 함유되어 있다.

(2) 이당류

단당류 2분자가 결합된 당이다.

① 자당(sucrose)

㉠ 설탕(포도당 + 과당), 단맛의 기준이 된다.

㉡ 수크라아제나 산에 의해 분해되어 전화당(벌꿀에 많다)이 된다.

㉢ 160℃ 이상에서 가열 시 갈색의 캐러멜이 생성된다.

② 젖당(lactose)

㉠ 유당, 유즙(포도당 + 갈락토오스)

㉡ 포유동물의 유즙에만 존재한다.

㉢ 당류 중 단맛이 가장 약하고 물에 잘 녹지 않는다.

㉣ 정장 작용과 칼슘의 흡수를 돕는다.

㉤ 우유보다 모유에 함량이 많다.

㉥ 칼슘의 흡수를 돕는다.

③ 맥아당(maltose)

㉠ 전분의 구성단위이다.

㉡ 엿기름, 발아 중의 곡류에 함유되어 있다.

㉢ 포도당 2분자로 구성된다.

㉣ 소화 흡수가 빠르다(식혜, 감주의 주성분).

당질의 감미도
과당 〉 전화당 〉 서당 〉 포도당 〉 맥아당 〉 갈락토오스 〉 유당

(3) 다당류

여러 종류의 단당류가 결합된 분자량이 큰 탄수화물로, 단맛이 없고 물에 녹지 않는다.

① **전분(starch)**

㉠ 쌀, 빵, 국수 등의 곡류에 함유되어 있다.

㉡ 포도당 몇천 개가 결합되어 있다(즉, 전분의 최종 분해 산물은 포도당이다).

㉢ 아밀로오스와 아밀로펙틴으로 구성된다(찹쌀은 아밀로펙틴으로만 구성).

㉣ 식물계의 저장 탄수화물이다.

㉤ 요오드 반응 시 아밀로오스는 청색, 아밀로펙틴은 적자색을 나타낸다.

② **글리코겐(glycogen)**

㉠ 동물성 전분이다.

㉡ 동물의 간, 근육에 저장된 물질로 포도당으로만 구성된다.

③ **섬유소(cellulose)**

㉠ 결합 상태가 단단해 소화되지 않는다.

㉡ 식물체의 골격, 세포막 성분이다.

㉢ 곡류, 채소, 과일 등에 함유되어 있다.

㉣ 소화 효소가 없어 소화는 안 되고, 소화관을 자극하여 연동 운동을 촉진하여 대변 배설을 촉진시킨다.

㉤ 비만증, 고콜레스테롤혈증, 허혈성 심장 질환, 당뇨병 예방 효과가 있다.

④ **펙틴**

㉠ 소화되지 않는 복합 다당류이다.

㉡ 과실류, 감귤 껍질, 세포막 사이의 엷은 층에 존재한다.

㉢ 잼의 구성 요소이다(펙틴 1%, 유기산 0.3~0.5%, 설탕 60%).

⑤ **이눌린** : 과당이 20~30개 결합된 것으로, 돼지감자, 다알리아, 우엉의 뿌리에 존재한다.

⑥ **갈락탄** : 한천(홍조류인 우뭇가사리에서 얻어짐)

> **TIP 한천**
> - 인체 내에서 소화되지 않지만 물을 흡수하여 팽창하므로 장을 자극하여 변비를 방지한다.
> - 겔화되는 성질이 있어 식품의 조리 가공에 이용된다.
> - 고온에서 잘 견디는 성질로 제과제빵의 안정제로 사용한다.

⑦ **키틴** : 갑각류의 껍데기에 함유되어 있다.

⑧ **덱스트린** : 뿌리나 채소즙에 많이 함유되어 있으며, 전분의 가수 분해 과정에서 얻어지는 중간 산물이다.

빈출 Check

07 다음 중 5탄당은?

① 갈락토오스(galactose)
② 만노오스(mannose)
③ 크실로오스(xylose)
④ 프락토오스(fructose)

해설 갈락토오스, 만노오스, 프락토오스는 모두 6탄당이며 크실로오스는 5탄당이다.

08 핵산의 구성 성분이고 보효소 성분으로 되어 있으며 생리상 중요한 당은?

① 글루코스
② 리보오스
③ 프락토스
④ 미오신

해설 리보오스(Ribose)
핵산의 성분, 비타민 B_2의 구성 성분으로 생리상 중요한 단당류의 5탄당이다.

정답 _ 07 ③ 08 ②

빈 출 C h e c k

09 탄수화물의 가장 이상적인 섭취 비율은 몇 %인가?
① 50% ② 20%
③ 35% ④ 65%

해설 열량원은 탄수화물이 65%, 단백질이 15%, 지방이 20%로 섭취하는 것이 가장 이상적이다.

10 지질의 화학적인 구성은?
① 탄소와 수소
② 아미노산
③ 포도당과 지방산
④ 지방산과 글리세롤

해설 지질은 지방산과 글리세롤의 에스테르 결합으로 구성된다.

정답 _ 09 ④ 10 ④

3 탄수화물의 체내 기능

① 4kcal/g의 에너지가 발생하며, 1일 권장량은 총 섭취 열량의 65%이다. 섭취량의 98%가 소화된다.
② 단백질 절약 작용을 한다.
③ 간장 보호 및 간의 해독 작용을 한다.
④ 혈당 성분을 0.1%의 농도로 유지시킨다.
⑤ 지방 완전 대사에 필수적이다.
⑥ 필수 영양소로서 10% 이상 섭취해야 한다(뇌의 에너지원).
⑦ **과잉증** : 비만증, 소화 불량, 지방과다증 등
⑧ **부족증** : 발육 불량, 체중 감소, 케토시스(체단백질의 소모, 케톤체가 혈액에 증가) 등

Section 3 지질

1 특징

① **결정 기본 구조** : 지방산 3분자 + 글리세롤 1분자(C, H, O로 구성)
② 탄소와 수소의 함량에 비해 산소의 양이 극히 제한된다.
③ 동물의 저장 지방으로 존재하고, 식물의 종자에 존재한다.

2 지방의 분류

(1) 구성 성분과 구조에 따른 분류

① **단순 지질**
㉠ 지방산과 글리세롤의 에스테로 결합되어 있다.
㉡ 유지(중성 지방), 왁스(납) 등이 있다.
㉢ 실온에서 액체인 것은 기름, 고체인 것은 지방이라 한다.

② **복합 지질**
㉠ 단순 지질에 다른 성분이 결합된 것을 말한다.
㉡ 인지질(난황의 레시틴), 당지질, 아미노지질, 유황 지질 등

③ **유도 지질**
㉠ 단순 지질이나 복합 지질의 분해물 및 유도체이다.
㉡ 스테롤(콜레스테롤 D_3, 에르고스테롤 D_2), 담즙산

(2) 요오드가에 의한 분류

불포화지방산의 양을 측정하며, 이중 결합이 많을수록 요오드가가 증가한다.

① **건성유** : 공기 중에 쉽게 굳어지는 것(아마인유, 들기름, 마유, 호두유, 겨자유, 종실유, 동유 등)

② **반건성유** : 건성유와 불건성유의 중간적 성질을 갖는 것(콩기름, 면실유, 참기름, 미강유, 옥수수유, 해바라기유, 대두유 등)

③ **불건성유** : 공기 중에 두어도 굳어지지 않는 것(올리브유, 피마자유, 낙화생유)

(3) 지방산

지방의 성질은 지방산의 종류와 함량에 따라 크게 다르다.

① 포화지방산

㉠ 분자 내에 이중 결합이 없는 것으로 융점이 높아 고체 상태이다.

㉡ 탄소의 수가 증가할수록 상온에서 융점이 높아진다.

㉢ 탄소의 수가 4~8개인 것은 저급 지방산이다.

㉣ 소, 돼지, 버터 등은 상온에서 고체 상태로 한 분자 내 탄소의 수가 16~18개이다.

㉤ 팔미트산, 스테아린산

② 불포화지방산

㉠ 이중 결합을 갖는 지방산(저급 지방산)이다.

㉡ 융점이 낮고, 연한 기름으로 액체유이거나 반고체유다.

㉢ 이중 결합의 수가 많을수록 낮은 온도에서 액체 상태이다.

㉣ 혈관 벽의 콜레스테롤을 제거하는 작용을 한다.

㉤ 올레산, 리놀레산, 리놀렌산, 아라키돈산

③ 필수지방산

㉠ 정상적인 건강을 유지하기 위해서 반드시 필요한 지방산이다.

㉡ 체내에서 합성되지 않으므로 반드시 음식물로 섭취해야 한다.

㉢ 식물성유에 많다.

㉣ 부족하면 성장 장애와 피부의 각질화가 일어난다.

㉤ 리놀레산, 리놀렌산, 아라키돈산

- 수중 유적형 유화 식품 : 아이스크림, 우유, 마요네즈
- 유중 수적형 유화 식품 : 버터, 마가린, 쇼트닝
- 대두인지질 : 유화제로 사용

11 다음 중 필수지방산의 함량이 많은 기름은?

① 유채기름 ② 동백기름
③ 대두유 ④ 참기름

해설 필수지방산의 함량이 높은 기름은 불포화도가 높은 것으로 일반적으로 대두유나 옥수수기름에 다량 함유되어 있다.

12 중성 지방의 구성 성분은?

① 탄소와 질소
② 아미노산
③ 지방산과 글리세롤
④ 포도당과 지방산

해설 중성 지방은 1분자의 글리세롤과 3분자의 지방산 에스테르의 결합이다.

정답 _ 11 ③ 12 ③

빈 출 Check

13 지방산의 불포화도에 의해 값이 달라지는 것으로 짝지어진 것은?

① 융점, 산가
② 검화가, 요오드가
③ 산가, 유화성
④ 융점, 요오드가

해설 • 융점 : 불포화지방산은 이중 결합의 증가에 따라 융점이 달라진다.
• 요오드가 : 불포화지방산을 많이 함유하고 있는 유지의 요오드가가 높다. 요오드가에 따라 건성유, 반건성유, 불건성유로 구분한다.

14 5g의 버터(지방 80%, 수분 20%)의 열량은?

① 36kcal ② 45kcal
③ 130kcal ④ 170kcal

해설 5g의 80%가 지방이므로 4×9=36kcal이다.

정답 _ 13 ④ 14 ①

(4) 지방의 물리, 화학적 성질

① 비중 : 0.92~0.94로 물보다 가볍다. 저급 지방산일수록, 불포화지방산일수록 비중이 크다.

② 융점 : 포화지방산이나 탄소수가 많은 유지의 융점이 높다.

③ 검화 : 수산화칼륨, 수산화나트륨 등의 알칼리에 의해 가수 분해되어 비누가 생성(비누화)되며, 검화가가 높을수록 저급 지방산이 많은 유지이다.

④ 산가 : 유지 1g 중에 함유된 유리지방산을 중화하는데 소요되는 수산화칼륨의 mg 수를 말하며, 유지의 산패도를 측정하는 수치이다.

⑤ 유화 : 다른 물질과 기름이 잘 섞이게 하는 작용으로, 수중 유적형(O/W), 유중 수적형(W/O)이 있다.

⑥ 가수소화(경화) : 액체 상태의 기름에 수소를 첨가하고 니켈(Ni)이나 백금(Pt)을 촉매제로 하여 고체형의 기름으로 만드는 것이다(마가린, 쇼트닝).

⑦ 연화 작용 : 밀가루 반죽에 유지를 첨가하면 반죽 내에서 지방을 형성하여 전분과 글루텐과의 결합을 방해하여 반죽을 연화시킨다.

⑧ 가소성 : 외부 조건에 의하여 유지의 상태가 변했다가 외부 조건을 원상태로 복구해도 유지의 변형 상태로 그대로 유지되는 성질을 의미한다.

(5) 지질의 기능

① 농축된 에너지원으로 9kcal/g의 에너지가 발생하며, 1일 권장량은 총 섭취 열량의 20%이며, 소화율은 95%이다.

② 필수지방산과 지용성 비타민의 운반 및 흡수를 돕는다.

③ 주요 장기 보호 및 체온을 조절한다.

④ 비타민 B_1의 절약 작용을 한다.

⑤ 세포의 구성 성분으로 인지질, 당지질, 콜레스테롤 등은 세포 중 특히 뇌, 신경계통에 많이 함유되어 주요한 기능을 한다.

⑥ 향미 성분을 공급하고 식감을 증식시키는 효과가 있다.

⑦ 소화 시간이 오래 걸리므로 오랫동안 만복감이 들도록 해준다.

(6) 권장량

총 섭취 열량의 20%를 지질에서 얻도록 한다.

① 과잉증 : 비만증, 동맥경화증, 간질환, 심장병

② 결핍증 : 체중 감소, 성장 부진, 신체 쇠약

기초대사량
- 호흡, 심장박동, 혈액 운반, 소화 등의 무의식적 활동에 필요한 열량을 말한다.
- 평상시보다 수면 시에는 10% 정도 감소된다.
- 성인남자 1,400~1,800kcal, 성인여자 1,200~1,400kcal

기초대사량에 영향을 주는 인자
- 체표면적이 클수록 소요 열량이 크다.
- 남자가 여자보다 소요 열량이 크다.
- 근육질인 사람이 지방질인 사람에 비해 소요 열량이 크다.
- 발열이 있는 사람은 소요 열량이 크다.
- 기온이 낮으면 소요 열량이 커진다.
- 키가 크고 마른 사람이 키가 작고 뚱뚱한 사람보다 크다.

Section 4 단백질

1 특징

① 달걀과 고기의 주성분이다.

② 효소, 항체, 유전자, 호르몬 등의 구성성분이다.

③ C, H, O, N 등으로 구성된다.

④ 단백질 중의 질소 함량은 16%이며 이는 단백질 정량에 사용된다.

질소 계수
- 질소량 = 단백질량 $\times \frac{16}{100}$
- 단백질량 = 질소량 $\times \frac{100}{16}$ = 질소량 × 6.25(질소 계수)

⑤ **글루텐** : 밀가루의 단백질

⑥ **미오신** : 생선의 단백질

⑦ **단백질 변성과 관련 있는 것** : 가열, 동결, 알칼리

⑧ **구상 단백질(연한 부분)** : 글로불린(globulin), 알부민, 글루텔린 등

⑨ **구성 단백질(섬유상 단백질)** : 케라틴(모발), 엘라스틴, 콜라겐

⑩ **결합 조직** : collagen(피부), elastin(혈관)

⑪ **염용 효과** : 단백질들이 묽은 중성 염류 용액에 잘 녹는 현상을 말한다.

15 단백질의 질소 함유량은 몇 %인가?

① 8% ② 12%
③ 16% ④ 20%

해설 단백질은 전체의 16% 정도가 질소로 이루어져 있다.

16 기초대사량에 대한 설명으로 옳은 것은?

① 단위 체표면적에 비례한다.
② 정상 시보다 영양상태가 불량할 때 더 크다.
③ 근육조직의 비율이 낮을수록 더 크다.
④ 여자가 남자보다 대사량이 더 크다.

해설 기초대사량은 단위 체표면적이 클수록 크고, 남자가 여자보다 크고, 근육질인 사람이 지방질인 사람보다 크며, 발열이 있는 사람이나 기온이 낮으면 소요열량이 커진다.

정답 _ 15 ③ 16 ①

빈 출 Check

17 완전단백질이란 무엇인가?

① 발견된 모든 아미노산을 골고루 함유하고 있는 단백질
② 필수아미노산을 필요한 비율로 골고루 함유하고 있는 단백질
③ 어느 아미노산이나 한 가지를 많이 함유하고 있는 단백질
④ 필수아미노산 중 몇 가지만 다량으로 함유하고 있는 단백질

해설 완전단백질이란 동물의 생명 유지와 성장에 필요한 모든 필수아미노산이 필요한 양만큼 충분히 들어 있는 단백질을 말한다.

18 단백질의 구성단위는?

① 아미노산 ② 지방산
③ 포도당 ④ 맥아당

해설 단백질은 20여종의 아미노산이 결합된 고분자 화합물이다.

정답 _ 17 ② 18 ①

2 단백질의 분류

(1) 화학적 분류

① **단순 단백질** : 아미노산만으로 이루어진 것이다.
- ㉠ 알부민(난백, 혈청, 우유)
- ㉡ 글루테닌(밀)
- ㉢ 알부미노이드(동물 결체 조직의 주성분)

② **복합 단백질** : 아미노산 외에 인, 당, 지, 핵, 색소, 금속 등이 결합된 것을 의미한다.
- ㉠ 인단백질 : 카제인(우유), 비테린(난황)
- ㉡ 당단백질 : 오보뮤코이드(난백)
- ㉢ 색소 단백질 : 헤모글로빈(혈액), 미오글로빈(근육), 헤모시아닌

③ **유도 단백질** : 산, 알칼리, 효소 등에 의해서 변성된 단백질을 말하며, 변성된 정도에 따라서 1차, 2차로 나눈다.
- ㉠ 1차 유도 단백질 : 물리적 변화가 생긴 것으로 젤라틴(예 콜라겐을 물로 끓임) 등이 있다.
- ㉡ 2차 유도 단백질 : 단백질이 아미노산이 되기까지의 중간 산물로 프로테오스, 펩톤 등이 있다.

젤라틴
동물의 가죽, 뼈에 다량 존재하는 콜라겐이 가수 분해된 것으로 아이스크림, 머시멜로우, 족편 등에 사용된다.

(2) 영양학적 분류

① **완전 단백질**
- ㉠ 양질의 단백질로 생명 유지, 성장 발육에 필요한 단백질을 의미한다.
- ㉡ 필수아미노산을 골고루 함유한다.
- ㉢ 동물성 단백질(카세인, 알부민, 미오신, 미오겐, 글리시닌 등)

② **부분적 불완전 단백질**
- ㉠ 생명 유지에 필요한 단백질만 포함된 것을 의미한다.
- ㉡ 대부분의 곡류 단백질(글리아딘, 호르데인, 오리제닌 등)이 이에 해당된다.
- ㉢ 곡물에 부족한 리신을 보강하는 '빵 + 우유', '밥 + 육류'의 식단이 필요하다(보충 효과).

③ **불완전 단백질** : 생명 유지, 성장 발육의 기능이 없는 단백질로 제인(옥수수), 젤라틴(육류) 등이 있다.

(3) 필수아미노산

반드시 음식으로부터 공급받아야 하는 아미노산을 말한다.

① **성인(8종)** : 메티오닌, 트레오닌, 트립토판, 이소루신, 루신, 리신, 발린, 페닐알라닌

② **성장기 어린이(10종)** : 성인 필수아미노산(8종) + 아르기닌, 히스티딘

(4) 단백질의 영양 평가

① **생물가** : 섭취된 단백질의 질소 중 체내에 흡수된 질소와 체내에 보유된 질소의 비를 말한다.

$$생물가 = \frac{체내\ 보유된\ 질소량}{흡수된\ 질소량} \times 100$$

② **단백가** : 달걀의 단백질을 표준 단백질의 기준으로 비교하여 평가하는 것으로 대표적인 식품의 단백가는 달걀 100, 쇠고기 83, 닭고기 87, 백미 72, 밀가루 47 등이다.

(5) 단백질의 기능

① **성장 및 체조직 구성** : 혈액, 효소, 호르몬 등을 구성한다.

② **에너지 공급** : 4kcal/g의 에너지가 발생하며, 1일 권장량은 총 섭취 열량의 15%이며, 소화율은 92%이다.

③ **생리 조절** : 체내 함량 조절, 체액 유지

④ 혈청단백, 면역체 역할

(6) 단백질의 권장량

총 열량 중 15%를 단백질에서 얻는 것이 가장 효율적 섭취이다.

① **과잉증** : 체온, 혈압 상승, 불면증, 피로 증가(여분의 단백질은 지방으로 체내에 저장된다)

② **결핍증** : 카시오카, 마라스머스(당질과 함께 부족한 상태), 발육 장애, 체중 감소, 면역력 약화, 피하지방 감소, 근육 쇠약, 피부 변색, 머리카락 변색, 부종 등

Section 5 무기질

식품을 태우면 재가 되어 남는 것으로 회분이라고도 한다.

19 필수아미노산으로만 짝지어진 것은?

① 트립토판, 메티오닌
② 트립토판, 글리신
③ 라이신, 글루탐산
④ 류신, 알라닌

해설 • 성인에게 필요한 필수아미노산(8가지) : 이소류신, 류신, 리신, 트립토판, 트레오닌, 발린, 페닐알라닌, 메티오닌
• 어린이 에게 필요한 필수아미노산 : 성인 8가지+ 알기닌, 히스티딘

20 어떤 식품 100g에 질소가 6g 함유되어 있다면 이 식품의 단백질 함량은 얼마인가?

① 25.5g ② 37.5g
③ 60g ④ 600g

해설 6.25(단백질의 질소계수) × 6 = 37.5

정답 _ 19 ① 20 ②

Part 03 중식 재료관리

빈 출 Check

21 다음 중 무기질만으로 짝지어진 것은?

① 칼슘, 인, 철
② 지방, 나트륨, 비타민 B
③ 단백질, 염소, 비타민 A
④ 단백질, 지방, 나트륨

해설 무기질은 회분이라고도 하며 인체의 약 4%를 차지하는데 영양상 필수적인 것으로 칼슘, 인, 칼륨, 황, 나트륨, 염소, 마그네슘, 철, 아연, 요오드, 불소 등이 있다.

22 요오드(I)는 어떤 호르몬과 관계가 있는가?

① 신장 호르몬
② 성 호르몬
③ 부신 피질 호르몬
④ 갑상선 호르몬

해설 요오드(I)
- 갑상선 호르몬의 구성성분
- 기초대사를 조절
- 급원 식품 : 해조류(미역, 다시마)

정답 _ 21 ① 22 ④

1 특징

(1) 우리 몸을 구성하는 중요한 구성성분이다.

(2) 생체 내에서 pH 및 삼투압을 조절하여 생체 내의 물리·화학적 작용이 정상으로 유지되도록 한다.

(3) 인체의 4%를 차지한다.

(4) 인체의 무기질 : Ca > P > K

2 무기질의 종류

(1) 칼슘(Ca)

① **생리 작용** : 99%는 골격이나 치아를 구성한다. 비타민 K와 함께 혈액 응고에 관여한다.

② **특징** : 인체 내에서 칼슘 흡수를 촉진시키려면 비타민 D를 공급해야 한다.

㉠ 칼슘의 흡수를 방해하는 것 : 수산, 피틴산, 지방

㉡ 칼슘의 흡수를 도와주는 것 : 비타민 D, 단백질, 젖당

③ **결핍증** : 골연화증, 골다공증, 구루병

④ **급원 식품** : 우유 및 유제품, 멸치, 뼈째 먹는 생선

(2) 인(P)

① 칼슘과 함께 뼈의 구성 성분이다.

② **생리 작용** : 인지질과 핵단백질의 구성 성분으로, 골격과 치아를 구성한다.

③ 칼슘(Ca)과 인(P)의 섭취 비율은 성인 1 : 1, 어린이 2 : 1 정도이다.

④ **결핍증** : 골격과 치아의 발육 불량

(3) 철(Fe)

① **생리 작용** : 헤모글로빈(=혈색소) 구성 성분, 적혈구 생성에 필수적, 산소 운반 작용

② **결핍증** : 철분 결핍성(영양 결핍성) 빈혈 등

③ **급원 식품** : 간, 난황, 육류, 녹황색 채소류 등

(4) 구리(Cu)

적혈구의 성숙 과정에 필요하며, 철분의 흡수에 관계된다. 부족 시 빈혈을 유발한다.

(5) 코발트(Co)

악성빈혈 예방 인자로, 비타민 B_{12}의 구성 요소이다.

(6) **불소(F)**

음용수의 불소 농도는 0.8~1.0ppm이 적당하다. 불소는 골격과 치아를 단단하게 하며, 불소가 적게 함유된 물을 장기간 마시면 우치(충치)가, 많이 함유된 물을 장기간 마시면 반상치(점박이)가 유발된다.

어린이가 질산염이 함유된 물을 장기간 마시면 청색증이 유발된다.

(7) **요오드(I)**

① 갑상선 호르몬의 구성 성분으로 부족 시 갑상선종, 유즙 분비가 촉진된다.

② 해조류 특히 다시마, 미역, 톳(갈조류)에 다량 함유되어 있다.

Section 6 비타민

1 비타민의 성질

지용성 비타민	수용성 비타민
• 기름과 유지 용매에 용해된다. • 섭취량이 필요량 이상이 되면 체내에 저장된다. • 배설되지 않는다. • 결핍 증세가 서서히 나타난다. • 매일 식사에서 공급할 필요는 없다.	• 물에 용해된다. • 필요량만 체내에 보유한다. • 여분은 소변으로 배출된다. • 결핍 증세가 빨리 나타난다. • 매일 식사에서 공급되어야 한다.

2 비타민의 기능과 특성

① 유기 물질로 되어 있다.

② 필수 물질이지만 소량이 필요하다.

③ 에너지나 신체 구성 물질로 사용되지 않는다.

④ 대사 작용 조절 물질, 즉 보조 효소의 역할을 한다.

⑤ 여러 가지 결핍증을 예방 또는 방지한다.

⑥ 체내에서 합성되지 않으므로 음식물을 통해서 공급되어야 한다.

3 비타민의 종류

(1) **지용성 비타민**

① 비타민 A(레티놀, retinol)

㉠ 결핍증 : 야맹증

빈출 Check

23 다음 중 물에 녹는 비타민은?
① 레티놀
② 토코페롤
③ 리보플라빈
④ 칼시페롤

해설 지용성 비타민 A, D, E, F, K를 제외한 것을 수용성 비타민이라 하는데 리보플라빈은 비타민 B_2이다. ① 레티놀 : 비타민 A, ② 토코페롤 : 비타민 E, ④ 칼시페롤 : 비타민 D

24 일반적으로 프로비타민 A를 많이 함유하고 있는 식품은?
① 효모 ② 감자
③ 콩나물 ④ 녹황색 채소

해설 녹황색 채소는 프로비타민 A를 많이 함유하고 있으며, 프로비타민 A는 섭취 후 인체 내에서 비타민 A로 전환된다.

정답 _ 23 ③ 24 ④

ⓛ 카로틴(프로비타민 A) : 비타민 A의 전구체로 체내에 들어오면 비타민 A가 된다.

ⓒ 급원 식품 : 카로틴은 녹황색 채소에 많이 들어있고, 비타민 A는 동물의 간에 많다.

② 비타민 D(칼시페롤, calciferol)

㉠ 결핍증 : 구루병, 골연화증

ⓛ 급원 식품 : 햇빛에 말린 건조식품

ⓒ 에르고스테린(프로비타민 D) : 비타민 D의 전구체로, 자외선에 의해 피부에서 비타민 D가 된다.

ⓔ 칼슘의 이용률을 높여 뼈의 성장과 석회화를 촉진한다.

③ 비타민 E(토코페롤, tocopherol) : 천연 항산화제

㉠ 결핍증 : 불임(동물), 노화(인간)

ⓛ 급원 식품 : 식물성 기름, 배아, 견과류, 강화유지

ⓒ 산, 열에 가장 안정한 비타민이다.

④ 비타민 F(= 필수지방산)

㉠ 결핍증 : 피부병

ⓛ 급원 식품 : 식물성 기름

⑤ 비타민 K

㉠ 혈액 응고 작용(프로트롬빈 형성)을 한다.

ⓛ 결핍증 : 혈우병(체내 합성으로 거의 발생하지 않는다.)

ⓒ 급원 식품 : 양배추, 시금치, 달걀, 콩, 간

(2) 수용성 비타민

① 비타민 B_1(티아민, thiamin)

㉠ 결핍증 : 각기병, 식욕 부진, 다발성 신경염

ⓛ 급원 식품 : 감자, 땅콩, 돼지고기

ⓒ 당질 섭취량과 정비례하게 섭취해야 한다.

② 비타민 B_2(리보플라빈, riboflavin) : 성장 촉진 비타민

㉠ 결핍증 : 구각염, 설염

ⓛ 급원 식품 : 우유, 달걀, 유제품 등의 동물성 식품

③ 비타민 B_6(피리독신, pyridoxine)

㉠ 결핍증 : 피부병

ⓛ 급원 식품 : 계란, 우유, 쌀의 배아

빈 출 Check

25 카로틴이란 어떤 비타민의 효능을 가진 것인가?

① 비타민 A ② 비타민 C
③ 비타민 D ④ 비타민 B

해설 카로틴은 녹색 채소류에 다량 포함되어 있고 인체 내에 들어왔을 때 비타민 A로서의 효력을 갖게 된다. 카로틴의 비타민 A로서의 효력은 1/3 정도이다.

26 비타민 D의 결핍증은 무엇인가?

① 야맹증 ② 구루병
③ 각기병 ④ 괴혈병

해설 비타민의 결핍증
- 비타민 A : 야맹증
- 비타민 B_1 : 각기병
- 비타민 B_2 : 구각염
- 비타민 C : 괴혈병
- 비타민 D : 구루병
- 비타민 E : 노화촉진
- 나이아신 : 펠라그라병

정답 _ 25 ① 26 ②

④ 나이아신(니코틴산, nicotinic acid)

㉠ 펠라그라병 : 나이아신 결핍증으로 피부병, 구각염, 설사, 뇌신경계 이상, 소화 장애 등의 증세를 보이며, 옥수수를 주식으로 하는 민족에게 많이 발생한다.

㉡ 트립토판으로부터 합성된다.

⑤ 엽산(folic acid) : 비타민 B_9 또는 비타민 M이라 불리며, 결핍 시 거대적아구성 빈혈을 초래한다.

⑥ 비타민 B_{12}(코발라민, cobalamine) : 악성빈혈을 예방하고, 코발트를 함유하고 있다.

⑦ 비타민 C(아스코르빈산, ascorbic acid)

㉠ 결핍증 : 괴혈병 , 저항력 저하, 피부 색소 침착 등

㉡ 표준 성인 남녀 필요량 : 70mg

㉢ 공기, 빛, 금속(구리), 물, 열에 쉽게 파괴된다.

TIP

열과 비타민

- 열에 강한 비타민 : 비타민 E 〉 비타민 D 〉 비타민 A
- 열에 가장 약한 비타민 : 비타민 C

TIP

비타민의 이모저모

- 당질을 많이 섭취하는 한국인의 식생활에 꼭 필요한 비타민은 당질의 소화흡수를 도와주는 비타민 B_1이고, 이 비타민의 흡수를 도와주는 것은 마늘의 매운맛 성분인 알리신이다.
- 당근 속에는 비타민 C 파괴 효소인 아스코비나아제가 많이 들어있기 때문에 무와 같이 혼합하지 않도록 한다.
- 나이아신은 동물과 미생물에서 필수아미노산인 트립토판이 60:1로 만들어주기 때문에 육류를 즐겨 먹는 민족에게는 부족증이 없으나 옥수수를 주식으로 하는 민족에게는 펠라그라병이 생길 수 있다. 옥수수 단백질인 제인(Zein)은 트립토판이 없으므로 나이아신 합성이 기대되지 않는다.
- 비타민 A 전구체 : α-카로틴, β-카로틴, γ-카로틴, 크립토크산틴

빈출 Check

27 나이아신의 전구체인 필수 아미노산은?

① 트립토판 ② 리신
③ 히스티딘 ④ 페닐알라닌

해설 필수아미노산인 트립토판은 60mg으로 나이아신 1mg을 만들기 때문에 육류를 즐겨먹는 민족에게는 부족증이 없다. 그러나 옥수수의 제인에는 트립토판이 없으므로 옥수수를 주식으로 하는 민족에게는 나이아신 부족증인 펠라그라가 많이 나타난다.

28 비타민 C가 결핍되었을 때 나타나는 결핍증은?

① 각기병 ② 구루병
③ 펠라그라 ④ 괴혈병

해설 ① 각기병 : 비타민 B_1
② 구루병 : 비타민 D
③ 펠라그라 : 나이아신
④ 괴혈병 : 비타민 C

정답 _ 27 ① 28 ④

빈 출 C h e c k

29 다음 중 난황에 함유되어 있는 색소는?

① 클로로필
② 안토시아닌
③ 카로티노이드
④ 플라보노이드

해설 클로로필 – 녹색, 안토시아닌 – 적색, 플라보노이드 – 백색

30 다음 중 식물성 색소가 아닌 것은?

① 클로로필
② 안토시아닌
③ 헤모글로빈
④ 플라보노이드

해설 • 식물성 색소 : 클로로필, 안토시아닌, 카로티노이드
• 동물성 색소 : 헤모글로빈, 미오글로빈

정답 _ 29 ③ 30 ③

Section 7 식품의 색

식품의 색과 냄새 등의 향미는 식품의 미관, 신선도를 높여주고, 식욕을 돋운다.

1 식품의 색

(1) 색소

① 식물성 식품의 색소

종류		특징
지용성	카로티노이드	• 식물계에 널리 분포되어 있으며 동물성 식품에도 일부 분포하고 있다. • 황색, 오렌지색, 적색의 색소로 당근, 토마토, 수박(라이코펜), 고추, 감 등에 함유되어 있다. • 비타민 A 전구체가 많다. • 산이나 알칼리에 변화에 따른 영향을 받지 않으나 광선에 민감하다.
	클로로필	• 식품의 녹색 색소로서 마그네슘(Mg)을 함유하고 있다. • 푸른 잎 채소류에 함유되어 있다. • 산성(식초)에서는 녹갈색을 나타내고, 알칼리성(소금, 식소다 첨가물)에서는 진한 녹색을 띤다.
수용성	플라보노이드	• 엷은 채소의 색소로서 옥수수, 밀가루, 양파 등에 함유되어 있다. • 산성에서는 흰색, 알칼리성에서는 진한 황색(누런색)으로 변한다. • 연근이나 우엉을 식초 물에 삶아서 조리하면 하얗게 되고, 밀가루 반죽에 소다를 넣고 빵을 만들 때 빵의 색깔이 진한 황색을 띠는 이유는 플라보노이드 색소 때문이다.
	안토시아닌	• 꽃, 과일의 적색, 자색 등의 색소이다. • 산성에서는 선명한 적색, 중성에서는 보라색, 알칼리성에서는 청색을 띤다. • 안토시아닌 색소를 포함하는 생강은 산성에서는 분홍색으로 변한다.

② 동물성 식품의 색소

종류	특징
미오글로빈(육색소)	육류의 근육 속에 함유된 적자색 색소
헤모글로빈(혈색소)	• 육류의 혈액 속에 함유된 적색 색소(철 함유) • 산화되면 옥시헤모글로빈(선홍색)을 거쳐 메트헤모글로빈(암갈색)이 된다. • 발색제로 질산칼륨, 아질산칼륨을 넣으면 니트로헤모글로빈(nitroso-hemoglobin)이 형성된다.
헤모시아닌	구리(Cu)를 함유하고 있는 문어, 오징어 등의 연체류에 포함된 색소로 가열하여 익히면 적자색으로 색깔이 변화한다.
아스타잔틴(카로티노이드계)	새우, 게, 가재 등에 포함된 색소

Section 8 식품의 갈변

갈변이란 식품을 조리하거나 가공, 저장하는 동안 갈색으로 변색하거나 식품의 본색이 짙어지는 현상을 말한다.

① **효소적 갈변** : 과실, 채소류의 페놀화합물이 갈색 색소인 멜라닌으로 전환된다.

종류	특징
폴리페놀옥시다아제 (polyphenol oxidase)	• 구리, 철에 의해 활성화, 염소 이온으로 억제된다. • 사과, 배, 살구, 바나나, 밤 등이 공기에 방치됐을 때 나타난다.
티로시나제(tyrosinase)	• 티로신과 같은 페놀화합물로, 수용성이다. • 감자는 껍질 제거 후 물에 침수시키면 갈변 방지 효과가 있다.

효소적 갈변 방지법
- 열처리법 : 데치기(불활성화)와 같이 고온에서 식품을 열처리하여 효소를 불활성화한다.
- 산 이용 : 수소이온농도(pH)를 3 이하로 낮추어 산의 효소 작용을 억제한다.
- 당 또는 염류 첨가 : 껍질을 벗긴 배나 사과를 설탕이나 소금물에 담근다.
- 산소의 제거 : 밀폐용기에 식품을 넣은 다음 공기를 제거하거나, 공기 대신 이산화탄소나 질소가스를 주입한다.
- 효소 작용 억제 : 영하 10℃ 이하로 낮춘다.
- 구리(Cu) 또는 철(Fe)로 된 용기나 기구의 사용을 피한다.

② **비효소적 갈변** : 효소에 관계없이 식품 중의 화학적 성분의 반응에 의해 일어난다.

종류	특징
아미노-카르보닐 (amino-carbonyl) 반응	• 당과 단백질이 공존 시 일어난다. • 가공, 저장 중에 일어나기 쉽다. • 자연적으로 일어나서 식품의 색깔과 맛, 냄새에 큰 영향을 미친다. 예 식빵, 된장, 간장의 갈변
캐러멜화(caramel) 반응	• 당류를 180~200℃의 고온으로 가열시켰을 때 중합 또는 축합으로 생성된다. • 색, 냄새의 효과를 위해 가공식품에 이용된다.
아스코르빈산 (ascorbic acid) 산화반응	• 감귤류의 가공품인 오렌지 주스나 분말 등에서 나타나는 갈변 현상이다. • 저장 시 비타민 C를 항산화제로 사용할 때 갈변되는 경우가 있다. • pH가 낮을수록 갈변 현상이 크다.

빈출 Check

31 녹색 채소를 데칠 때 소다를 넣을 경우 나타나는 현상이 아닌 것은?

① 채소의 질감이 유지된다.
② 채소의 색을 푸르게 고정시킨다.
③ 비타민 C가 파괴된다.
④ 채소의 섬유질을 연화시킨다.

해설 녹색 채소를 데칠 때 소다를 첨가하면 녹색은 선명하게 유지되지만 비타민 C가 파괴되고, 질감이 물러진다.

32 간장, 된장, 다시마의 주된 정미 성분은?

① 글리신 ② 알라닌
③ 히스티딘 ④ 글루타민산

해설 간장, 된장, 다시마의 정미 성분은 글루타민산이다.

33 다음 색소 중 산에 의하여 녹황색으로 변하고 알칼리에 의해 선명한 녹색으로 변하는 성질을 가진 것은?

① 안토시안
② 플라본
③ 카로티노이드
④ 클로로필

해설 **클로로필 색소**
- 식물의 녹색채소의 색을 나타낸다.
- 마그네슘을 함유한다.
- 산성 : 녹갈색으로 변함
- 알칼리 : 진한 녹색으로 변함

34 식품의 갈변현상 중 성질이 다른 것은?

① 감자의 절단면의 갈색
② 홍차의 적색
③ 된장의 갈색
④ 다진 양송이의 갈색

해설 감자, 홍차, 양송이의 갈변은 효소적 갈변이고 된장의 갈변은 비효소적 갈변이다.

정답 _ 31 ① 32 ④ 33 ④ 34 ③

Part 03 중식 재료관리

빈 출 Check

35 식품의 4가지 기본 맛은?
① 단맛, 짠맛, 쓴맛, 매운맛
② 단맛, 짠맛, 신맛, 쓴맛
③ 쓴맛, 매운맛, 맛난 맛, 금속 맛
④ 신맛, 쓴맛, 매운맛, 짠맛

해설 음식의 4가지 기본 맛(4원미)은 단맛, 짠맛, 쓴맛, 신맛이다.

36 다음 맛의 성분 중 혀의 앞부분에서 가장 강하게 느껴지는 것은?
① 신맛 ② 쓴맛
③ 매운맛 ④ 단맛

해설 맛을 느끼는 혀의 위치
- 단맛 : 혀의 앞부분
- 신맛 : 혀의 옆 부분
- 쓴맛 : 혀의 뒷부분
- 짠맛 : 혀의 전체

정답 _ 35 ② 36 ④

Section 9 식품의 맛과 냄새

식품의 맛은 적미 성분의 상승 작용, 억제 작용, 맛의 대비, 식품의 온도 등의 여러 가지 조건에 따라 결정된다.

1 기본적인 맛(4원미)

식품의 기본적인 맛은 단맛, 짠맛, 신맛, 쓴맛으로, 단맛과 짠맛은 생리적으로 요구하는 맛이고 신맛, 쓴맛은 기호적인 맛이다.

(1) 단맛

① 포도당, 과당, 맥아당 등의 단당류, 이당류
② 만니트 : 해조류
③ 설탕의 10% 용액의 단맛을 당도의 기준인 100으로 한다.

(2) 짠맛

① 염화나트륨(소금) 등
② 소금의 농도가 1%일 때 가장 기분 좋은 짠맛이 난다.
③ 신맛이 섞이면 짠맛이 강화되고 단맛이 더해지면 약해진다.

(3) 신맛

① 식초산, 구연산(감귤류, 살구 등), 주석산(포도)
② 단맛은 신맛을 감소시키고, 쓴맛은 신맛의 풍미를 더해준다.

(4) 쓴맛

① 다른 맛 성분과 조화를 이루면 기호성을 높여준다.
② 카페인(커피, 초콜렛), 데오브로민(코코아), 테인(차류), 니코틴(담배), 호프(맥주), 헤스페리딘(귤껍질), 큐커비타신(오이껍질)

2 기타 맛

(1) 맛난맛(감칠맛)

① 이노신산 : 가다랭이 말린 것, 멸치, 소고기
② 글루타민산 : 다시마, 된장, 간장
③ 시스테인, 리신 : 육류, 어류
④ 호박산 : 조개류
⑤ 타우린 : 새우, 오징어, 문어

(2) **매운맛**

매운맛은 미각 신경을 강하게 자극할 때 형성되는 맛으로, 미각이라기보다는 통각에 가깝다.

① **후추** : 피페린, 채비신

② **고추** : 캡사이신

③ **마늘** : 알리신

④ **겨자** : 시니그린

⑤ **생강** : 쇼가올, 진저론

⑥ **와사비** : 아릴이소티오시아네이트

(3) **떫은맛**

① 미각의 마비에 의한 수렴성의 불쾌한 맛을 말한다.

② **감, 밤** : 탄닌산(단백질 응고로 인한 변비 초래)

(4) **아린맛**

① 쓴맛과 떫은맛이 혼합된 맛으로 불쾌감을 준다.

② 죽순, 고사리, 가지, 우엉, 토란 등

(5) **금속맛**

수저나 포크 등에서 나는 철, 은, 주석 등의 금속 이온의 맛이다.

3 맛의 현상

① **대비 현상(강화 현상)** : 서로 다른 두 가지 맛이 작용하여 주된 맛 성분이 강해지는 현상이다.

예 설탕용액에 약간의 소금을 첨가하면 단맛이 증가한다.
단팥죽의 단맛을 강하게 하려고 하면 약간의 소금을 첨가하면 단맛이 증가한다.

② **변조 현상** : 한 가지 맛을 느낀 직후 다른 맛을 보면 원래 식품의 맛이 다르게 느껴지는 현상이다.

예 쓴 약을 먹고 난 후 물을 마시면 물맛이 달게 느껴진다.
오징어를 먹은 후 밀감을 먹으면 쓰게 느껴진다.

③ **미맹 현상** : PTC(Phenyl Thiocarbamide)라는 화합물에 대하여 그 쓴맛을 느끼지 못하는 현상이다.

④ **상쇄 현상** : 대비(강화) 현상과는 반대로 두 종류의 정미 성분이 혼재해 있을 경우 각각의 맛을 느낄 수 없고 조화된 맛을 느끼는 현상이다.

예 김치의 짠맛과 신맛이 어우러져 상큼한 맛을 느끼게 한다.

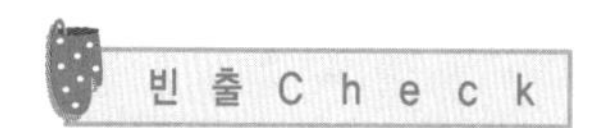

37 설탕 용액에 미량의 소금(0.1%)을 가하면 단맛이 증가된다. 이러한 맛의 현상을 무엇이라 하는가?

① 맛의 변조
② 맛의 대비
③ 맛의 상쇄
④ 맛의 미맹

해설 ① 맛의 변조 : 한 가지 맛을 느낀 후 다른 식품의 맛이 다르게 느껴지는 현상
② 맛의 대비 : 주된 맛을 내는 물질에 다른 맛을 혼합할 때 원래 맛이 강해지는 현상
③ 맛의 상쇄 : 두 종류의 정미 성분이 혼합되었을 때 각각의 맛을 느낄 수 없는 현상
④ 맛의 미맹 : PTC 화합물에 대한 쓴맛을 못 느끼는 경우

38 떫은맛과 관계 깊은 현상은?

① 지방 응고
② 단백질 응고
③ 당질 응고
④ 배당체 응고

해설 떫은맛은 혀 표면에 있는 점성 단백질이 일시적으로 응고되고 미각 신경이 마비되어 일어나는 감각이다.

정답 _ 37 ② 38 ②

빈출 Check

39 맛을 느낄 수 있는 가장 예민한 온도는?
① 5℃ ② 20℃
③ 30℃ ④ 40℃

해설 일반적으로 혀의 미각은 30℃ 전후가 가장 예민하다.

40 다음 중 쓴맛 성분은?
① 구연산 ② 구아닌산
③ 카페인 ④ 만니트

해설 맛 성분
- 단맛 : 포도당, 과당, 맥아당
- 신맛 : 구연산, 주석산, 사과산
- 쓴맛 : 카페인, 테인
- 짠맛 : 염화나트륨

정답 _ 39 ③ 40 ③

간장의 짠맛과 발효된 감칠맛의 조화
청량음료의 단맛과 신맛의 조화

⑤ **상승 현상** : 같은 종류의 맛을 가지는 두 종류의 맛 성분을 서로 혼합하면 각각이 가지고 있는 본래의 맛보다 훨씬 강한 맛을 느끼는 현상이다.

⑥ **억제 현상** : 서로 다른 정미 성분이 혼합되었을 때 주된 정미 성분의 맛이 약화되는 현상이다.

예 커피의 쓴맛이 설탕을 넣음으로써 억제된다.

4 미각의 역치

① 맛을 느끼는 물질의 최저 농도를 말한다.
② 쓴맛이 가장 낮고, 단맛이 가장 높다.

5 맛의 온도

일반적으로 혀의 미각은 30℃ 전후에서 가장 예민하며, 온도의 상승에 따라 매운맛은 증가하고 온도 저하에 따라 쓴맛이 감소한다.

TIP 맛을 느끼는 온도

종류	온도(℃)
쓴맛	40~50
짠맛	30~50
매운맛	50~60
단맛	20~50
신맛	5~25

6 식품의 냄새

식품의 냄새는 음식의 기호에 영향을 주는데, 쾌감을 주는 것을 향(香)이라 하고, 불쾌감을 주는 것을 취(臭)라 한다.

(1) 식물성 식품의 냄새

종류		특징
식물성 식품	알코올 및 알데하이드류	주류, 감자, 복숭아, 오이, 계피 등
	테르펜류	녹차, 차잎, 레몬, 오렌지 등
	에스테르류	주로 과일류
	황화합물	마늘, 양파, 파, 무, 고추, 부추, 냉이 등

동물성 식품	아민류(트리메틸아민) 및 암모니아류	육류, 어류 등
	카르보닐화합물 및 지방산류	치즈, 버터 등의 유제품

기타 특수 성분
① 생선 비린내 성분 : 트리메틸아민(동물성 냄새)
② 참기름성 분 : 세사몰
③ 고추의 매운맛 : 캡사이신
④ 후추의 매운맛 : 채비신, 피페린
⑤ 와사비의 매운맛 : 아릴이소티오시아네이트
⑥ 마늘의 매운맛 : 알리신
⑦ 생강의 매운맛 : 진저론, 쇼가올
⑧ 겨자의 매운맛 : 시니그린

Section 10 식품의 물성

1 식품의 물성

식품은 식품이 내포하는 영양소 성분에 의한 맛 이외에 혀에서 느끼는 촉감이나 입안에서의 씹히는 감각에 따라 각기 그 느낌이 다른데 식품의 조직 구조를 일반적으로 텍스쳐(texture) 즉 물성이라 한다.

(1) 유화(emulsion)

한 분자 내에 극성기와 비극성기를 같이 가지고 있어 액체의 표면장력을 감소시켜 유화액을 안정시키는 것. (천연 유화제 : lecithin, sterol류, 담즙산, gum질)

(2) 거품(foam)

거품은 먹을 때의 촉감과 관계가 있으며, 액체의 표면장력과도 관계가 있다. 액체의 표면장력이 큰 것은 거품이 생기기 어려우나 한번 생긴 거품은 없어지기 어렵다. 거품은 온도와 관계가 있어 차게 한 맥주의 거품은 오래 지속되나 더운 맥주는 거품이 생겨도 금방 없어진다. 거품이 없어진 맥주가 쓴 것은 쓴맛을 부드럽게 하는 거품의 작용이 없어졌기 때문이다. 거품을 이용한 식품으로는 머링게(meringues), 아이스크림, 맥주, 젤라틴, 젤리 등이 있다.

(3) 점성

액체 내부의 분자 밀도가 커지면 분자는 운동할 때 충돌하여 마찰을 일으키는 것이다. 액체 상태인 식품에는 점성이 있고 점성이 클수록 액체는 끈끈해지며, 온도가 낮아지면 점성은 높아진다. 화이트소스(White sauce)를 만들 때 뜨거울 때에는 점성이 낮으나 식어감에 따라 점성이 높아지게 되므로 밀가루의 사용량을 잘 조절해

빈출 Check

41 오이의 꼭지 부분에 함유된 쓴맛을 내는 성분은?
① 카페인(caffeine)
② 홉(hop)
③ 테오브로민(theobromine)
④ 쿠쿠르비타신(cucurbitacin)

해설 오이꼭지의 쓴맛 성분은 쿠쿠르비타신이다.

42 해리된 수소이온이 내는 맛과 가장 관계가 깊은 맛은?
① 신맛 ② 단맛
③ 매운맛 ④ 짠맛

해설 해리된 수소이온이 내는 맛은 신맛이다.

43 마늘에 함유된 황화물로 특유의 냄새를 가지는 성분은?
① 알리신 ② 시니그린
③ 캡사이신 ④ 황화알릴

해설 마늘의 매운맛과 향은 알리신 때문이다.

정답 _ 41 ④ 42 ① 44 ①

야 하며, 달걀흰자, 젤라틴, 설탕액, 전분액 등은 점성도가 높다.

(4) 탄력성(elasticity)

탄력성이란 탄성체가 밖으로부터 힘을 받아서 모양이 변화될 때, 원래의 형태로 되돌아가려는 응력이 그 내부에 생기는데, 이 응력에 의해서 탄성체가 다른 물체에 주는 힘을 말한다. 탄성은 식품의 조성에 따라 다르며, 생선묵과 같이 쫄깃쫄깃한 식품은 탄성이 많다고 볼 수 있다.

(5) 표면장력(surface tension)

액체 내의 분자들이 서로 끌어 주는 힘으로 그의 표면을 될 수 있는 한 작게 하려는 힘이다. 기체에 접하는 액체의 표면에는 항상 표면장력이 작용하므로 액체를 공기 중에 떨어뜨리면 그 표면은 구상에 가깝게 되고 물을 왁스, 종이 등의 표면에 떨어뜨렸을 경우에는 동그란 물방울이 된다. 표면장력은 온도의 상승에 따라 감소된다. 이것은 표면에 있는 분자의 열운동 때문이며, 표면장력을 증가시키는 물질은 설탕이며, 감소시키는 물질은 지방, 알콜, 탄닌, 사포닌, 단백질 등 많은 유기화합물이 있다.

(6) 콜로이드(colloid, 교질)

0.1~0.001㎛ 정도의 미립자가 어떤 물질에 분산되어 있는 상태를 말한다. 식품 중에서 젤리, 버터는 모두 콜로이드 일종이며, 생선 식품의 세포 내에 함유되어 있는 액은 전부 콜로이드상태이다. 액채상태(sol)에는 우유, 된장, 잣죽, 마요네즈 등이 있고 고체상태(gel)에는 묵, 소스, 푸딩, 카스타드, 알찜, 양갱, 두부, 족편 등이 있다.

(7) pH(수소이온농도)

식품과 조리에 있어서 pH 작용에 의해서 여러 가지 성질이 달라지는데 pH가 산성(pH<7)일 때는 맛이 있고, 알카리성(pH>7)일 때는 맛이 없게 느껴진다. 일반적인 조리는 pH7 부근에서 이루어지는데 때로는 중조($NaHCo_3$)를 사용하든가 식초를 사용하여 pH를 변화시켜 조리하는 경우도 있고 pH2에서 9까지는 적당히 응용할 수 있다.

(8) 용해도(solubility)

용액 속에 녹아 있는 용질의 농도를 말한다. 용해속도는 온도의 상승과 함께 증가하고 용질의 상태, 결정의 크기, 교반, 삼투에 의해서도 영향을 받는다.

(9) 산화(oxidation)

본래의 의미는 어떤 물질이 산소와 화합하여 산화물이 되는 반응 등을 말한다. 산화 작용은 식품을 조리할 때에 요리의 맛이나 외관 등을 나쁘게 하고, 나아가서는 영양가를 손실시키는 경우가 많다. 그중에서도 산화되기 쉬운 것이 유지(油脂)류인

빈 출 Check

44 발연점을 고려했을 때 튀김용으로 가장 적합한 기름은?
① 쇼트닝 ② 참기름
③ 대두유 ④ 피마자유

해설 발연점이 높은 기름은 대두유이다.

45 식물성유를 경화 처리한 고체 기름을 무엇이라 하는가?
① 버터 ② 라드
③ 쇼트닝 ④ 마요네즈

해설 경화유란 불포화지방이 많은 액체 유지에 니켈을 촉매로 수소를 첨가하여 고체화한 것을 말하며, 종류로는 마가린과 쇼트닝이 있다.

정답 _ 44 ③ 45 ③

데 공기 중에서 가열하면 즉시 산화되고 산화된 것끼리 다시 중합을 일으켜 부패의 원인이 된다. 또 유지류를 오랫동안 공기에 접촉시켜두면, 산화가 일어나 맛이 나쁘게 되며 비타민A나 C도 산화되기 쉽다. 식품 중에는 여러 가지 색소가 함유되어 있으나 산소에 의해서 산화되어 나쁘게 변색되는 경우가 많다. 육류의 미오글로빈(myglobin) 색소는 산화되면 메트 미오글로빈(metmyglobin)으로 변해 갈색화되고 식물 색소인 카로틴(carotene) 등도 산화에 의해서 퇴색된다.

(10) **삼투압(osmosis)**

삼투압은 서로 농도가 다른 용액을 반투막 사이에 두면 용매는 반투막을 통해서 고농도의 용액 쪽으로 옮겨 가는 데 이때 필요한 압력이다. (수분이 빠져나오는 힘) 조리에서 삼투압의 작용은 채소와 물고기를 소금에 절이거나 김치 등에 이용한다. 조미료를 사용할 때 분자량에 따라 침투 속도는 다르므로 분자량이 적은 것이 빨리 침투하다. 분자량은 물이 18.0, 소금이 58.5, 설탕이 342.2이므로 소금과 설탕을 동시에 조미하면 소금 맛이 더 강해지므로 설탕을 먼저 넣은 뒤에 소금을 넣는 것이 좋다.

(11) **팽윤(swelling)**

쌀, 콩과 같은 곡물이나 표고, 다시마와 같이 건조된 것을 물에 넣으면 몇 배로 불게 되는 것을 말한다.

(12) **용출(extraction)**

재료 중의 성분이 용매(물) 속에 녹아 나오는 현상을 말하고, 목적한 물질을 녹여 내는 것을 추출이라고 한다. 용액 속에 용출되어 나오는 물질의 농도는 낮을수록 용출이 빠르므로, 떫은맛을 빼는 경우 물을 자주 갈아 주는 것이 좋다. 온도가 높은 쪽이 용출이 좋기 때문에 스프를 맛있게 하기 위하여 끓기 직전의 온도에서 성분을 용출시킨다.

2 식품의 리올리지의 성질

성질	특징
바이센베르그 효과	젓가락을 세워서 회전시키면 연유가 젓가락을 따라 올라오는 성질
예사성	난백이나 청국장을 숟가락으로 떠올리면 실처럼 딸 올라오는 성질
신전성	국수나 밀가루 반죽이 늘어나는 성질
항복치	탄성에서 소성으로 변하는 힘

빈 출 Check

46 다음 중 육류의 연화작용과 관계가 없는 것은?

① 레닌 ② 파파야
③ 무화과 ④ 파인애플

해설 육류의 연화를 돕는 과일
- 파파야 : 파파인
- 무화과 : 휘신
- 파인애플 : 브로멜린
- 레닌은 단백질을 응고시키는 효소이다.

47 불포화지방산을 포화지방산으로 변화시키는 경화유에는 어떤 물질이 첨가되는가?

① 산소 ② 수소
③ 칼슘 ④ 질소

해설 경화유는 불포화지방산에 수소를 첨가하고 니켈을 촉매로 사용하여 포화지방산의 형태로 변화시킨 것으로 마가린, 쇼트닝이 있다.

정답 _ 46 ① 47 ②

빈 출 C h e c k

48 다음 중 맛 성분이 바르게 짝지어진 것은?

① 카페인 – 귤껍질
② 큐커비타신 – 오이껍질
③ 테인 – 맥주
④ 데오브로민 – 커피

해설 ① 카페인 : 커피
③ 테인 : 차류
④ 데오브로민 : 코코아

49 다음 중 생선의 비린내 성분은?

① 암모니아
② 세사몰
③ 트리메틸아민
④ 황화수소

해설 생선의 비린내 성분은 트리메틸아민(TMA, tri methylamine)으로 표피에 많고 해수어보다 담수어가 냄새가 강하며 신선하지 않을수록 강도가 심하다.

정답 _ 48 ② 49 ③

Section 11 식품의 유독 성분

식품 중의 유독 성분이라 함은 식품 본래의 기능에 어긋나고 우리가 섭취함으로써 건강에 장해를 일으키는 식품과 관련된 성분을 말한다. 종류에는 자연식품 자체가 함유한 내인성 유독물질과 오염된 미생물이 분비하는 독성물질, 제조과정 중 혼입되는 유독물질, 인위적으로 첨가하는 외인성 유독물질 등이 있다.

1 식물성 식품의 유독물질

배당체	신살구, 복숭아씨 – 아미그달린 / 수수류 – 두린 / 시금치, 콩 – 사포닌 / 감자 – 솔라닌
알칼로이드	솔라닌의 가수분해산물 – 솔라니딘 / 꽃무릇구근 – 리코린 / 토마토의 토마티닌
펩티드	독버섯 – 팔로이딘 / 아마니틴, 피마자 – 리신 / 콩 – 소진(sojin)
유기염기	독버섯 – 뉴린 / 무스카린, 커피 – 카페인 / 차 – 데오브로민 / 면실 – 고시풀

2 동물성 식품의 유독물질

주로 어패류에 함유되어 있으며 독성물질이 체내에서 직접 합성되는 것이 아니라 독성을 함유하는 플랑크톤 등을 어패류가 섭취함으로써 독성을 지니는 것으로 알려짐

복어	테트로도톡신(난소, 간장)
조개류	모시조개, 굴 – 베네루핀
담치	미티로톡신

3 미생물 유독 대사물질

식품을 저장 또는 가공하는 과정에서 오염되거나 식품 자체에 기생하는 미생물에 의해 독성물질을 생성, 주로 곰팡이 독이라고 함

곰팡이명	식품명 / 독소명 / 증상
아플라톡신	간장, 된장 등의 곰팡이 / 간장장애
맥각중독	맥각균 – 보리, 호밀, 밀 등에 기생 / 에르고타민, 에르고톡신균 / 근육수축, 괴저
황변미중독	페니실륨 시트리닌, 시트레오비리딘, 아일란디톡신 / 간장장애, 신경장애
퓨사륨	오크라톡신, 파툴린 / 옥수수, 밀 / 각종 생리장애

효소

Section 1 식품과 효소

 효소의 이용

(1) 효소의 이용에 따른 분류

① 식품 중에 함유된 효소의 이용 : 육류, 치즈, 된장의 숙성 등에 이용된다.

② 효소 작용을 억제하는 경우 : 신선도를 위한 변화 방지의 목적으로 효소 작용을 억제한다.

③ 효소를 식품에 첨가하는 경우 : 펙틴 분해 효소를 첨가해 과즙이나 포도주의 혼탁을 예방하거나, 육류의 연화를 위해 프로테아제를 첨가한다.

④ 효소를 사용하여 식품을 제조하는 경우 : 전분으로부터 포도당을 제조하거나, 효소 반응을 이용해 글루타민산과 아스파틱산을 제조한다.

2 소화기계

위장관이라고 불리는 소화기계는 구강에서 시작하여 항문에서 끝나는 연속적인 근육막의 관상 구조로 되어 있다. 소화관 벽의 구조는 관 전체가 일정하다. 일반적으로 구강, 식도, 위, 십이지장 그리고 공장을 상부 위장관이라 하고, 회장, 대장(맹장, 결장, 직장) 및 항문은 하부 위장관이라 한다. 타액선, 간, 췌장 그리고 담낭은 부속기관이다.

(1) 소화기계의 기능

① 구강

㉠ 음식물을 작은 입자로 분해한다(저작 작용).

㉡ 음식물을 타액과 혼합하여 연하게 한다.

㉢ 음식물을 위로 내려 보낸다.

② 위

㉠ 음식물을 저장한다.

㉡ 수분, 알코올, 약물을 흡수한다.

③ 소장(십이지장, 공장, 회장)

㉠ 호르몬을 분비하여 췌장액, 답즙, 장 효소 분비를 자극한다.

빈출 Check

50 지질의 소화효소는?
① 레닌 ② 펩신
③ 리파아제 ④ 아밀라아제

해설 레닌은 우유의 응유효소이며, 펩신은 단백질의 소화효소이며, 아밀라아제는 전분의 분해효소이다.

51 대두에는 어떤 성분이 있어 소화액인 트립신의 분비를 저해하는가?
① 레닌 ② 안티트립신
③ 아비딘 ④ 사포닌

해설 날콩 속에는 단백질 소화액인 트립신의 분비를 억제하는 안티트립신이 들어 있어 섭취 시 소화가 더디게 되나, 가열하면 파괴된다.

정답 _ 50 ③ 51 ②

빈 출 Check

52 식품의 갈변 현상을 억제하기 위한 방법과 거리가 먼 것은?
① 효소의 활성화
② 염류 또는 당 첨가
③ 아황산 첨가
④ 열처리

해설 식품의 갈변 현상은 효소적 갈변과 비효소적 갈변으로 나누어진다. 효소적 갈변은 사과, 배, 복숭아, 감자 등 많은 과일과 채소의 껍질을 벗기거나 자를 때 발생한다.

정답 _ 52 ①

㉡ 십이지장 : Fe, Mg, Ca를 흡수한다.

④ 대장

㉠ 수분, 전해질, 비타민 K를 흡수한다.

㉡ 굳은 장의 노폐물을 제거한다.

㉢ 대장 세균은 비타민 K를 형성한다.

⑤ 간

㉠ 담즙을 생산한다.

㉡ 당질, 단백질, 지방 대사, 영양소 저장 등의 작용을 한다.

㉢ 혈중 약물과 노폐물을 해독한다.

⑥ 담낭

㉠ 담즙을 농축시키고 저장한다.

㉡ 담즙을 십이지장으로 이동시킨다.

⑦ 췌장

㉠ 내분비 : 인슐린을 분비한다.

㉡ 외분비 : 소화 효소를 생산·분비한다.

(2) 소화 효소

소화기관	소화액	소화 효소	작용하는 물질	생성 물질
입	타액(침) (pH 6.4~7.0)	프티알린	전분	덱스트린
		말타아제	맥아당	포도당
위	위액 (pH 1.5~2.0)	리파아제	지방	지방산, 글리세롤
		펩신	단백질	프로테오스, 펩톤
		레닌	카제인	파라카제인
소장	췌장액 (pH 7.5~8.2)	트립신	단백질, 프로테오스	아미노산, 펩톤
		아밀롭신	전분, 글리코겐	맥아당, 포도당
		스테압신	지방	지방산, 글리세롤
	소장액 (pH 8.0)	락타아제	유당	포도당, 갈락토오스
		말타아제	맥아당	포도당
		수크라아제	서당	포도당, 과당
		에렙신	펩톤, 펩티드	아미노산
		리파아제	지방	지방산, 글리세롤
대장	소화 효소는 분비되지 않고, 장내 세균에 의해 소장에서 소화되지 않은 영양소가 일부 분해된다.			

chapter 03 식품과 영양

Section 1 영양소의 기능 및 영양소 성취기준

[식품의 기초식품군]

식품이란 사람에게 필요한 영양소를 한 가지 또는 그 이상 함유하고, 유해한 물질을 함유하지 않는 천연물 또는 가공품을 말한다.

1 식품의 정의

(1) **식품** : 모든 음식물을 말한다. 다만, 의약품으로서 섭취하는 것을 제외한다(식품위생법의 정의).

(2) **영양** : 사람이 생명을 유지하고 생활현상을 위한 물리적인 현상을 말한다.

(3) **영양소** : 영양을 유지하기 위하여 외부로부터 섭취하여야 되는 물질을 말한다.

① 3대 영양소 : 단백질, 탄수화물, 지방

② 5대 영양소 : 단백질, 탄수화물, 지방, 무기질, 비타민

③ 6대 영양소 : 단백질, 탄수화물, 지방, 무기질, 비타민, 물

(4) **기호 식품** : 영양소를 거의 함유하고 있지 않으나 식품에 색깔, 냄새, 맛을 부여하거나, 우리가 직접 섭취하여 식욕을 증진시키는 물질을 말한다(청량음료, 다류, 조미료 등).

(5) **강화식품** : 손실됐거나, 원래 없었던 영양소를 식품에 보충하여 영양가를 높인 식품을 말한다(강화미, 강화밀, 강화된장 등).

2 식품구성자전거

(1) 식생활에서 균형 잡힌 식생활을 위하여 먹어야 하는 식품들을 구분하여 우리가 섭취하고 있는 식품들의 종류와 영양소 함량에 따라 기능이 비슷한 것끼리 묶어보면 곡류, 고기·생선·달걀·콩류, 채소류, 과일류, 우유·유제품류, 유지·당류의 6가지 식품군으로 구분된다.

(2) 식품구성자전거는 6가지 식품군 중 과잉 섭취를 주의해야 하는 유지·당류를 제외한 5가지 식품군을 매일 골고루 필요한 만큼 먹어 균형 잡힌 식사를 해야 한다는 의미를 전달하고 있다.

(3) 여기에 앞바퀴는 매일 충분한 양의 물을 섭취해야 하는 것을 표현하고 있으며 자전

빈출 Check

53 우리나라 기초식품군은 모두 몇 가지로 분류되는가?

① 3가지 ② 4가지
③ 5가지 ④ 6가지

해설 우리나라는 영양소의 종류를 중심으로 5가지 기초식품군으로 나누고 있다.

54 한국인 표준 영양 권장량(19~29세 성인 남자 1일 1인분)의 열량은 몇 kcal인가?

① 2,000 kcal
② 2,100 kcal
③ 2,300 kcal
④ 2,600 kcal

해설 한국인 성인(19~29세) 남자 1일 필요 열량은 2,600kcal이고 성인 여자 1일 필요 열량은 2,100kcal이다.

정답 _ 53 ③ 54 ④

빈출 Check

55 식단 작성 시 고려해야 할 영양소 및 영양 섭취비율은 어느 것인가?
① 당질 55%, 지질 25%, 단백질 20%
② 당질 65%, 지질 25%, 단백질 10%
③ 당질 70%, 지질 15%, 단백질 15%
④ 당질 65%, 지질 20%, 단백질 15%

해설 식단작성시 총 열량 권장량 중 당질 65%, 지방 20%, 단백질 15%의 비율로 한다.

56 하루 동안에 섭취한 음식 중에 단백질 70g, 지질 35g, 당질 400g이었다면 얻을 수 있는 총 열량은?
① 1,885kcal
② 2,195kcal
③ 2,295kcal
④ 2,095kcal

해설 열량 영양소는 1g당 단백질 4kcal, 지질 9kcal, 당질 4kcal의 열량을 내므로
(70×4)+(35×9)+(400×4)=2,195kcal

정답 _ 55 ④ 56 ②

거에 앉은 사람의 모습은 매일 충분한 양의 신체활동을 해서 적절한 영양소 섭취기준과 함께 건강을 유지하고 비만을 예방할 수 있음을 의미한다.

(4) 식품구성자전거의 뒷바퀴를 보면 곡류는 매일 2~4회, 고기·생선·달걀·콩류는 매일 3~4회, 채소류는 매 끼니 2가지 이상, 과일류는 매일 1~2개, 우유·유제품은 매일 1~2잔을 섭취하는 것을 표현하고 있다.

(5) 유지·당류는 조리 시 조금씩 사용하는 것을 권장한다.

(6) 물론 각 개인에 하루 필요량에 따라 식품의 양과 종류를 조정할 수 있으며, 식사구성안(권장 식사 패턴)을 이용하면 편리하게 하루에 필요한 식품군의 섭취 횟수를 정할 수 있다.

식품구성자전거 / 자료출처 : 보건복지부, 2015 한국인 영양소 섭취기준

3 식품의 구비 조건

(1) **영양적 가치** : 식품을 섭취하는 목적은 영양을 공급하는데 있으므로, 식품은 영양소를 골고루 함유하고 있어야 한다.

(2) **위생적 가치** : 식품을 섭취함으로 인체에 위해가 되지 않도록 안전하게 공급되어야 한다.

(3) **기호적 가치** : 영양과 위생이 우수하고, 식욕을 증진시키는 소화율을 높일 수 있어야 한다.

(4) **경제적 가치** : 영양이 우수한 식품을 저렴하게 구입할 수 있어야 한다.

4 기호식품이란

영양소를 거의 또는 함유하고 있지 않으나 식품에 색깔, 냄새, 맛을 부여하거나, 우리가 직접 섭취하여 식욕을 증진시키는 물질을 말한다(예 : 청량음료, 다류, 조미료).

5 강화식품이란

손실된 영양소를 식품에 첨가하여 부활하던가 원래 없었던 성분을 보충하여 영양가를 높인 식품을 말한다(예 : 강화미, 강화밀, 강화 된장).

6 식품의 구성 성분

식품 성분	일반 성분	수분
		유기물- 단백질, 당질, 지질
		무기물
		비타민
	특수 성분	색 성분
		향 성분
		맛 성분

(1) **식품 중에 함유된 영양소 및 수분의 체내역할**

① 몸의 활동에 필요한 에너지를 공급한다(열량소).

㉠ 단백질, 당질, 지질

㉡ 노동하는 힘과 체온을 낸다.

② 몸의 발육을 위하여 몸의 조직을 만드는 성분을 공급한다(구성소).

㉠ 단백질, 무기질

㉡ 근육, 혈액, 뼈, 모발, 피부, 장기 등 몸의 조직을 만든다.

③ 체내의 각 기관이 순조롭게 활동하고 섭취된 것이 몸에 유효하게 사용되기 위해 보조작용을 한다(조절소).

㉠ 무기질, 비타민

㉡ 몸의 생리기능을 조절하고 질병을 예방한다.

④ 인간의 체중의 약 2/3를 차지하고 체내에서 영양소의 운반, 소화, 흡수를 돕는 역할(수분)

(2) 식단 작성에 필요한 섭취 식품량은 한국인 영양권장량의 성인 남자 20~49세의 체중 64kg인 1일분에 따른 식품 구성량을 기준으로 한다.

① **구성식품(構成食品)** : 근육, 혈액, 뼈, 모발, 피부, 장기 등 몸의 조직을 만드는 영

57 식품에 있는 영양소 중 생리작용을 조절하는 것이 아닌 것은?

① 단백질 ② 비타민
③ 무기질 ④ 지방

해설 조절소에 해당하는 영양소는 단백질, 무기질, 비타민이 있으며 지방은 열량소의 역할을 한다.

58 체온 유지 등을 위한 에너지 형성에 관계하는 영양소는?

① 탄수화물, 지방, 단백질
② 물, 비타민, 무기질
③ 무기질, 탄수화물, 물
④ 비타민, 지방, 단백질

해설 에너지를 발생하는 열량 영양소에는 탄수화물, 단백질, 지방이 있다.

정답 _ 57 ④ 58 ①

빈 출 Check

59 신체의 근육이나 혈액을 합성하는 구성 영양소는?
① 단백질 ② 탄수화물
③ 물 ④ 비타민

해설 영양소 역할에 따른 분류에서 구성 영양소에는 단백질, 무기질, 지방이 있다.

정답 _ 59 ①

양소로 단백질, 무기질, 지방이 있다.

② **조절식품(調節食品)** : 소화액 분비, 대사작용 조절, 신경조직의 조절, 근육의 탄력 유지, 체액의 중성유지 등 몸의 생리기능을 조절하고 질병을 예방하는 영양소는 비타민, 단백질, 무기질이 있다.

③ **열량식품(熱量食品)** : 노동하는 힘과 열과 체온을 내는 영양소로 탄수화물, 지방, 단백질이 있다.

[영양소 및 영양 섭취기준, 식단작성]

1 급식 구성원의 섭취 식품량 계산법

가족이나 많은 사람들의 섭취 식품 산출량 계산에는 연령별, 성별에 따라 영양 권장량의 성인 환산치를 활용하고, 일수를 곱하여 산출한다. 이 산출량으로 식품 분배 계획을 세워 식단을 작성한다. 4인 가족에 필요한 1주일분의 섭취 식품량을 산출하면 4인 가족의 환산치 합계는 3.00이다.

2 식단 작성의 의의와 목적

(1) **의의**

인체에 필요한 영양을 균형적으로 보급하고 먹는 사람의 영양 필요량에 알맞은 음식을 준비하며, 영양 지식을 기초로 하여 합리적인 식습관을 형성하는데 그 의의가 있다.

(2) **목적**

① 시간과 노력이 절약된다.
② 식품비를 조절하거나 절약할 수 있다.
③ 영양과 기호를 충족시킬 수 있다.
④ 좋은 식습관을 형성한다.

3 식단 작성의 기초 지식

(1) **식품의 분류**

① 식품 영양가표에서의 분류 체계를 중심
② 한국인의 대표적인 식사패턴
③ 식품들의 영양소 함량
④ 국민 영양 조사에서 특정 식품이 총영양소 섭취에 기여하는 정도

(2) 식단 작성의 기본 조건

① **영양** : 우리나라 식사 구성안의 식품군을 고루 이용하고 단백질, 칼슘의 섭취가 충분하도록 성인 환산치를 이용한 영양 필요량에 알맞은 식품과 양을 택해야 한다.

② **경제** : 신선하고 값이 싼 제철 식품을 이용하고 각 가정의 경제 사정을 참작한다.

③ **기호** : 편식을 피하기 위해 광범위한 식품 또는 요리를 선택하고 적당한 조미료를 사용한다.

④ **지역** : 지역 실정에 맞추어 그 지역에서 생산되는 재료를 충분히 활용하고 식생활과 조화될 수 있는 식단을 연구한다.

⑤ **능률** : 음식의 종류와 조리법을 주방의 구조 및 설비, 조리기구 등을 고려해서 선택하고 인스턴트식품이나 가공식품을 효율적으로 이용한다.

(3) 식단 작성의 유의점

① 식단은 보통 1주일형으로 하여 작성한다(5일형).

② 식단 작성 시 한 끼의 식사를 충분히 검토하고 결정해야 한다.

③ 음식의 질, 맛의 배합과 조화를 잘 생각해야 한다.

④ 전분성 식품의 중복을 피하도록 해야 한다.

⑤ 조리자의 시간을 참작하여 조리 방법을 택한다.

⑥ 물가를 살펴 식생활비 범위 내에서 식단을 작성한다.

⑦ 새로운 식품과 조리법을 적용하여 편식하는 습관이 없도록 한다.

⑧ 식단을 작성할 때에는 전주, 전일, 전년의 식단을 참고하도록 한다.

⑨ 어린이나 노인층을 특별히 고려한다.

⑩ 조리 기기를 충분히 이용하여 시간을 절약한다.

(4) 표준 식단의 작성 순서

① **영양 기준량의 산출** : 한국인 영양 권장량을 적용하여 성, 연령, 노동 강도 등을 고려하여 산출한다.

② **섭취 식품량의 산출** : 한국인 영양 권장량에 따른 식량 구성량의 예를 사용하여 섭취 식품량을 군별, 식품별로 산출한다.

③ **3식의 배분 결정** : 하루에 필요한 섭취 영양량에 따른 식품량을 1일 단위로 계산, 3식의 단위식단 중 주식의 단위는 1 : 1 : 1, 부식의 단위는 1 : 1 : 2(또는 3 : 4 : 5)로 하여 요리 수 계획을 수립한다.

④ **음식 수 및 요리명 결정** : 식단에 사용할 음식 수를 정하고 섭취 식품량이 다 들어갈 수 있도록 고려하여 요리명을 결정한다.

⑤ **식단 작성 주기 결정** : 1개월분, 10일분, 1주일분, 5일분(학교급식) 등으로 식단

60 조절 영양소가 비교적 많이 함유된 식품으로 구성된 것은?
① 시금치, 미역, 귤
② 쇠고기, 달걀, 두부
③ 두부, 감자, 쇠고기
④ 쌀, 감자, 밀가루

해설 조절 영양소에는 비타민, 무기질이 있다.

61 다음 중 열량소가 아닌 것으로 짝지어진 것은?
① 단백질, 당질
② 당질, 지질
③ 비타민, 무기질
④ 지질, 단백질

해설 열량을 내는 영양소로는 당질, 단백질, 지질이 있다.

정답 _ 60 ① 61 ③

빈 출 Check

62 쇠고기를 돼지고기를 대체하고자 할 때 쇠고기 300g을 돼지고기 몇 g으로 대체해야 하는가? (단, 식품분석표상 단백질 함량은 쇠고기 20g, 돼지고기 15g이다.)

① 200g ② 360g
③ 400g ④ 460g

해설 대치식품량

$= \frac{\text{원래 식품의 양} \times \text{원래 식품의 해당 성분 수치}}{\text{대치하고자 하는 식품분석치}}$

$= \frac{300 \times 20}{15} = \frac{6,000}{15} = 400$

쇠고기 300g은 돼지고기 400g으로 대체해서 사용하면 된다.

정답 _ 62 ③

작성 주기를 결정하고 그 주기 내의 식사 횟수를 결정한다.

⑥ **식량 배분 계획** : 20~49세 성인남자 1인 1일분의 식량 구성량에다 평균 성인 환산치와 날짜를 곱한 식품량을 계산한다.

⑦ **식단표 작성** : 요리명, 식품명, 중량, 대치식품, 단가 등을 기재한 식단표를 작성한다.

복수 식단과 대치 식품

- 복수 식단 : 동일한 영양을 섭취하면서도 식품과 조리법을 선택할 수 있도록 계획된 식단
- 대치 식품 : 대치 식품은 기본이 되는 식품에 대해 대치할 수 있는 것을 말한다. 식품에 공통으로 함유된 주된 영양소를 생각하여 대치하며, 식단 작성 시 필요하다. 버터와 마가린, 쇠고기와 돼지고기, 감자와 고구마 등이 있다.

$$\text{대치 식품량} = \frac{\text{원래 식품의 영양소 함량}}{\text{대치 식품의 영양소 함량}} \times \text{원래 식품량}$$

4 한국의 전통적인 상차림

(1) 반상(飯床)

밥과 반찬을 주로 하여 차리는 정식 상차림으로 신분에 따라 아랫사람에게는 밥상, 어른에게는 진지상, 임금에게는 수랏상이라 불렀으며 한 사람이 먹도록 차린 반상을 외상(독상), 두 사람이 먹도록 차린 반상을 겸상이라 한다. 그리고 외상으로 차려진 반상에는 3첩, 5첩, 7첩, 9첩, 12첩이 있는데, 첩이란 밥, 국, 김치, 조치, 찜, 전골, 종지(간장, 고추장, 초고추장)를 제외한 쟁첩(접시)에 담는 반찬수를 말한다.

① **기본 음식** : 밥, 국, 김치, 전골, 찜(선), 찌개(조치), 장류

② **찬품** : 숙채, 생채, 조림, 구이, 장아찌, 마른 찬, 회, 전, 편육

반상차림의 구성

상차림	첩수에 들어가지 않는 음식							첩수에 들어가는 음식										
	밥	탕	김치	장류	조치	찜(선)	전골	나물		구이	조림	전	마른 반찬	장과	젓갈	회	편육	수란
								생채	숙채									
3첩	1	1	1	1	×	×	×	택1		택1		×	택1			×	×	×
5첩	1	1	2	2	1	×	×	택1		1	1	1	택1			×	×	×
7첩	1	1	2	3	2	택1		1	1	1	1	1	택1			택1		×
9첩	1	1	3	3	2	1	1	1	1	1	1	1	1	1	1	택1		×
12첩	1	2	3	3	2	1	1	1	1	2	1	1	1	1	1	1	1	1

빈출 Check

(2) 면상(麪床)

면을 주식으로 하여 차리는 상이며 점심으로 많이 이용한다. 겨울에는 온면, 떡국이나 만둣국, 여름에는 냉면이 주식으로 오르며, 부식으로 찜, 겨자채, 잡채, 편육, 전, 배추김치, 나박김치, 생채 등이 오른다. 떡이나 한과, 과일을 곁들이기도 하며, 이때는 식혜, 수정과, 화채 중의 한 가지를 놓는다. 술손님인 경우에는 주안상을 먼저 낸다.

(3) 주안상(酒案床)

술을 대접하기 위하여 차리는 상으로 보통 약주를 내는 주안상에는 육포, 어포, 건어, 어란 등의 마른안주와 전이나 편육, 찜, 신선로, 얼큰한 고추장찌개나 매운탕, 전골 등과 같이 더운 국물이 있는 음식, 그리고 생채류와 김치, 과일 등이 오르며, 떡과 한과류가 오르기도 한다.

(4) 교자상(交子床)

명절, 잔치 또는 회식 때 많은 사람을 초대하여 음식을 대접할 때, 대개 4~6명씩 한 상으로 차리는 것이다. 이때 주안상 형식이 가장 보편적인데 이를 견교자라 하며, 밥상 형식으로 차리는 것을 식교자라고 한다. 그리고 술과 안주로 차린 주안상의 경우는 술 접대가 끝나면, 전분 음식으로 국수, 만두, 떡국 등 한 가지를 대접하고 과일이나 화채로 끝을 맺는 것이 보통이다. 주안상에 있어서 밥상 형식으로 대접하는 경우도 있는데 이를 열교자라고 한다.

(5) 절식, 풍속 음식

① 설날의 세배상(음력 1월 1일) : 떡국 또는 만둣국, 전유어 또는 편육, 나박김치, 인절미, 약식, 강정류, 식혜, 수정과

② 정월대보름(음력 1월 15일) :오곡밥, 각색나물, 약식, 산적, 식혜, 수정과

③ 삼짇날(음력 3월 3일) : 진달래화채, 탕평채

④ 중식(양력 4월 6일) : 과일, 포, 쑥절편, 쑥 송편

⑤ 단오날(음력 5월 5일) : 증편, 애호박, 준치국, 준치만두

⑥ 삼복(6월) : 개장국

⑦ 칠석(음력 7월 7일) : 육개장

⑧ 추석상(음력 8월 15일) : 송편, 토란탕, 화양적, 누름적, 닭찜

⑨ 동지(양력 12월 22일) : 팥죽, 동치미

⑩ 섣달그믐(음력 12월 30일) : 만둣국, 골동반

빈 출 Check

63 회복 보중식이란?
① 유동식 ② 연식
③ 경식 ④ 일반식

환자의 식단
- 표준식(일반식) : 특별한 영양소 및 소화기 장애가 없는 일반환자
- 이중식
  - 유동식(미음) : 수술 회복기 환자를 위한 식이
  - 연식(죽식) : 유동식에서 경식으로 옮겨가기 위한 식이
  - 경식 : 연식에서 일반식으로 옮겨가는 회복 보중식

정답 _ 63 ③

5 병원 급식

(1) 일반식이

식품의 종류, 분량에 제한받지 않고 특수한 치료식도 필요하지 않는 일반 환자식으로 다섯 가지 기초 식품군이 잘 배합되어야 한다.

(2) 이중식이

환자의 질병이 회복됨에 따라 맑은 유동식 → 전유동식 → 연식 → 경식 → 일반식으로 형태를 바꾸어 섭취하는 것을 말한다.

① **경관급식(tube feeding)** : 혼수상태 환자에게 관을 통하여 높은 영양을 공급한다.

② **맑은 유동식** : 환자가 위독하거나 수술 후 1~2일 동안 수분 공급을 주목적으로 하는 식사로, 차, 맑은 육즙, 체로 거른 과즙 등을 사용한다.

③ **전유동식** : 상온(20℃), 체온(37℃)에서 액체 상태로 된 모든 음식을 말하며, 소화기관이 극히 약하거나 음식을 삼키기 어려운 환자, 수술 후의 환자에게 주는 것으로 필수 영양소가 결핍되어 있으므로 단기간만 공급한다.

④ **연식** : 소화기관이 좋지 않은 사람이나 수술 후 회복기 환자에게 사용되며 액체와 반고체 식품으로 한다. 죽이 주식이 되는 식사로 섬유소가 적은 채소나 힘줄이 없는 육류를 사용하고 자극성이 없는 양념을 한다.

⑤ **경식** : 연식에서 일반 식사로 옮기기 전 전환기 음식이기 때문에 소화하기 좋고 위장에 부담이 가지 않는 식품을 선택한다. 기름기가 적고 질기지 않은 닭고기, 생선 등을 사용한다.

(3) 특별치료식이

① **위궤양** : 위산 과다로 위벽이 헐고 위 점막이 저항력을 잃어 위액에 의해 발생하며 출혈성 궤양은 지혈 때까지 절식하며, 미음부터 시작하여 비출혈성 궤중식으로 옮겨간다. 비출혈성 궤양은 위산의 중화, 위액 분비 억제, 위 운동의 억제를 위하여 단백질과 유화 지방을 섭취하여 자극성이 없고 소화가 잘 되는 식이로 한다.

② **당뇨병** : 인슐린 작용 부족으로 인한 탄수화물 대사 장애로, 당질, 열량을 제한하며, 고기, 생선, 달걀, 우유, 콩류 등의 단백질 식품과 비타민, 무기질 등을 공급해 줄 수 있는 채소류를 섭취하고 당분이 적은 과일 등이 좋다.

③ **신장병** : 단백질, 염분, 수분을 제한하고 자극성 있는 향신료나 술, 커피, 홍차 등을 금지한다.

④ **심장병** : 지방과 염분, 알콜을 제한하고, 충분한 영양을 공급한다.

⑤ **고혈압** : 동물성 지방, 열량, 염분 제한이 필요하다.

⑥ **간질환** : 담즙 분비에 이상이 생겨 담즙이 혈액 속에 퍼져 피부, 소변 색깔이 황색인 질병으로, 지방, 알코올, 향신료를 제한하고, 단백질을 섭취하도록 한다. 두부, 곡류, 야채, 레몬이 좋다.

⑦ **폐결핵** : 소모성 질환으로 미열이 나고 신진대사가 높아지고 몸이 나른해지는 질병으로 단백질, 지방, 칼슘과 철분, 비타민 A, B, C, D, 나이아신 등을 섭취한다. 특히 비타민 B_6를 충분히 섭취해야 소화액 분비, 증혈 및 항독 작용이 생긴다.

⑧ **비만증** : 탄수화물, 지방을 제한한다(열량 제한). 저열량 식품으로서 우유 대신 탈지유, 설탕 없는 음료를 섭취하도록 하고, 빵식에서도 버터를 금하고 주식을 감소시킨다.

빈출 Check

03 실전예상문제

01 다음 중 식품이 갖춰야 할 조건이 아닌 것은?

① 경제성 ② 영양성
③ 저장성 ④ 안전성

해설 식품의 구비 조건으로는 영양적 가치, 위생적 가치, 경제적 가치, 기호적 가치 등이 있다.

02 우리 몸에서 물은 체중의 몇 %를 차지하고 있는가?

① 30% ② 40%
③ 50% ④ 60%

해설 전체 체중의 60~65%의 수분을 포함하고 있다.

03 수분이 체내에서 하는 일이 아닌 것은?

① 인체에 열량을 공급한다.
② 영양소와 노폐물을 운반하는 작용을 한다.
③ 체온을 조절한다.
④ 내장의 장기를 보존하는 역할을 한다.

해설 수분의 역할
- 영양소와 노폐물을 운반한다.
- 체온을 조절한다.
- 여러 생리 반응에 필수적이다.
- 장기를 보존한다.

04 자유수와 결합수에 대한 다음 설명 중 틀린 것은?

① 식품 내의 어떤 물질과 결합된 물을 결합수라 한다.
② 식품 내 여러 성분 물질을 녹이거나 분산시키는 물을 자유수라 한다.
③ 식품을 냉동시키면 자유수, 결합수 모두 동결된다.
④ 자유수는 식품 내의 총 수분량에서 결합수를 뺀 양이다.

해설 자유수와 결합수

구분	특징
자유수	• 수용성 물질을 녹일 수 있음 • 미생물 생육이 가능 • 건조로 쉽게 분리할 수 있음 • 0℃ 이하에서 동결
결합수	• 물질을 녹일 수 있음 • 미생물 생육이 불가능 • 쉽게 건조되지 않음 • 0℃ 이하에서도 동결되지 않음

05 식품이 나타내는 수증기압이 0.75기압이고, 그 온도에서 순수한 물의 수증기압이 1.5기압일 때 식품의 수분 활성도(Aw)는?

① 0.5 ② 0.6
③ 0.7 ④ 0.8

해설

$$Aw = \frac{\text{식품 속의 수증기압}}{\text{순수한 물의 수증기압}} = \frac{0.75}{1.5} = 0.5$$

06 신선한 어패류의 Aw값은?

① 1.10~1.15 ② 0.98~0.99
③ 0.80~0.85 ④ 0.60~0.64

해설 수분 활성도(Aw)
- 물의 Aw = 1
- 생선, 과일, 채소류의 Aw = 0.98~0.99
- 쌀, 콩류의 Aw = 0.60~0.64

정답 01 ③ 02 ④ 03 ① 04 ③ 05 ① 06 ②

07 **식품이 나타내는 수증기압이 0.9기압이고, 그 온도에서 순수한 물의 수증기압이 1.5기압일 때 식품의 수분활성도는?**

① 0.6　　② 0.65
③ 0.7　　④ 0.8

 수분활성도

$$= \frac{\text{식품이 나타내는 수증기압}}{\text{순수한 물의 최대 수증기압}} = 0.6$$

08 **어떤 식품의 수분활성도(Aw)가 0.96이고 수증기압이 1.39일 때 상대습도는 몇 %인가?**

① 0.69%　　② 1.45%
③ 139%　　④ 96%

 0.96×100=96% 이다.

09 **식품의 수분 활성도에 대한 설명으로 틀린 것은?**

① 식품이 나타내는 수증기압과 순수한 물의 수증기압의 비를 말한다.
② 일반적인 식품의 Aw값은 1보다 크다.
③ Aw의 값이 작을수록 미생물의 이용이 쉽지 않다.
④ 어패류의 Aw는 0.98~0.99 정도이다.

해설 식품의 수분 활성도는 '식품 속의 수증기압/순수한 물의 수증기압'으로 물의 수분 활성도는 1이며, 일반식품의 수분 활성도는 항상 1보다 작다.

10 **자유수와 결합수의 설명으로 옳은 것은?**

① 결합수는 용매로서 작용한다.
② 자유수는 4℃에서 비중이 제일 크다.
③ 자유수는 표면장력과 점성이 작다.
④ 결합수는 자유수보다 밀도가 작다.

해설 결합수는 용매로서 작용할 수 없으며 미생물의 번식에도 이용 불가능하고 쉽게 분리되지 않는다.
- 자유수는 표면장력과 점성이 크고 결합수에 비해 밀도가 작다.

11 **체내에서 피부 및 근육 형성에 필수적인 영양소는 무엇인가?**

① 단백질　　② 무기질
③ 지방　　④ 탄수화물

해설 체내에서의 영양소의 역할
- 열량소 : 탄수화물, 단백질, 지방
- 구성소 : 단백질, 무기질, 지방
- 조절소 : 단백질, 비타민, 무기질

12 **식품에 있는 영양소 중 생리작용을 조절하는 것이 아닌 것은?**

① 단백질　　② 비타민
③ 무기질　　④ 지방

해설 조절소에 해당하는 영양소는 단백질, 무기질, 비타민이 있으며 지방은 열량소의 역할을 한다.

13 **체온 유지 등을 위한 에너지 형성에 관계하는 영양소는?**

① 탄수화물, 지방, 단백질
② 물, 비타민, 무기질
③ 무기질, 탄수화물, 물
④ 비타민, 지방, 단백질

해설 에너지를 발생하는 열량 영양소에는 탄수화물, 단백질, 지방이 있다.

정답　07 ①　08 ④　09 ②　10 ②　11 ①　12 ④　13 ①

14 신체의 근육이나 혈액을 합성하는 구성 영양소는?

① 단백질　　② 탄수화물
③ 물　　④ 비타민

해설 영양소 역할에 따른 분류에서 구성 영양소에는 단백질, 무기질, 지방이 있다.

15 조절 영양소가 비교적 많이 함유된 식품으로 구성된 것은?

① 시금치, 미역, 귤
② 쇠고기, 달걀, 두부
③ 두부, 감자, 쇠고기
④ 쌀, 감자, 밀가루

 조절 영양소에는 비타민, 무기질이 있다.

16 육류, 생선류, 알류 및 콩류에 함유된 주된 영양소는?

① 단백질
② 무기질
③ 탄수화물
④ 지방

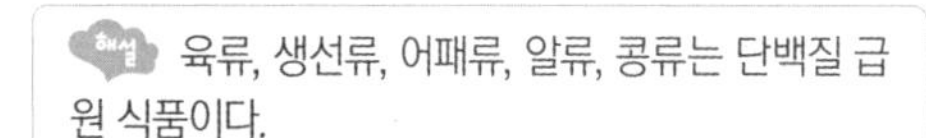
해설 육류, 생선류, 어패류, 알류, 콩류는 단백질 급원 식품이다.

17 다음 중 5탄당은?

① 갈락토오스(galactose)
② 만노오스(mannose)
③ 크실로오스(xylose)
④ 프락토오스(fructose)

해설 갈락토오스, 만노오스, 프락토오스는 모두 6탄당이며 크실로오스는 5탄당이다.

18 맥아당은 어떤 성분으로 구성되는가?

① 포도당과 전분이 결합된 것
② 과당 2분자가 결합된 것
③ 과당과 포도당 각 1분자가 결합된 것
④ 포도당 2분자가 결합된 것

해설 맥아당은 포도당 2분자가 결합된 이당류로 엿기름에 많이 함유되어 있고 물엿의 주성분이다.

19 다음 중 단당류인 것은?

① 포도당　　② 유당
③ 맥아당　　④ 전분

해설 **탄수화물의 분류**
- 단당류 : 과당, 포도당, 갈락토오스
- 이당류 : 서당, 맥아당, 유당
- 다당류 : 섬유소, 펙틴, 글리코겐

20 핵산의 구성 성분이고 보효소 성분으로 되어 있으며 생리상 중요한 당은?

① 글루코스
② 리보오스
③ 프락토스
④ 미오신

해설 **리보오스(Ribose)**
핵산의 성분, 비타민 B_2의 구성 성분으로 생리상 중요한 단당류의 5탄당이다.

21 다음의 당류 중 환원이 없는 당은?

① 맥아당　　② 설탕
③ 포도당　　④ 과당

해설 환원당이란 염기성 용액에서 알데히드 또는 케톤을 형성하는 당의 일종으로 설탕을 제외한 단당류와 이당류는 모두 환원당이다.

정답 14 ① 15 ① 16 ① 17 ③ 18 ④ 19 ① 20 ② 21 ②

22 다음 당류 중 단맛이 가장 강한 당은?

① 과당 ② 설탕
③ 포도당 ④ 맥아당

> 해설 **당류의 감미도 순서**
> 과당 〉 전화당 〉 자당 〉 포도당 〉 맥아당 〉 갈락토오스 〉 유당

23 식혜를 만들 때 당화 온도를 50~60℃로 하는 이유는?

① 엿기름을 호화시키기 위하여
② 프티알린의 작용을 활발하게 하기 위하여
③ 아밀라아제의 작용을 활발하게 하기 위하여
④ 밥알을 노화시키기 위하여

> 해설 당화 효소인 β-아밀라아제의 최적 온도를 맞추어야 당화가 활발하게 일어나기 때문이다.

24 당류가공품 중 결정형 캔디는?

① 폰당 ② 마시멜로
③ 캐러멜 ④ 젤리

> 해설 폰당은 설탕에 물과 함께 일정한 온도까지 가열하여 식힌 후 저어서 결정이 생겼을 때 만들어지는 결정형 캔디이다.

25 다음 중 단당류가 아닌 것은?

① 서당(sucrose)
② 포도당(glucose)
③ 과당(fructose)
④ 갈락토오스(glactose)

> 해설 **탄수화물의 분류**
> • 단당류 : 과당, 포도당, 갈락토오스
> • 이당류 : 서당, 맥아당, 유당
> • 다당류 : 섬유소, 펙틴, 글리코겐

26 동물의 저장 물질로서 간과 근육에 저장되는 당의 형태를 무엇이라고 하는가?

① 글리코겐 ② 포도당
③ 이눌린 ④ 올리고당

> 해설 탄수화물의 과잉 섭취 시 포도당은 글리코겐의 형태로 간과 근육에 저장되며 보통 체내에서 저장되는 양은 300~350g이다.

27 탄수화물의 가장 이상적인 섭취 비율은 몇 %인가?

① 50% ② 20%
③ 35% ④ 65%

> 해설 열량원은 탄수화물이 65%, 단백질이 15%, 지방이 20%로 섭취하는 것이 가장 이상적이다.

28 1일 총 열량 2,000kcal 중 탄수화물 섭취비율을 65%로 한다면 하루 세 끼를 먹을 경우 한 끼 당 쌀 섭취량은 약 얼마인가? (단, 쌀 100g당 371kcal)

① 97g ② 107g
③ 117g ④ 127g

29 우유 100g 중에 당질 5g, 단백질 3.5g, 지방 3.7g이 함유되어 있다면 이때 얻어지는 열량은?

① 47kcal ② 67kcal
③ 87kcal ④ 107kcal

> 해설 당질, 단백질은 g당 4kcal, 지방은 g당 9kcal의 열량이 발생하므로
> $(5 \times 4) + (3.5 \times 4) + (3.7 \times 9) = 67$kcal

30 다음 중 열량소가 아닌 것으로 짝지어진 것은?

① 단백질, 당질 ② 당질, 지질
③ 비타민, 무기질 ④ 지질, 단백질

정답 22 ① 23 ③ 24 ① 25 ① 26 ① 27 ④ 28 ③ 29 ② 30 ③

해설 열량을 내는 영양소로는 당질, 단백질, 지질이 있다.

31 알코올 1g당 열량은?

① 0kcal ② 3kcal
③ 7kcal ④ 9kcal

해설 알코올은 g당 7kcal의 열량을 낸다.

32 다음 근채류 중 생식하는 것보다 기름에 볶는 조리법을 적용하는 것이 좋은 식품은?

① 당근 ② 토란
③ 고구마 ④ 무

해설 당근 속에 함유된 카로틴은 지용성으로 기름에 볶을 때 흡수율이 높아진다.

33 해조류에서 추출한 성분으로 식품에 점성을 주고 안정제, 유화제로서 널리 이용되는 것은?

① 알긴산 ② 펙틴
③ 젤라틴 ④ 이눌린

해설 알긴산은 갈조류의 세포막을 구성하고 있는 고분자 복합 다당류로 화장품이나 식품의 제조 시 유화제 및 안정제로 사용된다.

34 해조류에서 추출되는 천연 검질 물질로만 짝지어진 것은?

① 펙틴, 구아검 ② 한천, 알긴산염
③ 젤라틴, 키틴 ④ 가티검, 전분

해설 한천과 알긴산염은 각각 우뭇가사리, 다시마 등의 해조류에서 추출된다.

35 홍조류에 속하며 무기질이 골고루 함유되어 있고 단백질도 많이 함유된 해조류는?

① 김 ② 미역
③ 다시마 ④ 우뭇가사리

 해조류의 종류
- 홍조류 : 김, 우뭇가사리
- 녹조류 : 파래, 청각, 청태, 매생이
- 갈조류 : 미역, 다시마, 톳

36 다음 채소류 중 꽃 부분을 식용으로 하는 것과 거리가 먼 것은?

① 브로콜리 ② 컬리플라워
③ 비트 ④ 아티초크

해설 비트는 뿌리를 식용하는 근채류에 속한다.

37 감자를 썰어 공기 중에 놓아두면 갈변되는데 이 현상과 가장 관계가 깊은 효소는?

① 아밀라아제(amylase)
② 티로시나아제(tyrosinase)
③ 말타아제(maltase)
④ 우레아제(urease)

해설 감자의 갈변은 티로시나아제에 의해 발생한다.

38 효소적 갈변 반응에 의해 색을 나타내는 식품은?

① 간장 ② 홍차
③ 캐러멜 ④ 밀감 주스

해설 비효소적 갈변에는 마이야르 반응(간장), 캐러멜화 반응(캐러멜), 아스코르빈산 산화 반응(밀감 주스)이 있다.

정답 31 ③ 32 ① 33 ① 34 ② 35 ① 36 ③ 37 ② 38 ②

39 과일의 갈변을 방지하는 방법으로 바람직하지 않은 것은?

① 레몬즙, 오렌지즙에 담가둔다.
② 희석된 소금물에 담가둔다.
③ -10℃ 온도에서 동결시킨다.
④ 설탕물에 담가둔다.

해설 과일의 갈변은 효소적 갈변으로 방지하는 방법에는 가열처리, 염장법, 당장법, 산저장법, 아황산 침지 등이 있다.

40 마이야르(Maillard) 반응에 영향을 주는 인자가 아닌 것은?

① 수분 ② 온도
③ 효소 ④ 당의 종류

해설 마이야르 반응은 비효소적 갈변이다.

41 지질의 화학적인 구성은?

① 탄소와 수소 ② 아미노산
③ 포도당과 지방산 ④ 지방산과 글리세롤

해설 지질은 지방산과 글리세롤의 에스테르 결합으로 구성된다.

42 다음 중 필수지방산의 함량이 많은 기름은?

① 유채기름 ② 동백기름
③ 대두유 ④ 참기름

해설 필수지방산의 함량이 높은 기름은 불포화도가 높은 것으로 일반적으로 대두유나 옥수수기름에 다량 함유되어 있다.

43 유지의 경화유에 대해 바르게 설명한 것은?

① 불포화지방산에 수소를 첨가하여 고체화한 가공유이다.
② 포화지방산에 니켈과 백금을 넣어 가공한 것이다.
③ 유지에서 수분을 제거한 것이다.
④ 포화지방산의 수증기 증류를 말한다.

해설 경화유란 불포화지방산에 수소를 첨가하고 니켈과 백금을 촉매제로 하여 고체화시킨 가공유이다.

44 다음 중 필수지방산은?

① 리놀레산 ② 올레산
③ 스테아르산 ④ 팔미트산

해설 필수지방산의 종류로는 리놀레산, 리놀렌산, 아라키돈산이 있다.

45 불건성유에 속하는 것은?

① 참기름 ② 땅콩기름
③ 콩기름 ④ 옥수수기름

불건성유 : 땅콩기름, 동백유, 올리브유 등

46 지방산의 불포화도에 의해 값이 달라지는 것으로 짝지어진 것은?

① 융점, 산가 ② 검화가, 요오드가
③ 산가, 유화성 ④ 융점, 요오드가

해설
- 융점 : 불포화지방산은 이중 결합의 증가에 따라 융점이 달라진다.
- 요오드가 : 불포화지방산을 많이 함유하고 있는 유지의 요오드가가 높다. 요오드가에 따라 건성유, 반건성유, 불건성유로 구분한다.

정답 39 ③ 40 ③ 41 ④ 42 ③ 43 ① 44 ① 45 ② 46 ④

47 지방 산패 촉진 인자가 아닌 것은?

① 빛　② 산소
③ 지방분해효소　④ 비타민 E

해설 지방의 산패 촉진 인자는 빛, 산소, 지방 분해효소 등이며 비타민 E는 천연 항산화제이다.

48 중성 지방의 구성 성분은?

① 탄소와 질소
② 아미노산
③ 지방산과 글리세롤
④ 포도당과 지방산

해설 중성 지방은 1분자의 글리세롤과 3분자의 지방산 에스테르의 결합이다.

49 다음 중 유도 지질은?

① 왁스　② 인지질
③ 지방산　④ 단백지질

 유도 지질에 해당하는 것은 지방산이다.

50 HLB값과 관계가 가장 깊은 것은?

① 에멀전화제　② 시유 신선도
③ 맥주의 쓴맛　④ 꿀의 단맛

해설 HLB란 계면활성제의 친수성, 친유성의 정도를 표현한 수치이다.

51 유화(emulsion)와 관련이 적은 식품은?

① 버터　② 생크림
③ 우유　④ 묵

해설 • 수중유적형(O/W) : 물속에 기름이 분산되어 있는 상태로 우유, 마요네즈, 생크림, 아이스크림 등이 있다.
• 유중수적형(W/O) : 기름속에 물이 분산되어 있는 상태로 버터, 마가린이 있다.

52 5g의 버터(지방 80%, 수분 20%)의 열량은?

① 36kcal　② 45kcal
③ 130kcal　④ 170kcal

해설 5g의 80%가 지방이므로 4g×9kcal=36kcal 이다.

53 인산을 함유하는 복합 지방질로서 유화제로 사용되는 것은?

① 레시틴　② 글리세롤
③ 스테롤　④ 지방산

 유화제의 역할은 하는 인지질은 레시틴이다.

54 천연 산화방지제가 아닌 것은?

① 세사몰(sesamol)
② 베타인(betaine)
③ 토코페롤(tocopherol)
④ 고시폴(gossypol)

해설 세사몰은 참기름, 토코페롤은 식물성유, 고시폴은 면실유에 함유된 천연 산화방지제이며, 베타인은 아미노산으로 식품의 감칠맛 성분이다.

55 아이코사펜타노익산(EPA, eicosapentanoic acid)과 같은 다가불포화지방산을 많이 함유하고 있는 생선은?

① 고등어　② 갈치
③ 대구　④ 조기

정답 47 ④　48 ③　49 ③　50 ①　51 ④　52 ①　53 ①　54 ②　55 ①

해설 아이코사펜타노익산은 고등어, 꽁치 등의 등푸른 생선에 많이 함유되어 있다.

56 다음 중 황 함유 아미노산에 해당되는 것은?

① 메티오닌 ② 글리신
③ 트레오닌 ④ 트립토판

유황 아미노산은 메티오닌이다.

57 단백질의 질소 함유량은 몇 %인가?

① 8% ② 12%
③ 16% ④ 20%

해설 단백질은 전체의 16% 정도가 질소로 이루어져 있다.

58 필수아미노산이 가장 적게 함유된 것은?

① 돼지고기 ② 닭고기
③ 고등어 ④ 쌀밥

해설 필수아미노산이란 체내에서 필요한 만큼 충분히 합성되지 못해 음식으로 섭취해야만 하는 단백질로 생명 유지와 성장에 필요하며 동물성 식품에 많이 함유되어 있다.

59 다음 중 성인의 필수아미노산이 아닌 것은?

① 트립토판 ② 리신
③ 히스티딘 ④ 메티오닌

해설
- 성인에게 필요한 필수아미노산(8가지) : 루신, 리신, 페닐알라닌, 트립토판, 이소루신, 발린, 메티오닌, 트레오닌
- 어린이에게 필요한 필수아미노산(10가지) : 성인 8가지+히스티딘, 아르기닌

60 기초대사량에 대한 설명으로 옳은 것은?

① 단위 체표면적에 비례한다.
② 정상 시보다 영양상태가 불량할 때 더 크다.
③ 근육조직의 비율이 낮을수록 더 크다.
④ 여자가 남자보다 대사량이 더 크다.

해설 기초대사량은 단위 체표면적이 클수록 크고, 남자가 여자보다 크고, 근육질인 사람이 지방질인 사람보다 크며, 발열이 있는 사람이나 기온이 낮으면 소요열량이 커진다.

61 필수아미노산을 반드시 음식에서 섭취해야 하는 이유는?

① 식품에 의해서만 얻을 수 있기 때문이다.
② 성장과 생명유지에 꼭 필요하기 때문이다.
③ 체조직을 구성하기 때문이다.
④ 병의 회복과 예방에 필요하기 때문이다.

필수아미노산
신체의 성장과 유지과정의 정상적인 기능을 수행함에 있어서 반드시 필요한 것으로 체내에서 합성되지 않으므로 식사에서 공급받아야 하는 아미노산을 말한다.

62 어린이에게만 필요한 필수아미노산은?

① 이소루신 ② 히스티딘
③ 히스타민 ④ 발린

해설 **필수아미노산**
- 성인에게 필요한 필수아미노산(8가지) : 루신, 리신, 페닐알라닌, 트립토판, 이소루신, 발린, 메티오닌, 트레오닌
- 어린이에게 필요한 필수아미노산(10가지) : 성인 8가지 + 히스티딘, 아르기닌

정답 56 ① 57 ③ 58 ④ 59 ③ 60 ① 61 ① 62 ②

63 **완전단백질이란 무엇인가?**

① 발견된 모든 아미노산을 골고루 함유하고 있는 단백질
② 필수아미노산을 필요한 비율로 골고루 함유하고 있는 단백질
③ 어느 아미노산이나 한 가지를 많이 함유하고 있는 단백질
④ 필수아미노산 중 몇 가지만 다량으로 함유하고 있는 단백질

> 해설 완전단백질이란 동물의 생명 유지와 성장에 필요한 모든 필수아미노산이 필요한 양만큼 충분히 들어 있는 단백질을 말한다.

64 **다음 중 단백가가 100으로 표준 단백질인 식품은?**

① 두부 ② 쇠고기
③ 달걀 ④ 우유

> 해설 달걀은 단백가 및 생물가가 100으로 가장 우수하여 단백질 평가의 기준이 되며 최고의 영양가치를 가진 식품이다.

65 **대두에 가장 많은 단백질은?**

① 글로불린 ② 알부민
③ 프롤라민 ④ 글루텔린

> 해설 대두에 가장 많은 단백질은 글로불린이다.

66 **필수아미노산으로만 짝지어진 것은?**

① 트립토판, 메티오닌
② 트립토판, 글리신
③ 라이신, 글루탐산
④ 류신, 알라닌

> 해설 • 성인에게 필요한 필수아미노산(8가지) : 이소류신, 류신, 리신, 트립토판, 트레오닌, 발린, 페닐알라닌, 메티오닌
> • 어린이 에게 필요한 필수아미노산 : 성인 8가지+알기닌, 히스티딘

67 **동물이 도축된 후 화학 변화가 일어나 근육이 긴장되어 굳어지는 현상은?**

① 자기소화 ② 산화
③ 팽화 ④ 사후강직

> 해설 **동물의 도축 후 변화**
> 사후강직 → 자가소화 → 부패 과정을 거친다. 이중 사후강직은 근육 중 젖산의 증가로 근육 수축이 발생하는 것이며 자체의 단백질 분해 효소에 의해 근육이 부드러워지는 것이다.

68 **꽁치 160g의 단백질 양은?(단, 꽁치 100g당 단백질 양은 24.9g)**

① 28.7g ② 34.6g
③ 39.8g ④ 43.2g

> 해설 100 : 24.9 = 160 : x
> 100x = 160 × 24.9
> x = 39.84g

69 **육류의 근원섬유에 들어 있으며 근육의 수축·이완에 관여하는 단백질은?**

① 미오겐(myogen)
② 미오신(myosin)
③ 미오글로빈(myoglobin)
④ 콜라겐(collagen)

> 해설 근원섬유는 가느다란 단백질성 섬유가 모여 형성된 세포로 주로 액틴과 미오신으로 구성되며 그 중 미오신이 45%를 차지한다.

정답 63 ② 64 ③ 65 ① 66 ① 67 ④ 68 ③ 69 ②

70 단백질의 구성단위는?

① 아미노산 ② 지방산
③ 포도당 ④ 맥아당

해설 단백질은 20여종의 아미노산이 결합된 고분자 화합물이다.

71 다음 중 무기질만으로 짝지어진 것은?

① 칼슘, 인, 철
② 지방, 나트륨, 비타민 B
③ 단백질, 염소, 비타민 A
④ 단백질, 지방, 나트륨

해설 무기질은 회분이라고도 하며 인체의 약 4%를 차지하는데 영양상 필수적인 것으로 칼슘, 인, 칼륨, 황, 나트륨, 염소, 마그네슘, 철, 아연, 요오드, 불소 등이 있다.

72 칼슘의 흡수를 방해하는 요인은?

① 수산 ② 호박산
③ 초산 ④ 구연산

• 칼슘 흡수를 방해하는 인자 : 수산
• 칼슘 흡수를 촉진하는 인자 : 비타민 D

73 식품의 산성 및 알칼리성을 결정하는 기준은?

① 구성 무기질
② 필수아미노산 존재 여부
③ 구성 탄수화물
④ 구성 단백질

해설 무기질의 종류에 따라 산성, 알칼리성 식품으로 구분된다.

74 어떤 식품 100g에 질소가 6g 함유되어 있다면 이 식품의 단백질 함량은 얼마인가?

① 25.5g ② 37.5g
③ 60g ④ 600g

 6.25(단백질의 질소계수) × 6 = 37.5

75 헤모글로빈이라는 혈색소를 만드는 주성분으로 산소를 운반하는 역할을 하는 무기질은?

① 칼슘 ② 인
③ 철분 ④ 마그네슘

해설 우리 몸에서 혈색소인 헤모글로빈은 각 조직세포에 산소를 운반하는 작용을 하며, 철분에 의해 합성된다.

76 요오드(I)는 어떤 호르몬과 관계가 있는가?

① 신장 호르몬 ② 성 호르몬
③ 부신 피질 호르몬 ④ 갑상선 호르몬

 요오드(I)
• 갑상선 호르몬의 구성성분
• 기초대사를 조절
• 급원 식품 : 해조류(미역, 다시마)

77 성인의 1일 나트륨 권장량으로 맞는 것은?

① 5g ② 10g
③ 15g ④ 30g

 성인 1일 소금 권장량은 8~10g이다.

78 다음 중 물에 녹는 비타민은?

① 레티놀 ② 토코페롤
③ 리보플라빈 ④ 칼시페롤

해설 지용성 비타민 A, D, E, F, K를 제외한 것을 수용성 비타민이라 하는데 리보플라빈은 비타민 B_2이다. ① 레티놀 : 비타민 A, ② 토코페롤 : 비타민 E, ④ 칼시페롤 : 비타민 D

정답 70 ① 71 ① 72 ① 73 ① 74 ② 75 ③ 76 ④ 77 ② 78 ③

79 일반적으로 프로비타민 A를 많이 함유하고 있는 식품은?

① 효모 ② 감자
③ 콩나물 ④ 녹황색 채소

해설 녹황색 채소는 프로비타민 A를 많이 함유하고 있으며, 프로비타민 A는 섭취 후 인체 내에서 비타민 A로 전환된다.

80 햇볕에 말린 생선이나 버섯에 특히 많은 비타민은?

① 비타민 D ② 비타민 K
③ 비타민 C ④ 비타민 E

해설 비타민 D의 급원 식품은 햇빛에 말린 표고버섯, 생선 등 건조된 식품이다.

81 과일의 조리에서 열에 의해 가장 영향을 많이 받는 비타민은?

① 비타민 B ② 비타민 A
③ 비타민 E ④ 비타민 C

해설 **비타민의 열에 대한 안정도**
E 〉D 〉A 〉B 〉C

82 카로틴이란 어떤 비타민의 효능을 가진 것인가?

① 비타민 A ② 비타민 C
③ 비타민 D ④ 비타민 B

해설 카로틴은 녹색 채소류에 다량 포함되어 있고 인체 내에 들어왔을 때 비타민 A로서의 효력을 갖게 된다. 카로틴의 비타민 A로서의 효력은 1/3 정도이다.

83 에르고스테롤에 자외선을 쪼이면 무엇이 되는가?

① 비타민 D ② 비타민 A
③ 비타민 C ④ 비타민 E

해설 식물성에 포함되어 있는 에르고스테롤에 자외선을 쬐어주면 비타민 D가 형성되고 동물성에서는 콜레스테롤이 비타민 D로 전환된다.

84 비타민 D의 결핍증은 무엇인가?

① 야맹증 ② 구루병
③ 각기병 ④ 괴혈병

해설 **비타민의 결핍증**
- 비타민 A : 야맹증
- 비타민 B_1 : 각기병
- 비타민 B_2 : 구각염
- 비타민 C : 괴혈병
- 비타민 D : 구루병
- 비타민 E : 노화촉진
- 나이아신 : 펠라그라병

85 비타민 A를 보호하고 기름의 산화 방지 역할을 하는 것은?

① 비타민 K ② 비타민 E
③ 비타민 P ④ 비타민 D

해설 비타민 E는 인체 내에서 노화를 방지하고 식품 내에서는 산화를 방지하는 역할을 한다.

86 필수지방산은 다음 중 어느 비타민을 말하는가?

① 비타민 C ② 비타민 B_2
③ 비타민 F ④ 비타민 D

해설 **필수지방산(비타민 F)**
- 신체의 성장과 유지 과정의 정상적인 기능을 수행함에 있어서 반드시 필요한 지방산으로 체내에서 합성되지 않기 때문에 식사를 통해 공급받아야 하는 지방산을 말한다.
- 종류 : 리놀레산, 리놀렌산, 아라키돈산

정답 79 ④ 80 ① 81 ④ 82 ① 83 ① 84 ② 85 ② 86 ③

87 혈액의 응고성과 관계되는 비타민은?

① 비타민 A ② 비타민 C
③ 비타민 D ④ 비타민 K

> 해설 혈액 응고에 관여하는 영양소는 Ca, 비타민 K, 뼈 성장에 관여하는 영양소는 Ca, 비타민 D이다.

88 식물성 유에 천연으로 포함되어 항산화작용을 하는 물질은?

① TBA ② BHA
③ BHT ④ 토코페롤

> 해설 **토코페롤**
> • 기능 : 항산화제, 체내지방의 산화방지, 동물의 생식기능 도움, 동맥경화, 성인병 예방
> • 급원식품 : 곡류의 배아, 식물성 기름

89 다음 육류 중 비타민 B_1 의 함량이 가장 많은 것은?

① 쇠고기 ② 돼지고기
③ 양고기 ④ 토끼고기

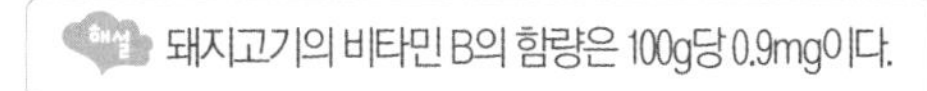

> 해설 돼지고기의 비타민 B의 함량은 100g당 0.9mg이다.

90 악성 빈혈에 좋으며 빨간색을 나타내고 빈혈에 유효한 인과 코발트가 들어 있는 비타민은?

① 비타민 A ② 비타민 B_2
③ 비타민 B_{12} ④ 비타민 C

> 해설 비타민 B_{12}는 코발트가 들어 있는 비타민이라 하여 코발라민이라 불린다. 부족 시 악성 빈혈을 일으킨다.

91 나이아신의 전구체인 필수아미노산은?

① 트립토판 ② 리신
③ 히스티딘 ④ 페닐알라닌

> 해설 필수아미노산인 트립토판은 60mg으로 나이아신 1mg을 만들기 때문에 육류를 즐겨먹는 민족에게는 부족증이 없다. 그러나 옥수수의 제인에는 트립토판이 없으므로 옥수수를 주식으로 하는 민족에게는 나이아신 부족증인 펠라그라가 많이 나타난다.

92 다음 중 비타민과 그 결핍증의 연결이 틀린 것은?

① 비타민 A–야맹증 ② 비타민 D–구루병
③ 비타민 E–노화 ④ 비타민 K–피부병

> 해설 비타민 K의 결핍증은 혈우병이고, 피부병은 비타민 F의 결핍증이다.

93 비타민 C가 결핍되었을 때 나타나는 결핍증은?

① 각기병 ② 구루병
③ 펠라그라 ④ 괴혈병

> 해설 ① 각기병 : 비타민 B_1
> ② 구루병 : 비타민 D
> ③ 펠라그라 : 나이아신
> ④ 괴혈병 : 비타민 C

94 다음 중 비타민과 그 결핍증의 연결이 틀린 것은?

① 비타민 B_1 – 각기병
② 비타민 B_2 – 구각염
③ 비타민 C – 괴혈병
④ 나이아신 – 각막 건조증

> 해설 나이아신 결핍증은 펠라그라이며, 각막 건조증은 비타민 A의 부족으로 생긴다.

95 발효식품인 김치는 어떤 영양소의 급원이 되는가?

① 비타민 C ② 비타민 A
③ 철분 ④ 마그네슘

> 해설 김치의 숙성과정에서 유기산과 알코올 등이 생성되며, 이때 비타민 C의 함량도 증가한다.

정답 87 ④ 88 ④ 89 ② 90 ③ 91 ① 92 ④ 93 ④ 94 ④ 95 ①

96 침 속에 들어 있으며 녹말을 분해하여 엿당을 만드는 효소는?

① 리파아제　② 펩신
③ 프티알린　④ 펩티다아제

> 해설 **소화 효소**
> • 당질 분해 효소 : 프티알린, 슈크라제, 말타아제
> • 지방 분해 효소 : 리파아제, 스테압신
> • 단백질 분해 효소 : 펩신, 트립신

97 혈액을 산성화시키는 무기질은?

① Ca　② S
③ K　④ Mg

98 식품의 4가지 기본 맛은?

① 단맛, 짠맛, 쓴맛, 매운맛
② 단맛, 짠맛, 신맛, 쓴맛
③ 쓴맛, 매운맛, 맛난 맛, 금속 맛
④ 신맛, 쓴맛, 매운맛, 짠맛

> 해설 음식의 4가지 기본 맛(4원미)은 단맛, 짠맛, 쓴맛, 신맛이다.

99 오이의 꼭지 부분에 함유된 쓴맛을 내는 성분은?

① 카페인(caffeine)
② 홉(hop)
③ 테오브로민(theobromine)
④ 쿠쿠르비타신(cucurbitacin)

> 해설 오이꼭지의 쓴맛 성분은 쿠쿠르비타신이다.

100 다음 중 난황에 함유되어 있는 색소는?

① 클로로필
② 안토시아닌
③ 카로티노이드
④ 플라보노이드

> 해설 클로로필 – 녹색, 안토시아닌 – 적색, 플라보노이드 – 백색

101 겨자를 갤 때 매운맛을 강하게 느낄 수 있는 온도는?

① 20~25℃
② 30~35℃
③ 40~45℃
④ 50~55℃

> 해설 겨자는 40~45℃의 따뜻한 물로 개어 발효해야 매운맛이 잘난다.

102 해리된 수소이온이 내는 맛과 가장 관계가 깊은 맛은?

① 신맛　② 단맛
③ 매운맛　④ 짠맛

> 해설 해리된 수소이온이 내는 맛은 신맛이다.

103 다음 미각 중 가장 높은 온도에서 느껴지는 맛은?

① 매운맛　② 쓴맛
③ 신맛　④ 단맛

> 해설 **맛을 느끼는 최적 온도**
> • 쓴맛 : 40~45℃　• 짠맛 : 30~40℃
> • 매운맛 : 50~60℃　• 단맛 : 20~50℃
> • 신맛 : 5~25℃

정답　96 ③　97 ②　98 ②　99 ④　100 ③　101 ③　102 ①　103 ①

104 **설탕 용액에 미량의 소금(0.1%)을 가하면 단맛이 증가된다. 이러한 맛의 현상을 무엇이라 하는가?**

① 맛의 변조　② 맛의 대비
③ 맛의 상쇄　④ 맛의 미맹

> ① 맛의 변조 : 한 가지 맛을 느낀 후 다른 식품의 맛이 다르게 느껴지는 현상
> ② 맛의 대비 : 주된 맛을 내는 물질에 다른 맛을 혼합할 때 원래 맛이 강해지는 현상
> ③ 맛의 상쇄 : 두 종류의 정미 성분이 혼합되었을 때 각각의 맛을 느낄 수 없는 현상
> ④ 맛의 미맹 : PTC 화합물에 대한 쓴맛을 못 느끼는 경우

105 **쓴 약을 먹은 후 물을 마시면 단맛이 나는 현상은?**

① 맛의 변조　② 맛의 상쇄
③ 맛의 대비　④ 맛의 미맹

> **맛의 변조**
> 한 가지 맛을 느낀 후 다른 식품의 맛이 다르게 느껴지는 현상

106 **맛을 느낄 수 있는 가장 예민한 온도는?**

① 5℃　② 20℃
③ 30℃　④ 40℃

> 일반적으로 혀의 미각은 30℃ 전후가 가장 예민하다.

107 **다음 맛의 성분 중 혀의 앞부분에서 가장 강하게 느껴지는 것은?**

① 신맛　② 쓴맛
③ 매운맛　④ 단맛

> **맛을 느끼는 혀의 위치**
> • 단맛 : 혀의 앞부분　• 신맛 : 혀의 옆 부분
> • 쓴맛 : 혀의 뒷부분　• 짠맛 : 혀의 전체

108 **다음 중 쓴맛 성분은?**

① 구연산　② 구아닌산
③ 카페인　④ 만니트

> **맛 성분**
> • 단맛 : 포도당, 과당, 맥아당
> • 신맛 : 구연산, 주석산, 사과산
> • 쓴맛 : 카페인, 테인
> • 짠맛 : 염화나트륨

109 **간장, 된장, 다시마의 주된 정미 성분은?**

① 글리신　② 알라닌
③ 히스티딘　④ 글루타민산

> 간장, 된장, 다시마의 정미 성분은 글루타민산이다.

110 **떫은맛과 관계 깊은 현상은?**

① 지방 응고　② 단백질 응고
③ 당질 응고　④ 배당체 응고

> 떫은맛은 혀 표면에 있는 점성 단백질이 일시적으로 응고되고 미각 신경이 마비되어 일어나는 감각이다.

111 **다음 색소 중 산에 의하여 녹황색으로 변하고 알칼리에 의해 선명한 녹색으로 변하는 성질을 가진 것은?**

① 안토시안　② 플라본
③ 카로티노이드　④ 클로로필

> **클로로필 색소**
> • 식물의 녹색채소의 색을 나타낸다.
> • 마그네슘을 함유한다.
> • 산성 : 녹갈색으로 변함
> • 알칼리 : 진한 녹색으로 변함

정답　104 ②　105 ①　106 ③　107 ④　108 ③　109 ④　110 ②　111 ④

112 토마토의 붉은색은 주로 무엇에 의한 것인가?

① 안토시아나 색소 ② 마오글로빈
③ 엽록소 ④ 카로티노이드

해설 **카로티노이드**
당근, 늙은 호박, 토마토에 들어 있는 붉은 색소로 산이나 알칼리에 변화가 없음.

113 다음 중 식물성 색소가 아닌 것은?

① 클로로필 ② 안토시아닌
③ 헤모글로빈 ④ 플라보노이드

해설 • 식물성 색소 : 클로로필, 안토시아닌, 카로티노이드
• 동물성 색소 : 헤모글로빈, 미오글로빈

114 마늘에 함유된 황화물로 특유의 냄새를 가지는 성분은?

① 알리신 ② 시니그린
③ 캡사이신 ④ 황화알릴

 마늘의 매운맛과 향은 알리신 때문이다.

115 금속을 함유하는 색소끼리 짝을 이룬 것은?

① 안토시아닌, 플라보노이드
② 클로로필, 안토시아닌
③ 미오글로빈, 클로로필
④ 카로티노이드, 미오글로빈

해설 클로로필은 마그네슘(Mg), 미오글로빈은 철(Fe)을 함유한다.

116 생강을 식초에 절이면 적색으로 변하는 데 이 현상에 관계되는 물질은?

① 안토시아닌 ② 세사몰
③ 진저론 ④ 아밀라아제

해설 안토시아닌 색소는 산성에서는 적색, 중성에서는 자색, 알칼리에서는 청색을 띤다.

117 혈색소로 철을 함유하는 것은?

① 카로티노이드
② 헤모글로빈
③ 헤모시아닌
④ 미오글로빈

해설 철은 헤모글로빈의 구성 성분으로 적혈구를 형성하고 탄산가스나 산소를 운반한다. 결핍 시 빈혈이 생긴다.

118 다음 중 식품의 부패 원인은?

① 건조 ② 냉동
③ 미생물 ④ 냉장

해설 부패, 산패, 발효 등은 곰팡이, 효모, 세균 등 미생물에 의해 발생한다.

119 식품의 부패란 무엇이 변질된 것인가?

① 무기질 ② 당질
③ 단백질 ④ 비타민

해설 부패란 단백질 식품이 혐기성 미생물에 의해 분해되어 암모니아 등 유해성 물질을 생성시키는 변질 현상이다.

120 다음 중 인간에게 유익한 물질을 만드는 것은?

① 산패 ② 후란
③ 발효 ④ 변패

정답 112 ④ 113 ③ 114 ① 115 ③ 116 ① 117 ② 118 ③ 119 ③ 120 ③

> ① 산패 : 유지 식품이 공기 중의 산소, 일광, 금속에 의해 산화되는 현상
> ② 후란 : 단백질이 호기성 미생물에 의해 분해되는 현상
> ③ 발효 : 탄수화물이 미생물의 작용으로 유기산, 알코올 등의 식용 가능한 물질을 만들어 내는 현상
> ④ 변패 : 단백질 이외의 물질이 미생물의 작용으로 변질되는 현상

121 생선 및 육류의 초기 부패를 확인하는 화학적 분석에 사용되지 않는 성분은?

① 아민(amine)
② 암모니아(ammonia)
③ 글리코겐(glycogen)
④ 트리메틸아민(trimethylamine)

> 부패는 단백질 식품이 혐기성 미생물의 작용으로 변질되는 현상으로 암모니아, 인돌, 페놀, 황화수소, 히스타민, 트리메틸아민 등이 형성된다.

122 향신료의 매운맛 성분 연결이 틀린 것은?

① 고추 – 캡사이신 ② 겨자 – 채비신
③ 울금 – 커큐민 ④ 생강 – 진저롤

> 겨자의 매운맛 성분은 시니그린, 후추는 채비신이다.

123 육류나 어류의 구수한 맛을 내는 성분은?

① 이노신산 ② 호박산
③ 알리신 ④ 나린진

> **식품의 맛 성분**
> • 육류, 어류 : 이노신산(구수한 맛)
> • 조개류 : 호박산(맛난 맛)
> • 마늘 : 알리신(매운맛)
> • 과일 : 나린진(쓴맛)

124 국이나 찌개. 전골 등에 국물 맛을 독특하게 내는 조개류의 성분은?

① 주석산 ② 구연산
③ 호박산 ④ 이노신산

> 조개의 시원한 맛은 타우린, 베타인, 아미노산, 핵산류와 호박산 등이 어우러진 맛이다.

125 다음 식품 중 이소티오시아네이트(isothiocyanates) 화합물에 의해 매운맛을 내는 것은?

① 양파 ② 겨자
③ 마늘 ④ 후추

> 겨자에 물을 넣고 섞으면 시니그린이라는 매운맛의 전구체가 효소인 미로시나아제와 결합하여 매운맛의 이소티오시아네이트로 변하게 된다.

126 다음 중 산미도가 가장 높은 것은?

① 주석산
② 사과산
③ 구연산
④ 아스코르브산

> **신맛의 강도**
> 염산 〉 주석산 〉 사과산 〉 인산 〉 초산 〉 젖산 〉 구연산 〉 아스코르브산

127 쓴 약을 먹은 직후 물을 마시면 단맛이 나는 것처럼 느끼게 되는 현상은?

① 변조 현상 ② 소실 현상
③ 대비 현상 ④ 미맹 현상

> 한 가지 맛을 느낀 직후 다른 맛을 보면 원래 맛이 다르게 느껴지는 현상을 맛의 변조 현상이라 한다.

정답 121 ③ 122 ② 123 ① 124 ③ 125 ② 126 ① 127 ①

128 단팥죽에 설탕 외에 약간의 소금을 넣으면 단맛이 더 크게 느껴진다. 이에 대한 맛의 현상은?

① 대비현상 ② 상쇄현상
③ 상승현상 ④ 변조현상

해설 맛의 대비는 주된 맛에 다른 맛이 소량 첨가될 때 주된 맛이 강화되는 현상이다.

129 식품의 성분을 일반 성분과 특수 성분으로 나눌 때 특수 성분에 해당하는 것은?

① 탄수화물 ② 향기 성분
③ 단백질 ④ 무기질

해설 식품의 성분
- 식품의 일반 성분 : 탄수화물, 단백질, 지방, 비타민, 무기질
- 식품의 특수 성분 : 색, 맛, 냄새, 효소, 독성분

130 오징어 먹물 색소의 주 색소는?

① 클로로필 ② 안토잔틴
③ 유멜라닌 ④ 플라보노이드

해설 유멜라닌은 오징어의 먹물 색소로 스파게티나 국수에 이용되기도 한다.

131 오이나 배추의 녹색이 김치를 담갔을 때 점차 갈색을 띠게 되는 것은 어떤 색소의 변화 때문인가?

① 카로티노이드
② 클로로필
③ 안토시아닌
④ 안토잔틴

해설 녹색 채소의 클로로필은 산성일 때 녹갈색으로 변화된다. 김치를 담근 후 색의 변화는 유기산의 증가가 클로로필에 작용했기 때문이다.

132 녹색 채소를 데칠 때 소다를 넣을 경우 나타나는 현상이 아닌 것은?

① 채소의 질감이 유지된다.
② 채소의 색을 푸르게 고정시킨다.
③ 비타민 C가 파괴된다.
④ 채소의 섬유질을 연화시킨다.

해설 녹색 채소를 데칠 때 소다를 첨가하면 녹색은 선명하게 유지되나 비타민 C가 파괴되고, 질감이 물러지게 된다.

133 무화과에서 얻는 연화 효소는?

① 피신 ② 브로멜린
③ 레닌 ④ 파파인

해설 ② 브로멜린 : 파인애플
③ 레닌 : 단백질 응고 효소
④ 파파인 : 파파야

134 날콩에 함유된 단백질의 체내 이용을 저해하는 것은?

① 트립신 ② 펩신
③ 글로불린 ④ 안티트립신

해설 안티트립신은 단백질 분해 효소인 트립신의 활성을 저해하는 물질이며 가열하면 파괴된다.

135 푸른 채소를 데칠 때 색을 선명하게 유지시키며, 비타민 C의 산화도 억제해 주는 것은?

① 소금 ② 설탕
③ 기름 ④ 식초

해설 푸른 채소를 데칠 때 약간의 소금(1%)을 넣으면 색을 선명하게 하고 비타민 C의 산화도 억제한다.

정답 128 ① 129 ② 130 ③ 131 ② 132 ① 133 ① 134 ④ 135 ①

136 시금치의 녹색을 최대한 유지시키면서 데치려고 할 때 가장 좋은 방법은?

① 100℃의 많은 양의 물에 뚜껑을 열고 단시간에 데쳐 재빨리 헹군다.
② 100℃의 많은 양의 물에 뚜껑을 닫고 단시간에 데쳐 재빨리 헹군다.
③ 100℃의 적은 양의 물에 뚜껑을 열고 단시간에 데쳐 재빨리 헹군다.
④ 100℃의 적은 양의 물에 뚜껑을 열고 단시간에 데쳐 재빨리 헹군다.

해설 녹색채소를 데칠 때에는 채소무게의 5배 정도의 끓는물에서 뚜껑을 열고 단시간에 데친 후 비타민의 파괴를 방지하기 위해 찬물에 재빨리 헹군다.

137 완두콩을 조리할 때 정량의 황산구리를 첨가하면 특히 어떤 효과가 있는가?

① 비타민이 보충된다.
② 무기질이 보충된다.
③ 특유의 냄새가 난다.
④ 녹색을 보존할 수 있다.

해설 황산구리를 첨가하면 클로로필이 안정적인 구리 클로로필이 되어 녹색을 보존할 수 있다.

138 무나 양파를 오랫동안 익힐 때 색을 희게 하려면 다음 중 무엇을 첨가하는 것이 가장 좋은가?

① 소금 ② 소다
③ 생수 ④ 식초

해설 흰색 채소에 들어 있는 플라보노이드 색소의 한 종류인 안토잔틴은 식초와 같은 산성에서 백색을 유지하고 알칼리성에서 황색으로 된다.

139 식품의 갈변현상 중 성질이 다른 것은?

① 감자의 절단면의 갈색
② 홍차의 적색
③ 된장의 갈색
④ 다진 양송이의 갈색

해설 감자, 홍차, 양송이의 갈변은 효소적 갈변이고 된장의 갈변은 비효소적 갈변이다.

140 다음 중 효소적 갈변 반응이 나타나는 것은?

① 캐러멜소스 ② 간장
③ 장어구이 ④ 사과 주스

해설 사과에는 폴리페놀옥시다아제가 함유되어 있어 효소적 갈변 반응을 유발하고, 안토시아닌 색소는 산성에서는 적색, 중성에서는 자색, 알칼리에서는 청색을 나타낸다.

141 식품의 갈변 현상을 억제하기 위한 방법과 거리가 먼 것은?

① 효소의 활성화 ② 염류 또는 당 첨가
③ 아황산 첨가 ④ 열처리

해설 식품의 갈변 현상은 효소적 갈변과 비효소적 갈변으로 나누어진다. 효소적 갈변은 사과, 배, 복숭아, 감자 등 많은 과일과 채소의 껍질을 벗기거나 자를 때 발생한다.

142 아미노카르보닐 반응, 캐러멜화 반응, 전분의 호정화가 발생하는 온도의 범위는?

① 20~50℃ ② 50~100℃
③ 100~200℃ ④ 200~300℃

해설 아미노카르보닐 반응은 100~120℃에서 발생하기 시작하며 캐러멜화 반응과 전분의 호정화는 160~180℃에서 가열 시에 발생한다.

정답 136 ① 137 ④ 138 ④ 139 ③ 140 ④ 141 ① 142 ③

143 채소의 무기질, 비타민의 손실을 줄일 수 있는 조리 방법은?

① 끓이기　② 데치기
③ 삶기　④ 볶음

해설 채소에 함유된 영양소는 수용성이므로 습열 조리에 의해 영양소가 많이 파괴되므로 볶음 요리로 영양소의 손실을 줄일 수 있다.

144 다음 중 기름의 발연점이 낮아지는 경우는?

① 유리지방산 함량이 많을수록
② 기름을 사용한 횟수가 적을수록
③ 기름 속에 이물질의 유입이 적을수록
④ 튀김 용기의 표면적이 좁을수록

해설 기름의 발연점은 유리지방산의 함량이 많을수록, 사용횟수가 많을수록, 이물질이 많을수록, 표면적이 넓을수록 낮아진다.

145 발연점을 고려했을 때 튀김용으로 가장 적합한 기름은?

① 쇼트닝　② 참기름
③ 대두유　④ 피마자유

 발연점이 높은 기름은 대두유이다.

146 쇠고기의 부위별 용도가 알맞지 않은 것은?

① 전지 – 불고기, 육회, 구이
② 설도 – 스테이크, 샤브샤브
③ 목심 – 불고기, 국거리
④ 우둔 – 산적, 장조림, 육포

해설 설도는 비교적 기름기가 적고 질긴 부위로 산적, 장조림, 육포로 이용된다.

147 다음 육류요리 중 영양분의 손실이 가장 적은 것은?

① 탕
② 편육
③ 장조림
④ 산적

해설 탕, 편육, 장조림은 습열조리로 수용성 성분의 용출이 생기나 건열조리인 산적은 그에 비해 영양분의 손실이 적다.

148 육류 조리 과정 중 색소의 변화 단계가 옳게 연결된 것은?

① 미오글로빈 – 메트미오글로빈 – 옥시미오글로빈 – 헤마틴
② 메트미오글로빈 – 옥시미오글로빈 – 미오글로빈 – 헤마틴
③ 옥시미오글로빈 – 메트미오글로빈 – 미오글로빈 – 헤마틴
④ 미오글로빈 – 옥시미오글로빈 – 메트미오글로빈 – 헤마틴

해설 육색소인 미오글로빈은 산소와 결합하여 선명한 적색의 옥시미오글로빈이 되고, 시간이 지나면 다시 산소와 결합하여 갈색의 메트미오글로빈이 되며, 가열을 하면 글로빈이 변성되고 분리되어 회색 또는 갈색의 헤마틴이 된다.

149 음식의 색을 고려하여 녹색 채소를 무칠 때 가장 나중에 넣어야 하는 조미료는?

① 설탕　② 식초
③ 소금　④ 고추장

해설 식초는 녹색 채소의 엽록소를 갈색의 페오피틴으로 변화시키므로 조리 시 가장 나중에 첨가하는 것이 좋다.

정답 143 ④ 144 ① 145 ③ 146 ② 147 ④ 148 ④ 149 ②

150 **난황에 들어 있으며 마요네즈 제조 시 유화제 역할을 하는 성분은?**

① 레시틴　② 오브알부민
③ 글로불린　④ 갈락토오스

해설 달걀노른자에 들어 있는 레시틴은 마요네즈 제조 시 유화제로 사용된다.

151 **지질의 소화효소는?**

① 레닌　② 펩신
③ 리파아제　④ 아밀라아제

해설 레닌은 우유의 응유효소이며, 펩신은 단백질의 소화효소이며, 아밀라아제는 전분의 분해효소이다.

152 **식물성 액체유를 경화처리한 고체 기름은?**

① 버터　② 마요네즈
③ 쇼트닝　④ 라드

해설 쇼트닝과 마가린은 식물성 액체유를 경화처리한 경화유이다.

153 **다음 중 요오드가에 의한 분류 중 건성유에 속하지 않는 것끼리 짝지어진 것은?**

① 아마인유, 들기름
② 겨자유, 종실유
③ 콩기름, 면실유
④ 마유, 호두유

해설 요오드가에 따른 분류에서 건성유의 종류로는 아마인유, 들기름, 마유, 호두유, 겨자유, 종실유, 동유 등이 있다.

154 **다음 중 불포화지방산끼리 짝지어진 것은?**

① 팔미트산, 스테아린산
② 스테아린산, 올레산
③ 리놀렌산, 아라키돈산
④ 리놀레산, 팔미트산

해설 이중 결합을 갖는 불포화지방산의 종류로는 올레산, 리놀레산, 리놀렌산, 아라키돈산이 있다.

155 **브로멜린이 함유되어 있어 고기를 연화시키는 데 이용되는 과일은?**

① 사과　② 파인애플
③ 귤　④ 복숭아

해설 육류의 연화 작용에 쓰이는 과일은 파인애플(브로멜린), 무화과(휘신), 파파야(파파인) 등이다.

156 **다음 중 천연 항산화제로 사용되며 식물성 기름이나 배아, 견과류 등에 많이 포함된 비타민의 종류로 맞는 것은?**

① 비타민 A　② 비타민 E
③ 비타민 F　④ 비타민 D

해설 비타민 E는 토코페롤이라고 불리며 천연 항산화제이다.

157 **다음 수용성 비타민 중 부족하면 펠라그라라는 피부병을 유발하는 것은?**

① 엽산　② 비타민 C
③ 비타민 B_1　④ 나이아신

해설 나이아신이 부족한 경우 펠라그라라는 피부병을 유발하는데, 이는 옥수수를 주식으로 하는 민족에게 많이 발생한다.

정답 150 ① 151 ③ 152 ③ 153 ③ 154 ③ 155 ② 156 ② 157 ④

158 채소 조리 시 가장 손실이 쉬운 성분은?

① 비타민 C ② 비타민 A
③ 비타민 B_6 ④ 비타민 E

해설 비타민 C는 불안정하여 조리하거나 공기 중에 방치하면 산화되어 파괴된다.

159 식물성유를 경화 처리한 고체 기름을 무엇이라 하는가?

① 버터 ② 라드
③ 쇼트닝 ④ 마요네즈

해설 경화유란 불포화지방이 많은 액체 유지에 니켈을 촉매로 수소를 첨가하여 고체화한 것을 말하며, 종류로는 마가린과 쇼트닝이 있다.

160 다음 중 체내의 칼슘 흡수를 도와주는 물질은?

① 수산 ② 피틴산
③ 지방 ④ 비타민 D

해설 칼슘의 흡수를 도와주는 물질은 비타민 D, 단백질, 젖당이 있다.

161 다음 중 맛 성분이 바르게 짝지어진 것은?

① 카페인 – 귤껍질
② 큐커비타신 – 오이껍질
③ 테인 – 맥주
④ 데오브로민 – 커피

해설 ① 카페인 : 커피
③ 테인 : 차류
④ 데오브로민 : 코코아

162 육류의 사후강직과 관련되는 원인 물질은?

① 젤라틴(gelatin)
② 액토미오신(actomyosin)
③ 엘라스틴(elastin)
④ 콜라겐(collagen)

해설 미오신이 액틴과 결합되어진 액토미오신이 사후강직의 원인물질이다.

163 대두에는 어떤 성분이 있어 소화액인 트립신의 분비를 저해하는가?

① 레닌 ② 안티트립신
③ 아비딘 ④ 사포닌

해설 날콩 속에는 단백질 소화액인 트립신의 분비를 억제하는 안티트립신이 들어 있어 섭취 시 소화가 더디게 되나, 가열하면 파괴된다.

164 사과, 감자 등의 절단면에서 일어나는 갈변 현상을 방지하기 위한 방법이 아닌 것은?

① 설탕물에 담가둔다.
② 레몬즙을 뿌려준다.
③ 희석된 소금물에 담가둔다.
④ 깨끗한 칼로 자른다.

해설 칼의 금속면이 닿으면 갈변 현상이 촉진된다.

165 미맹 현상은 식품의 무슨 맛을 못 느끼는 것인가?

① 단맛 ② 짠맛
③ 쓴맛 ④ 매운맛

해설 미맹현상은 PTC라는 화합물의 쓴맛을 느끼지 못하는 현상이다.

정답 158 ① 159 ③ 160 ④ 161 ② 162 ② 163 ② 164 ④ 165 ③

166 유지의 발연점에 영향을 미치는 요인이 아닌 것은?

① 유리지방산 함량
② 용해도
③ 노출된 기름의 면적
④ 외부에서 혼입된 이물질

> 노출된 유지의 표면적이 넓을수록, 유리지방산의 함량이 많을수록, 외부에서 혼입된 이물질이 많을수록 발연점은 낮아진다.

167 기름을 높은 온도로 가열할 때 생기는 자극적인 냄새는?

① 유리지방산의 냄새
② 지방의 산패취
③ 아미노산의 산패취
④ 아크롤레인의 냄새

> 유지의 온도가 상승하여 지방이 분해되어 푸른 연기가 나기 시작하는 시점을 발연점이라 하며 글리세롤이 분해되어 검푸른 연기를 내는데 이것은 아크롤레인으로 점막을 해치고 식욕을 잃게 한다.

168 다음 중 육류의 연화작용과 관계가 없는 것은?

① 레닌
② 파파야
③ 무화과
④ 파인애플

 **육류의 연화를 돕는 과일**
- 파파야 : 파파인
- 무화과 : 휘신
- 파인애플 : 브로멜린
- 레닌은 단백질을 응고시키는 효소이다.

169 어류 지방의 불포화지방산과 포화지방산에 대한 일반적인 비율로 바른 것은? (불포화지방산 : 포화지방산)

① 80 : 20 ② 60 : 40
③ 70 : 30 ④ 40 : 60

> 생신의 지방은 불포화지방산 약 80%와 포화지방산 20%로 구성된다.

170 새우, 게, 가재 같은 갑각류의 고유의 색이 변하는 시기는?

① 술 종류를 첨가하였을 때
② 도마 위에 놓을 때
③ 여러 향신채를 넣었을 때
④ 열을 가하여 익혔을 때

> 새우, 게, 가재 등을 가열하여 익혔을 때 단백질에서 유리된 아스타잔틴(astaxanthin)이 적색을 띠게 된다.

171 다음 중 생선의 비린내 성분은?

① 암모니아 ② 세사몰
③ 트리메틸아민 ④ 황화수소

> 생선의 비린내 성분은 트리메틸아민(TMA, trimethylamine)으로 표피에 많고 해수어보다 담수어가 냄새가 강하며 신선하지 않을수록 강도가 심하다.

172 조개류의 맛난 맛 성분은?

① 크레아틴 ② 글루타민산
③ 이노신산 ④ 호박산

 조개류의 맛난 맛(감칠맛)은 호박산 때문이다.

정답 166 ② 167 ④ 168 ① 169 ① 170 ④ 171 ③ 172 ④

173 다음 중 향신료에 함유된 성분으로 바르게 연결된 것은?

① 생강 – 알리신
② 겨자 – 채비신
③ 마늘 – 진저론
④ 고추 – 캡사이신

> 해설 ① 생강 : 진저론, 쇼가올
> ② 겨자 : 시니그린
> ③ 마늘 : 알리신

174 일반적으로 소금 1g에 해당하는 염미를 내려면 된장과 간장을 각각 몇 g씩 사용해야 하는가?

① 10g, 6g ② 1g, 6g
③ 10g, 10g ④ 1g, 1g

> 해설 소금 1g의 맛을 내려면 된장은 10g, 간장은 6g을 사용해야 한다.

175 우리나라 기초식품군은 모두 몇 가지로 분류되는가?

① 3가지 ② 4가지
③ 5가지 ④ 6가지

> 해설 우리나라는 영양소의 종류를 중심으로 5가지 기초식품군으로 나누고 있다.

176 한국인 표준 영양 권장량(19~29세 성인 남자 1일 1인분)의 열량은 몇 kcal인가?

① 2,000 kcal ② 2,100 kcal
③ 2,300 kcal ④ 2,600 kcal

> 해설 한국인 성인(19~29세) 남자 1일 필요 열량은 2,600kcal이고 성인 여자 1일 필요 열량은 2,100kcal이다.

177 식단 작성 시 고려해야 할 영양소 및 영양 섭취비율은 어느 것인가?

① 당질 55%, 지질 25%, 단백질 20%
② 당질 65%, 지질 25%, 단백질 10%
③ 당질 70%, 지질 15%, 단백질 15%
④ 당질 65%, 지질 20%, 단백질 15%

> 해설 식단작성시 총 열량 권장량 중 당질 65%, 지방 20%, 단백질 15%의 비율로 한다.

178 하루 동안에 섭취한 음식 중에 단백질 70g, 지질 35g, 당질 400g이었다면 얻을 수 있는 총 열량은?

① 1,885kcal
② 2,195kcal
③ 2,295kcal
④ 2,095kcal

> 해설 열량 영양소는 1g당 단백질 4kcal, 지질 9kcal, 당질 4kcal의 열량을 내므로
> $(70 \times 4)+(35 \times 9)+(400 \times 4)=2,195$kcal

179 불포화지방산을 포화지방산으로 변화시키는 경화유에는 어떤 물질이 첨가되는가?

① 산소
② 수소
③ 칼슘
④ 질소

> 해설 경화유는 불포화지방산에 수소를 첨가하고 니켈을 촉매로 사용하여 포화지방산의 형태로 변화시킨 것으로 마가린, 쇼트닝이 있다.

정답 173 ④ 174 ① 175 ③ 176 ④ 177 ④ 178 ② 179 ②

180 간장의 맛난 맛 성분은?

① 포도당(glucose)
② 전분(starch)
③ 글루탐산(glutamic acid)
④ 아스코르빈산(ascorbic acid)

해설 간장, 된장, 다시마의 맛난 맛 성분은 글루탐산이다.

181 닭고기를 이용하여 요리를 할 때 살코기색이 분홍색을 나타내는 것은?

① 변질된 닭이므로 먹지 못한다.
② 병에 걸린 닭이므로 먹어서는 안 된다.
③ 근육 성분의 화학적 반응이므로 먹어도 무방하다.
④ 닭의 크기가 클수록 분홍색 변화가 심하다.

해설 근육 성분의 화학적인 반응이므로 어린 닭일수록 핑크색 반응이 심하나 무해하며 맛에도 상관 없다.

182 우유에 들어 있는 비타민 중에서 함유량이 적어 강화우유에 사용되는 지용성 비타민은?

① 비타민 A ② 비타민 B_1
③ 비타민 C ④ 비타민 D

강화우유에는 주로 비타민 D가 사용된다.

정답 180 ③ 181 ③ 182 ④

Part 04

중식 구매관리

중식조리기능사 필기시험 합격하기

chapter 01 시장조사 및 구매관리

빈출 Check

01 다음 중 시장조사의 목적에 해당하지 않는 것은?

① 합리적인 식단 작성
② 식품명세서 작성
③ 식품재료비 예산 산출
④ 경제적인 식품 구매

해설 식품명세서 작성은 식품 구매관리에 해당됨

02 다음 중 시장 조사원칙에 해당하지 않는 것은?

① 조사 탄력성의 원칙
② 조사 정확성의 원칙
③ 조사 고정성의 원칙
④ 조사 계획성의 원칙

해설 시장조사의 원칙에는 적시성, 탄력성, 정확성, 계획성의 원칙이 있음

정답 _ 01 ② 02 ③

Section 1 시장 조사

1 시장조사의 의의

시장조사란 구매시장의 실태에 대한 근거자료를 수집하여 분석 후 신선하고 양질의 안전한 식품을 적정한 가격에 구입하는 것으로 시장가격은 일정 시간에 시장에서 실제로 상품이 거래되는 가격을 말하며 이 가격은 수요나 공급의 관계에 의존하게 된다. 따라서 구입하고자 하는 식품의 시장 출하 동향을 자세하게 조사하여야 한다,

2 시장조사의 내용

(1) 구매계획에 의거 발주, 검수, 조리 및 저장의 과정이 이루어지는 무엇보다 중요한 것은 구매계획수립에 앞서 철저한 시장조사가 이루어져야 한다.

(2) 품목, 품질, 수량, 가격, 공급시기, 공급업체, 기타 거래조건 등에 관한 조사가 이루어져야 한다.

3 시장조사의 목적

(1) **식품재료비 예산 산출**

현재 유통되고 있는 식품의 단가를 파악하여 식품재료비 산출시 기초 자료로 활용한다.

(2) **합리적인 식단 작성**

계절식품을 잘 파악할 수 있고 이를 활용하여 좀 더 합리적이고 경제적인 식단을 작성하는 데 필요하다.

(3) **경제적인 식품구매**

시장의 변동상황을 정확히 조사, 분석하여 동일 품목이라도 포장법, 생산지와 신선도에 따른 가격차이 등에서 식품 감별 안목을 향상시켜 검수 시 활용하도록 한다,

(4) **시장조사 방법**

- 구매담당자는 식단에 따라 시장조사 대상품목을 발췌하여 도매와 소매가격을 조사하되 상품을 기준으로 한다.
- 계절별 물품수급 동향을 파악하여 합리적인 식단작성에 반영할 수 있도록 여러

시장과 다양한 물가정보를 효과적으로 이용. 물품을 구매하는 데 차질이 없도록 한다.

4 시장조사의 원칙

(1) **비용경제성의 원칙** : 인력, 시간 등의 시장조사 비용이 최소가 되도록 하여 시장조사의 비용과 효용성 간에 상호조화가 이루어져야 한다.

(2) **조사적시성의 원칙** : 시장조사는 정해진 시기 안에 완료하여야 한다.

(3) **조사탄력성의 원칙** : 날씨나 식재료 수급상황, 경제적 상황을 고려하여야 한다.

(4) **조사정확성의 원칙** : 시장조사의 내용은 올바른 정보제공을 위해 정확하여야 한다.

(5) **조사계획성의 원칙** : 시장조사에 대한 구체적인 계획이 수립되어야 한다.

5 시장조사서 작성요령

(1) 매월 혹은 매주 1회 이상의 시장 조사를 실시하는 것을 원칙으로 하며 도·소매가를 고려한 식품 위주로 조사한다.

(2) 조사된 식품의 단위를 kg으로 환산하여 현재 시중 단가를 기재한다.

(3) 시장 조사 시점의 전·후에 포함된 납품가격을 공급받고 있는 단가와 함께 기재하여 가격비교를 할 수 있도록 하며, 공산품의 경우 단위가격을 기재하여 타제품과 비교, 구별할 수 있도록 한다.

Section 2 식품 구매

(1) 식품 구매의 절차

품목의 종류 및 수량 결정 → 용도에 맞는 제품 선택 → 식품명세서 작성 → 공급자 선정 및 가격 결정 → 발주 → 납품 → 검수 → 대금 지불 및 물품 입고 → 보관

(2) 식품의 구매 기술 및 관리

① **식품 구입 계획 시 특히 고려할 점** : 식품의 가격과 출회표

② **쇠고기 구입 시 유의사항** : 중량, 부위

③ **과일(사과, 배 등) 구입 시 유의사항** : 산지, 상자당 개수, 품종

④ 곡류, 건어물 등 부패성이 적은 식품은 1개월분을 한꺼번에 구입한다.

⑤ 생선, 과채류 등은 필요에 따라 수시로 구입한다.

⑥ 쇠고기는 냉장시설이 갖춰져 있으면 1주일분을 한꺼번에 구입한다.

빈출 Check

03 다음 중 식품 구매관리 절차 순서로 바르게 설명한 것은?

① 품목 종류 결정 → 식품명세서 작성 → 용도에 맞는 제품 선택 → 발주 → 검수 → 납품

② 품목의 수량 결정 → 용도에 맞는 제품 선택 → 식품명세서 작성 → 공급업체 선정 → 가격결정 → 발주 → 납품 → 검수

③ 품목의 수량 결정 → 용도에 맞는 제품 선택 → 식품명세서 작성 → 공급업체 선정 → 가격결정 → 검수 → 납품 → 대금 지불

④ 품목의 종류 결정 → 용도에 맞는 제품 선택 → 식품명세서 작성 → 공급업체 선정 → 가격결정 → 보관 → 입고 → 검수

해설 품목의 종류 및 수량 결정 → 용도에 맞는 제품 선택 → 식품명세서 작성 → 공급자 선정 및 가격 결정 → 발주 → 납품 → 검수 → 대금 지불 및 물품 입고 → 보관

정답 _ 03 ②

빈 출 Check

04 입고가 먼저 된 것부터 순차적으로 출고하여 출고단가를 결정하는 방법은?

① 선입선출법
② 후입선출법
③ 이동평균법
④ 총평균법

해설 선입선출은 먼저 입고된 것부터 출고하여 사용한 것으로 기록하는 방법이다.

05 집단급식소에서 식수인원 500명의 풋고추조림을 할 때 풋고추의 총발주량은 약 얼마인가?(단, 풋고추 1인분 30g, 풋고추의 폐기율 6%)

① 15kg ② 16kg
③ 20kg ④ 25kg

해설 총발주량=(정미중량×100)÷(100－폐기율)×인원수=(30×100)÷(100－6)×500= 약 16kg

정답 _ 04 ① 05 ②

TIP 식품 구매 비용의 산출

가식율 = 100 − 폐기율

$$총발주량 = \frac{정미중량 \times 100}{100 - 폐기율} \times 인원수$$

$$필요\ 비용 = 식품\ 필요량 \times \frac{100}{가식부율} \times 1kg당\ 단가$$

Section 3 재고 관리

(1) **선입선출법** : 먼저 구입한 재료부터 사용

(2) **후입선출법** : 나중 구입한 재료부터 사용

(3) 당기소비량 = (전기이월량 + 당기구입량) − 기말재고량

검수 관리

Section 1 식재료의 품질 확인 및 선별

1 식품의 발주와 검수

(1) **발주** : 재료는 식단표에 의하여 1주일 혹은 10일 단위로 거래처에 주문한다.

(2) **검수** : 납품된 식품의 품질, 양, 형태 등이 주문한 것과 일치하는지를 엄밀히 검수한다.

2 품질 확인 및 선별

(1) **쌀**

① 건조가 잘 되어 있어야 한다.
② 광택이 있고 입자가 고르고 정리된 것이 좋다.
③ 형태는 타원형이 좋다.
④ 쌀 고유의 냄새 외의 이상한 냄새가 있는 것은 좋지 않다.
⑤ 이물질이 있는 것은 좋지 않고, 쌀을 깨물었을 때 딱 소리가 나는 것이 좋다.

(2) **밀가루**

① 가루의 결정이 미세하고 뭉쳐있지 않는 것이 좋다.
② 색이 희고, 밀기울이 섞이지 않은 것이 좋다.
③ 건조가 잘 되어 있고, 냄새가 없는 것이 좋다.

(3) **어류**

① 색이 선명하고 광택이 있으며 비늘이 고르게 밀착되어 있는 것이 좋다.
② 고기가 연하고 탄력성이 있어야 한다.
③ 생선의 눈은 투명하고 튀어나온 것이 신선하며, 아가미의 색이 선홍색인 것이 좋다.
④ 신선한 것은 물에 가라앉고, 부패된 것은 물 위로 뜬다.
⑤ 뼈에 살이 단단히 붙어 있고, 이상한 냄새가 나지 않는 것이 좋다.

(4) **어육연제품**

① 절단면의 결이 고르고, 표면에 끈적이는 점액이 없어야 한다.

빈출 Check

06 생선의 신선도 감별법으로 옳지 않은 것은?
① 생선의 육질이 단단하고 탄력성이 있는 것이 신선하다.
② 눈알이 투명하지 않고 아가미색이 어두운 것은 신선하지 않다.
③ 생선의 표면이 광택이 나면 신선하다.
④ 트리메틸아민(TMA)이 많이 생성된 것이 신선하다.

해설 트리메틸아민은 생선의 비린내 성분으로 오래된 생선일수록 많이 생성된다.

07 다음 중 신선한 생선의 감별법 중 옳지 않은 것은?
① 비늘이 잘 떨어지고 광택이 있는 것
② 손가락으로 누르면 탄력성이 있는 것
③ 아가미의 색깔이 선홍색인 것
④ 눈알이 밖으로 돌출된 것

해설 **생선의 신선도 감별법**
- 눈이 투명하고 튀어나온 듯하며 아가미의 색깔이 선홍색일 것
- 비닐이 잘 붙어 있고 광택이 나는 것
- 생선살이 눌렀을 때 탄력성이 있는 것

08 식품감별 중 아가미 색깔이 선홍색인 생선은?
① 부패한 생선
② 초기부패의 생선
③ 점액이 많은 생선
④ 신선한 생선

해설 신선한 생선의 아가미 색은 선홍색이다.

정답 _ 06 ④ 07 ① 08 ④

빈 출 Check

09 신선한 달걀에 대한 설명으로 옳은 것은?

① 깨뜨려 보았을 때 난황계수가 높은 것
② 흔들어 보았을 때 진동소리가 나는 것
③ 표면이 까칠까칠하고 광택이 없는 것
④ 수양난백의 비율이 높은 것

해설 오래된 달걀일수록 난황계수와 난백계수는 작아지고 기실은 커져서 흔들었을 때 소리가 나며 수양난백의 비율이 높다.

10 다음 중 소고기를 구입할 때 고려해야 할 사항은?

① 색깔, 부위
② 색깔, 부피
③ 중량, 부위
④ 중량, 부피

해설 소고기 구입 시 중량과 부위에 유의하여 구입한다.

정답 _ 09 ③ 10 ③

② 제품을 반으로 잘라 외면과 내면의 탄력성, 색 등을 비교·관찰하여야 한다.

(5) 육류

① 신선한 돼지고기는 담홍색, 쇠고기는 선홍색을 띠고 촉촉한 습기를 가지고 있다.

② 오래된 것은 암갈색을 띠고 탄력성이 없으며, 병육은 피를 많이 함유하여 냄새가 난다.

③ 고기를 얇게 잘라 빛에 비추어 봤을 때 얼룩 반점이 있는 것은 기생충에 감염된 것이다.

(6) 알류

① 껍질이 까칠까칠한 것이 신선한 것이다.

② 빛에 비추었을 때 밝게 보이는 것은 신선하고, 어둡게 보이는 것은 오래된 것이다.

③ 6%의 식염수에 넣었을 때 가라앉는 것은 신선한 것이고, 뜨는 것은 오래된 것이다.

④ 알을 깨뜨렸을 때 노른자의 높이가 높고, 흰자가 퍼지지 않는 것이 신선하다.

⑤ 흔들었을 때 소리가 나지 않아야 신선한 것이다.

⑥ 신선한 달걀의 비중은 1.08~1.09이다.

⑦ 신선한 달걀의 난황계수는 0.36~0.44이며, 오래된 것은 0.25 정도이다.

(7) 우유

① 이물질과 침전물이 있거나 점성이 있는 것은 좋지 않다.

② 가열했을 때 응고되는 것은 신선하지 않다.

③ 물에 우유를 떨어뜨렸을 때 구름같이 퍼지면 신선한 것이다.

④ 비중이 1.028 이하인 것이 좋다.

⑤ 신선한 우유의 산도는 0.18 이하, pH는 6.6이다.

(8) 통조림 · 병조림

① 외관이 정상이 아니고 녹슬었거나 움푹 들어간 것은 내용물이 변질되었을 가능성이 크다.

② 라벨의 내용물, 제조자명, 소재지, 제조연월일, 무게, 침전물의 유무를 확인하고, 개관했을 때 표시대로 식품의 형태, 색, 맛, 향기 등에 이상이 없어야 한다.

③ 통이 변형되었거나 가스가 새어나오는 것은 불량이다.

(9) 과일류

① 제철의 것으로 신선하고 청결한 것이 좋다.

② 반점이나 해충 등이 없고 과일의 색과 향이 있는 것이 좋다.

③ 상처가 없는 것으로 건조되지 않고 신선해야 한다.

Section 2 조리기구 및 설비 특성과 품질 확인

1 조리기구 특성

(1) 사입 기기

① **필러(박피기)** : 당근, 감자 등의 구근류나 야채의 껍질을 벗기는 데 사용한다. 그러나 100인분 이하는 손으로 벗기는 게 빠르다.

② **야채 절단기** : 여러 가지 종류가 있다. 주사위 모양으로 써는 것, 동그랗게 써는 것, 가늘게 써는 것, 기타 여러 가지 모양을 써는 조리기와 잘게 써는 것 등이 있다. 식품이 부드러워도 잘 썰리는 게 특징이다.

③ **고기 써는 기계** : 조그만 것은 수동형도 있으나 대형은 동력식이다. 이 기계는 칼날이 썰리는 데 중요한 역할을 한다. 잘 썰리지 않으면 고기가 변질하는 수가 있다.

④ **슬라이서** : 고기, 햄 등을 얇게 자르는 기계로서 물건을 먼저 놓는다.

⑤ **끓이는 솥** : 조리기기 중에 재래식으로 사용하는 것이 이것이다. 판판한 평솥, 증기의 증기솥 등이 있다. 또한, 조리하는 데 편리한 회전솥이 있다. 밀크나 즙을 끓이는 솥은 이중으로 되어 있다.

⑥ **굽는 기기** : 주로 가스나 전기가 열원이다. 위쪽은 적외선, 아래쪽은 버너로 되어 고정식과 연속 자동식이 있다.

⑦ **튀김기기** : 고정식은 1조, 2조식이고, 연속 전자동식에는 직진형, 반복형, 회전형의 구별이 있다.

⑧ **세정 소독기기** : 식기 세정은 싱크에서 하나 많은 경우에는 식기세정기를 사용한다. 세정한 식기는 열탕, 열기, 증기 등으로 소독한다.

(2) 설비 특성과 품질 확인

① **급수 설비**

㉠ 급수 방법에는 직접 급수법과 고가수도 급수법 등도 있다.

㉡ 수압은 일반적으로 0.35kg/cm³ 이상, 수압 세미기는 0.7kg/cm³, 그 외에 수압과 수량에 의해서 0.5kg/cm³ 이상이어야 한다.

㉢ 변소나 욕실은 0.7kg/cm³가 최저 수압이다.

㉣ 수도꼭지에서 방출하는 물이 물건에 맞아 튀기는 일이 없도록 포말 수정을 사용한다.

㉤ 급수관은 보통 아연도금 강관을 사용하며 수도관의 동파를 막기 위하여 충분한 보온시설이 필요하다.

빈 출 Check

11 다음 중 설비특성 중 맞지 않는 것은?

① 수도꼭지에서 방출하는 물은 포말 수정을 사용한다.
② 중앙급탕법은 대조리장에 적합하다.
③ 작업대는 가장자리가 약간 내려간 것을 사용한다.
④ 냉장고는 5℃ 온도가 표준이다.

해설 작업대는 물이 흐르지 않도록 약간 올라간 것을 사용한다.

정답 _ 11 ③

② 급탕 설비

㉠ 급탕은 중앙급탕법이라 해서 일정한 장소에서 각 탕에 급탕하는 방법과 국소급탕법이라 해서 필요한 장소에 분탕기를 두고 급탕하는 순간 탕기의 급탕장치와 같은 방법이 있다.

㉡ 중앙급탕법은 대 조리장, 국소급탕법은 소 조리장에 적합하다.

㉢ 중앙급탕법일 경우 보일러에서 꼭지까지 2개의 파이프로 연결하는 이관식 급탕법과 한 개의 파이프로 연결하는 일관식 급탕법이 있는데 대부분 공사비 절약으로 일관식을 사용하나 불편하다.

㉣ 가스 순간 온탕기는 1ℓ의 물을 1분간에 25℃ 높이는 힘이 있는 것을 1호라 한다. 가스 온탕기에는 반드시 환풍 장치가 필요하다.

③ 작업대

㉠ 작업대는 일반적으로 평편한 것이 많으나 물이 흐르지 않게 하기 위해서 가장자리가 약간 올라간 것을 사용한다. 작업대의 길이, 폭, 높이의 표준은 싱크대와 같다.

㉡ 작업대와 싱크대의 중간형이 있는데 이것은 분류상 싱크에 속하나 실제로는 얕은 싱크 속에다 나무판을 놓고 어물의 조리에 사용되는 작업대다.

㉢ 매주 1회 이상 대청소 및 소독을 실시하여 깨끗한 환경을 유지해야 한다.

㉣ 작업대는 사용 목적에 의해서 고정된 것과 이동식이 있다. 그 외에 조립식으로 확장형이라고 해서 필요에 따라 표면을 크게 쓸 수 있다.

④ 냉장고, 냉동고, 창고

㉠ 냉장고는 5℃ 내외의 내부 온도를 유지하는 것이 표준이며, -50~-30℃의 온도가 필요할 경우도 있다.

㉡ 냉동식품을 오랫동안 보존하려면 –30℃로 한다.

㉢ 냉장고나 냉동고나 소형의 것은 각 메이커의 표준품을 사용

일반급식소에서 급식수 1식당 주방 면적 : 0.1m² 정도
일반급식소에서 급수설비 용량 환산 시 1식당 사용물량 6.0~10.0ℓ

Section 3 검수를 위한 설비 및 장비 활용 방법

1 검수의 개념

검수는 구매담당자가 발주한 물품이 주문내용과 일치하는가를 확인하는 과정으로 단순히 배달된 물품을 인수받고 날인하는 것에 그치는 것이 아니라 구매명세서와 발주서에 명시된 품질, 크기, 수량, 중량, 가격 등을 확인하고 냉장, 냉동품의 경우 온도를 확인하는 것을 포함한다. 일반적으로 검수절차는 배달된 물품의 인수 → 확인 → 서명으로 이루어진다.

2 검수 설비 및 장비 활용

(1) 검수 장소는 물품 공급업체의 배달원이나 검수담당자 모두에게 접근이 용이한 곳이어야 한다.

(2) 물품의 이동이 검수 장소 → 저장시설 혹은 전처리장 → 조리장으로 연결되도록 하여야 물품의 이동과 저장에 소요되는 시간 및 노력을 절감할 수 있을 뿐만 아니라 일반작업구역과 청결 작업구역이 구분되므로 위생관리 측면에서도 바람직하다.

(3) 물품을 검수할 때 필요한 도구로는 저울, 온도계, 통조림 따개, 칼, 가위 등이 있다.

(4) 검수에 사용하는 저울은 플랫폼형 저울과 전자저울 등이 있으며 검수장에서 저울을 이용하여 포장지를 제외한 물품의 실제 중량을 확인한다.

(5) 냉장이나 냉동상태로 배송된 식품은 온도계를 이용하여 온도를 확인한다.

12 다음은 어떤 설비 기기의 배치형태에 대한 설명인가?

- 대규모 주방에 적합하다.
- 가장 효율적이며 짜임새가 있다.
- 동선의 방해를 받지 않는다.

① ㄷ자형 ② ㄴ자형
③ 병렬형 ④ 일렬형

해설 ㄷ자형은 같은 면적의 경우 작업 동선이 짧고 넓은 조리장에 사용한다.

13 다음 중 조리장의 구조로 바른 설명이 아닌 것은?

① 배수 및 청소가 쉬운 구조일 것
② 구조는 충분한 내구력이 있는 구조일 것
③ 바닥과 바닥으로부터 5m까지의 내벽은 타일, 콘크리트 등의 내수성자재의 구조일 것
④ 객실 및 객석과는 구획되어 구분이 분명할 것

해설 바닥과 바닥으로부터 1m까지의 내벽은 타일, 콘크리트 등의 내수성 자재의 구조일 것

정답 _ 12 ① 13 ③

원가

빈 출 C h e c k

14 원가의 3요소는?
① 재료비, 노무비, 경비
② 임금, 급료, 경비
③ 재료비, 경비, 광열비
④ 광열비, 노무비, 전력비

해설 원가란 제품이 완성되기까지 소요된 경제가치로서 재료비, 노무비, 경비이다.

15 직접재료비, 직접노무비, 직접경비의 3가지를 합한 원가를 무엇이라 하는가?
① 직접원가 ② 제조원가
③ 총원가 ④ 판매원가

해설 직접원가
직접재료비+직접노무비+직접경비

정답 _ 14 ① 15 ①

Section 1 원가의 의의 및 종류

1 원가의 의의 및 종류

(1) 원가의 개념

원가란 기업이 바로 이들 제품을 생산하는 데 소비한 경제 가치를 말한다. 즉, 원가란 한마디로 표현하면 특정한 제품의 제조·판매·서비스 외 제공을 위하여(단체 급식시설에서는 만들어 제공하기 위하여) 소비된 경제 가치라고 규정할 수 있다.

(2) 원가계산의 목적

원가계산의 목적은 기업의 경제 실제를 계수적으로 파악하여 적정한 판매가격을 결정하고 동시에 경영 능률을 증진시키고자 하는 데 있다.

① **가격결정의 목적** : 제품의 판매가격은 보통 그 제품을 생산하는 데 실제로 소비된 원가가 얼마인가를 산출하여 여기에 일정한 이윤을 가산하여 결정하게 된다. 이와 같이 제품의 판매가격을 결정할 목적으로 원가를 계산한다.

② **원가관리의 목적** : 원가관리란 경영활동에 있어서 가능한 원가를 절감하도록 관리하는 기법이다. 원가계산은 원가관리의 기초 자료를 제공한다.

③ **예산 편성의 목적** : 예산을 편성하는 경우에는 이의 기초 자료로 이용하기 위하여 원가를 계산한다.

④ **재무제표의 작성 목적** : 기업은 일정기간 동안의 경영활동 결과를 재무제표로 작성하여 기업의 외부 이해관계자들에게 보고하여야 하는데 원가계산은 이 같은 재무제표를 작성하는데 기초 자료를 제공한다. 이와 같은 원가계산은 1개월에 한 번씩 실시하는 것을 원칙으로 하고 있으나 경우에 따라서는 3개월 또는 1년에 한 번씩 실시하기도 한다. 이러한 원가계산의 실시 기간을 특히 '원가계산 기간'이라고 한다.

(3) 원가의 종류

① **재료비 · 노무비 · 경비** : 원가를 발생하는 형태에 따라 분류한 것으로 원가의 3요소라고 한다.

㉠ **재료비** : 제품의 제조를 위하여 소비되는 물품의 원가를 말한다. 단체급식 시설에 있어서의 재료비는 급식 재료비를 의미한다.

ⓛ **노무비** : 제품의 제조를 위하여 소비되는 노동의 가치를 말한다. 이것은 임금, 급료, 잡급 등으로 구분될 수 있다.

ⓒ **경비** : 제품의 제조를 위하여 소비되는 재료비, 노무비 이외의 가치를 말한다. 이것은 필요에 따라서 수도·광열비, 전력비, 보험료, 감가상각비 등 다수의 비용으로 구분된다.

② **직접원가 · 제조원가 · 총원가** : 각 원가요소가 어떠한 범위까지 원가계산에 집계되는가의 관점에서 분류한 것이다.

판매원가(판매가격)

직접원가	제조원가	총원가	판매원가(판매가격)
			이익
		판매관리비	총원가
	제조간접비	제조원가	
직접재료비	직접원가		
직접노무비			
직접경비			

③ **직접비 · 간접비** : 원가요소를 제품에 배분하는 절차로 보아서 분류한 것이다.

㉠ **직접비** : 특정 제품에 직접 부담시킬 수 있는 것으로써 직접원가라고도 한다. 직접재료비, 직접노무비, 직접경비로 구분된다.

ⓛ **간접비** : 여러 제품에 공통적으로 또는 간접적으로 또는 간접적으로 소비되는 것으로써 이것은 각 제품에 인위적으로 적절히 부담시킨다.

④ **실제원가 · 예정원가 · 표준원가** : 원가계산의 시점과 방법의 차이에서 분류한 것이다.

㉠ **실제원가** : 제품이 제조된 후에 실제로 소비된 원가를 산출한 것이다. 이것은 사후 계산에 의하여 산출된 원가이므로 확정원가 또는 현실원가라고도 하며, 보통 원가라고 하면 이를 의미한다.

ⓛ **예정원가** : 제품의 제조 이전에 제품 제조에 소비될 것으로 예상되는 원가를 예상하여 산출한 사전 원가이며, 견적원가 또는 추정원가라고도 한다.

ⓒ **표준원가** : 기업이 이상적으로 제조 활동을 할 경우에 예상되는 원가, 즉 경영 능률을 최고로 올렸을 때의 최소원가의 예정을 말한다. 따라서 이것은 장래에 발생할 실제 원가에 대한 예정원가와는 차이가 있으며, 실제원가를 통제하는 기능을 가진다.

(4) 단체급식 시설의 원가요소

① **급식재료비** : 조리 식품, 반조리 식품, 급식 원재료 또는 조미료 등 급식에 소요

16 다음 자료에 의해서 직접원가를 산출하면 얼마인가?

- 직접재료비 : 150,000
- 간접재료비 : 50,000
- 직접노무비 : 120,000
- 간접노무비 : 20,000
- 직접경비 : 5,000
- 간접경비 : 100,000

① 170,000원
② 275,000원
③ 320,000원
④ 370,000원

해설 직접원가
= 직접재료비+직접노무비+직접경비
∴ 150,000+120,000+5,000=275,000원

17 실제원가란 (　　)라고도 하며, 보통 원가라고 한다. 다음 중 빈칸에 알맞은 것은?

① 사전원가 ② 확정원가
③ 표준원가 ④ 견적원가

해설 실제원가는 확정원가, 현실원가라고도 하며 제품을 제조한 후에 실제로 소비된 원가를 산출한 것이다.

정답 _ 16② 17②

빈 출 Check

18 다음 중에서 원가계산의 목적이 아닌 것은?
① 가격결정의 목적
② 재무제표작성의 목적
③ 원가관리의 목적
④ 기말재고량 측정의 목적

19 제품의 제조를 위하여 노동력을 소비함으로 발생하는 원가를 무엇이라고 하는가?
① 직접비 ② 노무비
③ 경비 ④ 재료비

해설 제품의 제조를 위하여 소비된 경제가치를 노무비라하며, 임금은 직접 노무비라 하고, 급료, 수당은 간접 노무비라 한다.

정답 _ 18④ 19②

되는 모든 재료에 대한 비용이다.

② **노무비** : 급식 업무에 종사하는 모든 사람들의 노동력의 대가로 지불되는 비용이다.

③ **시설 사용료** : 급식시설의 사용에 대하여 지불하는 비용이다.

④ **수도 · 광열비** : 전기료, 수도료, 연료비 등으로 구분된다.

⑤ **전화 사용료** : 업무수행 시 사용한 전화료이다.

⑥ **소모품비** : 급식 업무에 소요되는 각종 소모품비이며 식기, 집기 등의 내구성 소모품과 소독저, 세제 등의 완전 소모품으로 구분하기도 한다.

⑦ **기타 경비** : 위생비, 피복비, 세척비 등을 말하며, 기타 잡비로 총칭한다.

⑧ **관리비** : 단체급식 시설의 규모가 큰 경우 별도로 계상되는 간접경비이다.

Section 2 원가 분석 및 계산

1 원가 분석 및 계산

(1) 원가 분석

① **진실성의 원칙** : 제품의 제조에 소요된 원가를 정확하게 계산하여 진실하게 표현해야 된다는 원칙이다. 진실성이란 실제로 발생한 원가의 진실한 파악을 말한다.

② **발생 기준의 원칙** : 현금 기준과 대립되는 것으로 모든 비용과 수익의 계산은 그 발생 시점을 기준으로 하여야 한다는 원칙이다. 즉, 현금의 수지에 관계없이 원가 발생의 사실이 있으면 그것을 원가로 인정하는 것이다.

③ **계산 경제성의 원칙** : 중요성의 원칙이라고도 하며, 원가계산을 할 때에는 경제성을 고려해야 한다는 원칙이다. 예를 들어 원래는 직접비이나 그 금액과 소비량이 적은 경우는 간접비로 계산하는 경우를 말한다.

④ **확실성의 원칙** : 실행 가능한 여러 방법이 있을 경우에 가장 확실성이 높은 방법을 선택하는 것으로, 이론적으로 다소 결함이 있더라도 확실한 결과를 확보할 수 있는 방법을 선택해야 한다는 원칙이다.

⑤ **정상성의 원칙** : 정상적으로 발생한 원가만을 계산하고 비정상적으로 발생한 원가는 계산하지 않는다는 원칙이다.

⑥ **비교성의 원칙** : 다른 일정기간의 것과 또는 다른 부분의 것과 비교를 할 수 있도록 실행되어야 한다는 원칙이다. 유효한 경영 관리의 수단이 된다.

⑦ **상호 관리의 원칙** : 원가계산과 일반회계 간 그리고 각 요소별 계산, 부문별 계산, 제품별 계산 간에 서로 밀접하게 관련되어 하나의 유기적 관계를 구성함으로

써 상호 관리가 가능하도록 되어야 한다는 원칙이다.

(2) 원가계산의 단계

① **요소별 원가계산** : 제품원가는 재료비, 노무비, 경비 3가지 원가요소를 참조하여 계산한다.

제조원가요소

구분		요소
직접비	직접재료비	주요 재료비(단체급식 시설에서는 급식원 제출)
	직접노무비	임금 등
	직접경비	외주 가공비 등
간접비	간접재료비	보조 재료비(단체급식 시설에서는 조미료 등)
	간접노무비	급료, 잡급, 수당 등
	간접경비	감가상각비, 보험료, 수선비, 전력비, 가스비, 수도 · 광열비

② **부문별 원가계산** : 전 단계에서 파악된 원가요소를 부문별로 분류·집계하는 계산 절차이다. 원가 부문이란 좁은 의미로 원가가 발생한 장소이며, 넓은 의미로는 원가가 발생한 직능을 말한다.

③ **제품별 원가계산** : 요소별 원가계산에서 파악된 직접비는 제품별로 집계하고, 부문별 원가계산에서 파악된 부문비는 일정한 기준에 따라 제품별로 배분하여 최종적으로 각 제품의 제조원가를 계산하는 절차이다.

TIP **음식의 원가계산 방법**

- 음식의 원가 = 재료비 + 노무비 + 경비
- 재료비 = 소요 재료량 × 단위당 재료비

  $= \text{소요 재료량} \times \dfrac{\text{구입 재료값}}{\text{구입 재료량}}$
- 노무비 = 소요 시간 × 1시간당 임금

  $= \text{소요 시간} \times \dfrac{\text{1일 임금}}{\text{8시간}}$

  $= \text{소요 시간} \times \dfrac{\text{1개월 임금}}{\text{240시간}}$

TIP **경비**

- 수도료 = 소요 물량 × 수도의 단위당 요금
- 전기료 = 소요 전기량 × 전기의 단위당 요금
- 가스료 = 소요 가스량 × 가스의 단위당 요금
- 연탄값 = 소요 연탄 개수 × 연탄 1개의 값

빈출 Check

20 시금치나물을 무칠 때 1인당 80g이 필요하다면 식수인원 1,500명에게 적합함 시금치 발주량은?(단, 시금치 폐기율은 4%이다)

① 100kg ② 110kg
③ 125kg ④ 132kg

해설 총 발주량 = $\dfrac{\text{정미중량} \times 100}{100-\text{폐기율}} \times \text{인원수}$

$= \dfrac{80 \times 100}{100-4} \times 1{,}500$

=125,000g=125kg

21 원가계산의 최종목표는?

① 제품 1단위당의 단가
② 부문별 원가
③ 요소별 원가
④ 비목별 원가

해설 한 제품을 생산하는데 들어간 비용을 계산하여 제품 1단위당의 원가를 계산하고 원가를 바탕으로 제품의 판매가격을 결정지을 수 있다.

정답 _ 20 ③ 21 ①

빈 출 Check

22 오징어 12kg을 25,000원에 구입하였다. 모두 손질한 후의 폐기율이 35%였다면 실 사용량의 kg당 단가는 약 얼마인가?

① 5,556원 ② 3,205원
③ 2,083원 ④ 714원

$$폐기율(\%) = \frac{폐기량}{전체중량} \times 100$$

$$35 = \frac{x}{12} \times 100$$

x = 4.2(폐기량이 4.2kg)
폐기량이 4.2kg로서 총오징어 12중 실사용량은 12kg - 4.2kg = 7.8kg이다. 오징어 12kg은 12,000원에 구입하였으므로 실사용량의 kg당 단가는 25,000원 ÷ 7.8 = 3,205원이다.

23 미역국을 끓이는데 1인당 사용되는 재료와 필요량, 가격은 다음과 같다. 미역국 10인분을 끓이는 데 필요한 재료비는? (단, 총조미료의 가격 70원은 1인분 기준이다.)

재료	필요량(g)	가격(원/100g당)
미역	20	150
쇠고기	60	850
총 조미료	-	70

① 610원 ② 6,100원
③ 870원 ④ 8,700원

해설 1인분 끓이는 데 필요한 재료비
(20×1.5)+(60×8.5)+70= 30+510+7=610원
따라서 10인분을 끓이는 데 필요한 재료비는 610원×10 = 6,100원

정답 _ 22 ② 23 ②

(3) 재료비의 계산

① 재료비의 개념

㉠ **재료** : 제품을 제조할 목적으로 외부로부터 구입, 조달한 물품

㉡ **재료비** : 제품의 제조 과정에서 실제 소비되는 재료의 가치를 화폐 액수로 표시한 금액

> 재료비 = 재료의 실제 소비량 × 재료의 소비단가

② 재료 소비량의 계산

㉠ **계속기록법** : 재료를 동일한 종류별로 분류하고, 수입, 불출 및 재고량을 식품수불부나 출납부 또는 카드에 기록한다.

㉡ **재고조사법** : 일정시기에 재고량을 파악하여 소비량을 산출한다.

> 당기소비량 = (전기이월량 + 당기구입량) − 기말재고량

㉢ **역계산법** : 일정 단위에 소요되는 표준소비량을 정하고 제품의 수량을 곱하여 전체 소비량을 산출한다.

> 재료소비량 = 제품 단위당 표준소비량 × 생산량

③ 재료 소비가격의 계산

㉠ **개별법** : 구입단가별로 가격표를 붙여 보관하고, 출고 시 표시된 구입단가를 재료의 소비단가로 정한다.

㉡ **선입선출법** : 재료 구입순서에 따라 구입일자가 빠른 재료의 구입단가를 소비가격으로 정한다.

㉢ **후입선출법** : 선입선출법과 반대되는 개념으로 최근에 구입된 재료부터 사용된다는 가정 아래 소비가격을 산출한다.

㉣ **단순평균법** : 일정 기간 동안 구입단가를 구입 횟수로 나눠 평균을 소비단가로 계산한다.

㉤ **이동평균법** : 구입단가가 다른 재료를 구입할 때마다 재고량과의 가중평균가를 산출하여 소비 재료의 가격으로 계산한다.

④ 단체급식 시설에서의 적정 식품 재료비의 계산 시 고려할 사항

㉠ 피급식자의 성별, 연령, 직종별에 영양 기준과 식단 구성 내용

㉡ 식품의 폐기율

㉢ 전년도에 사용한 식품의 품목, 수량 및 사용빈도

㉣ 전년도에 사용한 식품별 평균 구입단가와 가격의 상승률

㉤ 식사내용의 개선, 행사식 등

⑤ 식품 재료의 구입과 불출의 기장법

㉠ **선입선출법에 의한 기장** : 재고품 중 제일 먼저 들어온 식품부터 불출한 것처럼 기록하며, 기말재고액은 최근에 구입한 식품의 단가가 남는다.

㉡ **후입선출법에 의한 기장** : 선입선출법과 반대로 최근에 구입한 식품부터 불출한 것으로 기록한다. 기말재고액은 가장 오래 전에 구입한 식품의 단가가 남는다.

㉢ **이동평균법** : 식품을 구입할 때마다 재고량과 금액을 합계하여 평균값을 계산하고 불출할 때에는 이 평균단가를 기입하는 방식이다.

㉣ **총평균법** : 일정 기간의 총구입액과 이월액을 그 기간의 총구입량과 이월량으로 나누어 평균단가를 계산하고, 불출 시에는 이 단가를 기록하는 방식이다. 평소에는 불출 수량만을 기록해두었다가 기말에 평균단가를 계산하여 기록한다.

$$\text{평균단가} = \frac{\text{전기이월액} + \text{총구입액}}{\text{전기이월량} + \text{총구입량}}$$

⑥ 표준원가계산

㉠ **원가관리의 개념** : 원가의 통제를 통하여 원가를 합리적으로 절감하려는 경영기법으로, 표준원가계산 방법이 이용된다.

㉡ **표준원가계산** : 과학적 및 통계적 방법에 의하여 미리 표준이 되는 원가를 설정하고 이를 실제 원가와 비교, 분석하기 위하여 실시하는 원가계산 방법이다. 원가의 표준을 적절하게 설정하여야 한다.

⑦ 식품 재료의 구입 방법

㉠ **표준원가의 설정** : 원가 요소별로 직접재료비 표준, 직접노무비 표준, 제조간접비 표준으로 구분하여 설정한다. 이 중에서 제조간접비의 표준설정은 변동비와 고정비가 있어 매우 어렵다. 표준원가가 설정되면 실제원가와 비교하여 표준과 실제의 차이를 분석할 수 있다.

㉡ **표준원가 차이 분석** : 표준원가 차이란 표준원가와 실제원가의 차액을 말한다.

(4) 손익계산

손익분석은 보통 손익분기점 분석을 통해 이루어진다. 손익분기점이란 수익과 총비용(고정비 + 변동비)이 일치하는 점을 말하며 수익이 그 이상으로 증대하면 이익이 발생하고 이하로 감소되면 손실이 발생한다. 이 관계를 도표로 나타낸 것이 손익분기도표이다.

24 일정 기간 내에 기업의 경영활동으로 발생한 경제가치의 소비액을 의미하는 것은?
① 이익
② 비용
③ 감가상각비
④ 손익

해설 비용이란 일정 기간 내에 기업의 경영활동으로 발생한 경제가치의 소비액을 의미한다.

25 입고가 먼저 된 것부터 순차적으로 출고하여 출고단가를 결정하는 방법은?
① 선입선출법
② 후입선출법
③ 이동평균법
④ 총평균법

해설 선입선출은 먼저 입고된 것부터 출고하여 사용한 것으로 기록하는 방법이다.

정답 _ 24 ② 25 ①

빈 출 Check

26 손익분기점에 대한 설명으로 틀린 것은?

① 총비용과 총수익이 일치하는 지점
② 손해액과 이익액이 일치하는 지점
③ 이익도 손실도 발생하지 않는 시점
④ 판매총액이 모든 원가와 비용만을 만족시킨 지점

손익 분기점이란 수익과 총비용이 일치하는 점으로 이익이나 손실이 발생하지 않는다.

정답 _ 26 ②

손익분기도표

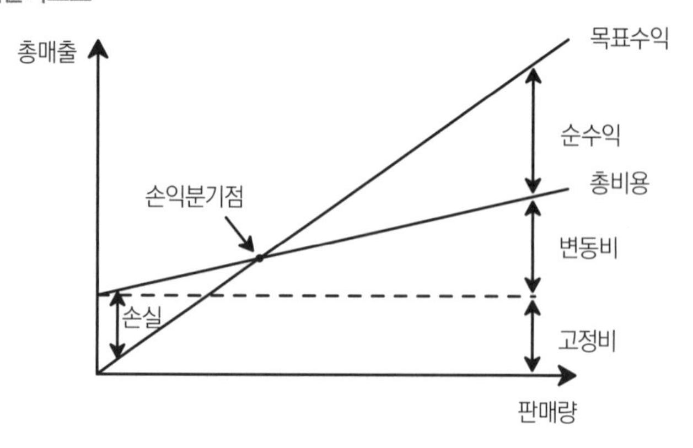

(5) 감가상각

① 개념 : 기업의 자산은 토지, 건물, 기계 등의 고정자산과 현금, 예금, 원재료 등의 유동자산으로 구분되며 고정자산은 시일의 경과에 따라 그 가치가 감소한다. 자산의 감가를 일정한 내용연수에 일정한 비율로 할당하여 비용으로 계산하는 절차를 말하며, 이때 감가된 비용을 감가상각비라 한다.

② 감가상각의 계산 요소(기초가격, 내용 연수, 잔존가격)

㉠ 기초가격 : 취득원가(구입가격)에 의하는 것이 보통이다.

㉡ 내용 연수 : 고정자산이 유효하게 사용될 수 있는 추산기간이다.

㉢ 잔존가격 : 고정자산이 내용연수에 도달했을 때 매각하여 얻을 수 있는 추정가격을 말하는 것으로 보통 구입가격의 10%를 잔존가격으로 계산한다.

③ 감가상각의 계산방법

㉠ 정액법 : 고정자산의 감가총액을 내용 연수로 균등하게 할당하는 방법이다.

$$\text{매년의 감가상각액} = \frac{\text{기초가격} - \text{잔존가격}}{\text{내용 연수}}$$

㉡ 정율법 : 기초가격에서 감가상각비 누계를 차감한 미상각액에 대하여 매년 일정률을 곱하여 산출한 금액을 상각하는 방법이다. 따라서 초년도의 상각액이 제일 크며 연수가 경과하면 상각액은 점점 줄어든다.

TIP 음식의 원가계산 방법

- 음식의 원가 = 재료비 + 노무비 + 경비
- 재료비 = 소요 재료량 × 단위당 재료비

$$= \text{소요 재료량} \times \frac{\text{구입 재료값}}{\text{구입 재료량}}$$

- 노무비 = 소요 시간 × 1시간당 임금

$$= \text{소요 시간} \times \frac{\text{1일 임금}}{\text{8시간}} = \text{소요 시간} \times \frac{\text{1개월 임금}}{\text{240시간}}$$

04 실전예상문제

01 다음 중 폐기율이 가장 높은 식품은?

① 계란 ② 생선
③ 쇠고기 ④ 곡류

 폐기율이 높은 순서
생선 〉 곡류 〉 달걀 〉 육류

02 폐기율이 20%인 식품의 출고계수는 얼마인가?

① 0.5 ② 1.0
③ 1.25 ④ 2.0

 식품의 출고계수 = $\frac{\text{필요량 1개}}{\text{가식부율}}$
폐기율이 20%이면 가식부율은 80%이므로
$\frac{1}{0.8} = 1.25$

03 급식인원이 1,000명인 단체급식소에서 점심급식으로 닭조림을 하려고 한다. 닭조림에 들어가는 닭 1인 분량은 50g이며 닭의 폐기율이 15%일 때 발주량은 약 얼마인가?

① 50kg ② 60kg
③ 70kg ④ 80kg

 총발주량 = $\frac{\text{정미중량}}{100 - \text{폐기율}} \times$ 인원
$\frac{50 \times 100}{100 - 15} \times 1,000 = 58,000$

04 김치의 1인 분량은 60g, 김치의 원재료인 포기배추의 폐기율은 10%, 예상 식수는 1,000식인 경우 포기김치의 발주량은?

① 60kg ② 65kg
③ 67kg ④ 70kg

05 급식인원이 1,000명인 단체급식소에서 1인당 60g의 풋고추조림을 주려고 한다. 발주할 풋고추의 양은?(단, 풋고추의 폐기율은 9%이다)

① 55kg ② 60kg
③ 66kg ④ 68kg

 총발주량 = $\frac{\text{정미중량}}{100 - \text{폐기율}} \times$ 인원
$\frac{60 \times 100}{100 - 9} \times 1,000 = 65,934\text{g}$ 약 66kg

06 삼치구이를 하려고 한다. 정미중량 60g을 조리하고자 할 때 1인당 발주량은 약 얼마인가?(단, 삼치의 폐기율은 34%)

① 43g ② 67g
③ 91g ④ 110g

 총발주량 = $\frac{\text{정미중량}}{100 - \text{폐기율}} \times$ 인원
$\frac{60 \times 100}{100 - 34} \times 1,000 = 90.9\text{g}$ 약 91kg

07 오징어 12kg을 45,000원에 구입하여 모두 손질한 후의 폐기율이 35%였다면 실사용량의 kg당 단가는 약 얼마인가?

① 1,667원 ② 3,206원
③ 5,769원 ④ 6,120원

 폐기율 = $\frac{\text{폐기량}}{\text{전체중량}} \times 100$
$35\text{g} = \frac{X}{12} \times 100$
폐기량 x = 4.2kg
그러므로 12kg−4.2kg= 7.8kg(실사용량)
kg당 단가는 45,000 ÷ 7.8= 5,769원이다.

정답 01 ② 02 ③ 03 ② 04 ① 05 ③ 06 ③ 07 ③

08 김장용 배추김치 46kg을 담그려고 한다. 배추 구입에 필요한 비용은 얼마인가?(단, 배추 5통(13kg)의 값은 11,960원, 폐기율은 8%)

① 23,920원 ② 38,934원
③ 42,320원 ④ 46,000원

> 해설 총 배추량(46)+폐기율(46+(46×8%))= 49.68
> (49.68 ÷13)×11,960 = 약 46,000원

09 다음 식품 중 폐기율이 가장 높은 것은?

① 게 ② 동태
③ 수박 ④ 미나리

> 해설 폐기량이란 조리 시 버려지는 부분으로 게의 폐기율은 70~80%이며, 동태 20%, 수박 42%, 미나리는 26% 정도이다.

10 가식부율이 가장 높은 것은?

① 참외 ② 달걀
③ 밀감 ④ 콩나물

> 해설 식품에 있어서 먹을 수 있는 부분을 가식부율이라 하는데 참외의 경우 75%, 달걀 86%, 밀감 75%, 콩나물 90%이다.

11 단체급식의 특징을 설명한 것 중 옳은 것은?

① 불특정 다수인을 대상으로 급식한다.
② 영리를 목적으로 하는 상업시설을 포함한다.
③ 특정 다수인에게 계속적으로 식사를 제공하는 것이다.
④ 대중음식점의 급식시설을 말한다.

> 해설 단체급식이란 비영리를 목적으로 특정 다수인에게 음식을 공급하는 것으로 기숙사, 학교, 후생기관 등의 급식을 말한다.

12 다음 중 감가삼각의 계산 요소가 아닌 것은?

① 기초가격
② 내용 연수
③ 표준원가
④ 잔존가격

> 해설 감가삼각의 계산요소는 기초가격, 내용 연수, 잔존가격이다

13 생선의 신선도 감별법으로 옳지 않은 것은?

① 생선의 육질이 단단하고 탄력성이 있는 것이 신선하다.
② 눈알이 투명하지 않고 아가미색이 어두운 것은 신선하지 않다.
③ 생선의 표면이 광택이 나면 신선하다.
④ 트리메틸아민(TMA)이 많이 생성된 것이 신선하다.

> 해설 트리메틸아민은 생선의 비린내 성분으로 오래된 생선일수록 많이 생성된다.

14 신선한 달걀에 대한 설명으로 옳은 것은?

① 깨뜨려 보았을 때 난황계수가 높은 것
② 흔들어 보았을 때 진동소리가 나는 것
③ 표면이 까칠까칠하고 광택이 없는 것
④ 수양난백의 비율이 높은 것

> 해설 오래된 달걀일수록 난황계수와 난백계수는 작아지고 기실은 커져서 흔들었을 때 소리가 나며 수양난백의 비율이 높다.

정답 08 ④ 09 ① 10 ④ 11 ③ 12 ③ 13 ③ 14 ③

15 고객수가 900명, 좌석수 300석, 1좌석당 바닥면적 1.5m² 일 때 필요한 식당의 면적은?

① 300m²　② 350m²
③ 400m²　④ 450m²

해설 좌석수(300명) × 바닥면적(1.5m²)=450m²

16 급식시설의 유형 중 1인 1식을 제공하는 데 사용하는 물의 양이 가장 많은 곳은?

① 학교 급식
② 병원 급식
③ 사업체 급식
④ 기숙사 급식

해설 1인 1식당 급수량은 병원 급식 : 10~20L, 학교 급식 : 4~6L, 공장 급식 5~10L, 일반 급식 6~10L

17 전체 식수인원이 3,000명이고 식수 변동율은 1.1, 식기 파손율을 1.07로 하였을 때 식기의 필요량은?

① 3,521개　② 3,531개
③ 3,541개　④ 3,551개

해설 식기필요량은 전체식수×식수변동율×식기파손율이므로 3,000×1.1×1.07= 3,531개

18 원가의 종류가 바르게 설명된 것은?

① 직접원가 : 직접재료비, 직접노무비, 직접경비, 일반관리비
② 제조원가 : 직접재료비, 제조간접비
③ 총원가 : 제조원가, 지급이자
④ 판매가격 : 총원가, 직접원가

19 다음 내용으로 총 원가를 산출하면 얼마인가?

직접재료비 : 170,000원
간접재료비 : 55,000원
직접노무비 : 80,000원
간접노무비 : 50,000원
직접경비 : 5,000원
간접경비 : 65,000원
판매경비 : 5,500원
일반관리비 : 10,000원

① 425,000원　② 430,500원
③ 435,000원　④ 440,500원

해설
• 총원가 = 제조원가+판매관리비
• 제조원가 = 직접원가+제조간접비
• 직접원가 = 직접재료비+직접노무비+직접경비

20 총원가에 대한 설명으로 옳은 것은?

① 제조간접비와 직접원가의 합이다.
② 판매관리비와 제조원가의 합이다.
③ 직접재료비, 제조간접비, 이익의 합이다.
④ 직접재료비, 직접노무비, 직접경비, 직접원가, 판매관리비의 합이다.

해설 총원가는 제조원가+판매관리비이며 여기에 이익이 더해지면 판매원가가 된다.

21 식품원가율을 40%로 정하고 햄버거의 1인당 식품 단가를 1,000원으로 할 때 햄버거의 판매가격은?

① 4,000원　② 2,500원
③ 2,250원　④ 1,250원

해설
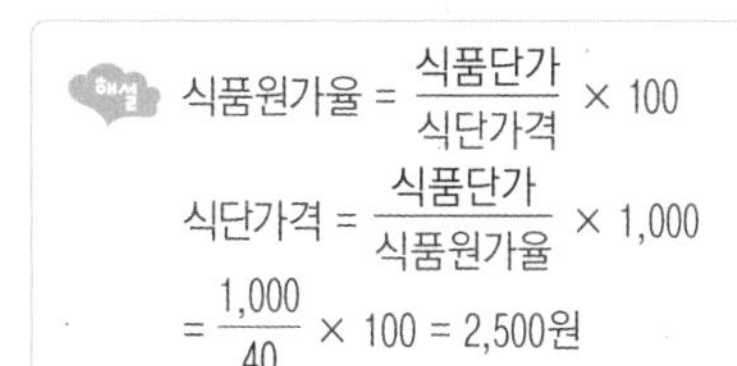
$$식품원가율 = \frac{식품단가}{식단가격} \times 100$$
$$식단가격 = \frac{식품단가}{식품원가율} \times 1,000$$
$$= \frac{1,000}{40} \times 100 = 2,500원$$

정답 15 ④　16 ②　17 ②　18 ①　19 ④　20 ②　21 ②

22 일정 기간 내에 기업의 경영 활동으로 발생한 경제가치의 소비액을 의미하는 것은?

① 이익 ② 비용
③ 감가상각비 ④ 손익

> 비용이란 일정 기간 내에 기업의 경영활동으로 발생한 경제가치의 소비액을 의미한다.

23 일 매출액이 1,300,000원, 식재료비가 780,000원인 경우 식재료비의 비율은?

① 55% ② 60%
③ 65% ④ 70%

>  $\frac{1,300,000}{780,000} \times 100 = 60\%$

24 다음 중 원가계산의 원칙이 아닌 것은?

① 진실성의 원칙 ② 확실성의 원칙
③ 발생기준의 원칙 ④ 비정상성의 원칙

>  **원가계산의 원칙**
> 진실성의 원칙, 발생기준의 원칙, 계산 경제성의 원칙, 확실성의 원칙, 정상성의 원칙, 비교성의 원칙, 상호관리의 원칙

25 재료의 소비액을 산출하는 계산식은?

① 재료 구입량 × 재료 소비단가
② 재료 소비량 × 재료 구입단가
③ 재료 소비량 × 재료 소비단가
④ 재료 구입량 × 재료 구입단가

>  재료비 = 재료소비량×재료 소비단가

26 냉동식품에 대한 보관료 비용이 다음과 같을 때 당월 소비액은? (단 당월선급액과 전월미지급액은 고려하지 않는다.)

- 당월지급액 : 40,000원
- 전월지급액 : 10,000원
- 당월미지급액 : 30,000원

① 70,000원
② 80,000원
③ 90,000원
④ 100,000원

> 당월소비액 = 당월지급액+전월선급액+당월미지급액 = 40000+10000+30000=80,000원

27 미역국을 끓이는데 1인당 사용되는 재료와 필요량, 가격은 다음과 같다. 미역국 10인분을 끓이는 데 필요한 재료비는?

재료	필요량(g)	가격(원/100g당)
미역	20	150
쇠고기	60	850
총 조미료	-	70

① 610원 ② 6,100원
③ 870원 ④ 8,700원

>  미역 20g의 가격은 15×2=30원
> 소고기 60g의 가격은 85×6=510원
> 그러므로 (30+510+70)×10=6,100원이다.

28 입고가 먼저 된 것부터 순차적으로 출고하여 출고단가를 결정하는 방법은?

① 선입선출법
② 후입선출법
③ 이동평균법
④ 총평균법

정답 22 ② 23 ② 24 ④ 25 ③ 26 ② 27 ② 28 ①

선입선출은 먼저 입고된 것부터 출고하여 사용한 것으로 기록하는 방법이다.

29 손익분기점에 대한 설명으로 틀린 것은?

① 총비용과 총수익이 일치하는 지점
② 손해액과 이익액이 일치하는 지점
③ 이익도 손실도 발생하지 않는 시점
④ 판매총액이 모든 원가와 비용만을 만족시킨 지점

손익 분기점이란 수익과 총비용이 일치하는 점으로 이익이나 손실이 발생하지 않는다.

30 다음은 간장의 재고대장이다. 간장의 재고가 10병일 때 선입선출법에 의한 간장의 재고계산은 얼마인가?

입고 일자	수량	재고
5일	5병	3,500원
15일	10병	3,500원
20일	7병	3,000원
27일	5병	3,500원

① 32,500원
② 33,500원
③ 34,500원
④ 35,000원

선입선출이란 먼저 입고된 것부터 사용하는 것으로 재고가 10병이라면 27일 입고된 5병과 20일에 입고된 7병 중 5병이 남았다고 계산하면 5×3,500원과 5×3,000원을 합하여 계산하면 32,500원이 된다.

31 재료의 소비액을 산출하는 계산식은?

① 재료구입량 × 재료 소비단가
② 재료소비량 × 재료 구입단가
③ 재료소비량 × 재료 소비단가
④ 재료구입량 × 재료 구입단가

재료비 = 재료소비량 × 재료 소비단가

32 재료소비량을 알아내는 방법과 거리가 먼 것은?

① 계속기록법
② 재고조사법
③ 선입선출법
④ 역계산법

재료소비량의 계산방법에는 계속기록법, 재고조사법, 역계산법이 있다.

33 식품위생법상 집단급식소는 상시 1회 몇인 이상에게 식사를 제공하는 급식소를 의미하는가?

① 20인 ② 30인
③ 40인 ④ 50인

집단급식소는 영리를 목적으로 하지 않고 계속적으로 불특정다수인(상시 1회 50인)에게 음식물을 공급하는 것을 말한다.

34 영양섭취기준 중 권장섭취량을 구하는 식은?

① 평균필요량 + 표준편차 × 2
② 평균필요량 + 표준편차
③ 평균필요량 + 충분섭취량 × 2
④ 평균필요량 + 충분섭취량

권장섭취량 = 평균필요량 +표준편차 ×2

정답 29 ② 30 ① 31 ③ 32 ③ 33 ④ 34 ①

35 식단 작성 순서가 바르게 연결된 것은?

A. 영양권장량 산출	B. 식품량 산출
C. 3식 영양배분	D. 식단표 작성

① B – C – A - D
② D – A – B - C
③ A – B – C - D
④ C – D – A - B

해설 표준식단의 작성 순서
영양기준량의 산출 – 식품서부치량의 산출 – 3식의 배분 결정 – 음식수 및 요리명 결정- 식단작성주기 결정 – 식량배분계획 – 식단표 작성

36 집단급식에서 식품을 구매하고자 할 때 식품 단가는 최소한 어느 정도 점검해야 하는가?

① 1개월에 2회
② 2개월에 1회
③ 3개월에 1회
④ 4개월에 2회

식품 단가는 1개월에 2회 점검한다.

37 집단급식소에서 식수인원 500명의 풋고추조림을 할 때 풋고추의 총발주량은 약 얼마인가?(단, 풋고추 1인분 30g, 풋고추의 폐기율 6%)

① 15kg ② 16kg
③ 20kg ④ 25kg

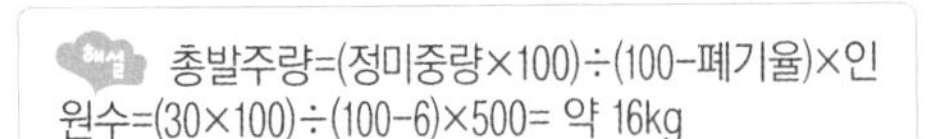
해설 총발주량=(정미중량×100)÷(100–폐기율)×인원수=(30×100)÷(100–6)×500= 약 16kg

38 가식부율이 80%인 식품의 출고계수는?

① 1.25 ② 2.5
③ 4 ④ 5

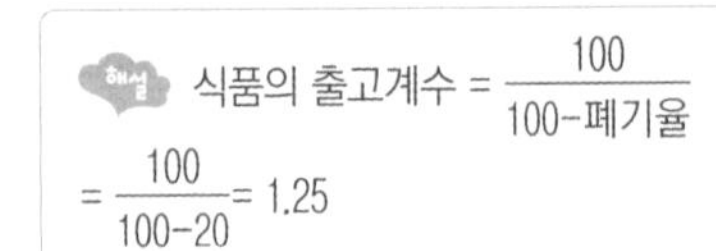
해설 식품의 출고계수 = $\frac{100}{100-폐기율}$

$= \frac{100}{100-20} = 1.25$

39 시금치나물을 무칠 때 1인당 80g이 필요하다면 식수인원 1,500명에게 적합함 시금치 발주량은? (단, 시금치 폐기율은 4%이다)

① 100kg ② 110kg
③ 125kg ④ 132kg

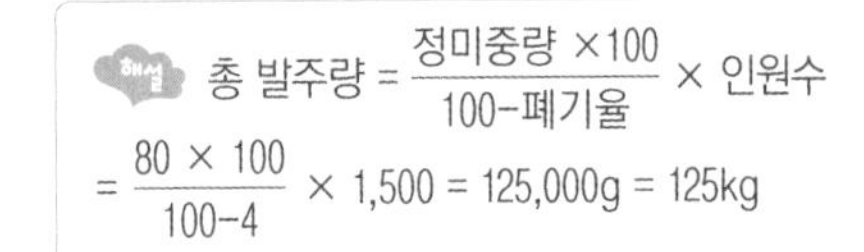
해설 총 발주량 = $\frac{정미중량 \times 100}{100-폐기율} \times$ 인원수

$= \frac{80 \times 100}{100-4} \times 1,500 = 125,000g = 125kg$

40 다음과 같은 조건일 때 3월의 재고 회전율은 약 얼마인가?

- 3월 초 초기 재고액 : 550,000원
- 3월 말 마감 재고액 : 50,000원
- 3월 한 달 동안의 소요 식품비 : 2,300,000

① 4.66 ② 5.66
③ 6.66 ④ 7.66

재고회전율 = $\frac{출고량}{재고량} \times 100$

- 평균재고량 = 550,000+50,000/2 = 300,000원
- 재고회전율 = 2,300,000/300,000 = 7.66

정답 35 ③ 36 ① 37 ② 38 ① 39 ③ 40 ④

41 급식인원이 1,000명인 집단급식소에서 중식으로 닭복음탕을 하려 한다. 닭복음탕에 들어가는 닭 1인 분량은 50g이며 닭의 폐기율은 15%일 때 발주량은 약 얼마인가?

① 50kg ② 60kg
③ 70kg ④ 80kg

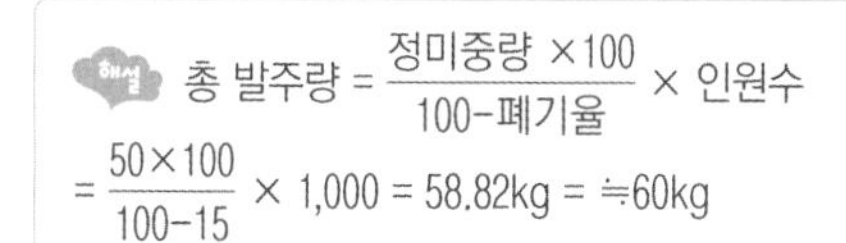

해설 총 발주량 $= \frac{\text{정미중량} \times 100}{100-\text{폐기율}} \times$ 인원수

$= \frac{50 \times 100}{100-15} \times 1{,}000 = 58.82\text{kg} = ≒60\text{kg}$

42 쇠고기를 돼지고기를 대체하고자 할 때 쇠고기 300g을 돼지고기 몇 g으로 대체해야 하는가? (단, 식품분석표상 단백질 함량은 쇠고기 20g, 돼지고기 15g이다.)

① 200g ② 360g
③ 400g ④ 460g

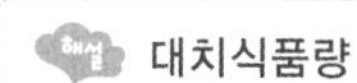

해설 대치식품량

$= \frac{\text{원래 식품의 양} \times \text{원래 식품의 해당 성분 수치}}{\text{대치하고자 하는 식품분석치}}$

$= \frac{300 \times 20}{15} = \frac{6{,}000}{15} = 400$

쇠고기 300g은 돼지고기 400g으로 대체해서 사용하면 된다.

43 삼치구이를 하려고 한다. 정미중량 60g을 조리하고자 할 때 1인당 발주량은 얼마로 계산하는가? (단, 삼치의 폐기율 34%)

① 약 60g ② 약 110g
③ 약 90g ④ 약 40g

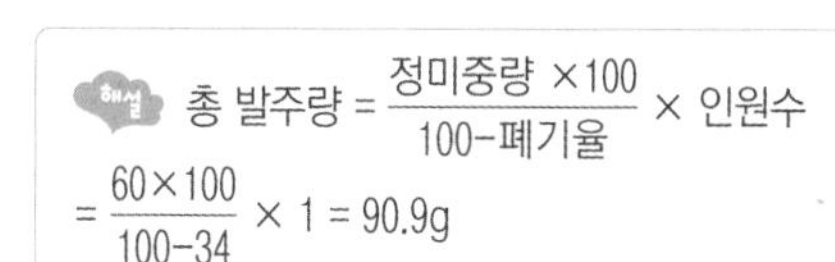

해설 총 발주량 $= \frac{\text{정미중량} \times 100}{100-\text{폐기율}} \times$ 인원수

$= \frac{60 \times 100}{100-34} \times 1 = 90.9\text{g}$

44 오징어 12kg을 25,000원에 구입하였다. 모두 손질한 후의 폐기율이 35%였다면 실 사용량의 kg당 단가는 약 얼마인가?

① 5,556원
② 3,205원
③ 2,083원
④ 714원

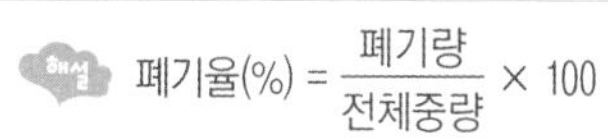

해설 폐기율(%) $= \frac{\text{폐기량}}{\text{전체중량}} \times 100$

$35 = \frac{x}{12} \times 100$

x=4.2(폐기량이 4.2kg)

폐기량이 4.2kg로서 총오징어 12중 실사용량은 12kg − 4.2kg = 7.8kg이다. 오징어 12kg은 12,000원에 구입하였으므로 실사용량의 kg당 단가는 25,000원 ÷ 7.8 = 3,205원이다.

45 미역국을 끓이는데 1인당 사용되는 재료와 필요량, 가격은 다음과 같다. 미역국 10인분을 끓이는 데 필요한 재료비는? (단, 총조미료의 가격 70원은 1인분 기준이다.)

재료	필요량(g)	가격(원/100g당)
미역	20	150
쇠고기	60	850
총 조미료	-	70

① 610원 ② 6,100원
③ 870원 ④ 8,700원

해설 1인분 끓이는 데 필요한 재료비

(20×1.5)+(60×8.5)+70= 30+510+7==610원

따라서 10인분을 끓이는 데 필요한 재료비는 610원 ×10 = 6,100원

정답 41 ② 42 ③ 43 ③ 44 ② 45 ②

46 총비용과 총수익이 일치하여 이익도 손실도 발생하지 않는 시점은?

① 매상선점
② 가격 결정점
③ 손익분기점
④ 한계이익점

해설 손익분기점은 총수익과 총비용이 일치하는 점으로 이익도 손실도 발생하지 않는 지점이다.

47 제품의 제조 수량 증감에 관계없이 매월 일정액이 발생하는 원가는?

① 고정비 ② 비례비
③ 변동비 ④ 체감비

해설 고정비란 매월 일정한 비용이 들어가는 것으로 인건비, 감가상각비, 보험료 등이 있다.

48 다음 중 고정비에 해당되는 것은?

① 노무비 ② 연료비
③ 수도비 ④ 광열비

해설 고정비는 항상 일정한 비용이 들어가는 것으로 인건비, 감가상각비, 보험료 등이 있다.

49 다음 중 소고기를 구입할 때 고려해야 할 사항은?

① 색깔, 부위
② 색깔, 부피
③ 중량, 부위
④ 중량, 부피

해설 소고기 구입 시 중량과 부위에 유의하여 구입한다.

50 보존식이란 무엇인가?

① 제공된 요리 1인분을 조리장에 일정 시간 보존하여 사고(식중독) 발생에 대비하는 식
② 제공된 요리 1인분을 냉장고에 일정 시간 보존하여 사고(식중독) 발생에 대비하는 식
③ 제공된 요리 1인분을 냉장고에 일정 시간 전시용으로 보존하는 식
④ 제공된 요리 1인분을 조리장에 일정 시간 전시용으로 보존하는 식

해설 보존식이란 급식으로 제공된 요리 1인분을 식중독 발생에 대비하여 냉장고에 72시간 이상 보존하는 것을 말한다.

51 원가계산의 최종목표는?

① 제품 1단위당의 단가
② 부문별 원가
③ 요소별 원가
④ 비목별 원가

해설 한 제품을 생산하는데 들어간 비용을 계산하여 제품 1단위당의 원가를 계산하고 원가를 바탕으로 제품의 판매가격을 결정지을 수 있다.

52 다음 중에서 원가계산의 목적이 아닌 것은?

① 가격결정의 목적
② 재무제표작성의 목적
③ 원가관리의 목적
④ 기말재고량 측정의 목적

53 원가계산 기간은?

① 3개월 ② 1개월
③ 6개월 ④ 1년

해설 원가계산 실시기간은 1개월을 원칙으로 한다. 단, 경우에 따라서 6개월 1년에 한 번 실시하기도 한다.

정답 46 ③ 47 ① 48 ① 49 ③ 50 ② 51 ① 52 ④ 53 ②

54 다음 중 재료의 소비에 의해서 발생한 원가는 어느 것인가?

① 노무비 ② 간접비
③ 재료비 ④ 경비

> 해설 제품의 제조를 위해 재료의 소비로 발생한 원가를 재료비라 한다.

55 제품의 제조를 위하여 노동력을 소비함으로 발생하는 원가를 무엇이라고 하는가?

① 직접비 ② 노무비
③ 경비 ④ 재료비

> 해설 제품의 제조를 위하여 소비된 경제가치를 노무비라하며, 임금은 직접 노무비라 하고, 급료. 수당은 간접 노무비라 한다.

56 원가요소 중에서 재료비와 노무비를 제외한 원가요소를 무엇이라고 하는가?

① 경비 ② 임금
③ 급료 ④ 원재료비

> 해설 원가의 3요소는 재료비, 노무비, 경비로 경비는 노무비와 재료비를 제외한 나머지 가치로서 보험료, 수선비, 전력비 등이 포함된다.

57 원가의 3요소는?

① 재료비, 노무비, 경비
② 임금, 급료, 경비
③ 재료비, 경비, 광열비
④ 광열비, 노무비, 전력비

> 해설 원가란 제품이 완성되기까지 소요된 경제가치로서 재료비, 노무비, 경비이다.

58 직접경비란 특정제품의 제조에 사용된 경비를 말하는데 다음 중에서 직접경비는 어느 것인가?

① 감가상각비 ② 복리비
③ 외주가공비 ④ 전력비

> 해설 •직접경비 : 외주가공비, 특허권사용료
> •간접경비 : 감가상각비, 보험료, 수선비, 전력비

59 다음 자료에 의해서 직접원가를 산출하면 얼마인가?

• 직접재료비 : 150,000	• 간접재료비 : 50,000
• 직접노무비 : 120,000	• 간접노무비 : 20,000
• 직접경비 : 5,000	• 간접경비 : 100,000

① 170,000원
② 275,000원
③ 320,000원
④ 370,000원

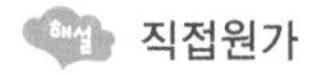

> 해설 직접원가
> = 직접재료비+직접노무비+직접경비
> ∴ 150,000+120,000+5,000 = 275,000원

60 다음 중 재료비에 포함되지 않는 것은?

① 음식재료비
② 보조재료비
③ 매입부분비
④ 보험료

> 해설 보험료는 간접경비에 속한다.

정답 54 ③ 55 ② 56 ① 57 ① 58 ③ 59 ② 60 ④

61 실제원가란 (   )라고도 하며, 보통 원가라고 한다. 다음 중 빈칸에 알맞은 것은?

① 사전원가
② 확정원가
③ 표준원가
④ 견적원가

> 해설 실제원가는 확정원가, 현실원가라고도 하며 제품을 제조한 후에 실제로 소비된 원가를 산출한 것이다.

62 다음 중 이익이 포함된 것은?

① 직접원가
② 제조원가
③ 총원가
④ 판매가격

> 
> • 직접원가 : 직접재료비+직접노무비+직접경비
> • 제조원가 : 직접원가+제조간접비
> • 총원가 : 제조원가+판매관리비
> • 판매가격 : 총원가+이익

63 직접재료비. 직접노무비. 직접경비의 3가지를 합한 원가를 무엇이라 하는가?

① 직접원가
② 제조원가
③ 총원가
④ 판매원가

>  직접원가
> 직접재료비+직접노무비+직접경비

64 급식 부분의 원가요소 중 인건비는 어디에 해당하는가?

① 제조간접비
② 직접재료비
③ 직접원가
④ 간접원가

> 해설 인건비는 노무비에 해당되며 직접원가에 해당한다.

65 일정 기간 내에 기업의 경영활동으로 발생한 경제가치의 소비액을 의미하는 것은?

① 손익　② 비용
③ 감가상각비　④ 이익

> 해설 일정한 기간 내에 기업의 경영활동으로 발생한 경제가치의 소비액을 비용이라 한다.

66 가공식품, 반제품, 급식원재료 및 조미료 등 급식에 소요되는 모든 재료에 대한 비용은?

① 관리비
② 급식재료비
③ 소모품비
④ 노무비

> 해설 급식에 소요되는 모든 재료의 비용을 급식재료비라 한다.

67 고객의 식습관과 선호도에 영향을 미치는 "형태적 요소"에 속하지 않는 것은?

① 맛　② 직업
③ 모양　④ 촉각

정답 61 ② 62 ④ 63 ① 64 ③ 65 ② 66 ② 67 ②

68 다음 중 시장조사의 목적에 해당하지 않는 것은?

① 합리적인 식단작성
② 식품명세서 작성
③ 식품재료비 예산 산출
④ 경제적인 식품 구매

 식품명세서 작성은 식품 구매관리에 해당됨

69 다음 중 시장 조사원칙에 해당하지 않는 것은?

① 조사 탄력성의 원칙
② 조사 정확성의 원칙
③ 조사 고정성의 원칙
④ 조사 계획성의 원칙

해설 시장조사의 원칙에는 적시성, 탄력성, 정확성, 계획성의 원칙이 있음

70 다음 중 식품 구매관리 절차순서로 바르게 설명한 것은?

① 품목 종류 결정 – 식품명세서 작성 – 용도에 맞는 제품 선택 – 발주 – 검수 – 납품
② 품목의 수량 결정 – 용도에 맞는 제품 선택 – 식품명세서 작성 – 공급업체 선정 – 가격 결정 – 발주 – 납품 – 검수
③ 품목의 수량 결정 – 용도에 맞는 제품 선택 – 식품명세서 작성 – 공급업체 선정 – 가격 결정 – 검수 – 납품 – 대금 지불
④ 품목의 종류 결정 – 용도에 맞는 제품 선택 – 식품명세서 작성 – 공급업체 선정 – 가격 결정 – 보관 – 입고 – 검수

해설 품목의 종류 및 수량 결정 → 용도에 맞는 제품 선택 → 식품명세서 작성 → 공급자 선정 및 가격 결정 → 발주 → 납품 → 검수 → 대금 지불 및 물품 입고 → 보관

정답 68 ② 69 ③ 70 ②

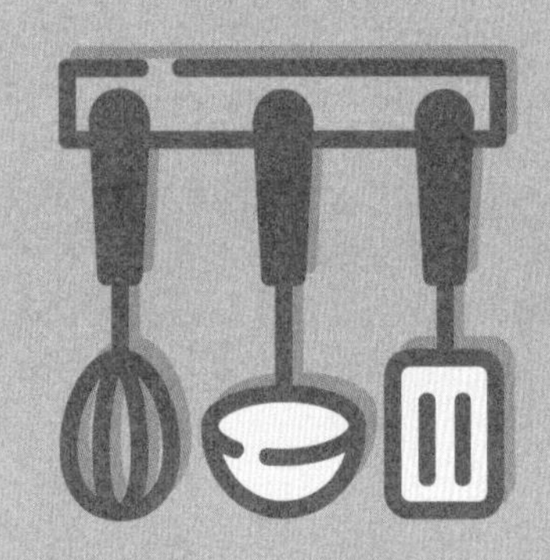

Part 05

중식 기초 조리실무

조리 준비

빈 출 C h e c k

Section 1 조리의 정의 및 기본 조리 조작

1 조리의 정의 및 목적

(1) 조리의 정의

조리란 식품에 물리적 및 화학적 조작을 가하여 합리적인 음식물로 만드는 과정, 즉 식품을 위생적으로 적합한 처리를 한 후 먹기 좋고 소화하기 쉽도록 하며, 맛있고 보기 좋게 하여 식욕이 나도록 하는 과정을 말한다.

(2) 조리의 목적

① 기호성 증진 : 조리 과정을 통하여 향미, 질감, 색이 증진되고 더욱 맛있게 하기 위하여 행한다.

② 영양성 증가 : 기계적 조작과 가열 처리로 소화와 흡수를 용이하게 하며 식품의 영양 효율을 높이기 위하여 행한다.

③ 안전성 향상 : 식품이 가지고 있는 독성분, 해충류, 농약 등을 제거하거나, 가열하여 위생상 안전한 음식으로 만들기 위하여 행한다.

④ 저장성 향상 : 조리를 하면 효소가 파괴되어 저장성이 높아진다.

(3) 조리기술

① 조리의 목적 : 조리라는 것은 영양상 좋은 식품을 소화되기 쉽게 하고, 위생적으로 처리함과 동시에 먹기 좋고 아름답게 조작하는 것이다.

② 가열 조리

㉠ 가열 조리의 목적 : 식품을 가열함으로써 위생적으로 완전하게 하고 또한 소화, 흡수를 잘 되게 하기 위함이다.

㉡ 가열 조리에서 중요한 것은 가열 온도와 시간의 조절, 온도 분포의 균일화에 있다.

㉢ 열원의 효율적인 사용을 위한 주의사항

- 화력을 조절할 것
- 식품이 열을 받아들이는 것을 효율적이게 할 것
- 여열을 이용할 것

01 가열 조리 시 얻을 수 있는 효과가 아닌 것은?
① 병원균 살균
② 소화 흡수율 증가
③ 효소의 활성화
④ 풍미의 증가

해설 가열 조리 시 효소가 불활성화 된다.

정답 _ 01 ③

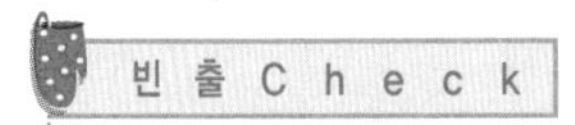

ⓓ 밥을 지을 때의 평균 열효율 : 전력 50~65%, 가스 45~55%, 장작 25~45%, 연탄 30~40%

③ 생식품 조리

㉠ 생식의 목적 : 식품 자체가 가지고 있는 풍미나 미각을 그대로 살려서 먹기 위 함이다.

㉡ 생식품 조리 시의 주의사항

- 위생적으로 취급할 것
- 항상 신선미를 갖도록 할 것
- 식품의 조직이나 섬유를 어느 정도 연하게 하여 불미 성분을 없앨 것

2 기본 조리조작

(1) 계량

만들려고 하는 음식의 목적에 맞게 준비하고 또 적절하게 조미하여 합리적으로 조리하기 위해서는 분량을 정확히 계량해야 하고, 가열 시간과 조리 온도도 적절하게 조절해야 한다. 주방에서 사용하는 계량 기구는 그램(g)저울, 200cc 계량컵, 계량스푼(15cc, 5cc)과 타이머, 온도계(200℃) 등이 있다.

(2) 씻기

조리의 첫 단계로써 식품에 부착된 불순물을 제거하여 위생적으로 안전하게 하는 과정이다. 채소는 흐르는 물에 5회 정도 씻고, 어류는 내장을 제거한 다음 깨끗이 씻는다. 씻는 방법에는 비벼 씻기, 흔들어 씻기, 쥐어 씻기, 저어 씻기 등이 있다. 세제는 기생충알 또는 농약이 있거나 표면에 굴곡이 있는 부분이 많을 때에 사용하며 물로 충분히 헹구어야 한다.

(3) 담그기

식품을 씻은 다음에 이어지는 것으로 담그는 목적은 식품에 수분을 주어 수분을 흡수시키고, 식품을 팽윤·연화시키며, 염분, 나쁜 맛, 피 등의 불필요한 성분을 용출시켜 빼주는 것이다. 또한 변색을 방지하여 물리적 성질을 향상시키고 필요한 성분을 흡수시켜 맛을 좋게 해준다.

(4) 썰기

식품을 써는 것은 조작 과정 중 가열과 더불어 매우 중요한 과정으로 재료의 특성을 잘 파악하여 써는 방법을 택하여야 한다. 써는 목적은 폐기부를 제거하여 가식부의 이용 효율을 높이고, 재료의 표면적을 넓혀 열의 이동 및 조미성분의 침투가 쉽도록 하는 것이다. 또 모양, 크기, 외형 등을 정리하여 보기 좋게 해준다.

빈 출 Check

(5) 분쇄

절구나 방아에 빻아서 고운 분말상태로 만들기 위한 것이며 깨, 낙화생 등을 빻거나 근채류를 가루로 만드는 경우이다. 분쇄기, 기계방아 등의 기구를 이용한다.

(6) 마쇄

식품을 갈거나 으깨거나 짜거나 체에 받치는 것으로, 식품의 조직을 균일하게 하고, 표면적을 크게 하여 재료 중에 포함된 효소가 활동하기 좋게 만든다. 그러나 채소나 과일 등을 마쇄하면 산화 효소의 활성이 왕성해져서 비타민 C가 파괴되는 문제가 생기므로 식염이나 비타민 C를 첨가하기도 한다.

(7) 혼합, 교반, 성형

혼합, 교반, 성형은 각기 단독으로 쓰이는 경우보다 함께 쓰이는 경우가 많다. 이 조리 조작은 재료의 균질화와 열전도의 균일화를 위하여 필요하고, 조미료의 침투를 일정하게 하며 점탄성을 증가시킨다. 또한 먹기에 편리하게 하고, 입속에서 촉감을 좋게 하며 외관을 아름답게 한다.

(8) 압착, 여과

수분이 많은 식품에서 물기를 빼거나 액체와 고체를 분리하는 것으로 마쇄, 교반, 혼합 등과 동시 또는 연속적으로 행해진다. 압착과 여과의 목적은 고형물과 액체를 분리하고 조직을 파괴하여 균일한 상태가 되게 하며, 식품의 모양을 변화시키거나 성형할 수 있도록 하는 데 있다.

(9) 냉각, 냉장

조리된 음식을 보관할 때 가장 많이 행하며, 단순하게 음식의 온도를 내려 차가운 감촉을 얻는 것 외에 미생물의 번식이나 효소 및 성분 간의 상호반응을 억제시키고 물성을 변화시키는 것을 목적으로 한다.

(10) 동결, 해동

동결은 보존법의 하나로 식품 중의 수분을 빙결시켜서 동결 상태로 하는데 이 때 조직 파괴를 적게 하기 위하여 급속 동결해야 한다. 해동은 냉동식품의 빙결정을 융해시켜 원상태로 복구시키는 것으로 완만 해동과 급속 해동이 있다.

(11) 담기

조리의 최종 단계에 속하며 조리된 음식을 그릇에 담아 시각적으로나 미각적으로 좋은 음식이 되도록 하는 것이다. 식품을 그릇에 담을 때에는 음식의 종류나 계절에 따라 적합한 그릇을 선택해야 하며, 식품의 모양, 색, 특징을 살릴 수 있도록 담아 낸다.

3 조리의 온도

① 끓이는 것 : 끓이는 국은 100℃에서 가열한다.

② 찌는 것 : 수증기 속 100℃에서 가열하나 요리에 따라 85~90℃에서 가열한다.

③ 굽는 것 : 식품을 오븐(oven)에 굽는 간접 구이와 금속판이나 석쇠의 열로 160℃ 이상의 온도에서 가열하는 직접 구이가 있다. 식품의 종류에 따라서 200℃ 이상에서 굽는 경우도 있다.

④ 튀기는 것 : 튀김의 적온은 보통 160~180℃이지만 수분이 많은 식품은 150℃, 튀김껍질이 없는 것은 130~140℃에서 튀긴다. 크로켓과 같이 내용물이 미리 가열된 것은 180~190℃에서 재빨리 튀겨낸다.

4 식품의 가식부율

① 식품에는 먹을 수 있는 부분과 동물의 뼈, 껍질, 내장 또는 생선의 내장, 채소의 뿌리와 시든 부분 등 먹을 수 없는 부분이 있다.

② 폐기율 : 식품을 폐기하는 부분의 중량을 전체 식품량으로 나누어 곱한 것

③ 가식부율 : 100에서 폐기율을 뺀 것

④ 폐기율은 식품의 종류에 따라 다르나 보통 어류는 높고 채소류는 낮다.

⑤ 식품을 구매할 때 폐기율이 낮은 식품을 싸게 구매하도록 한다.

$$\text{폐기율}(\%) = \frac{\text{폐기량}}{\text{전체중량}} \times 100$$

⑥ 폐기량 : 폐기량이란 보통 식습관상 버리는 부분의 중량이고, 폐기율은 전 중량에 대한 폐기량을 퍼센트로 표시한 것

⑦ 정미량 : 식품에서 폐기량을 제외한 먹을 수 있는 부분의 중량한 것

폐기부의 이용

생선의 내장 등은 고기 부분보다 비타민 A, B_1, B_2, 단백질이 많다.

빈 출 Check

02 가정에서 식품의 급속 냉동 방법으로 부적절한 것은?

① 충분히 식혀 냉동한다.
② 식품의 두께를 얇게 하여 냉동한다.
③ 열전도율이 낮은 용기에 넣어 냉동한다.
④ 식품 사이에 적절한 간격을 두고 냉동한다.

해설 급속 냉동 시 열전도율이 높은 용기를 사용하여 빨리 냉동이 될 수 있도록 하는 것이 좋다.

03 삼치구이를 하려고 한다. 정미중량 60g을 조리하고자 할 때 1인당 발주량은 약 얼마인가? (단, 삼치의 폐기율은 34%)

① 43g ② 67g
③ 91g ④ 110g

해설 총 발주량 = (정미중량 × 100)/(100 − 폐기율) × 인원수 = (60 × 100)/(100 − 34) × 1 = 90.9(g)

04 가식부율이 70%인 식품의 출고계수는?

① 1.25 ② 1.43
③ 1.64 ④ 2.00

해설 식품의 출고계수 = 필요량 1개 가식부율 식품의 출고계수 = 1/0.7 = 1.43

정답 _ 02 ③ 03 ③ 04 ②

빈 출 Check

Section 2 기본조리법 및 대량조리기술

1 조리 시 열전달 방법

(1) 전도(Conduction)

① 조리의 대부분을 차지하고 있는 조리 원리이다.

② 어떠한 열원에서 다른 곳으로 전달되어 조리되는 방식으로 직접적으로 열을 가하여 다른 곳으로 옮겨가는 원리이다.

예 스토브의 가스불이 프라이팬에 닿으면 곧 프라이팬은 뜨거워지게 되고, 그 표면에서 조리를 하게 되는 것

③ 전도를 이용한 조리는 금속성 기구가 주류를 이루고 있다.

(2) 대류(Convection)

① 대류식은 열의 흐름이 순환되면서 조리가 진행되는 것을 말한다.

② 대류는 전도와 함께 이루어진다.

A. 자연 대류(Natural convection)

① 더운 물질은 위로 올라가고 차가운 물질은 아래로 내려오는 성질을 이용한다.

② 포트의 물 분자 운동이 자연스럽게 위와 아래를 오가면서 순환되는 것이다.

③ 기본적으로 분자 운동을 이용하여 스톡(Stock)이나 기름, 공기의 흐름을 자연스럽게 두고, 그 안에서 조리가 이루어진다.

④ 분자 운동에 의해서 이루어지기 때문에 원하는 만큼 흐름의 속도를 조절할 수 없다.

예 빵을 구울 때, 자연 대류가 이루어지는 오븐은 한쪽 또는 부분적으로 색이 나므로 전체적인 온도 전달이 이루어지지 않는 것을 알 수 있다.

B. 강제 대류(Mechanical convection)

① 팬(Fans)이나 다른 기계를 이용하여 강제적으로 공기를 순환시켜 기계의 구석구석까지 온도가 골고루 전달된다.

② 공기나 물이 빨리 순환될 수 있고, 구석구석까지 골고루 열이 전달되어 원하는 조리 시간이나 온도의 유지가 가능하다.

③ 현대에는 이러한 원리를 이용한 오븐과 같은 조리 기구들이 전문 조리 주방에서 많이 사용되고 있다.

(3) 방사(Radiation)

① 조리 재료에 물리적인 접촉이 없이 열을 전달하여 식품을 조리한다.

② 조리 재료에 열이 전달되는 방법은 빛의 파장과 부딪침으로써 에너지가 재료에 작용하여 조리가 이루어진다.

③ 방사를 원리로 한 조리 기구는 크게 두 가지 형태로 나눠지는데, 한 가지는 적외선을 이용한 방법과 또 다른 한 가지는 초단파를 이용한 조리기구이다.

A. 적외선

① 적외선을 이용하는 조리법은 전기의 힘을 에너지로 바꾸어 빛을 발산하는데, 이 빛은 높은 열을 포함하고 있어 빛이 재료에 닿으면 조리가 이루어진다.

② 자기 재료에 열을 가하면 방사열 효과가 커지기 때문에 이 열을 식품에 전달시켜 조리가 이루어지도록 한다.

B. 초단파

① 빛의 파장인 초단파가 식품을 통과하면서 식품 속에 존재하는 물 분자의 운동을 일으켜 마찰과 열을 원리로 하여 조리하는 것이다.

② 장점

- 빠르게 조리된다. 그 이유는 식품 전체 부분을 초단파가 통과하면서 동시에 조리가 진행되기 때문이다.
- 전체 부분을 고르게 조리할 수 있다.

③ 단점

- 짙은 색이 요구되는 요리와 장시간 조리를 해야 하는 요리는 초단파 조리 방법을 피하는 것이 좋다. 그 이유는 초단파 조리는 식품이 포함하고 있는 수분이 충분해야 하므로 요리에 필요한 적정량의 습기를 없애버리거나 마른 재료는 조리가 진행되지 않기 때문이다.

④ 초단파 조리 방법을 이용할 때에는 열에 내구성을 가진 유리 제품이나 플라스틱 용기를 이용하고 금속성 용기나 기구는 피해야 한다.

⑤ 스테인리스나 쇠로된 조리 기구를 사용했을 때에는 초단파가 금속 물질의 반응에 의해 방향 변화와 함께 불꽃이 튀며 기계에 치명적인 손상을 입힌다.

전자레인지 조리의 특징

- 조리 시간이 짧다.
- 갈변이 일어나지 않는다.
- 수분 증발로 중량이 감소한다.
- 식품의 향, 색 등이 유지되고 조리 시 영양 손실이 적다.
- 데우기 등 재가열 시 편리하다.
- 용기에 담은 채로 조리가 가능하다.

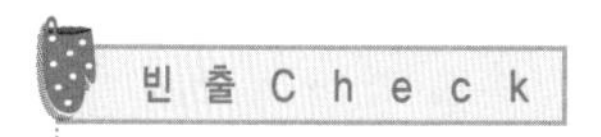

05 전자레인지의 주된 조리 원리는?

① 복사
② 전도
③ 대류
④ 초단파

전자레인지의 주된 조리 원리는 열전도, 열복사를 이용한 종래의 가열 방식과는 달리 마그네트론이라 불리는 초단파 발진판에 고압전기를 가하여 생긴 915MHz와 2,450MHz 두 개의 주파수를 이용한다.

정답 _ 05 ④

빈 출 Check

2 열이 조리에 미치는 영향

(1) 단백질의 응고(Proteins coagulate)

① 단백질은 열을 가하게 되면 단단하게 굳어진다.

② 일단 수분을 포함하고 있는 상태에서 경화가 시작되면 굳어진 다음에는 다시는 원래의 상태로 돌아갈 수 없게 된다.

③ 조리가 시작된 단백질은 수분이 빠지게 되며, 모양이 비틀어지면서 고정화 된다.

⑤ 대부분의 단백질은 71~85℃ 사이에서 완전하게 응고된다.

(2) 녹말의 호화(Starches gelatinize)

① 녹말을 조리하게 되면 젤라틴으로 변하게 된다.

② 녹말은 감자나 고구마, 옥수수 같은 식물에서 축출한 당류의 일종이다.

③ 녹말을 물과 함께 섞어 열을 가하면 녹말 입자는 물을 흡수하면서 부풀어 오르기도 하고 부드러워지며 투명해진다.

④ 녹말을 물에 풀어 열을 가하면 끈끈해지는데, 그 이유는 녹말 입자가 부풀어 오르면서 그 안에 더 많은 공간을 만들기 때문이다.

⑤ 녹말의 젤라틴화는 일반적으로 66~100℃에서 일어난다.

⑥ 소스나 수프 등의 농도를 조절하기 위한 방법으로 쓰인다.

⑦ 그 외에도 요리가 입안에 남아 있는 시간을 늘리기 위한 수단으로도 이용된다.

(3) 설탕의 캐러멜화(Sugars caramelize)

① 설탕에 열을 가하면 캐러멜로 바뀐다.

② 설탕을 금속성 팬이나 소스 포트에 담고 열을 가하면 온도 변화에 따라서 색과 맛이 천천히 변한다. 주로 사탕이나 소스, 후식류에 사용된다.

③ 고기를 로스트하거나 빵을 구울 때 표면에 생기는 색의 변화 역시 육류와 식물 속에 포함되어 있는 당류가 열에 의한 반응으로 나타나는 현상이다.

④ 우리가 흔히 사용하고 있는 설탕은 170℃에서 색이 밤색으로 변하기 시작하는데, 말토오스(maltose), 락토오스(lactose), 프록토오스(fructose) 같은 천연 당류는 캐러멜화하는 데에는 조금씩의 온도 차이가 있다.

⑤ 캐러멜화 현상은 건식열로 인한 조리 시 발생하는데, 식빵과 같이 표면에만 생기게 된다. 증기를 이용한 조리법이나 물에 의한 조리법에서는 발생하지 않고 높은 열을 이용한 건식 조리법과 기름을 이용한 조리법일 때 변화를 일으킨다.

(4) 물의 증발(Water evaporates)

① 식품 내의 온도가 증가하면 물 분자의 운동이 활발해지고, 물 성분은 가스나 수증기 형태로 변하여 증발하게 된다.

② 물의 증발은 조리하는 동안 식품의 건조 현상으로 나타나게 된다.

③ 육류의 경우 75% 수분을 함유하고 있고, 이 수분의 함량은 맛과 밀접한 관계가 있다.

④ 수분은 조리 시간과 온도의 높낮이에 대단히 민감하다.

⑤ 육류를 높은 온도(200~220℃)에서 조리를 시작하여 중간 온도(165~180℃)에서 마무리하는 것도 이러한 이유에서이다.

⑥ 물의 증발은 요리의 성질에 따라서 조리 형태를 달리한다.

(5) 지방의 융점(Fats melt)

① 지방은 동물이나 식물의 몸속에 저장되어 에너지원으로 작용한다.

② 기본적인 성질은 느낌이 부드럽고 감촉이 좋으며, 물에 녹지 않는다.

③ 지방은 고체에서 액체로 변하며 맛도 다양하다.

④ 기름(oils)은 지방의 한 형태로 상온에서는 액체 상태로 있는데 매우 안정적이다.

⑤ 기름에 열을 가하면 융점에 도달하게 되는데, 기름의 종류와 형태에 따라서 각각 다른 융점을 보인다.

3 중국요리의 특징

(1) 산동요리(북경요리)

① 기후 : 봄에는 건조하고 황사가 발생하며, 여름은 고온다습한 한랭 기후

② 특징 : 궁중 요리, 고급 요리 문화가 발달

③ 대표 음식 : 오리구이, 면류, 전병, 만두 등

(2) 강소요리(상해요리)

① 기후 : 온대성 기후

② 특징 : 해산물을 많이 이용하며, 특산품인 간장과 설탕을 사용하여 진하고 달콤하며, 기름지게 요리함

③ 대표 음식 : 게요리, 동파육, 볶음밥 등

(3) 사천요리

① 기후 : 한대에서 열대까지 지역별로 나타나고 겨울은 춥고 건조함.

② 특징

㉠ 사계절 산물이 풍성해 다양한 재료를 이용하며, 향신료를 많이 이용하고, 깨끗하고 신선함.

ⓒ 순수함과 진함이 함께 느껴짐.

③ 대표 음식 : 마파두부, 궁보계정 등 소금에 절인 생선류나 말린 저장식품

(4) **광동요리**

① 기후 : 열대성 기후

② 특징 : 외국과의 교류가 많은 지역으로 전통 요리와 국제적인 요리의 특성이 조화를 이뤄 독특하게 발달함

③ 대표 음식 : 탕수육, 팔보채, 딤섬

4 물을 사용하는 조리법

(1) **배(ba, 바)**

① 조림을 기본으로 한다.

② 조리 시간이 다소 길다.

③ 물전분을 넣어 만들기 때문에 맛이 부드럽고 이질감이 없다.

④ 북경 요리에 많이 사용하는 조리법이다.

⑤ 만들었을 때 음식의 형태가 흩어지지 않고 바로 잡혀 있어야 한다.

(2) **소(shao, 샤오)**

① 조림을 소(샤오)라고 말한다.

② 재료를 볶거나 기름에 튀겨 사용하거나 또는 쪄 놓은 상태에 육수를 붓고 센 불에 끓여 서서히 조리면서 진한 맛과 향이 나올 수 있도록 한다.

③ 불의 조절을 중요시한다.

④ 전분의 사용 농도에 따라 탕즙의 맛과 형태가 달라진다.

(3) **돈(dun, 뚠)**

① 육수를 요리 재료에 넉넉히 넣어 오래 달이는 방법이다.

② 가열 방식에 따라 과돈(侉炖), 청돈(清炖), 격수돈(隔水炖)으로 나눌 수 있다.

㉠ 과돈 : 요리 재료에 밀가루 또는 전분 가루를 입히고, 풀어 놓은 달걀을 묻힌 다음, 팬에 입힌 재료를 가지고 음식 모양을 만들어 물 또는 육수를 붓고 끓이는 방식이다. 버섯 요리 또는 부드러운 재료로 음식을 만들 때 사용하면 좋다.

㉡ 청돈 : 끓는 물 또는 육수에 준비한 음식 재료를 살짝 넣어 데친 뒤 다시 가열하는 방식이다.

㉢ 격수돈 : 음식 재료를 끓는 물 또는 육수에 데친 후 그릇에 옮겨 담아 육수를 넣고, 뚜껑을 닫아 직접 끓이거나 간접적으로 수증기로 익히는 방식이다.

(4) 민(men, 먼)

① 육수를 붓고 은근히 익히는 방식이다.

② 오래 건조된 식재료나 질긴 식재료를 이용하여 요리할 때 끓는 물에 데치거나, 기름에 한 번 데친 후 육수와 조미료를 넣어 센 불과 중불, 약한 불로 조절하여 음식을 만든다.

③ 음식이 육수와 어우러져 걸쭉하게 될 때 물전분을 넣어 음식을 마무리하기도 한다.

(5) 외(wei, 웨이)

① 음식의 재료 중 질긴 힘줄과 같은 식재료를 조리할 때 주로 사용한다.

② 재료를 크게 썰어 끓는 물에 데친 후 육수를 붓고 불의 강약 조절을 하면서 은근하게 익힌다.

③ 육수와 재료들이 어우러지게 조리지만 완성된 음식에는 육수가 다소 많이 담겨 있다.

(6) 쇄(shuan, 쑤안)

① 흔히 중국에서는 훠궈로 일본에서는 샤브샤브라는 명칭의 음식과 비슷하다.

② 뜨거운 육수에 양고기나 채소를 담가 살짝 익힌 후, 기호에 맞는 소스를 찍어 먹는다.

③ 사천 지역에서는 마라탕, 북경에서는 쇄양육이 유명하다.

(7) 자(zhu, 쭈)

① 고기류를 작게 썰어 육수를 붓고 센 불과 중불, 약불로 불 조절을 하면서 삶아 조리하는 방식이다.

② 재료를 먼저 익히거나 조미를 나중에 하기도 하고, 익은 상태에서 먹거나 다시 익은 재료를 건져 조미를 하고 요리하기도 한다.

(8) 회(hui, 후에이)

① 홍회 : 황설탕과 간장, 전분을 사용하여 만드는 요리로 농도가 진함

② 청회 : 전분이 들어가지 않는 조리법

③ 백회 : 전분을 소량으로 넣어 조리하는 방법

④ 소회 : 기름과 각종 향신료, 양념을 넣고 재료와 함께 조리는 방법

(9) 탄(tun, 툰)

① 부드러운 조직의 재료로 완자를 만들어 끓는 물 또는 육수에 빠르게 데쳐서 사용하는 조리법이다.

빈출 Check

5 기름을 사용하는 조리법

(1) 초(chao, 챠오)

① '볶다'라는 뜻의 초는 재료를 먹기 좋게 썰어 팬에 기름을 두르고, 센 불과 중불에 재빠르게 볶아서 만드는 조리법이다.

② 재료의 영양 손실이 적으며, 기름과 조미료의 복합적 방식으로 다양한 맛과 향을 지닌 조리법으로 중국요리에서는 자주 사용되는 조리법이다.

(2) 팽(peng, 펑)

① 음식의 주재료를 알맞은 모양으로 썰어 밑간을 하고 기름에 튀기거나 볶아 낸 뒤 다시, 준비한 부재료를 넣어 센 불에서 볶고, 육수를 조금 부어 조려주는 방법이다.

② 되직한 전분을 만들어 밑간이 된 주재료에 옷을 입혀 기름에 바삭바삭하게 튀긴 후 센 불에 양념을 넣어 빠르게 볶아 양념 또는 육수가 음식에 스며들 수 있도록 하는 조리법이다.

③ 대표적인 요리는 깐풍기, 칠리새우가 있다.

(3) 폭(bao, 빠오)

① 깍둑 모양으로 썰거나 재료에 칼집을 넣어 뜨거운 물 또는 기름에 데친 후 팬을 달구어 센 불에서 빠르게 볶아 내는 방식이다.

② 재료의 질감과 맛이 풍부하게 살아 있는 조리법으로 음식이 부드럽고 바삭한 느낌의 질감을 느낄 수 있게 조리한다.

(4) 작(zha, 짜)

① 손질한 재료를 중식 팬에 기름을 넉넉히 넣고 튀기는 방식이다.

② 기름 온도에 따라 재료의 맛을 살릴 수 있다.

③ 겉은 바삭하고 속은 부드럽게 만드는 조리법 중 하나이다.

(5) 류(liu, 리우)

① 재료에 조미료로 간을 하고, 된 전분이나 밀가루 옷을 만들어 입힌 후 튀김 온도에 맞춰 튀겨 내는 방식과 재료를 데치거나 쪄 낸 후 준비한 소스에 빠르게 버무리는 방식이 있다.

② 소스에 버무릴 때는 불의 조절은 중간이나 센 불에서 버무려야 음식의 향과 맛을 충분히 살려낼 수 있다.

(6) 첩(tie, 티에)

① 세 가지의 재료를 쓰는 첩은 특수한 조리법으로 만들어진다.

② 첫 번째 재료를 곱게 다지고, 두 번째 재료는 넓게 편을 내어 그 위에 재료를 얹고, 다시 세 번째 재료로 덮는다.

③ 만든 음식을 아래로 하여 기름에 지져 낸 후 다시 그릇에 물을 붓고 끓여서 증기로 익힌다.

(7) 전(jian, 지엔)

① 팬에 기름을 두르고 만들어 놓은 재료를 넣어 양면 또는 요리에 따라 한쪽 면만을 익히기도 한다.

② 재료에 따라 전분이나 밀가루를 발라 지지기도 하는데, 속은 부드럽고 겉은 노릇노릇하게 지져 낼 때 사용하는 조리법이다.

6 증기를 사용하는 조리법

(1) 고(kao, 카오)

① 중국 요리 조리법 중 제일 오래되었으며 원시적인 방법이다.

② 장작이나 숯, 석탄, 적외선, 가스 등을 연료로 쓰며, 음식의 수분이 증발되어 마치 튀겨놓은 듯 겉 표면은 바삭바삭하며, 음식의 속은 부드럽게 만들어진다.

③ 미리 음식의 재료에 간을 한 후에 직화를 이용하거나 오븐 또는 복사열을 이용하여 음식을 익히는 조리법은 오랜 전통 방식이기도 하다.

④ 유명한 북경 오리구이가 대표적인 방식이라 할 수 있다.

⑤ 다양한 식재료에 사용할 수 있다.

(2) 증(zheng, 쩽)

① 재료를 수증기로 쪄서 만드는 방식의 조리법이다.

② 각각 재료의 성질이나, 재료의 영양 손실과 본연의 맛 및 형태를 유지하기 위해 사용하기도 한다.

③ 증의 조리법은 분증, 청증, 포증의 다양한 방법으로 나뉜다.

㉠ 분증 : 음식의 재료에 오향초분 등 조미료를 넣어 골고루 버무린 후 그릇에 옮겨 담고 증기로 음식을 익힌다.

㉡ 청증 : 음식의 재료를 미리 손질하고 양념에 재워 놓고, 재료에 양념이 잘 배었을 때 그릇에 담아 증기로 익혀 낸다.

㉢ 백회 : 전분을 소량으로 넣어 조리하는 방법이다.

㉣ 포증 : 음식의 재료에 양념을 하고 대나무의 잎 또는 연잎에 재료를 싼 후 증기로 익히는 방식이다.

빈 출 C h e c k

Section 3 기본 칼 기술 습득

1 칼의 구성 및 역할

구성	역할
칼날	항상 예리하고 날카롭게 유지해야 하며, 주로 자를 때 사용하는 부분이다.
칼날 끝	칼날 끝은 항상 뾰족하게 유지해야 하며, 자를 때나 육류의 힘줄 등을 자를 때 주로 사용한다.
칼등	고기를 두드리거나 우엉 등의 껍질을 벗길 때 주로 이용한다.
칼날 뒤꿈치	칼의 안정성을 유지하기 위해서 필요한 부분이다.
손잡이	기름기나 이물질이 묻지 않도록 항상 깨끗이 유지해야 한다.

2 중식도의 종류와 잡는 방법

(1) 중식도의 종류

종류	설명
채도(菜刀 càidāo 차이 다오)	채소를 썰 때 사용하는 칼
딤섬도(點心刀 dian sin dāo 디엔 신 다오)	딤섬 종류의 소를 넣을 때 사용하는 칼
조각도(雕刻刀 diāo kè dāo 띠아오 커 다오)	조각 칼

(2) 중식도 잡는 방법

검지를 칼 옆으로 대고, 중지 및 약지와 새끼손가락으로 감싸듯이 잡는다.

3 중식 기초 썰기

종류	설명
조(條) 티아오 tiáo	채 썰기
니(泥) 니 ní /	잘게 다지기
정(丁) 띵 dīng	깍둑썰기
사(絲) 쓰 sī	가늘게 채 썰기
편(片) 피엔 piàn	편 썰기
미(粒) 리 lì / 입 또는 (未) 웨이 wèi	쌀알 크기 정도로 썰기
곤도괴(滾刀塊) 다오 콰이 dāo kuài	재료를 돌리면서 도톰하게 썰기

4 칼 관리하기

(1) 칼 사용 안전 수칙

① 칼은 제작된 목적 이외에 사용해서는 안 된다.

② 용도에 알맞은 칼을 사용해야 한다.

③ 칼날이 무디면 더 안전하지 못하다.

④ 칼을 갈 때에는 주의를 기울여야 한다.

⑤ 칼을 보이지 않는 곳에 두거나 물이 든 개수대 등에 담아 두지 않는다.

⑥ 주방에서 칼을 들고 다른 장소로 이동할 때에는 칼끝을 정면으로 두지 않으며, 칼끝을 위로 향하게 하고 칼날은 뒤로 가게 한다.

⑦ 칼을 떨어뜨렸을 경우 잡으려 하지 말고 물러서서 피한다.

⑧ 칼을 사용하지 않을 때는 안전함에 넣어서 보관한다.

(2) 칼 보관 방법

① 고온은 철의 열처리를 파손시킬 수 있으므로 칼을 열이나 화염에 노출시키지 않는다.

② 칼을 사용할 때에는 비연마성의 스펀지로 철저히 씻고 부드러운 천으로 닦아 준다.

③ 주방용 칼에 쓰이는 쇠는 칼을 날카롭게 하고 절단력을 유지하기 위해 소량의 탄소를 함유하고 있기 때문에 적절하게 관리하지 않으면 녹이 생길 수 있다.

④ 칼의 미감을 유지하고 칼날을 좋은 상태로 유지하기 위해서는 손으로 씻어 주는 것이 좋으며, 기계 세척을 할 경우 세척이 끝난 후 석회성의 물과 세제로 인한 녹의 방지를 위해 칼을 건조시켜주는 것이 좋다.

⑤ 칼을 서랍에 보관할 경우 칼끼리 부딪쳐 빨리 뭉툭해지거나 칼을 찾다가 다칠 수도 있으므로 칼집이나 적외선 소독기에 넣어 보관한다.

5 칼 연마하기

(1) 숫돌 이용하기

① 중식도(양면도) 가는 방법

㉠ 칼날을 나의 왼쪽 방향으로 향하게 하고 칼을 숫돌에 수직으로 놓는다. 칼등은 100원짜리 동전 두께(10~20°)만큼 들고, 손바닥 전체를 칼등에 댄다.

㉡ 내 앞쪽에서 바깥쪽으로는 힘 있게 밀고, 가볍게 되돌아오도록 간다.

㉢ 뒷면은 앞면과 동일한 각도로 칼을 놓고 가볍게 밀고 힘차게 돌아온다. 앞면과 뒷면을 1대1의 비율로 갈아 준다.

빈 출 C h e c k

② 단면도 가는 방법

㉠ 칼끝을 내 앞으로 향하게 하고 칼을 숫돌에 대해 45° 정도로 한다.

㉡ 숫돌에 칼 앞면을 붙여서 오른손의 엄지로 칼 밑을 누른 다음, 내 앞쪽에서 바깥쪽으로는 힘 있게 밀고, 가볍게 되돌아오도록 간다.

㉢ 지분이 생기면 매끈하게 갈려지므로 수시로 물을 뿌린다.

㉣ 뒷면은 칼등으로 내 앞으로 향하게 하고 칼을 숫돌에 대해 45° 정도로 한다.

㉤ 숫돌에 칼 뒷면을 붙여서 오른손의 엄지로 칼 윗부분을 누른 다음 가볍게 갈아준다.

㉥ 앞면을 중심으로 갈아 주고, 뒷면은 마무리하듯 넘어 간 앞면 칼날만 잡아 주며, 앞면과 뒷면을 9대1의 비율로 갈아 준다. 마무리 숫돌을 이용해 동일한 방법으로 다시 한번 갈아 준다.

(2) 주의사항

① 칼을 갈 때 칼날의 각도와 힘을 일정하게 주면서 가는 것이 중요하다.

② 칼을 갈 때 앞면을 중심으로 간다.

③ 칼을 갈 때 허리는 30° 정도 앞으로 숙인다.

(3) 줄(야스리) 이용하기

① 줄을 세워서 칼을 갈 때

㉠ 줄을 45°정도 기울여 왼손으로 잡고 오른손에 칼을 세워 잡는다. 줄과 칼날과의 각도는 20°정도로 유지한다.

㉡ 줄을 따라 칼날을 아래로 손목을 이용해 움직인다.

㉢ 칼끝이 줄에 닿을 때까지 줄과 칼날을 접촉시킨다.

㉣ 줄의 바깥쪽 부분에 칼날의 반대쪽을 대고 같은 방법으로 갈아 준다.

② 줄을 밑으로 향해서 칼을 갈 때

㉠ 수직으로 줄을 잡고 줄 한쪽 면의 칼굽부터 내리면서 간다. 줄과 칼날과의 각도는 20°정도로 유지한다.

㉡ 약간 힘을 주고 손목이 아닌 팔을 움직이면서 부드러운 동작으로 줄의 자루 아래로 밀어 준다.

㉢ 자루를 따라 칼날이 내려가면서 칼끝이 이동하게 된다.

㉣ 줄의 다른 쪽 부분에 칼날을 대고 같은 방법으로 갈아 준다.

빈 출 C h e c k

(4) 숫돌의 종류

종류	설명
거친 숫돌	새 칼을 쓸 때나 칼날이 크게 손상되었을 때에 사용한다.
중간 숫돌	칼날을 세울 때 사용하며, 평상시 칼을 갈 때 보편적으로 중간 숫돌을 이용하여 칼을 간다.
마무리 숫돌	중간 숫돌로 칼날을 세운 다음, 더욱 정교하게 날을 세우고자 할 때와 칼에 나있는 아주 작은 흠집 등을 깨끗이 제거할 때 사용한다.

(5) 숫돌 유지 관리하기

① 숫돌을 오랫동안 사용하면 가운데가 움푹해지고 표면이 상하는데, 그런 경우에는 사용했던 숫돌보다 조금 더 거친 숫돌을 이용해 갈아 주면, 표면이 평평하게 '면고르기'가 된다.

② 숫돌에 각이 난 부분은 숫돌과 숫돌을 서로 대고 각을 없애 준다(그대로 두면 사용 도중 각이 떨어져 칼날을 상하게 한다).

③ 사용하고 난 후에는 숫돌을 깨끗이 닦아서 보관한다.

Section 4 조리기구의 종류와 용도

1 중식 조리에 사용되는 기물의 종류 및 명칭

종류	설명
중화 팬(중식 팬)	바닥 부분이 둥근 금속 냄비로 중국요리를 할 때 기본으로 사용되는 팬이다. 열의 전도가 전체에 골고루 퍼져 빠르게 재료를 익힐 수 있고 튀김뿐만 아니라 다양한 조리를 할 수 있는 팬이다.
풋(put)	닭뼈, 생선뼈 등 여러 가지의 육수를 끓일 때 사용되며 대량으로 소스을 만들 때 사용하는 커다란 용기이다.
튀김 건짐망	튀김 재료들을 튀겨 건질 때나 육수에 삶아 건질 때 사용하며 소스나 기름 등을 거를 때도 사용된다.
볶음 튀김 국자	모양은 둥근 모양이며 작은 구멍이 나 있어 재료를 튀겨 건지거나 식재료를 데치거나 삶아 건질 때 사용된다.
칼	모양은 직사각형이며 칼끝이 직선으로 된 것과 활모양으로 굽은 것이 있다. 칼은 무거우며 칼날이 예리하다.
중식 국자	식재료를 볶을 때뿐만 아니라 식재료를 덜어 사용할 때에도 이용하는 자루가 긴 국자이다.
도마	식재료를 자를 때 사용한다.
제면기	면을 뽑거나 만두피를 밀 때 사용한다.
대나무 찜기	식재료나 딤섬을 쪄서 낼 때 사용한다.

Section 5 식재료 계량 방법

1 계량

만들려고 하는 음식의 목적에 맞게 준비하고 또 적절하게 조미하여 합리적으로 조리하기 위해서는 분량을 정확히 계량해야 하고, 가열 시간과 조리 온도도 적절하게 조절해야 한다. 주방에서 사용하는 계량 기구는 그램(g)저울, 200cc 계량컵, 계량스푼(15cc, 5cc)과 타이머, 온도계(200℃) 등이 있다.

(1) 가루 제품 계량 방법

① 밀가루

밀가루는 체에 친 후 계량한다. 두세 번 체에 친 밀가루를 스푼으로 계량컵에 수북이 담아 스파출라로 편평하게 깎은 것을 한 컵으로 한다. 밀가루를 체로 칠 때 밀가루 사이에 들어간 공기는 빵을 부풀게 하는데 이용된다.

② 설탕

- 백설탕 : 덩어리진 것은 부수어서 계량컵에 수북이 담고, 표면을 스파출라로 깎아 계량한다.
- 황설탕, 흑설탕 : 사탕수수로 설탕을 만드는 과정에서 당밀이 남아 있어 서로 달라붙기 때문에, 컵에서 꺼내었을 때 모양이 유지될 정도로 꾹꾹 눌러 담아 표면을 편평하게 스파출라로 깎아 계량한다.

(2) 고체 식품 계량 방법

① 고체 식품은 부피보다 무게를 재는 것이 더 정확하다.

② 버터와 마가린같이 실온에서 고체인 지방은 냉장고에서 꺼낸 직후에 부피를 재기에는 너무 딱딱하므로 실온에서 약간 부드럽게 한 후 공간이 없게 꾹꾹 눌러 담아 위를 편평하게 깎아 계량한다.

③ 된장도 컵에 꾹꾹 눌러 담아 같은 방법으로 계량한다.

(3) 액체 식품 계량 방법 : 액체 식품은 투명한 컵을 사용하여 계량한다.

① 일반적인 액체 : 컵을 수평 상태로 놓고 눈높이를 액체의 밑면에 일치되게 하여 눈금을 읽는다.

② 점도가 있는 액체 : 꿀과 엿 등은 컵에 가득 채운 후 위를 편평하게 깎고, 고추장, 마요네즈, 케첩 등은 공간이 없도록 눌러 담고 위를 깎아 계량한다.

빈출 Check

10 계량 방법이 잘못된 것은?

① 된장, 흑설탕은 꼭꼭 눌러 담아 수평으로 깎아서 계량한다.
② 우유는 투명기구를 사용하여 액체 표면의 윗부분을 눈과 수평으로 하여 계량한다.
③ 저울은 반드시 수평한 곳에서 0으로 맞추고 사용한다.
④ 마가린은 실온일 때 꼭꼭 눌러 담아 평평한 것으로 깎아 계량한다.

해설 우유와 같은 액체를 계량할 때에는 투명한 계량컵을 사용하는 것이 편리하며, 계량 시 눈금과 액체 표면의 아랫부분을 눈의 높이와 맞추어계량한다.

11 버터나 마가린의 계량 방법으로 가장 옳은 것은?

① 냉장고에서 꺼내어 계량컵에 눌러 담은 후 윗면을 직선으로 된 칼로 깎아 계량한다.
② 실온에서 부드럽게 하여 계량컵에 살짝 담아 계량한다.
③ 실온에서 부드럽게 하여 계량컵에 눌러 담은 후 윗면을 직선으로 된 칼로 깎아 계량한다.
④ 냉장고에서 꺼내어 계량컵의 눈금까지 담아 계량한다.

해설 고체 지방은 실온에서 부드러워졌을 때 계량컵에 꼭꼭 담고 직선으로 된 칼이나 스파출라로 깎아 계량한다.

12 식품을 계량하는 방법으로 틀린 것은?

① 밀가루 계량은 부피보다 무게가 더 정확하다.
② 흑설탕은 계량 전 체로 친 다음 계량한다.
③ 고체 지방은 계량 후 고무주걱으로 잘 긁어 옮긴다.
④ 꿀같이 점성이 있는 것은 계량컵을 이용한다.

해설 흑설탕, 황설탕은 용기에 꼭꼭 눌러 담아 용기의 자국이 남도록 계량한다.

정답 _ 10 ② 11 ③ 12 ②

계량 단위[C : 컵, Ts : 테이블스푼(큰 술), ts : 티스푼(작은 술)]
- 1C = 240cc(우리나라의 경우는 200cc)
- 1C = 16Ts
- 1Ts = 3ts
- 1Ts = 15cc

Section 6 조리장의 시설 및 설비 관리

1 조리장의 시설

(1) 조리장의 기본

조리장을 신축 또는 개조할 경우 기본 문제(위생, 능률, 경제)를 고려하여 설계 및 공사를 해야 한다. 그 중에서 위생적인 면을 제일 먼저 고려하여야 하며, 예산이 없다고 해서 위생시설을 소홀히 해서는 안 된다. 다음으로 능률을 고려하여야 한다. 즉, 손이 많이 안 가도록 작업을 할 수 있는 조리장이 되어야 한다. 그러면서 무리가 없는 경제적인 조리장을 기본으로 하여야 한다.

(2) 구조

① 조리장의 구조는 충분한 내구력이 있어야 한다.

② 객실 및 객석과는 구획되어 구분이 분명해야 한다. 단, 객실 면적 $33m^2$ 미만의 대중음식점, 인삼 찻집, 간이주점은 별도로 구획된 조리장을 갖추지 않아도 된다.

③ 바닥과 바닥으로부터 1m까지의 내벽은 타일, 콘크리트 등의 내수성자재의 구조여야 한다. 단, 대중음식점, 인삼 찻집, 간이주점, 전문음식점, 일반유흥접객업, 무도유흥접객업, 외국인 전용 유흥접객업은 타일로 된 구조이어야 한다.

④ 배수 및 청소가 쉬운 구조여야 한다.

(3) 면적

설비와 기구를 완비하고도 작업에 지장을 받지 않을 크기와 면적을 확보해야 한다(형태 : 직사각형 구조).

(4) 조리장의 관리

① 실내, 바닥, 시설 등은 매일 1회 이상 청소를 실시하여 청결을 유지한다.

② 조리 기구와 식기류, 수저 등은 사용 시마다 깨끗이 씻어 잘 건조시키고 매일 1회 이상 멸균 처리에 의한 소독을 실시한다.

빈출 Check

③ 조리 전의 원재료와 음식물은 항상 보관 시설 또는 냉장 시설에 위생적으로 보관한다.

④ 손님에게 제공되었다가 회수된 잔여 음식물은 반드시 폐기한다.

⑤ 조리장에서 나오는 폐기물, 기타 쓰레기는 나올 때마다 폐기물 용기에 넣어 덮개를 잘 닫아 위생적으로 보관 및 처리한다.

⑥ 급수는 수돗물 또는 공공 시험기관에서 음용에 적합하다고 인정하는 것만을 사용한다.

⑦ 환기를 자주 실시하여 조리장 내의 공기를 순환시킨다.

⑧ 조리장 내의 조명을 기준 조도(50룩스) 이상이 되게 항상 유지한다.

⑨ 심사숙고하여 필요한 도구만 구입하고, 사용되지 않는 도구를 구입하여 공간을 차지하고 비용을 낭비하지 않아야 하며, 사용 후에는 제자리에 위치시켜야 한다.

⑩ 조리용 도구는 늘 깨끗한 상태를 유지하고 절대로 주방 바닥에 놓아서는 안 되며, 다음 사용에 원활하도록 사용 후에는 원래의 형태로 유지시켜야 한다.

(5) 조리 도구의 정리 정돈

A. 칼

① 조리사가 가장 많이 사용하는 도구이므로 보관상 특히 유의하여야 한다.

② 잘 썰리도록 관리되어야 하며, 보관 시에는 다른 도구보다 먼저 세척하고 칼날과 손잡이를 전체적으로 주의하여 세척해 안정되고 위생적인 자외선 칼 보관함에 보관한다.

B. 도마(Kichen board)

① 칼과 같은 곳에 보관하지 않고 자외선 도마 보관함에 보관한다.

② 사용 후에는 깨끗이 세척하여 물기를 제거하여 보관하며 정기적으로 전용 세제를 이용하여 닦아 관리한다.

C. 조리 기물

① 작은 조리용 도구(제스터, 스쿱 등)는 사용 후에는 정해진 장소(선반이나 서랍 등)에 보관하여 분실에 유의하고, 누구나 언제든지 사용할 수 있도록 한다.

② 중간 크기의 도구(믹싱 볼, 소스 팬 등)는 이동이 가능하므로 꺼내 쓰기 편리하고 보관이 편한 장소를 고려하여 위치를 선정하여 사용한다.

③ 크기와 무게가 무거운 조리 도구(초퍼, 슬라이서 등)는 사용 시에 주의하여야 하며, 다른 작업자와 겹치면 위험하므로 동선을 고려하여 안전한 곳에 배치하여 사용한다.

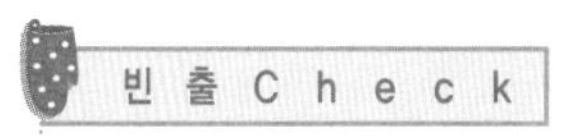

④ 모든 조리 도구는 사용 전후에 적절한 주방 세제를 사용하여 청결하게 세척하여야 다음에 사용할 때 위생적으로 사용이 용이하므로 음식 찌꺼기를 제거함은 물론 물기도 늘 깨끗이 제거해야 한다.

2 조리장의 설비

(1) 급수 설비

급수 방법에는 직접 급수법과 고가수도 급수법 등도 있다. 수압은 일반적으로 0.35kg/㎠ 이상, 수압 세미기(洗米機)는 0.7kg/㎠, 그 외에 수압과 수량에 의해서 0.5kg/㎠ 이상이어야 한다. 변소나 욕실은 0.7kg/㎠가 최저 수압이다. 또한 수도꼭지에서 방출하는 물이 물건에 맞아 튀기는 일이 없도록 포말수정을 사용한다. 급수관은 보통 아연도금 강관을 사용하며 수도관의 동파를 막기 위하여 충분한 보온 시설이 필요하다.

(2) 급탕 설비

급탕은 일정한 장소에서 각 탕에 급탕하는 중앙급탕법과, 필요한 장소에 분탕기를 두고 급탕하는 국소급탕법이 있다. 중앙급탕법은 대 조리장, 국소급탕법은 소 조리장에 적합하다. 중앙급탕법일 경우 보일러에서 꼭지까지 2개의 파이프로 연결하는 이관식 급탕법과 한 개의 파이프로 연결하는 일관식 급탕법이 있는데 대부분 공사비를 절약하기 위해 일관식을 사용하나 사용이 불편하다. 가스 순간온탕기는 1L의 물을 1분간 25℃ 높이는 힘이 있는 것을 1호라 한다. 가스 온탕기에는 반드시 환풍장치가 필요하다.

(3) 작업대

① 일반적으로 평편한 것이 많으나 물이 흐르지 않게 하기 위해서 가장자리가 약간 올라간 것을 사용한다.

② 작업대의 길이, 폭, 높이의 표준은 싱크대와 같다. 작업대와 싱크대의 중간형이 있는데 이것은 분류상 싱크에 속하나 실제로는 얕은 싱크 속에다 나무판을 놓고 어물의 조리에 사용되는 작업대이다.

③ 매주 1회 이상 대청소 및 소독을 실시하여 깨끗한 환경을 유지해야 한다.

④ 작업대는 사용 목적에 의해서 고정식과 이동식이 있다.

- 조리 작업대는 조리하기 편한 곳에 위치해야 하며, 보통 양쪽에서 작업하고 분배하기 편리하도록 중앙에 위치하는 경우가 많지만 동선을 고려하여 편리하게 위치시킨다.

빈출 Check

② 높이는 작업하기 편리하도록 맞추어야 하고, 작업 시에 움직이면 위험하므로 확실하게 고정되어야 한다.

③ 사용하지 않은 도구는 작업대에 놓지 않고, 작업을 마치면 작업대는 깨끗이 닦고 위생적으로 청결하게 관리하여야 한다.

(4) 냉장고, 냉동고

냉장고 온도는 2~5℃가 적정 온도이고, 냉동고는 –18~-20℃가 적정한 온도이므로 체크 리스트를 만들어 적정 온도 유지에 주의를 기울여야 한다. 적정 온도 범위에서 벗어나면 빠른 조치를 취하고 정기적으로 날짜를 정하여 청소를 실시한다.

A. 냉장고

① 식재료 보관 시에는 밀폐 용기를 이용한다(냄새가 다른 식품에 전이 안 됨).

② 채소는 흙이 묻은 상태로 보관하지 않고 세척하여 보관한다.

③ 어패류와 육류는 필요하지 않은 부분을 제거하여 가식 부위만을 물기를 제거하여 되도록 진공 포장을 하여 보관하고 같이 한 용기에 보관하지 않는다.

④ 정기적으로 냉장고를 청소한다.

B. 냉동고

① 식재료를 냉동할 때에는 완전히 밀폐하여 크지 않은 부피로 냉동한다.

② 너무 많은 식재료를 냉동시키면 냉동고가 기능을 제대로 수행하지 못하므로 적절한 공간을 유지시키며 사용한다.

③ 오래 보관되는 식재료가 없도록 품목 리스트를 작성하여 사용하면 능률적으로 정리 정돈이 가능하다.

④ 정기적으로 냉동고를 청소한다.

(5) **주방**

① 작업하는 중에도 늘 정리 정돈을 하면서 조리한다.

② 음식물이 바닥에 떨어지면 미끄러워 위험하므로 주의하고, 되도록 작업대와 바닥을 더럽혀지지 않은 상태를 유지하며 작업한다.

③ 마무리를 하게 되면 개수대와 작업대를 물기가 없도록 깨끗이 정리하며, 바닥은 쓸고 닦아 이물질이 없도록 유지시켜야 한다.

④ 쓰레기통은 재활용과 쓰레기 음식물로 분류하고, 뚜껑이 있는 쓰레기통을 구비하여 사용하며, 청소 마지막 단계에서 모든 쓰레기통을 비워 해충의 발생을 없앤다.

식품의 조리원리

빈 출 C h e c k

13 장마가 지난 후 저장해둔 쌀이 적홍색 또는 황색으로 착색되어 있었다. 이러한 현상의 설명으로 틀린 것은?

① 수분 함량이 15% 이상 되는 조건에서 저장할 때 특히 문제가 된다.
② 기후 조건 때문에 동남아시아 지역에서 곡류 저장 시 특히 문제가 된다.
③ 저장된 쌀에 곰팡이류가 오염되어 그 대사산물에 의해 쌀이 황색으로 변한 것이다.
④ 황변미는 일시적인 현상이므로 위생적으로 무해하다.

해설 페니실리움속 푸른곰팡이는 저장 중인 쌀에 번식하여 일어난 황변미 중독으로 인체에 신장 중독, 신경 중독, 간장 중독 등을 일으킨다.

14 곡물의 저장 과정에서 변화에 대한 설명으로 옳은 것은?

① 곡류는 저장 시 호흡 작용을 하지 않는다.
② 곡물 저장 때 벌레에 의한 피해는 거의 없다.
③ 쌀의 변질에 가장 관계가 깊은 것은 곰팡이다.
④ 수분과 온도는 저장에 큰 영향을 주지 못한다.

해설 저장 중인 쌀에는 황변미 중독을 일으키는 페니실리움속 푸른곰팡이가 있으며 인체에는 신장 중독을 유발한다.

정답 _ 13 ④ 14 ③

Section 1 농산물의 조리 및 가공 · 저장

1 농산물의 조리 및 가공 · 저장

(1) 농산물의 특성

① 재배가 용이하다.
② 단위 면적당 에너지 생산량이 높다.
③ 수분 함량이 낮아서 많은 양의 저장, 수송이 유리하다.
④ 전분이 주성분이다.
⑤ 쌀, 맥(보리, 밀, 호밀, 귀리), 잡곡(조, 기장, 수수, 옥수수, 메밀) 등이 있다.
⑥ 쌀의 가공 : 외피(낟알 보호), 배유(식용 부분), 배아(영양소 풍부)

(2) 쌀의 조리

① 쌀의 구조
㉠ 벼는 현미80%, 왕겨 20%로 구성된다.
㉡ 현미 : 벼에서 왕겨층을 제거한 것이다(8%의 쌀겨 발생).
㉢ 영양, 소화율, 맛 등을 고려하면 7분도미가 식용으로 가장 합리적이다.
㉣ 도정이 진행됨에 따라 맛, 빛깔, 소화율이 높아지고, 당질 함량이 증가한다.
㉤ 백미는 배유만 남은 것으로 영양가는 낮지만 섬유소의 제거로 소화율이 높다.

② 쌀의 저장성
㉠ 쌀은 벼의 상태로 저장하는 것이 가장 좋다.
㉡ 저장에 유리한 순서는 벼 → 현미 → 백미 순이다.

③ 쌀의 조리(밥 짓기) : 맛을 좋게 하고 소화율을 증가시키기 위해 조리를 한다. 벼에서 왕겨층(20%)을 제거하면 현미이고, 다시 배아 및 겨층(호분층, 종피, 과피)을 제거하면 백미가 된다. 현미, 백미의 소화율은 각각 90%, 98%이다.
㉠ 씻기 및 흡수 : 수용성 비타민의 손실을 막기 위해 쌀을 너무 으깨어 씻지 않는다. 쌀을 씻을 때에 흡수되는 물은 10% 전후이고, 담가 두는 동안 20~30%의 수분 흡수가 일어난다. 가열 과정에서의 물의 증발량은 10~30% 범위이다. 수침 시간은 여름 30분, 겨울 90분 정도이다.

ⓛ 물의 분량 : 쌀의 종류, 건조 상태에 따라 쌀 입자 속의 전분이 완전히 호화되려면 충분한 물이 필요하다.

쌀의 종류에 따른 물의 분량

쌀의 종류	쌀의 중량에 대한 물의 분량	체적(부피)에 대한 물의 분량
백미(보통)	쌀 중량의 1.5배	쌀 용량의 1.2배
햅쌀	쌀 중량의 1.4배	쌀 용량의 1.1배
찹쌀	쌀 중량의 1.1~1.2배	쌀 용량의 0.9~1.0배
불린 쌀	쌀 중량의 1.2배	쌀 용량의 1.0배(동량)

ⓒ 가열 : 가열 시간은 쌀의 양, 기온, 화력 등에 따라 다르며, 온도 상승기, 비등기, 증자기의 3단계로 나뉜다.

- 온도 상승기 : 20~25%의 수분을 이미 흡수한 쌀의 입자는 온도가 상승하면 더 많은 물을 흡수하여 팽윤하고 60~65℃에서 호화가 시작된다. 이때 강한 화력에서 10~15분 정도가 좋다.
- 비등기 : 쌀은 계속 물을 흡수하여 물의 대류가 이루어지면 입자는 움직여 비등하고, 쌀의 전분이 호화하고 점착하기 시작하면 쌀의 입자는 움직이지 않는다. 온도는 100℃ 정도이다. 중간 화력으로 5분 정도 유지한다.
- 증자기(뜸들이기) : 쌀 표면에 있는 수분이 수증기가 되어 쌀 입자가 쪄지며, 쌀 입자가 호화 팽윤하면서 수분이 흡수된다. 내부 온도는 98~100℃가 되도록 하며, 화력을 약하게 조절하여 보온이 되도록 15~20분 정도 유지하는 것이 좋다.

ⓔ 쌀밥의 맛

- pH 7~8의 물로 지은 밥은 맛이나 외관이 매우 좋고, 산성일수록 밥맛이 좋지 않다.
- 수확한 후 시일이 오래되어 변질되거나 지나치게 건조된 쌀은 밥맛이 좋지 않다.
- 0.03%의 소금을 넣으면 밥맛이 좋아진다.
- 밥맛은 토질과 쌀의 품종에 따라 다르고, 쌀의 일반 성분은 밥맛과 거의 관계가 없다.
- 맛있고 소화가 잘되는 밥의 양은 쌀의 중량의 2.5배 전후이다($\frac{\text{된 밥의 중량}}{\text{쌀의 중량}} = 2.5 \sim 2.7$).

빈출 Check

15 찹쌀의 아밀로오스와 아밀로펙틴에 대한 설명 중 맞는 것은?
① 아밀로오스 함량이 더 많다.
② 아밀로오스 함량과 아밀로펙틴의 함량이 거의 같다.
③ 아밀로펙틴으로 이루어져 있다.
④ 아밀로펙틴은 존재하지 않는다.

해설 찹쌀은 아밀로펙틴 100%로 이루어져 있다.

16 밥 짓기 과정의 설명으로 옳은 것은?
① 쌀을 씻어서 2~3시간 푹 불리면 맛이 좋다.
② 햅쌀은 묵은 쌀보다 물을 약간 적게 붓는다.
③ 쌀은 80~90℃에서 호화가 시작된다.
④ 묵은 쌀인 경우 쌀 중량의 약 2.5배 정도의 물을 붓는다.

해설 햅쌀은 묵은 쌀보다 수분 함량이 많으므로 물을 약간 적게 붓는다.

정답 _ 15 ③ 16 ②

④ 전분의 알파(α)화

식품에 포함된 탄수화물은 주로 전분이다. 날것의 전분은 소화가 잘 되지 않기 때문에 쌀, 보리, 감자, 좁쌀 등 전분이 주성분으로 된 식품은 가열하지 않으면 먹지 못한다. 이와 같이 날것인 상태의 전분을 베타(β)전분이라 한다.

베타전분은 분자가 규칙적으로 밀착·정렬되어 있기 때문에 물이나 소화액이 침투하지 못한다. 이 베타전분을 물에 끓이면 그 분자에 금이 가서 물 분자가 전분의 속에 들어가 팽윤된 상태가 되는데 이 현상을 호화(糊化)라 한다. 다시 가열을 계속하면 날전분의 분자 규칙이 파괴되며 소화가 잘 되는 맛있는 전분이 된다. 이것을 전분의 알파화라 하며 이 과정을 거친 전분을 알파전분이라 한다.

쌀, 보리, 좁쌀 등과 같이 수분이 적은 곡류는 물과 같이 가열하나, 감자류 같은 수분이 많은 것은 그 식품 자체에 함유된 수분만으로 충분하다. 또한, 알파화하기 위한 온도는 전분의 종류에 의해서 다소 다르나 높은 온도일수록 알파화가 잘 일어난다.

곡류 입자의 구조

곡류의 종류에 따라 다르기는 하지만 곡류 입자는 왕겨로 둘러싸여 있고 그 내부는 겨층, 배유, 배아의 세 부분으로 구성된다. 곡류입자의 단면을 보면 가장 외부에 과피(열매껍질)가 있고 그 안에 종피(씨껍질)가 있다. 과피는 다시 표피, 중과피, 엽록층, 관상 세포로 구분된다. 관상 세포 안쪽에 종피와 호분층과 전분 저장 조직으로 구성된 배유가 있다. 곡류의 전체적인 형태를 보면, 쌀과 맥류의 생김새는 비슷하나 맥류는 낟알 중앙에 골이 져 있다. 조나 수수는 작은 알맹이로 구형에 가깝다. 옥수수는 종류에 따라 형태와 크기가 달라 모난 것, 모형, 원형, 방추형 등이 있고 과피와 종피가 밀착해 있으며 과피 안의 종피는 얇은 층으로 되어 있다.

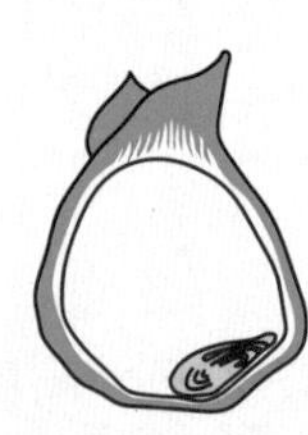
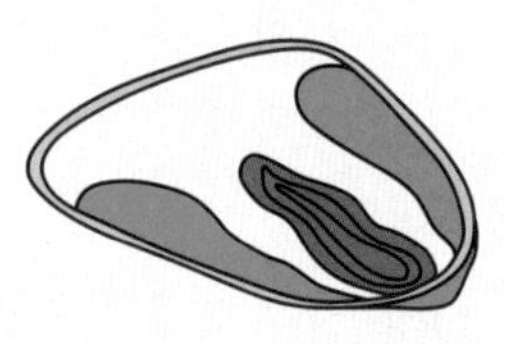
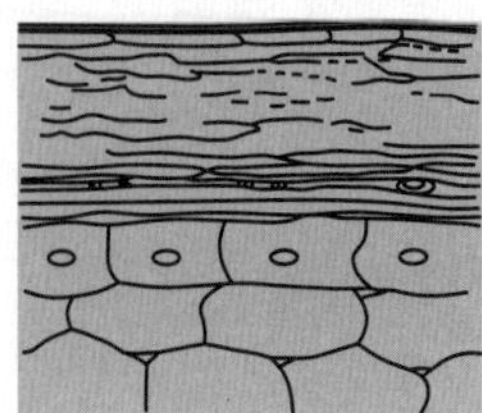

빈출 Check

17 β-전분이 가열에 의해 α-전분으로 되는 현상은?

① 호화 ② 호정화
③ 산화 ④ 노화

해설 생전분을 β-전분이라 하고 익힌 전분을 α-전분이라 하는 데, β-전분이 α-전분으로 되는 현상을 호

18 전분에 대한 설명으로 틀린 것은?

① 찬물에 쉽게 녹지 않는다.
② 달지는 않으나 온화한 맛을 준다.
③ 온도가 낮을수록 알파화가 잘 일어난다.
④ 가열하면 팽윤되어 점성을 갖는다.

해설 알파화하기 위한 온도는 전분의 종류에 의해서 다소 다르나 높은 온도일수록 알파화가 잘 일어난다.

19 호화와 노화에 관한 설명 중 틀린 것은?

① 전분의 가열 온도가 높을수록 호화 시간이 빠르며, 점도는 낮아진다.
② 전분 입자가 크고 지질 함량이 많을수록 빨리 호화된다.
③ 수분 함량이 0~60%, 온도가 0~4°C일 때 전분의 노화는 쉽게 일어난다.
④ 60°C 이상에서는 노화가 잘 일어나지 않는다.

해설 전분의 가열 온도가 높을수록 호화 시간이 빠르고 점도는 높아진다.

정답 _ 17 ① 18 ③ 19 ①

⑤ 전분의 겔화(gelation)

전분에 물을 넣고 가열하여 호화가 일어나면, 전분 입자로부터 아밀로오스가 일부 빠져나와 호화된 전분액의 액체 부분에 흩어져 있게 된다. 전분액이 뜨거울 때는 점성이 있으나 단단하지는 않고 흐를 수 있다. 그러나 호화된 전분액을 냉각시키면 유리되었던 아밀로오스들은 분자들 간의 수소결합을 통해 회합하거나, 전분 입자의 외곽에 있는 아밀로펙틴 분자의 가지와 결합하게 된다.

그 결과 아밀로오스는 팽창한 전분 입자를 서로 연결시켜 입체적 망상 구조를 형성하게 되고 그 내부에 물이 갇히게 되면서 반고체 상태인 겔(gel)을 형성한다. 호화된 전분액이 식으면서 부분적으로 이런 현상이 일어나는데, 이것을 겔화라 한다. 이렇게 하여 형성된 겔은 용기에서 분리시켜도 그 모양을 유지한다. 그러나 모든 호화된 전분이 이러한 현상을 일으키는 것은 아니다. 아밀로펙틴만으로 이루어진 찰 전분은 겔화가 더디게 일어나며 고도로 가지를 치고 있는 글리코겐(glycogen)은 겔을 형성하지 않는다.

⑥ 전분의 노화(老化, retrogradation)

알파화된 전분은 상온에 방치해 두면 다시 조금씩 베타형이 된다. 이 현상을 노화라 한다. 떡이 굳어지는 것도 노화의 예이다.

노화한 것은 다시 가열하면 알파형으로 된다. 떡을 굽는다든가, 찬밥을 찌는 일은 노화된 전분을 알파형으로 만드는 것이다.

알파전분의 베타형으로 변화하는 현상은 수분이 15% 이하인 경우에는 일어나지 않으므로 알파화했을 때 탈수하면 오랫동안 알파형을 유지할 수 있다(80℃ 이상에서 급속 건조). 이러한 원리를 응용해서 센베나 비스킷을 만든다. 또한 보수성(保水性)이 강한 서당(庶糖) 속에 두면 탈수 작용을 해서 노화가 둔화된다. 카스텔라나 고물 등이 이와 같은 예이다. 전분 중의 수분을 갑자기 동결시켜도 그 효과가 있다. 빵이나 케이크를 갑자기 동결시키면 6개월 이상을 구워진 상태로 보존할 수 있다.

전분의 호화, 겔화, 노화는 독립적으로 일어나는 현상이 아니라 연속적으로 일어나는 것이다. 즉, 전분을 찬물에 분산시킨 후 가열하여 교질 용액(colloid)이 형성되면 호화가 일어난 것이고, 호화액이 식어서 흐르지 않는 상태가 되면 겔화된 것이며, 겔이 굳어서 단단해지면 노화된 것이다. 겔화되는 과정에서 여기저기에 형성된 작은 결정 영역에 아밀로오스 등의 분자가 서서히 더 붙어서 결정 영역이 커지면 노화 현상이 일어난다. 그러나 겔화 또는 노화에 의해서 생긴 결정 영역은 생전분에서의 결정 영역과 그 양상이 다르기 때문에 호화되었던 전분이 노화되어 결정 영역이 생긴다고 하여 원래의 생전분일 때의 상태로 되돌아가

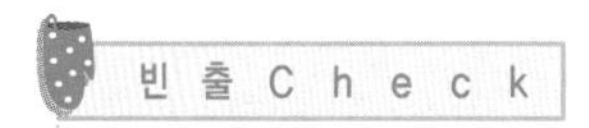

20 멥쌀과 찹쌀에 있어 노화 속도 차이의 원인 성분은?

① 아밀라아제(amylase)
② 글리코겐(glycogen)
③ 아밀로펙틴(amylopectin)
④ 글루텐(gluten)

해설 아밀로펙틴의 함량이 높을수록 노화가 느리다.

21 전분 호화에 영향을 미치는 인자와 가장 거리가 먼 것은?

① 전분의 종류
② 가열 온도
③ 수분
④ 회분

해설 전분의 호화에 영향을 미치는 인자로는 온도, 수분, pH, 전분의 종류, 도정률 등이 있다.

정답 _ 20 ③ 21 ④

빈 출 Check

22 전분을 160~170℃의 건열로 가열하여 가루로 볶으면 물에 잘 용해되고 점성이 약해지는 성질을 가지게 되는데 이는 어떤 현상 때문인가?
① 가수분해
② 호정화
③ 호화
④ 노화

해설 전분에 물을 가하지 않고 160℃ 이상으로 가열하면 여러 단계의 가용성 전분을 거쳐 덱스트린으로 분해되는데 이것을 호정화라 한다.

23 전분의 호정화에 대한 설명으로 옳지 않은 것은?
① 호정화란 화학적 변화가 일어난 것이다.
② 호화된 전분보다 물에 녹기 쉽다.
③ 전분을 150℃ 이하에서 물을 붓고 가열할 때 나타나는 변화이다.
④ 호정화되면 덱스트린이 생성된다.

해설 전분의 호정화 : 전분에 물을 가하지 않고 160℃ 이상으로 가열하면 여러 단계의 가용성 전분을 거쳐 덱스트린으로 분해되는데 종류로는 미숫가루, 튀밥 등이 있다.

정답 _ 22 ② 23 ③

는 것은 아니다.

㉠ 전분의 노화에 영향을 주는 요인

- 전분의 종류 : 쌀, 밀, 옥수수 등의 입자 크기가 작은 곡류 전분은 노화가 쉽게 일어나고, 감자, 고구마 등의 서류 전분의 노화는 그 속도가 느린 편이다. 아밀로펙틴 함량이 높을수록 노화가 잘 일어나지 않는데, 이는 아밀로펙틴의 가지 구조가 분자 간 수소결합을 입체적으로 방해하여 노화를 어렵게 하기 때문인 것으로 여겨진다.
- 수분 함량 : 전분의 노화는 수분 함량이 30~60%일 때 가장 빨리 일어나고, 15% 이하가 되면 발생하지 않는다.
- 온도 : 전분의 노화는 온도가 60℃ 이상이거나 빙점 이하일 때는 잘 일어나지 않는다. 그러나 0~60℃의 온도 범위에서는 온도가 낮을수록 노화 속도가 커진다. 따라서 전분의 노화는 0~4℃의 냉장 온도에서 가장 쉽게 일어난다.
- pH : 알칼리성에서는 노화가 매우 억제되며, 강한 산성에서는 노화 속도가 현저히 빨라진다.
- 염류 : 무기염류는 일반적으로 호화를 촉진시키고, 노화를 억제하는 경향이 있다. 그러나 황산마그네슘($MgSO_4$)같은 황산염은 노화를 촉진하고 오히려 호화를 억제한다. 호화된 전분이 노화되면 전분질 식품의 품질이 저하되므로 노화를 억제할 필요가 있다. 전분의 노화를 방지하는 방법은 수분 함량을 15% 이하로 낮추어 주던지, 식품의 온도를 0℃ 이하로 낮추어 식품 내 수분을 동결시키는 것 등이 있다.

⑦ 전분의 호정화

전분에 물을 가하지 않고 160~180℃ 이상으로 가열하면 가용성 전분을 거쳐 다양한 길이의 덱스트린이 되는데, 이러한 변화를 호정화(dextrinization)라 한다. 건열에 의해 전분이 분해되어 생성된 덱스트린을 피로덱스트린(pyrodextrin)이라 한다. 이 덱스트린은 황갈색으로 물에 잘 용해되고 점성은 약하다. 식빵을 토스터에 구울 때, 기름에 밀가루 음식이나 빵가루를 입힌 음식을 튀길 때, 쌀이나 옥수수를 튀길 때 피로덱스트린이 생긴다. 또한 여러 종류의 소스를 만들 때 걸쭉하면서도 끈끈하지 않은 소스를 만들기 위해 밀가루를 마른 채로 볶아 주기도 한다. 이때에도 전분의 호정화가 일어난다.

⑧ 쌀의 가공품

㉠ 건조쌀(alpha rice) : 뜨거운 쌀밥을 80℃ 이상으로 유지하면서 급속 건조시켜 수분 함량이 10% 정도 되도록 만든 것으로 비상식량으로 사용된다.

㉡ 팽화미(popped rice) : 고압의 용기에 쌀을 넣고 밀폐시켜 가열하면 용기 속의 압력이 올라간다. 이때 뚜껑을 열면 압력이 급히 떨어져 쌀알이 부풀게 되는데 이것을 팽화미라 하며 소화가 잘 된다.

㉢ 인조미 : 고구마, 전분, 밀가루 외에 외쇄미 등을 5:4:1의 비율로 혼합한 것이다.

㉣ 종국류 : 감주, 된장, 술 제조에 쓰이고, 그 밖에도 증편, 식혜, 조청을 만드는데 사용한다.

㉤ 주조미 : 미량의 쌀겨도 남기지 않고 도정한 쌀이다.

㉥ 강화미

- 파보일드 라이스(parboiled rice) : 벼를 수침한 후 쪄서 건조하고 도정한 것(비타민 B_1 풍부)
- 프레믹스 라이스(premix rice) : 정백미에 진한 농도의 비타민 B_1이나 그 밖의 영양소를 첨가하고 그 위를 피막으로 입혀 수세에 의한 비타민의 손실을 막을 수 있도록 한 것
- 컨버티드 라이스(converted rice) : 파보일드 라이스의 일종으로 현대적인 방법으로 강화시킨 쌀

㉦ 떡 : 찌는 떡(설기, 약식, 증편(술떡)), 치는 떡(인절미, 절편, 개피떡 등), 지지는 떡(주악, 화전, 부꾸미), 빚는 떡(송편, 경단, 단자)

㉧ 식혜 : 엿기름의 아밀라아제로 전분을 당화시킨 것이다.

㉨ 주류 : 호화, 액화, 당화, 효모에 의한 당의 발효에 의해 만들어진다.

⑨ 정맥

㉠ 압맥 : 보리쌀의 수분을 14~16%로 조절하여 예열통에 넣고 간접적으로 60~80℃로 가열시킨 후 가열 증기나 포화 증기로 수분을 25~30%로 하고 롤러로 압축시킨 쌀

㉡ 할맥 : 보리 골에 들어있는 섬유소를 제거하고 보리 골을 중심으로 쪼개어 조리를 간편하게 하고 소화율을 높인 가공 정맥

㉢ 맥아

- 단맥아(短麥芽) : 고온에서 발아시켜 싹이 짧은 것(맥주 양조에 사용)
- 장맥아(長麥芽) : 저온에서 발아시킨 것(식혜나 물엿 제조에 사용)

(3) 서류의 조리(감자, 고구마, 토란, 참마 등)

서류는 전분이 많고, 수분이 많아서 부패, 발아, 냉온장해가 쉬워 저장성이 없다.

① 감자

㉠ 감자의 갈변 : 감자에 함유된 티로신(tyrosine)이 티로시나아제(tyrosinase)

빈 출 Check

24 고구마 등의 전분으로 만든 얇고 부드러운 전분피로 냉채 등에 이용되는 것은?

① 양장피 ② 해파리
③ 한천 ④ 무

해설 고구마 등의 전분으로 만든 전분피인 양장피는 다양한 요리에 사용 가능하며 특히 냉채류 등에 많이 이용된다.

정답 _ 24 ①

빈출 Check

25 글루텐을 형성하는 단백질을 가장 많이 함유한 것은?

① 밀 ② 쌀
③ 보리 ④ 옥수수

해설 밀가루 단백질 성분은 글루텐이며 구조는 글리아딘과 글루테닌으로 이루어진다.

정답 _ 25 ①

에 의해 산화되어 멜라닌을 생성하기 때문에 감자를 썰어 공기 중에 보관하면 갈변한다. 티로신은 수용성이므로 물에 넣어두면 감자의 갈변을 억제할 수 있다.

ⓛ 전분 함량에 따른 감자의 분류

- 점질감자 : 전분 함량이 낮은 감자로, 찌거나 구울 때 부서지지 않고 기름을 써서 볶는 요리에 적당하다
- 분질감자 : 전분 함량이 높은 감자로, 굽거나 찌거나 으깨어 먹는 요리에 적당하다.

ⓒ 전분 함량이 높아 전분 가공·이용이 많다

ⓓ 전분 입자가 커서 전분 제조가 쉽다.

ⓔ 칼륨(K)과 비타민 C가 풍부하다.

ⓗ 감자의 싹이 난 부분이나 푸른 부분에 솔라닌(유독 배당체)이 포함되어 있다.

② 고구마

ⓖ 단맛이 강하며 수분이 적고 섬유소가 많다.

ⓛ 저장 중에 전분이 분해되어 당분이 증가한다.

ⓒ 섬유소가 많아 배변을 도와주며 지나치게 먹으면 가스가 발생한다.

ⓓ 무즙과 함께 먹으면 아밀라아제 때문에 가스 발생이 줄어든다.

ⓔ 특수 성분 : 절단 부분에 얄라핀(jalapin)이 생성된다. 불용성 성분으로 고구마의 흑변과 관련이 있으며, 당화 작용을 억제한다.

ⓗ curing 저장법 : 30℃, 수분 90%에서 4~7일간 방치 후 13℃로 냉각시키는 저장법으로 연부병, 흑반병에 저항력이 생겨 저장성을 높인다.

감자와 고구마

감자는 야채이면서도 곡류처럼 전분을 주성분으로 한 열량 식품이며, 비타민 C가 많고 카로틴은 함유하고 있지 않다. 반면에 황색 고구마는 비타민 C와 더불어 카로틴을 다량 함유하고 있다.

③ 토란 : 주된 성분은 당질로, 토란 특유의 점질물이 있다. 이는 열전달을 방해하고 조미료의 침투를 어렵게 하는 성질이 있으므로 물을 갈아가면서 삶아야 이를 방지할 수 있다.

④ 마 : 마의 점질물은 글로불린(globulin) 등의 단백질과 만난(mannan)이 결합된 것으로 가열하면 점성이 없어진다. 마는 효소를 많이 함유하고 있어 생식하면 소화가 잘 된다.

(4) 밀가루의 조리

① 밀가루의 특징 : 밀가루 단백질의 대부분은 글루텐(gluten)이 약 75% 차지하고 있다. 이는 글루테닌(glutenin)과 글루아딘(gluadin)에 물을 넣어 반죽하면 글루텐(부질)이 형성된다. 반죽을 오래 하면 할수록 질기고 점성이 강한 글루텐이 형성되는데, 반죽에서 글루테닌은 강도를, 글루아딘은 탄성을 강하게 한다.

② 밀가루의 종류

㉠ 제분율에 따른 분류 : 제분 과정에서 생긴 가루를 모두 섞어서 만든 것으로 껍질과 배아가 함께 섞여 영양소를 고루 가지고 있는 전밀가루(whole wheat flour), 껍질만 제거한 것으로 영양가가 전밀가루와 거의 비슷한 98%의 밀가루, 배유 전체로 된 가루로 약간의 껍질 부분이 섞여 있고 무기질이나 비타민의 함량이 적은 85%의 밀가루, 제분 시에 생기는 처음 밀가루부터 72%까지의 가루를 섞은 72%의 밀가루가 있다.

㉡ 성분 및 성질에 따른 분류

종류	글루텐 함량	성질	용도
강력분 (경질의 밀)	13% 이상	탄력성, 점성, 수분 흡착력이 강하고 수분 흡수율이 높다.	식빵, 마카로니, 스파게티 등
중력분	10~13%	강력분과 박력분의 중간 정도이다.	다목적용(칼국수, 만두 등)
박력분 (연질의 밀)	10% 이하	탄력성, 점성이 약하고 수분 흡착력이 약하다	케이크, 과자류, 튀김옷 등

③ 밀가루의 사용 : 빵이나 마카로니와 같이 점성을 필요로 하는 것은 그만큼 글루텐의 양이 많은 강력분이 필요하고, 반대로 글루텐 함량이 적은 것을 필요로 하는 조리에는 박력분을 사용하여야 한다. 그러나 이와 같은 것들은 조리하는데 그 사용 방법도 중요하다. 빵의 경우 잘 반죽해야 하지만, 튀김의 경우에는 가급적 점성이 없어야 하기 때문에 반죽하는 것이 금물이다. 면류는 중력분을 사용한다. 빵의 제조 시 반죽 온도는 25~30℃이고 오븐에서 굽는 온도는 200~250℃로 한다. 반죽 후 재워놓았을 때 부풀어 오르는 것은 발효에 의해 생성된 탄산가스(CO_2) 때문이다.

④ 밀의 가공 : 보리에 비해 골이 깊어서 정백이 곤란하며, 주로 가루로 이용한다.

⑤ 밀의 특성 : 밀은 점성을 나타내는 글리아딘과 탄성 및 부피를 결정하는 글루테닌이 합성된 글루텐이라는 단백질을 포함하고 있어 점성과 탄력 있는 반죽이 가능하다.

26 밀가루 반죽에 달걀을 넣었을 때의 달걀의 작용으로 틀린 것은?

① 반죽에 공기를 주입하는 역할을 한다.
② 팽창제의 역할을 해서 용적을 증가시킨다.
③ 단백질 연화 작용으로 반죽을 연하게 한다.
④ 영양, 조직 등에 도움을 준다.

해설 지방 연화 작용으로 반죽을 연하게 한다.

27 밀가루를 물로 반죽하여 면을 만들 때 반죽의 점성에 관계되는 주성분은?

① 글로불린(globulin)
② 글루텐(gluten)
③ 아밀로펙틴(amylopectin)
④ 덱스트린(dextrin)

해설 밀가루의 단백질인 글리아딘과 글루테닌이 물과 결합하여 글루텐을 형성하는데 이 글루텐은 반죽의 점성과 관계된다.

28 일반적으로 비스킷 및 튀김의 제품 적정에 가장 적합한 밀가루는?

① 박력분
② 중력분
③ 강력분
④ 반강력분

해설 밀가루의 글루텐 함량에 따라 함량이 많을수록 강력분, 중력분, 박력분으로 구분되며 비스킷이나 튀김의 경우 바삭한 식감을 요구하므로 점성이 적은 박력분을 사용한다.

정답 _ 26 ③ 27 ② 28 ①

⑥ 밀의 숙성 : 제분된 밀가루는 일정한 기간 동안 숙성시키면 흰 빛깔을 띠게 되며 숙성은 제빵에도 영향을 미친다.

소맥분 개량제

- 밀가루의 빠른 숙성과 표백을 위해 사용한다.
- 과산화벤조일, 이산화염소, 과황산암모늄, 브롬산칼륨, 과붕산나트륨이 있다.

⑦ 밀가루 반죽에 첨가되는 물질

㉠ 팽창제 : 반죽을 팽창시키는 것은 공기, 증기, 탄산가스이다. 밀가루를 체에 칠 때나 난백 거품을 낼 때, 크리밍 과정에서 많은 공기를 포함시키며, 가열하면 내포된 공기가 밀어내어 용적을 증가시키고, 반죽의 수분에서 생기는 증기로 팽창시키나 반드시 이산화탄소(CO_2), 공기 등과 혼합되어야 쉽게 부푼다. 탄산가스는 기체이므로 가열하면 팽창하여 음식을 부풀게 하며, 탄산가스를 발생시키는 물질에는 이스트, 베이킹파우더(baking powder), 중조(중탄산나트륨), 중탄산암모늄 등이 있다. 반죽 시 이스트 분량은 밀가루의 1~3%가 적당하며 설탕을 첨가하면 발효가 촉진되므로 밀가루 3C에 설탕 2.5Ts 이내로 넣어 주는 것이 좋다. 발효 온도가 24~38℃ 정도이면 발효가 촉진되나, 최적 온도는 30℃이다. 베이킹파우더는 밀가루 1C에 1ts이 적당하다.

㉡ 지방 : 반죽 내에서 켜를 생기게 하고 연화 작용, 갈변 작용 등을 하며, 케이크나 식빵의 결을 더 곱게 만들어 준다(글루텐 약화).

㉢ 설탕 : 혼합물에 단맛을 가미하고, 단백질 연화 작용을 하나, 과량 사용하면 가열 시 가스 팽창에 의한 압력의 증가를 견디다 못해 표면이 갈라지고, 캐러멜화되는 성질이 있어서 반죽을 가열하면 적당한 향취와 갈색을 낸다. 또, 수분이 적은 제품에서는 바삭바삭한 질감을 주며, 이스트가 첨가된 혼합물에서는 이스트의 성장을 촉진시킨다(글루텐 약화).

㉣ 달걀 : 기포를 형성하므로 식품 내에 공기를 포함시켜 팽창제 역할을 하여 부피를 주며, 달걀 단백질은 가열에 의해 응고되어 구조를 형성하는 글루텐을 돕는 작용을 한다. 달걀은 지방을 유화시켜 고루 분산시키며(유화성), 조직이나 질감을 좋게 하여 질을 향상시킨다.

㉤ 액체 : 액체는 밀가루 반죽을 혼합하여 굽는 동안 중요한 역할을 한다. 물, 우유, 과일즙, 달걀에 포함된 수분 등이 이용되며, 설탕, 소금, 베이킹파우더 등을 용해시켜 고루 섞이게 한다. 또 이산화탄소(CO_2gas) 형성을 촉진하여 글루텐을 형성하고, 지방을 고루 분산시키고, 가열 시 스팀(steam)을 형성하여 팽창제 역할을 한다.

㉥ 소금 : 적당량 사용할 때 맛을 향상시키며, 글루텐의 강도를 높여준다.

빈출 Check

29 밀가루의 용도별 분류는 어느 성분을 기준으로 하는가?

① 글리아딘 ② 글로불린
③ 글루타민 ④ 글루텐

해설 밀가루의 단백질인 글루텐의 함량 차이로 강력분, 중력분, 박력분으로 구분한다.

30 밀가루로 빵을 만들 때 첨가하는 다음 물질 중 글루텐(gluten) 형성을 도와주는 것은?

① 설탕 ② 지방
③ 중조 ④ 달걀

해설 달걀 단백질이 응고되면서 글루텐의 형성을 돕는다.

정답 _ 29 ④ 30 ④

(5) 두류 및 두제품의 조리

① 두류의 성분

㉠ 단백질 : 주 단백질은 글리시닌이며, 쌀에 부족한 리신, 트립토판을 많이 함유하고 있어, 단백가를 높여 준다.

㉡ 지방 : 반건성유로 필수아미노산이 풍부하고, 인지질인 레시틴을 함유하고 있어 유화제 작용을 한다.

㉢ 특수 성분 : 안티트립신, 사포닌, 피틴, 헤마글루티닌 등이 있다.

② 두류의 종류

고단백, 고지방 두류	대두, 땅콩 등
고탄수화물, 고단백, 저지방 두류	팥, 완두, 녹두, 강낭콩, 동부 등
채소로 이용되는 두류	청대콩, 청완두, 껍질콩 등

③ 두류의 조리 : 두류는 수분 함량이 12~17%이며, 건조된 상태로 보관하고 조리 전에 장시간 물에 담가 수분을 충분히 흡수시킨 다음 가열·조리한다. 대두, 검정콩, 완두 등은 5~6시간, 팥, 녹두 등은 거의 12시간 침지해야 하나 물의 온도에 따라 다르다. 콩을 불릴 때 1%의 식염수에 담가 두었다가 가열하면 콩이 쉽게 익는데 이는 대두의 주 단백질인 글리시닌(glycinin)이 식염과 같은 중성 용액에 잘 용해되기 때문이다. 콩을 삶을 때 중조수(콩 중량의 0.3%)에서 가열하면 조리 시간이 단축되나 비타민 B_1이 파괴된다. 경수 중의 칼슘, 마그네슘 이온은 콩의 펙틴(pectin)과 결합하여 가열 시 연화를 저해한다.

④ 두류의 가열에 의한 변화 : 두류를 가열하면 사포닌(saponin)이라는 독성 물질의 파괴와 단백질의 이용률 증가가 일어난다. 날콩 속에는 단백질의 소화액인 트립신(trypsin)의 분비를 억제하는 안티트립신(antitrypsin)이 들어 있어 소화가 잘 안 되지만, 가열 시 안티트립신이 불활성화되어 소화율이 높아진다. 대두를 삶을 때 식용소다(중조)를 사용하여 가열하거나, 식용소다를 넣은 물에 대두를 불리면 콩이 빨리 무르게 되나, 비타민 B_1의 손실이 일어나는 단점이 있다.

⑤ 두부

㉠ 제조 : 콩을 갈아서 70℃ 이상으로 가열하고 응고제를 첨가하여 단백질(글리시닌)을 응고시키는 방법으로 제조한다.

㉡ 응고제 : 염화마그네슘($MgCl_2$), 황산칼슘($CaSO_4$), 염화칼슘($CaCl_2$), 황산마그네슘($MgSO_4$)

31 날콩에 함유된 단백질의 체내 이용을 저해하는 것은?

① 펩신 ② 트립신
③ 글로불린 ④ 안티트립신

해설 안티트립신은 단백질 분해 효소인 트립신의 활성을 저해하는 물질이지만 가열하면 파괴된다.

32 다음 식품의 분류 중 곡류에 속하지 않는 것은?

① 보리 ② 조
③ 완두 ④ 수수

해설 완두는 두류에 속한다.

33 두부를 만들 때 콩 단백질을 응고시키는 재료와 거리가 먼 것은?

① $MgCl_2$ ② $CaCl_2$
③ $CaSO_4$ ④ H_2SO_4

해설 두부 응고제로는 황산칼슘, 염화마그네슘, 염화칼슘이 사용된다.

34 두부 만들 때 간수에 의해 응고되는 것은 단백질의 변성 중 무엇에 의한 변성인가?

① 산 ② 효소
③ 염류 ④ 동결

해설 두부는 콩 단백질이 무기염류에 의해 응고되는 성질을 이용한 가공식품이다.

정답 _ 31 ④ 32 ③ 33 ④ 34 ③

빈 출 Check

35 두부에 대한 설명으로 틀린 것은?

① 두부는 두유를 만들어 80~90℃에서 응고제를 조금씩 넣으면서 저어 단백질을 응고시킨 것이다.
② 응고된 두유를 굳히기 전은 순두부라 하고 일반 두부와 순두부 사이의 경도를 갖는 것은 연두부라 한다.
③ 두부를 데칠 경우는 가열하는 물에 식염을 조금 넣으면 더 부드러운 두부가 된다.
④ 응고제의 양이 적거나 가열 시간이 짧으면 두부가 딱딱해진다.

해설 응고제의 양이 적거나 가열 시간이 짧으면 두부가 연해진다.

정답 _ 35 ④

두부의 제조 과정

수침(콩의 부피가 2.5배가 될 때까지 불림)
(여름 : 6~8시간, 겨울 : 24시간, 봄 · 가을 : 12~15시간)

↓

마쇄(10배 정도의 물을 첨가)

↓

가열(100℃에서 10분 정도)

↓

비지와 두유로 분리 후 두유의 온도가 65~70℃가 되면 응고제를 2~3회 나누어 첨가

↓

착즙

↓

두부 완성

㉢ 두부의 조리 : 두부를 만들 때는 대두를 사용하며, 대두 단백질은 글리시닌이라고 하는 완전단백질이다. 두부를 끓일 때 중조(0.2%), 전분(1%), 식염수(0.5%) 등을 넣으면 두부의 표면이 부드러워져서 감촉이 좋다. 두부에 물을 부어 삶으면 단단해지며 맛이 떨어지는데 이는 두부 속에 두유와 결합하지 않고 있는 칼슘(Ca) 이온이 많이 남아 있어서 미결합 상태로 있던 칼슘 이온이 일부는 물속에 녹고 동시에 일부 칼슘은 가열에 의해 단백질과의 결합이 촉진되어 두부를 수축, 경화시킨다. 소금 속의 나트륨(Na) 이온은 칼슘 이온이 두유와 결합하는 것을 방해하기 때문에 된장찌개에 넣은 두부가 연화되어 부드럽게 된다. 두부는 가열 온도가 높을수록, 가열 시간이 길수록 경도가 높아지고, 두부 속에 구멍도 많이 생긴다.

⑥ 기타 두류 이용 조리

㉠ 콩나물의 조리 : 콩나물은 열 조리에 의해 20분 가열하였을 때 비타민 C는 상당량이 파괴되나, 비타민 B의 대부분은 남는다. 식염의 농도가 높을수록 비타민의 안정제 작용을 하며 비타민 C와 비타민 B_2의 잔존율이 높다.

㉡ 튀김 두부(유부)의 조리 : 두부의 표면에 기름이 흡착되어 있으므로 공기와 접촉하면 산패되기 쉬우므로 뜨거운 물에서 부착된 기름을 제거하고 조리한다.

㉢ 된장 제조 : 전분질의 원료를 쪄서 종국을 넣고, 국자를 만들어 소금에 섞어 놓았다가 콩을 쪄서 국자와 혼합한 후 마쇄하여 통에 담아 숙성시킨다.

㉣ 간장 제조 : 콩과 볶은 밀을 마쇄하여 혼합시키고 황곡균을 뿌려 국자를 만든 다음 소금물에 담가 발효시켜 거른다.

황곡균
곡물 또는 콩 등에 코지곰팡이(aspergillus oryzae)를 번식시킨 것으로 아밀라아제, 프로테아제가 분비되어 당과 단백질을 분해시킨다.

㉤ 청국장 제조 : 콩을 삶아 60℃까지 식힌 후 납두균을 번식시켜 콩 단백질을 분해하고 약간의 양념을 한다.

납두균
내열성이 강한 호기성균으로 최적 온도는 40~45℃, 청국장의 끈끈한 점질물과 특유의 향기를 내는 미생물이다.

(6) 채소 및 과일의 조리

채소와 과일에는 공통적으로 특유의 유기산과 색소가 함유되어 있어 이들이 미각적, 후각적 및 시각적으로 음식의 특색에 크게 영향을 미친다. 채소와 과일이 지니고 있는 특유한 질감과 맛을 살리고 영양소를 최대한 보유하도록 하는 적절한 조리법을 선택하여 식욕을 증진시킬 수 있도록 조리해야 한다.

① 채소의 조리 목적 : 대부분의 채소들은 조리함으로써 맛이 더욱 좋아지고 소화도 쉬워지는데, 이는 섬유소가 연화되고 전분이 부분적으로 호화되기 때문이다.

② 채소의 분류

㉠ 엽채류 : 상치, 배추, 시금치, 쑥갓, 갓, 아욱, 근대, 양배추(캐비지) 등의 잎 부분을 식용할 수 있는 엽채류는 수분과 섬유소의 함량이 높고, 칼로리와 단백질의 함량은 적으나, 카로틴(carotene), 비타민 C, 비타민 B를 많이 함유하고 있다.

㉡ 과채류 : 가지, 오이, 고추, 호박, 토마토, 수박, 참외 등의 열매 부분을 식용하는 과채류는 일반 성분이 엽채류와 비슷하나, 비타민 C와 카로틴의 함량은 고추와 토마토를 제외하고는 엽채류보다 적다.

㉢ 근채류 : 감자, 고구마, 당근, 우엉, 연근, 무 등의 뿌리 부분을 식용하는 근채류는 수분 함량이 높고 섬유소의 함량은 보통이나, 상당량의 당질을 함유하고 있다.

㉣ 종실류 : 콩, 수수, 옥수수 등의 종실류는 수분과 섬유소의 함량이 적으나, 상당량의 단백질과 다량의 전분을 함유하고 있다.

㉤ 버섯류 : 몸체에 뿌리, 줄기, 잎의 구별이 없고, 균사로 이루어지며, 비타민 B_2와 에르고스테롤이 풍부하고 햇볕에 건조 시 비타민 D가 풍부해진다.

36 콩이나 콩나물을 삶을 때 뚜껑을 닫으면 콩 비린내 생성을 방지할 수 있다. 그 이유는?
① 건조를 방지해서
② 산소를 차단해서
③ 색의 변화를 차단해서
④ 오래 삶을 수 있어서

해설 콩이나 콩나물을 삶을 때는 냄비 뚜껑을 덮어서 산소를 차단해야 콩 비린내 생성을 방지할 수 있다.

37 다음 중 일반적으로 꽃 부분을 주요 식용 부위로 하는 화채류는?
① 비트(beets)
② 파슬리(parsley)
③ 브로콜리(broccoli)
④ 아스파라거스(asparagus)

해설 꽃 부분을 주요 식용 부위로 하는 화채류로는 브로콜리, 컬리플라워, 아티초크 등이 있다.

정답 _ 36 ② 37 ③

빈 출 Check

38 식품을 삶는 방법에 대한 설명으로 틀린 것은?

① 연근을 엷은 식초물에 삶으면 하얗게 삶아 진다.
② 가지를 백반이나 철분이 녹아 있는 물에 삶으면 색이 안정된다.
③ 완두콩은 황산구리를 적당량 넣은 물에 삶으면 푸른빛이 고정된다.
④ 시금치를 저온에서 오래 삶으면 비타민 C의 손실이 적다.

해설 시금치의 비타민 C 손실을 줄이기 위해서는 고온에서 단시간 데쳐내야 한다.

39 녹색 채소를 데칠 때 색을 선명하게 하기 위한 조리 방법으로 부적합한 것은?

① 휘발성 유기산을 휘발시키기 위해 뚜껑을 열고 끓는 물에 데친다.
② 산을 희석시키기 위해 조리수를 다량 사용하여 데친다.
③ 섬유소가 알맞게 연해지면 가열을 중지하고 냉수에 헹군다.
④ 조리수의 양을 최소로 하여 색소의 유출을 막는다.

해설 녹색 채소를 데칠 때 조리수의 양을 재료의 5배로 넣고 데치면 색이 선명하다.

40 채소를 냉동하기 전 블렌칭(blanching)하는 이유로 틀린 것은?

① 효소의 불활성화
② 미생물 번식의 억제
③ 산화 반응 억제
④ 수분 감소 방지

해설 블렌칭(blanching)의 목적은 수분 감소, 미생물의 번식 억제와 효소의 불활성화, 산화 반응 억제 효과, 저장성 연장 등이 있다.

정답 _ 38 ④ 39 ④ 40 ④

③ 채소의 조리 방법 : 굽는 법, 끓이는 법, 튀기는 법, 찌는 법, 압력하에 찌는 법 등이 있으며 종류에 따라 조리법은 달라진다. 채소의 맛을 최대한 보유하도록 하려면 채소가 익을 수 있는 정도의 물에 뚜껑을 덮고 조리하는 방법을 선택해야 한다. 섬유소가 많고 질긴 채소를 삶을 때 약간의 알칼리(중조)를 첨가하면 짧은 시간 내에 섬유소가 연화되고, 반대로 산을 첨가하면 섬유소의 질감을 단단하게 한다. 양배추나 양파같이 황화합물을 함유하는 채소는 뚜껑을 열고 짧은 시간 내에 조리하고, 수용성 영양소는 노출된 표면적이 크거나 조리 시간이 길수록 손실이 커진다. 조리 중 가장 손실되기 쉬운 것은 비타민 C이며, 비타민 A와 C는 산화에 약하고 비타민 B_1은 열에 약하다. 비타민 B_2와 나이아신은 비교적 안정적이다.

침채 가공품

- 채소류에 소금, 장류, 식초, 조미료 등을 한 가지 또는 여러 가지로 섞은 염장 발효 식품으로 저장 중 미생물에 의한 독특한 풍미를 나타낸다(김치, 단무지, 마늘절임 등).
- 침채 가공품에 사용하는 소금은 정제염보다 호염(천일염)이나 제염이 좋다. 호염의 마그네슘이나 칼슘 성분이 채소의 조직을 단단하게 해주기 때문이다.

토마토 가공품

- 주스 : 익은 토마토를 착즙하여 소량의 소금을 넣어 포장한 것
- 퓌레 : 토마토를 마쇄하여 씨와 껍질을 제거한 과육과 과즙을 농축한 것
- 페이스트 : 퓌레를 더욱 농축하여 고형물 함량이 25% 이상 되게 한 것
- 케첩 : 퓌레에 여러 가지 향신료, 식염, 설탕, 식초 등의 조미료를 농축한 것

④ 가열 조리 : 야채의 가열 조리에는 삶기(데치기), 끓임, 튀김, 볶음 등의 방법이 있다. 삶을 때는 소금을 약간 넣으면 수분을 빨리 탈수시킬 수 있고, 녹색 야채에다 중조를 넣어서 알칼리성에서 삶으면 색이 선명해진다. 삶는 물의 양은 재료의 5배 정도가 좋다. 시금치, 근대, 아욱 등의 녹색 야채를 데칠 때는 불미 성분인 수산을 제거하기 위하여 뚜껑을 열고 단시간에 데쳐 헹군다. 수산은 체내에서 칼슘의 흡수를 방해하여 신장 결석을 일으킨다. 야채로 국을 끓일 때는 야채 자체의 수분이 많으므로 국물의 양을 적게 해야 하며, 단시간 처리해야 한다. 튀김, 볶음 등의 조리법은 고온 처리의 조리법으로 조리 시간이 짧을수록 영양 손실이 적다.

⑤ 생식품 조리 : 식품 그대로의 감촉과 맛을 느끼기 위한 조리 방법으로서 식품의 조직과 섬유가 부드러워야 하고, 맛이 없는 성분이 없어야 한다. 흰색 채소나 과일 중 껍질을 벗기거나 자를 때, 또는 상처가 났을 때 갈색으로 변하는 것이 있는데 그 원인은 효소적 갈변과 비효소적 갈변이 있다. 효소에 의한 갈변 현상을 방지하는 방법으로는 열탕 처리, 식염수 침지(저농도), 설탕 용액 침지(고농도), 산 용액 처리, 진공 보존, 아황산 침지 등이 있다.

⑥ 과일의 조리 : 과일 조리의 기본적인 방법은 물 또는 시럽에 넣고 끓이는 것인데, 설탕 1에 물 2의 비율이 가장 적당하다. 과육을 부드럽게 하기 위해서는 물에서 적당한 경도가 될 때까지 조리한 다음 설탕을 첨가해야 하며, 설탕을 과량 넣으면 향기가 나빠진다. 연한 과일은 적은 양의 물로 천천히 조심스럽게 가열해야 모양이 유지되고, 사과는 껍질째 조리한다. 사과, 배 등은 굽기에 적당하며 바나나는 그냥 먹기도 하지만 구우면 독특한 맛이 난다. 말린 과일은 80℃의 물에서 불리는 것이 최대한 많은 물을 흡수할 수 있어 조리 시간을 단축시킨다. 과일을 조리할 때 비타민 C는 열과 산의 영향을 많이 받으므로 조리 시간을 단축하여 영양 손실을 줄이고 향미 성분의 보유도 돕는다.

㉠ 과일 조리 시 주의점
- 비타민 C의 손실과 향기 성분의 손실이 적도록 한다.
- 가공 기구에 의한 풍미와 색 등의 변화에 주의한다.

㉡ 과일 가공품 : 펙틴의 응고성을 이용한 것으로 펙틴, 산, 당분이 일정한 비율로 들어있을 때 젤리화가 일어난다.
- 잼 : 과육 또는 과즙에 설탕 60%를 첨가하여 농축시킨 것
- 젤리 : 투명한 과즙에 설탕 70%를 넣고 가열, 농축, 응고시킨 것
- 마멀레이드 : 젤리 속에 과실, 과피, 과육의 조각을 섞어 만든 것

과일의 젤리화
- 젤리화의 3요소 : 펙틴(1~1.5%). 유기산(0.5%, pH 3.4), 당분(60~65%)
- 펙틴과 산이 많이 함유된 과일 : 사과, 포도, 딸기 등
- 펙틴과 산이 적게 함유된 과일 : 배, 감

㉢ 젤리점 결정법 : Cup 테스트, Speen 테스트, 온도계법(104℃), 당도계법(65%)

㉣ 과일 저장법 : 과일과 채소는 수확 후에도 호흡 작용을 하여 성분 변화를 일으키므로 호흡을 억제하기 위한 CA저장이 필요하다. 열대, 아열대산 청과물(바나나 등)은 저온에 대한 감수성이 커서 저온장해가 발생한다.

㉤ 감의 탈삽법 : 탈삽법이란 감의 떫은맛 성분인 수용성 탄닌을 불용성 탄닌으로 변화시켜 떫은맛이 나지 않도록 하는 것으로, 열탕법, 알콜법, 탄산가스법, 동결법, 건조법, 방사선 조사법 등의 방법이 있다.

⑦ 조리에 의한 과채류의 변화 : 조리 시에 일어나는 영양 손실로는 휘발성 유기산, 향기 성분 등 휘발성 물질의 휘발에 의한 손실, 수용성 비타민, 무기질 등의 수용성 물질의 용출에 의한 손실, 엽록소, 비타민 C 등 열에 의한 파괴로 인한 손실 등을 들 수 있으며, 야채를 조리하면 열에 의해 섬유소가 약해진다.

41 과실의 젤리화 3요소와 관계없는 것은?

① 젤라틴 ② 당
③ 펙틴 ④ 산

해설 잼의 구성 요소는 펙틴(1%), 유기산(0.5%, pH 3.4), 설탕(60%)이다.

정답 _ 41 ①

빈출 Check 

42 클로로필(chlorophyll)에 관한 설명으로 틀린 것은?

① 포르피린환(porphyrin ring)에 구리(Cu)가 결합되어 있다.
② 김치의 녹색이 갈변하는 것은 발효 중 생성되는 젖산 때문이다.
③ 산성식품과 같이 끓이면 갈색이 된다.
④ 알칼리 용액에서는 청록색을 유지한다.

해설 클로로필은 녹색 채소의 색소이고 마그네슘을 함유하고 있다. 그리고 열과 산에 불안정하며 알칼리

43 당근 등의 녹황색 채소를 조리할 경우 기름을 첨가하는 조리 방법을 선택하는 주된 이유는?

① 색깔을 좋게 하기 위하여
② 부드러운 맛을 위하여
③ 비타민 C의 파괴를 방지하기 위하여
④ 지용성 비타민의 흡수를 촉진 하기 위하여

해설 당근 등의 녹황색 채소가 함유하고 있는 비타민 A는 지용성 비타민으로 기름과 함께 조리하면 체내

정답 _ 42 ① 43 ④

조리에 의한 색의 변화

구분	특징
클로로필(chlorophyll) 색소	녹색 채소에 들어 있는 지용성 색소로 산에 반응 시 누런 갈색이 되며, 알칼리 반응 시 안정된 녹색을 띤다.
안토시아닌(anthocyan) 색소	산성에서는 적색(생강 초절임), 중성에서는 보라색, 알칼리성에서는 청색을 띤다. 비트, 적양배추, 딸기, 가지, 포도, 검정콩에 함유되어 있다.
플라보노이드(flavonoid) 색소	쌀, 콩, 감자, 밀, 연근 등의 색으로 산에 안정하여 백색을 나타내고, 알칼리성에서는 불안정하여 황색으로 변한다.
카로티노이드(carotenoid) 색소	황색이나 오렌지색으로 당근, 고구마, 호박, 토마토 등에 함유된 지용성 색소이다.

2 식품의 가공과 저장

식품을 저장한다는 것은 식품의 변질과 부패의 원인을 막기 위해서 적절한 가공과 저장법으로 신선도 유지, 잉여 식품의 보존 및 맛, 풍미, 감각 등의 식생활 개선에도 도움을 주는 중요한 과정이다.

식품 가공 및 저장 목적
- 식품의 영양과 맛을 개선한다.
- 수송, 저장이 간편하다.
- 날것 이용이 불충분한 것의 이용범위를 높임과 동시에 식품의 가치를 높인다.
- 식품의 이용 기간을 연장시킨다.

(1) 건조법

식품 속의 수분을 15% 이하로 만들어 세균이 번식하지 못하도록 하는 것이다. 곰팡이는 15% 이하에서도 잘 견딘다(건조식품에서는 곰팡이가 잘 번식한다).

① 일광 건조법 : 햇빛을 이용한 천일 건조법으로, 주로 농수산물에 이용된다. 조작은 간단하지만 착색, 퇴색, 영양소 파괴 등의 단점이 있다.

종류	특징
소건법	식품을 자연물 그대로 햇빛에 건조시키는 방법(미역, 다시마, 오징어 등)
자건법	한 번 데쳐서 건조시키는 방법(멸치)
염건법	소금을 뿌려서 건조시키는 방법(조기, 굴비 등)
동건법	겨울철의 낮과 밤의 온도차를 이용하여 밤에는 동결, 낮에는 해동과 건조가 일어나는 원리로 건조시키는 방법(황태)

② 고온 건조법 : 90℃ 이상의 고온에서 건조시키는 것으로 쌀이나 떡의 건조에 이용한다.

③ 열풍 건조법 : 인공적으로 가열한 공기로 건조시키는 것이다(육류, 어류).

④ 배건법(직화 건조법) : 불로 식품을 건조시키는 것으로서 불에 식품이 직접 닿아 식품 변화를 일으키기는 하지만, 식품의 향을 증가시킬 수 있어서 보리차, 커피 등의 건조에 사용한다. 건조가 고르게 일어나지 않는다는 단점이 있다.

⑤ 고주파 건조법 : 식품을 균일하게 건조시키며 식품이 타지 않고 건조된다.

⑥ 냉동 건조법 : 식품을 냉동시켜 저온에서 건조시키는 방법이다(당면, 한천, 건조두부 등).

⑦ 분무 건조법 : 액상을 무상으로 분무하여 열풍으로 건조시키면 가루가 되는 원리로 우유를 분유로, 주스를 분말주스로 가공할 때 이용한다.

(2) 냉장·냉동법

미생물이 생육할 수 있는 온도 범위를 벗어나게 함으로써 효소와 미생물의 작용을 억제하고, 식품의 신선도를 그대로 유지하는 저장법이다.

① 냉장법(0～10℃)

㉠ 식품의 단기 저장에 널리 이용되는 방법이다.

㉡ 어느 정도의 신선도를 유지할 수는 있으나 식품의 변질이 서서히 일어난다.

② 움 저장

㉠ 10℃의 움 속에서 저장하는 방법이다.

㉡ 고구마, 감자, 무, 배추, 오렌지 등을 저장한다.

③ 냉동법

㉠ –40℃에서 급속 동결하여 –20℃에서 저장하는 방법이다.

㉡ 조직을 파괴하지 않기 때문에 신선함을 그대로 유지할 수 있다.

(3) 가열살균법

미생물을 사멸시키고 효소를 파괴시켜서 저장하는 방법이다.

① 저온살균법(LTLT, Low Temperature Long Time)

㉠ 60～65℃의 온도에서 30분간 가열 후 냉각하는 방법으로, 비용이 저렴하다.

㉡ 온도가 낮아 미생물의 완전 멸균이 어렵다.

㉢ 오염도가 낮은 식품에 사용한다(우유, 주스, 주류 등).

㉣ 영양소를 보존할 수 있는 살균법이다.

② 고온단시간살균법 : 70～75℃에서 15초간 가열 후 냉각하는 방법으로, 가장 보편적으로 많이 사용한다.

빈출 Check

44 냉장의 목적과 가장 거리가 먼 것은?

① 미생물의 사멸
② 신선도 유지
③ 미생물의 증식 억제
④ 자가소화 지연 및 억제

해설 미생물은 생육온도보다 낮은 온도에서는 활동이 둔해져서 번식이 불가능하나 사멸되지는 않는다.

45 빙과류에 대한 설명으로 틀린 것은?

① 빙과류의 종류에는 아이스크림, 파르페, 셔벗, 무스 등이 있다.
② 지방이 많이 함유된 빙과류는 열량이 높다.
③ 비타민류는 냉동에 의해 성분의 변화가 심하게 일어난다.
④ 셔벗은 시럽에 과일즙을 첨가하였거나 과일에 젤라틴, 달걀흰자를 첨가하여 얼린 것이다.

해설 냉동은 비타민의 성분 변화가 가장 적게 일어나는 저장 방법이다.

정답 _ 44 ① 45 ③

③ 초고온순간살균법 : 130~140℃에서 1초간 살균 후 냉각하는 방법이다.

④ 고온장시간살균법 : 90~120℃의 온도에서 60분 정도 살균하는 방법이다(통조림, 레토르트파우치 식품).

⑤ 초고온멸균법 : 140~150℃에서 순간 살균 처리하는 것으로, 상온에서 유통이 가능하고 유통기한도 길다.

(4) 훈연법

① 나무를 불완전 연소시켜 발생한 연기에 그을리는 방법이다.

② 식품의 풍미 향상, 저장성 증가, 육질 연화, 외관 개선, 훈연취, 살균, 항산화 작용 등의 효과가 있다.

③ 훈연 시 사용하는 나무 : 수지가 적은 나무를 사용한다(참나무, 벚나무, 떡갈나무, 옥수수잎 등).

④ 염지 처리 시 사용하는 발색제 : 질산칼륨, 아질산나트륨

⑤ 훈연 식품 : 햄, 소시지, 베이컨, 달걀, 오징어, 고등어, 방어 등

⑥ 연기 성분 : 포르말린, 페놀, 아세톤, 크레졸, 아세트산 등

(5) 염장법

10% 정도의 소금 농도에서 미생물의 발육이 억제되는 현상을 이용해서 식품에 소금을 첨가하여 저장하는 방법이다(젓갈류 소금 농도 20~25%).

(6) 당장법

50% 이상의 설탕에 절여서 미생물의 발육을 억제하는 저장법으로 당장법에 의한 저장 식품으로는 젤리, 잼 등이 있다(설탕 농도 60~65%).

(7) 산 저장법

초산이나 젖산을 이용하여 미생물의 생육 pH를 벗어나게 하는 저장법이다(피클류).

(8) 가스 저장법(CA저장)

미숙한 과일은 수확 후 호흡 작용이 상승하여 후숙이 일어나는데 이런 후숙 작용을 억제하기 위하여 CO_2 또는 N_2가스를 주입시켜 저장하는 방법이다. 채소(토마토), 과일(바나나), 달걀류에 사용한다.

(9) 통조림 저장법

용기에 식품을 넣고 밀봉함으로써 수분의 증발 및 흡수를 막고 미생물의 번식을 억제하여 식품의 저장 기간을 연장시키는 저장법이다.

빈출 Check

46 소금 절임 시 저장성이 좋아지는 이유는?

① pH가 낮아져 미생물이 살아갈 수 없는 환경이 조성된다.
② pH가 높아져 미생물이 살아갈 수 없는 환경이 조성된다.
③ 고삼투성에 의한 탈수 효과에 미생물의 생육이 억제된다.
④ 저삼투성에 의한 탈수 효과로 미생물의 생육이 억제된다.

해설 소금 절임은 수분 활성은 낮게, 삼투압은 높게 하여 탈수 효과로 미생물의 생육이 억제된다.

47 젓갈의 숙성에 대한 설명으로 틀린 것은?

① 농도가 묽으면 부패하기 쉽다.
② 새우젓의 소금 사용량은 60% 정도가 적당하다.
③ 자가소화 효소 작용에 의한 것이다.
④ 호염균의 작용이 일어날 수 있다.

해설 염장법은 10% 정도의 소금 농도에서 미생물의 발육이 억제되므로 사용하나 젓갈류는 20~25%가 적당

48 과실 저장고의 온도, 습도, 기체의 조성 등을 조절하여 장기간 동안 과실을 저장하는 방법은?

① 산 저장
② 자외선 저장
③ 무균포장 저장
④ CA 저장

해설 CA(가스) 저장은 장기간 과일과 채소를 저장하는 방법으로 냉장과 병행하여 과일과 채소의 호흡을

49 CA 저장에 가장 적합한 식품은?

① 육류 ② 과일류
③ 우유 ④ 생선류

해설 CA 저장에 적합한 식료품은 채소(토마토), 과일(바나나), 달걀류가

정답 _ 46 ③ 47 ② 48 ④ 49 ②

① 특징

㉠ 다른 식품에 비하여 장기간 저장이 가능하다.

㉡ 저장과 운반이 편리하다.

㉢ 내용물을 조리, 가공하지 않고 그대로 먹을 수 있다.

㉣ 위생적이며 기타 취급이 편리하다.

② 통조림 제조의 주요 4대 공정

㉠ 탈기(공기 제거)

- 가열에 의한 권체부의 파손 방지
- 영양소의 산화 방지
- 호기성균의 번식 방지
- 캔의 부식 방지

㉡ 밀봉

㉢ 살균

㉣ 냉각 : 내용물의 품질과 빛깔의 변화를 방지하기 위해 40℃ 정도로 냉각시킨다.

③ 통조림의 변질

종류		특징
외관상 변질	팽창	살균이 부족하여 통조림 안에 남아있던 세균에 의해 발생한 가스 팽창 • 하드 스웰(hard swell) : 통조림의 양면이 강하게 팽창되어 손가락으로 눌러도 전혀 들어가지 않는 상태 • 소프트 스웰(soft swell) : 부푼 통조림을 힘으로 누르면 다소 원상으로 복원되는 상태
	스프링거(springer)	통조림 속의 내용물이 너무 많을 때 뚜껑 한쪽이 팽창되는 현상으로, 손으로 누르면 반대쪽이 튀어 나온다.
	플리퍼(flipper)	탈기가 불충분할 때 통의 몸통 부분이 약간 부푼 상태
	리퀴(leaker)	통이 불완전하거나 녹슬어 작은 구멍으로 내용물이 새는 현상
내용물의 변질	플랫사우어(flat sour)	미생물이 번식하여 통은 정상이나 내용물의 맛이 신맛을 띠는 현상

빈 출 Check

50 브로멜린(bromelin)이 함유되어 있어 고기를 연화시키는데 이용되는 과일은?

① 사과 ② 파인애플
③ 귤 ④ 복숭아

해설 브로멜린은 단백질 분해 효소로 파인애플에 함유되어 있으며, 고

51 육류의 근원섬유에 들어있으며, 근육의 수축 이완에 관여하는 단백질은?

① 미오겐(myogen)
② 미오신(myosin)
③ 미오글로빈(myoglobin)
④ 콜라겐(collagen)

해설 미오신은 근육을 구성하는 단백질의 하나이며 근섬유에 함유된 근원섬유를 구성하는 단백질의 60%

52 육류 사후강직의 원인 물질은?

① 액토미오신(actomyosin)
② 젤라틴(gelatin)
③ 엘라스틴(elastin)
④ 콜라겐(collagen)

해설 사후강직이란 동물이 도살된 후에 효소와 미생물의 작용으로 시간이 경과함에 따라 근육이 신장성을 잃고 굳어지는 현상으로 미오신과 결합하고 있는 ATP는 분해되어 ADP를 형성하고 미오신은 ATP에서 분해되면서 액틴과 결합하여 액토미

정답 _ 50 ② 51 ② 52 ①

Section 2 축산물의 조리 및 가공 · 저장

1 육류의 조리

(1) 목적

육류 조리의 목적은 고기의 맛을 향상시키고, 색을 변화시키며, 근육을 연하게 하여 소화를 돕고, 고기에 오염될 수 있는 세균 및 기생충을 사멸시킴으로써 안전하게 식용으로 할 수 있도록 하는 데 있다.

(2) 고기의 연화법

육류를 식용으로 하기 위하여 적당한 연도를 유지하고 풍미와 더불어 충분한 육즙이 있어야 하며, 여러 가지 연화법을 근육의 상태에 따라 적절히 적용해야 한다. 고기를 횡으로 자르거나, 칼로 얇게 저며서 다지거나, 갈거나, 두들겨 주며 육류를 가열하면 콜라겐이 가수분해되어 젤라틴으로 변화하여 고기가 연해진다. 숙성을 거친 고기는 연해지고, 파인애플의 브로멜린(bromelin), 파파야의 파파인(papain), 무화과의 피신(ficin), 배즙, 생강의 프로테아즈(protease) 등의 단백질 분해 효소를 이용하여 질긴 고기를 연화시킬 수 있다.

(3) 고기 가열의 요령

일반적으로 부드러운 고기는 짧은 시간에 익히거나 굽는다. 그러나 단단한 고기는 2시간 이상 끓여야 결합 조직이 젤라틴으로 변화되어 녹기 때문에 섬유가 풀려서 먹기 좋게 된다. 그러나 콘비프는 근육 섬유로 되어 있기 때문에 장시간 가열하면 수분이 없어져서 도리어 단단해진다. 고기를 구울 때는 표면이 타지 않고 중심부까지 익도록 불 조절을 잘 하여야 한다.

2 육류 전처리 방법

① 육류는 단백질과 영양분이 풍부하지만 변질되기 쉬우므로 보관에 유의하고 항상 냉장 보관을 하며, 얼린 육류를 녹여 사용한 후 다시 얼리지 않는다.

② 중식에서는 육류는 주식으로 사용되고 있고, 그중 많이 사용되는 것은 소고기(Beef), 송아지고기(Veal), 양고기(Lamb), 돼지고기(Pork), 닭고기(Chicken)이다.

③ 주로 사용되는 부위는 소고기는 안심(Tenderloin), 등심(Sirloin), 꽃등심(Ribeye), 우둔살(Inside Round)이 많이 사용된다.

④ 양고기는 양갈비(Lamb rack)가 많이 사용되고, 양다리(Lamb leg)는 보통 뷔페 레스토랑에서 카빙 용도로 많이 사용되기도 한다.

⑤ 송아지는 안심 부위가 많이 사용되고, 돼지고기에서 우둔살(Inside round)은 햄이나 소시지를 만드는 데 사용되고, 안심 및 등심은 커틀릿(Cutlet)으로 사용되기도 한다. 한편, 닭고기는 가슴살과 다리가 많이 사용된다.

(1) 소고기 안심

① 소고기의 안심은 주위가 지방으로 싸여 있으나 제거하면 소고기 중 가장 부드럽고 지방이 적어 중식 조리에서는 가장 비싼 스테이크 중의 하나이고, 많이 사용되는 부위이다.

② 안심은 에피타이저로는 손질하여 얼려서 이태리 요리인 카르파치오(Carpaccio) 등으로 사용되기도 한다.

③ 안심은 헤드 부분이 꼬리 쪽으로 위치하고, 모든 육류는 2개씩의 안심을 가지고 있으며, 소의 안심 무게는 4kg 내외이다.

(2) 소고기 등심

① 등심(Sirloin)은 보통 6kg 내외이고, 소의 안심은 갈비뼈 안쪽에 위치하며 등심은 갈비뼈 바깥쪽에 있다.

② 안심과 같이 모든 육류는 등심이 2개이며, 부드럽고 지방이 적어 스테이크(Sirloin steak) 용도로 많이 사용되고, 가격이 안심보다는 저렴하여 같은 용도로 사용될 때 뷔페 요리에서 카빙 용도로 사용되기도 한다.

(3) 양갈비

① 양갈비는 사용되는 양고기 가운데 가장 많이 사용되는 부위이고, 양갈비 통째로는 Lamb rack이라 하며, 갈비뼈를 하나씩 넣어서 손질한 것은 Lamb chop이라 하고, 스테이크 용도로 많이 사용되고 있다.

② 상황에 따라 Lamb rack 혹은 Lamb chop 형태로 조리된다.

(4) 닭고기

① 닭고기는 다른 육류에 비하여 지방 함량이 적고 단백질 함량이 높다. 닭고기의 가슴살은 서양 요리에서 가장 많이 사용되고, 샌드위치, 샐러드, 스테이크, 스튜 등으로 사용된다.

② 닭다리는 스튜나 튀김 등으로 사용된다. 손질 방법은 여러 방법이 있는데, 크게 다리(Leg) 2개, 가슴(Breast) 2개, 몸통뼈(Bone)로 5등분을 하고, 뼈는 스톡을 끓일 때 사용하며 날개(Wing)는 뷔페 용도 등으로 사용한다.

53 육류의 사후경직을 설명한 것 중 틀린 것은?

① 근육에서 호기성 해당 과정에 의해 산이 증가된다.
② 해당 과정으로 생성된 산에 의해 pH가 낮아진다.
③ 경직 속도는 도살 전의 동물의 상태에 따라 다르다.
④ 근육의 글리코겐이 젖산으로 된다.

해설 육류는 사후 호흡 작용을 할 수 없으므로 산소의 공급이 없으며 글리코겐이 소비되어 버리거나 해당 작용에 의해서 생성되는 젖산에 의

정답 _ 53 ①

빈출 Check

54 부드러운 살코기로서 맛이 좋으며 구이, 전골, 산적용으로 적당한 소고기 부위는?

① 양지, 사태, 목심
② 안심, 채끝, 우둔
③ 갈비, 삼겹살, 안심
④ 양지, 설도, 삼겹살

해설 산적용으로는 기름기가 적은

55 소고기의 부위 중 탕, 스튜, 찜 조리에 가장 적합한 부위는?

① 목심 ② 설도
③ 양지 ④ 사태

해설 사태는 결합 조직이 많으므로 물을 넣어 오래 가열하면 경단백질인 콜라겐이 젤라틴화되어 소화되기 쉬운 형태로 변하게 된다. 그러므로 탕, 스튜, 찜, 국물을 내는데 적합하다.

56 가열 조리 시 얻을 수 있는 효과가 아닌 것은?

① 병원균 살균
② 소화 흡수율 증가
③ 효소의 활성화
④ 풍미의 증가

해설 가열 조리 시 효소가 불활성화

정답 _ 54 ② 55 ④ 56 ③

3 육류의 특징

(1) 소고기의 특징

① 소고기는 수급의 상태, 고기의 부위, 사료의 가격에 따라 가격이 다르다.

② 마블링의 정도에 따라 소고기의 품질 등급이 정해지는데, 마블링이 좋은 고기는 맛도 좋고 육질이 부드럽다.

- 고기의 결합 조직 강도를 약하게 하여 가열할 경우 결합 조직이 쉽게 끊어지므로 먹었을 때 고기의 육질이 부드럽다.
- 고기 속에 박혀 있는 지방은 열전도율이 낮아 가열했을 경우 고기 내의 수분 증발을 억제시키므로 고기를 씹었을 때 육즙이 풍부하다.
- 마블링이 좋은 고기는 전체적인 밀도가 낮아 순 살코기를 씹었을 때보다 연하다.

(2) 소고기 부위별 특징과 조리방법

A. 목살, 장정육(Chuck)

① 어깨 위쪽에 붙어 있는 근육으로 여러 개의 다양한 근육이 모여 있고, 두꺼운 힘줄이 여러갈래로 표면에 존재하기 때문에 약간 질기다.

② 조리법 : 스테이크, 구이, 미트볼, 불고기, 햄버거 패티, 장조림

B. 등심(Loin)

① 육질이 곱고 연하며, 지방이 적당히 섞여 있어 맛이 좋다.

② 조리법 : 구이, 스테이크, 전골, 불고기

C. 안심(Tenderloin)

① 저지방으로 담백하며, 육즙이 많고 고기 결이 가늘고 척추뼈 안쪽에 위치하고 있는 근육으로 움직임이 없어 조직이 부드럽고 연하다.

② 조리법 : 스테이크 및 구이

D. 양지(Brisket)

① 섬유가 섞여 질기다.

② 조리법 :미트볼, 햄버거 패티, 콘비프

E. 갈비(Rib)

① 갈비살에는 막이 많고 근육이 비교적 거칠고 단단한 부위이지만, 근내지방이 많아 맛이 있다.

② 조리법 : 구이 및 찜, 탕

F. 채끝살(Striploin)

① 육질이 연하고 지방이 적당이 섞여 있음.

② 등심보다는 지방이 적고 살코기가 많음.

③ 조리법 : 로스구이, 샤브샤브, 불고기, 국거리

G. 우둔(Insie round)

① 지방이 적고 살코기가 많음. 홍두깨살은 결이 거칠고 단단함.

② 조리법 : 주물럭, 산적, 육포, 불고기용 육회나 장조림

H. 설도(Flank steak)

① 엉덩이살 아래쪽의 넓적 다릿살로 바깥쪽 엉덩이 부분

② 다소 거칠고 질긴 편으로 우둔과 비슷하며 부위별 육질 차가 큼.

③ 조리법 : 산적, 편육, 불고기, 육회, 구이

I. 앞다리(Plate flank)

① 갈비 바깥쪽에 위치, 내부에 지방층과 근막이 많기 때문에 연한 부위와 질긴 부위가 서로 섞여 있으며, 운동량이 많아 육색이 짙음.

② 조리법 : 카레, 육회, 칭기즈칸 요리, 구이, 불고기, 장조림

J. 사태(Fore shank)

① 앞·뒷다리 사골을 감싸고 있는 부위로 운동량이 많아 색이 진한 반면, 근육 다발이 모여 있어 특유의 쫄깃한 맛을 낸다.

② 기름기가 없어 담백하면서도 깊은 맛이 난다.

③ 조리법 : 장조림, 찜, 육회, 탕

(3) 돼지고기의 부위별 특징과 조리법

① 돼지고기의 지방은 음식을 부드럽게 해주는 역할을 하므로, 김치찌개, 빈대떡, 유완전, 미트 소소를 만들 때 사용한다.

② 편육, 보쌈을 해도 부드럽고, 육질이 질긴 부위는 지방 부위와 섞어 곱게 갈아 소시지 및 패티로 만들 수 있다.

A. 어깨살(Shoulder)

① 앞다리 위쪽 부위로 어깨 부위의 고기

② 조리법 : 불고기, 찌개, 수육, 패티, 장조림, 햄

B. 뒷다리(Ham)

① 볼기 부위로 살이 두껍고 지방이 적은 편임.

② 조리법 : 구이, 햄, 장조림

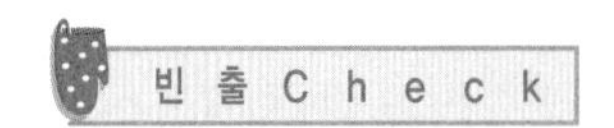

57 고기의 질긴 결합 조직 부위를 물과 함께 장시간 끓였을 때 연해지는 이유는?

① 엘라스틴이 알부민으로 변화되어 용출되어서
② 엘라스틴이 젤라틴으로 변화되어 용출되어서
③ 콜라겐이 알부민으로 변화되어 용출되어서
④ 콜라겐이 젤라틴으로 변화되어 용출되어서

해설 고기를 가열하면 결합 조직이 연화되는데, 고기를 장시간 물에 넣어 가열했을 때는 고기의 콜라겐이 젤라틴으로 변화되어 연해진다.

정답 _ 57 ④

빈출 Check

C. 목심(Boston butt)

① 등심에서 목 부분으로 이어지는 부위로서 여러 개의 근육이 모여 있고, 근육 사이에 지방이 있어 향미가 우수함.

② 조리법 : 구이, 수육, 찌개용

D. 등심(Loin)

① 두꺼운 지방층이 덮인 근육으로 고기 결이 곱고 부드러움

② 조리법 : 돈가스, 스테이크, 구이

E. 안심(Tenderloin)

① 갈비 안쪽에 있으며, 약간의 지방이 있고 고기가 연함

② 조리법 : 돈가스, 스테이크, 탕수육

F. 갈비(Rib)

① 옆구리의 늑골(갈비) 첫 번째부터 다섯 번째 늑골로 지방이 있어 향미가 우수함

② 조리법 : 바비큐, 찜, 구이

G. 앞다리(Leg)

① 앞다리 부위로 육색이 짙고 지방이 적음.

② 조리법 : 꼬치, 햄, 바비큐

H. 삼겹살(Belly)

① 갈비를 떼어 낸 부분에서 복부까지의 넓고 납작한 모양의 부위, 근육과 지방이 삼겹의 막을 형성하며 향미가 좋음.

② 조리법 : 베이컨, 구이, 수육, 바비큐

(4) 양고기 부위별 특징과 조리법

일반적으로 양고기는 특유의 향을 가지고 있으며, 스테이크용으로 갈비를 주로 사용하고, 다릿살 및 어깨살 등은 로스팅이나 브레이징으로 사용한다. 기타 부위는 스튜나 꼬치로 사용한다.

A. 어깨살(Shoulder)

① 앞다리 위쪽 부위로 어깨 부위의 고기

② 조리법 : 패티, 구이, 꼬치

B. 등심(Loin)

① 두꺼운 지방층이 덮인 근육으로 고기 결이 곱고 부드러움.

② 조리법 :스테이크, 구이

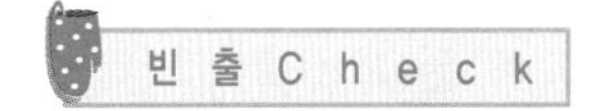

C. 안심(Tenderloin)

① 갈비 안쪽에 있으며, 약간의 지방이 있고 고기가 연함,

② 조리법 : 스테이크, 구이

D. 갈비(Rib)

① 옆구리의 늑골(갈비)로 지방이 있어 향미가 우수하고 맛이 좋음.

② 조리법 : 스테이크

E. 다리(Leg)

① 육색이 짙고 지방이 적음.

② 조리법 : 스튜, 꼬치

F. 삼겹살(Belly)

① 근육과 지방이 삼겹의 막을 형성하며 풍미가 좋음.

② 조리법 : 바비큐, 구이

(5) 닭고기 부위별 특징과 조리법

① 부위별 명칭은 다릿살, 안심, 날갯살, 가슴살로 나눠진다.

② 근섬유는 가늘고 섬세하며, 길이가 짧아 부드럽다.

③ 껍질에는 지방이 많이 존재하고, 부위에 따라 지방 함량과 색이 다르다.

④ 닭고기의 가슴살은 흰색으로 단백질이 많고 지방이 적어 맛이 담백하고 퍽퍽하지만, 닭고기의 날갯살은 지방이 많아 맛이 좋다.

⑤ 주로 닭죽, 삼계탕, 백숙으로 많이 이용한다.

A. 가슴살(Breast)

① 흰색으로 단백질이 많고 맛이 담백하다.

② 조리법 : 볶음, 조림, 샐러드, 초무침, 튀김, 커틀릿, 너깃

B. 날갯살(Wing)

① 지방이 많아 맛이 좋고 콜라겐이 많다.

② 조리법 : 튀김, 구이, 핑거 푸드, 볶음, 로스트, 전골, 국, 소테

C. 안심(Tenderloin)

① 닭고기의 갈비 안쪽에 있으며, 단백질이 많고 지방이 적다.

② 조리법 : 핑거 푸드, 샐러드, 구이, 튀김

D. 다릿살(Leg)

① 다릿살에는 가늘고 섬세한 근섬유가 많으며, 부드럽고 지방 함량이 많다.

② 조리법 : 닭갈비와 구이용, 커틀릿, 튀김, 볶음, 찜, 조림

빈출 Check

58 달걀에서 시간이 지남에 따라 나타나는 변화가 아닌 것은?

① 호흡 작용을 통해 알칼리성으로 된다.
② 흰자의 점성이 커져 끈적끈적해진다.
③ 흰자에서 황화수소가 검출된다.
④ 주위의 냄새를 흡수한다.

해설 흰자와 노른자를 구성하고 있는 물질들을 닭이 달걀을 낳은 직후부터 시작하여 시간이 지남에 따라 흰자의 양이 감소하여 묽어지고 노른자는 쉽게 터진다.

59 달걀을 삶았을 때 난황 주위에 일어나는 암녹색의 변색에 대한 설명으로 옳은 것은?

① 100℃의 물에서 5분 이상 가열 시 나타난다.
② 신선한 달걀일수록 색이 진해진다.
③ 난황의 철과 난백의 황화수소가 결합하여 생성된다.
④ 낮은 온도에서 가열할 때 색이 더욱 진해진다.

해설 녹변 현상은 난백의 황화수소가 난황의 철과 결합하여 황화 제일철을 만들 때 일어난다. 이 현상은 15분 이상 가열하였을 때, 오래된 달걀일수록, 삶는 온도가 높을 때, 삶은 후 바로 찬물에 헹구지 않았을 때 발생한다.

60 달걀의 기포성을 이용한 것은?

① 달걀찜
② 푸딩(pudding)
③ 머랭(meringue)
④ 마요네즈(mayonnaise)

해설 머랭, 케이크 등은 달걀의 여러 성질 중 기포성을 이용한 음식이다.

정답 _ 58 ② 59 ③ 60 ③

(6) 육류가공품

① 햄 : 돼지고기의 허벅다리를 이용하여 식염, 설탕, 아질산염, 향신료 등을 섞어서 훈제한 것이다.

② 베이컨 : 돼지의 기름진 배 부위 피를 제거한 후 얇게 저며서 햄과 같은 방법으로 전처리하여 큰 핀으로 꽂아 훈제한다.

③ 소시지 : 햄, 베이컨을 가공하고 남은 고기에 기타 잡고기를 섞어 조미한 후, 동물의 창자 또는 인공 케이싱에 채운 후 가열이나 훈연, 또는 발효시킨 제품이다.

4 달걀의 조리

(1) 달걀의 구성

① 달걀은 난황(노른자), 난백(흰자)으로 구성된다.

② 난백은 90%가 수분이고 나머지는 주로 단백질이다.

③ 난황에는 단백질과 다량의 지방, 인, 철이 들어 있으며 약 50%가 고형분이다.

④ 난백은 농후난백과 수양난백으로 나뉘며 달걀 1개의 무게는 대략 50～60g 정도이다.

달걀의 구성

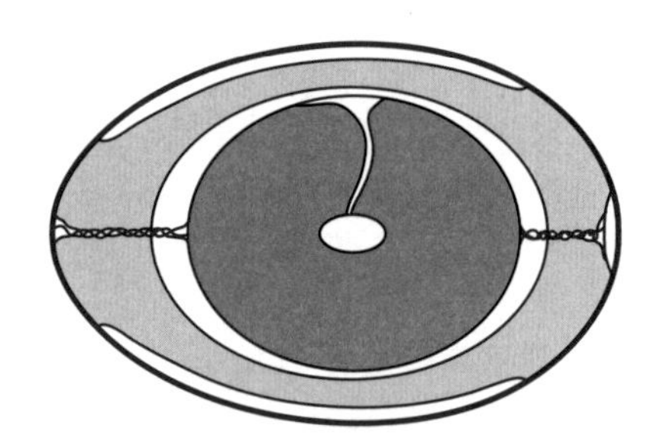

(2) 달걀의 조리

① 달걀의 조리는 알의 단백질이 열에 의해 응고하기 쉬운 성질이나 알이 풀어지기 쉬운 성질을 이용한 것이 많다.

② 달걀의 응고 온도는 난백이 60~65℃이고 난황은 65~70℃이며, 설탕이나 국 국물을 섞으면 응고되는 온도가 높아진다.

③ 달걀은 3~5분 정도 삶으면 반숙이 되고, 10~15분 정도 삶으면 완숙이 된다.

④ 15분 이상 삶게 되면 난황의 주위가 암갈색(또는 회 녹색)이 되는데, 이 현상은 난백의 황화수소가 난황 중의 철분과 결합하여 황화 제일철을 만들기 때문에 일어나며, 다소 과하게 익힌 달걀일지라도 냉수에 식히면 황화철의 생성을 방지할 수 있다.

⑤ 정도에 맞게 익힌 달걀일지라도 여열에 의해 황화철이 생긴다.

⑥ 반숙 달걀의 단백질은 소화에 좋고, 완전하게 익힌 난 백은 잘 소화되지 않는다.

(3) 달걀의 성질

① 난백(흰자)의 기포성

- 난백을 잘 저으면 공기가 들어가 거품이 일어난다. 이 거품은 잠깐은 그대로 있고 이것을 가열하면 고정된다. 이와 같은 성질을 기포성이라 하며 튀김옷, 과자, 기타의 요리에 사용한다. 기포성에 영향을 미치는 요인은 다음과 같다.
- 달걀의 선도 : 달걀은 신선한 것일수록 농후난백이 많다. 농후난백보다는 난 백이 수양성인 것이 거품이 잘 나기 때문에 일반적으로 거품을 내서 이용하는 요리에는 묵은 달걀을 사용한다. 그러나 전기믹서 등을 사용하면 농후난 백도 거품이 잘 나고, 안전성도 좋다.
- 온도 : 난백이 응고하지 않을 정도의 온도에서 거품이 잘 난다. 30℃ 정도가 적온이며, 겨울철이나 냉장고에 있는 달걀은 실온에 꺼내 보관하여 온도를 높인 후 거품을 내는 것이 좋다.
- 첨가물 : 기름이 첨가되면 거품이 현저하게 저하되고, 유지율도 감소된다. 황, 주석산, 식염, 설탕 등의 첨가 역시 거품 내는 것을 저하시키나, 기름 정도로 저하되지는 않는다. 그러므로 충분히 거품을 낸 다음 첨가물을 넣으면 좋다. 설탕은 첨가물이 많을수록 안전도가 높다.

② 난황(노른자)의 유화성

- 기름과 물은 그 자체로서는 혼합시켜도 유상의 액으로는 되지 않으나 마요네즈 소스와 같이 난황을 첨가하면 기름이 적(適)이 되어 물에 분산된다. 이것을 수중 유적형의 유탁액(遺濁液, 에멀전)이라 한다. 이와 같이 유상화에 중간 매개체를 유화제(계면활성제의 일종)라 한다.

(4) 달걀 가공품

① 건조달걀 : 달걀의 내용물인 흰자와 노른자의 수분을 증발시켜 건조하여 만든다.

② 마요네즈 : 달걀노른자와 샐러드유, 식초를 원료로 만들며 여러 가지 조미료와 향신료가 첨가될 수 있다.

③ 피단(송화단) : 소금 및 알칼리 염류를 달걀 속에 침투시킨 저장을 겸한 조미 달걀이다(침투 작용, 응고 작용, 발효 작용을 이용).

(5) 달걀의 저장 방법

① 냉장법 : 산란 시의 달걀의 온도는 닭의 온도인 40℃로, 신속하게 4.4℃ 정도로 식힌 후 선선한 곳에 저장해야 한다.

② 밀폐법 : 달걀을 밀폐된 그릇에 저장하면 수분과 이산화탄소의 손실이 지연된다.

61 달걀의 가공 적성이 아닌 것은?
① 열 응고성 ② 기포성
③ 쇼트닝성 ④ 유화성

해설 ① 열 응고성 : 열에 의해 응고하기 쉬운 성질을 말한다. ② 기포성 : 난백을 이용하여 거품을 내며, 빵 제조 시 팽창제로 이용된다. ④ 유화성 : 난황에 있는 레시틴이 마요네즈

62 난백에 기포가 생기는 것에 영향을 주는 것은?
① 난백에 거품을 낼 때 식초를 조금 넣으면 거품이 잘 생긴다.
② 난백에 거품을 낼 때 녹인 버터를 1큰술 넣으면 거품이 잘 생긴다.
③ 머랭을 만들 때 설탕은 맨 처음에 넣는다.
④ 난백은 0℃에서 가장 안정적이고 기포가 잘 생긴다.

해설 난백에 약간의 산을 첨가하면

63 난황에 들어 있으며, 마요네즈 제조 시 유화제 역할을 하는 성분은?
① 레시틴 ② 오브알부민
③ 글로불린 ④ 갈락토오스

해설 달걀의 난황에 들어 있는 레시틴은 마요네즈 제조 시 유화제 역할을 한다.

정답 _ 61 ③ 62 ① 63 ①

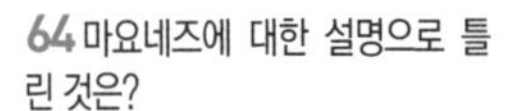

규소염 용액은 끈끈하여 달걀껍질의 구멍을 막아 수분과 이산화탄소의 증발을 방지한다. 따라서 규소염 용액에 달걀을 담갔다가 선선한 곳에서 4~6개월 저장한 달걀의 질은 산란 후 잘 취급하여 2~3일 지난 달걀과 같다. 규소염 대신 광물성유나 플라스틱 액을 사용해도 같은 효과를 얻을 수 있다.

③ 냉동법 : 달걀을 냉동할 때에는 달걀을 깨뜨려 난백과 난황을 함께 냉동시키 거나 난백과 난황을 따로 냉동시키기도 한다. 달걀을 냉동시킬 때에는 달걀을 깨뜨려 그대로 또는 난황과 난백을 따로 갈라 전처리를 한 후, 50개 또는 100 개를 한 그릇에 담거나 하나하나를 종이에 싸서 큰 그릇에 담아 –18℃ 이하에서 급속 냉동하여 –15℃에서 저장한다.

④ 건조법 : 분말달걀은 전란 또는 난백과 난황을 분리한 후 저온 살균하여 건조 시킨 것이다.

(6) 달걀의 품질 평가

① 껍질째 보았을 때의 평가

평가 방법	설명
크기에 의한 방법	시중에서 달걀은 중량에 따라 분류하여 시판되고 있는데, 특란의 경우 61g 이상, 대란은 55~60g, 중란은 48~54g, 경란은 42g 미만으로 규정된다.
껍질의 상태에 의한 방법	껍질의 광택의 정도, 달걀의 생김새, 균열의 유무 등으로 의하여도 분류한다. 달걀을 낳을 때 내부를 보호하기 위하여 점액을 씌워서 낳으므로 신선한 달걀은 껍질이 거칠거칠하다.
캔들링(candling)에 의한 방법	상업적으로는 캔들링이라는 방법으로 달걀 을 평가하여 시장에 공급하기도 한다. 강한 광선을 달걀의 뒤에서 비치고 달 걀을 돌리면서 관찰하여 달걀의 공기집의 크기와 위치, 난백의 맑은 정도, 난 황의 위치와 움직이는 정도, 껍질의 상태 등을 평가한다.
비중에 의한 방법	신선한 달걀은 비중이 1.08~1.09인데, 시간이 경과할수 록 수분의 증발로 인하여 비중이 작아진다.

달걀 감별법

물 1C에 식염 1Ts을 용해한 물(6%)에 달걀을 넣어 가라앉으면 신선한 것이고, 위로 뜨면 오래된 것이다.

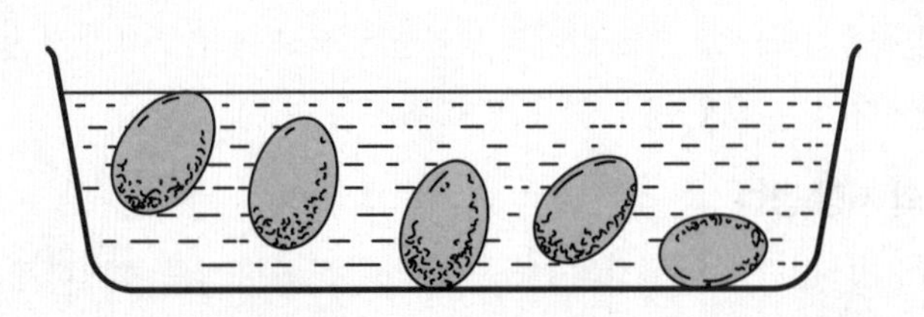

64 마요네즈에 대한 설명으로 틀린 것은?

① 식초는 산미를 주고, 방부성을 부여한다.
② 마요네즈를 만들 때 너무 빨리 저어주면 분리되므로 주의한다.
③ 사용되는 기름은 냄새가 없고, 고도로 분리 정제가 된 것을 사용한다.
④ 새로운 난황에 분리된 마요네즈를 조금씩 넣으면서 저어주면, 마요네즈 재생이 가능하다.

해설 마요네즈가 분리되는 경우는 기름을 너무 빠르게 많이 넣거나 뜨거운 기름을 사용한 경우이며 젓는 속도가 빠르다고 분리되는 것이 아니다.

65 달걀프라이를 하기 위해 프라이팬에 달걀을 깨뜨려 놓았을 때 다음 중 가장 신선한 것은?

① 난황이 터져 나왔다.
② 난백이 넓게 퍼졌다.
③ 난황은 둥글고 주위에 농후난백이 많았다.
④ 작은 혈액덩어리가 있었다.

해설 난황이 둥글고, 주위에 농후난

66 달걀에 가스 저장을 실시하는 가장 중요한 이유는?

① 알 껍질이 매끄러워짐을 방지하기 위하여
② 알 껍질의 이산화탄소 발산을 억제하기 위하여
③ 알 껍질의 수분 증발을 방지하기 위하여
④ 알 껍질의 기공을 통한 미생물 침입을 방지하기 위하여

해설 신선한 달걀에는 이산화탄소가 들어 있으나 시간이 지남에 따라 증발되어 달걀 내용물이 알칼리성으로 된다. 따라서 가스 저장을 하면 이산화탄소의 발산을 억제하여 선도를 유

정답 _ 64 ② 65 ③ 66 ②

② 내용물에 의한 평가

평가 방법	설명
난백계수 (albumen index)	달걀을 평평한 판 위에 깨뜨린 후 난백의 가장 높은 부분의 높이를 평균 직경으로 나눈 것이 난백계수이다. 신선한 백색란 의 계수는 0.14~0.17이다.
호 단위(haugh unit)	난백의 높이(㎜)를 H, 달걀의 무게(g)를 W로 했을 때 100log(H-1.7W+7.6)의 수치를 말한다. 신선한 백색란의 수치는 86~90 이다.
된 난백의 비	전 난백의 무게에 대한 된 난백의 중량의 백분율이다. 신선한 백색란의 된 난백은 전 난백 무게의 약 60%이다.
된 난백의 직경과 묽은 난백의 직경과의 비	두 가지 난백을 모두 두 번씩 직 각 방향으로 측정하여 평균치를 낸다.
난황계수 (yolk index)	평평한 판 위에 계란을 깨뜨렸을 때 난황의 높이를 직경으로 나눈 값을 말한다. 신선한 백색란의 난황계수 값은 0.36~0.44이다. 37℃에서 3일간, 25℃에서 8일간, 그리고 2℃에 100일간 경과했을 때의 난 황계수는 0.3 이하가 된다. 난황계수가 0.25 이하인 것은 달걀을 깨뜨렸을 때 난황이 터지기 쉽다. 신선한 달걀은 비중이 1.08~1.09인데, 시간이 경과할수 록 수분의 증발로 인하여 비중이 작아진다.

5 우유의 조리

(1) 우유의 일반 성분

① 단백질 : 필수아미노산이 풍부하고(3~4%), 주 단백질은 카제인(인단백질로 P 함유), 유청 단백질(락토글로블린, 락토알부민 등)이다.

② 탄수화물 : 유당이 풍부하다(무기질 흡수 촉진). 유제품의 갈변, 장내균을 개 선하여 정장 작용을 한다.

③ 지방 : 포화지방산이 약 65%, 불포화지방산이 30% 정도 함유되어 있으며, 전체의 약 3% 정도가 지방이다. 지방 분해 효소의 작용으로 특유의 불패취 를 생성한다.

④ 무기질 : 인과 칼슘의 비율이 좋아서 흡수가 잘 된다. 철분이 적어 빈혈을 일 으킬 수 있다.

⑤ 비타민 : B_1, B_2, 나이아신의 함량이 높다.

(2) 우유의 종류

① 시유 : 농유(무처리 우유)를 바로 마실 수 있도록 균질화와 살균 처리한 우유 로 살균시유, 멸균시유, 가공유(강화우유, 연질우유, 저열량 우유, 저나트륨 우유) 등이 있다.

② 유음료 : 커피, 초콜릿, 과일우유 등

빈출 Check

67 50g의 달걀을 접시에 깨뜨려 놓았더니 난황 높이는 1.5㎝, 난황 직경은 4㎝이었다. 이 달걀의 난황계수는?

① 0.188 ② 0.232
③ 0.336 ④ 0.375

해설 난황계수 = 난황의 높이/난황

68 우유의 가공에 관한 설명으로 틀린 것은?

① 크림의 주성분은 우유의 지방 성분이다.
② 분유는 전지유, 탈지유 등을 건조시켜 분말화한 것이다.
③ 저온살균법은 63~65℃에서 30분간 가열하는 것이다.
④ 무당연유는 살균 과정을 거치지 않고, 가당연유만 살균 과정을 거친다.

해설 연유는 가당연유와 무당연유가 있으며, 가당연유는 우유를 농축한 후 약 40%의 설탕을 첨가해서 되직하게 만든 것이며, 무당연유는 우유를 1/2~2/5정도로 농축한 것으로 당분은 첨가하지 않는다. 가당연유와 무당연유는 모두 살균 과정을 거친다.

정답 _ 67 ④ 68 ④

빈 출 Check

69 다음 중 우유 가공품이 아닌 것은?

① 치즈 ② 버터
③ 마시멜로우 ④ 액상 발효유

해설 ① 치즈 : 우유의 단백질인 카제인에 응유효소인 레닌을 첨가하여 만든 것 ② 버터 : 우유의 지방을 모아 만든 것 ③ 마시멜로우 : 달걀흰자의 기포를 이용하여 만든 것 ④ 액상 발효유 : 우유에 젖산 발효를 시킨 가공품

70 우유를 응고시키는 요인과 거리가 먼 것은?

① 가열 ② 레닌
③ 산 ④ 당류

해설 ① 65℃ 이상의 온도로 가열하면 우유가 응고된다. ② 레닌은 우유의 카제인 성분을 응고시키는 효소이다. ③ 우유 단백질인 카제인에 산을 첨가하면 응고물이 생성된다.

71 요구르트 제조는 우유 단백질의 어떤 성질을 이용하는가?

① 응고성 ② 용해성
③ 팽윤 ④ 수화

해설 요구르트는 우유나 탈지분유에 유당을 이용하는 유산균을 넣어 발효시킨 것으로 이때 생성된 유기산에 의해 카세인이 응고되어 만들어진 발

72 우유의 균질화(homogenization)에 대한 설명이 아닌 것은?

① 지방구 크기를 0.1~2.2㎛ 정도로 균일하게 만들 수 있다.
② 탈지유를 첨가하여 지방의 함량을 맞춘다.
③ 큰 지방구의 크림층 형성을 방지한다.
④ 지방의 소화를 용이하게 한다.

해설 우유에 함유된 지방 알갱이를 작게 부수는 과정을 균질화라 하는데

정답 _ 69 ③ 70 ④ 71 ① 72 ②

③ 무당연유 : 우유를 50% 이상 농축시켜 멸균 처리한 것으로, 첨가 식품 또는 유아용 제과에 사용한다. 농축 우유로 칼로리가 높다.

④ 가당연유 : 우유를 약 1/3로 농축시키고 설탕을 40～50% 용해시켜 첨가한 것으로 우유의 저장성을 높여준다.

(3) 우유가공품의 종류

① 크림 : 우유를 비중이 다른 두 개의 층으로 분리했을 때, 유지방이 많은 상층 부를 말한다.

② 유장 : 크림을 만들고 남는 부산물이다.

③ 묽은 크림(커피크림) : 지방 함량이 18~30%인 것을 말한다.

④ 휘핑크림 : 지방 함량이 30~36%인 것을 말한다.

⑤ 된 크림 : 지방 함량이 36~40%인 것을 말한다.

⑥ 버터 : 우유에서 크림을 분리하여 교반하고 유지방을 모아서 굳힌 것으로, 지방이 80%를 차지하고, 나머지 20%는 수분, 유당, 무기질 등으로 구성되어 있다.

⑦ 치즈 : 우유에 레닌을 가하면 유단백질인 카제인이 분리되는데, 이를 칼슘 이온과 결합시킨 응고물에 염분을 가하여 숙성시킨 것을 말한다.

⑧ 가공치즈 : 2개 이상의 자연치즈를 절단·분해하여 유화솥에 넣고 색소, 유화 제, 보존료 등을 첨가·혼합한 후에 살균한 후 형태를 만들어 포장한 것을 말 한다(프로세스 치즈).

⑨ 아이스크림 : 우유 및 유제품에 설탕, 향료와 버터, 달걀, 젤라틴, 색소 등의 기 타 원료를 적당하게 넣어 저어가면서 동결시킨 것을 말한다.

⑩ 발효유 : 우유를 젖산 박테리아(락토바실러스, 불가리커스 등)에 의해 발효시 켜 만든 유제품으로, 요구르트가 대표적이다.

⑪ 분유 : 우유를 농축, 건조시킨 것을 말한다(탈지분유, 전지분유, 조제분유).

(4) 우유의 조리

우유는 동물성 단백질과 칼슘의 공급원으로 중요시되어 소비량도 매년 증가한다. 그 대부분을 음용(飮用)하고 우유가 주재료인 조리는 비교적 적으나 조리의 이용 범위는 넓다.

① 과자류를 만들 때 우유를 사용해서 구워내면 빛깔이 좋아진다. 이와 같은 빛깔은 설탕의 캐러멜 형성 반응과 우유 중 아미노산과 환원당의 반응에 의한 것이다.

② 우유를 이용하면 화이트소스와 같이 백색의 요리를 만들 수 있다.

③ 콜로이드 용액이기 때문에 스프, 스튜, 크림 등에 우유 특유의 부드러운 풍미를 준다.

④ 커스터드푸딩을 만들 때 우유 중의 칼슘, 기타의 염류가 단백질의 겔화를 용 이하게 하며 겔 강도를 강하게 한다.

⑤ 우유 중에는 미세한 지방구나 카제인 입자가 많이 포함되어 있어 흡착하는 성질이 있다. 생선을 익히기 전에 우유에 담가놓으면 생선의 비린내가 제거된다.

빈 출 Check

(5) 가열에 의한 우유의 변화

우유를 끓이면 냄새가 나고, 표면에 피막이 생긴다. 이 피막은 우유 중에 분산된 지방구가 가열에 의해 응고한 단백질과 엉겨 붙어 표면에 뜬 것이기 때문에 이것을 제거하면 영양소가 손실된다. 이 현상은 60~65℃ 이상에서 일어나므로 우유를 끓일 때에는 온도에 유의하여야 한다. 또한 냄비에 단백질과 유당이 엉겨 눌어붙는 현상을 방지하기 위하여 이중 냄비에 중탕으로 하여 가끔씩 잘 저어가며 끓인다.

Section 3 수산물의 조리 및 가공 · 저장

1 수산물의 조리 및 가공 · 저장

(1) 어패류

① 어패류의 종류

㉠ 어류 : 광어, 가자미, 대구, 연어, 고등어, 송어, 다랑어, 넙치 등

㉡ 연체류 : 문어, 오징어, 낙지, 해파리, 해삼, 꼴뚜기 등

㉢ 갑각류 : 게, 새우, 대하, 가재 등

㉣ 조개류 : 꼬막, 대합, 모시조개, 소라, 우렁이, 바지락, 홍합 등

② 어패류의 영양 성분 : 필수아미노산과 필수지방산을 많이 함유하고 있으며, 갑각류와 조개류의 근육에는 글리코겐이 저장되어 있다.

㉠ 단백질

- 염용성 단백질 : 미오신, 액틴, 액토미오신
- 수용성 단백질 : 미오겐, 글로불린
- 염수용성 단백질 : 콜라겐, 엘라스틴

㉡ 지방 : 어류의 맛을 좌우하며, 필수지방산인 아라키돈산이 풍부하다(신선도가 쉽게 저하되고, 산패가 쉽다).

㉢ 무기질 : 뼈째 먹는 잔 생선에는 칼슘이 풍부하며, 일반 생선의 근육에는 무기질이 적게 함유되어 있다.

㉣ 비타민 : 비타민 B_1, B_2, 나이아신의 함량이 높다. 지방이 풍부한 생선은 비타민 A와 D가 풍부하나 비타민 C는 거의 없다.

빈 출 Check

73 식품의 부패 과정에서 생성되는 불쾌한 냄새 물질과 거리가 먼 것은?

① 암모니아 ② 포르말린
③ 황화수소 ④ 인돌

해설 냉동식품의 보관을 잘못하면 저온성 미생물이 생육하면서 식품을 분해시켜 암모니아, 황화수소 등의 가스를 생성하고 인돌 등의 불쾌한 냄새 물질을 생성한다.

정답 _ 73 ②

③ 어패류의 신선도 : 수육보다 결합 조직이 적어 신선도 저하가 빠르다. 담수어가 해수어보다 부패 속도가 빠르다.

어패류의 신선도 판정법

구분	특징
관능적 판정법	• 피부에 광택이 있다. • 살이 단단히 붙어 있다. • 점액이 투명하고 점성이 낮다. • 안구가 돌출되고 투명하다. • 비늘이 고르게 밀착되어 있고 아가미가 선홍색이다.
화학적 판정법	분해 생성 물질을 측정하여 신선도를 판정한다. • 암모니아, 트리메틸아민, 인돌 등 염기질소 생성량 • 휘발성 염기질소 초기 부패 함량 : 30mg% • TMA의 염기질소 초기 부패 함량 : 5mg%

④ 사후변화와 자가소화 : 어패류는 수분이 많고 조직이 간단하면서 연하여 자가소화 효소의 작용이 활발하게 일어나 부패하기 쉽다. 자가소화가 일어나면서 신선도 저하가 동시에 일어나며, 경직이나 자가소화 초기까지 식용이 가능하다.

⑤ 어패류의 가공

㉠ 연제품 : 생선묵과 같이 겔화가 되도록 어육에 소금(3%)을 가하여 마쇄한 것에 전분, 설탕, 조미료를 넣고 반죽 후 성형하여 찌거나 튀긴 것을 말한다.

TIP 어묵제조의 원리
어육의 단백질(미오신)은 소금에 용해되는 성질이 있어 풀과 같은 상태로 녹는다. 이를 가열하여 굳힌 것이 어묵이다.

㉡ 훈제품 : 어패류를 염지하여 적당한 염미를 부여한 후, 훈연하여 특수한 풍미를 주거나 보존성을 높인 것을 말한다.

㉢ 건제품 : 어패류와 해조류를 건조시켜 미생물이 번식하지 못하도록 저장성을 높인 것으로, 수분 함량은 10~14% 정도이다.

㉣ 젓갈 : 어패류의 살, 내장 등에 소금(20~25%)이나 방부제를 넣어 보존하여 자체 효소에 의해서 자가소화시키는 동시에 발효시켜 특수한 풍미를 갖게 한 것으로 새우젓(오젓, 육젓), 멸치젓(춘젓, 추젓), 굴젓, 조개젓, 명란젓 등이 있다. 젓갈은 어패류의 단백질이 펩톤, 펩티드, 유기염기, 젖산, 아미노산 등으로 분해되어 맛이 증가한다.

⑥ 생선의 근육

㉠ 생선의 근육도 다른 동물의 근육과 같이 근섬유가 치밀하게 모여 있으나 사후 경직을 일으키고 사후 경직 후 자가소화와 부패가 일어난다.

㉡ 어류에는 지방분이 적고 살코기가 흰 백색 어류(도미, 민어, 광어, 조기 등)와 지방분이 많고 살코기가 붉은 적색 어류(꽁치, 고등어, 정어리 등)가 있다.

㉢ 생선은 산란기 직전의 것이 가장 살이 찌고 지방도 많으며 맛이 좋다.

㉣ 적색 어류는 백색 어류보다 자가소화가 빨리 오고, 담수어는 해수어보다 낮은 온도에서 자가소화가 일어나며, 부패도 빠르게 진행된다.

⑦ 어육의 성분

㉠ 단백질 : 생선의 단백질은 완전 단백질로서 구조 단백질인 섬유상 단백질과 근원 단백질인 구상 단백질 및 결합 조직을 구성하는 단백질(불완전 단백질)로 되어 있다. 섬유상 단백질은 생선의 근섬유의 주체를 형성하는 단백질로 미오신(myosin), 액틴(actin), 액토미오신(actomyosin)으로 되어 있으며 이들은 전체 단백질의 약 70%를 차지하고 소금에 녹는 성질이 있어 어묵의 형성에 이용된다. 구상 단백질은 콜로이드 액으로 근섬유 사이를 메꾸고 있으며 물과 희석한 소금물에 잘 녹으므로 생선 토막을 물로 씻을 때 잘 유실된다.

㉡ 지방 : 생선의 지방은 약 80%가 불포화지방산이고 약 20%가 포화지방산으로 되어 있다. 생선에 들어 있는 고도의 불포화지방산은 공기 중의 산소와 결합하면 산화·분해되기 쉬우며, 산화·변패한 생선의 지방은 몸에 해롭다.

㉢ 탄수화물 : 생선의 근육 중에는 극소량의 글리코겐을 함유한다.

㉣ 기타의 성분 : 생선에는 그 밖의 무기질, 비타민, 엑기스 성분, 색소 성분이 상당량 존재한다.

㉤ 어취 : 생선의 비린내는 어체 내에 있는 트리메틸아민옥사이드(trimethylamine oxide)가 환원된 트리메틸아민(trimethylamine)에서 나는 냄새이다.

⑧ 생선의 조리

㉠ 생선의 조리에서 가장 중요한 요소는 어취를 해소하는 것이다. 어취를 해소하는 방법으로는 물로 씻기, 식초, 과즙 또는 산 첨가, 간장, 된장 또는 고추장의 첨가, 파, 무, 생강, 고추, 고추냉이 또는 겨자의 첨가 등이 있다.

㉡ 생선을 조릴 때에는 처음 몇 분간은 냄비의 뚜껑을 열어 비린내를 내는 휘발성 물질을 휘발시키는 것이 좋으며, 약 15분 정도 조리는 것이 좋다. 가열시간이 너무 길어지면 양념간장의 염분에 의한 삼투압으로 어육에서 탈수 작용이 일어나 굳어지며 맛이 없어진다.

㉢ 생선을 튀기는 경우, 튀김 반죽에 사용하는 밀가루는 글루텐(gluten) 함량이 적은 박력분을 사용해야 하며, 박력분을 사용하더라도 그 속에 있는 소량의 글루텐이 탄력성을 나타내기 전, 즉 박력분에다 물과 달걀을 갠 즉시 생선에

74 어묵 제조에 대한 내용으로 맞는 것은?

① 생선에 설탕을 넣어 익힌다.
② 생선에 젤라틴을 첨가한다.
③ 생선의 지방을 분리한다.
④ 생선에 소금을 넣어 익힌다.

해설 어육에 2~3%의 소금을 넣고 함께 갈아서 생성된 고기 풀을 일정한 형태로 만들어 가열, 즉 찌거나 튀김 등을 통해 응고시킨 제품이 어묵이다.

75 어류의 사후강직에 대한 설명으로 틀린 것은?

① 붉은 살 생선이 흰 살 생선보다 강직이 빨리 시작된다.
② 자가소화가 일어나면 풍미가 저하된다.
③ 담수어는 자체 내 효소의 작용으로 해수어보다 부패 속도가 빠르다.
④ 보통 사후 12~14시간 동안 최고로 단단하게 된다.

해설 어류는 사후 1~3시간이 지나면 경직이 시작되고 차츰 자가소화가 일어난다. 어육은 자가소화가 일어나기 전인 강직 상태에서 조리하는 것이 좋다.

76 생선에 레몬즙을 뿌렸을 때 나타나는 현상이 아닌 것은?

① 신맛이 가해져서 생선이 부드러워진다.
② 생선의 비린내가 감소한다.
③ pH가 산성이 되어 미생물의 증식이 억제된다.
④ 단백질이 응고된다.

해설 생선의 단백질은 열, 소금, 간장, 산에 의해 단백질이 응고하므로

정답 _ 74 ④ 75 ④ 76 ①

Part 05 중식 기초 조리실무

씌워 튀겨야 한다. 따라서 많은 생선을 튀길 땐 밀가루 반죽을 한꺼번에 하지 않도록 해야 하고, 튀김 온도는 160~180℃가 적당하다.

㉣ 소금구이를 할 경우, 보통 어육 중량의 2%의 소금을 사용한다.

(2) 해조류

해조류는 미량원소 공급원으로 가치가 높다.

① 녹조류 : 파래, 청각, 청태

② 갈조류 : 미역(요오드 함량이 가장 높다), 다시마, 톳, 모자반

③ 홍조류 : 가장 깊은 바다에서 서식, 김, 우뭇가사리

㉠ 탄수화물인 한천이 가장 많이 들어 있고 비타민 A를 다량 함유하고 있다.

㉡ 아미노산 함량이 높아 감칠맛을 낸다.

㉢ 저장 중 발생한 색소 변화는 피코시안(phycocyan)이 피코에리트린(phycoerythrin)으로 되기 때문이며, 햇빛에 의해 더욱 영향을 받는다.

㉣ 한천 : 우뭇가사리를 삶은 즙을 젤리로 응고·동결시킨 후 수분을 제거·건조한 해조가공품이다.

2 어류 전처리 방법

(1) 어류의 특징

① 어류는 서식지에 따라 바닷물에서 사는 해수어와 민물에서의 담수어로 나뉜다.

② 섭취 시 소화가 잘되고 필수 아미노산이 많이 함유되어 있는 반면에, 지방이 10% 이내로 함유되어 있는 어류의 지방은 산화되기 쉬워 산패되면 악취가 나고 독소가 발생할 수 있으므로 전처리를 빠르고 정확히 하여 보관에 유의하여야 한다.

(2) 연어

① 연어(Salmon)는 중식 조리에 이용되는 대표적인 어류이며, 가장 많이 사용된다.

② 냉동과 냉동되지 않은 두 종류로 들어오는데, 냉동된 것은 해동하여 훈제의 형태로 많이 쓰이고 냉동되지 않은 것은 스테이크나 절인 연어 등으로 많이 쓰인다.

③ 고혈압, 동맥경화, 심장 질환 등의 예방에 도움이 되며, 특히 많은 영양소 중에서도 비타민 D가 풍부하여 골다공증 예방에 좋다.

④ 훈제 용도나 절인 연어로 사용할 때에는 비늘을 벗기지 않고, 스테이크로 사용할 때에는 비늘을 제거하기도 한다.

⑤ 꼬리 쪽부터 아가미 쪽으로 한 번에 칼로 살을 뼈에서 분리한 후 원하는 크기로 잘라 사용한다.

빈출 Check

77 생선 조리 방법으로 적합하지 않은 것은?

① 탕을 끓일 경우 국물을 먼저 끓인 후에 생선을 넣는다.
② 생강은 처음부터 넣어야 어취 제거에 효과적이다.
③ 생선조림은 간장을 먼저 살짝 끓이다가 생선을 넣는다.
④ 생선 표면을 물로 씻으면 어취가 많이 감소된다.

해설 비린내를 제거하기 위해 생선 조리 시 생강을 첨가하는데, 효과를 보기 위해서는 생선살의 단백질이 응고되는 시점에 첨가하는 것이 효과적

78 질이 좋은 김의 조건이 아닌 것은?

① 겨울에 생산되어 질소 함량이 높다.
② 검은 색을 띠며 윤기가 난다.
③ 불에 구우면 선명한 녹색을 나타낸다.
④ 구멍이 많고 전체적으로 붉은 색을 띤다.

해설 질이 좋은 김은 구멍이 없고 전체적으로 흑자색을 띤다.

79 다음 중 홍조류에 속하는 해조류는?

① 김 ② 청각
③ 미역 ④ 다시마

해설 해조류의 분류
• 녹조류 : 파래, 청각
• 갈조류 : 미역, 다시마, 톳

정답 _ 77 ② 78 ④ 79 ①

(3) 농어

① 농어(Sea bass)는 스테이크로 가장 많이 사용되고, 에피타이저 메뉴에 따라서 미들 코스에 사용되기도 한다.

② 비타민 영양소가 풍부하며, 전처리 방법은 비늘을 제거한 후 내장과 머리를 제거하고, 등 쪽부터 살을 발라 뼈 쪽에 되도록 살이 붙지 않게 분리한다.

③ 스테이크로 쓰일 때에는 껍질을 제거하지 않아도 되고 용도에 따라 원하는 크기로 잘라 사용한다.

(4) 광어

① 광어(Halibut)는 넙치과의 어종으로 중식에서는 스테이크, 훈제, 에피타이저 등으로 많이 애용된다.

② 고단백, 저지방, 저칼로리 생선이라 동서양에서 모두에게 인기 있는 어류이다.

③ 전처리 방법은 먼저 비늘을 제거하고, 차례로 내장, 머리를 제거한 후 살을 옆줄 중앙부터 분리하여 4장으로 분리한 다음, 보통 껍질을 제거하여 원하는 크기로 잘라 사용한다.

(5) 도버솔, 가자미

① 도버솔(Dover sole)과 가자미 손질 방법은 거의 유사하고, 도버솔은 중식 조리에서 가장많이 사용하는 참서대류로 도버 해협에서 많이 잡히며 맛이 쫄깃하고 향이 좋다.

② 우리나라 근해에서는 잡히지 않아 냉동 상태로 수입되어 중식당, 특히 프랑스 요리 솔 모르네(Sole morey)와 솔뫼니에르(Sole meuniere) 등에 많이 쓰인다.

③ 광어와 같은 방법으로 손질하며, 보통 급속으로 냉동하여 필요할 때마다 해동하여 사용한다.

3 패류, 새우와 갑각류 전처리 방법

(1) 조개류

① 타우린이 풍부한 조개류는 혈중 콜레스테롤과 중성 지방을 감소시킨다. 먼저 물에 소금을 넣고 서늘한 곳에서 충분히 해감을 시킨 후 체에 걸러 물기를 빼고 필요한 용도에 맞게 사용한다.

(2) 새우

① 흐르는 물에 깨끗이 씻은 후 수염과 주위의 뾰족한 뿔 형태를 잘라 준 다음, 꼬챙이를 활용하여 등 쪽의 내장을 제거하고 꼬리 부분의 물집을 자른 후 껍질을 벗겨 원하는 용도에 맞게 사용한다.

빈 출 Check

80 라드(lard)는 무엇을 가공하여 만든 것인가?
① 돼지의 지방
② 우유의 지방
③ 버터
④ 식물성 기름

해설 라드는 돼지의 지방에서 나온 흰색의 반고체를 정제한 기름이다.

정답 _ 80 ①

② 요즘 현장에는 냉동 수입 새우가 많이 사용되어 흐르는 물에 녹여 사용한다.

(3) 갑각류

① 갑각류는 바닷가재(Lobster)가 중식 요리에는 가장 많이 사용되고, 민물 가재(Cry fish)도 종종 사용되고 있다.

② 통째로 머리부터 꼬리까지 잘라 사용하거나 몸통과 꼬리 쪽을 분리하여 껍질을 제거하여 사용하기도 한다.

Section 4 유지 및 유지 가공품

1 유지 및 유지 가공품

(1) 유지의 종류

① 식물성 유지 : 식물의 종자로부터 추출하여 정제, 표백, 탈취 처리한 것으로, 불포화지방산이 풍부하다. 지용성 비타민의 흡수 효과와 혈관 콜레스테롤 축적을 예방할 수 있다(건성유, 불건성유, 반건성유).

② 동물성 유지 : 올레산, 팔미트산, 스테아르산이 풍부하며, 융점이 높다(40～50℃).

㉠ 우지 : 마가린, 비스킷, 크래커 등의 제조에 가공하여 이용한다.

㉡ 라드(lard) : 식용 동물성 유지로는 가장 많이 사용한다. 특유의 풍미가 있고, 소화 흡수도 좋으며 융점이 우지보다 낮다. 쇼트닝성이 좋아 제과용으로 많이 이용된다.

③ 가공유지

㉠ 경화유 : 액체유지를 고체화하여 불포화도 감소, 융점 상승, 산화 및 풍미 변패 등을 막을 수 있다.

- 마가린 : 융점이 25~35℃이며, 버터의 대용품으로 사용된다.
- 쇼트닝 : 라드의 대용 유지이며, 무색, 무미, 무취, 무염의 크림 상태이다. 융점이 38℃ 이하로 가소성과 크리밍성이 좋다.

㉡ 강화유 : 유지에 본래 없는 영양소를 첨가하거나 영양소량을 증가시켜놓은 것이다.

㉢ 샐러드유 : 샐러드드레싱과 마요네즈 등의 원료유로 이용되며, 냉장 저장 시 결정화되지 않아야 한다.

(2) 유지의 역할

① 열의 매체 : 열의 매체로써 유지를 사용하는 대표적인 조리법은 튀기는 것이다. 기름은 고온에서 단시간 처리에 의해 식품을 익힐 수 있으므로 식품의 영양 손실

이 적다. 150~200℃가 적온이고, 튀김용 기름으로는 식물성 기름이 적합하며, 발연점이 높은 기름일수록 좋다.

② 유화성의 이용 : 기름과 물은 그 자체로는 서로 섞이지 않으나 중매하는 매개체(유화제)가 있으면 유화액이 된다. 유화액에는 물속에 기름이 분산된 수중 유적형과 기름에 물이 분산된 유중 수적형의 2가지 형태가 있다. 우유, 아이스크림, 마요네즈 등이 수중 유적형에 속하고, 버터, 마가린 등이 유중 수적형에 속한다.

③ 유지미의 부가 : 튀김으로 인하여 식품에서 물이 증발될 때, 물과 교차해서 기름이 식품에 흡수되어 튀김 특유의 맛과 향기가 식품에 붙기 때문에 좋은 기름을 사용해야 한다. 샐러드는 기름을 날로 사용하는 것이기 때문에 잘 정제된 기름을 사용해야 한다.

(3) 유지의 성질

① 유지의 결정 구조 : 고체 유지는 육안으로 볼 때 결정체가 존재하는 것 같지 않으나 실제로는 상당량의 결정체가 존재하며 한 가지 이상의 결정형으로 고체화할 수 있는 동질이상(同質異相)을 나타낸다.

② 융점(melting point) : 융점이 높아 상온에서 고체 상태인 것을 지방(脂, fat)이라 하고 융점이 낮아 상온에서 액체인 것을 기름(油, oil)이라 한다. 천연 유지는 여러 종류의 트리글리세리드의 혼합물이므로 예민한 융점을 가지지 않고 넓은 범위의 온도에서 녹는다. 지방산의 탄소수가 증가할수록 융점은 높아지고 불포화도가 증가할수록 융점은 낮아진다. 따라서 동물성 지방은 탄소수가 많은 포화지방산의 함량이 높아 고체를 이루고 식물성 기름은 불포화지방산 함량이 높기 때문에 융점이 낮아 상온에서 액체로 존재한다.

③ 비중(specific gravity) : 대부분의 유지는 물보다 가볍고 0.92~0.94의 비중을 가지는 것이 가장 많다. 지방산의 탄소수가 증가할수록, 불포화지방산이 많을수록 비중은 커진다.

④ 굴절률(refractive index) : 유지의 굴절률은 지방산의 탄소수가 증가할수록, 불포화도가 클수록 커진다.

⑤ 가소성(plasticity) : 상온에서 고체로 보이는 유지는 고체 결정과 액체를 동시에 가지고 있고 이들의 독특한 결합을 통해 유지는 다양한 모양으로 만들어질 수 있는데 이를 가소성이라 한다.

⑥ 비열(specific heat) : 유지의 비열은 약 0.47cal/g·℃로 열용량이 작아 물에 비하여 온도가 쉽게 상승하고 쉽게 낮아진다. 그러나 고온으로 가열된 기름을 젓지 않고 놓아두면 온도 하강이 물보다 더디게 일어나는데, 이유는 기름의 점도가 크

81 유지의 발연점이 낮아지는 원인에 대한 설명으로 틀린 것은?

① 유리지방산의 함량이 낮은 경우
② 튀김기의 표면적이 넓은 경우
③ 기름에 이물질이 많이 들어 있는 경우
④ 오래 사용하여 기름이 지나치게 산패된 경우

해설 유지 속에 유리지방산의 함량이 높을수록 유지의 발연점이 낮아진다.

82 기름을 여러 번 재가열할 때 일어나는 변화에 대한 설명으로 맞는 것은?

㉠ 풍미가 좋아진다.
㉡ 색이 진해지고, 거품 현상이 생긴다.
㉢ 산화 중합 반응으로 점성이 높아진다.
㉣ 가열 분해로 항산화 물질이 생겨 산패를 억제한다.

① ㉠, ㉡ ② ㉠, ㉢
③ ㉡, ㉢ ④ ㉢, ㉣

해설 기름을 여러 번 사용하게 되면 기름의 색이 진해지고, 냄새가 나며, 거품 현상이 나타난다. 또한 점성이 증가하며 과산화물 같은 독성 물질이 생성되어 질병을 초래한다.

정답 _ 81 ① 82 ③

빈 출 Check

기 때문이다.

⑦ 발연점(smoke point) : 유지를 가열하면 어느 온도에 달했을 때 유지가 글리세롤과 지방산으로 분해되어 푸른 연기가 나기 시작하는데, 이 온도를 발연점이라 한다. 연기의 주성분인 아크롤레인(acrolein)은 자극성이 강한 냄새를 가지고 있어 발연점이 낮은 기름으로 튀김을 하면 그 냄새가 음식에 흡수되어 음식의 질이 떨어진다. 발연점은 지방의 종류에 따라 다르며 유리지방산의 함량이 높을수록, 튀길 때 기름의 표면적이 넓을수록, 기름 속에 다른 물질이 많이 존재할수록, 사용 횟수가 증가할수록 낮아진다. 발연점이 높은 유지는 연소점(fire point)과 인화점(flash point)도 높다.

튀김의 적온과 시간

종류	온도(℃)	시간(분)
어패류	170~180	2~3
감자(두께 0.7㎝ 기준)	160~180	3
크로켓	180~190	1~2
도넛	160	3

83 유지의 산패도를 나타내는 값으로 짝지어진 것은?

① 비누화가, 요오드가
② 요오드가, 아세틸가
③ 과산화물가, 비누화가
④ 산가, 과산화물가

유지의 산패도를 나타내는 값은 산가, 과산화물가, TBA가, 카르보닐가가 있다.

정답 _ 83 ④

(4) 유지의 산패에 영향을 끼치는 인자

① 온도가 높을수록 반응속도가 증가한다.
② 광선 및 자외선은 산패를 촉진한다.
③ 수분이 많으면 촉매 작용이 촉진된다.
④ 금속류는 유지의 산화를 촉진한다.
⑤ 불포화도가 심하면 유지의 산패가 촉진된다.

(5) 유지 채취법

① 압착법 : 원료에 기계적인 압력을 가하여 기름을 채취하는 방법으로 식물성 원료의 착유에 이용된다.
② 용출법 : 원료를 가열하여 유지를 녹아 나오게 하는 방법으로 동물성 원료의 착유에 이용된다.
③ 추출법 : 원료를 벤젠, 사염화탄소, 핵산 등의 휘발성 용매에 녹인 후 용매를 휘발시켜 유지를 채취하는 방법으로 불순물이 많이 섞인 물질에서 기름을 채취할 때 이용된다.

(6) 유지의 정제법

① 탈검 : 기름 원료의 단백질이나 인지질을 제거한다.
② 탈산 : 유리지방산이나 철, 구리 등의 금속성 산화촉진제를 제거하는 것으로, 수

산화나트륨을 이용한 알칼리 탈산법을 많이 이용한다.

③ 탈색 : 지용성 색소를 제거한다.

④ 탈취 : 냄새를 제거한다(수증기 증류법이 많이 이용).

⑤ 동유 처리(winterizing) : 저온에서 응고되는 것을 막는 정제법이다(샐러드유).

Section 5 냉동식품의 조리

1 냉동식품의 조리

(1) 냉장·냉동식품류

미생물은 20~40℃에서 가장 잘 자라고, 10℃ 이하가 되면 생육이 억제되며, 0℃ 이하가 되면 거의 자라지 못한다. 효소도 20~40℃가 작용 최적 온도이고 10℃ 이하가 되면 작용이 억제되며 0℃ 이하가 되면 거의 작용하지 못한다. 이러한 원리를 이용하여 식품을 저장한 것이 냉장 및 냉동식품이다. 냉장식품은 얼리지 않고 저온에서 저장한 것이며, 냉동식품은 식품을 얼려서 저장한 것이다.

(2) 냉동식품의 조리

식품 중의 수분을 제거하여 저장성을 높이는 건조법에 비해 식품 중의 수분을 얼려 미생물이 번식이나 활동을 못하게 하여 식품의 저장성을 높이는 냉동법은 식품의 복원성이 많이 진보된 방법이며 최근 많이 이용된다. 식품을 서서히 얼리면 얼음의 결정이 크게 형성되어 조직이 부서지기 때문에 –40℃의 급속 동결법이 사용된다. 또한 최근에는 –194℃의 액체질소를 이용한 냉동법을 사용하기도 한다. 신선한 식품을 얼림으로 보존과 해동법이 좋으면 신선도가 높은 식품을 사용할 수 있다.

(3) 냉동식품의 보존

완전히 동결한 것을 구입해서 –20℃ 정도의 냉동실에서 저장한다. 특히 날 어류나 육류는 세포가 그대로이기 때문에 세포 중에 미세한 얼음의 결정이 성장해서 조직이 부서져 해동 후에 형태의 변화가 일어나면 액즙이 생긴다.

(4) 냉동식품의 해동

① 어류, 육류 : 급속히 온도를 올려 해동하면 조직이 상해서 드립(drip)이 많이 나오므로 냉장고 내에서 서서히 해동하는 것이 좋다. 단시간에 해동시키기 위해서는 플라스틱 필름에 싸서 수돗물에 넣으면 되나 풍미가 떨어진다.

② 야채류 : 날로는 동결하지 못하므로 재료에 증기를 통해서 데친 상태가 된 것을 끓는 물에서 2~3분간 끓인다.

84 다음 식품 중 직접 가열하는 급속해동법이 많이 이용되는 것은?

① 생선류
② 육류
③ 반조리 식품
④ 계육

해설 급속해동법은 반조리나 조리된 상태에서 냉동된 식품을 직접 가열하거나 전자레인지를 이용하여 해동하는 방법이다.

85 냉동식품의 조리에 대한 설명 중 틀린 것은?

① 소고기의 드립(drip)을 막기 위해 높은 온도에서 빨리 해동하여 조리한다.
② 채소류는 가열 처리가 되어 있어 조리하는 시간이 절약된다.
③ 조리된 냉동식품은 녹기 직전에 가열한다.
④ 빵, 케이크는 실내 온도에서 자연 해동한다.

해설 육류 또는 어류를 해동할 때 높은 온도에서 해동하면 조직이 상해서 액즙이 많이 나와 맛과 영양소의 손실이 커지므로 냉장고 내에서 혹은 필름에 싸서 흐르는 냉수에서 해동하는 것이 좋다.

86 가정에서 식품의 급속 냉동 방법으로 부적절한 것은?

① 충분히 식혀 냉동한다.
② 식품의 두께를 얇게 하여 냉동한다.
③ 열전도율이 낮은 용기에 넣어 냉동한다.
④ 식품 사이에 적절한 간격을 두고 냉동한다.

해설 급속 냉동 시 열전도율이 높은 용기를 사용하여 빨리 냉동이 될 수 있도록 하는 것이 좋다.

정답 _ 84 ③ 85 ① 86 ③

빈 출 Check

③ 튀김류 : 빵가루로 겉을 싸서 튀긴 후 동결된 것은 다소 높은 온도의 기름에 튀기고, 프라이한 것을 얼린 것은 오븐에서 15~20분 정도 덥힌다.

④ 조리 식품 : 플라스틱 필름에 넣은 것은 포장 그대로 끓는 물에 약 10분간 끓이고, 알루미늄 박스에 넣은 것은 오븐에서 약 20분간 덥힌다.

⑤ 빵, 케이크류 : 상온에서 자연히 해동해서 먹거나 오븐에 덥힌다.

⑥ 과일류 : 동결한 그대로 주스로 만들거나 반 동결 상태에서 먹어도 좋다. 완전 해동하면 조직이 부서져 맛과 영양이 좋지 않다.

Section 6 조미료와 향신료

1 조미료

(1) 양념류

종류	설명
소금	음식의 맛을 증강시키고 맛을 조절하는 작용을 한다.
간장	· 광범위하게 사용되며 음식을 조리 시 맛을 조절하고 향과 착색 작용을 한다. · 콩류와 맥류를원료로 하여 발효시켜 만든다.
노추	· 노두추 또는 노두유라고 하며 관동 일대에서 쓰는 색깔이 진한 간장을 말한다. · 색이 찐하며 짠맛은 강하지 않고 주로 색을 낼때 사용한다.
설탕	· 자당 외에 소량의 한원당, 수분, 회분, 유기물로 구성되어 있다. · 중국의 설탕은 원료에 따라 사탕수수당, 사탕무당, 활당 등으로 분류된다.
꿀	· 과당 30~40%를 포함한 단당류로서 인체에 바로 흡수될 수 있고, 요리 시 설탕을 대체할 수 있다. · 조림, 굽는 요리, 튀김 요리 등을 만들 때 음식의 표면에 발라 윤기를 내는 데 사용하며, 식품의 부드러운 맛을 낼 때 사용한다.
식초	· 신맛이 나고 방향미가 있다. · 신맛과 비린내 및 지방 성분을 분해시켜 느끼한 맛을 없애 주고, 청량감을 증가시키는 작용을 한다.

(2) 가공 소스류

종류	설명
해선장	· 물, 대두, 설탕, 식초, 소금, 쌀, 밀가루, 고추, 마늘을 이용하여 만들고, 대두를 중심으로 발효시킨 소스이다. · 짠맛과 단맛이 나고 해선장 특유의 고소하며 독특한 향 때문에 딥 소스나 구이용으로도 쓰이며, 국에 넣어 먹기도 하며 다양하게 쓰인다. · 해선장(海鮮醬)이란 이름 때문에 해산물이 들어갈 것 같지만 해산물은 들어가 있지 않다.
두반장	· 발효시킨 메주콩에 고추를 갈아 넣고 양념을 첨가하여 만든다. · 맵고 칼칼한 맛을 내는 요리에 사용된다. · 주요리는 마파두부, 새우칠리소스, 돼지고기 요리, 냉채 요리 등의 소스로 많이 사용된다.

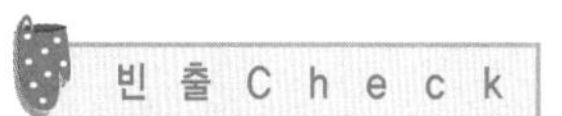

춘장	· 대두, 소금(밀가루),을 이용하여 발효시킨 중국식 된장이다. · 색깔은 검갈색이고 6개월 정도 발효를 시키면 검은색으로 변하여 맛이 깊어진다. · 가열을 하면 짠맛이 엷어지고 단맛이 올라오는 특징이 있다.
검은콩 소스	· 주로 광동요리에 많이 사용되며 독특한 향과 맛을 지니고 있다. · 보통 식초와 섞어서 요리를 희게 만들어 사용할 수도 있다.
바비큐 소스	닭고기 요리, 돼지고기 요리, 쇠고기 요리, 구이 요리 등의 소스로 많이 사용된다.
XO 소스	· 고추기름을 기본으로 하여 건관자, 건새우, 건고추, 중식 햄, 게 혹은 말린 전복,송로버섯 등 값비싼 식재료를 잘게 자른 후 고추기름에 볶는다. · 보통 소스 맛보다는 건더기 중심의 소스이다. · XO 소스는 홍콩에서 만들어졌고, 주로 딥핑 소스로 많이 쓰이며, 볶음 요리에도 널리 사용된다
고추기름	· 고춧가루를 80~90도의 기름에 볶아 우려만든 기름으로 매운 향이 난다. · 매운맛을 내는 요리나 고기 특유의 냄새를 잡을 때 쓰인다.
굴 소스	· 생굴을 소금과 발효시켜 만들어 굴의 감칠맛이 농축된 소스이며, 세계적으로 가장 대표적인 중국식 소스이다. 볶음이나 조림, 튀김에 두루 쓰인다. · 굴 소스에 주의할 점은 조개로 만든 것이므로 단감이나 홍시와 함께 조리하면 구토와 설사를 유발할 수 있다.
파기름	· 파를 뜨거운 기름에 끓여 만든다. · 파의 감칠맛과 풍미가 있어 모든 요리에 두루 쓰인다. · 기름은 한 번 열을 가하면 산화되기 때문에 보관 시에는 냉장 보관해야 한다.
겨자 가루	· 양장피나 새우 냉채 등 중국 냉채 요리에 빠지지 않고 이용되는 소스이다. · 매운맛과 향이 좋고 해독 작용이 있어 식중독 예방에도 효과가 있다. · 미지근한 물에 개어 15분 정도 따뜻한 곳에 숙성시켜 사용한다.
두시장	· 황두와 흑두를 삶아서 찐 뒤에 발효시킨 것이다. · 두시의 종류는 건두시, 강두시, 수두시 세 종류로 분류할 수 있다.
매실 소스	· 중국 매실과 생강 고추를 섞어 만든 소스이다. · 매실의 연육 작용 때문에 육류 구이용으로도 쓰이고, 향도 뛰어나 튀김 요리의 소스로 쓰인다.
땅콩버터	· 땅콩, 식물성 오일, 설탕, 소금, 액당을 넣어 만든 소스이다. · 고소한 맛으로 기호에 따라 요리나 디저트류에 넣어 먹는다.
치킨 파우더	· 중국요리에는 닭뼈 육수를 많이 쓰는데 가정집에서 매번 닭육수를 만들어 쓸 수는 없으므로 치킨 파우더를 많이 사용한다. · 물과 함께 끓여 국물을 내거나 볶음 요리에 첨가하여 감칠맛을 낸다.
치킨 소스	· 닭고기 요리, 오리 요리, 쇠고기 요리, 생선 요리, 두부 요리 등 각종 요리에 재우는 소스로 사용한다.
레드 비네갈 소스(홍초)	쌀 식초, 찹쌀, 아니스, 계피, 정향 등으로 만든 식초이며 딤섬과 함께 제공한다.
친키앙 비네거	· 정제수, 찹쌀, 밀기울, 설탕, 소금 원료로 만들었다. · 냉면 육수, 갈비구이 등 여러 요리에 사용된다.
생추왕 간장	· 광동 일대에서 사용하는 비교적 색깔이 짙은 간장을 통틀어 말한다. · 간장의 신선한 맛이 매우 진하다. · 노추보다 약간 묽은 짠 간장이다.
황두대장(황두장)	· 밀가루, 대두, 소금, 누룩을 섞은 후 4개월 이상 발효를 시켜 만든다. · 북경요리와 태국 요리에 많이 쓰이고 다른 재료나 소스를 이용하여 양념과 딥핑 소스로도 이용 가능하다. · 닭고기와 쇠고기, 생선을 포함한 해산물에도 잘 어울린다.

빈 출 Check

2 향신료

종류	설명
고수	· 중국, 동남아, 태국, 인도, 유럽 등에서 음식의 잡냄새를 제거하고 음식의 향을 첨가할 때 쓰이는 효과적인 향신료이다. · 중국요리 및 쌀국수 요리에 많이 사용된다. · 입맛을 돋우고 소화를 촉진 시키며 위를 보호하는 데 도움을 준다.
구기자	· 맛이 달고 자극적이지 않으며 간과 신장의 기능을 활발하게 하여 눈을 맑게 한다. · 허리 아플 때, 머리가 어지럽고 눈이 침침할 때 섭취하면 좋다.
팔각	· 회향나무의 열매이며 열매가 익기 전에 수확하여 건조 후에 사용한다. · 주요 산지는 광서 자치구, 광동성, 운남성 일대이다. · 고기를 삶거나 조림을 할 때 사용하며, 향을 내고 잡냄새를 제거하는 역할을 한다. · 성질은 맵고 달며 따뜻하여 찬 성질을 다스리는 데 사용한다.
계피	· 계수나무의 얇은 나무껍질이다. · 계피의 외피는 흑갈색을 띠며 내피는 엷은 홍색을 띠는 것이 좋다. · 맛은 단맛과 매운맛이 있고, 약용으로 쓰기도 하고 향료로 사용하기도 한다.
산초	· 사천요리에 많이 사용되며 맛은 맵다. · 다양한 조리법에 사용되면서 식욕 촉진을 증가시킨다. · 사천 지방의 마파두부 요리에 넣어 사용한다.
대추	혈을 보호하고 오장의 기운을 더하며 얼굴빛을 좋게 하고 노화를 억제시키는 작용을 한다.
인삼	· 눈이 밝아지고 사고력이 명석해지며 면역성을 좋게 하고 동맥경화를 예방한다. · 혈당을 낮추고 항암 작용에 효과가 있다.
진피	· 귤껍질을 말린 것이며 맛은 씁쓸하다. · 비타민이 풍부하고 향이 좋아 향을 내거나 비릿하고 느끼한 맛을 없앨 때 사용된다. · 구토 및 비만인 체질에 좋다.
후추	· 후추는 검은 것과 흰 것이 있고 향과 맛은 맵고 뜨거운 성질을 갖고 있다. · 비린내를 없애 주고 살균 효과가 있어 좋으나 지나치게 많이 섭취하면 위 점막에 자극을 준다.
파	· 윗부분인 녹색 부분과 아랫부분인 백색 줄기 부분으로 나누어 사용한다. · 파를 이용하여 기름을 만들어 요리의 풍미를 돋우어 주는 역할을 하며, 칼슘, 염분, 비타민 등이 많이 함유되어 있다.
마늘	· 몸을 따뜻하게 하고 혈압 및 혈관에 영향을 준다. · 동맥경화 예방 및 콜레스테롤 수치를 낮추어 준다. · 비타민 B_1, B_2가 풍부하다.
생강	· 고대부터 중국요리에 사용한 향신료이다. · 생강은 쓴맛이 나며 육류 등의 잡내를 감소시켜 주는 역할을 한다.
양파	· 양파와 같이 튀기면 비린내 제거의 효과가 있다. · 기름의 산화도 느리게 된다.
참깨	· 성질이 달고 간과 신장을 보호하며 눈과 귀를 밝게 한다. · 기력을 유지시켜 주며 노화를 느리게 하고, 청각 기능에 좋다.
정향	· 꽃망울이 질 때 따서 말린 것으로 짠맛, 단맛, 어느 쪽이나 다 어울리며 고기나 생선의 조림 요리, 간식 등에 폭넓게 사용된다. · 향이 강하므로 알맞게 사용해야 한다.
월계수 잎	· 월계수 생잎을 그대로 건조하여 향신료로 사용한다. · 생잎의 맛은 약간 쓴맛이 나지만 건조시키면 단맛과 향긋한 향이난다. · 고대시대에는 영광, 축전, 승리를 상징하는 의미도 있다.

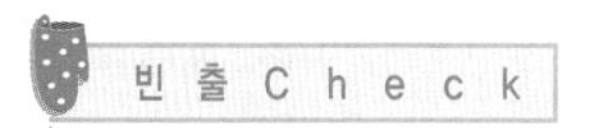

종류	설명
건고추(태국)	고추를 말린 것으로 매운맛을 내는 요리에 사용된다.
고춧가루	고추기름을 만들 때 사용되며, 매운 요리를 만드는 데 사용된다.
황기	· 기를 보하고 땀나는 것을 억제시키며 소변을 원활하게 한다. · 고름을 없애며 새살이 잘 돋아나게 하는 데 뛰어난 효과가 있다. · 강장작용, 면역 기능 조절 작용, 이뇨 작용, 혈압을 낮추는 데 효과가 탁월하다.
감초	· 약의 독성을 중화하고. 위 보호, 생리 작용, 식중독, 약물 중독, 항암제 독을 풀어 준다. · 간장의 기능을 강화시켜 주고 기침 가래를 완화한다.
은행	· 단백질, 탄수화물, 지방, 비타민 C, 칼륨 등을 많이 함유하고 있다. · 폐 기능을 좋게 하여 기침이나 가래를 없애며 천식에도 효능이 있다.
오미자	· 눈을 맑게 하고 술독을 푸는 작용을 한다. · 정신 기능 및 치매 예방에 탁월한 한약재이기도 하다.

05 실전예상문제

01 식품 조리의 목적과 거리가 먼 것은?

① 영양성 ② 보충성
③ 기호성 ④ 안전성

 조리의 목적
- 식품의 영양적 가치를 높인다.
- 식품의 기호적 가치를 높인다.
- 식품의 안전성을 높인다.
- 식품을 오래 저장할 수 있다.

02 단시간에 조리되므로 영양소의 손실이 가장 적은 조리 방법은?

① 볶음 ② 튀김
③ 조림 ④ 구이

 튀김은 고온에서 단시간 조리하므로 영양소의 파괴가 가장 적은 조리법이다.

03 전자레인지의 주된 조리 원리는?

① 전도 ② 대류
③ 복사 ④ 초단파

전자레인지는 초단파(micro wave)를 이용한 가열조리방법이다.

04 밀가루를 계량하는 방법으로 옳은 것은?

① 계량컵에 담고 살짝 흔들어 수평이 되게 한 다음 계량한다.
② 체에 친 후 계량컵을 평평하게 되도록 흔들어 준 다음 계량한다.
③ 체에 친 후 계량컵에 스푼으로 수북이 담은 뒤 주걱으로 깎아서 계량한다.
④ 계량컵에 담고 눌러주어 쏟았을 때 컵의 형태가 유지되도록 계량한다.

 밀가루의 계량방법은 체에 친 후 계량컵에 수북이 담아 편편한 기구를 이용하여 수평으로 깎아 계량한다.

05 다음 중 계량 방법으로 적당한 것은?

① 밀가루는 계량컵으로 직접 떠서 계량한다.
② 흑설탕은 가볍게 흔들어 담아 계량한다.
③ 물엿 같은 점성이 있는 것은 할편 계량컵을 사용한다.
④ 버터는 녹이지 않은 상태에서 스푼에 담아 계량한다.

 밀가루는 측정 전에 체로 쳐서 컵에 담아 수평으로 깎아 계량하고, 흑설탕은 컵의 자국이 남도록 꾹꾹 담아 계량하고, 버터는 실온에서 꼭꼭 눌러 담아 계량한다.

06 건조된 콩을 삶으면 몇 배로 증가하는가?

① 약 2배 ② 약 3배
③ 약 4배 ④ 약 5배

 쌀로 밥을 지을 경우 중량은 쌀 무게의 2.5배, 건조된 콩을 삶을 경우 3배, 건미역을 물에 불릴 경우 7~8배로 부피의 변화를 보인다.

07 밀가루에 중조를 넣으면 색깔이 황색으로 변하는 이유는 무엇인가?

① 효소적 갈변
② 비효소적 갈변
③ 산에 의한 변색
④ 알칼리에 의한 변색

정답 01 ② 02 ② 03 ④ 04 ③ 05 ③ 06 ② 07 ④

밀가루 내에는 플라보노이드 색소가 있어 중조를 넣으면 황색으로 변한다.

08 식빵을 만들 때 이스트에 의하여 발생하는 가스는?

① 탄산가스
② 아황산가스
③ 수소가스
④ 메탄가스

이스트는 당분을 발효시켜 탄산가스를 발생시킴으로써 빵을 부풀게 한다.

09 밀가루 종류와 용도가 알맞게 짝지어진 것은?

① 강력분 : 식빵, 마카로니
② 중력분 : 케이크, 튀김, 쿠키
③ 박력분 : 변류
④ 경질밀 : 식빵, 당면

밀가루의 종류와 용도
- 강력분(글루텐함량 13% 이상) – 식빵, 마카로니
- 중력분(글루텐함량 10~13%) – 칼국수, 만두
- 박력분(글루텐함량 10% 이하) – 케이크, 쿠키, 튀김옷

10 다음 중 압출면에 속하는 것은?

① 칼국수
② 건면
③ 생면
④ 마카로니

마카로니는 강력분을 사용하여 만든 압출면이다.

11 아미노카르보닐 반응, 캐러멜화 반응, 전분의 호정화가 가장 잘 일어나는 온도의 범위는?

① 20~60℃ ② 70~120℃
③ 100~200℃ ④ 200~250℃

아미노카르보닐 반응은 100~120℃에서 발생하기 시작하며 캐러멜화 반응과 전분의 호정화는 160~180℃에서 가열 시에 발생한다.

12 고구마 등의 전분으로 만든 얇고 부드러운 전분피로 냉채 등에 이용되는 것은?

① 양장피 ② 해파리
③ 한천 ④ 무

양장피는 고구마의 전분으로 만들며 중국요리의 냉채에 사용된다.

13 밀가루를 물로 반죽하여 면을 만들 때 반죽의 점성에 관계되는 성분은?

① 글루텐
② 글로불린
③ 아밀로펙틴
④ 덱스트린

밀가루의 글리아딘과 글루테닌은 글루텐을 형성한다.

14 잼 또는 젤리를 만들 때 설탕의 양으로 적당한 것은?

① 20~25% ② 40~45%
③ 60~65% ④ 80~85%

잼이나 젤리를 만들 때 당분의 농도는 60~65%이다.

정답 08 ① 09 ① 10 ④ 11 ③ 12 ① 13 ① 14 ③

15 **전분 가루를 물에 풀어두면 침전이 되는데 이런 현상의 주원인은?**

① 전분이 물에 완전히 녹으므로
② 전분의 비중이 물보다 무거우므로
③ 전분의 호화현상 때문에
④ 전분의 유화현상 때문에

 전분은 물보다 비중이 무거워 침전하는 성질이 있다.

16 **냉장 온도로 보관하기에 부적당한 것은?**

① 사과 ② 딸기
③ 바나나 ④ 배

 바나나는 열대과일로 냉장온도로 보관하기엔 부적당하다.

17 **전분을 주재료로 이용하여 만든 음식이 아닌 것은?**

① 도토리묵 ② 크림 수프
③ 두부 ④ 죽

 두부는 콩단백질인 글리시닌이 금속염에 의해 응고되는 성질을 이용해서 만든 식품이다.

18 **조리 기물의 안전·유의 사항으로 맞지 않는 것은?**

① 조리 기물을 떨어뜨리거나 함부로 다루지 않는다.
② 중식조리에서 사용되는 기물 명칭의 외국어를 한국어로 바꾸어 사용하고 용도를 적당히 익히고 이해한다.
③ 위험성이 있는 노후장비는 사용 후 제자리에 놓는다.
④ 조리 기물은 사용 전후 깨끗이 세척한다.

 조리에 사용한 위험성이 있는 노후 장비는 속히 망실처리 한다.

19 **밀가루로 빵을 만들 때 첨가하는 다음 물질 중 글루텐 형성을 도와주는 물질은?**

① 설탕 ② 지방
③ 중조 ④ 달걀

 달걀은 글루텐 형성을 돕지만, 너무 많이 넣으면 조직이 지나치게 질겨진다.

20 **밀가루 제품에서 팽창제의 역할을 하지 않는 것은?**

① 소금 ② 달걀
③ 이스트 ④ 베이킹파우더

 팽창제로는 달걀(흰자), 이스트, 베이킹파우더가 사용된다.

21 **두류 조리 시 두류를 연화시키는 방법으로 틀린 것은?**

① 끓는 물에 1% 정도의 식염을 첨가하여 가열한다.
② 초산 용액에 담근 후 칼슘, 마그네슘이온을 첨가한다.
③ 약 알칼리성의 중조를 첨가하여 가열한다.
④ 습열 조리 시 연수를 사용한다.

 두부는 콩을 갈아 가열 후 칼슘, 마그네슘이온을 첨가해서 단단하게 굳히는 과정을 거쳐 만들어진다.

정답 15 ② 16 ③ 17 ③ 18 ③ 19 ④ 20 ① 21 ②

22 다음 중 두부 응고제가 아닌 것은?

① 염화마그네슘
② 황산칼슘
③ 염화칼슘
④ 탄산칼슘

응고제의 종류
염화마그네슘, 황산칼슘, 염화칼슘

23 비린내가 심한 어류의 조리방법으로 잘못된 것은?

① 정종이나 포도주를 첨가하여 조리한다.
② 물에 씻을수록 비린내가 많이 나기 때문에 재빨리 씻어 조리한다.
③ 식초와 레몬즙 등의 신맛을 내는 조미료를 사용하여 조리한다.
④ 황화합물을 함유한 마늘, 파, 양파를 양념으로 첨가하여 조리한다.

어류의 비린내는 트리메틸아민성분으로 이는 수용성이므로 물에 잘 씻으면 비린내가 어느 정도는 제거될 수 있다.

24 생선을 껍질이 있는 상태로 구울 때 껍질이 수축되는 주원인 물질과 그 처리방법은?

① 생선살의 색소단백질, 소금에 절이기
② 생선살의 염용성단백질, 소금에 절이기
③ 생선 껍질의 지방, 껍질에 칼집 넣기
④ 생선껍질의 콜라겐, 껍질에 칼집 넣기

생선을 조리할 때 결합 조직 단백질인 콜라겐이 수축하게 되는데 모양을 유지하기 위해서는 칼집을 넣어 준다.

25 달걀의 이용이 바르게 연결된 것은?

① 농후제 - 크로켓
② 결합제 - 만두소
③ 팽창제 - 커스터드
④ 유화제 - 푸딩

달걀의 용도
- 팽창제 – 머랭, 케이크
- 결합제 – 만두소, 전, 크로켓
- 농후제 – 커스터드
- 유화제 – 마요네즈, 아이스크림

26 달걀에 우유를 섞어 만든 요리가 아닌 것은?

① 오믈렛(omelet)
② 머랭(meringue)
③ 스크램블드에그(scrambled egg)
④ 커스터드(custard)

머랭은 달걀흰자를 거품 내고 설탕을 섞어 만든 것이다.

27 생선을 조리할 때 생선의 비린내를 없애는 데 도움이 되는 재료로서 가장 거리가 먼 것은?

① 식초
② 우유
③ 설탕
④ 된장

비린내 제거에 도움을 주는 것으로 식초, 된장, 우유, 고추장 등이 있다.

정답 22 ④ 23 ② 24 ④ 25 ② 26 ② 27 ③

Part 05 중식 기초 조리실무

28 조리에 필요한 중요 도구의 사용 방법으로 바르지 않은 것은?

① 기계류가 포함된 조리 도구는 많은 공간을 차지하므로 적절한 공간에 배치한다.
② 작업 시작 전후에 항상 청결한 상태를 유지하여야 한다.
③ 모든 조리에 사용되는 도구는 적당히 세척하여 사용한다.
④ 기계류는 위험하므로 사용 시 항상 주의한다.

 조리에 사용되는 조리도구는 위생적으로 세척 · 소독하여 재사용한다.

29 다음 중 아이스크림 제조 시 안정제로 사용되는 것은?

① 물
② 유당
③ 젤라틴
④ 유청

 젤라틴은 아이스크림, 양갱, 과다 등의 제조 시 안정제로 사용된다.

30 다음 중 중식 칼 연마에 대한 설명으로 틀린 것은?

① 중식 양면도는 앞면과 뒷면을 1:1 비율로 갈아 준다.
② 칼을 갈 때는 물을 뿌려서 가는 것이 좋다.
③ 칼을 갈 때는 각도와 힘을 일정하게 주면서 가는 것이 중요하다.
④ 칼을 갈 때 허리는 꼿꼿이 세운다.

 칼을 갈 때 허리는 30° 정도 앞으로 숙인다.

31 다음 중 잼의 3요소가 아닌 것은?

① 젤라틴 ② 당
③ 산 ④ 펙틴

 잼을 만들기 위해서는 당, 산, 펙틴이 필요하다.

32 달걀프라이를 하기 위해 프라이팬에 달걀을 깨뜨려 놓았을 때 다음 중 가장 신선한 달걀은?

① 난황이 터져 나왔다.
② 난백이 넓게 퍼졌다.
③ 난황은 둥글고 주위에 농후 난백이 많았다.
④ 작은 혈액 덩어리가 있었다.

 신선한 달걀은 난황이 둥글고 흰자는 뭉쳐있어야 한다.

33 신선한 달걀의 난황계수는 얼마 정도인가?

① 0.14 ~ 0.17
② 0.25 ~ 0.30
③ 0.36 ~ 0.44
④ 0.55 ~ 0.66

 신선한 달걀의 난황계수는 0.36~0.44이다.

34 육류의 결합조직을 장시간 물에 넣어 가열했을 때의 변화는?

① 미오신이 콜라겐으로 변한다.
② 엘라스틴이 콜라겐으로 변한다.
③ 콜라겐이 젤라틴으로 변한다.
④ 액틴이 젤라틴으로 변한다.

 콜라겐은 장시간 가열하면 젤라틴이 된다.

정답 28 ③ 29 ③ 30 ④ 31 ① 32 ③ 33 ③ 34 ③

35 냉동시켰던 고기를 해동하면 드립(drip)이 발생하는데 이와 관련되는 사항은?

① 단백질의 변성 ② 탄수화물의 호화
③ 지방의 산패 ④ 무기질의 분해

 드립(drip)은 단백질의 변성에 의한 것으로 식품의 품질과 관련이 깊다.

36 육류 전처리 방법으로 바르지 않는 것은?

① 육류는 단백질과 영양분이 풍부하지만 변질되기 쉬우므로 보관에 유의하여야 한다.
② 얼린 육류를 녹여 사용 후 다시 보관 시 냉동 보관한다.
③ 항상 냉장 보관을 한다.
④ 한번 해동한 육류는 되도록 전량사용하는 것이 좋다.

 한번 해동한 식재료는 재냉동하지 않는다.

37 다음 중 홍조류에 속하는 해조류는?

① 우뭇가사리 ② 다시마
③ 미역 ④ 청각

 홍조류에는 김, 우뭇가사리 등이 있다.

38 중식 조리에 사용되는 칼 관리와 사용에 대한 설명으로 맞지 않는 것은?

① 칼날 끝은 항상 뾰족하게 유지해야 하며 육류의 힘줄을 자를 때 사용한다.
② 칼날은 항상 예리하고 날카롭게 유지하며 주로 자를 때 사용한다.
③ 손잡이는 흰 천이나 헝겊을 감아서 사용한다.
④ 칼등 고리를 두드리거나 우엉 등의 껍질을 벗길 때 사용한다.

 손잡이는 기름기나 이물질이 묻지 않도록 항상 깨끗이 유지해야 한다.

39 주방 도구의 정리 정돈을 설명한 것으로 바르지 않은 것은?

① 주방 공간은 제한적이고 조리도구는 늘어나므로 효율적인 공간 사용이 중요하다.
② 필요한 도구 외에도 새로운 도구나 장비를 미리 구입해 둔다.
③ 사용되지 않는 도구를 구입하지 않아 낭비를 줄이도록 한다.
④ 사용에 원활하도록 사용 후에는 원래의 형태로 유지해야 한다.

 원가 차원에서 필요하지 않은 도구는 미리 보유하지 않는다.

40 다음 콩을 삶을 때 중조를 넣고 삶는 경우 문제가 되는 것은?

① 조리수가 많이 필요하다.
② 콩이 잘 무르지 않는다.
③ 비타민 B_1의 파괴가 촉진된다.
④ 조리시간이 길어진다.

 콩을 삶을 때 중조를 첨가하여 삶게 되면 콩이 빨리 무르는 장점이 있으나 콩의 비타민 B_1이 손실되는 단점이 있다.

정답 35 ① 36 ② 37 ① 38 ③ 39 ② 40 ③

41 칼과 도마의 관리로 바른 것은?

① 칼은 가장 많이 사용하는 도구이므로 눈에 띄는 곳에 어디든 비치해 둔다.
② 칼 보관 시에는 다른 도구보다 먼저 세척하고 안정되고 위생적인 곳에 보관한다.
③ 도마는 세척 후 그늘에서 말린다.
④ 도마는 칼과 함께 보관하고 물기가 마르지 않도록 서늘한 곳에 보관한다.

 칼은 안전상 세척 시 제일 먼저 세척하여 정해진 위치에 보관한다.

42 다음 중 썰기 종류와 설명이 옳게 연결되지 않은 것은?

① (絲) 쓰 – 가늘게 채 썰기
② (泥) 니 – 마름모꼴로 썰기
③ (丁) 띵 – 깍뚝썰기, 주사위 모양
④ (片) 피엔 – 편 썰기

 (泥) 니 ní – 잘게 다지기

43 다음 중 감자를 삶아서 으깨는 방법과 시기로 옳은 것은?

① 감자가 덜 익었을 때
② 우유를 넣고 으깸
③ 감자가 뜨거울 때
④ 감자가 차가워졌을 때

 감자의 온도가 내려가면 끈기가 생겨 으깨기가 어려우므로 뜨거울 때 으깨는 것이 좋다.

44 다음 중 중국요리 조리법 설명으로 잘못된 것은?

① 샤오 / 燒 / shao – 육수를 붓고 불에 끓여 서서히 조리면서 조리 하는 법이다.
② 둔 / 燉 / dun – 육수를 요리 재료에 넉넉히 넣어 오래 달이는 방법이다.
③ 쇄 / 涮 / shuan – 육수에 양고기나 채소를 담가 살짝 익혀서 먹는 방식이다.
④ 작 / 炸 / zha – 끓는 물에 재료를 살짝 데쳐 내는 조리법이다.

 작(炸, zha)은 튀기는 조리법이다.

45 해산물을 많이 이용하며, 간장과 설탕을 사용하여 진하고 달콤하며, 기름지게 요리하는 지역의 요리는?

① 북경요리 ② 광동요리
③ 사천요리 ④ 강소요리

 강소요리(상해요리)는 해산물을 많이 이용하며 특산품인 간장과 설탕을 사용하여 진하고 달콤한 맛이 특징이다.

46 다음 중 유화식품이 아닌 것은?

① 버터 ② 마가린
③ 햄 ④ 마요네즈

 유화액에는 수중유적형(마요네즈, 우유, 아이스크림)과 유중수적형(버터, 마가린)이 있다.

정답 41 ② 42 ② 43 ③ 44 ④ 45 ④ 46 ③

47 주방 환경과 관리로 바르지 않는 것은?

① 작업하는 중에는 작업에만 집중하고 정돈을 마지막에 한다.
② 음식물이 바닥에 떨어지면 위험하므로 주의하고 작업대와 바닥을 더럽히지 않은 상태를 유지한다.
③ 마무리 시 개수대와 작업대를 물기가 없도록 깨끗이 정리한다.
④ 모든 쓰레기통을 비워 해충의 발생을 없앤다.

주변 정리 정돈을 하면서 조리작업을 실시한다.

48 칼 관리로 잘못된 것은?

① 칼을 사용하지 않을 때는 안전한 곳(칼 보관함 또는 개인 가방)에 보관한다.
② 작업 중 칼 사용을 잠시 멈출 시에는 도마의 옆 또는 위쪽의 잘 보이는 곳에 둔다.
③ 칼을 손에 들고 자리를 이동하지 않는다.
④ 칼은 식재료 자르는 것 외에도 다용도로 쓸 수 있다.

칼은 식재료 자르는 용도 외에 다른 용도로 사용하지 않는다.

49 다음은 동물성 식품의 부패경로이다. 올바른 순서는?

① 사후강직 → 자가소화 → 부패
② 사후강직 → 부패 → 자가소화
③ 자가소화 → 사후강직 → 부패
④ 자가소화 → 부패 → 사후강직

동물은 도살 후 사후강직이 일어나고 시간이 경과 후 근육의 효소에 의해 자가소화 현상이 일어나면서 풍미가 좋아지는데 최후에 부패로 이어진다.

50 다음 중에서 가장 융점이 낮은 육류는?

① 양고기 ② 닭고기
③ 소고기 ④ 돼지고기

융점이란 고체지방이 열에 의해 액체상태로 될 때의 온도를 말하는데 돼지고기와 닭고기는 융점이 낮기 때문에 식어도 맛을 잃지 않는 요리를 만들 수 있다.

종류	융점(℃)	종류	융점(℃)
소고기	40~50	닭고기	30~32
돼지고기	33~46	칠면조	31~32
양고기	44~45	오리고기	29~39

51 다음 중 물을 사용하는 조리법이 아닌 것은?

① 배(ba, 바) ② 전(jian, 지엔)
③ 소(shao, 샤오) ④ 쇄(shuan, 쑤안)

전(jian, 지엔)은 기름을 사용한 조리법으로 팬에 기름을 두르고 만들어 놓은 재료를 넣어 양면 또는 요리에 따라 한쪽 면만을 익히기도 한다.

52 다음 중 신선한 생선의 감별법 중 옳지 않은 것은?

① 비늘이 잘 떨어지고 광택이 있는 것
② 손가락으로 누르면 탄력성이 있는 것
③ 아가미의 색깔이 선홍색인 것
④ 눈알이 밖으로 돌출된 것

생선의 신선도 감별법
- 눈이 투명하고 튀어나온 듯하며 아가미의 색깔이 선홍색일 것
- 비닐이 잘 붙어 있고 광택이 나는 것
- 생선살이 눌렀을 때 탄력성이 있는 것

정답 47 ① 48 ④ 49 ① 50 ② 51 ② 52 ①

53 장작이나 숯, 석탄, 적외선, 가스 등을 연료로 쓰며, 북경 오리구이와 같이 음식의 수분이 증발되어 마치 튀겨놓은 듯 겉표면은 바삭바삭하며, 음식의 속은 부드럽게 만들어주는 조리법은?

① 배(ba, 바) ② 전(jian, 지엔)
③ 고(kao, 카오) ④ 쇄(shuan, 쑤안)

고(kao, 카오)는 중국 요리 조리법 중 제일 오래되었으며 원시적인 방법으로 다양한 식재료에 사용할 수 있다. 북경 오리구이가 대표적인 방식이라 할 수 있다.

54 달걀의 알칼리 응고성을 이용한 제품은?

① 마요네즈 ② 피단
③ 케이크 ④ 머랭

• 달걀의 유화성 - 마요네즈
• 달걀의 기포성 - 머랭, 케이크

55 관동 일대에서 쓰는 색깔이 진한 간장으로 짠맛은 강하지 않아 주로 색을 낼 때 쓰이는 조미료는?

① 해선장 ② 노추
③ 두반장 ④ 춘장

노추는 노두추 또는 노두유라고 하며 관동 일대에서 쓰는 색깔이 진한 간장으로 짠맛은 강하지 않고 주로 색을 낼 때 사용한다.

56 다음 중 4대 중국요리로 알맞은 것은?

① 북경요리, 상해요리, 안휘요리, 복건요리
② 산동요리, 사천요리, 북경요리, 상해요리,
③ 산동요리, 사천요리, 강소요리, 광동요리
④ 북경요리, 상해요리, 호남요리, 광동요리

• 4대요리- 산동요리, 사천요리, 강소요리, 광동요리
• 8대요리- 산동요리, 사천요리, 강소요리, 광동요리, 안휘요리, 복건요리, 호남요리, 절강요리
• 10대요리-산동요리, 사천요리, 강소요리, 광동요리, 안휘요리, 복건요리, 호남요리, 절강요리, 북경요리, 상해요리

57 일반적으로 달걀의 기포 형성력을 방해하지 않는 것은?

① 기름 ② 우유
③ 난황 ④ 레몬즙

소량의 산은 기포력을 상승시키며, 기름, 우유, 난황은 기포력을 방해한다.

58 우유를 데울 때 가장 옳은 방법은?

① 이중 냄비에 넣고 젓지 않고 데운다.
② 냄비에 담고 끓기 시작할 때까지 강한 불에서 데운다.
③ 이중 냄비에 넣고 저으면서 데운다.
④ 냄비에 담고 약한 불에서 젓지 않고 데운다.

우유를 가열하면 지방과 단백질이 엉겨서 표면에 하얀 피막이 형성되고, 냄비 바닥에는 락트알부민이 응고되면서 타기 쉬우므로 이중 냄비에 넣고 저으면서 데우는 것이 가장 좋다.

59 조리 기물과 주방 정리 정돈 설명으로 바르지 않은 것은?

① 모든 조리 기물은 사용 후 깨끗이 씻는다.
② 모든 기구는 작업대 위에 둔다.
③ 사용되는 조리 기물들의 위치를 정확히 확인한다.
④ 주방은 해충 방지를 위하여 정기적으로 소독을 한다.

정답 53 ③ 54 ② 55 ② 56 ③ 57 ④ 58 ③ 59 ②

 주방 기구나 기물을 조리 작업대에 비치하면 조리작업 공간이 좁아진다.

60 **다음 식품 중 산성식품에 속하는 것은?**

① 곡류식품 ② 우유
③ 포도주 ④ 해초

 **산성식품** : Cl, P, S 등의 무기질을 많이 함유한 식품으로 고기, 생선, 알, 콩, 곡류 등이 속한다.

61 **어류의 전처리 방법과 설명으로 바르지 않은 것은?**

① 서식지에 따라 바닷물에서 사는 해수어와 민물에서 사는 담수어로 나뉜다.
② 섭취 시 소화가 잘되고 필수 아미노산이 다량 함유하고 있다.
③ 어류 지방은 산화가 잘 되므로 오래 보관할 수 있다.
④ 전처리를 빠르고 정확히 하여 보관에 유의하여야 한다.

어류 지방은 산화가 빨라 속히 사용한다.

62 **기름을 오랫동안 저장하여 산소, 빛, 열에 노출되었을 때 색깔, 맛, 냄새 등이 변하게 되는 현상은?**

① 변패 ② 산패
③ 부패 ④ 발효

 지방의 산패는 효소, 자외선, 금속, 수분, 온도 미생물 등에 의해 변하는 현상이다.

63 **조미료의 침투 속도를 고려한 사용 순서로 바르게 나열한 것은?**

① 소금 → 설탕 → 식초
② 설탕 → 소금 → 식초
③ 소금 → 식초 → 설탕
④ 설탕 → 식초 → 소금

 조미료의 침투속도를 고려한 사용 순서 : 설탕 → 소금 → 식초

64 **장기간의 식품저장법과 관계가 먼 것은?**

① 염장법
② 당장법
③ 찜요리
④ 건조

 염장법, 당장법, 산저장법, 건조는 식품의 장기보존 방법이다.

65 **다음 중 칼 보관 방법으로 잘못된 것은?**

① 고온은 철의 열처리를 파손시킬 수 있으므로 칼을 열이나 화염에 노출시키지 않는다.
② 칼을 사용할 때에는 비연마성의 스펀지로 철저히 씻고 부드러운 천으로 닦아 준다.
③ 칼이 녹스는 것을 방지하기 위해서 식용유를 발라서 보관한다
④ 칼집이나 적외선 소독기에 넣어 보관한다.

 칼날을 좋은 상태로 유지하기 위해서는 손으로 씻어 주는 것이 좋으며, 기계로 세척할 경우 세척이 끝난 후 석회성의 물과 세제로 인한 녹의 방지를 위해 칼을 건조시켜 주는 것이 좋다.

정답 60 ① 61 ③ 62 ② 63 ② 64 ③ 65 ③

66 **홍콩에서 만들어졌고, 주로 딥핑 소스로 많이 쓰이며, 볶음 요리에도 널리 사용되는 건더기 중심의 소스는?**

① 두반장
② 춘장
③ 굴 소스
④ XO 소스

 XO 소스는 홍콩에서 만들어진 소스로 주로 딥핑 소스로 많이 쓰이며, 볶음 요리에도 널리 사용된다.

67 **식품감별 중 아가미 색깔이 선홍색인 생선은?**

① 부패한 생선
② 초기부패의 생선
③ 점액이 많은 생선
④ 신선한 생선

 신선한 생선의 아가미 색은 선홍색이다.

68 **다음 중 배식하기 전 음식이 식지 않도록 보관하는 온장고 내의 온도로 가장 적당한 것은?**

① 15~20℃ ② 35~40℃
③ 65~70℃ ④ 105~110℃

 온장고의 온도는 65~70℃가 적당하다.

69 **다음 중 신선한 어류가 아닌 것은?**

① 악취가 나지 않는 것
② 색이 선명한 것
③ 탄력성이 있는 것
④ 광택이 없는 것

해설 **어류의 신선도 판별법**
- 색은 선명하고 광택이 있을 것
- 안구가 돌출되어 있고 아가미가 붉고 악취가 없는 것
- 생선살이 뼈에 밀착되어 있는 것
- 탄력성이 있고 비늘이 껍질에 붙어 있는 것

70 **다음 중 좋은 버터는 어느 것인가?**

① 신맛이 나는 것
② 단단하여 입 안에서 잘 녹지 않는 것
③ 우유와 같은 맛과 냄새가 나는 것
④ 담황색으로 반점이 있는 것

 **버터의 감별법**
- 입안에 넣었을 때 우유와 같은 냄새가 있고 자극이 없는 것이 신선하다.
- 50~60℃ 정도로 가열했을 때 위쪽에는 기름층, 아래쪽에는 비지방성 물질로 분리되는 것이 좋다.

71 **당면의 건조방법은?**

① 분무건조법 ② 동결건조법
③ 열풍건조법 ④ 진공건조법

 **동결건조** : 동결상태에서 수분을 제거하여 저온에서 건조시키는 방법으로 한천, 당면, 건조두부 등을 제조할 때 이용하는 방법이다.

72 **일반적인 건조방법과 가장 거리가 먼 것은?**

① 동결건조법 ② 분무건조법
③ 일광건조법 ④ 방사선 건조법

- 동결건조법 : 냉동시킨 후 저온에서 건조시키는 방법(당면, 한천)
- 분무건조법 : 액상식품을 건조시키는 방법(분유)
- 일광건조법 : 햇빛을 이용하여 건조시키는 방법(곡류, 해조류)

정답 66 ④ 67 ④ 68 ③ 69 ④ 70 ③ 71 ② 72 ④

73 다음 건조방법 중 분무건조법으로 만들어지는 것은?

① 한천
② 보리차
③ 건조찹쌀
④ 분유

분무건조법
분유, 분말 과즙, 인스턴트 커피 등 액체 식품의 건조에 이용하는 방법

74 건조 어패류 제품 중 훈건품에 많이 이용하는 생선이 아닌 것은?

① 명태
② 연어
③ 고등어
④ 방어

훈건법 : 어패류를 염지한 후 연기에 그을려 건조한 제품으로 저장목적의 냉훈품(청어, 연어, 방어)과 조미목적의 온훈품(고등어, 청어) 등이 있다.

75 식품을 가공 및 저장하는 목적이 아닌 것은?

① 식품첨가물의 이용도를 높인다.
② 식품의 풍미를 보존 증가시킨다.
③ 식품의 이용기간을 연장함으로써 식품의 손실을 막는다.
④ 식품의 변질로 인한 위생상의 위해를 방지한다.

식품을 가공, 저장하는 것은 식품의 손실방지, 가공, 수송, 저장의 편리성, 변질로 인한 위해방지, 식품의 풍미 및 식품의 이용가치를 높이는 데 목적이 있다.

76 다음 중 식품의 색, 향, 모양을 최대로 유지시킬 수 있는 건조방법은?

① 고온건조법
② 배건법
③ 자연건조법
④ 냉동건조법

냉동건조법 : 식품을 냉동시켜 저온에서 건조하는 방법으로 한천, 당면, 건조두부 등에 주로 사용하는데 식품의 신선도 유지와 색, 향, 모양을 유지시키는 데 효과적인 건조법이다.

77 다음 중 북어의 건조방법은?

① 염건법
② 소건법
③ 동건법
④ 염장법

건조법의 종류
- 염건법 : 소금을 뿌려서 건조시킴(조기, 굴비)
- 소건법 : 자연상태 그대로 건조시킴(미역, 다시마, 김)
- 동건법 : 겨울철에 낮과 밤의 온도 차를 이용하여 동결, 해동을 반복하여 건조시킴(북어, 황태)
- 염장법 : 저장법의 하나로 10% 이상의 소금 농도에서 식품을 저장하는 방법(젓갈류)

78 식품에 대하여 생균수를 측정하는 이유는?

① 분변의 오염 여부를 측정하기 위하여
② 전염병균의 증식 여부를 알아보기 위하여
③ 신선도 판정 여부를 알기 위하여
④ 식중독균의 오염 여부를 판단하기 위하여

생균사 검사 목적 : 현재 시점의 식품 오염 정도나 부패의 진행도를 측정하여 신선도를 판단하기 위하여 실시

정답 73 ④ 74 ① 75 ① 76 ④ 77 ③ 78 ③

79 다음 중 훈연식품이 아닌 것은?

① 치즈　② 소시지
③ 햄　④ 베이컨

 **훈연식품** : 소시지, 햄, 베이컨

80 특수한 향기를 내기 위하여 커피, 보리차에 사용하는 건조법은?

① 배건법　② 일광건조법
③ 열풍건조법　④ 분무건조법

 **배건법(직화건조)**
직접 불로 건조시키기 때문에 독특한 식품의 향을 증가시킬 때 이용한다.

81 훈연법을 이용한 식품과 거리가 먼 것은?

① 육포　② 햄
③ 소시지　④ 베이컨

 **육포**
소고기로 만든 포로서 고기를 얇게 썰어 양념하여 건조시킨 것이다.

82 훈연법에 사용하는 나무가 아닌 것은?

① 벚나무　② 떡갈나무
③ 전나무　④ 참나무

 **훈연법**
수지가 적은 밤나무, 참나무, 떡갈나무 등을 불완전연소시켜서 발생하는 연기에 그을리는 가공법으로 전나무와 같은 침엽수는 수지분 때문에 사용하지 않는다.

83 햄이나 베이컨은 주로 어떤 고기를 사용하는가?

① 소고기　② 돼지고기
③ 닭고기　④ 양고기

- 햄의 원료 : 돼지고기의 허벅다리(후육)
- 베이컨의 원료 : 돼지고기의 삼겹살(복부)

84 냉장의 목적이 아닌 것은?

① 신선도 유지
② 미생물의 사멸
③ 자가소화 및 억제
④ 미생물의 증식억제

 냉장은 미생물의 발육 온도를 벗어나게 함으로써 미생물의 생육 및 증식을 억제하는 방법이다.

85 냉장고에 식품을 보관할 때 일반적인 냉장온도의 범위는?

① -40℃
② -20 ~ -10℃
③ -10℃ ~ 0℃
④ 0℃ ~ 10℃

 **냉장법** : 단기 저장 시 이용하는 방법으로 식품을 0~10℃의 저온에서 보관한다.

86 움 저장의 바른 온도는?

① 4℃　② 8℃
③ 10℃　④ 20℃

 움 저장은 땅속을 깊이 파고 저장하는 방법으로 온도를 10℃로 유지하여 저장한다.

정답　79 ①　80 ①　81 ①　82 ③　83 ②　84 ②　85 ④　86 ③

87 다음 과일 중 저장 온도가 가장 높은 것은?

① 사과
② 바나나
③ 수박
④ 복숭아

 바나나는 열대과일로 상온에서 보관한다.

88 사천요리에 많이 쓰이는 향신료로 식욕을 촉진시키는 매운 맛의 향신료는?

① 산초
② 구기자
③ 팔각
④ 계피

 산초는 사천요리에 많이 사용되며 맛은 맵다.

89 당장법에서 설탕의 농도는 얼마 이상인가?

① 20% ② 30%
③ 40% ④ 50%

 •당장법 : 50% 이상의 설탕에 절여서 미생물의 생육을 억제하는 방법
•염장법 : 10% 이상의 소금 농도에 저장하는 방법
•산저장 : 3~4%의 초산 농도에서 저장하는 방법

90 저온살균법 온도와 시간으로 적당한 것은?

① 60~65℃에서 30분간 가열 살균
② 70~75℃에서 15초간 가열 살균
③ 95~120℃에서 30~60분간 가열 살균
④ 130~140℃에서 1~2초간 가열 살균

 •저온살균법 : 60~65℃의 온도에서 30분간 가열 살균하는 방법
•고온단시간살균법 : 70~75℃의 온도에서 15초간 가열살균하는 방법
•고온장시간 살균법 : 95~120℃에서 30~60분간 가열살균하는 방법
•초고온순간살균법: 130~140℃에서 1~2초간 순간 살균하는 방법

91 통조림의 탈기 부족 시 일어나는 변질현상은?

① 스프링거(Springer)
② 플리퍼(Flipper)
③ 리커(Leaker)
④ 스웰(Swell)

 플리퍼(Flipper)는 통조림의 탈기 부족 시 일어나는 현상으로 캔의 커버나 끝이 팽창하여 손으로 누르면 원상 복귀되지 않는 현상이다.

92 다음 통조림의 변질 중 외관상 변질이 아닌 것은?

① 팽창 ② 스프링거
③ 플리퍼 ④ 플랫사우어

 **플랫사우어** : 미생물이 작용하여 신맛을 내는 현상으로 통조림을 개봉했을 때 알 수 있는 현상이다.

93 다음 중 식품의 밀봉법이 아닌 것은?

① C.A 저장법 ② 통조림
③ 병조림 ④ 레토루트파우치

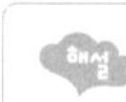 **밀봉법**
용기에 식품을 넣고 밀봉함으로써 수분 증발, 수분흡수, 해충의 침범, 산소의 유통을 막아 보존하는 방법으로 통조림, 병조림, 레토르트파우치 등이 있다.

정답 87 ② 88 ① 89 ④ 90 ① 91 ② 92 ④ 93 ①

94 **저장 기간 중 호흡작용을 하지 않는 것은?**

① 계란 ② 채소
③ 과실 ④ 육류

 채소, 과일, 달걀은 지속적인 호흡작용을 하기 때문에 C.A 저장을 한다. C.A 저장을 통해 식품의 호흡작용을 억제할 수 있다.

95 **과일, 채소 중 특히 사과, 배, 바나나 등의 호흡작용을 억제하는 방법은?**

① 방사선 조사 ② 산저장
③ 냉장법 ④ C.A 저장

 **가스저장법(C.A 저장)** : 탄산가스, 질소가스 등을 주입시키고 산소의 함량을 적게 하여 식품의 호흡을 억제하는 방법으로 냉장법과 함께하는 것이 효과적이며 과일, 채소, 달걀 등의 저장법에 이용된다.

96 **영양소는 거의 함유하고 있지 않으나 식품의 색, 냄새, 맛을 부여하여 식욕을 증진시키는 식품은?**

① 기호식품 ② 건강식품
③ 인스턴트식품 ④ 강화식품

 **기호식품** : 영양소 공급을 위한 것이 아닌 미각, 후각 등에 쾌감을 주어 식욕을 증진시키는 식품

97 **밀가루 품질에서 가장 중요한 것은?**

① 영양소 함량 ② 글루텐 함량
③ 밀가루의 색 ④ 밀가루의 질감

 밀가루의 품질은 제분율과 밀가루 단백질 글루텐의 함량에 따라 구분된다.

98 **제빵을 제조할 때 밀가루를 체에 쳐야 하는 이유와 거리가 먼 것은?**

① 가스를 제거하기 위해
② 산소를 포함시키기 위해
③ 불순물을 제거하기 위해
④ 밀가루의 입자를 고르게 하기 위해

 **체질의 목적**
- 밀가루 입자의 분산 및 공기주입
- 불순물을 제거

99 **무기염류에 의한 변성을 이용한 식품은?**

① 두부 ② 버터
③ 요구르트 ④ 곰탕

 두부는 콩 단백질인 글리시닌을 두유의 온도가 65~70℃ 될 때 무기질인 염화마그네슘이나 황산칼슘 등을 넣어 응고시킨 것이다.

100 **두부 제조 시 사용하는 물의 총량은?**

① 5배 ② 7배
③ 10배 ④ 15배

 두부 제조 시 사용하는 물의 양은 전체 콩 무게의 10배가량 사용한다.

101 **두부 제조 시 이용되는 단백질은?**

① 알부민 ② 카제인
③ 글리시닌 ④ 엑토미오신

 두부는 콩 속에 함유된 글리시닌이 무기염류에 의해 응고되는 원리이다.

정답 94 ④ 95 ④ 96 ① 97 ② 98 ① 99 ① 100 ③ 101 ③

102 각 부위별로 조리법이 적합하지 않은 것은?

① 목살 – 스튜, 브로일링
② 등심 – 그릴링, 로스팅
③ 안심 – 그릴링, 브로일링
④ 양지 – 스튜, 보일링

 목살은 오랫동안 끓이지 않고 구이용으로 많이 사용한다.

103 맛이 달고 자극적이지 않으며 간과 신장의 기능을 활발하게 하여 눈을 맑게 하는 향신료는?

① 산초 ② 계피
③ 팔각 ④ 구기자

 구기자는 맛이 달고 자극적이지 않으며 간과 신장의 기능을 활발하게 하여 눈을 맑게 한다. 허리 아플 때, 머리가 어지럽고 눈이 침침할 때 섭취하면 좋다.

104 메뉴와 부위가 적절하지 않은 것은?

① 미트볼·햄버거 패티 – 목살
② 스테이크·바비큐 – 양지
③ 스테이크·바비큐 – 안심
④ 스테이크·로스팅 – 우둔

 양지는 육수를 내거나 삶아 수육으로 많이 사용한다.

105 밀의 주요 단백질이 아닌 것은?

① 알부민(albumin)
② 글리아딘(gliadin)
③ 글루테닌(glutenin)
④ 덱스트린(dextrin)

 밀의 단백질은 알부민, 글리아딘, 글루테닌으로 이루어져 있으며 이 중 글리아딘은 점성을, 글루테닌은 탄성의 성질을 가지고 있다.

106 밀가루 제품의 가공 특성에 가장 큰 영향을 미치는 것은?

① 라이신 ② 글로불린
③ 트립토판 ④ 글루텐

 밀가루는 글루텐 함량에 따라 종류가 구분되며 강력분, 중력분, 박력분으로 나뉜다.

107 다음 중 발효식품이 아닌 것은?

① 두부 ② 치즈
③ 식빵 ④ 맥주

 두부는 콩 단백질인 글리시닌이 무기염류에 의해 응고되는 성질을 이용한 것이다.

108 두부는 콩 단백질의 어떤 성질을 이용한 것인가?

① 열응고
② 알칼리응고
③ 효소에 의한 응고
④ 금속염에 의한 응고

 두부는 콩 단백질인 글리시닌이 황산칼슘, 염화칼슘 등의 금속염에 의해 응고되는 성질을 이용한 것이다.

109 손질 단계에 속하지 않는 것은?

① 헹굼 ② 손질
③ 커팅 ④ 보관

 헹굼은 세척 단계에 속한다.

정답 102 ① 103 ④ 104 ② 105 ④ 106 ④ 107 ① 108 ④ 109 ①

110 **다음 중 식품의 부패와 가장 거리가 먼 것은?**

① 단백질
② 미생물
③ 유기물
④ 토코페롤

 토코페롤은 비타민 E이며 천연 항산화제이다.

111 **다음 중 인공건조법에 해당되지 않는 것은?**

① 냉동건조법
② 열풍건조법
③ 방사선조사
④ 감압건조법

 방사선조사는 코발트 60을 식품에 조사시켜 곡류, 청과물, 축산물의 살균처리 시 이용하는 방법이다.

112 **다음 중 칼(단면도)을 갈 때의 주의사항으로 옳은 것은?**

① 칼을 갈 때는 허리를 일자로 펴서 가는 것이 좋다.
② 칼을 갈 때 뒷면을 중심으로 간다.
③ 칼날의 각도와 힘을 변화시켜 가면서 가는 것이 중요하다.
④ 칼을 갈 때 허리는 30° 정도 앞으로 숙인다.

 칼(단면도)을 갈 때는 앞면을 중심으로 칼날의 각도와 힘을 일정하게 주면서 가는 것이 중요하다. 허리는 30° 정도 앞으로 숙인다.

113 **일반적인 잼의 설탕 함량은?**

① 15~25%　② 90~100%
③ 35~45%　④ 55~65%

 잼은 설탕 함량 55~65% 정도의 고농도의 당장법에 의해 저장성을 갖게 된다.

114 **채소와 과일의 가스 저장(CA 저장) 시 필수 요건이 아닌 것은?**

① pH 조절　② 기체의 조절
③ 냉장온도 유지　④ 습도 유지

 가스 저장은 식품을 탄산가스, 질소가스 속에 보관하여 식품을 장기간 저장할 수 있게 하는 것으로 온도, 습도, 기체조성 등을 조절한다.

115 **탈기, 밀봉의 공정과정을 거치는 제품이 아닌 것은?**

① 통조림　② 병조림
③ 레토르트 파우치　④ C.A. 저장 과일

 가스 저장은 미숙한 과일의 후숙작용을 억제하기 위해 CO_2 또는 N_2가스를 주입시켜 호흡속도를 줄이고 미생물의 생육과 번식을 억제시켜 저장하는 법이다.

116 **다음 중 상온에서 보관해야 하는 식품은?**

① 바나나　② 사과
③ 딸기　④ 포도

 과일의 보관 온도
- 사과, 배, 단감 : 5~7℃
- 포도, 딸기, 감귤 : 4~5℃
- 바나나 : 17~21℃

정답　110 ④　111 ③　112 ④　113 ④　114 ①　115 ④　116 ①

117 우유 가공품이 아닌 것은?

① 치즈
② 버터
③ 마요네즈
④ 액상 발효유

 마요네즈는 난황의 레시틴 성분이 갖고 있는 유화성을 이용한 가공품이다.

118 우유에 많이 함유된 단백질로 치즈의 원료가 되는 것은?

① 카제인
② 알부민
③ 미오신
④ 글로불린

 카제인은 우유 속에 함유된 단백질로 레닌에 의해 응고되어 치즈를 형성한다.

119 육류를 저온숙성(aging)할 때 적합한 습도와 온도는?

① 습도 85~90%, 온도 1~3℃
② 습도 75~85%, 온도 10~15℃
③ 습도 65~70%, 온도 5~10℃
④ 습도 55~60%, 온도 15~20℃

육류의 저온숙성에 적합한 습도는 85~90%, 온도는 1~3℃이다.

120 돼지의 지방조직을 가공하여 만든 것은?

① 헤드치즈 ② 라드
③ 젤라틴 ④ 쇼트닝

 돼지의 지방조직을 정제하거나 녹여서 얻는 라드는 98%의 지방을 함유한 고체형 기름이다.

121 우유를 응고시키는 요인과 거리가 먼 것은?

① 가열 ② 당류
③ 산 ④ 레닌

 ① 65℃ 이상의 온도로 가열하면 우유가 응고된다. ③ 우유 단백질인 카제인에 산을 첨가하면 응고물이 생성된다. ④ 레닌은 우유의 카제인 성분을 응고시키는 효소이다.

122 어패류 가공에서 북어의 제조법은?

① 염건법 ② 소건법
③ 동건법 ④ 염장법

 북어는 동결건조법을 이용하여 만든 가공품으로 한천, 당면 등도 같은 방법으로 만든다.

123 매운맛과 향이 좋고 해독 작용이 있어 식중독 예방에도 효과가 좋으며, 사용할 때는 미지근한 물에 개어 15분 정도 따뜻한 곳에 숙성시켜 사용하는 조미료는?

① 겨자가루 ② 소두반장
③ 해선장 ④ 고춧가루

 겨자가루에 대한 설명이다.

정답 117 ③ 118 ① 119 ① 120 ② 121 ② 122 ③ 123 ①

124 베이컨류는 돼지고기의 어느 부분을 가공한 것인가?

① 볼기부위 ② 어깨살
③ 복부육 ④ 다리살

 베이컨은 복부부위, 햄은 허벅다리를 가공한다.

125 100℃ 내외의 온도에서 2~4시간 동안 훈연하는 방법은?

① 냉훈법 ② 온훈법
③ 배훈법 ④ 전기 훈연법

 배훈법은 100℃ 내외의 온도에서 2~4시간 동안 훈연하는 것을 말한다.

126 훈연 시 육류의 보존성과 풍미 향상에 가장 많이 관여하는 것은?

① 유기산 ② 숯 성분
③ 탄소 ④ 페놀류

 훈연 효과를 나타내는 성분은 페놀, 유기산, 알코올, 카르보닐 화합물, 탄화수소 등으로 이 중 페놀류는 미생물의 내부 침입을 방지하는 효과와 항산화력, 특유의 향미를 갖게 된다.

127 다음 중 가늘게 채 썰기를 의미하는 썰기 방법은?

① 사(絲) ② 니(泥)
③ 정(丁) ④ 편(片)

 사(絲)는 가늘게 채 썰기를 의미한다.

128 김의 보관 중 변질을 일으키는 인자와 거리가 먼 것은?

① 산소 ② 광선
③ 수분 ④ 저온

 김은 직사광선 및 습기가 있는 것을 피하고 서늘하고 통풍이 잘되는 곳이나 냉동고에 보관하여야 한다.

129 소금 절임 시 저장성이 좋아지는 이유는?

① pH가 낮아져 미생물이 살아갈 수 없는 환경이 조성된다.
② pH가 높아져 미생물이 살아갈 수 없는 환경이 조성된다.
③ 고삼투압성에 의한 탈수 효과로 미생물의 생육이 억제된다.
④ 저삼투압성에 의한 탈수 효과로 미생물의 생육이 억제된다.

 소금 절임은 수분 활성은 낮게, 삼투압은 높게 하여 탈수 효과로 미생물의 생육이 억제된다.

130 장기간의 식품보존방법과 가장 관계가 먼 것은?

① 배건법
② 염장법
③ 냉장법
④ 산저장법

 냉장법은 0~10℃로 보관하는 단기저장에 해당한다.

정답 124 ③ 125 ③ 126 ④ 127 ① 128 ① 129 ③ 130 ③

131 급속냉동법의 특징이 아닌 것은?

① 단백질의 변질이 적다.
② 식품의 원래 형태로의 전환이 가능하다.
③ 비타민의 손실을 줄인다.
④ 식품과 얼음의 분리가 심하게 나타난다.

급속냉동법은 드립의 현상이 적게 나타나 식품과 얼음의 분리가 심하지 않게 된다.

132 다음 중 칼을 사용할 때의 안전 수칙으로 옳지 않은 것은?

① 주방에서 칼을 들고 다른 장소로 이동할 때에는 칼끝을 위로 향하게 하고 칼날은 뒤로 가게 한다.
② 칼날이 날카로우면 위험하므로 조금 무딘 상태를 유지한다.
③ 칼을 보이지 않는 곳에 두거나 물이 든 개수대 등에 담아 두지 않는다.
④ 칼을 떨어뜨렸을 경우 잡으려 하지 말고 물러서서 피한다.

칼날이 무디면 더 안전하지 못하다.

133 다음 중 레토르트식품의 가공과 관계가 없는 것은?

① 통조림
② 파우치
③ 플라스틱 필름
④ 고압솥

레토르트식품은 통조림의 대용으로 플라스틱 필름을 사용하여 고압솥에서 가열살균한 것이다.

134 어패류에 소금을 넣고 발효, 숙성시켜 원료 자체 내 효소의 작용으로 풍미를 내는 식품은?

① 어육소시지 ② 어묵
③ 젓갈 ④ 통조림

젓갈은 20% 내외의 소금을 첨가하여 발효, 숙성시킨 식품이다.

135 재료를 수증기로 쪄서 만드는 방식의 조리법을 나타내는 것은?

① 폭(bao, 빠오) ② 첩(tie, 티에)
③ 작(zha, 짜) ④ 증(zheng, 쩡)

증(zheng, 쩽)은 재료를 수증기로 쪄서 만드는 방식의 조리법으로 각각 재료의 성질이나, 재료의 영양 손실과 본연의 맛 및 형태를 유지하기 위해 사용하기도 한다.

136 다음 중 중국요리 조리법 설명으로 잘못된 것은?

① 초(chao, 챠오) - '볶다'라는 뜻으로 재료를 먹기 좋게 썰어 팬에 기름을 두르고, 센 불과 중불에 재빠르게 볶아서 만드는 조리법이다.
② 작(zha, 짜) - 물을 이용한 수증기로 재료를 익히는 조리법이다.
③ 전(jian, 지엔) - 팬에 기름을 두르고 만들어 놓은 재료를 넣어 양면 또는 요리에 따라 한쪽 면만을 익히기도 한다.
④ 폭(bao, 빠오) - 칼집을 넣어 뜨거운 물 또는 기름에 데친 후 팬을 달구어 센 불에서 빠르게 볶아 내는 방식이다.

작(zha, 짜)는 손질한 재료를 중식 팬에 기름을 넉넉히 넣고 튀기는 방식이다.

정답 131 ④ 132 ② 133 ① 134 ③ 135 ④ 136 ②

137 **다음 중 신선하지 않은 식품은?**

① 생선 : 윤기가 있고 눈알이 약간 튀어나온 듯한 것
② 달걀 : 껍질이 반들반들하고 매끄러운 것
③ 고기 : 육색이 선명하고 윤기 있는 것
④ 오이 : 가시가 있고 곧은 것

 신선한 달걀은 껍질이 거칠거칠하다.

138 **숫돌에 칼(양면도)을 연마하는 방법으로 틀린 것은?**

① 숫돌의 물기를 제거한 후 사용한다.
② 숫돌 밑에 움직이지 않도록 젖은 행주나 틀을 깐다.
③ 칼날 전체를 갈아야 한다.
④ 칼날의 한쪽 면을 충분히 갈아 준 후 반대편도 같은 방법으로 고르게 갈아 준다.

해설 칼을 갈기 전에 숫돌에 물기를 충분히 적셔 주어야 칼을 원활하게 갈 수 있다.

139 **계량의 이해와 활용으로 적합하지 않은 것은?**

① 정확한 계량은 요리의 지표로서 재료의 신선함을 유지하고 낭비를 막아준다.
② 조리작업의 효율을 높여준다.
③ 조리사 개인의 일률적이지 않은 계량은 일정한 맛을 내기 어렵다
④ 생산 능력과 비용이 발생할 경우가 있으므로 표준 조리법에 따른 계량은 요리에 언제나 필요하다.

 재료의 신선함을 유지하기 위해 계량을 하지는 않는다.

140 **굵은 소금이라고도 하며, 오이지를 담글 때나 김장배추를 절이는 용도로 사용하는 소금은?**

① 정제염 ② 재제염
③ 천일염 ④ 꽃소금

 호염은 천일염 혹은 굵은 소금으로 불리는데 주로 장 담글 때와 김장배추 절일 때 사용된다.

141 **다음 중 증(蒸)에 대한 설명으로 올바르지 않은 것은?**

① 조리법 중에 가장 오래된 조리법이다.
② 증의 조리법은 분증, 청증, 포증의 다양한 방법으로 나뉜다.
③ 재료를 수증기로 쪄서 만드는 방식의 조리법이다.
④ 각각 재료의 성질이나, 재료의 영양 손실과 본연의 맛 및 형태를 유지하기 위해 사용한다.

 조리법 중에 가장 오래된 조리법은 고(kao, 카오)이다.

142 **재료를 계량할 때의 방법으로 틀린 것은?**

① 고체재료 및 가루 종류는 저울을 이용하여 무게로 측정한다.
② 식재료 부피를 측정하기 위해서는 계량컵과 숟가락을 사용한다.
③ 고추장은 계량용기에 눌러 담아 수평이 되도록 깎아서 계량한다.
④ 계량컵은 눈금과 액체 표면의 윗부분을 눈과 같은 높이로 맞추어 읽는다.

 컵을 수평 상태로 놓고 눈높이를 액체의 밑면에 일치되어 하여 읽는다.

정답 137 ② 138 ① 139 ① 140 ③ 141 ① 142 ④

143 다음 중 고(烤, kao, 카오)에 대한 설명으로 올바르지 않은 것은?

① 중국 요리 조리법 중 제일 오래되었으며 원시적인 방법이다.

② 장작이나 숯, 석탄, 적외선, 가스 등을 연료로 사용한다.

③ 재료에 간을 한 후에 그릇에 담아 재료가 가진 수분으로만 찌는 조리법이다.

④ 음식의 수분이 증발하여 마치 튀겨놓은 듯 겉은 바삭하고, 속은 부드럽다.

재료에 간을 한 후에 직화를 이용하거나 오븐 또는 복사열을 이용하여 음식을 익히는 조리법이다.

정답 143 ③

Part 06

중식 조리실무

중식조리기능사 필기시험 합격하기

절임 · 무침 조리

빈 출 Check

Section 1 절임 · 무침 준비

1 절임·무침의 정의

(1) 절임의 개요

① 절임식품

채소류, 과일류, 향신료, 야생식물류, 수산물 등을 주원료로 하여 식염, 식초, 당류 또는 장류 등에 절인 후 그대로 또는 이에 다른 식품을 가하여 가공한 절임류, 당절임을 말한다(단, 다른 식품유형이 정하여져 있는 식품은 제외).

2 절임과 무침에 많이 사용되는 채소의 종류

(1) 자차이(榨菜)

① 일종의 장아찌로 무처럼 생긴 뿌리를 소금과 양념에 절여서 만든 반찬이다.

② 중국의 절임 김치라고 할 수 있으며, 중국 쓰촨성[四川省]의 대표적인 음식이다.

③ 잎은 배추와 비슷하게 생겼으며 뿌리는 울퉁불퉁하고 무와 같이 생겼다.

④ 씹히는 식감이 좋으며 약간 짭짤한 맛이 입맛을 돋운다.

⑤ 기름지지 않고 매운 것이 특징이다.

(2) 향차이(芫荽)

① 남유럽, 지중해 연안이 원산지로 파슬리과에 속하는 일년초이다.

② 줄기와 어린잎에서 특유하고 독특한 냄새가 있는데 사람에 따라서 악취로 느낄 수도 있다.

③ 중국, 인도, 태국, 베트남 등 동남아시아의 여러 나라에서 스파이스로 중요하게 사용되고 있으며 종자는 과자, 쿠키, 빵 등의 향신료로 이용된다.

④ 오이 피클이나 육류제품, 진, 스프의 향신료로 이용된다.

(3) 청경채

① 성장 기간이 짧은 십자화과 채소이다.

② 몸 전체가 녹색일 경우 청경채라 부르고 잎줄기가 백색일 경우 백경채라 부른다.

③ 100g당 수분95.8g, 단백질 1.3~2.9g, 탄수화합물 1.4~4.2g를 함유하고 있다.

01 중국의 절임 김치라고 할 수 있으며 기름지지 않고 매운 것이 특징인 채소는?

① 자차이
② 향차이
③ 청경채
④ 무

해설 자차이는 무처럼 생긴 뿌리를 소금과 양념에 절여 만든 중국의 절임 김치로 기름지지 않고 매운 것이 특징이다.

정답 _ 01 ①

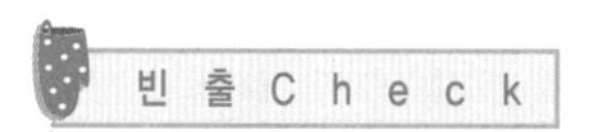

④ 중국 채소지만 현재는 전 세계적으로 많이 사용되고 있으며, 서양요리에서는 샐러드, 한국 요리에서는 무침류에도 사용된다.
⑤ 잎이 부드러워 무침과 같은 음식으로 먹기 쉬우며 오래 보관하면 잎이 노란색으로 변하기 때문에 즉시 사용해야 한다.
⑥ 절임과 무침에는 데쳐서 사용하는 경우와 소금에 절여서 사용하는 경우도 있다.
⑦ 생으로 식초, 간장, 젓갈, 고춧가루 등을 넣고 무침을 하는 경우도 있다.
⑧ 칼슘, 나트륨 등 각종 미네랄과 비타민 C나 A 효력을 가진 카로틴이 많다.

(4) 무(radish)

① 십자화과의 먹을 수 있는 뿌리채소로 세계 곳곳에서 재배된다.
② 전분 분해효소인 아밀라제의 일종인 디아스타제가 가장 풍부하고 이외에 산화효소, 요소를 분해해서 암모니아를 생성하는 효소, 체내에서 발생하는 과산화수소를 분해하는 카탈라아제등의 효소가 풍부하여 소화를 촉진하는 식품으로 각광받고 있다. 껍질부분에는 비타민 C가 많이 함유되어 있다.
③ 무에는 수분이 약 94%, 단백질 1.1%, 지방 0.1%, 탄수화물 4.2%, 섬유질 0.7%가 들어있다.

(5) 당근(carrot)

① 카로틴 함량이 높으며, 붉은색이 진하고 껍질이 매끄러우며, 단단하고 무거운 것이 좋다.
② 재배할 때 햇빛을 많이 받은 것은 당근의 머리 부분에 검은빛이 많은 것으로 단맛이 적고 중앙에 심이 굵게 들어 있어 조리에 사용하면 부드럽지 않기 때문에 사용하지 않는 것이 좋다.
③ 생으로 먹으면 카로틴 흡수율이 10% 이하이지만 기름에 조리하여 섭취하면 60% 이상 높아지므로 조리하여 먹는 것이 좋다.

(6) 양파(洋葱)

① 항균효과를 비롯하여 중금속의 해독작용, 콜레스테롤의 감소 및 항동맥경화 효과, 혈당저하 효과, 심혈관계질환 예방효과, 항암효과 등이 있다.
② 다지거나 썰어서 양념 형태로 조리에 이용하거나 샐러드 등의 생식으로도 이용하고 있고, 가공식품으로는 분말, 기름, 피클 등이 있다.

(7) 마늘(大蒜)

① 항균, 항암, 항바이러스, 항산화, 면역증강, 혈액응고 억제, 스테미나 증강, 체질개선, 성인병 예방, 간기능 회복, 피부미용, 혈당치 감소, 고지혈증 및 동맥경화증 개선, 뇌기능 향상 등의 효과가 있다.

빈 출 Check

(8) **고추(名词)**

① 고추의 매운 맛 성분인 캡사이신은 기름의 산패를 막아 주고 젖산균의 발육을 돕는 기능을 한다.

② 캡사이신은 무색의 휘발성 화합물로 알칼로이드의 일종이며, 약용과 향료로 이용된다. 이 성분은 고추씨에 가장 많고 껍질에 있는데, 뇌에서 기분이 좋게 만드는 엔돌핀 생성을 촉진시키는 역할을 하기도 한다.

③ 매운 음식을 먹었을 때 체온이 높아지는 것 역시 캡사이신이 혈관을 확장시켜 혈액순환을 잘 되게 해서이다. 캡사이신은 위산 분비를 촉진하고 단백질 소화를 도우며, 장내에서 세균의 번식을 막는 젖산균의 발육을 돕는 기능을 한다.

④ 캡사이신은 체내에서 잘 흡수되지 않는데다 식도, 위, 장을 거쳐 배설될 때까지 자극을 주므로 위장 장애나 치질이 있는 사람은 피해야 한다. 지나치게 먹으면 간, 신장에도 부담을 줄 수 있다.

⑤ 식품으로의 이용은 생식, 조림, 절임, 장아찌, 조림, 전, 잡채, 튀김, 고춧가루, 고명 등으로 사용한다.

(9) **배추(白菜)**

① 김치의 주재료로 무, 고추, 마늘과 함께 우리나라 4대 채소에 속한다.

② 중식당에서는 배추를 절여서 김치를 만들어 사용한다.

(10) **양배추(圆白菜)**

① 유럽이 원산지인 야생 양배추(Brassica oleracea)가 오랫동안 개량되어 재배되어 오면서 오늘날에 호박 크기와 같은 양배추가 발생하였다.

② 피클, 김치, 생식, 쌈, 샐러드, 즙 등으로 사용된다.

③ 식용 부위는 칼로리는 낮지만 비타민 C와 칼슘이 비교적 많으며, 특히 칼슘은 흡수율이 높다. 식이요법을 할 때 무기염류를 공급해주고 포만감을 느끼게 해준다.

④ 중국요리에서는 소금에 절여서 피클에 사용하여 자극적이지 않아 즐겨 먹는다.

(11) **땅콩**

① 콩과에 속하는 일년생의 초본식물로 지방질과 단백질을 많이 함유하고 있는 고열량 식품이다.

② 직접 식용으로 이용되거나, 식용유, 버터, 마가린 등 다양한 분야에 이용되고 있다.

③ 주요 생산국은 인도·중국·서아프리카 등이다.

④ 소화기를 강화하고 기관지와 폐 계통을 튼튼히 해 주며 가래를 삭혀 준다. 인후를 시원하게 도와주는 효능이 있으면서 자양 강장 작용이 있다.

⑤ 단백질, 지질, 탄수화물, 무기질 비타민을 고루 함유하고 있는 영양 식품이나 하루 섭취량은 성인 기준, 하루에 약 15~20알 정도로, 이 이상 먹을 경우 살이 찌거나 부작용이 있을 수 있다.

⑥ 콜레스테롤 수치를 낮춰주는 리놀산과 올레인산이라는 올리브오일과 같은 불포화지방산을 함유하고 있다.

⑦ 중국요리에서는 땅콩을 물에 물려서 소금을 넣고 삶아서 반찬으로 곁들여 사용하거나 소금을 넣고 볶아서 많이 사용한다.

3 절임·무침류에 사용되는 향신료와 조미료

(1) 향신료의 종류와 사용법

① 절임·무침류에 다양한 향신료가 사용된다.

② 역할

요리의 향과 맛을 살리고, 육류와 어패류의 비린내와 같은 잡냄새를 없애며, 음식의 향미를 낸다.

③ 종류

장(생강:姜), 충(파:蔥), 쏸(마늘:蒜), 화자오(산초씨), 띵샹(정향: 丁香), 팔각(八角), 따후이(대회향:大茴), 계피(桂皮), 샤오후이(회향:小香), 천피(귤껍질)

(2) 조미료의 종류와 사용법

① 간장

음식의 간을 맞추는 기본양념으로 짠맛·단맛·감칠맛 등이 복합된 독특한 맛과 함께 특유의 향을 지니고 있다. 농도에 따라 진간장·중간장·묽은간장으로 나눌 수 있다. 이것은 각각 짠맛·단맛의 정도와 빛깔이 다르므로 음식에 따라 쓰이는 용도가 각기 다르다. 담근 햇수가 1~2년 정도 되는 묽은간장은 국을 끓이는 데 쓰이고, 중간장은 찌개나 나물을 무치는 데 쓰이고, 담근 햇수가 5년 이상 되어 오래된 진간장은 달고 가무스름하여 약식(藥食)이나 전복초(全鰒炒) 등을 만드는 데 쓰인다.

② 굴소스

신선한 생굴을 으깬 다음 끓여서 조려서 농축시켜 만든 것이다. 볶음, 튀김, 찜 요리 등에 다양하게 사용된다. 특히 해산물 요리에 간장과 함께 사용하면 시원한 국물맛을 낼 수가 있어 중식당에서 가장 많이 사용되는 식재료 중 하나이다. 중국의 광동 지역에서는 굴을 소금에 절여 말린 것을 조미료로 사용하였으나 1888년 광동성 주해의 이금상이 제조 과정에서 나오는 국물에 감칠맛이 많이 나는 것을 알게 되었고, 이를 이용하여 굴 소스의 원형을 만들게 되었다.

02 담근 햇수가 1~2년 정도 된 것으로 주로 국을 끓이는 데 쓰이는 조미료는?

① 굴소스
② 진간장
③ 묽은간장
④ 중간장

담근 햇수가 1~2년 정도 되는 묽은간장은 국을 끓이는 데 쓰인다.

정답 _ 02 ③

③ 흑초

광동요리에 많이 사용되며, 검은콩으로 발효시켜 만든 식초로 독특한 향기와 맛을 지니고 있다. 요리를 흰색으로 만들고 싶을 때는 보통 식초와 혼합하여 사용한다. 중국인은 여름에 타서 체력이 소모되는 것을 방지하기 위해 냉수에 소금과 함께 타서 마신다.

④ 고추기름

식용유를 끓여서 팔각, 파, 생강, 양파와 같은 향신료를 으깨서 받친 다음, 고춧가루를 매운맛과 향을 낸 것, 향기와 매운맛과 좋은 풍미가 잘 어울리는 음식을 만들 때 사용된다. 사천요리에는 빠뜨릴 수 없는 조미료이며, 자차이와 같은 반찬을 버무릴 때 많이 사용된다.

⑤ 막장

검고 윤기 나는 것이 우수한 제품이며, 볶음이나 찜 요리, 생선에 얹어서 먹거나 반찬류의 무침 또는 절임 요리에 사용된다. 또한, 생채소에 찍어서 그대로 먹거나 냄비 요리에 조미 국물로 넣거나 한다. 검은콩, 밀, 누에콩, 고추를 발효시켜 만든 것이다.

⑥ 싱겁게 간을 한 해선장

북경요리에 사용되는 많이 사용되는 된장이다. 다른 조미료와 섞어서 사용하거나 그대로 사용한다. 또한, 채소에 쳐서 그대로 내놓는 경우도 있으나, 주방장의 스타일에 따라 각자가 나름대로 조미를 하기도 한다. 대표적으로 북경 오리요리에 소스로 곁들인다.

⑦ 새우간장

새우젓같이 독특한 냄새를 지녔으며, 요리의 강한 맛을 내기 위해, 볶음요리, 수프, 탕, 조미 국물이나 소스용으로 쓴다. 새우 이외에 멸치 같은 생선으로 만든 것도 여러 종류가 있다.

⑧ 겨자장

사천요리에서 많이 사용되며, 고추기름과 함께 매운맛의 기초가 된다. 마파두부와 같은 볶아서 완성되는 요리에 많이 사용한다. 식탁에서 주재료를 찍어 먹는 조미료로 사용되며 폭넓게 쓰이는 조미료이다.

⑨ 기타 조미료

흰설탕, 붉은 설탕, 얼음설탕, 순두부, 버터, 대파, 양파, 생강, 새우기름, 고추장, 풋고추, 파기름, 참기름, 쇠기름, 돼지기름, 고추, 소금, 식초 등이 있다.

빈 출 Check

03 다음 중 막장에 대한 설명으로 옳지 않은 것은?

① 볶음이나 찜 요리, 무침, 절임 요리에 쓰인다.
② 검고 윤기 나는 것은 오래된 것으로 쓰지 않는 것이 좋다.
③ 검은콩, 밀, 누에콩, 고추를 발효시켜 만든다.
④ 생채소에 찍어서 그대로 먹기도 한다.

막장은 검고 윤기 나는 것이 우수한 제품이다.

정답 _ 03 ②

Section 2 절임류 만들기

1 절임 재료

(1) 천일염

염전에서 바닷물을 자연 증발시켜 제조하여 만든 소금으로 해수에 용존되어 있는 염분을 태양열과 풍력, 자연력으로 바닷물을 증발시켜서 얻은 결정체를 말한다.

(2) 정제염

천일염을 정제하는 과정에서 나트륨 이온과 염소 이온만 남기고 칼슘, 마그네슘, 미량 미네랄들을 모두 제거해서 만든 순도 높은 염화나트륨 결정이다. 따라서 정제염은 짠맛만 내고 있고, 정제염에 MSG로 알려진 글루탐산나트륨을 입힌 것이 맛소금이다.

(3) 젓갈

젓갈은 수산물을 이용한 발효식품으로 과거 축산물 육류자원이 풍부하지 못한 우리나라 식문화에 콩과 더불어 단백질과 같은 필수 영양소를 보충해 주는 주요한 식품의 역할을 담당하여 왔다. 젓갈의 종류는 크게 원료와 제품형태 및 제법에 따라 젓갈, 양념젓갈, 식해, 액젓 등으로 분류할 수 있으며, 상업적으로 이용되는 젓갈 제품의 명칭은 새우젓, 오징어 양념젓, 명태 식해, 멸치 액젓 등 원료명과 제품형태를 복합적으로 사용하는 것이 일반적이다.

(4) 식초

식초는 3~5%의 초산과 유기산·아미노산·당·알코올·에스테르 등이 함유된 산성 식품으로 크게는 곡류·알코올성 음료·과실류 등을 원료로 하는 양조 식초와 빙초산·초산을 주원료로 하는 합성 식초로 나누어진다. 식품을 절이거나 무침을 할 때 많이 사용하며 강한 산성으로 방부 효과도 있어 식품의 저장에도 이용된다. 뿐만 아니라 조리할 때 식초를 넣으면 단백질을 단단하게 해주고 살균작용을 하여 생선의 비린내를 잡아주는 역할을 하기도 한다.

(5) 설탕

사탕수수 또는 사탕무를 재료로 하여 만든 수크로오스가 주성분인 감미료이다. 포도당·엿당 등의 다른 단맛을 지니는 당류를 포함하기도 하며 당 성분을 추출하여 만든 것이다. 설탕은 순도가 높은 것일수록 단맛이 강하고, 얼음 설탕처럼 결정이 크고 순도가 낮은 것일수록 단맛이 덜하다.

04 방부 효과도 있으며 단백질을 단단하게 해주고 생선의 비린내를 잡아주는 역할을 하는 것은?

① 식해
② 액젓
③ 설탕
④ 식초

해설 식초는 강한 산성으로 방부 효과도 있으며, 조리할 때 식초를 넣으면 단백질을 단단하게 해주고 살균작용도 한다.

정답 _ 04 ④

빈 출 Check

설탕은 원료에 따라 사탕수수에서 만들어지는 수수설탕(cane sugar)과 사탕무에서 만들어 지는 무설탕(beet sugar)으로 나뉜다. 그 밖에 사탕단풍의 수액으로 만드는 단풍설탕(maple sugar), 대추야자의 수액으로 만드는 야자설탕 등이 있다. 한국인의 하루 평균 당 섭취 권고기준은 50g 미만이기 때문에 당을 과잉 섭취하면 당질대사에 필요한 비타민 B1이 대량으로 손실되어 오히려 피로가 남는 결과가 된다.

2 절임음식 만들기

(1) 김치절임

우리나라의 김치는 지방에 따라, 그리고 각 가정에 따라 특유한 것이 있어서 실로 다양하다. 특히 지방에 따른 특색은 고춧가루의 사용량과 젓갈의 종류들에 따라 생겨나는 것이다. 북쪽의 추운 지방에서는 고춧가루를 적게 쓰는 백김치·보쌈김치·동치미 등이 유명하며, 호남지방은 매운 김치, 영남지방은 짠 김치가 특색이다.

(2) 피클

피클은 우리나라의 전통식품인 장아찌와 제조방법이 비슷한 서양식 반찬요리로써 오이, 작은 양파, 토마토, 피망, 양배추, 콜리플라워, 당근, 비트, 버섯, 버찌, 올리브 등을 다양하게 소금에 절인 뒤 식초, 설탕, 향신료를 섞은 액에 담가 절인 음식이다. 대체로 설탕, 소금, 식초를 섞은 조미 식초에 절이는 방법과 향신료를 섞은 소금물에 절여서 발효시키는 방법이 있다.

초 절임법과 피클의 경우 산에 의해 부식이 되는 금속성 철 용기는 피해야 하며, 유리나 돌로 만든 항아리가 적당하다. 스테인리스 용기나 알루미늄 용기는 소금물에 닿으면 부식될 우려가 있으므로 피하는 것이 좋다.

(3) 장아찌

장아찌는 장지(醬漬) 또는 장과(醬瓜)라고 한다. 무, 오이, 고추, 가지, 깻잎 등의 채소류와 굴비, 전 복 등의 어패류, 김과 파래 등의 해조류를 간장, 된장, 고추장, 젓갈, 식초 등의 절임원에 담가 침장액의 삼투와 효소의 작용으로 독특한 풍미를 내게 하는 저장 발효식품이다.

3 절임에 사용되는 양념

(1) 고추기름

건고추나 고춧가루를 식용유와 함께 향신료와 채소 등을 넣고 가열하여 매운 맛 성분을 추출해낸 조미료이다. 중국요리에서는 요리를 만들 때 많이 사용하지만 무침을 만들 때 매운맛을 내기 위해서 사용된다. 자차이, 오이, 해산물 등에 사용된다.

(2) **미추**

쌀을 발효시켜 만든 중국 전통 식초를 말하며, 알콜 성분이 많이 들어 있어 소독하는 데 많이 사용된다. 우리나라의 사과 식초보다 농도가 강하고 은은한 막걸리 같은 맛도 나기도 한다. 요리에 뿌려 먹기도 하고 무침에 많이 사용한다.

(3) **설탕**

사탕수수의 줄기나 사탕무의 뿌리를 기계로 잘게 썰어서 으깨어 즙을 짜낸다. 이 즙을 솥에 넣고 끓여서 결정을 만든 것이 원당이다. 이 원당을 물에 녹여 불순물을 빼낸 다음 다시 끓여서 결정을 만들면 흰 설탕이 된다.

설탕을 많이 사용하면 단맛이 강하여 주음식의 맛을 느끼지 못할 수가 있다. 식초와 함께 사용하면 새콤달콤하게 맛있는 무침을 만들 수 있다.

(4) **겨자장**

겨자는 식물의 씨를 갈아 열로 발효시켜 매운 겨자소스를 만든다. 흑겨자는 갈색 또는 흑색으로 향기는 강하지만, 매운맛이 적고 쓴맛이 강하다. 백겨자는 연노랑색으로 매운맛이 강하다. 가루를 따뜻한 물로 반죽하여두면 휘발성의 매운맛 성분인 겨자유(芥子油)가 생긴다. 겨자를 물로 반죽하여 실온에 방치하면 점차 쓴맛이 생기는데, 냉장고에 저장하거나 식초를 넣어 약간 산성이 되도록 하면 쓴맛이 잘 나지 않게 된다. 겨자의 매운맛은 입속에서 남는 시간이 고추냉이보다 길기 때문에 비린내가 오래 남는 생선의 양념으로 알맞다.

겨자소스는 해파리, 해산물, 육류의 무침에 많이 사용되어지나 요리 소스에도 많이 곁들여진다.

(5) **액젓**

새우, 조개, 멸치 등 어패류의 살, 알, 창자 등을 소금기 있는 양념에 절여 삭혀서 우러나온 저장 식품이다. 만드는 방법에 따라 여러 가지 종류가 있으며, 반찬 또는 조미용으로 사용된다. 식해는 소금으로 절인 생선을 토막을 쳐서 전분질과 고춧가루를 넣어 버무린 뒤 삭힌 것이다. 젓갈은 그대로 찬으로 먹기도 하지만 김치에 넣거나 무침 같은 음식의 맛을 내는 조미료로 많이 쓴다.

(6) **마늘**

조미료로 많이 사용하며, 재료 특유의 비린내를 없애고, 맛과 향을 더해주기 때문에 무침의 양념으로도 많이 사용된다.

05 다음 중 겨자장에 대한 설명으로 옳지 않은 것은?

① 흑겨자는 향이 강하고 매운맛이 적고 쓴맛이 강하다.
② 고추냉이보다 매운맛이 금방 사라져서 입안이 깔끔하다.
③ 백겨자는 매운맛이 강하다.
④ 겨자를 물로 반죽하여 실온에 방치하면 점차 쓴맛이 생긴다.

해설 겨자장은 고추냉이보다 매운맛이 입속에 길게 남기 때문에 생선 양념으로 적합하다.

정답 _ 05 ②

Section 3 무침류 만들기

1 무침에 대한 이해

(1) 무침 요리

채소나 말린 생선, 해초 따위에 갖은 양념을 하여 국물 없이 무치거나 볶아서 식초, 설탕 등의 양념을 넣고 버무려서 제공하는 음식을 말한다.

(2) 특징

무침 요리는 만들어 놓고 먹는 것보다 먹기 직전에 만들어 식탁에 올려야 고소하고 신선한 재료의 특유의 맛을 그대로 낼 수가 있다.

(3) 무침의 재료

재료는 봄에 나는 신선한 나물류를 많이 사용하거나 말린 해산물 또한 무침에 많이 사용된다.

(4) 조리 방법

조리하는 방법은 개인에 따라서 조금 차이는 있지만 양념이 주재료보다 향이 강하면 주재료의 특유의 맛을 느낄 수가 없다.

(5) 양념

양념으로는 고추기름, 파기름, 고춧가루, 향신료, 소금, 후추, 식초, 마늘, 설탕이 많이 사용되며 조리법에 따라서 다르지만 단맛을 원하면 설탕을 많이 사용하기도 하며, 맵고 시큼한 맛을 원하면 고추나 식초를 사용한다.

빈출 Check

06 보통 봄에 나는 봄나물에 갖은 양념을 하여 버무려서 제공하는 음식으로 옳은 것은?

① 무침 요리
② 볶음 요리
③ 튀김 요리
④ 절임 요리

해설 무침 요리는 채소나 말린 생선, 해초 따위에 갖은 양념을 하여 국물 없이 무치거나 볶아서 식초, 설탕 등의 양념을 넣고 버무려서 제공하는 음식을 말한다.

07 다음 중 무침 요리에 대한 설명으로 옳지 않은 것은?

① 국물이 없어야 한다.
② 봄에 나는 신선한 나물류나 말린 해산물을 주로 사용한다.
③ 양념에 미리 버무려 놔야 먹을 때 간이 맞게 벤다.
④ 양념이 주재료보다 향이 강하면 안 된다.

해설 먹기 직전에 만들어 식탁에 올려야 고소하고 신선한 재료의 맛을 낼 수 있다.

정답 _ 06 ① 07 ③

Section 4 절임 보관·무침 완성하기

1 숙성

(1) 식품의 저장 원리

절임 · 무침 저장 원리

원인	요인	대책
물리적 요인	수분	건조
	온도	냉동, 냉장
	빛	차광
화학적 요인	공기	진공, 산화제, 수분 조절
	pH	완충제(산, 알칼리)
	식품 성분 반응	가열
	금속이온	사용 억제
생물학적 요인	미생물	가열, 냉동, 보존료, 수분 조절
	효소	가열, pH 조절, 저온
	곤충	훈증
	소 동물	약제, 기계적 방제

(2) 식품 변질을 방지하는 원리

① 수분 활성(water activity; Aw) 조절 : 탈수 건조, 농축, 염장, 당장

② 온도 조절 : 냉장·냉동 보존

③ pH 조절 : 산장

④ 가열 살균 : 통조림, 병조림, 레토르트 식품

⑤ 광선 조사 : 자외선 조사, 방사선 조사

⑥ 산소 제거 : 가스 치환(CA 저장), 진공포장, 탈산소제 사용

2 저장방법

(1) 건조법

① 농축과 건조 모두를 건조(drying)라고 표현하며, 일반적으로 'dehydration'이라는 용어는 인위적인 건조 방법을 말한다.

② 자연 건조법 : 태양열과 자연통풍을 이용하는 방법이 있음.

③ 인공 건조법 : 터널 건조법, 분무 건조법, 진공 건조법 등이 있음.

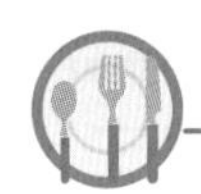

빈 출 Check

④ 곡류와 생선은 건조시켜서 저장하는데, 자연적인 건조법이 효율적이어서 다른 첨가적인 처리가 필요하지 않다.

⑤ 고추, 콩, 땅콩, 기타 과일은 식물에서 완전히 익혀 따뜻한 바람으로 건조시킨다.

⑥ 식료품은 보통 공기로 건조시키고, 그 외에 초고열 증기, 진공, 불활성 기체, 직열로 건조한다.

⑦ 탈수는 미생물의 성장을 억제하는 효과적인 방법이다.

⑧ 건조로 인한 수분 손실로 인해 식품에는 영양소가 농축된다.

(2) 발효와 초절임

① 미생물은 특정한 조건 아래에서 산소와 알코올을 이용한 발효를 하면서 절임 저장 같은 바람직한 효과를 낸다.

② 식품 속에서 생장하는 미생물과 그로 인한 식품 변화는 산도, 이용 가능한 탄수화물, 산소, 온도에 따라 영향을 받는다.

③ 소금의 첨가는 나쁜 미생물을 불활성화시켜 발효에 적당한 환경을 만든다.

④ 오이 가공법인 초절임은 대부분의 녹색 채소와 과일에도 이용된다.

⑤ 발효와 초절임 식품에 존재하는 영양소는 다른 방법으로 가공된 식품에 존재하는 양과 비슷한데, 어떤 경우 효모의 존재로 인해 영양소의 수준이 증가하기도 한다.

08 설탕을 첨가하여 식품의 삼투압을 높여 미생물의 생육 저지 효과를 이용한 저장법은?

① 염장법
② 발효
③ 당장법
④ 훈연법

해설 당장법은 설탕의 농도가 높을 때 재료의 수분을 강하게 탈수하여 미생물이 번식할 수 없게 되어 방부 효과가 발휘된다.

(3) 당장법

① 소금 대신 설탕을 첨가하여 식품의 삼투압을 높여 미생물의 생육 저지 효과를 이용한 저장법이다.

② 과일 및 뿌리채소에 주로 이용한다.

③ 설탕은 농도가 높을 때 재료로부터 강하게 탈수하여 수분을 완전히 빼내는데, 이 때문에 미생물이 번식할 수 없게 되므로 방부 효과가 발휘된다. 이때 설탕의 양은 거기에 있는 수분에 대하여 포화량 이상이 필요하다.

④ 소금 절임과는 달리 설탕 맛은 농도가 높더라도 그대로 식용할 수 있는 이점이 있고, 식품의 산화를 방지하는 작용도 있다.

(4) 훈연법

① 어류·육류를 소금에 절인 후 참나무, 자작나무, 오리나무 및 호두나무 등의 목재를 태워서 생기는 연기의 화학 성분을 식품 표면에 부착 및 침투시켜 건조시키는 방법이다.

② 훈연법의 원리는 연기에 섞여 있는 포름알데히드와 일련의 알코올 성분 등의 여러 가지 화학 물질이 방부제 역할을 하고, 훈연 중의 건조작용에 의해 미생물이 살 수 없는 환경을 만들어 고기를 오래 보존하는 것이다.

정답 _ 08 ③

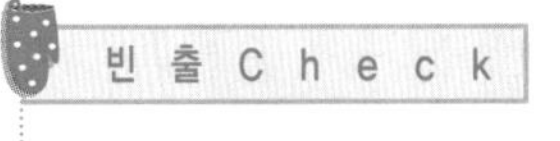

③ 우리나라에서 일부 염장한 제육을 훈연하여 저장하기도 했으나, 훈연법은 주로 서양에서 많이 이용된 저장법이다.

④ 연어·송어·청어·굴 및 조개와 같은 훈제 어패류와 소시지·햄 및 베이컨 등의 육제품이 있다.

⑤ 훈연법은 낮은 온도에서 훈연하는 냉훈법과 가열하면서 훈연하는 온훈법으로 나뉜다.

(5) 염장법

① 소금의 삼투 작용에 의해 식품이 탈수되어 세균이 생육하는 데 필요한 수분이 감소되고, 식품에 붙어 있던 세균도 삼투압에 의해 원형질 분리가 일어나 미생물의 생육이 억제되는 원리를 이용한 저장법이다.

② 원리 : 소금을 넣어 소금 용질의 농도를 높여 식품 내 수분 활성도 낮춘 원리

③ 전통적으로 고기나 생선에 굵은 소금을 뿌려 재우는 건염법(dry curing)과 고기를 진한 농도의 소금물에 담그는 염수법(brine curing)을 사용하였다.

④ 채소류로는 오이지, 무짠지 등의 장아찌류가 있으며, 김치류도 소금에 절인 채소류를 섭취한 데서 발전되어 현재의 김치가 만들어졌다.

⑤ 새우젓·멸치젓·조개젓·게젓 등의 젓갈류와 자반류는 부패되기 쉬운 육류, 어류 및 물고기알 등에 소금을 첨가하여 만들어서 저장한 식품이다.

(6) 움 저장법

① 땅을 파고 그 속에 농산물을 통으로 또는 가공하여 저장하는 방법이다.

② 창고시설이나 냉장시설이 발달하지 않았던 시절에 농산물을 오래 저장하려고 겨울철에 많이 이용했던 방법의 하나다.

③ 감자, 고구마, 무 등은 수분이 많아 실내에 그냥 두면 싹이 나거나 썩기 쉽고, 겨울철에는 얼어서 봄에 사용이 불가능 하니 따라서 수확한 뒤 곧바로 직사광선이 들지 않고 바람이 잘 통하는 곳에 예비저장을 한 다음 본 저장으로 움 저장법을 많이 한다.

④ 가을에 김장을 하고 움 저장을 많이 하기도 하였다.

육수 · 소스 조리

빈 출 Check

Section 1 육수 · 소스 준비

1 육수의 개요

(1) 뼈

① 소뼈

소와 송아지 뼈에는 근육과 뼈를 연결하는 힘살과 연골이 많이 포함되어 있다. 이 중에서 콜라겐은 조리 과정에서 물과 함께 젤라틴으로 변하게 된다. 완성된 육수는 풍부한 단백질과 무기질이 포함되어 있다.

② 닭뼈

다른 뼈에 비하여 가격이 저렴하고 중국 조리에서 가장 많이 사용되는 육수이다. 살을 제거한 닭뼈 전체를 모두 사용하는 경우도 있고 부분적으로 절반 또는 4등분 하기도 한다.

③ 갑각류

꽃게, 랍스터 등 갑각류들을 이용하여 부재료를 첨가하여 육수를 생산할 수 있다.

④ 돼지뼈

돼지뼈는 특유의 냄새가 있으므로 냄새를 제거할 수 있는 향신 채소나 향신료를 적절히 사용하는 것이 좋다.

(2) 육수 생산 시 주의 사항

① 찬물에서 시작

육수를 생산할 때에는 반드시 찬물로 재료를 충분히 잠길 정도까지 부은 다음 시작한다. 찬물은 뼈 속에 남아 있는 핏기와 불순물을 용해시킨다. 뜨거운 물로 육수를 시작하면 불순물이 빨리 굳어지고 뼈 속에 있는 맛들이 우러나지 않고 육수가 혼탁해진다. 뼈는 물속에 잠긴 상태에서 맛이 우러나는 것이므로 충분히 물을 부어 주어야 한다. 뼈가 산소와 접하게 되면 색깔이 함께 변해서 육수 색상에 영향을 준다.

② 센 불로 시작하여 약한 불로

육수가 끓기 시작하면 불의 세기를 조절하여 육수의 온도가 섭씨 약 90도를 유지하게 하여 은근하게 끓여 준다. 은근히 끓는 동안 뼈 속에 포함되어 있는 맛과 향이 물속으로 용해될 수 있도록 충분한 시간을 두고 조리해야 한다. 은근히 끓이는 것은 육수를 맑게 생산하기 위해서인데 센 불에서 끓이면 육수 내용물의 움직임이 빨라지면서 불순물과 기름기가 물과 함께 엉키어 혼탁해진다.

③ 거품 및 불순물 제거

육수 생산 시 표면 위로 떠오르는 불순물은 처음 끓어오르기 시작할 때 가장 많다. 거품과 함께 떠오르는 것을 국자로 제거해 준다. 끓고 있는 동안 불순물을 제거하지 않으면 육수를 혼탁하게 하는 원인이 되므로 일정한 시간을 두고 지속적으로 불순물을 제거해준다.

④ 육수 걸러 내기

완성된 육수는 내용물과 국물을 서로 분리해야 한다. 육수를 깨끗하게 투명하게 유지하기 위해서는 육수 속으로 채소, 뼈, 다른 불순물이 섞이지 않도록 해야 한다. 육수 표면 위에 기름기나 불순물이 많이 남아 있는 경우는 국물을 분리하기 전에 제거하고, 걸러 낸 육수 위로 기름기가 떠 있는 경우는 양이 많으면 국자로 조심스럽게 걷어내고, 국자 사용이 불가능할 경우는 흡수지를 이용하여 걷어낸다. 또 다른 방법은 쿨링탱크에 육수를 집어넣어 빠른 시간에 기름기를 응고시키고 건진다.

⑤ 냉각

육수를 대량 생산할 때는 무엇보다도 냉각 상태가 양호해야 한다. 그래야 육수의 변화를 늦출 수 있고, 안전하게 육수를 보관할 수 있다. 육수를 거른 후에는 재빨리 식히는 것이 좋은데 열전달이 빠른 금속 기물을 사용하는 것이 플라스틱이나 다른 재질보다 식히는 시간이 절감되고, 박테리아 증식을 줄일 수 있다. 냉각 중에는 육수를 한번씩 저어 주어 보다 빨리 냉각되도록 한다.

⑥ 저장

냉각된 육수는 뚜껑이 있는 용기로 옮겨 담아 냉장고에 보관하게 된다. 냉각이 된 육수 표면에 기름기가 굳어 있게 되면 제거해 준다. 육수를 담은 용기 뚜껑에는 만든 날짜와 시간을 기록하여 육수가 생산된 시기를 알 수 있도록 한다. 육수를 보다 오랜 시간 저장하고자 할 때에는 냉동시켜 보관한다. 냉장 보관 육수는 3~4일 내에 사용하고, 냉동 보관된 육수는 5~6개월까지도 보관이 가능하다.

09 육수를 낼 때 주의사항으로 옳지 않은 것은?

① 육수 생산 시 표면 위로 떠오르는 불순물은 국자로 제거한다.
② 뜨거운 물로 육수를 시작하면 불순물이 빨리 굳어진다.
③ 육수는 찬물에서 시작한다.
④ 육수는 처음부터 약한 불로 조리한다.

해설 육수는 센 불로 시작하여 약한 불로 조리한다.

정답 _ 09 ④

빈출 Check

2 소스의 개요

(1) 소스의 정의

서양 요리에서 맛이나 빛깔을 더 좋게 하기 위해 식품에 넣거나 위에 끼얹는 액체 또는 반유동 상태의 조미료를 총칭한다. 주로 육수에 향신료를 넣고 풍미를 낸 뒤 농후제(전분 가루)로 농도 조절을 해 음식에 뿌리는 것을 말한다.

3 소스의 기본 구성 요소

(1) 육수

소고기, 닭고기, 돼지, 갑각류, 야채류, 향신료 같은 재료의 본맛을 낸 국물로서, 요리 본래의 깊은 맛을 낼 수 있도록 생산이 되어야 한다.

(2) 농후제

① 소스에 사용되는 농후제는 대부분 녹말이 젤라틴화되는 원리를 이용한 것이다.

② 소스가 끈끈해지면 구강 내에 머무르는 시간이 늘어나서 맛을 느낄 수 있는 시간이 길어지고, 음식의 감촉을 좋게 하여 맛의 느낌을 후각이나 촉각 등으로 확대시킬 수 있다.

③ 매우 부드러운 분말로 이루어져 있으며 옥수수, 감자, 고구마, 애로우 루트 등이 있다.

4 소스 생산 시 주의점

① 소스의 농도, 광택, 색채 등 모든 요소가 잘 조화를 이루어야 한다.

② 인공적이지 않고 주재료의 순한 맛을 느낄 수 있어야 한다.

③ 색채는 주재료와 담는 그릇과 소스의 색깔이 잘 조화를 이룰 수 있도록 해야 한다.

④ 시각적으로 혐오감을 주는 색채는 피해야 한다.

5 녹말로 농도 맞추는 방법

① 수분과 기름은 분리되는 성질이 있으므로 녹말의 힘을 빌려 융화시키는 역할을 한다.

② 재료를 고온의 기름으로 처리하면 그 표면이 거칠다. 이것은 먹을 때 혀가 매끄럽게 느끼도록 해 준다.

③ 중국요리는 뜨거울 때 먹는 것이 많으므로 잘 식지 않도록 녹말로 농도를 맞춘다.

10 소스에 대한 설명으로 옳지 않은 것은?

① 소스는 주재료의 순한 맛을 느낄 수 있어야 한다.
② 소스는 인공적인 맛이다.
③ 시각적으로 혐오감을 주는 색채는 피한다.
④ 소스에 사용되는 농후제는 대부분 녹말이 젤라틴화되는 원리를 이용한다.

해설 소스는 인공적이지 않고 주재료의 순한 맛을 느낄 수 있어야 한다.

정답 _ 10 ②

Section 2 육수 · 소스 만들기

1 육수 소스의 맛 및 조미

(1) 맛

음식을 먹는 기본적인 목적은 영양 섭취 이외도 음식의 맛을 즐기는 것이며, 심리적 만족감을 얻는 것이다. 음식의 소화 흡수를 좋게 하며 음식의 맛을 증강시킨다.

(2) 맛의 분류

① 맛은 기본미인 오미(五味)와 복합미로 분류할 수 있다.

② 신맛, 쓴맛, 단맛, 매운맛, 짠맛을 기본미(基本味) 또는 오미(五味)라고 하며, 모두 독립적으로 존재한다.

③ 오미는 서로 어우러져 복합미(複合味)를 형성한다.

④ 오미에 물과 같이 아무런 맛이 없는 담미(淡味)를 추가하여 육미(六味)라고 부른다.

11 다음 중 오미(五味)에 속하지 않는 것은?

① 신맛
② 쓴맛
③ 매운맛
④ 기름진 맛

해설 기름진 맛은 육미(六味) 이외의 추가적인 맛이다.

2 맛의 종류

(1) 신맛(酸味)

① 혀의 점막이 수소 이온의 자극을 받으면 신맛이 나타난다. 모든 용액 중에서 수소 이온을 해리할 수 있는 화합물이면 모두 신맛을 가지게 된다.

② 신맛은 조미 시에 널리 사용되는 기본 맛이다.

③ 어류를 조리할 때 신맛은 심한 비린내를 없애는 작용을 하여 향기를 생성하고 영양적으로는 칼슘의 흡수를 돕는다.

(2) 쓴맛(苦味)

① 쓴맛을 섭취하면 인체의 심장으로 들어가 심장이 생리 작용을 한다.

② 쓴맛은 배설 작용과 건조 작용이 있다.

③ 쓴맛은 귤껍질, 살구 씨 고과(苦瓜), 고정차(苦丁茶) 등에 많이 함유되어 있다.

(3) 매운맛(辛味)

① 강렬한 자극성과 독특한 향기를 갖고 있어 비린내와 느끼한 맛을 없애며 식욕을 증진하여 소화를 돕는 작용을 한다.

② 상큼하고 깨끗한 향과 맛을 만들 때는 매운맛을 사용하지 않는 것이 좋다. 많이 섭취하면 위장에 지장을 초래한다.

③ 매운맛 조미료는 고추, 후추, 파, 생강, 마늘, 겨자 가루 등이 있다.

정답 _ 11 ④

빈 출 Check

12 다음 중 매운맛과 짠맛을 중화시키는 맛은?
① 신맛
② 쓴맛
③ 단맛
④ 기름진 맛

해설 단맛은 매운맛과 짠맛을 중화시키는 중화 작용을 한다.

13 다음 중 감칠맛을 돋우는 맛의 종류는?
① 지미
② 짠맛
③ 기름진 맛
④ 단맛

해설 신선하고 시원하며 감칠맛이 나는 맛을 지미 또는 선미라 한다.

정답 _ 12 ③ 13 ①

④ 매운맛이 인체 내에 작용은 매운맛을 섭취하면 인체의 폐(肺)로 들어가 폐의 생리 작용을 활성화한다.

⑤ 폐의 생리 반응은 피부, 코, 체모에 반영된다. 매운맛은 발산 작용과 행혈 작용이 있다.

(4) **단맛(甘味)**

① 매운맛과 짠맛을 중화시킨다.

② 매운맛을 더욱 맵게 느끼지 못하는 것은 단맛의 중화 작용과 완금 작용 때문이다.

③ 자극성 있는 독특한 향이나 지방질의 느끼한 맛을 내는 음식은 단맛과 혼합되면 중화되어 부드럽고 순해진다.

④ 단맛의 조미료 : 설탕, 빙설탕, 꿀, 물엿 등

⑤ 단맛을 섭취하면 인체의 비장으로 들어가 지라의 생리 작용을 활성화한다.

(5) **짠맛(鹹味)**

① 소금은 모든 맛의 으뜸이다.

② 재료 본연의 맛을 증강시킬 뿐만 아니라 지방질의 느끼한 맛을 완화하고 재료의 좋지 않은 맛을 억제하는 작용을 한다.

④ 음식이 너무 짜면 맛이 떨어지고 혈압을 증가시켜 인체에 유해하다.

⑤ 짠맛 조미료 : 소금, 간장, 된장 등

(6) **지미(旨美)**

① 신선하고 시원하며 감칠맛이 나는 맛을 지미(旨美) 또는 선미(鮮味)라고 한다.

② 아미노산, 핵산, 유기산 등이 관여하며 육류, 어패류, 채소류, 버섯, 죽순 등에 함유되어 있다.

③ 지미 조미료 : 화학조미료, 간장, 두시(豆豉), 생선으로 만든 소스 등

⑤ 향기를 생성하고 맛을 돋운다.

(7) **기름진 맛**

① 기름진 맛은 6미 이외의 추가적인 맛이다.

② 이것은 혀로 하여금 풍부하고 부드러운 감각을 느끼게 한다.

③ 지방, 돼지기름, 식물성 기름 등을 주로 조리에 사용한다.

④ 음식을 먹음직스럽게 장식하는 역할을 하며 적은 양을 먹어도 포만감을 준다.

3 미각의 온도

① 맛을 느끼는 적당한 온도는 섭씨 10~40도이다.

② 30℃ 정도에서 예민하게 느끼며 이 온도에서 멀어질수록 미각은 둔해진다.

③ 맛의 종류에 따라 맛을 가장 잘 느낄 수 있는 최적의 온도의 범위는 서로 다르다.

④ 짠맛은 온도가 상승함에 따라 맛의 느낌이 둔해진다.

⑤ 신맛은 온도가 변화해도 맛의 강도는 변하지 않는다.

⑥ 단맛은 체온 부근의 온도에서 가장 강하게 느끼며, 이 온도에서 멀어짐에 따라 높은 경우나 낮은 경우 느낌이 둔해진다.

⑦ 쓴맛은 낮은 온도에서 체온 부근까지 맛의 강도가 비슷하다가 체온 이상이 되면 급속히 맛의 강도가 낮아진다.

4 조미의 작용

① 나쁜 맛을 제거한다.

② 강한 맛을 약하게 한다.

③ 맛을 전체적으로 조화시킨다.

④ 조미료로 주재료의 맛을 결정한다.

⑤ 색채를 돋운다.

5 조미 방법

(1) 주재료의 성질에 따른 조미료 선택

① 재료의 성질이 다르면 조미료도 그 성질에 맞추어 두 종류 이상의 복합 조미료를 사용한다.

② 일반적으로 생강, 초간장 등의 조미료를 사용한다.

(2) 조리법에 따른 조미료의 선택

① 어류, 육류 등을 주재료로 하여 기름에 튀긴 음식은 초금, 고추기름 등을 조미료로 사용한다.

② 매운맛은 비교적 기름에 잘 용해되어 쉽게 추출되며, 고온에서도 매운맛이 손상되지 않는다.

(3) 동일한 음식의 지역별 조미료의 차이

① 북경에서는 새우기름을, 해산물이 풍부한 광동에서는 굴 기름을, 내륙 지방인 사천에서는 맵고 얼얼한 맛이 나는 조미료를 곁들어 놓는다.

② 이는 각 지방의 지리적 위치에 따라 쉽게 구할 수 있는 재료를 조미료로 선택하여 조리하는 습관에 영향을 받기 때문일 것이다.

(4) 지방 특색을 고려한 재료와 조미료 선택

① 사천은 얼얼하고 매운 맛을 좋아한다. 그래서 홍유, 두반장, 초대 등의 양념을 많이 사용한다.

② 중국 북부 지방은 대파, 마늘, 고수를 많이 넣는다.

14 조미의 작용으로 옳지 않은 것은?

① 맛을 조화시킨다.
② 주재료의 맛을 결정한다.
③ 색채에는 영향을 주지 않아야 한다.
④ 강한 맛을 약하게 한다.

해설 조미는 색채를 돋우는 작용을 한다.

15 조미 방법에 관한 내용으로 옳은 것은?

① 매운맛은 고온에서 쉽게 손상된다.
② 조미료는 두 종류 이상 사용하지 않는다.
③ 광동에서는 맵고 얼얼한 맛이 나는 조미료를 주로 곁들인다.
④ 지리적으로 쉽게 구할 수 있는 재료를 조미료로 사용한다.

해설 매운맛은 고온에서도 손상되지 않으며, 조미료는 재료의 성질에 따라 두 종류 이상의 복합 조미료를 사용하기도 한다. 맵고 얼얼한 맛이 나는 조미료는 주로 사천 지역에서 사용하며, 광동에서는 해산물이 풍부하여 굴 기름을 주로 사용한다.

정답 _ 14 ③ 15 ④

빈 출 Check

③ 절강 일대에는 단 음식을 좋아하기 때문에 당초, 첨면장을 사용한다.

④ 광동 복건 지역은 연해와 가깝기 때문에 굴 기름, 해선장 등 해산물류의 조미료를 좋아한다.

6 주요 육수 및 소스

(1) 육수

① 닭육수

㉠ 닭 뼈, 닭발, 대파, 생강 등을 넣어 끓인 육수로 중식 조리에 보편적으로 사용된다.

㉡ 주요리: 게살 수프, 팔보채, 팔진탕면

② 돈육수

㉠ 돈 등뼈, 돈 잡뼈, 돈 사골을 배합하여 대파, 생강 등을 넣어 끓인 육수로 중식 조리에 보편적으로 사용된다.

㉡ 주요리: 훠궈(중국식 샤브샤브), 탄탄면(사천식 매운탕면)

③ 해물육수

㉠ 갑각류, 조개류, 생선, 다시마 등과 무, 대파, 마늘 등을 넣어 끓인 육수로 해물류 중식 조리에 주로 사용된다.

㉡ 주요리: 생선 완자탕, 삼선탕, 짬뽕

④ 상탕

㉠ 노계 돼지 방심, 중국 햄, 돼지 정강이뼈, 대파, 생강 등을 넣어 끓인 육수

㉡ 주요리: 삭스핀 수프, 불도장, 제비집 요리

육수 종류에 따른 알맞은 조리 시간

- 쇠고기뼈: 8~12시간 사이
- 닭뼈: 2~4시간 사이
- 생선류: 30분~1시간 사이

(2) 소스

① 마늘 소스

㉠ 마늘, 식초, 설탕, 간장, 소금, 레몬, 물(육수) 등을 배합하여 만든 소스

㉡ 주요리: 해파리냉채, 오향장육, 닭고기냉채

② 겨자 소스

㉠ 발효한 겨자, 식초, 설탕, 소금, 물(육수), 참기름 등을 배합하여 만든 소스

㉡ 주요리: 오징어 냉채, 양장피 잡채, 삼선 냉채

③ 탕수 소스

㉠ 식초, 설탕, 간장, 소금, 물, 레몬, 파, 생강 등을 배합하여 끓인 후 전분을 이용하여 농도를 조절하여 만든 소스

㉡ 주요리: 탕수육, 생선 수육, 탕수돼지갈비

④ 깐풍 소스

㉠ 간장, 설탕, 식초, 후추, 닭육수, 건 홍고추 등을 넣어 끓인 소스

㉡ 주요리: 깐풍기, 깐풍 꽃게, 깐풍 새우

⑤ 칠리소스

㉠ 고추기름, 마늘, 생각, 파, 두반장, 토마토케첩, 식초, 설탕, 생강, 청주 등을 배합하여 볶은 후 물(육수)을 넣어 끓인 소스

㉡ 주요리: 칠리 새우, 칠리소스 돼지갈비, 찰리 랍스터

⑥ 자장 소스

㉠ 볶은 춘장과 돼지고기, 양파, 호박, 생강, 간장, 청주, 설탕, 전분을 사용한 소스

㉡ 주요리: 자장면, 자장밥

⑦ XO 소스

㉠ 마늘, 대파, 양파, 칠리 피클, 중국식 햄, 패주, 마른 새우, 베트남 고추, 고춧가루, 굴 소스, 고추기름 등으로 만드는 소스

㉡ 주요리: XO 볶음밥, XO 해삼

⑧ 유린기 소스

㉠ 대파, 다진 마늘, 물, 간장, 식초, 레몬즙, 설탕, 후춧가루, 참기름을 혼합하여 만든 소스

㉡ 주요리: 유린기

⑨ 전복 소스

㉠ 노계, 돼지 족, 닭발, 돼지 껍질, 생강, 실파, 통마늘, 홍고추, 상탕, 닭육수, 통후추, 소홍주, 설탕(캐라멜화), 전복을 끓여서 만든 소스

㉡ 주요리: 일품 전복

⑩ 어향 소스

㉠ 물, 고추기름, 생강, 마늘, 대파, 간장, 굴 소스, 두반장, 설탕, 식초, 후추를 이용한 소스

㉡ 주요리: 어향장어, 어향가지

빈 출 Check

16 육수와 소스를 관리할 때 적절한 pH는?

① pH 6.8
② pH 4.5
③ pH 6.6
④ pH 7.0

해설 pH 6.6~7.5 사이에서는 증식이 왕성하지만 pH 4.6 이하로 떨어지면 증식이 정지된다.

정답 _ 16 ②

Section 3 육수 · 소스 완성 보관

1 육수·소스 관리하기

(1) 온도 관리

① 세균은 0℃ 이하나 80℃ 이상에서는 증식이 어려우며 대체로 고온보다 저온에서 저항력이 강하다.

② 요리를 만들어 보관할 때 60℃ 이상으로 가열하여 4℃ 이하로 냉각시켜 보관하는 것이 비교적 세균의 증식을 억제하는 한 방법이다.

(2) pH 관리

① 세균은 중성 혹은 알칼리성에서 잘 번식하고 곰팡이는 산성에서 증식이 잘된다.

② pH 6.6~7.5 사이에서는 증식이 왕성하지만 pH 4.6 이하로 떨어지면 증식이 정지된다.

퇴김 조리

1 튀김 준비하기

1 유지의 정의 및 분류

(1) 원료에 따른 식용 유지의 분류

유지	천연 유지	식물성 유지	식물성 기름	건성유(요오드가 130 이상) : 아마인유, 들기름, 잣기름
				반건성유(요오드가 100~130) : 참기름, 대두유, 면실유
				불건성유(요오드가 100 이하) : 올리브유, 땅콩기름, 피마자유
			식물성 지방	야자유, 코코아유
		동물성 유지	동물성 기름	해산 동물 기름(어유, 간유, 해수유)
				육산 동물유, 번데기 기름
			동물성 지방	체지방 : 소기름, 돼지기름
				유지방 : 버터
	가공 유지	마가린, 쇼트닝		

(2) 식품 공전상 유지의 유형

종류	설명
콩기름(대두유)	콩으로부터 채취한 원유를 식용에 적합하도록 처리한 것
옥수수기름(옥배유)	옥수수의 배아로부터 채취한 원유를 식용에 적합하도록 처리한 것
채종유(유채유 또는 카놀라유)	유채로부터 채취한 원유를 식용에 적합하도록 처리한 것
미강유(현미유)	미강으로부터 채취한 원유를 식용에 적합하도록 처리한 것
참기름	• 참깨를 압착하여 얻은 압착 참기름 또는 이산화탄소(초임계 추출)로 추출한 초임계 • 추출 참기름과 참깨로부터 추출한 원유를 정제한 추출 참깨유
들기름	들깨를 압착하여 얻은 압착 들기름 또는 이산화탄소(초임계 추출)로 추출한 초임계 추출 들기름과 들깨로부터 추출한 원유를 정제한 추출 들깨유
홍화유(사플라워유 또는 잇꽃유)	홍화씨로부터 채취한 원유를 식용에 적합하도록 처리한 것으로 홍화유, 고올레산 홍화유
해바라기유	해바라기의 씨로부터 채취한 원유를 식용에 적합하도록 처리한 것으로 해바라기유(압착 해바라기유 포함), 고올레산 해바라기유

17 다음 중 반건성유가 아닌 것은?
① 대두유
② 참기름
③ 들기름
④ 면실유

반건성유(요오드가100~130) : 참기름, 대두유, 면실유

정답 _ 17 ③

빈 출 Check

목화씨 기름(면실유)	목화씨로부터 채취한 원유를 식용에 적합하도록 처리한 것으로 목화씨 기름, 목화씨 샐러드유, 목화씨 스테아린유
땅콩기름(낙화생유)	땅콩으로부터 채취한 원유를 식용에 적합하도록 처리한 것으로 땅콩기름, 정제 땅콩기름
올리브유	올리브 과육을 물리적 또는 기계적인 방법에 의하여 압착 · 여과한 압착올리브유, 올리브 원유를 정제한 정제 올리브유, 압착 올리브유와 정제 올리브유를 혼합한 혼합 올리브유
팜유류	팜의 과육으로부터 채취한 팜유, 팜유를 분별한 팜올레인유 또는 팜스테아린유, 팜의 핵으로부터 채취한 팜핵유
야자유	야자 과육으로부터 채취한 원유를 식용에 적합하도록 처리한 것
혼합 식용유	제품 유형이 정하여진 2종 이상의 식용유지(다만, 압착한 참기름, 압착한 들기름, 향미유 제외)를 단순히 혼합한 것
가공 유지	식용 유지류에 수소 첨가, 분별 또는 에스테르 교환의 방법에 의하여 유지의 물리, 화학적 성질을 변화시킨 것으로 식용에 적합하도록 정제한 것
쇼트닝	식용 유지를 그대로 또는 이에 식품첨가물을 가하여 가소성, 유화성 등의 가공성을 부여한 고체상 또는 유동상의 것
마가린류	• 식용 유지(유지방 포함)에 물, 식품, 식품첨가물 등을 혼합하고 유화시켜 만든 고체상 또는 유동상인 마가린과 저지방 마가린(지방 스프레드) • 다만, 유지방 원료로 할 때는 제품의 지방 함량에 대한 중량 비율로서 50% 미만일 것
고추씨 기름	고추씨로부터 채취한 원유를 식용에 적합하도록 처리한 것으로 압착 고추씨 기름과 고추씨 기름이 있음
향미유	식용 유지(다만, 압착 참기름, 초임계 추출 참기름, 압착 들기름, 초임계 추출 들기름은 제외)에 향신료, 향료, 천연추출물, 조미료 등을 혼합한 것(식용 유지 50% 이상)으로서, 조리 또는 가공 시 식품에 풍미를 부여하기 위하여 사용하는 것
기타 식용 유지	단일 유지성 원료로부터 채취한 원유를 식용에 적합하도록 처리한 것 또는 압착 방법으로 착유하고 남은 박으로부터 채취한 원유를 식용에 적합하도록 정제 처리한 것

(3) 식용 유지의 종류

구분	종류
정제유	콩기름, 옥수수기름, 채종유, 미강유, 홍화유, 해바라기유, 목화씨 기름, 땅콩(압착땅콩기름 제외), 올리브유(압착 올리브유 제외), 팜유류, 야자유, 혼합 식용유, 고추씨 기름(압착 고추씨 기름 제외)
압착유	참기름, 들기름, 압착 땅콩기름, 압착 올리브유, 압착 고추씨 기름

(4) 가공 유지의 종류

종류	설명
에스테르 교환유	• 촉매를 이용하여 유지 분자 내 지방산 위치를 임의로 교환시켜 유지의 융점, 굳기, 결정 성향을 계량
분별유	• 융점이 다른 지방산으로 구성되어 있는 유지를 고융점과 저융점의 유지로 분리하는 것 • 원하고자 하는 융점의 유지를 얻을 수 있음

경화유	• 불포화지방산의 이중결합에 수소를 첨가하여 포화지방산으로 변환한 것
마가린	• 식용 유지에 물, 식품첨가물 등을 혼합하여 유화시켜 80% 이상의 지방을 함유 • 버터 대용
쇼트닝	• 라드(lard)의 대용품 • 무미, 무취, 무색 • 쇼트닝성, 크리밍성이 큼 • 비스킷, 쿠키, 빵, 케이크 등에 보편적으로 사용

2 재료에 따른 튀김 온도 설정

(1) 튀김에 적합한 유지

① 정제가 잘되고 발연점이 높은 식물성 유지나 유화제가 들어있지 않은 유지류

② 압착유 및 물과 유화제가 들어있는 버터나 마가린 등은 발연점이 낮아 튀김에는 적당하지 않음

③ 기름의 흡수량이 많아지는 경우

㉠ 튀김 시 튀김 온도가 낮을 때

㉡ 튀김 재료의 특성에 따라 튀김 시간이 길 때

㉢ 당, 수분 등이 많을 때

(2) 재료에 따른 튀김 온도

① 어패류 : 섭씨 170℃에서 1~2분 정도

② 채소 : 160~170℃에서 3분 정도

③ 육류 : 1차 튀김 시 165℃에서 8~10분 정도, 2차 튀김은 190~200℃에서 1~2분 정도

④ 두부 : 160℃에서 3분 정도

Section 2 튀김 조리하기

1 기름을 이용한 중식 조리법

(1) 초(炒, chao, 챠오)

① '볶다'라는 뜻의 초는 재료를 먹기 좋게 썰어 팬에 기름을 두르고, 센 불과 중불에 재빠르게 볶아서 만드는 조리법이다.

② 재료의 영양 손실이 적으며, 기름과 조미료의 복합적 방식으로 다양한 맛과 향을 지닌 조리법으로 중국요리에서는 자주 사용되는 조리법이다.

빈 출 Check

18 다음 중 가공 유지가 아닌 것은?
① 버터
② 마가린
③ 쇼트닝
④ 경화유

19 다음 중 튀김에서 기름의 흡수량이 많아지는 경우로 옳지 않은 것은?
① 튀김 온도가 낮을 때
② 튀김 재료의 특성에 따라 튀김 시간이 길 때
③ 당이 적을 때
④ 수분이 많을 때

해설 당이 많으면 기름의 흡수량이 많아진다.

정답 _ 18 ① 19 ③

빈출 Check

20 류(熘)의 조리 방법으로 옳은 것은?
① 소스에 버무릴 때는 불을 끄고 버무린다.
② 조림 요리에 적합한 조리 방법이다.
③ 재료를 쪄 낸 후 준비한 소스에 빠르게 버무린다.
④ 세 가지 재료를 사용하는 특수한 조리법이다.

정답 _ 20 ③

(2) **팽(烹, peng, 펑)**

① 음식의 주재료를 알맞은 모양으로 썰어 밑간을 하고 기름에 튀기거나 볶아 낸 뒤 다시, 준비한 부재료를 넣어 센 불에서 볶고, 육수를 조금 부어 조려주는 방법이다.

② 되직한 전분을 만들어 밑간이 된 주재료에 옷을 입혀 기름에 바삭바삭하게 튀긴 후 센 불에 양념을 넣어 빠르게 볶아 양념 또는 육수가 음식에 스며들 수 있도록 하는 조리법이다.

③ 대표적인 요리는 깐풍기, 칠리새우가 있다.

(3) **폭(爆, bao, 빠오)**

① 깍둑 모양으로 썰거나 재료에 칼집을 넣어 뜨거운 물 또는 기름에 데친 후 팬을 달구어 센 불에서 빠르게 볶아 내는 방식이다.

② 재료의 질감과 맛이 풍부하게 살아 있는 조리법으로 음식이 부드럽고 바삭한 느낌의 질감을 느낄 수 있게 조리한다.

(4) **작(炸, zha, 짜)**

① 손질한 재료를 중식 팬에 기름을 넉넉히 넣고 튀기는 방식이다.

② 기름 온도에 따라 재료의 맛을 살릴 수 있다.

③ 겉은 바삭하고 속은 부드럽게 만드는 조리법 중 하나이다.

(5) **류(熘, liu, 리우)**

① 재료에 조미료로 간을 하고, 된 전분이나 밀가루 옷을 만들어 입힌 후 튀김 온도에 맞춰 튀겨 내는 방식과 재료를 데치거나 쪄 낸 후 준비한 소스에 빠르게 버무리는 방식이 있다.

② 소스에 버무릴 때는 불의 조절은 중간이나 센 불에서 버무려야 음식의 향과 맛을 충분히 살려낼 수 있다.

(6) **첩(貼, tie, 티에)**

① 세 가지의 재료를 쓰는 첩은 특수한 조리법으로 만들어진다.

② 첫 번째 재료를 곱게 다지고, 두 번째 재료는 넓게 편을 내어 그 위에 재료를 얹고, 다시 세 번째 재료로 덮는다.

③ 만든 음식을 아래로 하여 기름에 지져 낸 후 다시 그릇에 물을 붓고 끓여서 증기로 익힌다.

(7) **전(煎, jian, 지옌)**

① 팬에 기름을 두르고 만들어 놓은 재료를 넣어 양면 또는 요리에 따라 한쪽 면만을 익히기도 한다.

② 재료에 따라 전분이나 밀가루를 발라 지지기도 하는데, 속은 부드럽고 겉은 노릇노릇하게 지져 낼 때 사용하는 조리법이다.

2 중식 튀김옷 재료

(1) 전분

① 튀김을 할 때 사용하는 전분의 종류는 감자 전분, 옥수수 전분, 고구마 전분을 사용한다.

② 보편적으로 한 종류의 전분을 사용하기도 하고, 두 종류의 전분(감자 전분 + 옥수수 전분, 옥수수 전분 + 고구마 전분 종류)을 혼합하여 사용하기도 한다.

③ 소스의 농도를 맞출 때는 감자 전분을 많이 활용한다.

21 소스의 농도를 맞출 때 주로 사용하는 재료는?

① 달걀
② 전분
③ 식소다
④ 설탕

해설 소스의 농도를 맞출 때는 감자 전분을 많이 활용한다.

(2) 밀가루

① 튀김에는 글루텐이 적고 탈수가 잘 되는 박력분을 많이 활용한다.

② 튀김옷을 입혀 튀김을 할 때는 재료의 수분 및 맛난 맛 성분의 증발을 줄이고 적당히 기름을 흡수해야만 맛과 풍미가 좋아진다.

(3) 물

단백질의 수화를 늦게 하고 글루텐 형성을 저해하기 위해서는 찬물을 이용한다.

(4) 달걀

① 튀김옷의 경도를 도와주고 맛도 좋게 한다.

② 하지만 튀김이 오래되면 눅눅해지고 질감이 떨어지는 단점이 있다.

(5) 식소다

① 튀김옷을 반죽할 때 소량의 식소다를 사용하면 가열 중 탄산가스를 방출하고 수분을 증발시켜 튀김옷의 수분 함량이 낮아지면서 가볍게 튀겨진다.

② 쓴맛이 발생할 수 있다.

(6) 설탕

튀김옷을 반죽할 때 소량의 설탕을 첨가하면 튀김옷의 색이 적당하게 갈변되고 글루텐의 형성이 저해되어 튀김옷이 부드럽고 바삭하다.

정답 _ 21 ②

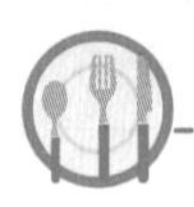

빈 출 Check

22 두부를 기름에 넣었더니 기름 중간 정도에서 바로 떠올랐다면 이 기름의 온도는 몇 도인가?

① 140℃
② 150℃
③ 160℃
④ 170℃

기름 중간 정도에서 바로 떠올랐다면 170℃이다.

정답 _ 22 ④

3 기름 온도 확인하기

상태	온도(℃)
바닥에 가라앉아 떠오르지 않는다.	140
바닥에 가라앉았다가 서서히 떠오른다.	150
바닥에 가라앉았다가 바로 떠오른다.	160
기름의 중간 정도에서 바로 떠오른다.	170
기름 표면에서 튀김옷이 퍼지며 연기가 난다.	180 이상

변질된 식용유 판별법

- 불쾌한 냄새가 난다.
- 평상시보다 점도가 높다.
- 색상이 진하다.
- 가열 온도가 낮은데도 연기가 난다.
- 거품이 쉽게 없어지지 않는다.
- 튀김 시 식품 재료에서 역한 냄새가 난다.

튀김 시 주의사항

- 튀김을 할 때 재료의 투입은 기름양의 60%를 넘지 않게 한다(한꺼번에 너무 많이 넣으면 기름 온도가 급격하게 떨어져 재료에 기름의 흡유량이 늘어난다).
- 튀김 시 두꺼운 팬을 사용하면 튀김 온도의 변화가 적어 맛있는 튀김이 된다.
- 안전사고 및 튀김의 완성도를 위해 튀김 재료의 수분은 제거한다.
- 튀김옷은 재료의 양을 고려하여 만든다.
- 기름에 튀김을 넣은 다음 조리용 젓가락으로 살짝 흔들어 주면 가지런히 튀겨진다.
- 물 반죽으로 튀김을 할 때 재료 표면에 전분 가루를 묻히면 재료 표면에 마찰력이 커져 튀김옷이 잘 붙고 모양이 단정하게 나온다.
- 튀김을 할 때는 물기를 반드시 제거 후에 튀김을 한다.
- 생선의 눈알은 터뜨려서 튀김을 한다.
- 기름 온도는 반드시 체크 후에 튀김을 한다.
- 바삭함을 원할 때는 같은 온도에 두 번 정도 튀긴다.
- 튀김 후에는 반드시 기름기를 제거한다.
- 튀김 후에 너무 오랜 시간 방치하지 말고 바로 먹을 수 있도록 한다.
- 깨끗한 기름을 사용하도록 한다.

Section 3 튀김 완성하기

1 식품 조각

① 중식당에서 많이 사용하는 식품 조각은 음식을 돋보이게 하기 위해서 주로 사용하며 접시에 사용할 때는 접시 길이의 1/2, 접시 넓이의 1/3이 넘으면 안 된다.

② 식품 조각의 소재는 동물, 식물, 사람, 어류, 상상의 동물, 민화 등 모든 사물을 대상으로 하며, 각각의 대상에는 의미가 있어 음식과 그 의미의 조화가 잘 이루어져야 한다.

㉠ 용(龍)은 중화민족의 상징으로 위엄과 고귀함을 뜻한다.

㉡ 봉황(鳳凰)은 모든 새들의 왕으로 아름다움과 평화를 상징한다.

㉢ 잉어(鯉鱼)는 성공, 발전, 출세를 뜻한다.

㉣ 닭(鷄)은 관직에 오르는 것을 의미한다.

2 식품 조각 도법

종류	설명
착도법(戳刀法)	재료를 찔러서 활용하는 도법으로 주로 새 날개, 생선 비늘, 옷 주름, 꽃 조각에 활용
절도법(切刀法)	사물의 큰 형태를 만들 때 사용하는 도법으로, 위에서 아래로 썰기를 할 때 또는 돌려 깎을 때 사용하는 도법
각도법(刻刀法)	가장 많이 사용하는 도법으로 주도를 사용하여 재료를 깎을 때 사용
선도법(旋刀法)	칼로 타원을 그리며 재료를 깎을 때 사용하는 도법
필도법(筆刀法)	칼로 그림을 그리듯 재료 표면에 외형을 그릴 때 사용하는 도법

조림 조리

빈 출 C h e c k

23 정선된 재료를 양념하여 불 조절을 하면서 물 전분을 넣고 자박하게 끓여내는 조리법은?

① 구이
② 조림
③ 튀김
④ 볶음

식재료를 팬에 담아 불에 올려 양념을 하면서 불 조절을 하여 끓여서 즙이 거의 없을 때까지 자박하게 끓여내는 것을 조림이라 한다.

정답 _ 23 ②

Section 1 조림 준비하기

1 조림의 정의

식재료(육류, 생선류, 채소, 가금류, 두부)를 정선하고 팬에 담아 불에 올려 양념을 하면서 불 조절을 하여 끓여서 즙이 거의 없을 때까지 자박하게 끓여내는 것.

(1) 홍소(紅燒) – 홍샤오(hong shao)

생선류, 육류, 가금류, 갑각류, 해삼류를 뜨거운 기름이나 끓는 물에 데친 후 부재료와 함께 볶아 간장소스에 조림한 것.

(2) 민(燜) – 먼(men)

사전적 의미는"뜸을 들이다, 띄우다"라는 의미를 가지고 있으며 다른 의미로는 뚜껑을 닫고 약한 불에 고거나 익히는 것.

2 조림의 특성

조림은 정선된 재료를 양념하여 불 조절을 강한 불과 중에서 약한 불로 조절하여 물 전분을 넣고 자박하게 끓여내는 것이 특징이다.

3 준비과정에서의 주의사항

① 식품 유통기간과 보관 온도를 확인한다(냉장 5℃, 냉동 -18℃ 이하).
② 교차오염이 생기지 않도록 칼과 도마의 위생에 주의한다(도마는 색깔별로 사용).
③ 채소는 가식부를 최대한 살려 사용한다.
④ 생선의 비닐을 확인시에는 손가락을 이용하여 꼬리 부분부터 머리 부분으로 쓸어 올려 감촉으로 확인할 수 있다.

Section 2 조림 조리하기

1 생선류의 열에 의한 물리적 변화와 특성

① 콜라겐은 열에 의해 가열하면 젤라틴이 된다.

② 생선의 조림으로 국물이 식으면서 굳어진 것은 젤라틴과 단백질 때문이다.

③ 생선류는 결합된 조직이 적으므로 물을 끓여서 넣어야 표면의 단백질이 순간 응고되어 살이 부스러지지 않는다.

2 생선류의 열에 의한 조리

(1) 조림

① 생선 내부에 맛을 잘 배이도록 하고 생선 자체의 맛 성분이 외부로 빠져나가지 않도록 하는 것이 핵심이다.

② 생선이 92~94% 정도 익었다고 생각이 되면 불을 끄고 나머지 열로 익히며 그릇에 담아낼 때는 생선과 국물을 같이 올린다.

③ 비린 맛을 감소시키기 위해서는 뚜껑을 열고 조림을 하는 것이 좋으며 생강이나 마늘은 되도록 거의 익은 상태에서 첨가하는 것이 좋다.

④ 너무 오래 가열하면 생선이 질겨지고 수분이 빠져나와 육질이 단단하고 거친 맛이 될 수도 있으므로 처음에는 뚜껑을 열고 조림을 하고 비린 맛이 휘발되면 뚜껑을 덮고 서서히 끓여야 조금 더 비린 맛을 감소시킬 수 있다.

(2) 구이

① 지방 함량이 많은 생선을 주로 이용한다.

② 자체의 맛을 가장 잘 살리는 방법이다.

③ 가열 온도가 고온이기에 생선에서 여러 변화가 일어나며, 단백질의 응고, 생선이 가지고 있는 수분의 증발, 지방의 용해 등이 있다.

④ 비린 맛은 수분 증발과 함께 생선 밖으로 휘발되며 생선이 가지고 있는 자체의 맛과 단백질, 지방 등이 구이를 할 때 생성되는 연기와 반응하여 독특한 풍미를 생성한다.

(3) 튀김

① 일반적으로 생선의 비린 맛을 감소시키는 가장 적합한 방법이다.

② 밀가루나 전분 혹은 빵가루를 사용하여 달걀옷을 입혀 기름 온도 160~170℃에서 바삭하게 튀긴다.

③ 생선은 소금이나 후추로 양념을 한 다음 튀김을 하면 맛이 좋다.

24 생선 조림에 대한 설명으로 옳지 않은 것은?

① 생선은 100% 다 익은 후에 불을 꺼야 한다.
② 처음에는 뚜껑을 열고 조려야 한다.
③ 마늘은 되도록 거의 익은 상태에서 첨가하는 것이 좋다.
④ 생선 자체의 맛 성분이 외부로 빠져나가지 않도록 하는 것이 핵심이다.

해설 생선을 92~94% 정도 익었다고 생각이 되면 불을 끄고 나머지 열로 익힌다.

25 생선의 비린 맛을 감소시키기에 가장 적합한 조리법은?

① 구이
② 조림
③ 튀김
④ 볶음

해설 일반적으로 생선의 비린 맛을 감소시키는 가장 적합한 방법이다.

정답 _ 24 ① 25 ③

빈출 Check

26 육류의 열에 의한 조리 중 성질이 다른 하나는?

① 스테이크
② 탕
③ 찜
④ 편육

해설 스테이크는 수분을 거의 첨가하지 않고 고온에서 직화 열이나 복사열로 조리한다.

정답 _ 26 ①

(4) **전**

① 흰 살 생선을 많이 사용한다.

② 포를 떠서 소금과 후추를 뿌리고 밀가루와 달걀옷을 입혀 기름에 지져낸다.

③ 소금을 뿌리면 살이 응고하여 부서짐을 방지할 수 있으며 후추는 비린 맛을 감소시키는 역할을 한다.

④ 소금을 뿌려 너무 오래 방치하면 수분이 탈수하여 살이 퍽퍽하고 수분이 많이 생겨 옷을 입히기 어려우므로 주의한다.

(5) **회**

① 신선한 생선을 사용하여 뼈를 발라 살만 얇게 포 떠서 날것으로 먹는 생회와 물을 끓여 포 뜬 생선살을 넣어 데쳐 익혀 먹는 숙회가 있다.

② 생선의 선도가 가장 중요하며 조리 시 위생에 주의하여야 한다.

3 육류의 열에 의한 물리적 변화와 특성

① 생것으로 먹는 것보다는 소화와 영양 흡수 건강상의 이유로 가열 조리하여 섭취를 한다.

② 육류의 지방은 가열을 하면 녹아 부드러워진다.

③ 가열 초기에는 수분의 손실이 많아 육즙이 많아지지만, 가열 단계인 75~83℃ 사이의 웰던 단계가 되면 손실되는 수분양이 증가하고 육즙이 감소된다.

④ 가열을 하면 부피와 길이가 감소하고 육질이 건조해짐을 알 수 있다.

⑤ 가열 시 고기의 변화

색상의 변화가 생기며 단백질의 수축이 일어나고 결합된 조직의 변화가 생기며 지방의 변화와 맛의 변화 또한 일어나며 영양의 손실이 생기게 된다.

4 육류의 열에 의한 조리

(1) **습열조리**

육류는 부위와 수분의 정도에 따라 차이가 있으나 조리 시에는 물이나 육수를 첨가하여 가열하거나 찜을 하는 방법으로 탕, 찜, 편육, 장조림이 있다.

(2) **건열조리**

수분을 거의 첨가하지 않고 고온에서 뜨거운 직화 열이나 복사열로 조리하는 방법으로 온도에는 제한이 없으나 타기가 쉽다.

Section 3 조림 완성하기

1 그릇의 선택

① 오목하게 들어가 있는 그릇을 사용하는 것이 좋다.

② 소스를 주재료와 부재료와 같이 담을 경우가 많기 때문에 소스가 흐르지 않도록 한다.

③ 냄비로 담아 음식을 제공할 때는 밑바닥에 고체 알코올 올려 불을 붙여 제공할 수도 있고, 인덕션 위에 그릇을 올려 제공할 수도 있다.

④ 사기, 에나멜, 유리, 범랑 용기, 철제 용기, 인덕션 전용 용기를 사용할 수 있다.

2 기초 장식하기

① 무나 당근을 이용하여 꽃이나 사물을 조각하여 같이 배열하기도 한다.

② 시간과 효율성을 극대화하기 위해 식용 꽃이나 간단히 칼로 모양을 내어 같이 올리기도 한다.

③ 장식물이 요리보다 크거나 먹을 수 없는 것을 올려서는 안 된다.

3 담기

① 주재료와 부재료의 비율을 파악하고 크기, 모양, 색감을 잘 파악하여 담는다.

② 소스의 양을 생각해서 담는다.

③ 요리가 식지 않도록 시간을 잘 파악하여 담는다.

④ 너무 많이 담지 않고 색감도 눈에 띄는 식재료를 위로 올려 식감을 증가시킨다.

⑤ 위에 고명을 올려도 포인트가 된다(예: 고추, 실파, 지단, 깨, 대파 등).

4 제공하기

① 먹기 좋은 크기로 잘라서 제공한다. 너무 작은 크기로 자르지 말고 형태가 부서지지 않도록 주의하며 한입 크기나 조금 더 크게 잘라 제공한다.

② 자를 때는 미리 주방에서 잘라 접시나 그릇에 담을 수도 있고, 서비스 인원이 손님 테이블에서 직접 잘라 제공도 가능하다.

③ 고객 테이블에 가열할 수있는 도구를 준비하여 그릇을 올려 따뜻함이 오래 유지되도록 하여 고객 앞에서 서비스 인원이 음식 서비스를 제공할 수도 있다.

밥 조리

빈 출 Check

Section 1 밥 준비하기

1 곡류의 종류와 특성

(1) **쌀**

① 벼의 열매를 나락 상태로 수확하여 도정한 것이 쌀이다.

② 아시아 동남부가 원산지이다.

③ 보리나 밀에 비하여 늦게 인류의 식량으로 이용되었다.

④ 오늘날 전 세계 인구의 약 40%가 쌀을 주식으로 이용하고 있다.

⑤ 우리나라 벼농사는 신석기 시대 후기 또는 청동기 시대에 중국으로부터 전래되었다.

⑥ 쌀의 전분은 아밀로스(amylose)와 아밀로펙틴(amylopectin)으로 나뉜다.

쌀의 형태에 따른 구분

구분	내용
자포니카형 (단립종, 일본형)	• 주로 한국, 일본, 중국 동북부, 대만 북부, 미국 서해안 등 온난하고 적당한 강우량인 지역에서 재배 • 세계 쌀 생산량의 약 20%를 차지 • 짧고 둥글둥글한 형태이며, 물을 넣고 가열하면 끈기가 생김
자바니카형 (중립종, 자바형)	• 주로 자바 섬이나 인도네시아 등의 동남아시아, 이탈리아, 스페인, 터키, 중남미등 아열대 지역에서 재배되고 생산량은 미미함 • 형태는 자포니카형과 인디카형의 중간 형태이며 크기가 약간 큰 편이고, 맛이 담백함 • 가열하면 끈기가 생기나 자포니카형보다는 덜하고 인디카형에 가까움
인디카형 (장립종, 인도형)	• 주로 인도, 인도네시아, 방글라데시, 베트남, 태국, 미얀마, 필리핀, 중국 남부, 미 대륙, 브라질 등 고온 다습한 열대 및 아열대 지역에서 재배 • 세계 쌀 생산량의 약 80%를 차지하고 있으며, 형태는 자포니카형에 비해 가늘고 길쭉함 • 세포벽이 두터워 밥을 지어도 세포벽이 파괴되지 않음 • 전분이 세포 내에 갇혀 있게 되고 호화가 충분히 일어나지 않아 자포니카형에 비해 끈기가 적고 푸슬푸슬한 느낌이 남

⑦ 자포니카는 아밀로스의 성분이 17~20%인데 비해 인디카는 아밀로스 함량이 25%나 된다.

⑧ 아밀로스가 적을수록 찰기가 더 많다. 찰기가 뛰어난 찹쌀은 아밀로스가 전혀 들어있지 않다.

27 쌀에 대한 설명으로 옳지 않은 것은?

① 인디카형은 아밀로스 함량이 25%이다.
② 아밀로스 함량은 자포니카형이 인디카형보다 적다.
③ 아밀로스 함량이 높을수록 찰기가 뛰어나다.
④ 인디카형은 자포티카형에 비해 끈기가 적다.

해설 아밀로스가 적을수록 찰기가 더 많은 셈이다. 찰기가 뛰어난 찹쌀은 아밀로스가 전혀 들어있지 않다.

정답 _ 27 ③

⑨ 주성분은 탄수화물로 75%가 전분이다.

⑧ 단백질은 주로 글루테닌으로 오리제닌(oryzenin)이라고 하며, 아미노산 조성은 아르지닌은 풍부하나 라이신, 트립토판, 트레오닌, 메싸이오닌 등이 부족하다.

⑨ 지방은 주로 배아에 함유되어 있다. 현미에는 2.1% 정도 함유되어 있으나 백미의 경우는 아주 낮다.

(2) 보리

① 재배 역사가 6,000~7,000년 정도의 가장 오래된 곡식류이다.

② 식량이 부족했던 옛날에는 주식으로 이용하였다.

③ 소맥인 밀보다 식량으로 더 중요시하였기 때문에 대맥이라고도 하였다.

④ 우리나라에서 삼한 시대 이전부터 재배되었던 것으로 알려져 있으며, 쌀, 밀, 옥수수 다음으로 생산량이 많다.

⑤ 성숙 후에도 껍질이 종실에 밀착하여 분리되지 않는 껍질보리와 성숙 후 껍질이 종실에서 잘 분리되는 쌀보리로 나눌 수 있다.

⑥ 껍질보리는 배아를 제외하고는 부피, 과층, 호분층, 배유의 순으로 되어 있고, 껍질에 해당하는 부피는 두꺼운 각질 조직으로 되어 있다.

(3) 밀

① 세계에서 가장 광범위하게 경작되는 식물의 하나이다.

② 기후가 온화하고 건조한 지역에서 자란다. 우리나라에서는 삼한시대 때부터 재배된 것으로 보인다.

③ 파종 시기에 따라 겨울밀과 봄밀로 나눈다.

④ 단백질의 함량에 따라 경질밀, 중간밀, 연질밀의 세 종류로 분류된다.

⑤ 경질밀은 단백질 함량이 13% 이상이며, 입자의 단면이 반투명상으로 빵 제조에 적당하다.

⑥ 연질밀은 단백질 함량이 9% 이하이며 입자의 단면이 백색 불투명한 분상질이다.

⑦ 중간밀은 단백질 함량이나 단면의 상태가 경질밀과 연질밀의 중간이다.

⑧ 밀은 주로 제분하여 빵류, 면류, 케익, 과자류 등 제조 원료로 쓰이고, 그 밖에 호료, 비누, 치약, 등 배합 원료로 사용된다.

(4) 옥수수

① 현재 세계 3대 곡류로 쌀 다음으로 많이 생산된다. 우리나라에서는 강원도 산간지대에서 재배하고 있다.

②재배가 용이하고, 생산량이 많기 때문에 사료로 많이 사용된다.

③ 옥수수기름, 전분, 포도당, 물엿 등을 만드는 데 쓰인다.

28 밀을 경질밀과 연질밀로 나누는 기준으로 적절한 것은?

① 지방 함량
② 단백질 함량
③ 전분 함량
④ 비타민 함량

해설 밀은 단백질의 함량에 따라 경질밀, 중간밀, 연질밀의 세 종류로 분류된다.

정답 _ 28 ②

면 조리

빈 출 C h e c k

Section 1 면 재료 준비하기

1 면류의 분류

	압출면			중국식 국수	한국식 국수 일본식 국수
	파스타	냉면	당면(전분 국수)		
원료	세몰리나 물	밀가루 메밀가루 알칼리제	전분(옥수수 또는 옥수수-고구마 혼합) 알루미늄 명반	밀가루 알칼리용액	밀가루 소금 물
색상	호박색	-	-	노란색	흰색
공정	압출 · 익힘	압출 · 익힘		면대 형성	면대 형성
		(또는 끓는 물에 익힘)	-	지름	지름

(1) **밀가루 국수**

① 밀가루 등의 곡분을 주원료로 하여 제조한 것을 말한다.

② 수분 함량과 익힘 공정에 따라 분류할 수 있다.

㉠ 냉면은 밀가루에 메밀가루가 5% 이상 첨가된 것이므로 편의상 밀가루 국수에 포함시키기도 한다.

㉡ 국수용 밀가루(우리나라의 경우)의 대략적인 기준은 단백질 함량 9.5% 정도, 회분 함량 0.5% 정도이다.

㉢ 중국식 국수의 경우에는 익힌 국수는 단백질 함량 10.5%, 생국수는 12% 또는 그 이상이 좋은 것으로 알려져 있다.

③ 밀가루 국수의 기본 제조 공정은 혼합, 면대 형성 및 자름이며, 이후 처리 방법에 따라 여러 가지 제품으로 분류된다.

④ 보통은 밀가루에 소금(2% 정도) 또는 알칼리제(탄산나트륨과 탄산칼륨의 혼합물)를 1~2% 첨가하고 물(30~35%)로 반죽한 후 6단 롤러를 이용하여 점차 반죽의 두께를 줄여 면대를 형성한 다음 자른다.

⑤ 유통기한을 연장하고자 생면을 반건조하여 수분 함량을 20% 정도로 조절한 반건조 생면도 제조, 판매되고 있다.

29 반건조 생면의 수분 함량으로 적절한 것은?

① 40%
② 30%
③ 20%
④ 10%

해설 수분 함량을 20% 정도로 조절한 반건조 생면도 제조, 판매되고 있다.

정답 _ 29 ③

⑥ 유탕면의 지방질 함량은 20% 정도로 조절한다.

⑦ 라면은 면대 형성 후 두께 1.25㎜, 폭 1.36㎜ 정도로 자른 다음 스팀(1.0kg/㎠)으로 2분 정도 증자하여 전분을 호화시키고 성형한 다음 140~160℃의 유탕에서 튀겨 수분을 제거한다.

빈출 Check

(2) 전분 국수

① 전분 국수의 대표적인 것은 당면이다.

② 전분(80% 이상)을 주원료로 하여 제조한 것을 말하며, 우리나라에서는 고구마 전분과 옥수수 전분이 주로 이용되고 있다.

③ 일본에서는 감자, 고구마, 녹두 전분이 이용되며, 중국에서도 녹두 전분이 이용된다.

④ 당면은 압출 성형기(extruder)를 이용한 기계 당면과 반죽을 자연 낙하 또는 압출 성형기로 단순히 압출시키는 손 당면으로 나눈다.

⑤ 기계 당면은 옥수수 전분(또는 일부 고구마 전분을 혼합)을 이용한다.

⑥ 손 당면은 고구마 전분을 이용한다.

(3) 파스타(pasta)

① 듀럼 세몰리나(semolina), 듀럼(durum) 가루, 파리나(farina) 또는 밀가루를 주원료로 하여 파스타 성형기로 제조한 것으로 마카로니, 스파게티 등을 말한다.

② 세계적으로 파스타를 가장 많이 소비하는 이탈리아, 독일, 프랑스 등지에서는 파스타를 모양이나 크기에 따라 비슷하게 정의한다.

③ 미국의 경우에는 듀럼 세몰리나, 듀럼 가루, 파리나, 일반 밀가루 또는 이것들의 두 가지 이상을 사용하여 물과 첨가물을 넣어 반죽하여 성형, 건조한 제품을 파스타로 정의한다.

(4) 냉면

메밀가루, 곡분 또는 전분을 주원료로 하여 압출, 압연 또는 이와 유사한 방법으로 성형한 것(메밀가루 5% 이상 함유)

(5) 유탕면류

면발을 익힌 후 유탕 처리를 한 것으로 지방질 함량은 20% 정도로 조절한다.

(6) 기타 면류

수제비나 만두피 등

빈출 Check

30 다음 중 면발의 굵기대로 옳게 나열한 것은?
① 소면 < 세면 < 중화면 < 칼국수면 < 우동면
② 세면 < 소면 < 칼국수면 < 중화면 < 우동면
③ 세면 < 소면 < 중화면 < 칼국수면 < 우동면
④ 세면 < 중화면 < 소면 < 칼국수면 < 우동면

정답 _ 30 ③

Section 2 면 뽑아내기

1 면발에 대한 이해

(1) 면대와 면발의 차이

① 면대 : 반죽을 얇게 편 것

② 면발 : 면대를 썰어서 만든 면 가닥

(2) 면대와 면발 만드는 방법

① 면대 : 다단 롤러를 이용하여 반죽을 얇고 넓적하게 펴서 만든다.

② 면발 : 절출기 또는 칼날을 이용하여 면 가닥을 만든다.

(3) 면발의 특성

구분	종류
면수분 함량	다가수 면발, 일반 면발, 반건조 면발, 건조 면발 등
면발의 굵기	세면, 소면, 중면, 중화면, 칼국수면, 우동면 등

(4) 면발의 굵기에 따른 요리 소재

① 세면

일반적으로 면발의 굵기가 가장 가는 면을 세면이라고 한다. 국내에서는 요리 소재로 사용하는 곳이 드물고, 중국이나 일본 등에서 요리 재료로 많이 사용한다.

② 소면

세면보다 조금 굵은 면발을 소면이라고 한다. 잔치국수나 비빔면 등의 요리 재료로 많이 사용한다. 일반적으로 메밀면의 면발은 소면의 면발과 유사하거나 조금 굵은 면발을 사용한다.

③ 중화면

소면보다 조금 굵은 면발을 중화면이라고 하는데, 일본식 라면, 자장면, 짬뽕 등의 요리 재료로 많이 사용한다. 일본식 라면에는 상대적으로 더 가는 면발을 사용하고, 자장면, 짬뽕 등에는 상대적으로 더 굵은 면발을 사용하는 것이 보통인데, 최근에는 면발이 가는 것을 선호하는 것으로 보인다. 중화면 중에 수타로 뽑은 면은 수타의 특성상 굵기가 일정하지 않은 것이 특징이다.

④ 칼국수면

중화면보다 조금 굵은 면발을 칼국수 면이라고 하는데, 칼국수 등의 요리 재료로 많이 사용한다. 칼국수 면발은 넓적하고 얇은 형태의 면발도 있고 상대적으로 좁고 굵은 면발도 있다. 일반적으로 닭 국물이나 고기 국물을 사용하는 칼국수에는 면발이 넓으면서 두께는 얇은 면발을 사용하고, 해물칼국수나 팥칼국수 등에는 상대적으로 폭은 좁고 두께가 두꺼운 면발을 사용한다.

⑤ 우동면

칼국수면보다 조금 굵은 면발을 우동면이라고 하는데, 우동 등의 요리 재료로 많이 사용한다. 우동 면발도 상대적으로 덜 굵은 면발이 있고 상대적으로 더 굵은 면발이 있는데, 일반적으로 분식집에서는 덜 굵은 면발을 사용하고, 일식 전문점에서는 더 굵은 면발을 사용한다. 우동 면발의 기준은 일본 사누끼 지방에서 가장 많이 사용하는 두께의 면발을 표준으로 여기는 경우가 일반적이다.

2 면발의 규격

(1) 면발 폭의 규격

면발의 규격은 면발의 폭과 두께로 정한다.

① 면발 번호의 의미

면발의 폭은 일반적으로 번호로 정하는 것이 관례인데, 번호의 의미는 30㎜의 길이를 해당 번호로 나눈 값이 그 번호의 면발의 폭이라는 의미이다. 예를 들어 10번 면이라 함은 30㎜ 나누기 10으로 계산해서 나온 값인 3㎜가 10번 면의 폭이다. 20번 면의 폭은 같은 방식으로 계산하면 1.5㎜가 된다.

② 번호 표현 방식

면발의 폭을 정하는 번호 매기기의 표현 방식은 #10 #15 #20 등의 형태로 # 뒤에 숫자를 표기한다. 예를 들어 #10이란 10번 면이란 의미이고 면발의 폭이 3㎜라는 의미이다.

(2) 면발 두께의 규격

① 면발의 규격은 주로 면발의 폭의 길이를 기준으로 하며, 따라서 두께의 규격에대한 번호 매기기 방식이나 기준이 따로 정해진 것은 없다.

② 면발의 두께는 각종 면의 특성과 소비자의 기호도에 따라 얇거나 두껍게 자율적으로 결정한다.

③ 우동면의 경우에는 면발의 폭과 면발 두께의 비율이 4 : 3 정도가 소비자 선호도가 가장 높다고 알려져 있다. 면발의 폭이 결정되면 두께는 4 : 3의 비율에 적합하도록 정하는 것이 일반적이다.

빈출 Check

31 면발 번호가 #10인 면의 두께로 옳은 것은?

① 1㎜
② 2㎜
③ 3㎜
④ 4㎜

해설 10은 10번 면으로 30㎜÷10으로 계산해서 나온 값인 3㎜가 10번 면의 폭이다.

정답 _ 31 ③

빈출 Check

32 면을 삶을 때 소금을 넣는 이유로 옳지 않은 것은?

① 보존성 향상
② 삶는 시간 단축
③ 맛과 풍미 향상
④ 점탄성 저하

해설 소금은 글루텐에 대한 점탄성을 증가시켜 주고, 맛과 풍미를 향상시켜 주며, 삶는 시간을 단축해 주고, 보존성을 향상시켜 준다.

33 면을 삶을 때 면의 탄력이 떨어지는 경우로 옳지 않은 것은?

① 물이 끓기 전에 삶은 경우
② 물의 양이 적은 경우
③ 삶은 면을 찬물에 충분히 헹구지 않은 경우
④ 물의 양이 많은 경우

해설 면을 삶을 때는 충분한 양의 끓는 물에서 삶는다.

정답 _ 32 ④ 33 ④

Section 3 면 삶기

1 면 삶기에 필요한 부원료

(1) 소금

① 대부분의 면에서는 밀가루 기준 2~6%의 함량으로 사용되고 있다.

② 소금은 글루텐에 대한 점탄성을 증가시켜 주고, 맛과 풍미를 향상시켜 주며, 삶는 시간을 단축해 주고 보존성을 향상시켜 준다.

③ 건면의 경우에는 이상 건조, 낙면을 방지한다.

(2) 물

① 제면 공정에서 원료분 100에 대해 물 35 이상을 혼합 반죽하는 데 사용한다.

② 면을 삶을 때는 충분한 양의 끓는 물에서 삶는다.

(3) 기타 부원료

① 전분은 중요한 부원료이다.

② 일반적으로 많이 사용되는 전분은 타피오카 전분, 감자 전분, 고구마 전분, 옥수수 전분 등이며, 이들을 생전분 그대로 혹은 변성 전분의 형태로 하여 이용하고 있다.

2 면 삶는 수행 순서

① 면 삶을 물이 끓고 있는지 확인한다.

② 면이 익으면 씻을 찬물이 준비되어 있는지 확인한다.

③ 중식 면 조리의 메뉴에 맞는 그릇이 준비되어 있는지 확인한다.

④ 면이 완성되면 끓는 물에 넣고 잘 저어 가며 익힌다.

⑤ 기계면과 수타면의 삶는 시간이 다름을 이해한다.

⑥ 면이 익으면 건져서 찬물에 담가 깨끗이 주무르면서 씻는다.

⑦ 찬물을 한 번 버리고 다시 씻는다. 최소 두 번 씻는다.

⑧ 씻어낸 면을 중식 면 조리 메뉴에 따라 냉면은 차게, 온면은 끓는 물에 데쳐 그릇에 분량씩 담아낼 수 있다.

3 주의사항

① 면을 뽑기 전 반죽의 수분 함량에 따라 면의 질감이 달라진다.

② 물이 끓지 않거나 물의 양이 충분하지 않으면 면이 탄력을 잃고 맛이 떨어진다.

③ 삶은 면을 찬물에 충분히 헹구지 않으면 면의 탄력이 떨어지고 냄새도 안 좋다.

chapter 07 냉채 조리

Section 1 냉채 준비하기

빈출 Check

1 냉채에 대한 이해

① 만들어서 차갑게 두었다가 맨 처음 내가는 요리를 냉채(冷菜)라고 부른다.
② 소화가 잘되게 구성해야 한다.
③ 뒤에 나오는 요리에 대해서 기대를 갖게 해야 한다.
④ 그날의 연회에 대한 성격도 상징적으로 표현할 수 있어야 한다.
⑤ 온도는 4℃ 정도일 때가 가장 바람직하다.
⑥ 냉장고에 넣어 두었던 재료로 냉채를 만드는 것은 바람직하지 않다.
⑦ 냉채는 반드시 신선해야 하고 향이 있어야 하며 부드러워야 하며 국물이 없어야 하고 만들어진 요리에 이미 맛이 들어있어야 하며 느끼하지 않아야 한다.
⑧ 신선해야 한다는 것은 입에 넣었을 때 상큼한 맛이 나야 한다는 것이다.
⑨ 비린내나 나면 안 된다.

34 냉채에 대한 설명으로 옳지 않은 것은?
① 국물이 없어야 한다.
② 향이 있어야 한다.
③ 연회의 성격을 상징적으로 나타내야 한다.
④ 냉장고에 남아 있던 재료로 만든다.

해설 냉채를 만드는 재료는 매우 신선해야하기 때문에 냉장고에 넣어 두었던 재료로 냉채를 만드는 것은 바람직하지 않다.

2 냉채 요리 선정 시 유의 사항

① 주요리의 가격대에 따라 결정한다.
② 주요리가 어떤 요리가 나가는지 보고 냉채를 결정한다.
③ 주요리는 계절에 따라서 연회에 따라서 자주 바꾸어야 하므로 냉채도 주요리에 따라서 변화를 주어야 한다.
④ 재료와 부재료에 균형을 이루어야 한다.
⑤ 조리 방법이 겹치지 않아야 한다.

3 재료에 따른 냉채 요리의 손질법

재료	손질법
새우	• 새우는 용도에 맞는 크기를 선택하여 수염을 자르고 가위로 머리 위와 꼬리의 뾰족한 부분을 잘라 낸 다음 칼로 등을 갈라 모래집을 꺼낸다. • 칼로 등을 가른 다음은 물에 다시 씻을 필요가 없다.
해파리	• 소금에 오랫동안 절여 놓은 것이므로 물에 담가 소금기를 완전히 제거한 다음 사용한다. • 물에 데칠 때는 물의 온도가 너무 뜨거우면 오그라들기 때문에 주의한다.

정답 _ 34 ④

빈 출 Check

35 냉채를 조리할 때 재료 손질법으로 옳은 것은?

① 땅콩은 햇땅콩을 전날 미리 물에 불린다.
② 새우는 손질 후 물에 씻어 사용한다.
③ 해파리는 소금기를 적당히 남겨서 사용한다.
④ 오이는 설탕으로 문질러 씻은 다음 사용한다.

해설 햇땅콩을 사용하되 전날 물에 불려 맑은 물이 나올 때까지 씻어서 사용한다.

정답 _ 35 ①

오징어	배를 갈라 내장을 제거하고 마른 행주를 이용하여 껍질을 벗겨서 사용한다.
갑오징어	몸통 속의 단단한 부분을 꺼내고 껍질을 벗기고 다리를 떼어 내고 몸통만 사용한다.
숭어	비늘과 내장을 제거하고 사용한다.
피단	• 신선한 것으로 선택하여 한 개씩 껍질을 까서 사용한다. • 어둡고 차가운 곳에 보관해야 하며 달걀과 마찬가지로 오랫동안 둘 경우 속이 마르기 때문에 사용하기가 어렵다.
분피	• 상온의 창고에 보관한다. • 사용할 때 손으로 부스러뜨린 다음 끓는 물에 담가 부드러워지면 사용한다.
오이	소금으로 문질러 씻은 다음 사용한다.
셀러리	줄기의 껍질을 벗겨서 사용한다.
땅콩	햇땅콩을 사용하되 전날 물에 불려 맑은 물이 나올 때까지 씻어서 사용한다.

Section 2 냉채 조리하기

1 냉채 조리법의 종류

(1) 무치기

① 냉채 조리법 중 누구나 할 수 있는 쉬운 방법이다.
② 무칠 재료는 재료에 따라서 생으로 썰어서 무쳐도 되고 익혀서 무칠 수도 있으며 생것과 익은 것을 섞어서 무쳐도 좋다.
③ 부드럽고 상큼하고 깔끔한 맛이 나게 하는 것이 좋다.
④ 생으로 무치는 방법은 반드시 신선한 재료를 선택하여 소스를 더하는 방법이다.
⑤ 쇠고기나 해물을 무칠 때는 냉장고에 보관했던 것은 피한다.
⑥ 채소는 반드시 싱싱한 것으로 흐르는 물에 여러 번 씻어서 사용한다.
⑦ 생 재료를 사용할 때는 소독된 도마를 사용한다.
⑧ 무칠 때 사용하는 양념은 소금, 간장, 설탕, 식초, 다진 마늘, 파기름, 생강즙, 산초기름, 고추기름, 겨자가루, 후춧가루, 참기름, 고수 등이다.

(2) 장국물에 끓이기

① 냉채에 사용할 재료를 양념과 향료 등을 넣어 만든 국물에 넣고 약한 불로 끓이는 조리법이다.
② 깊은 맛이 나고 부드러운 것이 특징이다.
③ 사용할 수 있는 재료는 쇠고기, 양고기, 닭고기, 오리고기, 거위고기 등과 그의 내장, 달걀류, 해물류, 채소류, 버섯, 콩 제품 등이다.

④ 장국물은 소금, 간장, 설탕, 술, 파, 생강, 마늘 등의 기본양념에 산초, 팔각, 계피, 감초, 진피, 초과, 정향, 월계수 잎 등을 넣어 만든다.

⑤ 재료를 장국물에 넣고 끓으면 불을 약하게 조절하여 장시간 가열한다.

⑥ 장국물을 끓이는 내내 온도가 동일하게 하여 열과 양념이 재료에 들어갈 수 있게 해야 한다.

⑦ 쉽게 익지 않는 재료는 가열 시간을 길게 잡아 익히도록 해야 한다.

빈 출 Check

(3) 양념에 담그기

오래 두어도 맛이 쉽게 변하지 않기 때문에 장시간 보관해야 할 때 사용하는 것이 좋다.

① 소금물에 담그기

냉채에 이용할 재료를 소금으로 문지른 다음 소금물에 넣어 담그는 방법이다. 소금물에 담그는 동안 수분은 빠지고 소금물이 들어가기 때문에 단단한 질감을 주는 것이 특색이다. 배추, 무, 셀러리 등은 소금물에 절였다 바로 냉채로 낼 수 있는 장점이 있다.

② 간장에 담그기

간장에 절였다 사용하는 방법으로 배추 밑동, 오이 등과 같은 신선한 채소를 절여서 사용할 수 있다.

③ 술에 담그기

소흥주(찹쌀로 빚은 술)에 소금을 넣어 절이는 방법으로 게, 새우 등을 담글 수 있다. 게, 새우를 담그면 이 재료들이 술에 취하게 되고, 취한 후 가열하여 상에 낸다. 간장이나 소금도 함께 사용할 수 있다.

④ 설탕과 식초에 담그기

설탕과 식초에 담그기 전에 소금에 절이는 과정을 통하여 채소의 수분을 뺀 다음 단맛이 배이게 하는 방법이다.

(4) 수정처럼 만들기

① 현재는 돼지껍질 등 아교질 성분이 많은 것을 끓여서 차갑게 만들어 두면 수정처럼 맑게 응고되는 원리를 이용하여 냉채를 만든다.

② 돼지다리, 생선살, 새우살, 닭고기, 게살 등으로 냉채를 만들 때 사용한다.

③ 단맛이 나게 만들 때는 귤, 수박, 파인애플 등을 넣어 만들기도 한다.

(5) 훈제하기

① 훈제하는 방법은 가공하거나 재웠던 재료를 삶거나 찌거나 장국물에 삼거나 튀기는 방법을 이용하여 익힌 후 설탕, 찻잎, 쌀 등을 솥에 넣고 밀봉하여 냉채로 이용할 재료에서 훈제한 향이 느껴지도록 한 것이다.

빈 출 Check

② 훈제한 요리는 색이 붉은 빛으 로 예쁘게 훈연한 향기가 있어 독특한 맛이 난다.

③ 훈제에 이용할 수 있는 재료는 돼지고기, 닭, 오리, 돼지의 내장 각 부위, 메추리, 달걀, 생선, 오징어, 소라 등이 있다.

④ 훈제할 재료는 통으로 사용할 수도 있고 덩어리로 잘라서 사용할 수도 있다.

⑤ 훈제하기 전 재료는 일반적으로 끓는 물에 끓인 다음 맛을 더하는 과정을 거치거나 재운 다음 다시 찌거나 튀겨서 익힌다.

2 냉채 종류에 적합한 소스의 선택

소스	설명
겨자를 이용한 장	겨자가루 2큰술에 뜨거운 물 1큰술을 넣어 갠 다음 찜통에 넣어 끓는 물에 10분간 찐 다음 사용한다.
케첩을 이용한 장	토마토케첩, 간장, 술, 소금, 설탕, 물 등을 혼합하여 하루 지난 다음 사용한다.
춘장을 이용한 장	두반장, 춘장, 간장, 설탕, 술을 혼합하여 하루 지난 다음 사용한다.
레몬을 이용한 장	레몬, 설탕, 물, 소금, 녹말가루, 참기름을 혼합하여 하루 지난 다음 사용한다.
콩장을 이용한 장	콩장, 술, 소금, 설탕, 간장을 혼합하여 하루 지난 다음 사용한다.

3 숙성 및 발효가 필요한 소스 조리

36 다음 중 성격이 다른 소스는?

① 탕수소스
② 춘장
③ 두반장
④ 간장

탕수소스는 숙성이 필요한 소스이고 춘장, 두반장, 간장은 발효가 필요한 소스이다.

(1) 숙성이 필요한 소스 조리

① 냉채의 소스를 만들어 놓은 후 일정 시간이 지나면 양념들이 서로 어우러지므로 숙성하는 시간이 필요하다.

② 탕수소스 : 설탕과 식초 혹은 레몬즙을 넣어서 설탕이 모두 녹을 때 까지 20-30분간 숙성시킨다.

③ 깐소소스 : 물, 소금, 참기름, 토마토케첩, 고추장 등을 넣고 잘 섞은 후 1시간 정도 숙성시킨다.

(2) 발효가 필요한 소스 조리

① 간장, 두반장, 춘장 등이다.

② 간장은 콩으로 메주를 쑤어서 말렸다가 소금과 물을 넣고 오랫동안 발효한 소스이다.

③ 두반장은 고추와 잠두라는 콩을 섞은 후 소금을 넣고 오랫동안 발효를 시켜서 사용한다.

정답 _ 36 ①

Section 3 냉채 완성하기

1 기초 장식하기

(1) 기초 장식에 사용하는 재료

① 일반적으로 모두 아삭한 맛을 내는 무, 당근, 오이 등을 주로 사용한다.

② 재료를 고를 때는 껍질이 단단하지 않아야 하고 속이 꽉 차 있고 빈 곳이 없어야 하며 싱싱해서 윤이 나는 것이면 더 좋다.

③ 무

기초 장식의 재료로 가장 많이 사용한다. 무는 기초 장식에 이용할 수 있는 재료 중 가장 크기 때문에 원하는 장식을 만들어 내기가 쉽다. 무의 속이 꽉 찼을 뿐만 아니라 부드럽기 때문에 힘을 들이지 않아도 원하는 모양을 만들어 낼 수 있다. 색이 희기 때문에 필요한 색깔로 물들일 수가 있다.

④ 당근

색이 붉기 때문에 붉은 색을 특별히 좋아하는 중국에서 기초 장식의 재료로 많이 이용한다. 당근의 크기에 따라서 큰 것은 앵무새 등을 조각하기도 하고 작은 것은 장미꽃 등을 만드는 데 이용한다.

⑤ 오이

가장 간단한 방법으로 접시의 가장자리를 두르는 등의 기초 장식에 사용할 수 있다. 토마토 혹은 레몬과 함께 얇게 썰어 장식하기도 한다.

⑥ 감자

살이 희기 때문에 흰색 꽃을 표현하는 데 사용할 수 있다.

⑦ 고추

청고추, 홍고추, 피망 등을 색깔별로 사용할 수 있다. 고추는 꽃을 만들 수 있으며, 피망은 소스를 담는 그릇 대용으로도 활용이 가능하다. 붉은 고추는 굵은 것으로 길게 뻗은 것을 사용한다.

⑧ 가지

굵기가 두꺼우며 색이 균일해야 하고 속이 꽉 차 있어야 하며 꼭지가 길게 붙어 있는 것을 사용한다.

⑨ 양파

동그란 모양의 것으로 뿌리가 있는 채로 사용한다.

(2) 기초 장식에 필요한 보관·관리

① 기초 장식에 이용되는 재료는 재료마다 특성이 다르기 때문에 특성에 따라 분류한다.

빈출 Check

37 기초 장식에 가장 많이 쓰이는 재료로 필요에 따라 색을 물들여 사용하기도 하는 것은?

① 오이
② 무
③ 감자
④ 양파

무는 기초 장식의 재료로 가장 많이 사용한다. 색이 희기 때문에 필요한 색깔로 물들일 수가 있다.

정답 _ 37 ②

② 상추 등의 잎채소는 1회 사용하고 폐기한다.

③ 무 등은 다량의 수분을 함유하고 있기 때문에 밀폐 용기에 물과 함께 담아서 냉장고에 넣어 보관한다.

④ 당근은 밀폐 용기에 물과 함께 담아서 냉장고에 2일 정도 보관이 가능하다.

⑤ 오이는 1회에 한하여 사용 가능하고 보관해서 사용할 수 없다.

⑥ 감자는 색이 변하기 때문에 밀폐 용기에 물과 함께 담아서 냉장고에 보관한다.

⑦ 가지는 색이 변하기 때문에 1회에 한하여 사용 가능하고 보관해서 사용할 수 없다.

⑧ 양파는 쉽게 물러지기 때문에 1일정도 사용 가능하다.

⑨ 붉은 고추는 밀폐 용기에 물과 함께 담아 냉장고에 보관할 수 있다.

⑩ 식용 색소를 이용하여 만든 장식은 만들 때와 보관할 때 모두 색소를 사용하지않는 재료와는 구분하여 보관한다.

2 냉채 담기

(1) 봉긋하게 쌓기

① 미리 썰어 놓은 재료를 데쳐 만든 냉채를 담는 방법이다. 서로 다른 재료를 혼합하여 만들어 모양이 일정하지 않으므로 산봉우리처럼 봉긋하게 올라오게 담는다.

② 예 해파리 냉채 등

(2) 평편하게 펴놓기

① 정형화된 냉채를 썬 다음 접시에 평편하게 담는다. 밑에 오이 등의 재료를 깔기도 하고, 잘라서 원래의 재료 모양대로 만들기도 한다.

② 예 통닭 냉채 등

(3) 쌓기

냉채를 한 조각씩 잘라서 계단 형태로 담는다.

(4) 두르기

① 냉채를 썰은 다음 접시의 중앙에 동그랗게 담거나 꽃 모양으로 담는다.

② 두르는 방법은 가지런하게 잘 썰어야 한다.

(5) 형상화하기

① 서로 다른 색깔과 형태의 냉채 요리를 색상을 배합하여 꽃이나, 새, 동물 등을 표현하는 형식이다.

② 예술적 감각을 발휘하여 기획을 하고 만드는 과정을 여러 번 반복하여 숙련된 단계에 이르러야 가능하다.

③ 시간이 많이 걸리고 재료를 상온에 오랫동안 노출시켜야 하기 때문에 위생에 특별히 주의해야 한다.

chapter 08 볶음 조리

Section 1 볶음 준비하기

1 기름의 역할

(1) 조리용 매개체

중식, 특히 볶음에서 기름은 주된 열매체이다. 다른 나라 음식과는 달리 중식 조리에서는 주·부재료를 높지 않은 온도의 기름이나 물을 이용하여 전처리한 후 볶음에 사용하는 독특함이 있다.

(2) 영양 공급원

기름이 영양 공급체 역할을 하여 음식에 영양과 맛을 더한다.

기름은 음식을 부드럽게 하고 고소한 맛을 증가시킨다.

기름의 열량은 1g 당 9Kcal로 단백질이나 탄수화물의 4Kcal 보다 많은 열량을 내므로 과잉 섭취하지 않도록 주의한다.

기름은 지용성 비타민의 흡수를 도와주므로 지용성 재료를 이용한 음식의 조리에 많이 사용한다.

(3) 향을 부가

기름은 향을 증진시키는 효과 물질로 작용하여 음식에 향을 증가시킨다.

고소한 맛과 함께 음식 자체의 향 뿐 아니라 볶음작용으로 향을 배가시키므로 기름은 중식에 있어 자주 이용되고 있는 식품 재료이다.

빈 출 C h e c k

Section 2 볶음 조리하기

1 볶음과 관련된 중식의 대표적인 조리법

조리법	설명
초(炒; 차오)	• 초는'볶는다'는 뜻으로 중식을 조리하는 데 있어서 가장 많이 사용된다. • 솥에 기름을 조금 넣고 알맞은 크기와 형태로 만든 재료를 센 불이나 중간 불에서 짧은 시간에 뒤섞으며 조미하여 익힌다. • 가열 시간이 짧아 열이나 산화에 의해 쉽게 파괴되는 비타민 등 영양소의 손실이 적으며, 재료와 조미료의 복합적인 맛을 낼 수 있다. • 전분을 사용하지 않는 볶음류의 대표적인 조리법이다. 예 부추 볶음, 당면 잡채
폭(爆; 빠오)	• 1.5㎝ 정육면체로 썰거나 가늘게 채 썰고 혹은 꽃 모양으로 만들어 칼집을 낸 재료를 뜨거운 물이나 탕, 기름 등으로 먼저 고온에서 매우 빠른 속도로 솥에서 뒤섞어 열처리를 한 뒤 볶아 내는 방법이다. • 재료 원래의 맛이 그대로 살아 있어 부드럽고 아삭아삭한 질감을 살리는 데 적당하다. • 가장 빨리 만드는 조리법이다. 예 궁보계정
류(溜; 려우)	• 조미료에 잰 재료를 녹말이나 밀가루 튀김옷을 입혀 기름에 먼저 튀기거나 삶거나 혹은 찌는 방식으로 조리하는 요리이다. 여러 가지 조미료와 혼합하여 걸쭉한 소스를 만들어 재료 위에 끼얹거나 또는 조리한 재료를 소스에 버무려 묻혀 내는 조리법으로 주재료의 맛이 깨끗하며 부드럽고 연한 맛을 유지할 수 있다. • 전분을 사용하는 볶음류의 조리법 • 소스는 센 불이나 중간 불에서 만들어야 요리의 향과 재료의 연한 맛, 또는 씹는 느낌을 살릴 수 있다. 예 류산슬, 라조기
작(炸, zhà)	• 기름을 넉넉히 붓고 센 불에 튀기는 조리를 말한다. 자장면이 이에 속한다. 예 자장면
전(煎, jiān)	• 기름을 두르고 지지는 조리법이다. 약간의 기름에 지져 내는 법으로 우리나라의 전과 같은 조리법인데 한식의 전보다는 좀 더 많은 기름을 필요로 한다. 예 난젠완쯔

2 전분을 사용하지 않는 중식 볶음류와 전분을 사용하는 중식 볶음류

전분을 사용하지 않는 중식 볶음류	부추잡채(소구차이), 고추잡채(칭지아오러우시), 당면잡채, 토마토달걀볶음
전분을 사용하는 중식 볶음류	라조육, 마파두부, 새우케첩 볶음, 채소 볶음, 류산슬, 전가복, 브로콜리소고기 볶음, 새우완자, 마라우육, 꽃게 콩 소스 볶음, 부용게살 등

3 오방색과 중국 음식

① 황(黃, 노란색)

고구마, 생강, 바나나, 콩, 오렌지, 옥수수 등으로 나타낸다. 부와 재산의 상징이다. 오방색 중 가장 고귀한 색으로 여겨진다.

② 적(赤, 빨간색)

홍고추, 홍피망, 팥, 석류 등으로 표현한다. 오래전부터 중국인이 좋아하는 색이다.

③ 백(白, 흰색)

양배추, 양파, 양송이, 새송이, 무, 마늘, 인삼 등으로 나타낸다.

④ 청(靑, 청색)

청경채, 오이, 파, 완두콩, 청피망, 부추, 셀러리, 얼갈이 등이 있다.

⑤ 흑(黑, 검은색)

검정콩, 다시마, 우엉, 가지, 표고 등이 있다.

Section 3 볶음 완성하기

1 중국 볶음 음식의 특징

① 정확한 사전준비가 필요하다.

② 불 조절이 중요하고 화력을 나누어서 사용한다.

③ 향신료와 조미료의 향을 잘 활용한다.

④ 식재료가 다양하고 조리법과 맛내기도 다양하고 풍부하다.

⑤ 재료 고유의 맛, 색, 향을 살리고 풍요롭고 화려하다.

38 중국 음식에 쓰이는 오방색 중 부와 재산을 상징하는 색은?

① 황(黃)
② 적(赤)
③ 백(白)
④ 흑(黑)

해설 황(黃)은 부와 재산의 상징이다. 오방색 중 가장 고귀한 색으로 여겨진다.

정답 _ 38 ①

후식 조리

빈 출 Check

Section 1 후식 준비하기

1 후식의 종류

(1) 빠스류

중국어로 빠스(拔絲)는 '실을 뽑다'라는 의미이며, 설탕을 녹여 시럽을 만든 후 여러 식재료에 입히는 후식용 음식이다. 고구마빠스, 바나나빠스, 사과빠스, 은행빠스, 귤빠스, 딸기 빠스, 아이스크림 빠스 등 매우 다양한 종류가 있으며, 어떠한 식재료와도 어울리는 후식류이다.

(2) 시미로

시미로는 전분의 한 종류인 타피오카를 주재료로 사용한 후식류이다. 열대 뿌리채소인 카사바에서 타피오카를 추출을 하고 여러 식재료와 혼합하여 냉장고에 차게 보관한 후 후식으로 사용한다. 모든 과일에 사용하며, 중국 음식의 느끼함을 정리해 주는 후식류에 사용된다. 한식에서는 한천을 사용하고 양식에서는 젤라틴을 사용하여 같은 효과를 낼 수 있다. 시미로와 한천은 식물성이고 젤라틴은 동물성이다. 타피오카 전분은 소화력이 우수해 부정적인 요소가 전혀 없다. 소화가 용이한 것은 건강 증진에도 도움이 된다는 것이다. 특히 비병원성 박테리아, 이스트, 산도 등을 다량 함유하면서도 병원성 박테리아는 적다는 점이 강점으로 작용하고 있다. 많이 사용되는 메뉴는 멜론시미로, 망고시미로, 연시시미로 등이다.

(3) 과일

비타민의 함량은 과일의 종류에 따라 차이가 크지만, 감귤류와 비파·살구 등과 같이 카로틴 함량이 많은 것은 비타민 A의 공급원으로서 좋고, 감귤류를 비롯한 모든 과일은 비타민 C의 함량이 많다. 호두·개암 등은 약 60%나 되는 지방을 함유하고 맛이 좋으므로 식물성 지방을 섭취하는 데 매우 좋은 식품이다.

(4) 무스류

무스(mousse)는 프랑스어로 '거품' 이라는 뜻으로, 거품처럼 부드럽고 차가운 크림 상태의 과자를 뜻한다. 무스는 계란과 휘핑크림을 주재료로 이용하여 만들며, 몰드에 넣어 냉각시켜 모양을 내는 것이다. 초콜릿, 커피, 과일, 바닐라 등을 첨가하여 맛과 향을 다양하게 할 수 있고 아이스크림과 젤리의 중간 형태이다. 최근 10년 사이에 버터크림케이크에서 생크림케이크를 거쳐, 차세대 제품으로 가장 각광을 받는 것이 무스케이크이다. 딸기무스케이크, 단호박무스케이크 등이 있다.

(5) **파이류**

식용 가능한 식재료면 어떤 것이든 이용할 수 있으며 주로 디저트로 많이 이용되는 것은 과일을 넣은 것이다. 호도파이, 사과파이 등이 있다.

Section 2 후식 조리하기

1 주요 식재료

더운 후식류의 주요 식재료	고구마, 은행, 바나나, 옥수수, 찹쌀, 식용유
차가운 후식류의 주요 식재료	• 행인(살구 씨), 타피오카 • 찬 후식류 : 행인두부, 시미로, 과일

Section 3 후식 완성하기

1 주의사항

① 재료의 선택은 다양하고 엄격해야 한다.

② 썰기는 요리에 맞는 방법으로 정교하고 세밀하게 한다.

③ 다양하고 광범위한 맛내기를 연구한다.

④ 화력 조절에 주의한다.

⑤ 더운 후식을 먼저 내고 찬 것을 나중에 낸다.

39 행인두부의 주재료로 옳은 것은?

① 고구마
② 살구 씨
③ 두부
④ 사과 씨

해설 행인두부는 살구 씨 안쪽 흰 부분을 사용하여 만든 후식이다.

정답 _ 39 ②

06 실전예상문제

01 소금에 절인 뿌리를 가늘게 썰어 잘게 썬 양파나 대파, 오이를 곁들이고 설탕과 식초를 섞어 고추기름과 참기름을 더해 먹는 대표적인 중국의 절임 김치의 재료는?

① 향차이
② 당근
③ 청경채
④ 자차이

 자차이는 중국의 절임 김치로 사용하며 씹히는 식감이 좋고 짭짤한 맛이 입맛을 돋운다.

02 절임 요리에 쓰이는 양념 중 쌀을 발효시켜 만든 중국 전통 식초로 은은한 막걸리와 같은 맛이 나는 것은?

① 미추
② 고추기름
③ 겨자장
④ 액젓

 미추는 쌀을 발효시켜 만든 중국 전통 식초로 알코올 성분이 많아 소독하는 데 많이 쓰이며 요리에 뿌려 먹기도 하고 무침에도 많이 사용된다.

03 다음 중 향신료의 종류가 아닌 것은?

① 파
② 마늘
③ 생강
④ 당근

 향신료의 종류 : 생강, 마늘, 정향, 대회향, 회향, 파, 산초, 팔각, 계피, 천피 등

04 무침 요리에 대한 설명 중 옳지 않은 것은?

① 봄에 나는 신선한 나물류가 무침 요리에 적합하다.
② 먹기 직전에 무쳐야 고소하고 맛있다.
③ 양념은 주재료의 향보다 강해야 한다.
④ 채소, 말린 생선, 해초 등에 갖은 양념을 하여 국물 없이 무치거나 버무려서 제공하는 음식이다.

 양념이 주재료보다 향이 강하면 주재료 특유의 맛을 느낄 수 없다.

05 광동요리에 많이 쓰이는 조미료로 검은콩을 발효시켜 만든 식초는?

① 흑초
② 막장
③ 굴소스
④ 간장

 흑초는 광동요리에 많이 쓰이며 검은콩을 발효시켜 만든다.

06 고추에 함유되어 있는 매운맛 성분으로 기름의 산패를 막고 젖산균의 발육을 도와주는 성분은?

① 카로틴
② 캡사이신
③ 디아스타제
④ 비타민 C

 캡사이신은 기름의 산패를 막고 젖산균의 발육을 돕는다.

정답 01 ④ 02 ① 03 ④ 04 ③ 05 ① 06 ②

07 **다음 중 겨자장에 대한 설명으로 옳지 않은 것은?**

① 식물의 씨를 갈아 열로 발효시켜 매운 겨자 소스를 만든다.
② 매운맛이 입 속에 남는 시간이 고추냉이보다 길다.
③ 백겨자는 향기는 강하지만 매운맛이 적고 쓴맛이 강하다.
④ 비린내가 오래 남는 생선의 양념으로 적합하다.

백겨자는 연노랑색으로 매운맛이 강하다. 향기가 강하지만 매운맛이 적고 쓴맛이 강한 것은 흑겨자이다.

08 **설탕을 첨가하여 식품의 삼투압을 높여 강한 탈수효과로 미생물의 생육을 저지하는 식품 저장 방법은?**

① 염장법 ② 훈연법
③ 당장법 ④ 움저장법

설탕을 첨가하여 식품의 삼투압을 높이는 식품 저장 방법은 당장법에 해당한다.

09 **육수 조리 시 주의사항으로 옳은 것은?**

① 찬물에서 시작한다.
② 약한 불로 서서히 시작하여 센 불로 조리한다.
③ 처음에 뜨는 거품은 거둬 낼 필요가 없다.
④ 재빨리 끓여내는 것이 중요하다.

육수는 찬물로 시작해야 불순물 제거, 뼈 속의 맛 성분 용출, 뼈 속 내용물 용해를 쉽게 할 수 있다.

10 **육수를 보관하는 방법으로 옳지 않은 것은?**

① 뚜껑이 있는 용기에 담아 보관한다.
② 냉각하면 육수가 상하는 것을 방지할 수 있다.
③ 냉장 보관 육수는 3~4일 내로 사용한다.
④ 냉동 보관 육수는 2년까지 보관할 수 있다.

냉동 보관 육수는 5~6개월까지 보관이 가능하다.

11 **황두와 흑두를 삶아 찐 뒤에 발효시킨 소스는?**

① 두시장
② 해선장
③ 춘장
④ 두반장

두시장은 황두와 흑두를 삶아 찐 뒤에 발효시킨 것으로 건두시, 강두시, 수두시로 나뉜다.

12 **맛을 느끼는 적당한 온도는?**

① 섭씨 50℃
② 섭씨 -10℃
③ 섭씨 30℃
④ 섭씨 45℃

맛을 느끼기에 적당한 온도는 섭씨 0~40℃이며, 30℃에서 가장 예민하게 느낀다.

정답 07 ③ 08 ③ 09 ① 10 ④ 11 ① 12 ③

13 **미각의 온도에 대한 설명으로 옳은 것은?**

① 신맛은 온도 상승에 따라 맛의 느낌이 둔해진다.
② 짠맛은 온도 상승에 따라 맛의 느낌이 민감해진다.
③ 쓴맛은 체온 이상이 되면 급속히 맛의 강도가 강해진다.
④ 단맛은 체온 부근의 온도에서 가장 강하게 느낀다.

 신맛은 온도가 변화해도 맛의 강도가 변하지 않으며, 짠맛은 온도 상승에 따라 맛의 느낌이 둔해진다. 쓴맛은 체온 이상이 되면 급속히 맛의 강도가 낮아진다.

14 **다음 중 신선하고 시원하며 감칠맛이 나는 맛의 종류로 옳은 것은?**

① 지미
② 신맛
③ 쓴맛
④ 단맛

 지미는 신선하고 시원하며 감칠맛이 나는 맛으로 향기를 생성하고 맛을 돋운다.

15 **조미의 작용으로 옳지 않은 것은?**

① 맛의 조화를 이룬다.
② 나쁜 맛을 제거한다.
③ 색채를 돋운다.
④ 강한 맛을 더 강조시킨다.

 조미는 강한 맛을 약하게 한다.

16 **온도가 변해도 맛의 강도가 달라지지 않는 것은?**

① 신맛
② 쓴맛
③ 단맛
④ 짠맛

 신맛은 온도가 변화해도 맛의 강도가 변하지 않으며, 짠맛은 온도 상승에 따라 맛의 느낌이 둔해진다. 쓴맛은 체온 이상이 되면 급속히 맛의 강도가 낮아진다. 단맛은 체온 부근의 온도에서 가장 강하게 느낀다.

17 **발효시킨 메주콩에 고추를 갈아 넣어 맵고 칼칼한 맛을 내는 소스는?**

① 해선장
② 두반장
③ 춘장
④ 두시장

 두반장에 관한 설명이다.

18 **발연점이 낮아 튀김 요리에 적합하지 않은 유지류는?**

① 카놀라유
② 버터
③ 대두유
④ 면실유

 버터나 마가린은 발연점이 낮아 튀김 요리에 적합하지 않다.

정답 13 ④ 14 ① 15 ④ 16 ① 17 ② 18 ②

19 적당한 모양으로 썬 주재료를 밑간하여 튀기거나 지진 후 다시 부재료, 조미료와 센 불에서 뒤섞으며 탕즙을 재료에 흡수시키는 조리법은?

① 팽
② 첩
③ 류
④ 작

 팽은 소스가 튀김 재료에 스며들게 하여 맛과 풍미를 고조시킨다.

20 넉넉한 기름에 밑손질한 재료를 넣어 튀겨 겉은 바삭하고 속은 촉촉하게 만드는 조리법은?

① 초
② 폭
③ 전
④ 작

 작은 알맞은 수분과 기름으로 풍부한 맛을 유지하여 겉은 바삭하고 속은 촉촉하게 만들 수 있다.

21 라드(lard)의 대용품으로 무미, 무색, 무취이며 비스키, 쿠키, 빵, 케이크 등에 보편적으로 쓰이는 가공 유지는?

① 쇼트닝
② 마가린
③ 버터
④ 경화유

 쇼트닝은 라드의 대용품으로 크리밍성이 크고 비스킷, 빵, 케이크 등에 보편적으로 사용된다. 무미, 무색, 무취이다.

22 뜨겁데 달군 팬에 기름을 조금 두르고 밑손질한 재료를 펼쳐 놓아 중간 불이나 약한 불에서 한 면 또는 양면을 지지는 조리법은?

① 류
② 폭
③ 초
④ 전

 전에 대한 설명이다.

23 튀김 온도를 확인할 때 바닥에 가라앉았다가 바로 떠오르는 것은 몇 ℃일 때인가?

① 150℃
② 160℃
③ 170℃
④ 180℃

 기름 온도가 160℃일 때 내용물이 바닥에 가라앉았다가 바로 떠오른다.

24 튀김옷에 이것을 넣으면 적당히 갈변하게 해주고 글루텐 형성을 저해하여 부드럽고 바삭한 튀김옷을 만들 수 있다. 이것은 무엇인가?

① 식소다
② 설탕
③ 물
④ 달걀

 튀김옷에 설탕을 넣으면 글루텐 형성을 저해하여 부드럽고 바삭한 튀김옷을 만들 수 있다.

정답 19 ① 20 ④ 21 ① 22 ④ 23 ② 24 ②

25 튀김 조리 시 주의사항으로 옳지 않은 것은?

① 생선의 눈알은 터뜨린 후에 튀긴다.
② 물기를 반드시 제거하고 튀긴다.
③ 바삭함을 원할 때는 한 번만 튀긴다.
④ 재료 투입은 기름양의 60%가 넘지 않게 한다.

 바삭함을 원할 때는 같은 온도에서 두 번 정도 튀긴다.

26 발연점을 고려했을 때 튀김용으로 가장 적합한 기름은?

① 쇼트닝 ② 참기름
③ 대두유 ④ 피마자유

해설 발연점이 높은 기름은 대두유이다.

27 다음 중 각 재료에 대한 설명으로 틀린 것은?

① 올리브유 – 올리브 과육을 물리적 또는 기계적인 방법에 의하여 압착·여과한 압착올리브유, 올리브 원유를 정제한 정제 올리브유, 압착 올리브유와 정제 올리브유를 혼합한 혼합 올리브유를 말한다.
② 참기름 – 콩으로부터 채취한 원유를 식용에 적합하도록 처리한 것을 말한다.
③ 옥수수기름 – 옥수수의 배아로부터 채취한 원유를 식용에 적합하도록 처리한 것을 말한다.
④ 가공 유지 – 식용 유지류에 수소 첨가, 분별 또는 에스테르 교환의 방법에 의하여 유지의 물리, 화학적 성질을 변화시킨 것으로 식용에 적합하도록 정제한 것을 말한다.

 참깨를 압착하여 얻은 압착 참기름 또는 이산화탄소(초임계 추출)로 추출한 초임계 추출 참기름과 참깨로부터 추출한 원유를 정제한 추출 참깨유를 말한다.

28 다음 중 기름의 발연점이 낮아지는 경우는?

① 유리지방산 함량이 많을수록
② 기름을 사용한 횟수가 적을수록
③ 기름 속에 이물질의 유입이 적을수록
④ 튀김 용기의 표면적이 좁을수록

 기름의 발연점은 유리지방산의 함량이 많을수록, 사용횟수가 많을수록, 이물질이 많을수록, 표면적이 넓을수록 낮아진다.

29 중식 썰기 유형 중 '편'썰기 설명이 맞는 것은?

① 일반적으로 길이 5~6㎝, 두께는 0.3㎝ 정도로 가늘게 써는 것.
② 식품 재료를 폭과 두께에 관계없이 2.5㎝ 정도로 자른 것.
③ 오른쪽에서 왼쪽으로 칼을 넣어 떠 주며 주로 육류나 어류, 버섯류, 채소 같은 것을 써는 데 적합한 조리조각 기술인 것.
④ 막대 모양으로 써는 것으로 일반적으로 길이 5~6㎝, 두께는 0.6~1.0㎝ 길쭉한 형태로 써는 것.

 ①은 쓸, ②는 괴, ④는 조에 대한 설명이다.

정답 25 ③ 26 ③ 27 ② 28 ① 29 ③

30 육류의 가열 변화에 의한 설명으로 틀린 것은?

① 생식할 때보다 풍미와 소화성이 향상된다.
② 콜라겐은 45℃에서 수축하기 시작한다.
③ 가열한 고기의 색은 메트미오글로빈(metmyoglobin)이다
④ 고기의 지방은 근수축과 수분손실을 적게 한다.

 고기의 열에 대한 변성은 대개 80℃ 부근에서 이루어지는데 그 이상으로 온도를 가열하면 콜라겐이 젤라틴으로 용해되면서 근육섬유를 한 가닥씩 풀어주므로 고기가 연해진다.

31 육류 조리 시 열에 의한 변화로 맞는 것은?

① 불고기는 열의 흡수로 부피가 증가한다.
② 스테이크는 가열하면 질겨져서 소화가 잘 되지 않는다.
③ 미트로프(meatloaf)는 가열하면 단백질이 응고, 수축, 변성된다.
④ 쇠꼬리의 젤라틴이 콜라겐화된다.

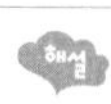 육류를 가열 조리하면 단백질이 응고되고 고기가 수축 · 분해된다. 중량 및 보수성이 감소되며 결합조직의 콜라겐이 젤라틴화되면서 조직이 부드러워진다.

32 기름을 높은 온도로 가열할 때 생기는 자극적인 냄새는?

① 유리지방산의 냄새
② 지방의 산패취
③ 아미노산의 산패취
④ 아크롤레인의 냄새

 유지의 온도가 상승하여 지방이 분해되어 푸른연기가 나기 시작하는 시점을 발연점이라 하며 글리세롤이 분해되어 검푸른 연기를 내는데 이것은 아크롤레인으로 점막을 해치고 식욕을 잃게 한다.

33 고기를 연화시키려고 생강, 키위, 무화과 등을 사용할 때 관련된 설명으로 틀린 것은?

① 단백질의 분해를 촉진시킴으로써 연화시키는 방법이다.
② 두꺼운 로스트용 고기에 적당하다.
③ 즙을 뿌린 후 포크로 찔러 주고 일정 시간 둔다.
④ 가열 온도가 85℃ 이상이 되면 효과가 없다.

 고기 연화 시 사용하는 키위, 생강, 무화과 등은 고기에 단백질 분해효소를 촉진시킴으로써 연화시키는 방법으로 얇게 썬 고기에 뿌려야 효과적이다, 가열온도가 85℃ 이상이 되면 불활성화된다.

34 다음 중 조림요리에 해당하지 않는 것은?

① 홍소두부(紅燒豆腐)
② 오향장육(五香醬肉)
③ 회과육(回鍋肉)
④ 난자완스(南煎丸子)

 회과육은 볶음요리이며, 난자완스는 완자를 만들 때는 지지는(煎) 과정을 거친 후 육수를 넣고 조리는 방법을 사용한다.

정답 30 ② 31 ③ 32 ④ 33 ② 34 ③

35 **다음 조림의 설명으로 올바르지 않은 것은?**

① 식재료를 팬에 담아 불에 올려 양념을 하면서 불 조절을 하여 즙이 없어질 때까지 자박하게 끓여내는 것을 말한다.
② 홍소(紅燒)와 먼(燜)의 방법이 있다.
③ 홍소(紅燒)는 간장을 사용하여 검붉은 색으로 뚜겅을 열고 조리하는 방식이다.
④ 홍먼((紅燜)은 간장을 사용하여 새빨간색으로 뚜껑을 열고 조리하는 방식이다.

 홍소(紅燒)와 먼(燜)의 차이점은 뚜껑을 열고 닫고의 차이가 있다. 두 조리법 모두 간장을 사용하게 되면 새빨간색보다는 검붉은색에 가깝게 표현하는 것이 바람직하다. 홍먼은 뚜껑을 닫고 약한 불에 고기를 익힌다.

36 **두부를 튀겨서 요리할 때 적합한 온도와 시간은?**

① 160℃, 3분
② 160~170℃, 3분
③ 165℃, 10분
④ 190~200℃, 5분

 두부는 160℃에서 3분 정도가 적당하다.

37 **식재료를 뜨거운 기름이나 끓는 물에 데친 후 부재료와 함께 볶아 간장 소스에 조리는 것을 무엇이라 하는가?**

① 홍소
② 증
③ 민
④ 전

 홍소에 관한 설명이다.

38 **기름의 흡수량이 늘어나는 요인으로 옳지 않은 것은?**

① 튀김 온도가 높을 때
② 튀김 시간이 길 때
③ 당이 많을 때
④ 수분이 많을 때

 튀김 온도가 낮을 때, 튀김 시간이 길 때, 당과 수분 등이 많을 때 기름의 흡수량이 늘어난다.

39 **두부를 튀길 때 기름 상태로 옳은 것은?**

① 기름 중간 정도에서 바로 떠오른다.
② 바닥에 가라앉아 떠오르지 않는다.
③ 기름 표면에서 튀김옷이 퍼지며 연기가 난다.
④ 바닥에 가라앉았다가 바로 떠오른다.

 두부는 160℃에서 튀겨야 하므로 160℃의 기름 상태로 적합한 것은 '④ 바닥에 가라앉았다가 바로 떠오른다'이다.

40 **다음 중 요오드가 100 이하의 불건성유가 아닌 것은?**

① 올리브유
② 면실유
③ 땅콩기름
④ 피마자유

 면실유는 요오드가 100~130의 반건성유이다.

정답 35 ④ 36 ① 37 ① 38 ① 39 ④ 40 ②

41 다음 중 요오드가 130 이상의 건성유로 옳은 것은?

① 들기름
② 참기름
③ 대두유
④ 올리브유

참기름, 대두유는 반건성유이고 올리브유는 불건성유이다.

42 유채로부터 채취한 원유를 식용에 적합하도록 처리한 유지는?

① 미강유
② 옥배유
③ 채종유
④ 면실유

채종유는 유채유, 카놀라유로도 불리며 유채로부터 채취한 원유를 식용에 적합하도록 처리한 것이다.

43 튀김 요리에 어울리는 식품 조각에 대한 설명으로 옳지 않은 것은?

① 용은 중화민족의 상징으로 위엄과 고귀함을 뜻한다.
② 닭은 아름다움과 평화를 상징한다.
③ 잉어는 성공, 발전, 출세를 상징한다.
④ 봉황은 모든 새들의 왕으로 아름다움을 상징한다.

닭은 관직에 오르는 것을 의미한다. 아름다움과 평화를 상징하는 것은 봉황이다.

44 튀김옷에 쓰이는 재료 중 수분을 증발시켜 튀김옷을 가볍게 하지만, 쓴맛이 발생할 우려도 있는 것은?

① 물
② 설탕
③ 식소다
④ 달걀

소량의 식소다 사용 시 가열 중 탄산가스를 방출하여 수분을 증발시켜 튀김옷을 가볍게 한다. 단, 쓴맛이 발생할 수도 있다.

45 튀김 조리 시 주의사항으로 옳지 않은 것은?

① 재료는 기름양의 80%를 넘지 않게 한다.
② 생선 눈알은 터뜨린 후 튀긴다.
③ 튀긴 후에는 반드시 기름기를 제거한다.
④ 재료의 물기를 반드시 제거하고 튀긴다.

재료는 기름양의 60%를 넘지 않게 한다. 한꺼번에 너무 많이 넣으면 기름 온도가 급격하게 떨어져 재료에 기름의 흡유량이 늘어나게 된다.

46 재료를 찔러서 활용하는 도법으로 새 날개, 생선 비늘, 옷 주름, 꽃 조각 등에 활용되는 도법은?

① 절도법
② 척도법
③ 각도밥
④ 선도법

척도법은 재료를 찔러서 활용하는 도법을 새 날개, 생선 비늘, 옷 주름, 꽃 조각을 표현할 때 쓰인다.

정답 41 ① 42 ③ 43 ② 44 ③ 45 ① 46 ②

47 다음 중 정제유가 아닌 것은?

① 참기름
② 옥수수유
③ 해바라기유
④ 콩기름

 참기름은 압착유이다.

48 지방 함량이 많은 생선에 주로 이용하며 자체의 맛을 가장 잘 살릴 수 있는 조리법은?

① 조림
② 튀김
③ 전
④ 구이

 구이는 지방 함량이 많은 생선을 이용하며 자체의 맛을 가장 잘 살릴 수 있다. 생선 자체의 맛과 단백질, 지방 등이 연기와 반응하여 독특한 풍미를 생성한다.

49 생선의 비린 맛을 감소시키는 가장 적합한 조리법은?

① 조림
② 구이
③ 튀김
④ 전

 튀김은 생선의 비린 맛을 감소시키는 가장 적합한 방법이다.

50 정선된 재료를 양념하여 강한 불과 약한 불로 불을 조절하여 자박하게 끓여내는 조리법은?

① 조림
② 구이
③ 튀김
④ 전

 조림은 식재료를 정선하고 팬에 담아 양념을 하면서 불 조절을 하여 즙이 거의 없을 때까지 자박하게 끓여낸다.

51 다음 중 육류의 가열에 대한 설명으로 옳지 않은 것은?

① 가열 시 지방이 녹아 부드러워진다.
② 가열 초기 수분에는 육즙이 많아진다.
③ 가열하지 않고 생것으로 먹는 것이 영양 흡수가 좋다.
④ 가열이 계속되면 수분 손실로 육즙이 감소한다.

 생것으로 먹을 때보다 가열해서 먹을 때 소화와 영양 흡수에 유리하다.

52 뚜껑을 닫고 약한 불에 고기 등을 익히는 조리법으로 '뜸들이다'의 뜻을 지닌 것은?

① 홍소
② 증
③ 전
④ 민

 민(men, 먼)에 대한 설명이다.

정답 47 ① 48 ④ 49 ③ 50 ① 51 ③ 52 ④

53 반건조 생면의 수분 함량으로 적절한 것은?

① 20%
② 30%
③ 40%
④ 50%

반건조 생면은 수분 함량을 20% 정도로 조절하여 유통기한을 연장한다.

54 중국식 국수의 주원료로 옳은 것은?

① 세몰리나
② 곡분
③ 메밀가루
④ 밀가루

중국식 국수는 주로 밀가루로 만든다. 세몰리나는 파스타의 주원료이며, 냉면은 메밀가루, 곡분 또는 전분을 주원료로 제조한다.

55 중식 요리 중 제일 먼저 나가는 차가운 요리로 적합한 것은?

① 깐풍기
② 해파리냉채
③ 채소볶음
④ 울면

냉채는 순서에 맞춰 요리를 낼 때 맨 처음 나가는 차가운 요리이다.

56 냉채 요리에 적합한 온도는?

① −4℃ ② 8℃
③ 4℃ ④ 0℃

냉채 요리의 온도는 4℃가 적합하다.

57 냉채 요리의 재료 손질법으로 옳지 않은 것은?

① 새우는 칼로 등을 가른 다음 물로 씻는다.
② 오징어는 내장과 껍질을 벗겨서 사용한다.
③ 갑오징어는 몸통만 사용한다.
④ 해파리는 염분을 제거하여 사용한다.

새우는 칼로 등을 가른 다음 물에 다시 씻을 필요가 없다.

58 냉채 요리 선정 시 유의사항으로 옳지 않은 것은?

① 조리 방법이 겹치지 않아야 한다.
② 주요리의 가격대에 따라 결정한다.
③ 주요리의 조리 방법과 동일해야 한다.
④ 재료와 부재료가 균형을 이루어야 한다.

조리 방법이 겹치지 않아야 한다.

59 발효가 필요한 소스로 적합하지 않은 것은?

① 간장 ② 춘장
③ 두반장 ④ 깐소

깐소 소스는 숙성이 필요한 소스이다. 물, 소금, 참기름, 토마토케첩, 고추장 등을 넣고 잘 섞은 후 1시간 정도 숙성해서 사용한다.

정답 53 ① 54 ④ 55 ② 56 ③ 57 ① 58 ③ 59 ④

60 **미리 썰어 놓은 재료를 데쳐 만든 냉채를 그릇에 담는 방법으로 적절한 것은?**

① 봉긋하게 쌓는다.
② 형상화하여 담는다.
③ 평편하게 담는다.
④ 계단 형태로 담는다.

 산봉우리처럼 봉긋하게 올라오게 담는다.

61 **다음 중 류(溜, 려우)의 조리법을 사용한 요리로 옳은 것은?**

① 궁보계정
② 라조기
③ 고추잡채
④ 토마토달걀볶음

 류(溜, 려우)는 전분을 사용하는 볶음류에 쓰이며 재료를 튀기거나 삶은 후 소스를 끼얹거나 혼합하는 조리법이다. 류산슬, 라조기, 전가복, 새우케첩볶음 등이 이에 속한다.

62 **중국요리에서 가장 많이 쓰이는 조리법으로 전분을 사용하지 않으며 채소가 살아있는 상태를 유지해야 하는 조리법은?**

① 증(蒸, 쩽)
② 류(溜, 려우)
③ 초(炒, 차오)
④ 폭(爆, 빠오)

 초(炒, 차오)에 관한 설명이다.

63 **오방색 중 가장 고귀한 색으로 예로부터 부와 재산의 상징인 색은?**

① 적(赤)
② 백(白)
③ 황(黃)
④ 청(靑)

 황색은 부와 재산을 상징하고 오방색 중 가장 고귀한 색이다.

64 **중국 볶음 음식의 특징으로 옳지 않은 것은?**

① 높은 화력을 바탕으로 재료 고유의 맛을 유지한다.
② 완성 후 참기름, 후추 등을 첨가한다.
③ 팬 가열 후 향채소를 뜨거운 기름에 먼저 익혀 향을 낸다.
④ 전분을 잡을 때는 화력을 강하게 해야 한다.

 볶을 때는 화력을 강하게 하고, 전분을 잡을 때는 화력을 약하게 조절한다.

65 **다음 중 빠쓰(拔絲)에 대한 설명으로 올바른 것은?**

① 재료를 실처럼 가는 형태로 채 썰어 붙여진 이름이다.
② 설탕을 녹여 재료에 입혔을 때 설탕이 실처럼 길게 뽑힌다는 의미이다.
③ 실을 사용해서 먹는 후식을 의미한다.
④ 실을 사용해서 만드는 후식을 의미한다.

 빠스는 설탕을 녹여 시럽을 만든 후 여러 식재료에 입히는 후식용 음식으로 시럽이 실처럼 길게 뽑혀 있는 상태를 말한다.

정답 60 ① 61 ② 62 ③ 63 ③ 64 ④ 65 ②

66 다음 중 시미로에 대한 설명으로 올바른 것은?

① 타피오카를 주재료로 사용한 후식이다
② 감자와 고구미와 같은 구황작물에서 추출한 전분을 사용하여 만든 것이다.
③ 동물성 단백질을 이용하여 만든 후식이다.
④ 동물성 단백질인 젤라틴과 잘 어울린다.

열대 뿌리채소인 카사바에서 타피오카를 추출하여 만든다.

67 다음 중 중국요리의 후식이 아닌 것은?

① 지삼선(地三鮮)
② 빠쓰은행(拔絲銀杏)
③ 행인두부(杏仁豆腐)
④ 지마구(芝麻球)

지삼선(地三鮮)은 감자, 가지, 고추 세 가지의 신선한 채소를 간장으로 살짝 졸여서 볶는 중국의 대표적인 서민 요리이다.

정답 66 ① 67 ①

Part 07

기출문제

제 1 회 국가기술자격 필기시험문제

2013년 1월 27일 시행

자격종목	시험시간	형별	수험번호	성명
조리기능사	1시간	B		

*답안 카드 작성 시 시험문제지 형별누락, 마킹착오로 인한 불이익은 전적으로 수험자의 귀책사유임을 알려드립니다.
*각 문항은 4지택일형으로 질문에 가장 적합한 보기항을 선택하여 마킹하여야 합니다.

01 칼슘(Ca)과 인(P)의 대사 이상을 초래하여 골연화증을 유발하는 유해 금속은?

① 철(Fe) ② 카드뮴(Cd)
③ 은(Ag) ④ 주석(Sn)

해설 카드뮴은 칼슘과 인의 대사 이상을 초래하여 골연화증을 유발한다.

02 미생물학적으로 식품 1g당 세균수가 얼마일 때 초기 부패 단계로 판정하는가?

① 10^3~10^4 ② 10^4~10^5
③ 10^7~10^8 ④ 10^{12}~10^{13}

해설 생균수 검사는 균수의 측정으로 부패를 판정하는 기준이다. 1g당 10^7~10^8개일 때 초기 부패로 판정한다.

03 혐기 상태에서 생산된 독소에 의해 신경 증상이 나타나는 세균성 식중독은?

① 황색포도상구균 식중독
② 클로스트리디움 보툴리늄 식중독
③ 장염비브리오 식중독
④ 살모넬라 식중독

해설 클로스트리디움 보툴리늄 식중독의 원인 독소는 신경 증상을 나타내는 뉴로톡신으로 공기가 없는 상태, 즉 혐기 상태에서도 번식이 가능하다.

04 식품과 독성분이 잘못 연결된 것은?

① 감자 – 솔라닌(solanine)
② 조개류 – 삭시톡신(saxitoxin)
③ 독미나리 – 베네루핀(venerupin)
④ 복어 – 테트로도록신(tetrodotoxin)

해설 독미나리의 독성분은 시큐톡신이며 모시조개, 굴, 바지락의 유독 물질은 베네루핀이다.

05 식품첨가물의 사용 목적과 이에 따른 첨가물의 종류가 바르게 연결된 것은?

① 식품의 영양 강화를 위한 것 – 착색료
② 식품의 관능을 만족시키기 위한 것 – 조미료
③ 식품의 변질이나 변패를 방지하기 위한 것 – 감미료
④ 식품의 품질을 개량하거나 유지하기 위한 것 – 산미료

해설 식품첨가물
- 착색료 : 인공적으로 착색하여 천연색을 보완함으로써 식품의 기호적 가치를 향상시킨다.
- 감미료 : 식품에 단맛을 부여한다.
- 산미료 : 식품에 산미를 부여하고 청량감을 준다.

정답 01 ② 02 ③ 03 ② 04 ③ 05 ②

06 **다음 식품첨가물 중 주요 목적이 다른 것은?**

① 과산화벤조일　② 과황산암모늄
③ 이산화염소　④ 아질산나트륨

해설 아질산나트륨은 육류 발색제로 식품의 색을 안정시키거나 선명하게 하는 첨가물이며, 과산화벤조일, 과황산암모늄, 이산화염소 등은 소맥분개량제이다.

07 **식품의 변화 현상에 대한 설명 중 틀린 것은?**

① 산패 : 유지 식품의 지방질 산화
② 발효 : 화학 물질에 의한 유기화합물의 분해
③ 변질 : 식품의 품질 저하
④ 부패 : 단백질과 유기물이 부패 미생물에 의해 분해

해설 발효는 미생물의 분해 작용을 받아 유기물이 분해되어 유기산, 알코올 등이 발생하는 현상으로 된장, 치즈, 요구르트, 술 등을 만드는 데 이용된다.

08 **바이러스에 의한 감염이 아닌 것은?**

① 폴리오
② 인플루엔자
③ 장티푸스
④ 유행성 감염

해설 장티푸스는 수인성 감염병의 대표로 세균에 의해 감염된다.

09 **통조림 식품의 통조림관에서 유래될 수 있는 식중독 원인 물질은?**

① 카드뮴　② 주석
③ 페놀　④ 수은

해설 금속 코팅에 사용되는 주석은 산성이 강한 내용물에 의해 용출되어 중독을 일으킬 수 있다.

10 **곰팡이의 대사 산물에 의해 질병이나 생리 작용에 이상을 일으키는 원인이 아닌 것은?**

① 청매 중독　② 아플라톡신 중독
③ 황변미 중독　④ 오크라톡신 중독

해설 청매 중독은 익지 않은 매실(청매)의 유독 물질 아미그달린에 의한 것이다.

11 **식품위생법상 위해식품 등의 판매 등 금지 내용이 아닌 것은?**

① 불결하거나 다른 물질이 섞이거나 첨가된 것으로 인체의 건강을 해칠 우려가 있는 것
② 유독·유해물질이 들어 있으나 식품의약품안전처장이 인체의 건강을 해할 우려가 없다고 인정한 것
③ 병원 미생물에 의하여 오염되었거나 그 염려가 있어 인체의 건강을 해칠 우려가 있는 것
④ 썩거나 상하거나 설익어서 인체의 건강을 해칠 우려가 있는 것

해설 위해식품 등의 판매 등 금지(식품위생법 제4조)
누구든지 다음 중 하나에 해당하는 식품 등을 판매하거나 판매할 목적으로 채취 · 제조 · 수입 · 가공 · 사용 · 조리 · 저장 · 소분 · 운반 또는 진열하여서는 아니 된다.
- 썩거나 상하거나 설익어서 인체의 건강을 해칠 우려가 있는 것
- 유독 · 유해물질이 들어 있거나 묻어 있는 것 또는 그러할 염려가 있는 것(식품의약품안전처장이 인체의 건강을 해칠 우려가 없다고 인정하는 것은 제외)
- 병을 일으키는 미생물에 오염되었거나 그러할 염려가 있어 인체의 건강을 해칠 우려가 있는 것
- 불결하거나 다른 물질이 섞이거나 첨가된 것 또는 그 밖의 사유로 인체의 건강을 해칠 우려가 있는 것
- 안전성심사대상인 농 · 축 · 수산물 등 가운데 안전성 심사를 받지 아니하였거나 안전성 심사에서 식용으로 부적합하다고 인정된 것
- 수입이 금지된 것 또는 수입신고를 하지 아니하고 수입한 것
- 영업자가 아닌 자가 제조 · 가공 · 소분한 것

정답　06 ④　07 ②　08 ③　09 ②　10 ①　11 ②

12 **식품, 식품첨가물, 기구 또는 용기·포장의 위생적 취급에 관한 기준을 정하는 것은?**

① 총리령 ② 농림수산식품부령
③ 보건복지부령 ④ 환경부령

해설 식품, 식품첨가물, 기구 또는 용기, 포장의 위생적 취급에 관한 기준은 총리령으로 정한다.

13 **식품위생법규상 무상 수거 대상 식품은?**

① 도소매 업소에서 판매하는 식품 등을 시험검사용으로 수거할 때
② 식품 등의 기준 및 규격 제정을 위한 참고용으로 수거할 때
③ 식품 등을 검사할 목적으로 수거할 때
④ 식품 등의 기준 및 규격 개정을 위한 참고용으로 수거할 때

해설 국민의 보건위생을 위하여 필요하다고 판단되는 경우로 검사에 필요한 식품 등을 무상 수거할 수 있다.

14 **식품위생법상 명시된 영업의 종류에 포함되지 않는 것은?**

① 식품조사처리업
② 식품접객업
③ 즉석판매제조·가공업
④ 먹는샘물제조업

해설 먹는샘물제조업은 먹는물관리법에 명시된 영업의 종류이다.
식품위생법에 명시된 영업의 종류
식품제조 · 가공업, 즉석판매제조 · 가공업, 식품첨가물제조업, 식품운반업, 식품소분 · 판매업, 식품보존업(식품조사처리업, 식품냉동 · 냉장업), 용기 · 포장류제조업, 식품접객업(휴게음식점영업, 일반음식점영업, 단란주점영업, 유흥주점영업, 위탁급식영업, 제과점영업)

15 **식품위생법상 조리사 면허를 받을 수 없는 사람은?**

① 미성년자
② 마약중독자
③ B형 간염 환자
④ 조리사 면허의 취소 처분을 받고 그 취소된 날부터 1년이 지난 자

해설 **조리사 면허의 결격사유**
- 정신질환자(다만 전문의가 조리사로서 적합하다고 인정하는 자는 제외)
- 감염병 환자(B형 간염 환자는 제외)
- 마약이나 그 밖의 약물 중독자
- 조리사 면허의 취소 처분을 받고 그 취소된 날로부터 1년이 지나지 아니한 자

16 **결합수의 특성으로 옳은 것은?**

① 식품 조직을 압착하여도 제거되지 않는다.
② 점성이 크다.
③ 미생물의 번식과 발아에 이용된다.
④ 보통의 물보다 밀도가 작다.

해설 **결합수의 특징**
- 용질에 대하여 용매로 작용하지 않는다.
- 0℃ 이하에서도 얼지 않는다.
- 건조되지 않는다.
- 미생물 생육이 불가능하다.
- 유리수에 비해 밀도가 크다.
- 압력을 가해도 제거되지 않는다.

17 **사과, 바나나, 파인애플 등의 주요 향미 성분은?**

① 에스테르(ester)류
② 고급지방산류
③ 유황화합물류
④ 퓨란(furan)류

해설 과일의 향미 성분은 에스테르, 알코올 및 알데히드류이다.

정답 12 ① 13 ③ 14 ④ 15 ② 16 ① 17 ①

18 **다당류에 속하는 탄수화물은?**

① 펙틴　　② 포도당

③ 과당　　④ 갈락토오스

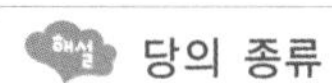
당의 종류
- 단당류 : 포도당, 과당, 갈락토오스, 만노오스
- 이당류 : 자당, 젖당, 유당
- 다당류 : 전분, 글리코겐, 섬유소, 펙틴, 이눌린, 갈락탄

19 **알코올 1g당 열량 산출 기준은?**

① 0kcal　　② 4kcal

③ 7kcal　　④ 9kcal

해설 알코올은 1g당 7kcal의 열량을 낸다.

20 **유지를 가열하면 점차 점도가 증가하게 되는데 이것은 유지 분자들의 어떤 반응 때문인가?**

① 산화 반응　　② 열 분해 반응

③ 중합 반응　　④ 가수 분해 반응

해설 유지를 가열하면 지방 분자가 서로 결합하는 중합 반응이 일어나 점도가 증가하게 되고 영양가의 손실이 일어난다.

21 **젤라틴과 관계없는 것은?**

① 양갱　　② 족편

③ 아이스크림　　④ 젤리

해설 양갱의 젤 형성의 주된 성분은 한천이다.

22 **다음 중 일반적으로 꽃 부분을 주요 식용 부위로 하는 화채류는?**

① 비트(beets)

② 파슬리(parsley)

③ 브로콜리(broccoli)

④ 아스파라거스(asparagus)

해설 꽃 부분을 주요 식용 부위로 하는 화채류로는 브로콜리, 컬리플라워, 아티초크 등이 있다.

23 **색소 성분의 변화에 대한 설명 중 맞는 것은?**

① 엽록소는 알칼리성에서 갈색화

② 플라본 색소는 알칼리성에서 황색화

③ 안토시아닌 색소는 산성에서 청색화

④ 카로틴 색소는 산성에서 흰색화

① 엽록소는 산성에서 갈색, 알칼리성에서는 진한 녹색을 띤다.
③ 안토시아닌 색소는 산성에서 적색, 알칼리성에서는 청색을 띤다.
④ 카로틴 색소는 산, 알칼리에 영향을 받지 않는다.

24 **칼슘과 단백질의 흡수를 돕고 정장 효과가 있는 것은?**

① 설탕　　② 과당

③ 유당　　④ 맥아당

해설 유당은 동물의 유즙에 함유되어 있으며 유산균과 젖산균의 정장 작용에 관여하고 칼슘의 흡수를 돕는다.

25 **두부를 만들 때 간수에 의해 응고되는 것은 단백질의 변성 중 무엇에 의한 변성인가?**

① 산　　② 효소

③ 염류　　④ 동결

해설 두부는 콩 단백질이 무기염류에 의해 응고되는 성질을 이용한 가공식품이다.

정답 18 ① 19 ③ 20 ③ 21 ① 22 ③ 23 ② 24 ③ 25 ③

26 호화와 노화에 관한 설명 중 틀린 것은?

① 전분의 가열 온도가 높을수록 호화 시간이 빠르며, 점도는 낮아진다.
② 전분 입자가 크고 지질 함량이 많을수록 빨리 호화된다.
③ 수분 함량이 0~60%, 온도가 0~4°C일 때 전분의 노화는 쉽게 일어난다.
④ 60°C 이상에서는 노화가 잘 일어나지 않는다.

> 해설 전분의 가열 온도가 높을수록 호화 시간이 빠르고 점도는 높아진다.

27 쓴 약을 먹은 직후 물을 마시면 단맛이 나는 것처럼 느끼게 되는 현상은?

① 변조 현상
② 소실 현상
③ 대비 현상
④ 미맹 현상

> 해설 한 가지 맛을 느낀 직후 다른 맛을 보면 원래의 맛과 다르게 느껴지는 현상을 맛의 변조 현상이라 한다.

28 오이나 배추의 녹색이 김치를 담갔을 때 점차 갈색을 띠게 되는 것은 어떤 색소의 변화 때문인가?

① 카로티노이드(carotenoid)
② 클로로필(chlorophyll)
③ 안토시아닌(anthocyanin)
④ 안토잔틴(anthoxanthin)

> 해설 녹색 색소인 클로로필은 산성일 때 녹갈색으로 변화한다. 김치를 담근 후 색의 변화는 유기산의 증가가 클로로필에 영향을 미쳤기 때문이다.

29 가공치즈(processed cheese)의 설명으로 틀린 것은?

① 자연치즈에 유화제를 가하여 가열한 것이다.
② 일반적으로 자연치즈보다 저장성이 높다.
③ 약 85°C에서 살균하여 pasteurizde cheese라고도 한다.
④ 가공치즈는 매일 지속적으로 발효가 일어난다.

> 해설 가공치즈란 자연치즈에 다른 재료를 혼합하여 유화제와 함께 가열 · 용해하여 균질한 가공한 치즈를 말하며, 발효를 멈춘 것이다.

30 달걀에 가스 저장을 실시하는 가장 중요한 이유는?

① 알 껍질이 매끄러워짐을 방지하기 위하여
② 알 껍질의 이산화탄소 발산을 억제하기 위하여
③ 알 껍질의 수분 증발을 방지하기 위하여
④ 알 껍질의 기공을 통한 미생물 침입을 방지하기 위하여

> 해설 신선한 달걀에는 이산화탄소가 들어 있으나 시간이 지남에 따라 증발되어 달걀 내용물이 알칼리성으로 된다. 따라서 가스 저장을 하면 이산화탄소의 발산을 억제하여 선도를 유지하며 저장할 수 있다.

31 굵은 소금이라고도 하며, 오이지를 담글 때나 김장배추를 절이는 용도로 사용하는 소금은?

① 천일염 ② 재제염
③ 정제염 ④ 꽃소금

> 해설 굵은 소금을 호염이나 천일염이라고 부르며, 바닷물에서 수분을 건조시켜 남게 되는 결정체로 염도가 낮아 김치절임용이나 젓갈, 된장, 고추장, 간장 등을 담글 때 사용한다.

정답 26 ① 27 ① 28 ② 29 ④ 30 ② 31 ①

32 **제품의 제조를 위하여 소비된 노동의 가치를 말하며 임금, 수당, 복리후생비 등이 포함되는 것은?**

① 노무비 ② 재료비
③ 경비 ④ 훈련비

 노무비는 제품제조를 위해 소비되는 노동의 가치를 말한다.

33 **국이나 전골 등에 국물 맛을 독특하게 내는 조개류의 성분은?**

① 요오드 ② 주석산
③ 구연산 ④ 호박산

 조개의 시원한 맛은 타우린, 베타인, 아미노산, 핵산류와 호박산 등이 어울린 맛이다.

34 **우유에 대한 설명으로 틀린 것은?**

① 시판되고 있는 전유는 유지방 함량이 3.0% 이상이다.
② 저지방 우유는 유지방을 0.1% 이하로 낮춘 우유이다.
③ 유당 소화 장애증이 있으면 유당을 분해한 우유를 이용한다.
④ 저염 우유란 전유 속의 Na(나트륨)을 K(칼륨)과 교환시킨 우유를 말한다.

 유지방을 2% 이하로 줄인 우유를 저지방 우유라 한다.

35 **냉동식품의 조리에 대한 설명 중 틀린 것은?**

① 소고기의 드립(drip)을 막기 위해 높은 온도에서 빨리 해동하여 조리한다.
② 채소류는 가열 처리가 되어 있어 조리하는 시간이 절약된다.
③ 조리된 냉동식품은 녹기 직전에 가열한다.
④ 빵, 케이크는 실내 온도에서 자연 해동한다.

 육류 또는 어류를 해동할 때 높은 온도에서 해동하면 조직이 상해서 액즙이 많이 나와 맛과 영양소의 손실이 커지므로 냉장고 내에서 혹은 필름에 싸서 흐르는 냉수에서 해동하는 것이 좋다.

36 **다음 중 조리용 기기 사용이 틀린 것은?**

① 필러(peeler) : 감자, 당근 껍질 벗기기
② 슬라이서(slicer) : 소고기 갈기
③ 세미기 : 쌀의 세척
④ 믹서 : 재료의 혼합

 슬라이서는 고기나 햄을 얇게 자르는 기기이다.

37 **김장용 배추포기김치 46kg을 담그려는데 배추 구입에 필요한 비용은 얼마인가? (단, 배추 5포기(13kg)의 값은 13,260원, 폐기율은 8%)**

① 23,920원 ② 38,934원
③ 46,000원 ④ 51,000원

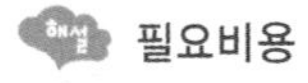

$$\text{필요비용} = \text{필요량} \times \frac{100}{\text{가식부율}} \times \text{1kg당 단가}$$

$$= 46 \times \frac{100}{100-8} \times \frac{13,260}{13} = 51,000(\text{원})$$

38 **날콩에 함유된 단백질의 체내 이용을 저해하는 것은?**

① 펩신 ② 트립신
③ 글로불린 ④ 안티트립신

해설 안티트립신은 단백질 분해 효소인 트립신의 활성을 저해하는 물질이지만 가열하면 파괴된다.

정답 32 ① 33 ④ 34 ② 35 ① 36 ② 37 ④ 38 ④

39 식빵에 버터를 펴서 바를 때처럼 버터에 힘을 가한 후 그 힘을 제거해도 원래 상태로 돌아오지 않고 변형된 상태로 유지하는 성질은?

① 유화성
② 가소성
③ 쇼트닝성
④ 크리밍성

해설 고체에 외부 압력을 가해 탄성 한계를 초과하여 변형시킨 후 외부 압력을 제거해도 원상태로 돌아가지 않는 성질을 가소성이라 한다.

40 소고기 부위 중 결체 조직이 많아 구이에 가장 부적당한 것은?

① 등심
② 갈비
③ 사태
④ 채끝

해설 사태는 운동량이 많아 결체조직의 함량이 높기 때문에 탕, 조림, 찜 등에 이용된다.

41 버터나 마가린의 계량 방법으로 가장 옳은 것은?

① 냉장고에서 꺼내어 계량컵에 눌러 담은 후 윗면을 직선으로 된 칼로 깎아 계량한다.
② 실온에서 부드럽게 하여 계량컵에 담아 계량한다.
③ 실온에서 부드럽게 하여 계량컵에 눌러 담은 후 윗면을 직선으로 된 칼로 깎아 계량한다.
④ 냉장고에서 꺼내어 계량컵의 눈금까지 담아 계량한다.

해설 고체 지방은 실온에서 부드러워졌을 때 계량컵에 꼭꼭 담고 직선으로 된 칼이나 스파출라로 깎아 계량한다.

42 무나 양파를 오랫동안 익힐 때 색을 희게 하려면 다음 중 무엇을 첨가하는 것이 가장 좋은가?

① 소금
② 소다
③ 생수
④ 식초

해설 흰색 채소에 들어 있는 플라보노이드 색소의 한 종류인 안토잔틴은 식초와 같은 산성에서는 백색을 유지하고, 알칼리성에서는 황색이 된다.

43 생선을 껍질이 있는 상태로 구울 때 껍질이 수축되는 주원인 물질과 그 처리 방법은?

① 생선살의 색소 단백질, 소금에 절이기
② 생선살의 염용성 단백질, 소금에 절이기
③ 생선 껍질의 지방, 껍질에 칼집 넣기
④ 생선 껍질의 콜라겐, 껍질에 칼집 넣기

해설 생선을 조리할 때 결합 조직 단백질인 콜라겐이 수축하게 되는데 모양을 유지하기 위해서는 칼집을 넣어 준다.

44 육류 조리에 대한 설명으로 틀린 것은?

① 탕 조리 시 찬물에 고기를 넣고 끓여야 추출물이 최대한 용출된다.
② 장조림 조리 시 간장을 처음부터 넣으면 고기가 단단해지고 잘 찢기지 않는다.
③ 편육 조리 시 찬물에 넣고 끓여야 잘 익은 고기 맛이 좋다.
④ 불고기용으로는 결합 조직이 되도록 적은 부위가 적당하다.

해설 편육은 뜨거운 물에 고기를 넣어야 맛 성분이 빠지지 않아 맛있는 고기 맛을 유지할 수 있다.

정답 39 ② 40 ③ 41 ③ 42 ④ 43 ④ 44 ③

45 다음 중 영양소의 손실이 가장 큰 조리법은?

① 바삭바삭한 튀김을 위해 튀김옷에 중조를 첨가한다.
② 푸른 채소를 데칠 때 약간의 소금을 첨가한다.
③ 감자를 껍질째 삶은 후 절단한다.
④ 쌀을 담가놓았던 물을 밥물로 사용한다.

> 해설 중조는 섬유소를 파괴할 뿐 아니라 비타민도 파괴한다.

46 다음 중 원가계산의 원칙이 아닌 것은?

① 진실성의 원칙
② 확실성의 원칙
③ 발생 기준의 원칙
④ 비정상성의 원칙

> 해설 원가계산의 원칙으로는 진실성의 원칙, 발생 기준의 원칙, 계산 경제성의 원칙, 확실성의 원칙, 정상성의 원칙, 비교성의 원칙, 상호 관리의 원칙이 있다.

47 마요네즈에 대한 설명으로 틀린 것은?

① 식초는 산미를 주고, 방부성을 부여한다.
② 마요네즈를 만들 때 너무 빨리 저어주면 분리되므로 주의한다.
③ 사용되는 기름은 냄새가 없고, 고도로 분리 정제가 된 것을 사용한다.
④ 새로운 난황에 분리된 마요네즈를 조금씩 넣으면서 저어주면, 마요네즈 재생이 가능하다.

> 해설 마요네즈가 분리되는 경우는 기름을 너무 빠르게 많이 넣거나 뜨거운 기름을 사용한 경우이며 젓는 속도가 빠르다고 분리되지는 않는다.

48 조절 영양소가 비교적 많이 함유된 식품으로 구성된 것은?

① 시금치, 미역, 귤
② 소고기, 달걀, 두부
③ 두부, 감자, 소고기
④ 쌀, 감자, 밀가루

> 해설 **영양소의 종류**
> - 구성 영양소 : 단백질, 무기질
> - 조절 영양소 : 비타민, 무기질
> - 열량 영양소 : 단백질, 당질, 지방

49 소금 절임 시 저장성이 좋아지는 이유는?

① pH가 낮아져 미생물이 살아갈 수 없는 환경이 조성된다.
② pH가 높아져 미생물이 살아갈 수 없는 환경이 조성된다.
③ 고삼투성에 의한 탈수 효과로 미생물의 생육이 억제된다.
④ 저삼투성에 의한 탈수 효과로 미생물의 생육이 억제된다.

> 해설 소금 절임은 수분 활성은 낮게, 삼투압은 높게 하여 탈수 효과로 미생물의 생육이 억제된다.

50 성인여자의 1일 필요열량을 2,000kcal라고 가정할 때, 이 중 15%를 단백질로 섭취할 경우 동물성 단백질의 섭취량은? (단, 동물성 단백질량은 일일 단백질양의 1/3로 계산한다)

① 25g ② 35g
③ 75g ④ 100g

> **섭취량 계산**
> 동물성 단백질량 $= 2,000 \times \frac{15}{100} \div 4 \times \frac{1}{3} = 25(g)$

정답 45 ① 46 ④ 47 ② 48 ① 49 ③ 50 ①

Part 07 기출문제

51 인공 능동 면역의 방법에 해당하지 않는 것은?

① 생균 백신 접종
② 글로불린 접종
③ 사균 백신 접종
④ 순화독소 접종

> 해설 면역글로불린은 특정 질환에 대한 수동 면역을 필요로 하는 환자와 선천성 면역 글로불린 결핍증 환자에게 사용된다.

52 주로 동물성 식품에서 기인하는 기생충은?

① 구충
② 회충
③ 동양모양선충
④ 유구조충

> 해설 유구조충은 주로 돼지를 통해 매개되는 기생충이다.

53 인구 정지형으로 출생률과 사망률이 모두 낮은 인구형은?

① 피라미드형
② 별형
③ 항아리형
④ 종형

> 해설 **인구 구성형**
> - 피라미드형 : 인구 증가형
> - 항아리형 : 인구 감소형
> - 종형 : 인구 정지형
> - 별형 : 인구 유입형(도시)
> - 표주박형 : 인구 유출형(농촌)

54 공기의 자정 작용과 관계가 없는 것은?

① 희석 작용
② 세정 작용
③ 환원 작용
④ 살균 작용

> 해설 공기의 자정 작용으로는 공기 자체의 희석 작용, 강우 · 강설에 의한 세정 작용, 산소 · 오존 등에 의한 산화 작용, 일광에 의한 살균 · 정화 작용, 식물의 탄소동화 작용 등이 있다.

55 '예비처리 – 본처리 – 오니처리' 순서로 진행되는 것은?

① 하수 처리
② 쓰레기 처리
③ 상수도 처리
④ 지하수 처리

>  **상·하수 처리**
> - 상수 처리 과정 : 침사 → 침전 → 여과 → 소독 → 배수
> - 하수 처리 과정 : 예비처리 → 본처리 → 오니처리

56 이산화탄소(CO_2)를 실내 공기의 오탁 지표로 사용하는 가장 주된 이유는?

① 유독성이 강하므로
② 실내 공기 조성의 전반적인 상태를 알 수 있으므로
③ 일산화탄소로 변화되므로
④ 항상 산소량과 반비례하므로

> 해설 이산화탄소는 실내 공기 조성의 전반적인 상태를 알 수 있어 오염의 지표로 삼고 있으며, 위생학적 허용 한계는 0.1%이다.

정답 51 ② 52 ④ 53 ④ 54 ③ 55 ① 56 ②

57 **폐기물 관리법 중 소각로 소각법의 장점으로 틀린 것은?**

① 위생적인 방법으로 처리할 수 있다.
② 다이옥신(dioxin)의 발생이 없다.
③ 잔류물이 적어 매립하기에 적당하다.
④ 매립법에 비해 설치 면적이 적다.

해설 소각법은 대기오염을 유발하고, 환경호르몬인 다이옥신이 발생할 수 있다.

58 **진동이 심한 작업을 하는 사람에게 국소진동 장애로 생길 수 있는 직업병은?**

① 진폐증
② 파킨슨씨병
③ 잠함병
④ 레이노병

해설 진폐증은 분진, 잠함병은 고압 환경이 원인인 직업병이고, 레이노병은 진동에 의해 손가락 말초혈관 운동의 장애로 혈액순환의 장애가 발생하여 창백해지는 현상이다.

59 **조명이 불충분할 때는 시력 저하, 눈의 피로를 일으키고 지나치게 강렬할 때는 어두운 곳에서 암순응 능력을 저하시키는 태양광선은?**

① 전자파
② 자외선
③ 적외선
④ 가시광선

해설 가시광선은 명암과 색채를 구분케 하는 광선으로 명순응, 암순응과 관련이 있다.

60 **감수성지수(접촉감염지수)가 가장 높은 감염병은?**

① 폴리오
② 홍역
③ 백일해
④ 디프테리아

해설 감수성지수란 미감염자에게 병원체가 침입했을 때 발병하는 비율을 의미하는 것으로 감수성이 높으면 면역성이 낮으므로 질병이 발병되기 쉽다. 감수성지수는 천연두, 홍역 95%, 백일해 60~80%, 성홍열 40%, 디프테리아 10%, 폴리오 0.1% 등이다.

정답 57 ② 58 ④ 59 ④ 60 ②

제 2 회 국가기술자격 필기시험문제

2014년 1월 26일 시행

자격종목	시험시간	형별	수험번호	성명
조리기능사	1시간	B		

*답안 카드 작성 시 시험문제지 형별누락, 마킹착오로 인한 불이익은 전적으로 수험자의 귀책사유임을 알려드립니다.
*각 문항은 4지택일형으로 질문에 가장 적합한 보기항을 선택하여 마킹하여야 합니다.

01 다음 중 국내에서 허가된 인공감미료는?

① 둘신(dulcin)
② 사카린나트륨(sodium saccharin)
③ 사이클라민산나트륨(sodium cyclamate)
④ 에틸렌글리콜(ethylene glycol)

• 허가된 인공감미료 : 사카린나트륨, D-솔비톨, 글리실리진산나트륨, 아스파탐
• 유해 감미료 : 둘신, 에틸렌글리콜, 니트로아닐린, 페릴라틴, 파라니트로올소톨루이딘(살인당, 원폭당), 사이클라민산나트륨

02 바이러스(virus)에 의하여 발병되지 않는 것은?

① 돈단독증
② 유행성 간염
③ 급성회백수염
④ 감염성 설사증

해설 돈단독증은 인수공통감염병으로 가축의 고기, 어패류를 취급할 때 세균으로 침입하여 감염된다.

03 생육이 가능한 최저 수분 활성도가 가장 높은 것은?

① 내건성포자　② 세균
③ 곰팡이　④ 효모

해설 미생물의 최저 수분 활성도의 크기는 세균 > 효모 > 곰팡이 순이다.

04 발아한 감자와 청색 감자에 많이 함유된 독성분은?

① 리신
② 엔테로톡신
③ 무스카린
④ 솔라닌

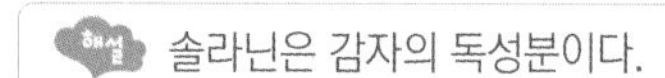
해설 솔라닌은 감자의 독성분이다.

05 식품첨가물과 사용 목적을 표시한 것 중 잘못된 것은?

① 글리세린 – 용제
② 초산비닐수지 – 껌 기초제
③ 탄산암모늄 – 팽창제
④ 규소수지 – 이형제

해설 규소수지는 소포제로 사용되며, 이형제로는 유동파라핀이 있다.

정답 01 ② 02 ① 03 ② 04 ④ 05 ④

06 식품위생법상에 명시된 식품위생감시원의 직무가 아닌 것은?

① 과대광고 금지의 위반 여부에 관한 단속
② 조리사 및 영양사의 법령 준수사항 이행 여부 확인, 지도
③ 생산 및 품질관리일지의 작성 및 비치
④ 시설기준의 적합 여부의 확인, 검사

해설 식품위생감시원의 직무(식품위생법 시행령 제17조)
- 식품 등의 위생적인 취급에 관한 기준의 이행 지도
- 수입 · 판매 또는 사용 등이 금지된 식품 등의 취급 여부에 관한 단속
- 표시기준 또는 과대광고 금지의 위반 여부에 관한 단속
- 출입 · 검사 및 검사에 필요한 식품 등의 수거
- 시설기준의 적합 여부의 확인 · 검사
- 영업자 및 종업원의 건강진단 및 위생교육의 이행 여부의 확인 · 지도
- 조리사 및 영양사의 법령 준수사항 이행 여부의 확인 · 지도
- 행정 처분의 이행 여부 확인
- 식품 등의 압류 · 폐기 등
- 영업소의 폐쇄를 위한 간판 제거 등의 조치
- 그 밖에 영업자의 법령 이행 여부에 관한 확인 · 지도

07 영업을 하려는 자가 받아야 하는 식품위생에 관한 교육 시간으로 옳은 것은?

① 식품제조·가공업 : 36시간
② 식품운반업 : 12시간
③ 단란주점영업 : 6시간
④ 용기류제조업 : 8시간

 영업을 하려는 자가 받아야 하는 식품위생 교육 시간
- 8시간 : 식품제조 · 가공업, 즉석판매제조 · 가공업, 식품첨가물제조업
- 4시간 : 식품운반업, 식품소분 · 판매업, 식품보존업, 용기 · 포장류제조업
- 6시간 : 식품접객업, 집단급식소를 설치 · 운영하려는 자

08 식품위생법상 허위표시·과대광고로 보지 않는 것은?

① 수입신고한 사항과 다른 내용의 표시·광고
② 식품의 성분과 다른 내용의 표시·광고
③ 인체의 건전한 성장 및 발달과 건강한 활동을 유지하는 데 도움을 준다는 표현의 표시·광고
④ 외국어 사용 등으로 외국제품으로 혼동할 우려가 있는 표시·광고

해설 인체의 건전한 성장 및 발달과 건강한 활동을 유지하는 데 도움을 준다는 표현의 표시 · 광고는 허위표시 · 과대광고에 해당되지 않는다. 질병의 예방 또는 치료에 효능이 있다는 내용의 표시 · 광고나 소비자가 건강기능식품으로 오인 · 혼동할 수 있는 특정 성분의 기능 및 작용에 관한 표시 · 광고는 허위표시 · 과대광고에 해당된다.

09 식품 등의 표시기준상 영양 성분에 대한 설명으로 틀린 것은?

① 한 번에 먹을 수 있도록 포장·판매되는 제품은 총 내용량을 1회 제공량으로 한다.
② 영양성분 함량은 식물의 씨앗, 동물의 뼈와 같은 비가식 부위도 포함하여 산출한다.
③ 열량의 단위는 킬로칼로리(kcal)로 표시한다.
④ 탄수화물에는 당류를 구분하여 표시하여야 한다.

해설 식품 등의 표시기준에 있어 영양성분 함량은 가식 부위를 기준으로 산출한다. 이 경우 가식 부위는 동물의 뼈, 식물의 씨앗 및 제품의 특성상 품질유지를 위하여 첨가되는 액체 등의 통상적으로 섭취하지 않는 비가식 부위는 제외하고 실제 섭취하는 양을 기준으로 한다.

정답 06 ③ 07 ③ 08 ③ 09 ②

10 식품위생법상 영업신고를 하여야 하는 업종은?

① 유흥주점영업
② 즉석판매제조가공업
③ 식품조사처리업
④ 단란주점영업

해설 유흥주점영업과 단란주점영업은 특별자치시장, 특별자치도지사 또는 시장, 군수, 구청장에게, 식품조사처리업은 식품의약품안전처장에게 영업허가를 받아야 한다.
즉석판매제조 · 가공업, 식품운반업, 식품소분 · 판매업, 식품냉동 · 냉장업, 용기 · 포장류제조업, 휴게음식점영업, 일반음식점영업, 위탁급식영업, 제과점영업은 특별자치시장, 특별자치도지사 또는 시장, 군수, 구청장에게 영업신고를 하여야 한다.

11 식품의 부패 과정에서 생성되는 불쾌한 냄새 물질과 거리가 먼 것은?

① 암모니아
② 포르말린
③ 황화수소
④ 인돌

해설 황화수소, 암모니아, 아민, 인돌은 부패되어 발생한 악취 가스에 의해 발생하는 독소이며, 포르말린은 소독제, 살균제, 방충제, 살충제, 방부제에 사용된다.

12 과일이나 과채류를 채취 후 선도 유지를 위해 표면에 막을 만들어 호흡 조절 및 수분 증발 방지의 목적에 사용되는 것은?

① 품질개량제 ② 이형제
③ 피막제 ④ 강화제

해설 피막제는 과일의 선도를 장시간 유지하기 위해 표면에 피막을 만들어 호흡 작용을 제한하고 수분의 증발을 방지하기 위하여 사용되는 첨가물이다.

13 식품과 독성분의 연결이 틀린 것은?

① 복어 – 테트로도톡신
② 미나리 – 시큐톡신
③ 섭조개 – 베네루핀
④ 청매 – 아미그달린

해설 섭조개의 독성분은 삭시톡신이며, 베네루핀은 모시조개, 굴, 바지락 등의 패류에서 나오는 독성분이다.

14 호염성의 성질을 가지고 있는 식중독 세균은?

① 황색포도상구균(staphylococcus aureus)
② 병원성 대장균(E.coli O157 : H7)
③ 장염비브리오(vibrio parahaemolyticus)
④ 리스테리아모노사이토제네스(listeria mono cytogenes)

해설 장염비브리오균은 해안 지방에 가까운 바닷물 등에 사는 호염성 세균으로 그람음성간균이다.

15 미생물의 생육에 필요한 조건과 거리가 먼 것은?

① 수분 ② 산소
③ 온도 ④ 자외선

해설 미생물의 생육에 필요한 조건은 영양소, 수분, 온도, pH, 산소 등이 있다.

16 글루텐을 형성하는 단백질을 가장 많이 함유한 것은?

① 밀 ② 쌀
③ 보리 ④ 옥수수

해설 밀가루 단백질 성분은 글루텐이며 구조는 글리아딘과 글루테닌으로 이루어진다.

정답 10 ② 11 ② 12 ③ 13 ③ 14 ③ 15 ④ 16 ①

17 **비타민 E에 대한 설명으로 틀린 것은?**

① 물에 용해되지 않는다.
② 항산화 작용이 있어 비타민 A나 유지 등의 산화를 억제해준다.
③ 버섯 등에 에르고스테롤(ergosterol)로 존재한다.
④ 알파토코페롤(α–tocopherol)이 가장 효력이 강하다.

> 해설 비타민 E는 무취로 물에 용해되지 않고 에테르, 에탄올, 식물유에 녹으며 200℃ 열에도 안정하다. 항산화 작용이 있어 다른 지용성 비타민 등의 산화를 억제해준다. 알파토코페롤의 생물학적 활성이 가장 크다.

18 **청과물의 저장 시 변화에 대하여 옳게 설명한 것은?**

① 청과물은 저장 중이거나 유통과정 중에도 탄산가스와 열이 발생한다.
② 신선한 과일의 보존 기간을 연장시키는 데 저장이 큰 역할을 하지 못한다.
③ 과일이나 채소는 수확하면 더 이상 숙성하지 않는다.
④ 감의 떫은맛은 저장에 의해서 감소되지 않는다.

> 해설 청과물은 저장 중이나 유통과정 중에도 탄산가스와 열이 발생하므로 오래 보관하면 안 된다.

19 **달걀의 가공 적성이 아닌 것은?**

① 열 응고성 ② 기포성
③ 쇼트닝성 ④ 유화성

>  ① 열 응고성 : 열에 의해 응고하기 쉬운 성질을 말한다.
> ② 기포성 : 난백을 이용하여 거품을 내며, 빵 제조 시 팽창제로 이용된다.
> ④ 유화성 : 난황에 있는 레시틴이 마요네즈 제조시 유화제로 이용된다.

20 **식품의 갈변 현상 중 성질이 다른 것은?**

① 고구마 절단면의 변색
② 홍차의 적색
③ 간장의 갈색
④ 다진 양송이의 갈색

> 해설 **갈변 현상**
> • 효소적 갈변 : 채소류나 과일류를 파쇄하거나 껍질을 벗길 때 일어나는 현상(홍차 등)
> • 비효소적 갈변 : 마이야르 반응(간장, 된장), 캐러멜화 반응(캐러멜), 아스코르브산의 반응(분말 오렌지)

21 **매운맛 성분과 소재 식품의 연결이 올바르게 된 것은?**

① 알릴이소티오시아네이트(allyl isothiocyanate) – 흑겨자
② 캡사이신(capsaicin) – 마늘
③ 진저롤(gingerol) – 고추
④ 차비신(chavicine) – 생강

> 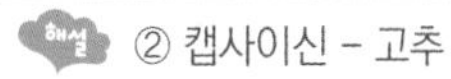 ② 캡사이신 – 고추
> ③ 진저롤 – 생강
> ④ 차비신 – 후추

정답 17 ③ 18 ① 19 ③ 20 ③ 21 ①

22 **클로로필(chlorophyll)에 관한 설명으로 틀린 것은?**

① 포르피린환(porphyrin ring)에 구리(Cu)가 결합되어 있다.
② 김치의 녹색이 갈변하는 것은 발효 중 생성되는 젖산 때문이다.
③ 산성식품과 같이 끓이면 갈색이 된다.
④ 알칼리 용액에서는 청록색을 유지한다.

> 해설 클로로필은 녹색 채소의 색소이고 마그네슘을 함유하고 있다. 그리고 열과 산에 불안정하며 알칼리에 안정하다.

23 **참기름이 다른 유지류보다 산패에 대하여 비교적 안정성이 큰 이유는 어떤 성분 때문인가?**

① 레시틴(lecithin)
② 세사몰(sesamol)
③ 고시폴(gossypol)
④ 인지질(phospholipid)

> 해설 참기름은 천연 항산화제인 세사몰을 함유하고 있다.

24 **우유에 함유된 단백질이 아닌 것은?**

① 락토오스(lactose)
② 카제인(casein)
③ 락토알부민(lactoalbumin)
④ 락토글로불린(lactoglobulin)

> 해설 락토오스는 포유동물에 함유된 이당류로 포도당과 젖당으로 구성된다.

25 **유지의 산패도를 나타내는 값으로 짝지어진 것은?**

① 비누화가, 요오드가
② 요오드가, 아세틸가
③ 과산화물가, 비누화가
④ 산가, 과산화물가

> 해설 유지의 산패도를 나타내는 값은 산가, 과산화물가, TBA가, 카르보닐가가 있다.

26 **결합수의 특징이 아닌 것은?**

① 수증기압이 유리수보다 낮다.
② 압력을 가해도 제거하기 어렵다.
③ 0℃에서 매우 잘 언다.
④ 용질에 대해서 용매로서 작용하지 않는다.

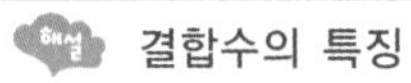

> 해설 결합수의 특징
> - 용질에 대하여 용매로 작용하지 않는다.
> - 0℃ 이하에서도 얼지 않는다.
> - 건조되지 않는다.
> - 미생물 생육이 불가능하다.
> - 유리수에 비해 밀도가 크다.
> - 압력을 가해도 제거되지 않는다.

27 **훈연에 대한 설명으로 틀린 것은?**

① 햄, 베이컨, 소시지가 훈연제품이다.
② 훈연 목적은 육제품의 풍미와 외관 향상이다.
③ 훈연 재료는 침엽수인 소나무가 좋다.
④ 훈연하면 보존성이 좋아진다.

> 해설 훈연품에 사용되는 나무는 수지 함량이 적은 나무로 떡갈나무, 벚나무, 참나무를 주로 사용한다.

정답 22 ① 23 ② 24 ① 25 ④ 26 ③ 27 ③

28 **탄수화물이 아닌 것은?**

① 젤라틴
② 펙틴
③ 섬유소
④ 글리코겐

> 해설 젤라틴은 동물의 뼈와 가죽, 힘줄, 연골 등의 콜라겐을 장시간 끓여 추출하여 만든 단백질이다.

29 **소시지 100g당 단백질 13g, 지방 21g, 당질 5.5g이 함유되어 있을 경우, 소시지 150g의 열량은?**

① 158kcal
② 263kcal
③ 322kcal
④ 395kcal

> 해설 소시지 100g당 단백질 열량은 13 × 4 = 52kcal, 지방 열량은 21 × 9 = 189kcal, 당질 열량은 5.5 × 4 = 22kcal이므로 총 열량은 52 + 189 + 22 = 263kcal이다. 150g의 열량을 계산하면 263 × 150 ÷ 100 = 394.5kcal(약 395kcal)이다.

30 **우유를 높은 온도로 가열하면 maillard 반응이 일어난다. 이때 가장 많이 손실되는 성분은?**

① lysine
② arginine
③ sucrose
④ Ca

> 해설 우유를 가열하면 마이야르 반응이 발생하는데 이때 가장 많이 손실이 되는 성분은 리신(lysine)이다.

31 **토마토 크림수프를 만들 때 일어나는 우유의 응고 현상을 바르게 설명한 것은?**

① 산에 의한 응고
② 당에 의한 응고
③ 효소에 의한 응고
④ 염에 의한 응고

> 해설 토마토 크림스프를 만들 때 산에 의해서 우유가 응고된다.

32 **기름을 여러 번 재가열할 때 일어나는 변화에 대한 설명으로 맞는 것은?**

> ㉠ 풍미가 좋아진다.
> ㉡ 색이 진해지고, 거품 현상이 생긴다.
> ㉢ 산화 중합 반응으로 점성이 높아진다.
> ㉣ 가열 분해로 항산화 물질이 생겨 산패를 억제한다.

① ㉠, ㉡　　② ㉠, ㉢
③ ㉡, ㉢　　④ ㉢, ㉣

> 해설 기름을 여러 번 사용하게 되면 기름의 색이 진해지고, 냄새가 나며, 거품 현상이 나타난다. 또한 점성이 증가하며 과산화물 같은 독성 물질이 생성되어 질병을 초래한다.

33 **조리 식품이나 반조리 식품의 해동 방법으로 가장 적합한 방법은?**

① 상온에서의 자연 해동
② 냉장고를 이용한 저온 해동
③ 흐르는 물에 담그는 청수 해동
④ 전자레인지를 이용한 해동

> 해설 반조리 식품은 조리 전 해동하지 않고 직접 가열하는 급속 해동법으로 전자레인지를 많이 사용한다.

정답 28 ① 29 ④ 30 ① 31 ① 32 ③ 33 ④

34 조리 시 센 불로 가열한 후 약한 불로 세기를 조절하지 않는 것은?

① 생선조림 ② 된장찌개
③ 밥 ④ 새우튀김

해설 튀김은 고온에서 단시간 조리한다.

35 단체급식 시설별 고유의 목적과 거리가 먼 것은?

① 학교 급식 – 편식 교정
② 병원 급식 – 건강 회복 및 치료
③ 산업체 급식 – 작업 능률 향상
④ 군대 급식 – 복지 향상

해설 단체급식소는 영리를 목적으로 하지 않고 특정 다수인에게 계속하여 음식물을 제공하는 곳으로 대통령령으로 정하는 시설을 말한다. 종류로는 기숙사, 학교, 병원, 사회복지시설, 산업체, 국가 지방자치단체 및 공공기관 그 밖의 후생기관의 급식소가 있다.

36 생선튀김의 조리법으로 가장 알맞은 것은?

① 180℃에서 2~3분간 튀긴다.
② 150℃에서 4~5분간 튀긴다.
③ 130℃에서 5~6분간 튀긴다.
④ 200℃에서 7~8분간 튀긴다.

해설 생선튀김은 180℃에서 2~3분간 튀긴다.

37 당근 등의 녹황색 채소를 조리할 경우 기름을 첨가하는 조리 방법을 선택하는 주된 이유는?

① 색깔을 좋게 하기 위하여
② 부드러운 맛을 위하여
③ 비타민 C의 파괴를 방지하기 위하여
④ 지용성 비타민의 흡수를 촉진하기 위하여

해설 당근이 보유하고 있는 비타민 A는 지용성 비타민이므로 기름과 같이 조리하면 체내 흡수율이 좋아진다.

38 고기를 요리할 때 사용되는 연화제는?

① 소금
② 참기름
③ 파파인(papain)
④ 염화칼슘

해설 육류에 쓰이는 연화제로는 파파인, 브로멜린, 피신, 프로테아제 등이 있다.

39 달걀의 기포성을 이용한 것은?

① 달걀찜
② 푸딩(pudding)
③ 머랭(meringue)
④ 마요네즈(mayonnaise)

해설 머랭, 케이크 등은 달걀의 여러 성질 중 기포성을 이용한 음식이다.

40 단백질의 구성 단위는?

① 아미노산
② 지방산
③ 과당
④ 포도당

해설 단백질의 구성 단위는 아미노산이다.

정답 34 ④ 35 ④ 36 ① 37 ④ 38 ③ 39 ③ 40 ①

41 사과나 딸기 등이 잼에 이용되는 가장 중요한 이유는?

① 과숙이 잘되어 좋은 질감을 형성하므로
② 펙틴과 유기산이 함유되어 잼 제조에 적합하므로
③ 색이 아름다워 잼의 상품 가치를 높이므로
④ 새콤한 맛 성분이 잼 맛에 적합하므로

해설 잼을 만들기 위해서는 당과 펙틴, 산이 필요한데 사과, 딸기 등에는 이러한 요소들이 많이 포함되어 있다.

42 음식의 온도와 맛의 관계에 대한 설명으로 틀린 것은?

① 국은 식을수록 짜게 느껴진다.
② 커피는 식을수록 쓰게 느껴진다.
③ 차게 먹을수록 신맛이 강하게 느껴진다.
④ 녹은 아이스크림보다 얼어 있는 것의 단맛이 약하게 느껴진다.

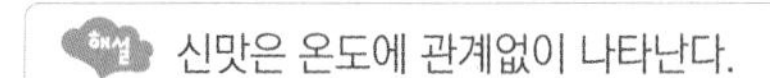
해설 신맛은 온도에 관계없이 나타난다.

43 재고회전율이 표준치보다 낮은 경우에 대한 설명으로 틀린 것은?

① 긴급 구매로 비용 발생이 우려된다.
② 종업원들이 심리적으로 부주의하게 식품을 사용하여 낭비가 심해진다.
③ 부정 유출이 우려된다.
④ 저장 기간이 길어지고 식품 손실이 커지는 등 많은 자본이 들어가 이익이 줄어든다.

해설 재고회전율이 낮다는 말은 재고가 많다는 것이므로 긴급 구매할 이유는 없다.

44 채소 조리 시 색의 변화로 맞는 것은?

① 시금치는 산을 넣으면 녹황색으로 변한다.
② 당근은 산을 넣으면 퇴색된다.
③ 양파는 알칼리를 넣으면 백색으로 된다.
④ 가지는 산에 의해 청색으로 된다.

해설 시금치의 클로로필 색소는 산에 의해 녹황색으로 변한다.

45 돼지고기 편육을 할 때 고기를 삶는 방법으로 가장 적합한 것은?

① 한 번 삶아서 찬물에 식혔다가 다시 삶는다.
② 물이 끓으면 고기를 넣어서 삶는다.
③ 찬물에 고기를 넣어서 삶는다.
④ 생강은 처음부터 같이 넣어야 탈취 효과가 크다.

해설 돼지고기 편육 조리 시 끓는 물에 고기를 넣으면 고기의 단백질이 응고되면서 맛난 맛(감칠맛)이 빠져나오지 않아 맛이 좋다.

46 소금의 용도가 아닌 것은?

① 채소 절임 시 수분 제거
② 효소 작용 억제
③ 아이스크림 제조 시 빙점 강하
④ 생선구이 시 석쇠 금속의 부착 방지

해설 소금의 용도는 채소 절임 시 수분 제거, 효소 작용 억제, 빙점 강하 등이 있다.

정답 41 ② 42 ③ 43 ① 44 ① 45 ② 46 ④

47 **생선 조리 시 식초를 적당량 넣었을 때 장점이 아닌 것은?**

① 생선의 가시를 연하게 해준다.
② 어취를 제거한다.
③ 살을 연하게 하여 맛을 좋게 한다.
④ 살균 효과가 있다.

해설 생선 요리에 식초를 첨가하면 생선의 단백질 응고로 육질이 단단해진다.

48 **가식부율이 70%인 식품의 출고계수는?**

① 1.25 ② 1.43
③ 1.64 ④ 2.00

 출고계수

$$\text{식품의 출고계수} = \frac{\text{필요량 1개}}{\text{가식부율}} = \frac{1}{0.7} = 1.43$$

49 **비타민 A가 부족할 때 나타나는 대표적인 증세는?**

① 괴혈병 ② 구루병
③ 불임증 ④ 야맹증

 비타민 결핍증
① 괴혈병 – 비타민 C
② 구루병 – 비타민 D
③ 불임증 – 비타민 E
④ 야맹증 – 비타민 A

50 **배추김치를 만드는 데 배추 50kg이 필요하다. 배추 1kg의 값은 1,500원이고 가식부율은 90%일 때 배추 구입비용은 약 얼마인가?**

① 67,500원 ② 75,000원
③ 82,500원 ④ 83,400원

해설 배추의 가식부율이 90%이므로 구입해야 하는 배추의 양은 50 × 100/90 = 55.6(kg)이다. 따라서 배추 구입비용은 55.6 × 1,500 = 83,400원이다.

51 **접촉감염지수가 가장 높은 질병은?**

① 유행성이하선염
② 홍역
③ 성홍열
④ 디프테리아

해설 감수성지수는 두창, 홍역 〉 백일해 〉 성홍열 〉 디프테리아 〉 소아마비 순으로 높다.

52 **중간숙주 없이 감염이 가능한 기생충은?**

① 아니사키스 ② 회충
③ 폐흡충 ④ 간흡충

해설 중간숙주가 없는 기생충은 회충, 구충, 요충, 편충 등이 있다.

53 **소음으로 인한 피해와 거리가 먼 것은?**

① 불쾌감 및 수면 장애
② 작업 능률 저하
③ 위장 기능 저하
④ 맥박과 혈압의 저하

해설 소음으로 인한 피해는 청력 장애, 신경과민, 불면, 작업 방해, 소화 불량, 불안과 두통, 작업 능률 저하 등이 있다.

54 **기생충과 인체 감염원인 식품의 연결이 틀린 것은?**

① 유구조충 – 돼지고기
② 무구조충 – 민물고기
③ 동양모양선충 – 채소류
④ 아니사키스 – 바다생선

 무구조충은 소고기의 섭취에 의해 감염된다.

정답 47 ③ 48 ② 49 ④ 50 ④ 51 ② 52 ② 53 ④ 54 ②

55 모성사망률에 관한 설명으로 옳은 것은?

① 임신, 분만, 산욕과 관계되는 질병 및 합병증에 의한 사망률
② 임신 4개월 이후의 태아 분만율
③ 임신 중에 일어난 모든 사망률
④ 임신 28주 이후 사산과 생후 1주 이내 사망률

> 해설 모성사망률은 임신, 분만, 산욕과 관계되는 질병 및 합병증에 의한 사망률이다.

56 동물과 관련된 감염병의 연결이 틀린 것은?

① 소 – 결핵
② 고양이 – 디프테리아
③ 개 – 광견병
④ 쥐 – 페스트

> 해설 고양이는 톡소플라스마를 유발한다.

57 잠함병의 발생과 가장 밀접한 관계를 갖고 있는 환경 요소는?

① 고압과 질소
② 저압과 산소
③ 고온과 이산화탄소
④ 저온과 일산화탄소

> 해설 깊은 바닷속은 수압이 매우 높아 호흡을 통해 몸속으로 들어간 질소 기체가 체외로 빠져나가지 못하고 혈액 속에 녹게 되고, 수면 위로 빠르게 올라오면 체내에 녹아있던 질소 기체가 혈액 속을 돌아다니면서 몸에 통증을 일으키는 병이 잠함병이다.

58 법정 제3군 감염병이 아닌 것은?

① 결핵
② 세균성 이질
③ 한센병
④ 후천성면역결핍증(AIDS)

> 세균성 이질은 제1군 감염병이다.

59 진개(쓰레기) 처리법과 가장 거리가 먼 것은?

① 위생적 매립법
② 소각법
③ 비료화법
④ 활성슬러지법

> 활성슬러지법은 폐수 처리 방법이다.

60 국가의 보건수준이나 생활수준을 나타내는 데 가장 많이 이용되는 지표는?

① 병상이용률
② 건강보험 수혜자수
③ 영아사망률
④ 조출생률

> 해설 영아사망률은 가장 대표적인 공중보건의 지표이다.

정답 55 ① 56 ② 57 ① 58 ② 59 ④ 60 ③

제 3 회 국가기술자격 필기시험문제

2015년 1월 25일 시행

자격종목	시험시간	형별	수험번호	성명
조리기능사	1시간	B		

*답안 카드 작성 시 시험문제지 형별누락, 마킹착오로 인한 불이익은 전적으로 수험자의 귀책사유임을 알려드립니다.
*각 문항은 4지택일형으로 질문에 가장 적합한 보기항을 선택하여 마킹하여야 합니다.

01 식품을 조리 또는 가공할 때 생성되는 유해물질과 그 생성 원인을 잘못 짝지은 것은?

① 엔-니트로사민(n-nitrosoamine) : 육가공품의 발색제 사용으로 인한 아질산과 아민과의 반응 생성물
② 다환방향족탄화수소(polycyclic aromatic hydrocarbon) : 유기 물질을 고온으로 가열할 때 생성되는 단백질이나 지방의 분해 생성물
③ 아크릴아미드(acrylamide) : 전분 식품 가열 시 아미노산과 당의 열에 의한 결합 반응 생성물
④ 헤테로고리아민(heterocyclic amine) : 주류 제조 시 에탄올과 카바밀기의 반응에 의한 생성물

해설 헤테로고리아민은 육류나 생선을 고온에서 조리할 때 생성되는 발암 물질이다. 조리 시간이 길어질수록 생성량이 증가한다.

02 복어 중독을 일으키는 독성분은?

① 테트로도톡신(tetrodotoxin)
② 솔라닌(solanine)
③ 베네루핀(venerupin)
④ 무스카린(muscarine)

② 솔라닌 – 감자
③ 베네루핀 – 모시조개, 굴, 바지락
④ 무스카린 – 독버섯

03 과일 통조림으로부터 용출되어 구토, 설사, 복통의 중독 증상을 유발할 가능성이 있는 물질은?

① 안티몬 ② 주석
③ 크롬 ④ 구리

해설 통조림은 3%의 주석을 도금해서 만드는 데 철판에 주석 코팅을 지나치게 얇게 하거나 본질적으로 통조림 내용물이 부식을 잘 일으키는 것인 경우에는 통조림 캔으로부터 주석이 용출될 수 있다.

04 화학성 식중독의 원인이 아닌 것은?

① 설사성 패류 중독
② 환경오염에 기인하는 식품 유독 성분 중독
③ 중금속에 의한 중독
④ 유해성 식품첨가물에 의한 중독

해설 화학성 식중독의 원인은 환경오염에 기인하는 식품 유독 성분, 중금속, 유해성 식품첨가물, 농약 등이며, 설사성 패류 중독은 장염비브리오 식중독으로 세균성 식중독 중 감염형 식중독이다.

정답 01 ④ 02 ① 03 ② 04 ①

05 안식향산(benzoic acid)의 사용 목적은?

① 식품의 산미를 내기 위하여
② 식품의 부패를 방지하기 위하여
③ 유지의 산화를 방지하기 위하여
④ 식품의 향을 내기 위하여

해설 **식품첨가물**
- 산미료 : 구연산, 젖산, 주석산
- 보존료 : 데히드로 초산, 안식향산
- 산화방지제 : BHA, BHT
- 착향료 : 멘톨, 바닐린

06 식중독 중 해산 어류를 통해 많이 발생하는 식중독은?

① 살모넬라균 식중독
② 클로스트리디움 보툴리늄균 식중독
③ 황색포도상구균 식중독
④ 장염비브리오균 식중독

① 살모넬라균 : 육류 및 그 가공품, 우유 및 유제품
② 클로스트리디움 보툴리늄 : 통조림, 햄, 소시지 등의 가공품
③ 황색포도상구균 : 우유, 유제품
④ 장염비브리오균 : 어패류

07 색소를 함유하고 있지는 않지만 식품 중의 성분과 결합하여 색을 안정화시키면서 선명하게 하는 식품첨가물은?

① 착색료
② 보존료
③ 발색제
④ 산화방지제

해설 ① 착색료 : 식품의 가공 공정에서 변질 및 변색되는 식품의 색을 복원하기 위해 사용된다.
② 보존료 : 식품의 보존은 물론 미생물의 발육을 억제하고 식품의 부패와 변패를 막아 선도를 보존하는 첨가물로, 무독성이고 기호에 맞으며 미량으로도 효과가 있으며 가격이 저렴해야 한다.
③ 발색제 : 식품 중의 색소 성분과 반응하여 그 색을 보존하거나 또는 발색하는데 사용된다.
④ 산화방지제 : 식품의 산화에 의한 변질 현상을 방지하기 위해 사용된다.

08 식품의 부패 또는 변질과 관련이 적은 것은?

① 수분 ② 온도
③ 압력 ④ 효소

해설 식품의 부패 또는 변질에 관여하는 미생물은 적정 영양소, 수분, 온도를 필요로 한다.

09 세균으로 인한 식중독 원인 물질이 아닌 것은?

① 살모넬라균
② 장염비브리오균
③ 아플라톡신
④ 보툴리늄독소

해설 **세균성 식중독**
- 감염형 식중독 : 살모넬라, 장염비브리오
- 독소형 식중독 : 포도상구균, 보툴리늄독소

10 중온성균 증식의 최적 온도는?

① 10~12℃ ② 25~37℃
③ 55~60℃ ④ 65~75℃

- 저온성균 : 최적 온도 15~20℃, 식품의 부패를 일으키는 부패균
- 중온성균 : 최적 온도 25~37℃, 질병을 일으키는 병원균
- 고온성균 : 최적 온도 50~60℃, 온천물에 서식하는 온천균

정답 05 ② 06 ④ 07 ③ 08 ③ 09 ③ 10 ②

11 **업종별 시설기준으로 틀린 것은?**

① 휴게음식점에는 다른 객석에서 내부가 보이도록 하여야 한다.
② 일반음식점의 객실에는 잠금장치를 설치할 수 있다.
③ 일반음식점의 객실 안에는 무대장치, 우주볼 등의 특수조명시설을 설치하여서는 아니 된다.
④ 일반음식점에는 손님이 이용할 수 있는 자동반주장치를 설치하여서는 아니 된다.

해설 일반음식점에 객실을 설치하는 경우 객실에는 잠금장치를 설치할 수 없다.

12 **HACCP의 7가지 원칙에 해당하지 않는 것은?**

① 위해 요소 분석
② 중요관리점(CCP) 결정
③ 개선 조치 방법 수립
④ 회수 명령의 기준 설정

해설 HACCP의 7원칙
- 위해 요소 분석
- 중요관리점(CCP) 결정
- CCP 한계 기준 설정
- CCP 모니터링 체계 확립
- 개선 조치 방법 수립
- 검증 절차 및 방법 수립
- 문서화 · 기록 유지 방법 설정

13 **판매의 목적으로 식품 등을 제조·가공·소분·수입 또는 판매한 영업자는 해당 식품이 식품 등의 위해와 관련이 있는 규정을 위반하여 유통 중인 당해 식품 등을 회수하고자 할 때 회수 계획을 보고해야 하는 대상이 아닌 것은?**

① 시·도지사
② 식품의약품안전처장
③ 보건소장
④ 시장, 군수, 구청장

해설 판매의목적으로식품등을제조 · 가공 · 소분 · 수입 또는 판매한 영업자는 해당 식품 등이 위해와 관련이 있는 규정을 위반한 사실을 알게 된 경우에는 지체 없이 유통 중인 해당 식품 등을 회수하거나 회수하는 데에 필요한 조치를 하여야 한다. 이 경우 영업자는 회수계획을식품의약품안전처장, 시 · 도지사 또는 시장, 군수, 구청장에게 미리 보고하여야 하며, 회수 결과를 보고받은 시 · 도지사 또는 시장, 군수, 구청장은 이를 지체 없이 식품의약품안전처장에게 보고하여야 한다.

14 **식품위생법에 명시된 목적이 아닌 것은?**

① 위생상의 위해 방지
② 건전한 유통·판매 도모
③ 식품영양의 질적 향상 도모
④ 식품에 관한 올바른 정보 제공

해설 식품위생법의 목적
- 식품으로 인한 위생상의 위해 사고 방지
- 식품영양의 질적 향상 도모
- 식품에 관한 올바른 정보 제공
- 국민보건의 증진에 이바지

15 **식품위생법상 영업에 종사하지 못하는 질병의 종류가 아닌 것은?**

① 비감염성 결핵
② 세균성 이질
③ 장티푸스
④ 화농성 질환

해설 영업에 종사하지 못하는 질병의 종류
- 제1군 감염병(장티푸스, 파라티푸스, 세균성 이질, 콜레라, 장출혈성 대장균 감염증)
- 결핵(비감염성인 경우는 제외)
- 피부병 또는 그 밖의 화농성 질환
- 후천성면역결핍증

정답 11 ② 12 ④ 13 ③ 14 ② 15 ①

16 우유 가공품이 아닌 것은?

① 치즈 ② 버터
③ 마시멜로우 ④ 액상 발효유

① 치즈 : 우유의 단백질인 카제인에 응유효소인 레닌을 첨가하여 만든 것
② 버터 : 우유의 지방을 모아 만든 것
③ 마시멜로우 : 달걀흰자의 기포를 이용하여 만든 것
④ 액상 발효유 : 우유에 젖산 발효를 시킨 가공품

17 육류의 사후경직을 설명한 것 중 틀린 것은?

① 근육에서 호기성 해당 과정에 의해 산이 증가된다.
② 해당 과정으로 생성된 산에 의해 pH가 낮아진다.
③ 경직 속도는 도살 전의 동물의 상태에 따라 다르다.
④ 근육의 글리코겐이 젖산으로 된다.

육류는 사후 호흡 작용을 할 수 없으므로 산소의 공급이 없으며 글리코겐이 소비되어 버리거나 해당 작용에 의해서 생성되는 젖산에 의해 pH가 저하된다.

18 효소의 주된 구성 성분은?

① 지방 ② 탄수화물
③ 단백질 ④ 비타민

효소의 주된 구성 성분은 단백질이다.

19 다음 냄새 성분 중 어류와 관계가 먼 것은?

① 트리메틸아민(trimethylamine)
② 암모니아(ammonia)
③ 피페리딘(piperidine)
④ 디아세틸(diacetyl)

트리메틸아민은 해수어, 피페리딘은 담수어, 암모니아는 어류의 부패취 및 홍어의 발효취이다.

20 식품에 존재하는 물의 형태 중 자유수에 대한 설명으로 틀린 것은?

① 식품에서 미생물의 번식에 이용된다.
② –20℃에서도 얼지 않는다.
③ 100℃에서 증발하여 수증기가 된다.
④ 식품을 건조시킬 때 쉽게 제거된다.

자유수는 0℃ 이하에서 쉽게 동결되며, 결합수일 경우 –20℃에서도 얼지 않는다.

21 전분의 노화를 억제하는 방법으로 적합하지 않은 것은?

① 수분 함량 조절
② 냉동
③ 설탕의 첨가
④ 산의 첨가

전분의 노화 방지법
- 알파(α)화된 전분을 80℃ 이상으로 유지하면서 수분을 제거하거나, 0℃ 이하로 얼려서 급속히 탈수한 후 수분 함량을 15% 이하로 낮춘다.
- 설탕을 첨가한다.
- 환원제나 유화제를 첨가한다.

22 우유 100mL에 칼슘이 180mg 정도 들어있다면 우유 250mL에는 칼슘이 약 몇 mg 정도 들어있는가?

① 450mg ② 540mg
③ 595mg ④ 650mg

180mg × 2.5 = 450mg

정답 16 ③ 17 ① 18 ③ 19 ④ 20 ② 21 ④ 22 ①

23 찹쌀의 아밀로오스와 아밀로펙틴에 대한 설명 중 맞는 것은?

① 아밀로오스 함량이 더 많다.
② 아밀로오스 함량과 아밀로펙틴의 함량이 거의 같다.
③ 아밀로펙틴으로 이루어져 있다.
④ 아밀로펙틴은 존재하지 않는다.

> **해설** 찹쌀은 아밀로펙틴 100%로 이루어져 있다.

24 과일 향기의 주성분을 이루는 냄새 성분은?

① 알데히드(aldehyde)류
② 함유황화합물
③ 테르펜(terpene)류
④ 에스테르(ester)류

> **해설** 과일 향기는 알코올, 알데히드, 에스테르류이며 이 중 에스테르류는 과일 향기의 주성분을 이룬다.

25 불건성유에 속하는 것은?

① 들기름
② 땅콩기름
③ 대두유
④ 옥수수기름

올리브유, 땅콩기름은 불건성유에 속한다.

26 채소의 가공 시 가장 손실되기 쉬운 비타민은?

① 비타민 A　② 비타민 D
③ 비타민 C　④ 비타민 E

> **해설** 수용성 비타민인 비타민 C는 물, 열, 공기, 광선 등에 손쉽게 파괴되는 비타민이다.

27 일반적으로 포테이토칩 등 스낵류에 질소 충전 포장을 실시할 때 얻어지는 효과로 가장 거리가 먼 것은?

① 유지의 산화 방지
② 스낵의 파손 방지
③ 세균의 발육 억제
④ 제품의 투명성 유지

> **해설** 질소 충전을 하게 되면 파손 방지, 세균의 발육 억제, 유지의 산화 방지 등의 효과가 있다.

28 달걀흰자로 거품을 낼 때 식초를 약간 첨가하는 것은 다음 중 어떤 것과 가장 관계가 깊은가?

① 난백의 등전점　② 용해도 증가
③ 향 형성　④ 표백 효과

> **해설** 달걀흰자가 거품이 잘 일어나기 위해서는 약간의 식초를 넣어 주는데 이는 흰자의 기포성이 흰자의 주요 단백질인 오브알부민의 등전점 pH 4.8 근처에서 가장 활성이 크기 때문이다. 식초를 첨가하면 난백 단백질의 등전점에 가까워지므로 거품이 잘 발생한다.

29 붉은 양배추를 조리할 때 식초나 레몬즙을 조금 넣으면 어떤 변화가 일어나는가?

① 안토시아닌계 색소가 선명하게 유지된다.
② 카로티노이드계 색소가 변색되어 녹색으로 된다.
③ 클로로필계 색소가 선명하게 유지된다.
④ 플라보노이드계 색소가 변색되어 청색으로 된다.

> **해설** 붉은 양배추에 포함되어 있는 안토시아닌 색소는 산에서 선명한 적색을 나타내며 중성에서 자색, 알칼리에서 청색을 나타낸다.

정답 23 ③ 24 ④ 25 ② 26 ③ 27 ④ 28 ① 29 ①

30 단맛을 갖는 대표적인 식품과 가장 거리가 먼 것은?

① 사탕무 ② 감초
③ 벌꿀 ④ 곤약

해설 곤약은 구약나물의 알뿌리를 가공하여 만든 것으로 단맛과는 거리가 멀다.

31 신선한 달걀의 감별법으로 설명이 잘못된 것은?

① 햇빛(전등)에 비출 때 공기집의 크기가 작다.
② 흔들 때 내용물이 잘 흔들린다.
③ 6% 소금물에 넣으면 가라앉는다.
④ 깨트려 접시에 놓으면 노른자가 볼록하고 흰자의 점도가 높다.

해설 신선한 달걀은 흔들었을 때 내용물이 잘 흔들리지 않는다.

32 열량 급원 식품이 아닌 것은?

① 감자 ② 쌀
③ 풋고추 ④ 아이스크림

해설 풋고추에 함유된 영양소는 비타민, 무기질로 조절 영양소에 해당된다.

33 마늘에 함유된 황화합물로 특유의 냄새를 가지는 성분은?

① 알리신(allicin)
② 디메틸설파이드(dimethyl sulfide)
③ 머스터드 오일(mustard oil)
④ 캡사이신(capsaicin)

해설 알리신은 마늘에 함유된 냄새 성분이다.

34 당근의 구입단가는 kg당 1,300원이다. 10kg 구매 시 표준수율이 86%라면, 당근 1인분(80g)의 원가는 약 얼마인가?

① 51원 ② 121원
③ 151원 ④ 181원

해설 1kg당 1,300원이므로 10kg의 가격은 13,000원이다.
10kg의 표준수율(가식부율)이 86%이므로 실사용량은 10,000g × 0.86 = 8,600g이다.
13,000원 : 8,600g = (당근 1인분의 원가) : 80g
따라서 당근 1인분의 원가는 13,000 × 80 ÷ 8,600 = 약 121원이다.

35 다음 조리법 중 비타민 C 파괴율이 가장 적은 것은?

① 시금치 국 ② 무생채
③ 고사리 무침 ④ 오이지

해설 비타민 C는 수용성으로 물과 오랜 시간 접촉하거나 가열 조리할 때 특히 많이 파괴되므로 무생채의 경우 가장 파괴율이 낮다.

36 조리 시 일어나는 비타민, 무기질의 변화 중 맞는 것은?

① 비타민 A는 지방 음식과 함께 섭취할 때 흡수율이 높아진다.
② 비타민 D는 자외선과 접하는 부분이 클수록, 오래 끓일수록 파괴율이 높아진다.
③ 색소의 고정 효과로는 칼슘 이온이 많이 사용되며 식물 색소를 고정시키는 역할을 한다.
④ 과일을 깎을 때 쇠칼을 사용하는 것이 맛, 영양가, 외관상 좋다.

정답 30 ④ 31 ② 32 ③ 33 ① 34 ② 35 ② 36 ①

해설 ① 비타민 A는 지용성으로 기름 등 지방 성분이 많은 음식과 함께 섭취 시 흡수율이 높아진다.
② 비타민 D는 자외선에 의해 흡수율이 증가된다.
③ 녹색 채소의 색소를 고정시키는 역할로는 구리 이온을 많이 사용한다.
④ 과일에 많이 함유된 비타민 C는 금속에 의해 파괴되기 쉽다.

37 급식시설에서 주방 면적을 산출할 때 고려해야 할 사항으로 가장 거리가 먼 것은?

① 피급식자의 기호
② 조리 기기의 선택
③ 조리 인원
④ 식단

해설 급식시설에서 주방 면적을 산출할 때는 조리 기기, 조리 인원, 식단 등을 고려한다.

38 다음 급식시설 중 1인 1식 사용 급수량이 가장 많이 필요한 시설은?

① 학교 급식
② 보통 급식
③ 산업체 급식
④ 병원 급식

해설 1인 1식당 급수량은 일반 급식 6~10L, 병원 10~20L, 학교 4~6L이다.

39 생선의 비린내를 억제하는 방법으로 부적합한 것은?

① 물로 깨끗이 씻어 수용성 냄새 성분을 제거한다.
② 처음부터 뚜껑을 닫고 끓여 생선을 완전히 응고시킨다.
③ 조리 전에 우유에 담가 둔다.
④ 생선 단백질이 응고된 후 생강을 넣는다.

해설 생선 비린내는 휘발되므로 조림을 할 때 뚜껑을 열어 놓으면 비린내 제거에 효과적이다.

40 총원가는 제조원가에 무엇을 더한 것인가?

① 제조간접비
② 판매관리비
③ 이익
④ 판매가격

해설 총원가는 제조원가와 판매관리비를 합한 금액이다.

41 조리 시 첨가하는 물질의 역할에 대한 설명으로 틀린 것은?

① 식염 – 면 반죽의 탄성 증가
② 식초 – 백색 채소의 색 고정
③ 중조 – 펙틴 물질의 불용성 강화
④ 구리 – 녹색 채소의 색 고정

해설 중조는 펙틴 물질의 용해성을 강화시키므로 마른 콩을 삶을 때 첨가하면 콩을 빨리 부드럽게 하는 역할을 하지만 비타민의 파괴를 촉진시킨다.

42 소고기의 부위 중 탕, 스튜, 찜 조리에 가장 적합한 부위는?

① 목심 ② 설도
③ 양지 ④ 사태

해설 사태는 결합 조직이 많으므로 물을 넣어 오래 가열하면 경단백질인 콜라겐이 젤라틴화되어 소화되기 쉬운 형태로 변하게 된다. 그러므로 탕, 스튜, 찜, 국물을 내는데 적합하다.

정답 37 ① 38 ④ 39 ② 40 ② 41 ③ 42 ④

43 **유지의 발연점이 낮아지는 원인에 대한 설명으로 틀린 것은?**

① 유리지방산의 함량이 낮은 경우
② 튀김기의 표면적이 넓은 경우
③ 기름에 이물질이 많이 들어 있는 경우
④ 오래 사용하여 기름이 지나치게 산패된 경우

해설 유지 속에 유리지방산의 함량이 높을수록 유지의 발연점이 낮아진다.

44 **김치 저장 중 김치 조직의 연부 현상이 일어나는 이유에 대한 설명으로 가장 거리가 먼 것은?**

① 조직을 구성하고 있는 펙틴질이 분해되기 때문에
② 미생물이 펙틴분해효소를 생성하기 때문에
③ 용기에 꼭 눌러 담지 않아 내부에 공기가 존재하여 호기성 미생물이 성장·번식하기 때문에
④ 김치가 국물에 잠겨 수분을 흡수하기 때문에

해설 김치의 연부 현상을 방지하기 위해서는 김치를 국물 속에 충분히 잠기도록 하여 보관해야 한다.

45 **편육을 끓는 물에 삶아 내는 이유는?**

① 고기 냄새를 없애기 위해
② 육질을 단단하게 하기 위해
③ 지방 용출을 적게 하기 위해
④ 국물에 맛 성분이 적게 용출되도록 하기 위해

해설 편육은 끓는 물에 삶아야 육류의 단백질이 응고되어 맛난 맛이 국물에 용출되지 않는다.

46 **에너지 공급원으로 감자 160g을 보리쌀로 대체할 때 필요한 보리쌀 양은? (단, 감자의 당질 함량은 14.4%, 보리쌀의 당질 함량은 68.4%이다)**

① 20.9g ② 27.6g
③ 31.5g ④ 33.7g

 대체식품량

$= \frac{\text{원래 식품의 영양 성분 함량}}{\text{대체 식품의 영양 성분 함량}} \times \text{원래식품량}$

$= \frac{14.4}{68.4} \times 160 = \text{약 } 33.7\text{g}$

47 **육류 조리 시 열에 의한 변화로 맞는 것은?**

① 불고기는 열의 흡수로 부피가 증가한다.
② 스테이크는 가열하면 질겨져서 소화가 잘 되지 않는다.
③ 미트로프(meatloaf)는 가열하면 단백질이 응고, 수축, 변성된다.
④ 쇠꼬리의 젤라틴이 콜라겐화 된다.

해설 ① 단백질은 열에 의해 응고, 수축, 변성이 되므로 부피가 감소한다.
② 스테이크를 지나치게 오래 가열할 경우 질겨지므로 적당히 가열하여 소화가 잘 될 수 있도록 한다.
④ 쇠꼬리의 경우 물에 넣고 오랜 시간 가열하게 되면 콜라겐이 젤라틴으로 변하여 부드러워진다.

48 **차, 커피, 코코아, 과일 등에서 수렴성 맛을 주는 성분은?**

① 탄닌(tannin)
② 카로틴(carotene)
③ 엽록소(chlorophyll)
④ 안토시아닌(anthocyanin)

해설 차, 커피, 코코아, 과일 등에 함유된 탄닌은 수렴성이 있어 떫은맛을 낸다.

Part 07 기출문제

정답 43 ① 44 ④ 45 ④ 46 ④ 47 ③ 48 ①

49 **식단을 작성하고자 할 때 식품의 선택 요령으로 가장 적합한 것은?**

① 영양보다는 경제적인 효율성을 우선으로 고려한다.
② 소고기가 비싸서 대체식품으로 닭고기를 선정하였다.
③ 시금치의 대체식품으로 값이 싼 달걀을 구매하였다.
④ 한창 제철일 때 보다 한 발 앞서서 식품을 구입하여 식단을 구성하는 것이 보다 새롭고 경제적이다.

해설 ① 식단을 작성할 때는 영양적인 면을 우선으로 고려한다.
② 소고기는 단백질 식품이므로 대체식품으로는 같은 단백질 식품군인 돼지고기, 닭고기, 생선 등을 사용할 수 있다.
④ 제철 식품을 사용하는 것이 경제적이다.

50 **우유의 카제인을 응고시킬 수 있는 것으로 되어 있는 것은?**

① 탄닌, 레닌, 설탕
② 식초, 레닌, 탄닌
③ 레닌, 설탕, 소금
④ 소금, 설탕, 식초

해설 우유 속에 함유된 카제인은 응유효소인 레닌 외에 식초에 의해서도 응고된다.

51 **칼슘(Ca)와 인(P)이 소변 중으로 유출되는 골연화증 현상을 유발하는 유해 중금속은?**

① 납 ② 카드뮴
③ 수은 ④ 주석

해설 카드뮴의 중독 증상으로는 단백뇨, 골연화증 등이 있으며, 소변 중으로 칼슘과 인이 유출되고 이타이이타이병을 일으킨다.

52 **실내 공기오염의 지표로 이용되는 기체는?**

① 산소 ② 이산화탄소
③ 일산화탄소 ④ 질소

해설 이산화탄소는 실내 공기오염의 지표로 이용되는데 보통 공기 중에 0.03~0.04% 포함되어 있으며 서한도는 0.1%이다. 서한도 이상의 수치가 되었을 때는 환기가 필요하다.

53 **기생충과 중간숙주의 연결이 틀린 것은?**

① 십이지장충 – 모기
② 말라리아 – 사람
③ 폐흡충 – 가재, 게
④ 무구조충 – 소

해설 십이지장충은 중간숙주 없이 매개 식품인 채소에 의해 감염된다.

54 **감염병 중에서 비말 감염과 관계가 먼 것은?**

① 백일해 ② 디프테리아
③ 발진열 ④ 결핵

해설 백일해, 디프테리아, 결핵은 호흡기를 통해 감염되며 발진열은 쥐벼룩을 통해 감염되는 리케차성 감염병이다.

55 **환경위생의 개선으로 발생이 감소되는 감염병과 가장 거리가 먼 것은?**

① 장티푸스 ② 콜레라
③ 이질 ④ 인플루엔자

해설 수인성 감염병은 모두 환경위생의 개선으로 발생이 감소될 수 있다. 장티푸스, 콜레라, 이질은 모두 수인성 감염병이며 인플루엔자는 호흡기계 감염병이다.

정답 49 ② 50 ② 51 ② 52 ② 53 ① 54 ③ 55 ④

56 우리나라의 법정 감염병이 아닌 것은?

① 말라리아
② 유행성이하선염
③ 매독
④ 기생충

해설 말라리아와 매독은 3군 감염병, 유행성 이하선염은 2군 감염병, 기생충은 5군 감염병의 매개체로 회충, 편충, 요충, 간흡충, 폐흡충, 장흡충의 6종류가 있다.

57 수질의 오염 정도를 파악하기 위한 BOD(생물화학적 산소요구량) 측정 시 일반적인 온도와 측정 기간은?

① 10℃에서 10일간
② 20℃에서 10일간
③ 10℃에서 5일간
④ 20℃에서 5일간

 BOD는 20℃에서 5일간 측정한다.

58 지역사회나 국가사회의 보건수준을 나타낼 수 있는 가장 대표적인 지표는?

① 모성사망률
② 평균수명
③ 질병이환율
④ 영아사망률

해설 지역사회, 국가의 보건수준을 나타내는 가장 대표적인 지표는 영아사망률이다.

59 자외선에 의한 인체 건강 장애가 아닌 것은?

① 설안염
② 피부암
③ 폐기종
④ 결막염

해설 폐기종은 분진에 의해 발생할 수 있는 직업병으로 탄광부들에게서 주로 발생한다.

60 고열장해로 인한 직업병이 아닌 것은?

① 열 경련
② 일사병
③ 열 쇠약
④ 참호족

해설 참호족염은 동결 상태에 이르지 않더라도 한랭에 계속해서 노출되고 지속적으로 습기나 물에 잠기게 되면 발생하는 저온장해 직업병이다.

정답 56 ④ 57 ④ 58 ④ 59 ③ 60 ④

제 4 회 국가기술자격 필기시험문제

2016년 1월 24일 시행

자격종목	시험시간	형별	수험번호	성명
조리기능사	1시간	B		

* 답안 카드 작성 시 시험문제지 형별누락, 마킹착오로 인한 불이익은 전적으로 수험자의 귀책사유임을 알려드립니다.
* 각 문항은 4지택일형으로 질문에 가장 적합한 보기항을 선택하여 마킹하여야 합니다.

01 황색포도상구균의 특징이 아닌 것은?

① 균체가 열에 강함
② 독소형 식중독 유발
③ 화농성 질환의 원인균
④ 엔테로톡신(enterotoxin) 생성

포도상구균 식중독은 독소형 식중독의 하나로 독소명은 엔테로톡신이며, 화농성 질환을 유발한다.

02 섭조개에서 문제를 일으킬 수 있는 독소 성분은?

① 테트로도톡신(tetrodotoxin)
② 셉신(sepsine)
③ 베네루핀(venerupin)
④ 삭시톡신(saxitoxin)

섭조개는 동물성 자연독인 삭시톡신이라는 독소를 가지고 있다.

03 어패류의 선도 평가에 이용되는 지표 성분은?

① 헤모글로빈 ② 트리메틸아민
③ 메탄올 ④ 이산화탄소

트리메틸아민은 어패류의 신선도의 지표로 쓰인다.

04 식품에서 자연적으로 발생하는 유독 물질을 통해 식중독을 일으킬 수 있는 식품과 가장 거리가 먼 것은?

① 피마자 ② 표고버섯
③ 미숙한 매실 ④ 모시조개

① 피마자 – 리신
③ 미숙한 매실(청매) – 아미그달린
④ 모시조개 – 베네루핀

05 과거 일본 미나마타병의 집단 발병 원인이 된 중금속은?

① 카드뮴 ② 납
③ 수은 ④ 비소

① 카드뮴 – 이타이이타이병
② 납 – 연 중독, 빈혈
③ 수은 – 미나마타병
④ 비소 – 중금속 오염으로 암 금속이라 불림

06 소시지 등 가공육 제품의 육색을 고정하기 위해 사용하는 식품첨가물은?

① 발색제 ② 착색제
③ 강화제 ④ 보존제

발색제는 식품 중의 색소와 반응하여 그 색소를 안정화시켜 색소를 생성하는 목적으로 사용하며 종류로는 아질산나트륨이 있다.

정답 01 ① 02 ④ 03 ② 04 ② 05 ③ 06 ①

07 **소독의 지표가 되는 소독제는?**

① 석탄산　　② 크레졸
③ 과산화수소　　④ 포르말린

소독의 지표는 석탄산 계수로 소독제의 살균력 비교 시에 사용된다.

08 **식품의 변화 현상에 대한 설명 중 틀린 것은?**

① 산패 : 유지 식품의 지방질 산화
② 발효 : 화학 물질에 의한 유기화합물의 분해
③ 변질 : 식품의 품질 저하
④ 부패 : 단백질과 유기물이 부패 미생물에 의해 분해

발효란 당질 식품이 미생물에 의해 유기산 등 유용한 물질을 나타내는 현상으로 몸에 유용한 현상이다.

09 **파라티온(parathion), 말라티온(malathion)과 같이 독성이 강하지만 빨리 분해되어 만성 중독을 일으키지 않는 농약은?**

① 유기인제 농약
② 유기염소제 농약
③ 유기불소제 농약
④ 유기수은제 농약

① 유기인제 - 파라티온, 말라티온, 다이아지논
② 유기염소제 - DDT, BHC
③ 유기불소제 - 푸솔, 니솔, 프라톨
④ 유기수은제 - 초산페닐수은(PMA), 염화메톡시에틸렌수은(MMC)

10 **식품첨가물과 주요 용도의 연결이 옳은 것은?**

① 삼이산화철 – 표백제
② 이산화티타늄 – 발색제
③ 명반 – 보존료
④ 호박산 – 산도 조절제

① 표백제 - 과산화수소, 무수아황산, 아황산염
② 발색제 - 아질산나트륨, 황산제1철, 황산제2철
③ 보존료 - 데히드로초산, 프로피온산염, 안식향산, 소르빈산
④ 산도 조절제 - 호박산

11 **식품위생법상 식중독 환자를 진단한 의사는 누구에게 이 사실을 제일 먼저 보고하여야 하는가?**

① 보건복지부장관
② 경찰서장
③ 보건소장
④ 관할 시장, 군수, 구청장

식중독에 관한 보고는 (한)의사 또는 집단급식소의 설치 · 운영자 → 시장, 군수, 구청장 → 식품의약품안전처장 및 시 · 도지사 순으로 이루어진다.

12 **조리사 면허 취소에 해당하지 않는 것은?**

① 식중독이나 그 밖에 위생과 관련한 중대한 사고 발생에 직무상의 책임이 있는 경우
② 면허를 타인에게 대여하여 사용하게 한 경우
③ 조리사가 마약이나 그 밖의 약물에 중독이 된 경우
④ 조리사 면허의 취소처분을 받고 그 취소된 날부터 2년이 지나지 아니한 경우

조리사의 면허 취소 사유
- 조리사 결격사유에 해당하게 된 경우
- 식품위생 수준 및 자질의 향상을 위한 교육을 받지 아니한 경우
- 식중독이나 그 밖에 위생과 관련된 중대한 사고 발생에 직무상 책임이 있는 경우
- 면허를 타인에게 대여하여 사용하게 한 경우
- 업무정지 기간 중에 조리사의 업무를 한 경우

정답 07 ① 08 ② 09 ① 10 ④ 11 ④ 12 ④

13 **식품위생법상 식품 등의 위생적인 취급에 관한 기준이 아닌 것은?**

① 식품 등을 취급하는 원료보관실·제조가공실·조리실·포장실 등의 내부는 항상 청결하게 관리하여야 한다.
② 식품 등의 원료 및 제품 중 부패·변질되기 쉬운 것은 냉동·냉장시설에 보관·관리하여야 한다.
③ 유통기한이 경과된 식품 등을 판매하거나 판매의 목적으로 전시하여 진열·보관하여서는 아니 된다.
④ 모든 식품 및 원료는 냉장·냉동시설에 보관·관리하여야 한다.

해설 식품 및 원료는 특성과 상태, 용도에 따라 보관을 다르게 할 수 있는데 모두 냉동, 냉장에 보관할 수는 없다.

14 **식품위생법상 허위표시, 과대광고, 비방광고 및 과대포장의 범위에 해당하지 않는 것은?**

① 허가·신고 또는 보고한 사항이나 수입신고한 사항과 다른 내용의 표시·광고
② 제조방법에 관하여 연구하거나 발견한 사실로서 식품학·영양학 등의 분야에서 공인된 사항의 표시
③ 제품의 원재료 또는 성분과 다른 내용의 표시·광고
④ 제조연월일 또는 유통기한을 표시함에 있어서 사실과 다른 내용의 표시·광고

해설 제조방법에 관하여 연구하거나 발견한 사실로서 식품학 · 영양학 등의 분야에서 공인된 사항 외의 표시 · 광고가 허위표시, 과대광고, 비방광고 및 과대포장의 범위에 해당한다.

15 **식품위생법상 "식품을 제조·가공·조리 또는 보존하는 과정에서 감미, 착색, 표백 또는 산화방지 등을 목적으로 식품에 사용되는 물질"로 정의된 것은?**

① 식품첨가물
② 화학적 합성품
③ 항생제
④ 의약품

해설 식품위생법규 용어의 정리에 의하면 식품첨가물이란"식품을제조 · 가공 · 조리또는보존하는과정에서 감미, 착색, 표백 또는 산화방지 등을 목적으로 식품에 사용되는 물질"을 말한다.
② 화학적 합성품 : 화학적 수단으로 원소 또는 화합물에 분해 반응 외의 화학 반응을 일으켜서 얻은 물질

16 **β-전분이 가열에 의해 α-전분으로 되는 현상은?**

① 호화
② 호정화
③ 산화
④ 노화

해설 생전분을 β-전분이라 하고 익힌 전분을 α-전분이라 하는 데, β-전분이 α-전분으로 되는 현상을 호화라 한다.

17 **중성 지방의 구성 성분은?**

① 탄소와 질소
② 아미노산
③ 지방산과 글리세롤
④ 포도당과 지방산

해설 중성 지방은 지질의 한 종류로 글리세롤 1분자와 지방산 3분자가 결합하여 형성된다.

정답 13 ④ 14 ② 15 ① 16 ① 17 ③

18 젓갈의 숙성에 대한 설명으로 틀린 것은?

① 농도가 묽으면 부패하기 쉽다.
② 새우젓의 소금 사용량은 60% 정도가 적당하다.
③ 자기소화 효소 작용에 의한 것이다.
④ 호염균의 작용이 일어날 수 있다.

해설 염장법은 미생물의 발육이 억제되는 10% 정도의 소금 농도를 사용하나 젓갈류는 20~25%가 적당하다.

19 결합수의 특징이 아닌 것은?

① 전해질을 잘 녹여 용매로 작용한다.
② 자유수보다 밀도가 크다.
③ 식품에서 미생물의 번식과 발아에 이용되지 못한다.
④ 동·식물의 조직에 존재할 때 그 조직에 큰 압력을 가하여 압착해도 제거되지 않는다.

해설 결합수의 특징
- 용질에 대하여 용매로 작용하지 않는다.
- 0℃ 이하에서도 동결하지 않는다.
- 건조되지 않는다.
- 미생물이 이용하지 못한다.
- 자유수에 비해 밀도가 크다.

20 요구르트 제조는 우유 단백질의 어떤 성질을 이용하는가?

① 응고성 ② 용해성
③ 팽윤 ④ 수화

해설 요구르트는 우유나 탈지분유에 유당을 이용하는 유산균을 넣어 발효시킨 것으로 이때 생성된 유기산에 의해 카세인이 응고되어 만들어진 발효유다.

21 알칼리성 식품에 대한 설명으로 옳은 것은?

① Na, K, Ca, Mg이 많이 함유되어 있는 식품
② S, P, Cl이 많이 함유되어 있는 식품
③ 당질, 지질, 단백질 등이 많이 함유되어 있는 식품
④ 곡류, 육류, 치즈 등의 식품

해설 산성 식품이란 무기질 중 Cl, P, S가 함유되어 있는 식품으로 곡류, 육류 등이 있다.

22 우유의 균질화(homogenization)에 대한 설명이 아닌 것은?

① 지방구 크기를 0.1~2.2㎛ 정도로 균일하게 만들 수 있다.
② 탈지유를 첨가하여 지방의 함량을 맞춘다.
③ 큰 지방구의 크림층 형성을 방지한다.
④ 지방의 소화를 용이하게 한다.

해설 우유에 함유된 지방 알갱이를 작게 부수는 과정을 균질화라 하는데 이는 소화를 용이하게 한다.

23 레드 캐비지로 샐러드를 만들 때 식초를 조금 넣은 물에 담그면 고운 적색을 띠는 것은 어떤 색소 때문인가?

① 안토시아닌(anthocyanin)
② 클로로필(chlorophyll)
③ 안토잔틴(anthoxanthin)
④ 미오글로빈(myoglobin)

해설 안토시아닌 색소는 산성에서는 선명한 적색, 중성에서는 보라색, 알칼리성에서는 청색을 띤다.

정답 18 ② 19 ① 20 ① 21 ① 22 ② 23 ①

24 섬유소와 한천에 대한 설명 중 틀린 것은?

① 산을 첨가하여 가열하면 분해되지 않는다.
② 체내에서 소화되지 않는다.
③ 변비를 예방한다.
④ 모두 다당류이다.

해설 다당류인 섬유소와 한천은 소화 효소가 없어 소화가 안 되며, 소화관을 자극하여 연동 운동을 촉진하여 대변 배설을 촉진시킨다.

25 과실의 젤리화 3요소와 관계없는 것은?

① 젤라틴
② 당
③ 펙틴
④ 산

해설 잼의 구성 요소는 펙틴(1%), 유기산(0.5%, pH 3.4), 설탕(60%)이다.

26 탄수화물의 분류 중 5탄당이 아닌 것은?

① 갈락토오스(galactose)
② 자일로오스(xylose)
③ 아라비노오스(arabinose)
④ 리보오스(ribose)

해설 5탄당의 종류로는 리보오스, 데옥시리보오스, 아라비노오스, 자일로오스가 있다.

27 CA 저장에 가장 적합한 식품은?

① 육류 ② 과일류
③ 우유 ④ 생선류

해설 CA 저장에 적합한 식료품은 채소(토마토), 과일(바나나), 달걀류가 있다.

28 황 함유 아미노산이 아닌 것은?

① 트레오닌(threonine)
② 시스틴(cystine)
③ 메티오닌(methionine)
④ 시스테인(cysteine)

해설 황을 함유한 아미노산의 종류로는 타우린, N-acetyl cysteine, cystine, 글루타치온, 메티오닌이 있다.

29 하루 필요 열량이 2,500kcal일 경우 이 중의 18%에 해당하는 열량을 단백질에서 얻으려 한다면, 필요한 단백질의 양은 얼마인가?

① 50.0g ② 112.5g
③ 121.5g ④ 171.3g

해설 1일 총 열량 중 단백질의 섭취 비율은 18%
2,500 × 0.18 = 450kcal
450 ÷ 4kcal = 112.5g

30 조리와 가공 중 천연색소의 변색 요인과 거리가 먼 것은?

① 산소 ② 효소
③ 질소 ④ 금속

해설 색소의 변색 요인으로는 산소, 효소, 금속 등이 있다.

31 조리에 사용하는 냉동식품의 특성이 아닌 것은?

① 완만 동결하여 조직이 좋다.
② 미생물 발육을 저지하여 장기간 보존이 가능하다.
③ 저장 중 영양가 손실이 적다.
④ 산화를 억제하여 품질 저하를 막는다.

정답 24 ① 25 ① 26 ① 27 ② 28 ① 29 ② 30 ③ 31 ①

냉동식품의 경우 급속 냉동하여 품질의 저하를 막는다.

32 **조리기구의 재질 중 열전도율이 커서 열을 전달하기 쉬운 것은?**

① 유리　② 도자기
③ 알루미늄　④ 석면

조리기구 중 알루미늄 같은 금속이 열을 잘 전달한다(열 전도도 : 알루미늄 237W/m.k, 석면 0.16W/m.k, 유리 1.1W/m.k).

33 **달걀을 이용한 조리 식품과 관계가 없는 것은?**

① 오믈렛　② 수란
③ 치즈　④ 커스터드

치즈는 우유의 단백질을 응고시킨 가공품이다.

34 **소금 절임 시 저장성이 좋아지는 이유는?**

① pH가 낮아져 미생물이 살아갈 수 없는 환경이 조성된다.
② pH가 높아져 미생물이 살아갈 수 없는 환경이 조성된다.
③ 고삼투성에 의한 탈수 효과로 미생물의 생육이 억제된다.
④ 저삼투성에 의한 탈수 효과로 미생물의 생육이 억제된다.

배추김치를 만들 때도 소금물을 만든 후, 배추를 그 물에 담그면 소금의 입장에서 보면 배추는 저농도이고, 소금물은 고농도이다. 이 때 농도 평형을 이루기 위해 배추세포의 물이 배추의 세포막 밖으로 빠져 나와서 배추가 절여지고 미생물의 생육이 억제된다.

35 **밀가루의 용도별 분류는 어느 성분을 기준으로 하는가?**

① 글리아딘　② 글로불린
③ 글루타민　④ 글루텐

밀가루의 단백질인 글루텐의 함량 차이로 강력분, 중력분, 박력분으로 구분한다.

36 **소고기의 부위별 용도와 조리법 연결이 틀린 것은?**

① 앞다리 – 불고기, 육회, 장조림
② 설도 – 탕, 샤브샤브, 육회
③ 목심 – 불고기, 국거리
④ 우둔 – 산적, 장조림, 육포

설도는 편육과 찜 등으로 사용된다.

37 **젤라틴의 응고에 관한 설명으로 틀린 것은?**

① 젤라틴의 농도가 높을수록 빨리 응고된다.
② 설탕의 농도가 높을수록 응고가 방해된다.
③ 염류는 젤라틴의 응고를 방해한다.
④ 단백질의 분해 효소를 사용하면 응고력이 약해진다.

- 젤라틴 응고 약화 : 단백질 분해 효소, 산, 설탕
- 젤라틴 응고 강화 : 우유, 소금, 경수

38 **과일의 일반적인 특성과는 다르게 지방 함량이 가장 높은 과일은?**

① 아보카도　② 수박
③ 바나나　④ 감

- 지방 함량이 높은 과일 : 코코넛, 아보카도
- 라이코펜이 많은 과일 : 수박, 토마토
- 베타카로틴이 많은 과일 : 감, 망고, 살구
- 무기질 함량이 많은 과일 : 바나나, 대추

정답　32 ③　33 ③　34 ③　35 ④　36 ②　37 ③　38 ①

39 **전자레인지의 주된 조리 원리는?**

① 복사
② 전도
③ 대류
④ 초단파

> 해설 전자레인지의 주된 조리 원리는 열전도, 열복사를 이용한 종래의 가열 방식과는 달리 마그네트론이라 불리는 초단파 발진판에 고압전기를 가하여 생긴 915MHz와 2,450MHz 두 개의 주파수를 이용한다.

40 **닭고기 20kg으로 닭강정 100인분을 판매한 매출액이 1,000,000원이다. 닭고기는 kg당 12,000원에 구입하였고 총 양념 비용으로 80,000원이 들었다면 식재료의 원가 비율은?**

① 24%
② 28%
③ 32%
④ 40%

> 해설 닭강정 100인분을 만드는데 사용한 가격은 240,000(닭고기 20kg) + 80,000(양념) = 320,000원이고, 매출액이 1,000,000원이므로 원가 비율은 $\frac{320,000}{1,000,000} \times 100 = 32\%$이다.

41 **생선에 레몬즙을 뿌렸을 때 나타나는 현상이 아닌 것은?**

① 신맛이 가해져서 생선이 부드러워진다.
② 생선의 비린내가 감소한다.
③ pH가 산성이 되어 미생물의 증식이 억제된다.
④ 단백질이 응고된다.

> 해설 생선에 레몬즙을 뿌리면 생선의 단백질이 응고되어 살이 단단해진다.

42 **튀김의 특징이 아닌 것은?**

① 고온 단시간 가열로 영양소의 손실이 적다.
② 기름의 맛이 더해져 맛이 좋아진다.
③ 표면이 바삭바삭해 입안에서의 촉감이 좋아진다.
④ 불미 성분이 제거된다.

> 해설 건열 조리에 속하는 튀김은 식품을 고온에서 단시간 처리하므로 영양소의 손실이 적고 표면이 바삭해지며 맛이 풍부해진다.

43 **생선의 조리 방법에 관한 설명으로 옳은 것은?**

① 생선은 결체 조직의 함량이 많으므로 습열 조리법을 많이 이용한다.
② 지방 함량이 낮은 생선보다는 높은 생선으로 구이를 하는 것이 풍미가 더 좋다.
③ 생선찌개를 할 때 생선 자체의 맛을 살리기 위해서 찬물에 넣고 은근히 끓인다.
④ 선도가 낮은 생선은 조림 국물의 양념을 담백하게 하여 뚜껑을 닫고 끓인다.

> 해설 ① 생선은 주로 건열 조리법을 사용한다.
> ③ 생선찌개를 할 때는 국물이 끓을 때 넣어 생선살이 부스러지지 않도록 한다.
> ④ 비린내 제거 등을 위해 뚜껑을 열고 조린다.

44 **계량 방법이 잘못된 것은?**

① 된장, 흑설탕은 꼭꼭 눌러 담아 수평으로 깎아서 계량한다.
② 우유는 투명기구를 사용하여 액체 표면의 윗부분을 눈과 수평으로 하여 계량한다.
③ 저울은 반드시 수평한 곳에서 0으로 맞추고 사용한다.
④ 마가린은 실온일 때 꼭꼭 눌러 담아 평평한 것으로 깎아 계량한다.

정답 39 ④ 40 ③ 41 ① 42 ④ 43 ② 44 ②

> 우유와 같은 액체를 계량할 때에는 투명한 계량컵을 사용하는 것이 편리하며, 계량 시 눈금과 액체표면의 아랫부분을 눈의 높이와 맞추어 계량한다.

45 **총원가에 대한 설명으로 맞는 것은?**

① 제조간접비와 직접원가의 합이다.
② 판매관리비와 제조원가의 합이다.
③ 판매관리비, 제조간접비, 이익의 합이다.
④ 직접재료비, 직접노무비, 직접경비, 직접원가, 판매관리비의 합이다.

> 원가
> • 직접원가 : 직접재료비, 직접노무비, 직접경비의 합
> • 제조원가 : 직접원가, 제조간접비의 합
> • 총원가 : 제조원가, 판매관리비의 합

46 **대상 집단의 조직체가 급식을 직접 운영하는 형태는?**

① 준위탁급식 ② 위탁급식
③ 직영급식 ④ 협동조합급식

> 급식의 형태
> • 직영급식 : 조직체가 직접 운영하는 형태
> • 위탁급식 : 조직체가 위탁업체를 선정하여 위탁하는 형태

47 **수라상의 찬품 가짓수는?**

① 5첩
② 7첩
③ 9첩
④ 12첩

> 우리나라의 반상은 첩수에 따라 3첩, 5첩, 7첩, 9첩, 12첩으로 구분하며, 임금님상이라 불리는 수라상은 첩수가 가장 많은 12첩 반상이다.

48 **덩어리 육류를 건열로 표면에 갈색이 나도록 구워 내부의 육즙이 나오지 않게 한 후 소량의 물, 우유와 함께 습열 조리하는 것은?**

① 브레이징(braising)
② 스튜잉(stewing)
③ 브로일링(broiling)
④ 로스팅(roasting)

> 브레이징은 건열 조리와 습열 조리를 혼합하여 만드는 요리 방법이다.

49 **식품검수 방법의 연결이 틀린 것은?**

① 화학적 방법 : 영양소의 분석, 첨가물, 유해성분 등을 검출하는 방법
② 검경적 방법 : 식품의 중량, 부피, 크기 등을 측정하는 방법
③ 물리학적 방법 : 식품의 비중, 경도, 점도, 빙점 등을 측정하는 방법
④ 생화학적 방법 : 효소 반응, 효소 활성도, 수소이온농도 등을 측정하는 방법

> 검경적 방법이란 현미경에 의하여 식품의 세포나 조직의 모양, 협잡물, 병원균, 기생충란의 존재를 검사하는 방법이다.

50 **한천 젤리를 만든 후 시간이 지나면 내부에서 표면으로 수분이 빠져나오는 현상은?**

① 삼투 현상(osmosis)
② 이장 현상(sysnersis)
③ 님비 현상(NIMBY)
④ 노화 현상(retrogradation)

> 이장 현상은 한천의 겔(gel)에서 시간의 경과에 따라 표면으로 물이 분리되어 나오는 현상을 말한다.

정답 45 ② 46 ③ 47 ④ 48 ① 49 ② 50 ②

51 인분을 사용한 밭에서 특히 경피적 감염을 주의해야 하는 기생충은?

① 십이지장충
② 요충
③ 회충
④ 말레이사상충

해설 경피 감염 기생충으로는 십이지장충, 말라리아원충 등이 있다.

52 무구조충(민촌충) 감염의 올바른 예방 대책은?

① 게나 가재의 가열 섭취
② 음료수의 소독
③ 채소류의 가열 섭취
④ 소고기의 가열 섭취

해설 무구조충의 감염원은 소고기이므로 소고기를 가열 섭취하여야 무구조충의 감염을 예방할 수 있다.

53 사람이 예방접종을 통하여 얻는 면역은?

① 선천 면역
② 자연 수동 면역
③ 자연 능동 면역
④ 인공 능동 면역

해설 인공 능동 면역이란 예방접종으로 획득되는 면역이다. 일본뇌염, 파상풍, 콜레라, 결핵 등의 질병을 예방한다.

54 쥐에 의하여 옮겨지는 감염병은?

① 유행성 이하선염
② 페스트
③ 파상풍
④ 일본뇌염

해설 쥐가 옮기는 감염병으로는 페스트, 서교증, 재귀열, 발진열, 와일씨병, 유행성 출혈열이 있다.

55 눈 보호를 위해 가장 좋은 인공조명 방식은?

① 직접조명
② 간접조명
③ 반직접조명
④ 전반확산조명

해설 간접조명은 벽이나 천장에 빛을 반사시켜 직접조명에 비해 눈의 피로를 적게 한다.

56 중금속과 중독 증상의 연결이 잘못된 것은?

① 카드뮴 – 신장 기능 장애
② 크롬 – 비충격 천공
③ 수은 – 홍독성 흥분
④ 납 – 섬유화 현상

해설 납의 중독 증상으로는 소변 중 코프로포르피린 검출, 용혈성 빈혈 등이 있다.

57 국소진동으로 인한 질병 및 직업병의 예방 대책이 아닌 것은?

① 보건교육
② 완충장치
③ 방열복 착용
④ 작업시간 단축

해설 진동공구를 사용하는 직업군에 생기는 직업병의 예방 대책으로는 보건교육, 완충장치(진동 흡수 장갑), 충분한 휴식 등이 있다. 방열복 착용은 고온 환경에서 생기는 직업병의 예방 대책이다.

정답 51 ① 52 ④ 53 ④ 54 ② 55 ② 56 ④ 57 ③

58 쓰레기 처리 방법 중 미생물까지 사멸할 수 있으나 대기오염을 유발할 수 있는 것은?

① 소각법
② 투기법
③ 매립법
④ 재활용법

> 해설 소각법은 가장 위생적이나 대기오염의 원인이 되고 처리 비용이 비싸다.

59 디피티(D.P.T.) 기본접종과 관계없는 질병은?

① 디프테리아
② 풍진
③ 백일해
④ 파상풍

> 해설 디피티의 D는 디프테리아, P는 백일해, T는 파상풍을 뜻하는 영어의 첫 글자에서 따온 말이다.

60 국가의 보건수준 평가를 위하여 가장 많이 사용되고 있는 지표는?

① 조사망률
② 성인병발생률
③ 결핵이완율
④ 영아사망률

> 해설 보건수준의 평가 지표로는 영아사망률, 조사망률, 질병이환률 등이 있으며 이 중 영아사망률은 대표적인 국가 보건수준 평가 지표로 사용된다.

정답 58 ① 59 ② 60 ④

제 5 회 국가기술자격 필기시험문제

2016년 4월 2일 시행			수험번호	성명
자격종목	시험시간	형별		
조리기능사	1시간	B		

* 답안 카드 작성 시 시험문제지 형별누락, 마킹착오로 인한 불이익은 전적으로 수험자의 귀책사유임을 알려드립니다.
* 각 문항은 4지택일형으로 질문에 가장 적합한 보기항을 선택하여 마킹하여야 합니다.

01 경구 감염병과 세균성 식중독의 주요 차이점에 대한 설명으로 옳은 것은?

① 경구 감염병은 다량의 균으로, 세균성 식중독은 소량의 균으로 발병한다.
② 세균성 식중독은 2차 감염이 많고 경구 감염병은 거의 없다.
③ 경구 감염병은 면역성이 없고, 세균성 식중독은 있는 경우가 많다.
④ 세균성 식중독은 잠복기가 짧고, 경구 감염병은 일반적으로 길다.

해설 경구 감염병과 세균성 식중독의 차이

경구 감염병	• 감염병균에 오염된 식품과 물을 섭취하여 감염 • 식품에 포함된 적은 양의 균에 의해 발병 • 2차 감염 있음 • 잠복기가 길고, 면역이 되지 않음
세균성 식중독	• 식중독균에 오염된 식품을 섭취하여 발병 • 식품에 포함된 많은 양의 균 또는 독소에 의해 발병 • 살모넬라 외에는 2차 감염이 없음 • 잠복기가 짧고 면역이 되지 않음

02 중온성 세균의 최적 발육 온도는?

① 0~10℃
② 17~25℃
③ 25~37℃
④ 50~60℃

해설 세균의 발육 최적 온도
• 저온성균 : 15~20℃
• 중온성균 : 25~37℃
• 고온성균 : 50~60℃

03 살모넬라균의 식품 오염원으로 가장 중요시 되는 것은?

① 사상충
② 곰팡이
③ 오염된 가금류
④ 선모충

해설 살모넬라의 오염원으로는 육류 및 그 가공품, 우유 및 유제품, 채소 샐러드 등이 있다.

04 인공감미료에 대한 설명으로 틀린 것은?

① 사카린나트륨은 사용이 금지되었다.
② 식품에 감미를 부여할 목적으로 첨가된다.
③ 화학적 합성품에 해당된다.
④ 천연물 유도체도 포함되어 있다.

해설 감미료의 종류로는 사카린나트륨, D-솔비톨, 글리실리진산나트륨, 아스파탐이 있으며, 사카린나트륨은 건빵, 생과자, 청량음료수에는 사용이 가능하나, 식빵, 이유식, 백설탕, 포도당, 물엿, 벌꿀, 알사탕류에는 사용이 불가능하다.

정답 01 ④ 02 ③ 03 ③ 04 ①

05 다음 식품첨가물 중 유지의 산화방지제는?

① 소르빈산칼륨
② 차아염소산나트륨
③ 비타민 E
④ 아질산나트륨

 • 산화방지제의 종류 : BHA, BHT, 몰식자산 프로필, 에리소르빈산염
• 천연 항산화제 : 비타민 E(토코페롤), 비타민 C(아스코르빈산), 참기름(세사몰), 목화씨(고시폴)

06 식품과 그 식품에 유래될 수 있는 독성 물질의 연결이 틀린 것은?

① 복어 – 테트로도톡신
② 모시조개 – 베네루핀
③ 맥각 – 에르고톡신
④ 은행 – 말토리진

해설 은행에 포함된 독성 물질은 청산류 아미그달린, 메틸피리독신이며, 말토리진은 곰팡이 독으로 신경 중독을 일으킨다.

07 육류의 직화 구이나 훈연 중에 발생하는 발암 물질은?

① 아크릴아마이드(acrylamide)
② 니트로사민(N–nitrosamine)
③ 에틸카바메이트(ethylcarbamate)
④ 벤조피렌(benzopyrene)

해설 벤조피렌은 화석연료 등의 불완전 연소 과정 중 생성되는 발암 물질이다.

08 식중독을 일으킬 수 있는 화학 물질로 보기 어려운 것은?

① 포르말린(formalin)
② 만니톨(mannitol)
③ 붕산(boric acid)
④ 승홍

해설 만니톨은 만노오스의 당 알코올로 해조류에서 추출한다.

09 과실류나 채소류 등 식품의 살균 목적 이외에 사용하여서는 아니 되는 살균소독제는? (단, 참깨에는 사용 금지)

① 차아염소산나트륨
② 양성비누
③ 과산화수소수
④ 에틸알코올

해설 염소(차아염소산나트륨)는 수돗물, 과일, 채소, 식기 소독에 사용된다.

10 단백질 식품이 부패할 때 생성되는 물질이 아닌 것은?

① 레시틴 ② 암모니아
③ 아민류 ④ 황화수소(H_2S)

해설 레시틴은 글리세린인산을 포함하고 있는 인지질의 하나로 난황 등에 함유되어 있으며, 마요네즈 제조 시 유화제로 사용된다.

11 식품공전에 규정되어 있는 표준 온도는?

① 10℃ ② 15℃
③ 20℃ ④ 25℃

해설 식품공전 규정에 따르면 표준 온도는 20℃, 상온은 15~25℃, 실온은 1~35℃, 미온은 30~40℃이다.

정답 05 ③ 06 ④ 07 ④ 08 ② 09 ① 10 ① 11 ③

12 **영업의 허가 및 신고를 받아야 하는 관청이 다른 것은?**

① 식품운반업
② 식품조사처리업
③ 단란주점영업
④ 유흥주점영업

> 해설 **허가를 받아야 하는 영업 및 허가 관청**
> - 식품조사처리업 : 식품의약품안전처장
> - 단란주점영업, 유흥주점영업 : 특별자치시장, 특별자치도지사 또는 시장, 군수, 구청장
>
> **영업신고를 하여야 하는 업종**(특별자치시장, 특별자치도지사 또는 시장, 군수, 구청장) : 즉석판매제조 · 가공업, 식품운반업, 식품소분 · 판매업, 식품냉동 · 냉장업, 용기 · 포장류제조업, 휴게음식점영업, 일반음식점영업, 위탁급식영업, 제과점영업
>
> **등록하여야 하는 영업**
> - 식품제조 · 가공업, 식품첨가물제조업:특별자치시장, 특별자치도지사 또는 시장, 군수, 구청장
> - 식품제조 · 가공업중 주류 제조면허를 받아 주류를 제조하는 경우 : 식품의약품안전처장

13 **식품 등의 표시기준에 명시된 표시사항이 아닌 것은?**

① 업소명 및 소재지
② 판매자 성명
③ 성분명 및 함량
④ 유통기한

> 해설 식품 등의 표시기준에 명시된 표시사항은 제품명, 식품의 유형, 업소명 및 소재지, 제조연월일, 유통기한 또는 품질유지기한, 내용량 및 내용량에 해당하는 열량, 원재료명, 성분명 및 함량, 영양성분 등이다.

14 **식품위생법상 집단급식소 운영자의 준수사항으로 틀린 것은?**

① 실험 등의 용도로 사용하고 남은 동물을 처리하여 조리해서는 안 된다.
② 지하수를 먹는 물로 사용하는 경우 수질검사의 모든 항목 검사는 1년마다 해야 한다.
③ 식중독이 발생한 경우 원인 규명을 위한 행위를 방해해서는 아니 된다.
④ 동일 건물에서 동일 수원을 사용하는 경우 타 업소의 수질검사 결과로 갈음할 수 있다.

> 해설 집단급식소의 경우 지하수를 사용하게 되면 일부 항목은 1년에 한 번, 전체 항목은 2년에 한 번 검사를 받아야 한다.

15 **식품위생법상 식품위생감시원의 직무가 아닌 것은?**

① 영업소 폐쇄를 위한 간판 제거 등의 조치
② 영업의 건전한 발전과 공동의 이익을 도모하는 조치
③ 영업자 및 종업원의 건강진단 및 위생교육의 이행 여부의 확인·지도
④ 조리사 및 영양사의 법령 준수사항 이행 여부의 확인·지도

> 해설 식품위생감시원은 식품에 관한 위생지도 등의 관리를 위한 직무를 행하며, 영업의 건전한 발전과 공동의 이익을 도모하는 조치는 식품위생감시원의 직무에 해당되지 않는다.

16 **훈연 시 발생하는 연기 성분에 해당하지 않는 것은?**

① 페놀(phenol)
② 포름알데히드(formaldehyde)
③ 개미산(formic acid)
④ 사포닌(saponin)

> 해설 훈연 시 발생하는 연기 성분은 페놀, 카보닐 화합물, 포름알데히드, 개미산 등이며, 사포닌은 인삼 제품에 함유된 몸에 이로운 성분이다.

정답 12 ② 13 ② 14 ② 15 ② 16 ④

17 **알칼리성 식품에 해당하는 것은?**

① 송이버섯　② 달걀
③ 보리　④ 소고기

> 해설 **무기질의 종류에 따른 식품의 분류**
> • 산성 식품 : 곡류, 어류, 육류, 난류
> • 알칼리성 식품 : 야채, 과일, 해조류

18 **수확 후 호흡 작용이 상승되어 미리 수확하여 저장하면서 호흡 작용을 인공적으로 조절할 수 있는 과일류와 가장 거리가 먼 것은?**

① 아보카도　② 망고
③ 바나나　④ 레몬

> 해설 CA 저장은 식품을 탄산가스나 질소가스 속에 보관하여 호흡 작용을 억제하고 호기성 부패 세균의 번식을 저지하는 저장법이고, 이를 이용해 저장하는 과일로는 아보카도, 망고, 바나나 등이 있다.

19 **하루 동안 섭취한 음식 중에 단백질 70g, 지질 40g, 당질 400g이 있었다면 이때 얻을 수 있는 열량은?**

① 1,995kcal　② 2,195kcal
③ 2,240kcal　④ 2,295kcal

> 해설 열량 영양소는 1g당 단백질 4kcal, 지질(지방) 9kcal, 당질(탄수화물) 4kcal의 열량을 얻을 수 있으므로, 주어진 식품에서 얻을 수 있는 열량은 (70 × 4) + (40 × 9) + (400 × 4) = 280 + 360 + 1,600 = 2,240kcal이다.

20 **단백질의 열 변성에 대한 설명으로 옳은 것은?**

① 보통 30℃에서 일어난다.
② 수분이 적게 존재할수록 잘 일어난다.
③ 전해질이 존재하면 변성 속도가 늦어진다.
④ 단백질에 설탕을 넣으면 응고 온도가 높아진다.

> 해설 **단백질의 열 변성에 영향을 주는 요인**
> • 등전점에서 열 변성 온도가 높아진다.
> • 수분이 많으면 열 변성 온도가 높아진다.
> • 전해질이 존재하면 열 변성 온도가 높아진다.
> • 설탕을 첨가하면 열 변성 온도가 높아진다.

21 **자유수와 결합수의 설명으로 맞는 것은?**

① 결합수는 자유수보다 밀도가 작다.
② 자유수는 0℃에서 비중이 제일 크다.
③ 자유수는 표면장력과 점성이 작다.
④ 결합수는 용질에 대해 용매로 작용하지 않는다.

> 해설 **자유수와 결합수**

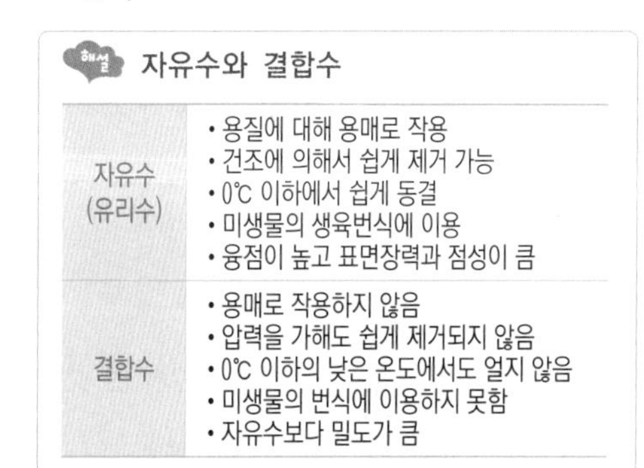

구분	특징
자유수(유리수)	• 용질에 대해 용매로 작용 • 건조에 의해서 쉽게 제거 가능 • 0℃ 이하에서 쉽게 동결 • 미생물의 생육번식에 이용 • 융점이 높고 표면장력과 점성이 큼
결합수	• 용매로 작용하지 않음 • 압력을 가해도 쉽게 제거되지 않음 • 0℃ 이하의 낮은 온도에서도 얼지 않음 • 미생물의 번식에 이용하지 못함 • 자유수보다 밀도가 큼

22 **지방에 대한 설명으로 틀린 것은?**

① 동식물에 널리 분포되어 있으며 일반적으로 물에 잘 녹지 않고 유기 용매에 녹는다.
② 에너지원으로서 1g당 9kcal의 열량을 공급한다.
③ 포화지방산은 이중 결합을 가지고 있는 지방산이다.
④ 포화 정도에 따라 융점이 달라진다.

> 해설 포화지방산은 이중 결합을 가지지 않는 지방산이다.

정답 17 ① 18 ④ 19 ③ 20 ④ 21 ④ 22 ③

23 **탄수화물 식품의 노화를 억제하는 방법과 가장 거리가 먼 것은?**

① 항산화제의 사용
② 수분 함량 조절
③ 설탕의 첨가
④ 유화제의 사용

> 해설 항산화제는 산패를 발생시키는 유지 성분에 사용한다.

24 **카로티노이드(carotenoid) 색소와 소재 식품의 연결이 틀린 것은?**

① 베타카로틴(β–carotene) – 당근, 녹황색 채소
② 라이코펜(lycopene) – 토마토, 수박
③ 아스타잔틴(astaxanthin) – 감, 옥수수, 난황
④ 푸코잔틴(fucoxanthin) – 다시마, 미역

> 해설 아스타잔틴은 카로티노이드계 색소로, 새우, 게 등의 갑각류가 지닌 지용성 색소이다.

25 **육류 조리 시 향미 성분과 관계가 먼 것은?**

① 질소 함유물 ② 유기산
③ 유리아미노산 ④ 아밀로오스

> 해설 육류 조리 시 향미 성분은 질소화합물, 유기산, 유리아미노산 등이며, 아밀로오스는 전분의 구성 성분이다.

26 **동물성 식품의 냄새 성분과 거리가 먼 것은?**

① 아민류
② 암모니아류
③ 시니그린
④ 카르보닐화합물

>  시니그린은 겨자의 매운맛 성분이다.

27 **우유의 가공에 관한 설명으로 틀린 것은?**

① 크림의 주성분은 우유의 지방 성분이다.
② 분유는 전지유, 탈지유 등을 건조시켜 분말화한 것이다.
③ 저온살균법은 63~65℃에서 30분간 가열하는 것이다.
④ 무당연유는 살균 과정을 거치지 않고, 가당연유만 살균 과정을 거친다.

> 해설 연유는 가당연유와 무당연유가 있으며, 가당연유는 우유를 농축한 후 약 40%의 설탕을 첨가해서 되직하게 만든 것이고 무당연유는 우유를 1/2~2/5 정도로 농축한 것으로 당분은 첨가하지 않는다. 가당연유와 무당연유는 모두 살균 과정을 거친다.

28 **설탕을 포도당과 과당으로 분해하여 전화당을 만드는 효소는?**

① 아밀라아제(amylase)
② 인베르타아제(invertase)
③ 리파아제(lipase)
④ 피타아제(phytase)

> 해설 인베르타아제는 설탕을 구성하는 자당을 포도당과 과당으로 분해하여 전화당을 만드는 효모 유래의 효소이다.

29 **체내에서 열량원보다 여러 가지 생리적 기능에 관여하는 것은?**

① 탄수화물, 단백질
② 지방, 비타민
③ 비타민, 무기질
④ 탄수화물, 무기질

>  **영양소의 종류**
> - 열량 영양소 : 탄수화물, 단백질, 지방
> - 구성 영양소 : 지방, 단백질, 무기질
> - 조절 영양소 : 무기질, 비타민

정답 23 ① 24 ③ 25 ④ 26 ③ 27 ④ 28 ② 29 ③

30 단맛을 가지고 있어 감미료로도 사용되며, 포도당과 이성체(isomer) 관계인 것은?

① 한천　② 펙틴
③ 과당　④ 전분

해설 • 단당류 : 포도당, 과당, 갈락토오스
• 다당류 : 전분, 섬유소, 펙틴

31 전분의 호정화에 대한 설명으로 틀린 것은?

① 색과 풍미가 바뀌어 비효소적 갈변이 일어난다.
② 호화된 전분보다 물에 녹기 쉽다.
③ 전분을 150~190℃에서 물을 붓고 가열할 때 나타나는 변화이다.
④ 호정화되면 덱스트린이 생성된다.

해설 호정화란 전분에 물을 가하지 않고 160~170℃ 정도의 고온에서 익힌 것으로, 물에 녹일 수도 있고 오랫동안 저장이 가능하다(미숫가루, 뻥튀기 등).

32 다음 중 단체급식 식단에서 가장 우선적으로 고려해야 할 사항은?

① 영양성, 위생성
② 기호도 충족
③ 경비 절감
④ 합리적인 작업 관리

해설 단체급식에서는 영양성과 위생성을 중시한다.

33 육류의 가열 조리 시 나타나는 현상이 아닌 것은?

① 색의 변화　② 수축 및 중량 감소
③ 풍미의 증진　④ 부피의 증가

해설 육류를 가열하면 중량과 부피가 감소한다.

34 냉매와 같은 저온 액체 속에 넣어 냉각, 냉동시키는 방법으로 닭고기 같은 고체 식품에 적합한 냉동법은?

① 침지식 냉동법
② 분무식 냉동법
③ 접촉식 냉동법
④ 송풍 냉동법

해설 침지식 냉동법이란 포장된 가금 제품을 액체 냉매에 침지하여 냉동하는 것으로, 냉동 속도가 빠르고 제품의 외관이 좋다.

35 연화 작용이 가장 작은 것은?

① 버터
② 마가린
③ 쇼트닝
④ 라드

해설 연화란 밀가루 반죽에 지방을 넣었을 때 부드럽고 연해지는 현상을 말하며, 연화 작용에는 버터, 쇼트닝, 라드, 마가린 등이 사용되는데 연화력이 가장 작은 것은 마가린이다.

36 급식 인원이 500명인 단체급식소에서 가지조림을 하려고 한다. 가지의 1인당 중량이 30g이고, 폐기율이 6%일 때 총 발주량은?

① 약 14kg
② 약 16kg
③ 약 20kg
④ 약 25kg

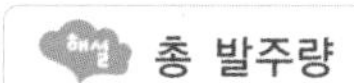
총 발주량

$$총\ 발주량 = \frac{정미중량 \times 100}{100 - 폐기율} \times 인원수$$

$$= \frac{30 \times 100}{100 - 6} \times 500 = 약\ 16{,}000(g)$$

정답 30 ③ 31 ③ 32 ① 33 ④ 34 ① 35 ② 36 ②

37 **조미료는 분자량이 큰 것부터 넣어야 침투가 잘 되어 맛이 좋아지는데 분자량이 큰 순서대로 넣는 순서가 맞는 것은?**

① 소금 → 설탕 → 식초
② 소금 → 식초 → 설탕
③ 설탕 → 소금 → 식초
④ 설탕 → 식초 → 소금

해설 소금, 설탕, 식초의 양념 순서는 설탕 → 소금 → 식초 순이다. 조미료를 사용할 때 분자량에 따라 침투 속도가 다르며, 분자량이 적은 것이 빨리 침투한다. 소금과 설탕의 분자량은 소금이 58.5, 설탕이 342.2이므로 소금과 설탕을 동시에 넣으면 소금 맛이 더 강해지므로 설탕을 먼저 넣은 뒤에 소금을 넣는 것이 좋다.

38 **육류의 연화 방법으로 바람직하지 않은 것은?**

① 근섬유나 결합 조직을 두들겨 주거나 잘라 준다.
② 배즙 음료, 파인애플 통조림으로 고기를 재워 놓는다.
③ 간장이나 소금(1.3~1.5%)을 적당량 사용하여 단백질의 수화를 증가시킨다.
④ 토마토, 식초, 포도주 등으로 수분 보유율을 높인다.

해설 배즙 음료나 파인애플 통조림은 저장성을 부여하기 위한 여러 첨가물이 첨가된 식품으로 육류를 연화시키는 재료로 적당하지 않다.
육류의 연화방법
- 기계적 연화 : 칼집을 넣거나 방망이로 두드림
- 단백질 분해 효소 첨가 : 생강, 파인애플, 무화과, 파파야
- 동결, 숙성, 가열
- 설탕 첨가

39 **영양소의 손실이 가장 큰 조리법은?**

① 바삭바삭한 튀김을 위해 튀김옷에 중조를 첨가한다.
② 푸른색 채소를 데칠 때 약간의 소금을 첨가한다.
③ 감자를 껍질째 삶은 후 절단한다.
④ 쌀을 담가놓았던 물을 밥물로 사용한다.

해설 튀김옷에 중조를 넣으면 튀김이 바삭해지는데 이때 비타민 등의 영양 손실이 발생한다.

40 **생선 비린내를 제거하는 방법으로 틀린 것은?**

① 우유에 담가두거나 물로 씻는다.
② 식초로 씻거나 술에 넣는다.
③ 소다를 넣는다.
④ 간장, 된장을 사용한다.

해설 **생선 비린내 제거 방법**
- 물로 씻어 수용성 성분으로 된 비린내를 제거한다.
- 간장, 된장, 고추장류를 첨가한다.
- 파, 마늘, 생강, 고추 등 향신료를 강하게 사용한다.
- 식초, 레몬즙 등의 산을 첨가한다.
- 우유에 재웠다가 조리한다.

41 **1kg당 20,000원 하는 불고기용 돼지고기를 구입하여 1인당 100g씩 배식하려 한다. 식재료 원가비율을 40% 수준으로 유지하려 할 때 적절한 판매 가격은? (단, 1인당 불고기 양념비는 400원이며 조리 후 중량 감소는 무시한다)**

① 5,000원 ② 5,500원
③ 6,000원 ④ 6,500원

해설 불고기 100g에 대한 원가는 2,000원(100g당 돼지고기 가격)과 400원(양념비)을 더한 값이고, 원가비율이 40% 수준이라는 것은 판매 가격의 40%가 원가라는 것이므로 판매 가격은 2,400원 × 100/40 = 6,000(원)이다.

정답 37 ③ 38 ② 39 ① 40 ③ 41 ③

42 전분 호화에 영향을 미치는 인자와 가장 거리가 먼 것은?

① 전분의 종류 ② 가열 온도
③ 수분 ④ 회분

해설 전분의 호화에 영향을 미치는 인자로는 온도, 수분, pH, 전분의 종류, 도정률 등이 있다.

43 가열 조리를 위한 기기가 아닌 것은?

① 프라이어(fryer)
② 로스터(roaster)
③ 브로일러(broiler)
④ 미트초퍼(meat shopper)

미트초퍼는 식재료를 다지는 기기이다.

44 달걀프라이를 하기 위해 프라이팬에 달걀을 깨뜨려 놓았을 때 다음 중 가장 신선한 것은?

① 난황이 터져 나왔다.
② 난백이 넓게 퍼졌다.
③ 난황은 둥글고 주위에 농후난백이 많았다.
④ 작은 혈액덩어리가 있었다.

해설 난황이 둥글고, 주위에 농후난백이 많은 달걀이 신선한 달걀이다.

45 식초를 첨가하였을 때 얻어지는 효과가 아닌 것은?

① 방부성
② 콩의 연화
③ 생선가시 연화
④ 생선의 비린내 제거

해설 콩의 연화에는 중조(탄산수소나트륨)를 사용한다.

46 두부에 대한 설명으로 틀린 것은?

① 두부는 두유를 만들어 80~90℃에서 응고제를 조금씩 넣으면서 저어 단백질을 응고시킨 것이다.
② 응고된 두유를 굳히기 전은 순두부라 하고 일반 두부와 순두부 사이의 경도를 갖는 것은 연두부라 한다.
③ 두부를 데칠 경우는 가열하는 물에 식염을 조금 넣으면 더 부드러운 두부가 된다.
④ 응고제의 양이 적거나 가열 시간이 짧으면 두부가 딱딱해진다.

해설 응고제의 양이 적거나 가열 시간이 짧으면 두부가 연해진다.

47 채소를 데치는 요령으로 적합하지 않은 것은?

① 1~2% 식염을 첨가하면 채소가 부드러워지고 푸른색을 유지할 수 있다.
② 연근을 데칠 때 식초를 3~5% 첨가하면 조직이 단단해져서 씹을 때 질감이 좋아진다.
③ 죽순을 쌀뜨물에 삶으면 불미 성분이 제거된다.
④ 고구마를 삶을 때 설탕을 넣으면 잘 부스러지지 않는다.

해설 고구마를 삶을 때 설탕을 넣으면 질척해져 오히려 잘 부스러진다.

48 튀김 시 기름에 일어나는 변화를 설명한 것 중 틀린 것은?

① 기름은 비열이 낮기 때문에 온도가 쉽게 상승하고 쉽게 저하된다.
② 튀김 재료의 당, 지방 함량이 많거나 표면적이 넓을 때 흡유량이 많아진다.

정답 42 ④ 43 ④ 44 ③ 45 ② 46 ④ 47 ④ 48 ③

③ 기름의 열용량에 비하여 재료의 열용량이 클 경우 온도의 회복이 빠르다.

④ 튀김옷으로 사용하는 밀가루는 글루텐의 양이 적은 것이 좋다.

> 해설 기름의 열용량에 비하여 재료의 열용량이 클 경우 온도의 회복이 느리다.

49 과일의 과육 전부를 이용하여 점성을 띠게 농축한 잼(jam) 제조 조건과 관계없는 것은?

① 펙틴과 산이 적당량 함유된 과일이 좋다.

② 펙틴의 함량은 0.1%일 때 잘 형성된다.

③ 최적의 산(pH)은 3.0~3.3 정도이다.

④ 60~65%의 설탕이 필요하다.

> 해설 펙틴 1~1.5%, 유기산 0.5%(pH 3.4), 당분 60~65%일 때 잘 형성된다.

50 식품 감별법 중 옳은 것은?

① 오이는 가시가 있고 가벼운 느낌이 나며, 절단했을 때 성숙한 씨가 있는 것이 좋다.

② 양배추는 무겁고 광택이 있는 것이 좋다.

③ 우엉은 굽고 수염뿌리가 있는 것으로 외피가 딱딱한 것이 좋다.

④ 토란은 겉이 마르지 않고 잘랐을 때 점액질이 없는 것이 좋다.

> 해설 ① 오이는 돌기가 뾰족하고 들었을 때 묵직하며 씨가 적은 것이 좋다.
> ② 양배추는 무게가 묵직하고 윤기가 나는 것이 좋다.
> ③ 우엉은 껍질에 흠이 없고 매끈하며 수염뿌리나 혹이 없는 것이 좋다.
> ④ 토란은 표면의 줄무늬가 확실히 보이고 적당히 촉촉한 것이 좋다.

51 자외선이 인체에 주는 작용이 아닌 것은?

① 살균 작용

② 구루병 예방

③ 열사병 예방

④ 피부 색소 침착

> 해설 • 자외선 : 비타민 D 형성, 구루병 예방, 결핵균 사멸, 신진대사 촉진, 적혈구 생성, 피부암 유발
> • 적외선 : 일사병, 백내장, 홍반 유발

52 기생충과 중간숙주와의 연결이 틀린 것은?

① 구충 – 오리

② 간디스토마 – 민물고기

③ 무구조충 – 소

④ 유구조충 – 돼지

> 해설 ① 구충 – 중간숙주 없음
> ② 간디스토마 – 왜우렁이(제1중간숙주), 붕어, 잉어(제2중간숙주)
> ③ 무구조충 – 소
> ④ 유구조충 – 돼지

53 하수의 생물학적 처리 방법 중 호기성 처리에 속하지 않는 것은?

① 부패조 처리

② 살수여과법

③ 활성오니법

④ 산화지법

> 해설 **하수의 처리 방법**
> • 호기성 처리법 : 활성오니법, 살수여과법, 산화지법, 회전원판법
> • 혐기성 처리법 : 부패조 처리법, 임호프탱크법

정답 49 ② 50 ② 51 ③ 52 ① 53 ①

54 잠함병의 직접적인 원인은?

① 혈중 CO 농도 증가
② 체액의 질소 기포 증가
③ 백혈구와 적혈구의 증가
④ 체액의 CO_2 증가

해설 잠함병은 고압의 작업 후 급속한 감압이 이뤄질 때 체내에 녹아 있던 질소 가스가 혈중으로 배출되어 공기전색증을 발생시켜 생기는 병이다.

55 환기 효과를 높이기 위한 중성대(neutral zone)의 위치로 가장 적합한 것은?

① 방바닥 가까이
② 방바닥과 천장의 중간
③ 방바닥과 천장 사이의 1/3 정도의 높이
④ 천장 가까이

해설 환기는 실내외의 온도차, 기체의 확산력, 외기의 풍력에 의해 이루어지며, 중성대가 천장 가까이에 형성되도록 하는 것이 환기 효과가 크다.

56 소음에 의하여 나타나는 피해로 적절하지 않은 것은?

① 불쾌감
② 대화 방해
③ 중이염
④ 소음성 난청

해설 소음에 의하여 나타나는 피해로는 소음 · 직업성 난청, 청력 장애 등이 있으며, 중이염은 이관(유스타키오관)의 기능 장애와 미생물의 감염에 의한 것이다.

57 평균 수명에서 질병이나 부상으로 인하여 활동하지 못하는 기간을 뺀 수명은?

① 기대 수명 ② 건강 수명
③ 비례 수명 ④ 자연 수명

해설 건강 수명이란 평균 수명에서 질병이나 부상으로 인하여 활동하지 못한 기간을 뺀 수명을 의미한다.

58 감염병과 감염 경로의 연결이 틀린 것은?

① 성병 – 직접 접촉
② 폴리오 – 공기 감염
③ 결핵 – 개달물 감염
④ 백일해 – 비말 감염

폴리오는 바이러스에 의한 감염성 질환이다.

59 바이러스의 감염에 의하여 일어나는 감염병이 아닌 것은?

① 콜레라 ② 홍역
③ 일본뇌염 ④ 유행성 간염

해설 바이러스 감염에 의해 일어나는 감염병으로는 뇌염, 인플루엔자, 홍역, 풍진, 소아마비, 폴리오, 유행성 간염 등이 있다. 콜레라는 세균에 의한 감염병이다.

60 모기가 매개하는 감염병이 아닌 것은?

① 황열 ② 뎅기열
③ 디프테리아 ④ 사상충증

해설 모기 매개 감염병으로는 말라리아, 일본뇌염, 황열, 뎅기열, 사상충증 등이 있다. 디프테리아는 파리가 매개하는 감염병이다.

정답 54 ② 55 ④ 56 ③ 57 ② 58 ② 59 ① 60 ③

Part 08

CBT 상시시험 적중문제

중식조리기능사 필기시험 합격하기

제 1 회 CBT 상시시험 적중문제

중식조리기능사 CBT 상시시험 | 수험번호: | 수험자명: | 제한시간 : 60분

01 다음 중 보존료가 아닌 것은?

① 안식향산(benzoic acid)
② 소르빈산(sorbic acid)
③ 프로피온산(propionic acid)
④ 구아닐산(guanylic acid)

 구아닐산은 조미료의 종류이다.

02 식품 등의 표시기준상 과자류에 포함되지 않는 것은?

① 캔디류 ② 츄잉껌
③ 유바 ④ 빙과류

 과자류에 포함되는 것은 과자, 캔디류, 츄잉껌, 빙과류이며, 유바는 두부류 또는 묵류의 한 종류이다.

03 조리실의 안전사항으로 옳지 않은 것은?

① 기계는 작동법과 안전 수칙을 숙지하여 사용한다.
② 가스 사용 시 자리를 비우면 안 된다.
③ 주방바닥은 미끄럽지 않게 항상 물기를 제거한다.
④ 뜨거운 용기를 옮길 때는 젖은 행주를 사용한다.

 뜨거운 용기를 옮길 때는 마른 행주를 사용한다.

04 중식 절임 요리 재료 중 당근에 대한 설명으로 틀린 것은?

① 카로틴 함량이 높아 붉은색이 진하다.
② 당근을 사용할 때는 햇빛을 많이 받은 것을 사용해야 한다.
③ 100g당 들어 있는 비타민 A의 함량이 가장 많은 채소는 당근이다.
④ 당근을 조리하여 먹으면 카로틴 흡수율이 60%까지 높아진다.

 햇빛을 많이 받은 당근은 단맛이 적고, 중앙심이 굵기 때문에 조리에 사용하지 않는 것이 좋다.

05 5'-이노신산나트륨, 5'-구아닐산나트륨, L-글루탐산나트륨의 주요 용도는?

① 표백제
② 조미료
③ 보존료
④ 산화방지제

 식품이 가지고 있는 맛보다 좋은 맛을 내거나 개인의 미각에 맞도록 첨가하는 조미료로 사용되는 식품첨가물이다.

정답 01 ④ 02 ③ 03 ④ 04 ② 05 ②

06 **다음 세균성 식중독 중 독소형은?**

① 살모넬라 식중독
② 장염비브리오 식중독
③ 알르레기성 식중독
④ 포도상구균 식중독

독소형 식중독 : 포도상구균 식중독(엔테르톡신), 클로스트리디움 보툴리늄 식중독(뉴로톡신)

07 **감자의 싹과 녹색 부위에서 생성되는 독성 물질은?**

① 솔라닌(solanine)
② 리신(ricin)
③ 시큐톡신(cicutoxin)
④ 아미그달린(amygdalin)

① 솔라닌 : 감자
② 리신 : 피마자
③ 시큐톡신 : 독미나리
④ 아미그달린 : 청매

08 **굴을 먹고 식중독에 걸렸을 때 관계되는 독성 물질은?**

① 시큐톡신(cicutoxin)
② 베네루핀(venerupin)
③ 테트라민(tetramine)
④ 테무린(temuline)

① 시큐톡신 : 독미나리
② 베네루핀 : 모시조개, 굴, 바지락
③ 테트라민 : 고둥
④ 테무린 : 독보리

09 **식품의 부패 시 생성되는 물질과 거리가 먼 것은?**

① 암모니아(ammonia)
② 트리메틸아민(trimethylamine)
③ 글리코겐(glycogen)
④ 아민(amine)

글리코겐은 동물체의 저장 탄수화물이다.

10 **곰팡이독소(mycotoxin)에 대한 설명으로 틀린 것은?**

① 곰팡이가 생산하는 2차 대사 산물로 사람과 가축에 질병이나 이상 생리 작용을 유발하는 물질이다.
② 온도 24~35℃, 수분 7% 이상의 환경 조건에서는 발생하지 않는다.
③ 곡류, 견과류와 곰팡이가 번식하기 쉬운 식품에서 주로 발생한다.
④ 아플라톡신(aflatoxin)은 간암을 유발하는 곰팡이독소이다.

곰팡이는 대체로 30℃ 정도에서 잘 증식하는 미생물이며, 건조식품에서도 온도가 적당하면 증식한다.

11 **다음 식품첨가물 중 주요 목적이 다른 것은?**

① 과산화벤조일
② 과황산암모늄
③ 이산화염소
④ 아질산나트륨

과산화벤조일, 과황산암모늄, 이산화염소는 소맥분 개량제로 사용되며, 아질산나트륨은 발색제로 사용된다.

정답 06 ④ 07 ① 08 ② 09 ③ 10 ② 11 ④

12 일반 가열 조리법으로 예방하기 가장 어려운 식중독은?

① 살모넬라에 의한 식중독
② 웰치균에 의한 식중독
③ 포도상구균에 의한 식중독
④ 병원성 대장균에 의한 식중독

 포도상구균 식중독의 원인독소인 엔테로톡신은 열에 강하여 끓여도 파괴되지 않으므로 일반 가열 조리법으로 예방할 수 없다.

13 화학 물질을 조금씩 장기간에 걸쳐 실험동물에게 투여했을 때 장기나 기관에 어떠한 장해나 중독이 일어나는가를 알아보는 시험으로, 최대무작용량을 구할 수 있는 것은?

① 급성독성시험
② 만성독성시험
③ 안전독성시험
④ 아급성독성시험

 만성독성시험은 동물에게 아무런 영향을 주지 않는 최대량, 즉 최대무작용량을 구하기 위한 독성시험이다.

14 육수 재료에 대한 설명으로 틀린 것은?

① 뼈는 흐르는 물에서 세척한다.
② 닭뼈는 찬물에 20~30분 정도 담가 핏물을 제거한다.
③ 핏물이 빠진 뼈는 체에 밭쳐 물기를 뺀다.
④ 생선뼈는 핏물을 빼지 않고 바로 사용한다.

 생선뼈도 찬물에 담가 핏물을 제거한다.

15 식육 및 어육제품의 가공 시 첨가되는 아질산과 이급아민이 반응하여 생기는 발암 물질은?

① 벤조피렌(benxopyrene)
② PCB(polychlorinated biphenyl)
③ 니트로사민(N–nitrosamine)
④ 말론알데히드(malonaldehyde)

 발색제인 아질산이 다른 아민기와 결합하여 발암성 물질로 알려진 니트로사민이 생성되어 인체에 해를 일으키는 경우가 있는 것으로 알려져 있다.

16 냉장의 목적과 가장 거리가 먼 것은?

① 미생물의 사멸
② 신선도 유지
③ 미생물의 증식 억제
④ 자기소화 지연 및 억제

 미생물은 생육온도보다 낮은 온도에서는 활동이 둔해져서 번식이 불가능하나 사멸되지는 않는다.

17 꽁치 160g의 단백질 양은? (단, 꽁치 100g당 단백질 양은 24.9g)

① 28.7g
② 34.6g
③ 39.8g
④ 43.2g

 $100 : 24.9 = 160 : x$ $100x = 24.9 \times 160$
$100x = 3,984$ $x = 39.8(g)$

정답 12 ③ 13 ② 14 ④ 15 ③ 16 ① 17 ③

18 경단백질로서 가열에 의해 젤라틴으로 변하는 것은?

① 케라틴(keratin)
② 콜라겐(collagen)
③ 엘라스틴(elastin)
④ 히스톤(histone)

콜라겐은 가열에 의해 결합 조직이 연화되면서 젤라틴으로 변한다.

19 과실 중 밀감이 쉽게 갈변되지 않는 가장 주된 이유는?

① 비타민 A의 함량이 많으므로
② Cu, Fe 등의 금속 이온이 많으므로
③ 섬유소 함량이 많으므로
④ 비타민 C의 함량이 많으므로

과실 등의 갈변을 억제하는 비타민 C가 많이 함유되어 있기 때문이다.

20 육수와 소스 보관에 관한 설명으로 틀린 것은?

① 만든 육수와 소스는 빠른 시간 안에 사용해야 한다.
② 증식 억제 온도는 16℃에서 49℃ 사이이다.
③ pH 4.6 이하에서는 세균증식이 정지된다.
④ 산성에서는 곰팡이 증식이 잘된다.

증식 억제 온도는 4℃ 이하 혹은 60℃ 이상 가열이다.

21 다음 식품의 분류 중 곡류에 속하지 않는 것은?

① 보리
② 조
③ 완두
④ 수수

완두는 두류에 속한다.

22 곡류에 관한 설명으로 옳은 것은?

① 강력분은 글루텐의 함량이 13% 이상으로 케이크 제조에 알맞다.
② 박력분은 글루텐의 함량이 10% 이하로 과자, 비스킷 제조에 알맞다.
③ 보리의 고유한 단백질은 오리제닌(oryzenin)이다.
④ 압맥과 할맥은 소화율을 저하시킨다.

① 강력분의 용도는 식빵, 마카로니, 스파게티 등의 제조이다.
③ 보리의 주요 단백질은 프롤라민계의 홀데인이다.
④ 보리를 도정하고 물에 담가 불려서 압맥을 만들거나, 홈을 따라 쪼갠 후 도정하여 할맥을 만들어 밥을 지으면 소화율이 좋다.

23 다음 중 조미의 작용이 아닌 것은?

① 주재료의 맛을 결정하지 않는다.
② 맛을 조화롭게 한다.
③ 나쁜 맛을 제거한다.
④ 색채를 돋운다.

조미료로 주재료의 맛을 결정한다.

정답 18 ② 19 ④ 20 ② 21 ③ 22 ② 23 ①

24 난황에 들어 있으며, 마요네즈 제조 시 유화제 역할을 하는 성분은?

① 레시틴 ② 오브알부민
③ 글로불린 ④ 갈락토오스

 달걀의 난황에 들어 있는 레시틴은 마요네즈 제조 시 유화제 역할을 한다.

25 철과 마그네슘을 함유하는 색소를 순서대로 나열한 것은?

① 안토시아닌, 플라보노이드
② 카로티노이드, 미오글로빈
③ 클로로필, 안토시아닌
④ 미오글로빈, 클로로필

 동물성 색소인 미오글로빈은 철분을 함유하고 있고, 식물의 잎이나 줄기의 초록색인 클로로필은 마그네슘을 함유하고 있다.

26 생선의 자기소화 원인은?

① 세균의 작용 ② 단백질 분해 효소
③ 염류 ④ 질소

 사후강직 후 근육 내의 단백질 분해 효소에 의해 자기소화가 일어난다.

27 감칠맛 성분과 소재 식품의 연결이 잘못된 것은?

① 베타인(betaine) – 오징어, 새우
② 크레아티닌(creatinine) – 어류, 육류
③ 카노신(carnosine) – 육류, 어류
④ 타우린(taurine) – 버섯, 죽순

 타우린은 오징어, 문어의 맛난 맛(감칠맛) 성분이다.

28 다음 중 자차이에 대한 설명으로 틀린 것은?

① 중국 북경에서만 재배되어 촨차이라고도 한다.
② 중국 쓰촨성의 대표적인 음식이다.
③ 무와 비슷하게 생겼다.
④ 씹히는 식감이 좋고, 약간 짭짤하다.

 자차이는 양쯔강 상류지역에서 발달하여 촨차이라고 부른다.

29 곡물의 저장 과정에서 일어나는 변화에 대한 설명으로 옳은 것은?

① 곡류는 저장 시 호흡 작용을 하지 않는다.
② 곡물 저장 때 벌레에 의한 피해는 거의 없다.
③ 쌀의 변질에 가장 관계가 깊은 것은 곰팡이이다.
④ 수분과 온도는 저장에 큰 영향을 주지 못한다.

 저장 중인 쌀에는 황변미 중독을 일으키는 페니실리움속 푸른곰팡이가 있으며, 인체에는 신장 중독을 유발한다.

30 다음 중 대두, 소금, 밀가루를 이용하여 발효시킨 중국식 된장은?

① 해선장
② 두반장
③ 춘장
④ XO 소스

 춘장은 중국식 된장으로 대두, 소름, 밀가루를 이용하여 발효시켜 만든다.

정답 24 ① 25 ④ 26 ② 27 ④ 28 ① 29 ③ 30 ③

31 **다음 중 각 재료에 대한 설명으로 틀린 것은?**

① 올리브유 - 올리브 과육을 물리적 또는 기계적인 방법에 의하여 압착·여과한 압착올리브유, 올리브 원유를 정제한 정제 올리브유, 압착 올리브유와 정제 올리브유를 혼합한 혼합 올리브유를 말한다.

② 가공 유지 - 식용 유지류에 수소 첨가, 분별 또는 에스테르 교환의 방법에 의하여 유지의 물리, 화학적 성질을 변화시킨 것으로 식용에 적합하도록 정제한 것

③ 옥수수기름 - 옥수수의 배아로부터 채취한 원유를 식용에 적합하도록 처리한 것을 말한다.

④ 참기름 - 콩으로부터 채취한 원유를 식용에 적합하도록 처리한 것을 말한다.

 참기름에는 참깨를 압착하여 얻은 압착 참기름과 이산화탄소(초임계 추출)로 추출한 초임계 추출 참기름, 참깨로부터 추출한 원유를 정제한 추출 참깨유가 있다.

32 **두부를 튀겨서 요리할 때 적합한 온도와 시간은?**

① 160℃, 3분 ② 170℃, 3분

③ 180℃, 10분 ④ 190~200℃, 5분

 두부는 160℃에서 3분 정도가 적당하다.

33 **프라이팬에 달걀을 깨뜨려 놓았을 때 다음 중 가장 신선한 달걀은?**

① 난황이 터져 나왔다.

② 난백이 넓게 퍼졌다.

③ 난황은 둥글고 주위에 농후난백이 많았다.

④ 작은 혈액덩어리가 있었다.

 신선한 달걀은 난황이 둥글고 주위에 농후난백이 많다.

34 **녹색 채소를 데칠 때 색을 선명하게 하기 위한 조리 방법으로 부적합한 것은?**

① 휘발성 유기산을 휘발시키기 위해 뚜껑을 열고 끓는 물에 데친다.

② 산을 희석시키기 위해 조리수를 다량 사용하여 데친다.

③ 섬유소가 알맞게 연해지면 가열을 중지하고 냉수에 헹군다.

④ 조리수의 양을 최소로 하여 색소의 유출을 막는다.

 채소를 데칠 때는 재료의 4~5배 분량의 물에 데친다.

35 **다음 중 어떤 무기질이 결핍되면 갑상선종이 발생될 수 있는가?**

① 칼슘(Ca)

② 요오드(I)

③ 인(P)

④ 마그네슘(Mg)

 요오드 부족 시 갑상선종이 발생할 수 있다.

36 **비타민 B_2가 부족하면 어떤 증상이 생기는가?**

① 구각염

② 괴혈병

③ 야맹증

④ 각기병

 ① 구각염 - 비타민 B_2
② 괴혈병 - 비타민 C
③ 야맹증 - 비타민 A
④ 각기병 - 비타민 B_1

정답 31 ④ 32 ① 33 ③ 34 ④ 35 ② 36 ①

37 **급식 재료의 소비량을 계산하는 방법이 아닌 것은?**

① 선입선출법
② 재고조사법
③ 계속기록법
④ 역계산법

• 재료소비량의 계산법 : 재고조사법, 계속기록법, 역계산법
• 재료 소비가격의 계산법 : 선입선출법, 후입선출법, 개별법, 단순평균법, 이동평균법

38 **다음 중 집단급식소에 속하지 않는 것은?**

① 초등학교의 급식시설
② 병원의 구내식당
③ 기숙사의 구내식당
④ 대중음식점

집단급식소
영리를 목적으로 하지 아니하면서 특정 다수인에게 계속하여 음식물을 공급하는 기숙사, 학교, 병원, 사회복지시설, 산업체, 국가, 지방자치단체 및 공공기관, 그 밖의 후생기관 등의 급식시설로서 1회 50명 이상에게 식사를 제공하는 시설을 말한다.

39 **다음 자료로 계산한 제조원가는 얼마인가?**

직접재료비	180,000	간접재료비	50,000
직접노무비	100,000	간접노무비	30,000
직접경비	10,000	간접경비	100,000
판매관리비	120,000		

① 590,000
② 470,000
③ 410,000
④ 290,000

• 직접원가 = 직접재료비 + 직접노무비 + 직접경비
= 180,000 + 100,000 + 10,000
= 290,000원
• 제조간접비 =간접재료비+간접노무비+간접경비
= 50,000 + 30,000 + 100,000
= 180,000원
• 제조원가 = 직접원가 + 제조간접비
= 290,000 + 180,000
= 470,000원

40 **가공식품, 반제품, 급식 원재료 및 조미료 등 급식에 소요되는 모든 재료에 대한 비용은?**

① 관리비
② 급식재료비
③ 소모품비
④ 노무비

재료비란 제품의 제조를 위하여 소비되는 물품의 원가로서 집단급식시설에서 재료비는 급식재료비를 말한다.

41 **다음 중 배식하기 전 음식이 식지 않도록 보관하는 온장고 내의 유지 온도로 가장 적합한 것은?**

① 15~20℃
② 35~40℃
③ 65~70℃
④ 105~110℃

온장고는 조리된 다량의 음식을 따뜻한 상태로 보관하여 적온 급식을 하도록 하는 기기로 자동온도조절기가 부착되어 내부온도를 65~80℃ 정도로 일정하게 유지할 수 있다.

정답 37 ① 38 ④ 39 ② 40 ② 41 ③

42 냉동식품과 관계가 없는 내용은?

① 전처리를 하고 품온이 –18℃ 이하가 되도록 급속 동결하여 포장한 식품
② 유통 시에 낭비가 없는 인스턴트성 식품
③ 수확기나 어획기에 관계없이 항상 구입할 수 있는 식품
④ 일반적으로 온도가 10℃ 정도 상승해도 품질의 변화가 없는 식품

냉동식품의 보존 온도에 차이가 생기면 형태의 변화가 일어나고 액즙이 생기며 품질이 저하된다.

43 다음 육류 중 비타민 B_1의 함량이 가장 많은 것은?

① 쇠고기
② 양고기
③ 돼지고기
④ 토끼고기

돼지고기의 비타민 B의 함량은 100g당 0.9mg이다.

44 구매한 식품의 재고 관리 시 적용되는 방법 중 최근에 구입한 식품부터 사용하는 것으로 가장 오래된 물품이 재고로 남게 되는 것은?

① 선입선출법(First–In, First–Out)
② 후입선출법(Last–In, First–Out)
③ 총평균법
④ 최소–최대관리법

후입선출법은 최근에 구입한 식품부터 사용하는 것으로 가장 오래된 물품이 재고로 남게 된다.

45 채소의 무기질, 비타민의 손실을 줄일 수 있는 조리 방법은?

① 끓이기 ② 볶음
③ 삶기 ④ 데치기

채소에 함유된 영양소는 수용성이므로 습열조리에 의해 영양소가 많이 파괴된다. 영양소 손실을 줄이려면 볶음 조리법을 활용해야 한다.

46 유지의 산패에 영향을 미치는 인자에 대한 설명으로 맞는 것은?

① 저장 온도가 0℃ 이하가 되면 산패가 방지된다.
② 광선은 산패를 촉진하나 그 중 자외선은 산패에 영향을 미치지 않는다.
③ 구리, 철은 산패를 촉진하나 납, 알루미늄은 산패에 영향을 미치지 않는다.
④ 유지의 불포화도가 높을수록 산패가 활발하게 일어난다.

유지의 산패에 영향을 미치는 인자
- 온도가 높을수록 반응 속도 증가
- 광선 및 자외선은 산패를 촉진
- 수분이 많으면 촉매작용 촉진
- 금속류는 유지의 산화 촉진
- 불포화도가 심하면 유지의 산패를 촉진

47 1일 총 급여 열량 2,000kcal 중 탄수화물 섭취 비율을 65%로 한다면, 하루 세 끼를 먹을 경우 한 끼당 쌀 섭취량은 약 얼마인가? (단, 쌀 100g 당 열량은 371kcal)

① 98g ② 107g
③ 117g ④ 125g

1일 필요한 탄수화물 섭취량
= 2,000kcal × 0.65 = 1,300kcal
한 끼당 탄수화물 섭취량 = 1,300 ÷ 3 = 433kcal
쌀 100g당 열량이 371kcal이므로 쌀 1g당 열량은 3.7kcal이다.
따라서 한 끼당 필요한 쌀 섭취량은 433 ÷ 3.7 = 117g이다.

정답 42 ④ 43 ③ 44 ② 45 ② 46 ④ 47 ③

48 아래의 조건에서 1회에 750명을 수용하는 식당의 면적을 구하면?

> 피급식자 1인당 필요면적은 1.0㎡이며, 식기회수공간은 필요면적의 10%, 통로의 폭은 1.0~1.5m이다.

① 750㎡ ② 760㎡
③ 825㎡ ④ 835㎡

1인당 필요면적이 1.0m²이므로 750명의 필요면적은 1.0 × 750 = 750m²이다.
식기회수공간은 10%가 필요하므로 750 × 0.1 = 75m²이다.
그러므로 취식자 750명을 수용하는 식당면적(식당면적 = 필요면적+식기회수공간)은 750+75 = 825m²이다.

49 가정에서 식품의 급속 냉동 방법으로 부적절한 것은?

① 충분히 식혀 냉동한다.
② 식품의 두께를 얇게 하여 냉동한다.
③ 열전도율이 낮은 용기에 넣어 냉동한다.
④ 식품 사이에 적절한 간격을 두고 냉동한다.

급속 냉동 시 열전도율이 높은 용기를 사용하여 빨리 냉동이 될 수 있도록 하는 것이 좋다.

50 다음 중 급식설비 시 1인당 사용수(使用水) 양이 가장 많은 곳은?

① 학교 급식
② 병원 급식
③ 기숙사 급식
④ 사업체 급식

일반급식소에서 급수설비 용량 환산 시 1식당 사용수의 양은 평균 6~10L이며. 학교 4~6L, 병원 10~20L, 공장 5~10L, 기숙사 7~15L이다.

51 물로 전파되는 수인성 감염병에 속하지 않는 것은?

① 장티푸스
② 홍역
③ 세균성 이질
④ 콜레라

수인성 감염병에는 장티푸스, 파라티푸스, 세균성 이질, 콜레라, 아메바성 이질 등이 있다.

52 각 환경 요소에 대한 연결이 잘못된 것은?

① 이산화탄소(CO_2)의 서한량 – 5%
② 실내의 쾌감 습도 – 40~70%
③ 일산화탄소(CO)의 서한량 – 0.1%
④ 실내 쾌감 기류 – 0.2~0.3m/sec

이산화탄소의 위생학적 허용 한계(서한량)는 0.1%이다.

53 수인성 감염병의 유행 특성에 대한 설명으로 옳지 않은 것은?

① 연령과 직업에 따른 이환율에 차이가 있다.
② 2~3일 내에 환자 발생이 폭발적이다.
③ 환자 발생은 급수 지역에 한정되어 있다.
④ 계절에 직접적인 관계없이 발생한다.

연령, 성별, 직업 등의 차이에 따라 질병 이환율의 차이가 없다.

정답 48 ③ 49 ③ 50 ② 51 ② 52 ① 53 ①

54 위생해충과 이들이 전파하는 질병이 잘못 연결된 것은?

① 바퀴 – 사상충
② 모기 – 말라리아
③ 쥐 – 유행성 출혈열
④ 파리 – 장티푸스

 바퀴는 소화기계 질병인 이질, 콜레라, 장티푸스 등의 질병을 유발한다.

55 오염된 토양에서 맨발로 작업할 경우 감염될 수 있는 기생충은?

① 회충 ② 간흡충
③ 폐흡충 ④ 구충

 구충은 경피 감염으로 채소를 취급할 때, 맨발 또는 손의 상처로 침입한다.

56 DPT 예방접종과 관계없는 감염병은?

① 파상풍 ② 백일해
③ 페스트 ④ 디프테리아

 DPT 예방접종은 디프테리아, 백일해, 파상풍에 대한 예방접종이다.

57 다음 감염병 중 생후 가장 먼저 예방접종을 실시하는 것은?

① 백일해 ② 파상풍
③ 홍역 ④ 결핵

 생후 가장 먼저 하는 예방 접종은 BCG(결핵)이다.

58 간디스토마는 제2중간숙주인 민물고기 내에서 어떤 형태로 존재하다가 인체에 감염을 일으키는가?

① 피낭유충(metacercaria)
② 레디아(redia)
③ 유모유충(miracidium)
④ 포자유충(sporocyst)

 간디스토마는 제2중간숙주인 민물고기 내에서 피낭유충으로 존재하며 감염된 민물고기를 생식한다든지 조리 과정 중에 조리 기구를 통해서 다른 음식물을 거쳐 경구 감염된다.

59 고열 장해로 인한 직업병이 아닌 것은?

① 열 경련 ② 일사병
③ 열 쇠약 ④ 참호족

 참호족은 저온 환경에서 생기는 직업병이다.

60 다음 중 자외선을 이용한 살균 시 가장 유효한 파장은?

① 250~260nm
② 350~360nm
③ 450~460nm
③ 550~560nm

 자외선의 파장인 2,500~2,800Å이 가장 살균력이 강하다.

정답 54 ① 55 ④ 56 ③ 57 ④ 58 ① 59 ④ 60 ①

제 2 회 CBT 상시시험 적중문제

중식조리기능사 CBT 상시시험 | 수험번호: | 수험자명: | 제한시간 : 60분

01 다음 중 일반적으로 사망률이 가장 높은 식중독은?

① 살모넬라 식중독
② 장염비브리오 식중독
③ 클로스트리디움 보툴리늄 식중독
④ 포도상구균 식중독

세균성 식중독 중 클로스트리디움 보툴리늄 식중독의 치사율이 가장 높다.

02 식품첨가물의 사용 목적이 아닌 것은?

① 식품의 기호성 증대
② 식품의 유해성 입증
③ 식품의 부패와 변질을 방지
④ 식품의 제조 및 품질 개량

식품첨가물이란 식품을 제조·가공·조리 또는 보존하는 과정에서 감미, 착색, 표백 또는 산화방지 등을 목적으로 식품에 사용되는 물질이며, 유해성을 입증하는 것은 아니다.

03 식품의 부패 과정에서 생성되는 불쾌한 냄새 물질과 거리가 먼 것은?

① 암모니아
② 포르말린
③ 황화수소
④ 인돌

냉동식품의 보관을 잘못하면 저온성 미생물이 생육하면서 식품을 분해시켜 암모니아, 황화수소 등의 가스를 생성하고 인돌 등의 불쾌한 냄새 물질을 생성한다.

04 세균성 식중독 중 감염형이 아닌 것은?

① 살모넬라 식중독
② 황색포도상구균 식중독
③ 장염비브리오 식중독
④ 병원성 대장균 식중독

- 감염형 식중독 : 살모넬라 식중독, 장염비브리오 식중독, 병원성 대장균 식중독, 웰치균 식중독
- 독소형 식중독 : 황색포도상구균 식중독, 클로스트리디움 보툴리늄 식중독

05 웰치균에 대한 설명으로 옳은 것은?

① 아포는 60℃에서 10분 가열하면 사멸한다.
② 혐기성 균주이다.
③ 냉장 온도에서 잘 발육한다.
④ 당질 식품에서 주로 발생한다.

웰치균의 아포는 70℃에서 10분간 가열해도 견디며, 편성혐기성간균으로 조리하여 실온에서 방치한 후 섭취했을 때 일어나기 쉽고, 동물성 고단백질 식품에서 발생한다.

정답 01 ③ 02 ② 03 ② 04 ② 05 ②

06 아플라톡신(aflatoxin)에 대한 설명으로 틀린 것은?

① 기질 수분 16% 이상, 상대 습도 80~85% 이상에서 생성한다.
② 탄수화물이 풍부한 곡물에서 많이 발생한다.
③ 열에 비교적 약하여 100℃에서 쉽게 불활성화된다.
④ 강산이나 강알칼리에서 쉽게 분해되어 불활성화된다.

아플라톡신은 내열성으로 280~300℃로 가열해야 분해된다.

07 다음 식품첨가물 중 영양 강화제는?

① 비타민류, 아미노산류
② 검류, 락톤류
③ 에테르류, 에스테르류
④ 지방산류, 페놀류

식품첨가물 중 영양 강화제는 비타민, 미네랄, 아미노산, 식이섬유가 있다.

08 화학 물질에 의한 식중독으로 일반 중독 증상과 시신경의 염증으로 인한 실명의 원인이 되는 물질은?

① 납
② 수은
③ 메틸알코올
④ 청산

메틸알코올은 과실주나 정제가 불충분한 에탄올, 증류주에 미량 함유되어 중독되면 두통, 현기증, 구토가 생기고 심할 경우 시신경에 염증을 일으켜 실명하거나 사망에 이르게 된다.

09 식중독 발생 시 즉시 취해야 할 행정적 조치는?

① 식중독 발생 신고
② 원인 식품의 폐기 처분
③ 연막 소독
④ 역학 조사

식중독에 관한 조사·보고

- 식중독 발생 시 가장 우선적으로 식중독 발생 신고를 한다. 식중독에 관한 보고는 (한)의사 또는 집단급식소의 설치·운영자 → 시장, 군수, 구청장 → 식품의약품안전처장 및 시·도지사 순으로 이루어진다.
- (한)의사는 식중독 환자나 식중독이 의심되는 자의 혈액 또는 배설물을 보관하는 데에 필요한 조치를 하여야 한다.
- 시장, 군수, 구청장은 원인을 조사하여 그 결과를 보고하여야 한다.

10 식품의 보존료가 아닌 것은?

① 데히드로초산(dehydroacetic acid)
② 소르빈산(sorbic acid)
③ 안식향산(benzoic acid)
④ 아스파탐(aspartam)

아스파탐은 감미료이다.

11 조리실의 안전사항으로 옳지 않은 것은?

① 조리실의 바닥은 미끄러지지 않게 시공되어 있어 물기가 있어도 된다.
② 조리실의 조도는 540Lux 이상으로 밝아야 한다.
③ 색과 형태가 같은 재료가 혼합되지 않도록 주의한다.
④ 조리실은 외부오염이 되지 않도록 방충, 방서 시설이 설치되어야 한다.

조리실 바닥은 물기가 있어서는 안 된다.

정답 06 ③ 07 ① 08 ③ 09 ① 10 ④ 11 ①

12 **음식류를 조리·판매하는 영업으로서 식사와 함께 부수적으로 음주행위가 허용되는 영업은?**

① 휴게음식점영업
② 단란주점영업
③ 유흥주점영업
④ 일반음식점영업

① 휴게음식점영업 : 주로 다류, 아이스크림류 등을 조리 · 판매하거나 패스트푸드점, 분식점 형태의 영업 등 음식류를 조리 · 판매하는 영업으로서 음주행위가 허용되지 아니하는 영업
② 단란주점영업 : 주로 주류를 조리 · 판매하는 영업으로서 손님이 노래를 부르는 행위가 허용되는 영업
③ 유흥주점영업 : 주로 주류를 조리 · 판매하는 영업으로서 유흥종사자를 두거나 유흥시설을 설치할 수 있고 손님이 노래를 부르거나 춤을 추는 행위가 허용되는 영업
④ 일반음식점영업 : 음식류를 조리 · 판매하는 영업으로서 식사와 함께 부수적으로 음주행위가 허용되는 영업

13 **식품의 표시·광고에 대한 설명 중 옳은 것은?**

① 허위표시·과대광고의 범위에는 용기·포장만 해당되며 인터넷을 활용한 제조방법·품질·영양가에 대한 정보는 해당되지 않는다.
② 자사제품과 직간접적으로 관련하여 각종 협회, 학회, 단체의 감사장 또는 상장, 체험기 등을 활용하여 인증·보증 또는 추천을 받았다는 내용을 사용하는 광고는 가능하다.
③ 질병의 치료에 효능이 있다는 내용의 표시·광고는 허위표시·과대광고에 해당하지 않는다.
④ 인체의 건전한 성장 및 발달과 건강한 활동을 유지하는 데 도움을 준다는 표현은 허위표시·과대광고에 해당하지 않는다.

해설 허위표시 등의 금지
- 질병의 예방 및 치료에 효능·효과가 있거나 의약품 또는 건강기능식품으로 오인·혼동할 우려가 있는 내용의 표시·광고
- 사실과 다르거나 과장된 표시·광고
- 소비자를 기만하거나 오인·혼동시킬 우려가 있는 표시·광고
- 다른 업체 또는 그 제품을 비방하는 광고
- 영유아식 또는 체중조절용 조제식품 등 대통령령으로 정하는 식품의 심의를 받지 아니하거나 심의받은 내용과 다른 내용의 표시·광고

14 **식품위생법령상 조리사를 두어야 하는 영업자 및 운영자가 아닌 것은?**

① 국가 및 지방자치단체의 집단급식소 운영자
② 면적 100㎡ 이상의 일반음식점 영업자
③ 학교, 병원 및 사회복지시설의 집단급식소 운영자
④ 복어를 조리·판매하는 영업자

식품위생법상 조리사를 두어야 하는 업종
- 집단급식소 운영자
- 복어를 조리 · 판매하는 업소

15 **HACCP 인증 단체급식업소(집단급식소, 식품접객업소, 도시락류 포함)에서 조리한 식품은 소독된 보존식 전용 용기 또는 멸균 비닐봉지에 매회 1인분 분량을 담아 몇 ℃ 이하에서 얼마 이상의 시간동안 보관하여야 하는가?**

① 4℃ 이하, 48시간 이상
② 0℃ 이하, 100시간 이상
③ −10℃ 이하, 200시간 이상
④ −18℃ 이하, 144시간 이상

보존식은 −18℃ 이하에서 144시간 이상 보관하여야 한다.

정답 12 ④ 13 ④ 14 ② 15 ④

16 육류를 연육시키는 재료로 적합하지 않은 것은?

① 키위 ② 파인애플
③ 아보카도 ④ 레몬

 아보카도는 육류를 연육시키는 데는 적합지 않다.

17 식품을 저온 처리할 때 단백질에서 나타나는 변화가 아닌 것은?

① 가수 분해 ② 탈수 현상
③ 생물학적 활성 파괴 ④ 용해도 증가

 단백질은 대부분 묽은 중성의 염류 용액에 잘 녹는다.

18 중식 절임 요리 재료 중 양파에 대한 설명으로 틀린 것은?

① 양파는 항균효과를 비롯하여 각종 항암효과, 혈당저하 효과 등을 포함하고 있다.
② 양파를 가공해서 분말, 기름 등으로 만든다.
③ 양파의 껍질에는 폴라보노이드가 함유되어 있다.
④ 양파는 서양에서는 익혀서, 동양에서는 생식으로 많이 사용된다.

 양파는 동서양을 막론하고 전세계적으로 사랑받는 식재료이다.

19 우유의 가공에 관한 설명으로 틀린 것은?

① 크림의 주성분은 우유의 지방 성분이다.
② 분유는 전유, 탈지유, 반탈지유 등을 건조시켜 분말화한 것이다.
③ 저온살균법은 61.6~65.6℃에서 30분간 가열하는 것이다.
④ 무당연유는 살균 과정을 거치지 않고, 유당연유만 살균 과정을 거친다.

 연유는 가당연유와 무당연유가 있으며, 가당연유는 우유를 농축한 후 약 40%의 설탕을 첨가해서 되직하게 만든 것이며, 무당연유는 우유를 1/2~2/5 정도로 농축한 것으로 당분을 첨가하지 않는다. 가당연유와 무당연유는 모두 살균 과정을 거친다.

20 알코올 1g당 열량 산출 기준은?

① 0kcal ② 4kcal
③ 7kcal ④ 9kcal

 알코올 1g당 열량은 7kcal이다.

21 효소적 갈변 반응에 의해 색을 나타내는 식품은?

① 분말 오렌지 ② 간장
③ 캐러멜 ④ 홍차

- 효소적 갈변 : 채소류나 과일류를 파쇄하거나 껍질을 벗길 때 일어나는 현상(홍차 등)
- 비효소적 갈변 : 마이야르 반응(간장, 된장), 캐러멜화 반응(캐러멜), 아스코르브산의 반응(분말 오렌지)

22 육수 재료 중 뼈에 대한 설명으로 틀린 것은?

① 소뼈에는 풍부한 단백질과 무기질이 포함되어 있다.
② 닭뼈는 저렴하며, 중국요리에 많이 사용된다.
③ 돼지뼈는 특유의 냄새가 있으나 가열하면 없어지므로 향신료를 곁들일 필요는 없다.
④ 뼈에는 콜라겐, 단백질 등이 있어 물과 함께 끓이면 용해되어 추출된다.

 돼지뼈는 특유의 냄새가 있어 제거하기 위해 향신료를 사용한다.

정답 16 ③ 17 ④ 18 ④ 19 ④ 20 ③ 21 ④ 22 ③

23 다음 중 단당류인 것은?

① 포도당 ② 유당
③ 맥아당 ④ 전분

 탄수화물의 분류
- 단당류 : 포도당, 과당, 갈락토오스
- 이당류 : 자당, 맥아당, 유당
- 다당류 : 전분, 글리코겐, 섬유소, 펙틴

24 달걀에서 시간이 지남에 따라 나타나는 변화가 아닌 것은?

① 호흡 작용을 통해 알칼리성으로 변한다.
② 흰자의 점성이 커져 끈적끈적해진다.
③ 흰자에서 황화수소가 검출된다.
④ 주위의 냄새를 흡수한다.

 닭이 달걀을 낳은 직후부터 시작하여 시간이 지남에 따라 흰자의 양이 감소하여 묽어지고, 노른자는 쉽게 터진다.

25 수확한 후 호흡 작용이 특이하게 상승되므로 미리 수확하여 저장하면서 호흡 작용을 인공적으로 조절할 수 있는 과일류와 가장 거리가 먼 것은?

① 아보카도 ② 사과
③ 바나나 ④ 레몬

서양 배, 바나나, 토마토, 사과, 아보카도 등은 미숙한 것을 수확하여 적절한 방법으로 후숙을 하면 과육이 연해지고 당도가 증가하여 산미가 감소되고 향도 좋아진다.

26 마가린, 쇼트닝, 튀김유 등은 식물성 유지에 무엇을 첨가하여 만드는가?

① 염소 ② 산소
③ 탄소 ④ 수소

 경화유란 액체 상태의 기름에 니켈을 촉매제로 수소를 첨가하여 고체형의 기름으로 만든 것이다(마가린, 쇼트닝 등).

27 자유수와 결합수의 설명으로 맞는 것은?

① 결합수는 용매로서 작용한다.
② 자유수는 4℃에서 비중이 제일 크다.
③ 자유수는 표면장력과 점성이 작다.
④ 결합수는 자유수보다 밀도가 작다.

 자유수와 결합수

구분	특징
자유수 (유리수)	• 전해질을 잘 녹인다. • 건조로 쉽게 제거된다. • 미생물의 생육에 이용된다. • 비점과 융점이 높다. • 비중은 4℃에서 최고이다. • 표면장력과 점성이 크다.
결합수	• 용매로 이용할 수 없다. • 100℃ 이상으로 가열하여도 제거가 되지 않는다. • 0℃ 이하에서도 동결되지 않는다. • 압력을 가하여도 제거되지 않는다. • 미생물의 생육이 불가능하다. • 밀도가 자유수보다 크다.

28 게, 가재, 새우 등의 껍질에 다량 함유된 키틴(chitin)의 구성 성분은?

① 다당류 ② 단백질
③ 지방질 ④ 무기질

 다당류의 종류에는 전분, 글리코겐, 식이섬유가 있는데, 키틴은 불용성 식이섬유에 속한다.

29 동물성 식품(육류)의 대표적인 색소 성분은?

① 미오글로빈 ② 페오피틴
③ 안토크산틴 ④ 안토시아닌

 동물성 식품의 근육 색소는 미오글로빈이다.

정답 23 ① 24 ② 25 ④ 26 ④ 27 ② 28 ① 29 ①

30 **효소적 갈변 반응을 방지하기 위한 방법이 아닌 것은?**

① 가열하여 효소를 불활성화시킨다.
② 효소의 최적 조건을 변화시키기 위해 pH를 낮춘다.
③ 산소를 제거한다.
④ 산화제를 첨가한다.

 **효소적 갈변 방지법**
- 효소의 불활성화
- 아황산가스 등의 환원성 물질 첨가
- 산소의 제거
- 최적 조건의 변동
- 아스코르브산의 첨가에 의한 갈변 반응 억제
- 붕산 및 붕산염에 의한 효소 작용 억제

31 **냉동식품에 대한 보관비용이 아래와 같을 때 당월소비액은? (단, 당월선급액과 전월미지급액은 고려하지 않는다)**

- 당월지급액 : 60,000원
- 전월선급액 : 10,000원
- 당월미지급액 : 30,000원

① 70,000원　② 80,000원
③ 90,000원　④ 100,000원

 당월소비액 = 당월지급액 + (전월선급액 + 당월미지급액) − (당월선급액 + 전월미지급액) = 60,000원 + (10,000원 + 30,000원) = 100,000원

32 **어류를 가열 조리할 때 일어나는 변화와 거리가 먼 것은?**

① 결합 조직 단백질인 콜라겐의 수축 및 용해
② 근육 섬유 단백질의 응고 수축
③ 열 응착성 약화
④ 지방의 용출

 생선 가열 시 석쇠나 프라이팬에 달라붙는 것을 열 응착성이라 하는데, 생선의 열 응착성은 온도가 높아질수록 차츰 강해진다.

33 **조리에 사용하는 냉동식품의 특성이 아닌 것은?**

① 완만 동결하여 조직이 좋다.
② 장기간 보존이 가능하다.
③ 저장 중 영양가 손실이 적다.
④ 비교적 신선한 풍미가 유지된다.

 냉동 시 급속 동결하여야 조직이 좋다.

34 **체내 산·알칼리 평형 유지에 관여하며 가공치즈나 피클에 많이 함유된 영양소는?**

① 철분　② 나트륨
③ 황　④ 마그네슘

 무기질 중 나트륨은 산·염기 평형에 관여하여 세포외액의 정상적인 pH 유지를 도와준다.

35 **냉동 중 육질의 변화가 아닌 것은?**

① 육내의 수분이 동결되어 체적 팽창이 이루어진다.
② 건조에 의한 감량이 발생한다.
③ 고기 단백질이 변성되어 고기의 맛을 떨어뜨린다.
④ 단백질 용해도가 증가된다.

 **냉동 시 육질의 변화**
- 체적 팽창
- 건조에 의한 감량(기류 속도를 저하시켜 건조를 막는 것이 좋음)
- 고기의 맛 저하

정답 30 ④ 31 ④ 32 ③ 33 ① 34 ② 35 ④

36 **식품을 구입할 때 식품 감별이 잘못된 것은?**

① 과일이나 채소는 색깔이 고운 것이 좋다.
② 육류는 고유의 선명한 색을 가지며, 탄력성이 있는 것이 좋다.
③ 어육 연제품은 표면에 점액질의 액즙이 없는 것이 좋다.
④ 토란은 겉이 마르지 않고, 갈랐을 때 점액질이 없는 것이 좋다.

토란의 미끌거리는 성분은 갈락틴이라는 당질 때문으로, 갈랐을 때 점액질이 적은 것은 수확한 지 오래된 것이라서 좋지 않다.

37 **과일의 갈변을 방지하는 방법으로 바람직하지 않은 것은?**

① 레몬즙, 오렌지즙에 담가둔다.
② 희석된 소금물에 담가둔다.
③ −10℃ 온도에서 동결시킨다.
④ 설탕물에 담가둔다.

과일의 갈변 방지법
- 열 처리 : 데치기(불활성화)와 같이 고온에서 식품을 열 처리하여 효소를 불활성화시킨다.
- 산 처리 : 수소이온농도를 3 이하로 낮추어 산의 효소 작용을 억제한다.
- 당 또는 염류 첨가 : 껍질을 벗긴 배나 사과를 설탕이나 소금물에 담근다.
- 산소의 제거 : 밀폐 용기에 식품을 넣은 다음 공기를 제거한다.

38 **육수에 대한 설명으로 틀린 것은?**

① 육수는 찬물에서 우려낸다.
② 끓인 후에는 최대한 빠른 시간 안에 식힌다.
③ 올라오는 거품은 제거한다.
④ 육수를 끓일 때는 약불에서 시작한다.

육수를 끓일 때는 센 불에서 시작한다.

39 **마요네즈 제조 시 안정된 마요네즈를 형성하는 경우는?**

① 기름을 빠르게 많이 넣을 때
② 달걀흰자만 사용할 때
③ 약간 더운 기름을 사용할 때
④ 유화제 첨가량에 비하여 기름의 양이 많을 때

마요네즈 제조 시 기름을 적은 양으로 천천히 넣으며, 난백도 유화성을 갖고 있지만 난황의 1/4 정도로 사용하고, 유화제 첨가량과 기름의 양을 적당히 맞추어야 안정된 마요네즈를 얻을 수 있다.

40 **총고객수 900명, 좌석수 300석, 1좌석당 바닥 면적 1.5㎡일 때, 필요한 식당의 면적은?**

① 300㎡ ② 350㎡
③ 400㎡ ④ 450㎡

취식자 좌석이 300석이므로 취식자 300인의 취식 면적은 $300 \times 1.5 = 450$㎡이다. 식기회수 공간을 따로 주지 않았으므로 식당의 면적은 450m²이다.

41 **10월 한 달간 과일통조림의 구입 현황이 아래와 같고, 재고량이 모두 13캔인 경우 선입선출법에 따른 재고 금액은?**

날 짜	구입량(캔)	구입단가(원)
10/1	20	1,000
10/10	15	1,050
10/20	25	1,150
10/25	10	1,200

① 14,500원 ② 15,000원
③ 15,450원 ④ 16,000원

정답 36 ④ 37 ③ 38 ④ 39 ③ 40 ④ 41 ③

 선입선출법은 먼저 구매한 재고품이 먼저 사용된다는 가정하에 계산하는 것으로, 재고량이 13캔이면 10월 20일에 구입한 3캔, 10월 25일에 구입한 10캔이 재고가 된다. 따라서 재고 금액은 (3 × 1,150) + (10 × 1,200) = 15,450원이다.

42 총비용과 총수익(판매액)이 일치하여 이익도 손실도 발생되지 않는 기점은?

① 매상선점 ② 가격결정점
③ 손익분기점 ④ 한계이익점

 손익분기점은 총수익과 총비용이 일치하는 값으로 이익이나 손실이 발생하지 않는다.

43 다음 중 열량 산출에서 가장 격심한 활동에 속하는 것은?

① 모내기, 등산 ② 빨래, 마루닦기
③ 다림질, 운전 ④ 요리하기, 바느질

 가장 격심한 활동은 모내기와 등산이다.

44 머랭을 만들 때 설탕을 어느 시점에서 넣는 것이 좋은가?

① 아무 때나
② 처음 젓기 시작할 때쯤
③ 거품이 생기기 시작할 때
④ 충분히 거품이 생겼을 때

머랭을 올리기 전에 넣으면 거품이 잘 올라오지 않는다.

45 작업장에서 발생하는 작업의 흐름에 따라 시설과 기기를 배치할 때 작업의 흐름이 순서대로 연결된 것은?

㉠ 전처리	㉡ 장식 · 배식
㉢ 식기세척 · 수납	㉣ 조리
㉤ 식재료의 구매 · 검수	

① ㉤ – ㉠ – ㉣ – ㉡ – ㉢
② ㉠ – ㉡ – ㉢ – ㉣ – ㉤
③ ㉤ – ㉣ – ㉡ – ㉠ – ㉢
④ ㉢ – ㉠ – ㉣ – ㉤ – ㉡

 작업의 흐름
식재료를 구매한 후 검수 → 전처리 → 조리 → 장식·배식→ 식기 세척·수납

46 아미노카르보닐화 반응, 캐러멜화 반응, 전분의 호정화가 일어나는 온도의 범위는?

① 20 ~ 50℃ ② 50 ~ 100℃
③ 100 ~ 200℃ ④ 200 ~ 300℃

 당류를 180~200℃의 고온으로 가열시켰을 때 중합 또는 축합으로 생성된다.

47 단체급식의 문제점 중 심리면에 대한 설명이 아닌 것은?

① 조리종사자의 실수로 독물이나 세균이 급식에 흡입되어 대규모의 식중독 사고가 일어날 수 있다.
② 피급식자의 선택의 여지가 없을 때 불만이 생길 수 있다.
③ 일정한 양을 공급하므로 충분하지 않게 느낄 수 있다.
④ 분위기가 산만하고 지저분하면 섭취율이 저하된다.

 ①의 경우는 조리와 보관상의 문제점이다.

정답 42 ③ 43 ① 44 ④ 45 ① 46 ③ 47 ①

48 안토시아닌 색소가 함유된 채소를 알칼리 용액에서 가열하면 어떻게 변색되는가?

① 적색 ② 황갈색
③ 무색 ④ 청색

 안토시아닌 색소는 산성에서는 적색, 중성에서는 보라색, 알칼리성에서는 청색을 띤다.

49 밀가루 반죽 시 지방의 연화 작용에 대한 설명으로 틀린 것은?

① 포화지방산으로 구성된 지방이 불포화지방산보다 효과적이다.
② 기름의 온도가 높을수록 쇼트닝 효과가 커진다.
③ 반죽 횟수 및 시간과 반비례한다.
④ 난황이 많을수록 쇼트닝 작용이 감소된다.

 반죽 횟수 및 시간은 연화 작용과 관계가 없다.

50 다음 중 효소적 갈변 반응이 나타나는 것은?

① 캐러멜 소스 ② 간장
③ 장어구이 ④ 사과주스

식품의 갈변 중 효소적 갈변은 채소류나 과일류를 파쇄하거나 껍질을 벗길 때 일어나는 반응이다.

51 눈 보호를 위해 가장 좋은 인공조명 방식은?

① 직접조명 ② 간접조명
③ 반직접조명 ④ 전반확산조명

 간접조명은 눈 보호를 위해 가장 좋은 인공조명 방식이다.

52 다음 중 음료수 소독에 가장 적합한 것은?

① 생석회 ② 알코올
③ 염소 ④ 승홍수

 음료수 소독에는 염소 소독이 가장 이상적이다.

53 채소류를 매개로 감염될 수 있는 기생충이 아닌 것은?

① 회충 ② 아니사키스
③ 구충 ④ 편충

 아니사키스충은 고래, 돌고래에 기생하는 회충의 일종으로 본충에 감염된 연안 어류의 섭취로 감염된다.

54 기생충과 중간숙주와의 연결이 틀린 것은?

① 간흡충 – 쇠우렁, 참붕어
② 요꼬가와흡충 – 다슬기, 은어
③ 폐흡충 – 다슬기, 게
④ 광절열두조충 – 돼지고기, 소고기

 광절열두조충(긴촌충) : 제1중간숙주(물벼룩), 제2중간숙주(연어, 송어 등의 담수어)

55 분변 소독에 가장 적합한 것은?

① 생석회 ② 약용비누
③ 과산화수소 ④ 표백분

 생석회는 인축의 배설물이나 오수, 하수 등의 소독에 적당하다.

정답 48 ④ 49 ③ 50 ④ 51 ② 52 ③ 53 ② 54 ④ 55 ①

56 초기 청력 장애 시 직업성 난청을 조기 발견할 수 있는 주파수는?

① 1,000Hz ② 2,000Hz
③ 3,000Hz ④ 4,000Hz

 일과성 청력 손실은 산업장 소음의 경우 4,000 ~ 6,000Hz에서 일어난다.

57 일산화탄소(CO)에 대한 설명으로 틀린 것은?

① 무색, 무취이다.
② 물체의 불완전 연소 시 발생한다.
③ 자극성이 없는 기체이다.
④ 이상 고기압에서 발생하는 잠함병과 관련이 있다.

 일산화탄소는 물체의 불완전 연소 시에 발생하는 무색, 무취, 무미, 무자극성의 기체이다.

58 다음 중 공중보건상 감염병 관리가 가장 어려운 것은?

① 동물 병원소 ② 환자
③ 건강보균자 ④ 토양 및 물

 건강보균자는 병원체가 침입하였으나 임상 증상이 없어 건강한 사람과 다름없으나, 병원체를 배출할 수 있는 보균자로서 감염병 관리에 문제가 되고 있다.

59 질병을 매개하는 위생 해충과 그 질병의 연결이 틀린 것은?

① 모기 – 사상충증, 말라리아
② 파리 – 장티푸스, 콜레라
③ 진드기 – 유행성 출혈열, 쯔쯔가무시증
④ 이 – 페스트, 재귀열

 이가 매개하는 질병은 발진티푸스, 재귀열 등이다.

60 병원체가 바이러스(virus)인 감염병은?

① 결핵 ② 회충
③ 발진티푸스 ④ 일본뇌염

 일본뇌염의 병원체는 바이러스균이다.

정답 56 ④ 57 ④ 58 ③ 59 ④ 60 ④

Part 09

CBT 실전 모의고사

중식조리기능사 필기시험 합격하기

제 1 회 CBT 실전 모의고사

정답 및 해설 P. 446

중식조리기능사 CBT 실전 모의고사

수험번호:

수험자명:

제한시간 : 60분

01 다음 중 밀가루를 사용용도에 따라 구분할 때 어느 성분을 기준으로 하는가?

① 글루아딘 ② 글루텐
③ 글루타민 ④ 글로불린

02 다음 중 냉채 요리가 가장 맛있는 온도는?

① 0℃ ② 4℃
③ 8℃ ④ 10℃

03 다음 중 5미에 속하지 않는 것은?

① 지미 ② 신맛
③ 매운맛 ④ 짠맛

04 다음 중 눈을 보호하기 위한 가장 좋은 인공조명 방식은?

① 직접조명
② 반간접조명
③ 전반확산 조명
④ 간접조명

05 다음 중 분변 오염균의 지표로 쓰이는 균은?

① 일반 세균
② 곰팡이
③ 대장균
④ 결핵균

06 흔히 중국에서는 훠궈로 일본에서는 샤브샤브라는 명칭의 음식과 비슷하며, 뜨거운 육수에 양고기나 채소를 담가 살짝 익힌 후, 기호에 맞는 소스를 찍어 먹는 요리는?

① 류(liu, 리우)
② 초(chao, 챠오)
③ 쇄(shuan, 쑤안)
④ 폭(bao, 빠오)

07 다음 중 예방접종으로 획득되는 면역은?

① 인공수동면역
② 자연수동면역
③ 인공능동면역
④ 자연능동면역

08 다음 중 조리 시 가장 많이 손실되는 비타민은?

① 비타민 A
② 비타민 B
③ 비타민 C
④ 비타민 D

09 다음 중 재료를 돌리면서 도톰하게 써는 것을 의미하는 것은?

① 조(條)
② 편(片)
③ 곤도괴(滾刀塊)
④ 니(泥)

10 다음 중 β-전분이 가열에 의해 α- 전분으로 변화되는 현상을 무엇이라 하는가?

① 노화 ② 호정화
③ 호화 ④ 산화

11 다음 중 달걀의 기포성을 이용한 것은?

① 달걀찜
② 푸딩(pudding)
③ 마요네즈(mayonnaise)
④ 머랭(meringue)

12 다음 중 CA 저장에 가장 적합한 식품은?

① 과일류, 채소, 달걀류
② 육류
③ 건조식품
④ 생선류

13 다음 중 비타민 C의 부족으로 발생하는 결핍증은?

① 각기병
② 구순구각염
③ 괴혈병
④ 구루병

14 다음 중 콜레라의 검역기간으로 옳은 것은?

① 144시간 ② 120시간
③ 240시간 ④ 160시간

15 다음 중 소고기의 부위 중 사태는 어떤 조리에 적합한가?

① 탕, 스튜, 찜
② 구이, 전골
③ 편육, 장국
④ 조림, 장국

16 다음 중 브로멜린이 함유되어 고기를 연화시키는 데 이용되는 과일은?

① 파인애플
② 사과
③ 배
④ 귤

17 다음 중 불포화지방산을 포화지방산으로 변화시키는 경화유에는 어떤 물질이 첨가되는가?

① 질소
② 탄소
③ 산소
④ 수소

18 동물성 식품의 부패 경로로 알맞은 것은?

① 부패 – 사후강직 – 자가소화
② 자가소화 – 숙성 – 사후강직
③ 사후강직 – 부패 – 자가소화
④ 사후강직 – 자가소화 – 부패

19 다음 후식 요리 중 찬 후식류의 종류가 아닌 것은?

① 멜론시미로
② 연시시미로
③ 행인두부
④ 고구마빠스

20 다음 중 전분을 사용하지 않는 볶음류로 옳은 것은?

① 고추잡채
② 류산슬
③ 라조기
④ 새우케첩볶음

21 다음 중 칼을 사용할 때 주의할 사항으로 옳은 것은?

① 칼날은 손이 베지 않도록 조금 무디게 사용한다.
② 칼은 사용이 끝나면 개수대 등에 담아 둔다.
③ 주방에서 칼을 들고 이동할 때는 칼끝을 위로 향하게 해서는 안 된다.
④ 칼을 떨어뜨렸을 때는 잡으려 하지 않고 피한다.

22 생선의 비린내 성분은?

① 트리메틸아민
② 고시폴
③ 세사몰
④ 레시틴

23 다음 중 집단감염이 잘 되며 항문주위에서 산란하는 기생충은?

① 요충　② 회충
③ 구충　④ 편충

24 라드(lard)는 무엇을 가공하여 만든 것인가?

① 우유의 지방
② 돼지 지방
③ 버터
④ 식물성 기름

25 튀김 조리 시 주의사항으로 옳지 않은 것은?

① 튀김옷은 재료의 양을 고려하여 만든다.
② 바삭하게 튀기고 싶은 경우 같은 온도에서 두 번 정도 튀긴다.
③ 생선을 튀길 경우 눈알은 터뜨리지 않고 튀겨야 한다.
④ 기름 온도를 반드시 체크한다.

26 작업환경의 개념에 속하지 않는 것은?

① 환경　② 기구, 제품
③ 교육훈련　④ 작업방법

27 다음 중 다수가 밀집된 장소에서 발생하며 화학적 조성이나 물리적 조성의 큰 변화를 일으켜 불쾌감, 두통, 권태, 현기증, 구토 등의 생리적 이상을 일으키는 현상은?

① 군집독
② 빈혈
③ 일산화탄소 중독
④ 분압현상

28 다음 중 역성비누를 보통비누와 함께 사용할 때 가장 올바른 방법은?

① 보통비누와 역성비누를 섞어서 거품을 내며 사용한다.
② 역성비누를 먼저 사용한 후 보통비누를 사용한다.
③ 보통비누로 먼저 때를 씻어 낸 후 역성비누를 사용한다.
④ 역성비누와 보통비누의 사용순서는 무관하게 사용한다.

29 다음 중 총비용과 총수익(판매액)이 일치하여 이익도 손실도 발생하지 않는 시점은?

① 손익분기점　② 매상 선점
③ 한계 이익점　④ 가격 결정점

30 다음 중 사람과 동물이 같은 병원체에 의하여 발생하는 질병은?

① 세균성식중독
② 인수공통감염병
③ 법정 감염병
④ 기생충성 질병

31 중식에서 소스의 농도를 맞출 때 주로 사용하는 농후제는?

① 전분 ② 밀가루
③ 달걀 ④ 물

32 다음 중 국내에서 허가된 인공감미료는?

① 사카린나트륨
② 사이클라메이트
③ 둘신
④ 메타니트로아닐린

33 다음 중 자연독 식중독 중 복어중독을 일으키는 독성분은?

① 베네루핀
② 삭시톡신
③ 테트로도톡신
④ 솔라닌

34 다음 중 과일 통조림으로부터 용출되어 구토, 설사, 복통의 중독증상을 유발할 가능성이 있는 물질은?

① 비소 ② 카드뮴
③ 주석 ④ 아연

35 다음 중 섭조개에서 문제를 일으킬 수 있는 독소 성분은?

① 베네루핀 ② 무스카린
③ 삭시톡신 ④ 엔테로톡신

36 다음 중 지역사회나 국가사회의 보건수준을 나타낼 수 있는 가장 대표적인 지표는?

① 영아사망률
② 조출생률
③ 건강보험 수혜자 수
④ 병상이용률

37 다음 중 중온성균 증식의 최적 온도는?

① 10~12℃
② 55~60℃
③ 25~37℃
④ 65~75℃

38 조리 장비, 도구 안전관리 지침에 해당하지 않는 것은?

① 요구에 따른 만족도
② 안전성과 위생
③ 장비의 성능
④ 특정한 장비의 구입

39 훈연법에 쓰이는 나무로 적절하지 않은 것은?

① 호두나무
② 자작나무
③ 잣나무
④ 참나무

40 HACCP를 수행하는 단계에 있어서 가장 먼저 실시하는 것은?

① 중요관리점 결정
② 식품의 위해요소를 분석
③ 기록유지 및 문서화 절차 확립
④ 한계기준 이탈 시 개선조치 절차 확립

41 다음 중 중독될 경우 코프로포르피린이 검출될 수 있는 중금속은?

① 납(pb)
② 크롬(cr)
③ 철(fe)
④ 시안화합물(cn)

42 식품접객업을 하려는 자의 교육시간으로 알맞은 것은?

① 8시간 ② 6시간
③ 36시간 ④ 12시간

43 황변미 중독은 14~15% 이상의 수분을 함유하는 저장미에서 발생하기 쉬운데 그 원인물질은?

① 세균 ② 곰팡이
③ 효모 ④ 바이러스

44 다음 중 참기름에 함유된 항산화 성분은?

① 호박산 ② 고시폴
③ 세사몰 ④ 이눌린

45 다음 중 이타이이타이병을 유발하는 물질은?

① 카드뮴 ② 구리
③ 안티몬 ④ 수은

46 다음 식중독의 종류 중 가장 심한 발열을 일으키는 식중독은?

① 살모넬라 식중독
② 포도상구균 식중독
③ 클로스트리디움 보튤리늄 식중독
④ 복어 식중독

47 다음 중 식물성 액체유를 경화처리한 반고체 상태의 유지는?

① 쇼트닝
② 라드
③ 마요네즈
④ 버터

48 다음 중 당장법에서 설탕의 농도는 얼마 이상인가?

① 65% ② 50%
③ 70% ④ 40%

49 만성중독의 경우 반상치, 골경화증, 체중감소, 빈혈 등을 나타내는 물질은?

① 불소 ② 칼슘
③ 요오드 ④ 마그네슘

50 다음 면발 중 가장 굵은 면은?

① 우동면 ② 중화면
③ 칼국수면 ④ 세면

51 식품 또는 식품첨가물의 완제품을 나누어 유통할 목적으로 재포장, 판매하는 영업은?

① 식품제조업
② 식품접객업
③ 즉석 판매 제조 가공업
④ 식품소분업

52 입고가 먼저 된 것부터 순차적으로 출고하여 출고단가를 결정하는 방법은?

① 개별법
② 선입선출법
③ 후입선출법
④ 단순평균법

53 건조방법 중 분무건조법으로 만들어지는 것은?

① 분유 ② 김
③ 한천 ④ 굴비

54 다음 중 보존식에 대해 알맞게 설명한 것은?

① 제공된 요리 1인분을 조리장에 일정 시간 보존하여 사고(식중독) 발생에 대비하는 식
② 제공된 요리 1인분을 냉장고에 일정 시간 보존하여 사고(식중독) 발생에 대비하는 식
③ 제공된 요리 1인분을 냉장고에 일정 시간 전시용으로 보존하는 식
④ 제공된 요리 1인분을 조리장에 일정 시간 전시용으로 보존하는 식

55 별 모양의 향신료로 여덟 개의 시방으로 이루어져 있으며, 잡냄새를 제거할 때 쓰이는 향신료는?

① 오미자 ② 구기자
③ 팔각 ④ 산초

56 식품위생법에서 사용하는 '표시'에 대한 용어의 정의는?

① 식품, 식품첨가물, 기구 또는 용기·포장에 적는 문자, 숫자 도형을 말한다.
② 화학적 수단으로 원소 또는 화합물에 분해 반응 외의 화학반응을 일으켜서 얻은 물질을 말한다.
③ 모든 음식물(의약으로 섭취하는 것 제외)을 말한다.
④ 식품을 제조·가공· 조리 또는 보존하는 과정에서 감미, 착색, 표백 또는 산화 방지 등을 목적으로 식품에 사용되는 물질을 말한다.

57 다음 중 비린내 및 지방 성분을 분해시켜 느끼한 맛을 없애 주고 청량감을 증가시키는 작용을 하는 조미료는?

① 꿀 ② 식초
③ 노추 ④ 설탕

58 일 매출액이 1,300,000원, 식재료비가 780,000원인 경우 식재료비의 비율은?

① 55% ② 60%
③ 65% ④ 70%

59 가식부율이 70%인 식품의 출고계수는?

① 1.25 ② 1.43
③ 1.64 ④ 2.00

60 물, 대두, 설탕, 식초, 소금, 쌀, 밀가루, 고추, 마늘을 이용하여 만들고, 대두를 중심으로 발효시킨 소스로 짠맛과 단맛이 나고 특유의 고소하며 독특한 향 때문에 딥 소스나 구이용으로도 쓰이며, 국에 넣어 먹기도 하며 다양하게 쓰이는 소스는?

① XO 소스 ② 고추기름
③ 춘장 ④ 해선장

제1회 CBT 실전 모의고사

01	02	03	04	05	06	07	08	09	10
②	②	①	④	③	③	③	③	③	③
11	12	13	14	15	16	17	18	19	20
④	①	③	②	①	①	④	④	④	①
21	22	23	24	25	26	27	28	29	30
④	①	①	②	③	③	①	③	①	②
31	32	33	34	35	36	37	38	39	40
①	①	③	③	③	①	③	④	③	②
41	42	43	44	45	46	47	48	49	50
①	②	②	③	①	①	①	②	①	①
51	52	53	54	55	56	57	58	59	60
④	②	①	②	③	①	②	②	②	④

01 밀가루의 단백질인 글루텐의 함량차이로 강력분, 중력분, 박력분으로 구분한다.

02 냉채 요리는 4도일 때 가장 맛있다.

03 맛의 5미 : 신맛, 쓴맛, 단맛, 매운맛, 짠맛
지미 : 신선하고 시원하며 감칠맛 나는 맛

04 눈의 피로도에 가장 적게 영향을 미치는 조명은 간접조명이다.

05 분변 오염의 지표균은 대장균이다.

06 쇄(shuan, 쑤안) : 흔히 중국에서는 훠궈로 일본에서는 샤브샤브라는 명칭의 음식과 비슷하다. 뜨거운 육수에 양고기나 채소를 담가 살짝 익힌 후, 기호에 맞는 소스를 찍어 먹는다. 사천 지역에서는 마라탕, 북경에서는 쇄양육으로 유명하다.

07 인공능동면역이란 예방접종으로 획득되는 면역으로 생균백신의 접종을 통해 장기간 면역이 지속된다.

08 수용성 비타민의 비타민 C는 물, 열, 공기, 광선 등에 손쉽게 파괴되는 비타민이다.

09 조(條) 티아오 tiáo : 채 썰기 / 니(泥) 니 ní : 잘게 다지기 / 편(片) 피엔 piàn : 편 썰기

10 생전분을 β-전분이라 하고 익힌 전분을 α-전분이라 하는데, β-전분이 α-전분으로 되는 현상을 호화라 한다.

11 머랭, 케이크 등은 달걀의 여러 성질 중 기포성을 이용한 음식이다.

12 과일과 채소는 수확 후에도 호흡작용을 하여 성분변화를 일으키므로 호흡을 억제하기 위하여 CA 저장을 한다. CA 즉 가스저장은 식품을 탄산가스, 질소가스 속에 보관하여 식품을 장기간 저장할 수 있도록 하는 것으로 온도, 습도, 기체조성 등을 조절한다.

13 각기병 – 비타민 B_1, 구순구각염 – 비타민 B_2, 구루병 – 비타민 D, 괴혈병 – 비타민 C

14 콜레라 : 5일(120시간), 페스트 : 6일(144시간), 황열 : 6일(144시간), 조류인플루엔자 :10일(240시간)

15 사태는 결합조직이 많으므로 물을 넣어 오래 가열하면 경단백질인 콜라겐이 젤라틴화되어 소화되기 쉬운 형태로 변하게 된다. 그러므로 탕, 스튜, 찜, 국물을 내는 데 적합하다.

16 브로멜린은 단백질 분해효소로 파인애플에 함유되어 있으며 고기를 연화시키는 데 사용한다.

17 경화유란 액체 상태의 기름에 니켈을 촉매제로 수소를 첨가하여 고체형의 기름으로 만드는 것이다(마가린, 쇼트닝 등)

18 도살 후 육류의 변화는 사후강직 – 자가소화 – 부패의 경로로 발생한다.

19 찬 후식류의 종류 : 행인두부, 시미로, 과일 등
더운 후식류의 종류 : 빠스류

20 전분을 사용하지 않는 볶음류에는 부추잡채, 고추잡채, 당면 잡채, 토마토달걀볶음 등이 있다.

21 칼날이 무디면 더 안전하지 못하다. 칼은 물이 든 개수대 등에 담아 두지 않는다. 주방에서 칼을 들고 이동할 때는 칼끝을 위로 향하게 하고 칼날은

뒤로 가게 한다.

22 생선의 비린내 주성분인 트리메틸아민은 수용성이어서 물로 깨끗이 씻으면 어느 정도 냄새를 줄일 수 있다.

23 요충은 항문 주위에 산란하여 가려움증을 유발한다.

24 라드는 돼지의 지방에서 나온 흰색의 반고체를 정제한 기름이다.

25 생선의 눈알은 터뜨린 후 튀긴다.

26 작업환경이란 환경, 제품, 기구, 작업방법 등

27 군집독이란 다수가 밀집한 곳의 실내공기가 화학적인 조성이나 물리적 조성의 변화로 인하여 불쾌감, 두통, 권태, 현기증, 구토 등의 생리적 이상을 일으키는 현상을 말하며 그 원인은 산소부족, 이산화탄소 증가, 고온, 고습 기류 상태에서 유해가스 및 취기 등에 의해 복합적으로 발생한다.

28 역성비누는 보통비누와 같이 사용하거나 유기물이 존재하면 살균 효과가 떨어지므로 세제로 씻은 후 사용한다.

29 손익분기점은 수익과 총비용이 일치하는 값으로 이익이나 손실이 발생하지 않는다.

30 인수공통감염병은 사람과 동물이 같은 병원체에 의해 공히 감염되는 감염병으로 탄저(소, 양), 결핵(소), 살모넬라(소, 돼지), 광견병(개), 페스트(쥐) 등이 있다.

31 주로 감자전분을 농후제로 사용한다.

32 허가된 인공감미료 : 사카린나트륨, D-솔비톨, 글리실리진산나트륨, 아스파탐

33 동물성 자연독에 의한 식중독의 복어 독은 지각마비, 구토, 의식혼미, 호흡정지, 치사율 50~60%, 독성분은 테트로도톡신이다.

34 통조림 캔의 내부가 주석으로 도금 처리되어 있어서 내용물이 산성인 경우 주석이 용해되어 나올 수 있다.

35 섭조개의 마비성 패중독인 삭시톡신은 동물성 자연독에 의한 식중독으로 입술, 혀, 말초신경마비 등의 증상을 나타내며 치사율은 10%이다.

36 영아사망률은 가장 대표적인 공중보건의 지표이다.

37
- 저온성균 : 최적온도 15~20℃로 식품의 부패를 일으키는 부패균
- 중온성균 : 최적온도 25~37℃로 질병을 일으키는 병원균
- 고온성균 : 최적온도 50~60℃로 온천물에 서식하는 온천균

38 조리 장비, 안전관리 지침 : 성능, 요구에 따른 만족도, 장비의 성능을 고려하여야 함.

39 송진 성분이 있는 침엽수류(잣나무, 소나무 등)는 그을음이 발생하기 때문에 훈연에 적절하지 않다.

40 **HACCP 수행의 7원칙**
- 원칙1: 위해요소 분석
- 원칙2: 중요관리점(CCP) 결정
- 원칙3: 중요관리점에 대한 한계기준 설정
- 원칙4: 중요관리점에 대한 감시 절차 확립
- 원칙5: 한계기준 이탈 시 개선조치 절차 확립
- 원칙6: HACCP 시스템의 검증 절차 확립
- 원칙7: 기록유지 및 문서화 절차 확립

41 납중독은 소변 중에 코프로포르피린 검출, 권태, 체중감소, 염기성 과립 적혈구 수의 증가, 요독증 등의 증세가 나타난다.

42 **영업을 하려는 자가 받아야 하는 식품위생교육 시간**

- 4시간 : 식품운반업, 식품소분. 판매업, 식품보존업, 용기 포장류 제조업
- 6시간 : 식품접객업, 집단급식소를 설치, 운영하려는 자
- 8시간 : 식품제조. 가공업, 즉석판매제조. 가공업, 식품첨가물 제조업

43 습도와 기온이 높은 환경에서 저장된 쌀에 기생하는 곰팡이에 오염되어 변질된 쌀은 외관이 황색으로 변하는데 이를 황변미라하고 이에 의한 중독을 황변미 중독이라 한다.

44 세사몰은 참기름에 함유된 천연 산화방지제이다.

45 카드뮴은 법랑제품 및 도기의 유약성분, 오염된 어패류, 농작물 섭취로 인체에 흡수되며 체내에서 칼슘 대사장애를 일으키고 골연화증, 신장기능장애, 단백뇨의 증상을 나타낸다.

46 **살모넬라 식중독**

- 원인균 : 살모넬라균
- 증상 : 급성위염, 급격한 발열
- 원인식품 : 식육가공품

47 쇼트닝은 지방질 100%로 제과·제빵 등의 식품가공용 원료로 사용되는 반고체상태의 가소성 유지제품이다.

48 당장법은 50% 이상의 설탕에 절여서 미생물의 발육을 억제하는 저장법으로 당장법에 의한 저장식품으로는 젤리, 잼 등이 있다.

49 불소는 골격과 치아를 단단하게 하며, 불소가 적게 함유된 물을 장기간 마시면 우치가 많이 함유된 물을 마시면 반상치가 유발된다.

50 세면 < 소면 < 중화면 < 칼국수면 < 우동면

51 식품소분업에 대한 설명이다.

52 **선입선출법**

재료 구입 순서에 따라 구입 일자가 빠른 재료의 구입 단가를 소비가격으로 정한다.

53 **분무건조**

액상의 식품을 안개처럼 뿜어서 열풍으로 건조시키는 방법으로 분유, 녹말가루의 조제, 커피, 달걀 등의 분말건조식품을 만드는 데 이용된다.

54 보존식이란 급식으로 제공된 요리 1인분을 식중독 발생에 대비하여 냉장고에 72시간 이상 보존하는 것을 말한다.

55 팔각에 대한 설명이다.

56 ②화학적 합성품, ③식품, ④식품첨가물

57 식초는 비린내 및 지방 성분을 분해시켜 느끼한 맛을 없애주고 청량감을 증가시키는 작용을 한다.

58 $\frac{1,300,000}{780,000} \times 100 = 60\%$

59 식품의 출고계수 = 필요량 1개 / 가식부율

$= \frac{1}{0.7} = 1.43$

60 해선장은 물, 대두, 설탕, 식초, 소금, 쌀, 밀가루, 고추, 마늘을 이용하여 만들고, 대두를 중심으로 발효시킨 소스이다. 짠맛과 단맛이 나고 해선장 특유의 고소하며 독특한 향 때문에 딥 소스나 구이용으로도 쓰이며, 국에 넣어 먹기도 하며 다양하게 쓰인다. 해선장(海鮮醬)이란 이름 때문에 해산물이 들어갈 것 같지만 해산물은 들어가 있지 않다.

제 2 회 CBT 실전 모의고사

정답 및 해설 P. 456

중식조리기능사 CBT 실전 모의고사

수험번호:

수험자명:

제한시간 : 60분

01 가정에서 많이 사용되는 다목적 밀가루는?

① 강력분
② 중력분
③ 박력분
④ 초강력분

02 식품에서 자연적으로 발생하는 유독물질을 통해 식중독을 일으킬 수 있는 식품과 가장 거리가 먼 것은?

① 피마자
② 표고버섯
③ 미숙한 매실
④ 모시조개

03 다음 중 냉채 요리의 특징으로 옳지 않은 것은?

① 냉채 요리의 온도는 10℃ 내외가 적당하다.
② 연회의 성격을 상징적으로 나타낸다.
③ 재료가 신선하고 향이 있어야 하며 국물이 없어야 한다.
④ 소화가 잘 돼야 한다.

04 다음 중 소음의 측정단위인 데시벨(dB)이란?

① 음의 질
② 음의 강도
③ 음의 전파
④ 음의 파장

05 다음 중 화학적 식중독에 해당하지 않는 것은?

① 유기인제
② 유기수은제
③ 알레르기성 식중독
④ 비소화합물

06 굴 소스에 대한 설명으로 옳지 않은 것은?

① 생굴을 소금과 발효시켜 만든 소스이다.
② 단감이나 홍시와 함께 요리하면 풍미를 더 살릴 수 있다.
③ 세계적으로 가장 대표적인 중국식 소스이다.
④ 볶음이나 조림, 튀김에 두루 쓰인다.

07 새우나 게와 같은 갑각류의 색소는 가열에 의해 아스타잔틴(astaxaxthin)으로 되고 이 물질은 다시 산화되어 아스타신(astasin)으로 변한다. 이 아스타신의 색은?

① 녹색
② 보라색
③ 청자색
④ 적색

08 다음 중 건성유로 알맞은 것은?

① 대두유, 면실유
② 동백기름, 올리브유
③ 들기름, 아마인유
④ 참기름, 유채기름

09 부드러운 조직의 재료로 완자를 만들어 끓는 물 또는 육수에 빠르게 데쳐서 사용하는 조리법을 나타내는 것은?

① 탄 ② 배
③ 소 ④ 돈

10 채소를 튀기기에 적절한 온도와 시간으로 올바른 것은?

① 185~200℃, 8~10분
② 160~170℃, 1분
③ 185~200℃, 1분
④ 160~170℃, 3분

11 행인두부의 주재료로 옳은 것은?

① 고구마
② 사과 씨
③ 은행
④ 살구 씨

12 아래 〈보기〉 중 단체급식 조리장을 신축할 때 우선적으로 고려할 사항 순으로 배열된 것은?

가. 위생	나. 경제	다. 능률

① 다 → 나 → 가
② 나 → 가 → 다
③ 가 → 다 → 나
④ 나 → 다 → 가

13 하천수에 용존산소가 적다는 것은 무엇을 의미하는가?

① 유기물 등이 잔류하여 오염도가 높다.
② 물이 비교적 깨끗하다.
③ 오염과 무관하다.
④ 호기성 미생물과 어패류의 생존에 좋은 환경이다.

14 식품위생법규 상 영업에 종사하지 못하는 질병의 종류에 해당하지 않는 것은?

① 콜레라
② 화농성질환
③ 결핵(비감염성)
④ A형 간염

15 식품의 수분활성도(Aw)에 대한 설명으로 틀린 것은?

① 식품이 나타내는 수증기압과 순수한 물의 수증기압의 비를 말한다.
② 일반적인 식품의 Aw 값은 1보다 크다.
③ Aw의 값이 작을수록 미생물의 이용이 쉽지 않다.
④ 어패류의 Aw는 0.99~0.98 정도이다.

16 달걀의 기능을 이용한 음식의 연결이 잘못된 것은?

① 응고성 – 달걀찜
② 팽창제 – 시폰 케이크
③ 간섭제 – 맑은 장국
④ 유화성 – 마요네즈

17 오징어에 대한 설명으로 틀린 것은?

① 가로로 형성되어 있는 근육섬유는 열을 가하면 줄어드는 성질이 있다.
② 무늬를 내고자 오징어에 칼집을 넣을 때에는 껍질이 붙어 있던 바깥쪽으로 넣어야 한다.
③ 오징어의 4겹 껍질 중 제일 안쪽의 진피는 몸의 축 방향으로 크게 수축한다.
④ 오징어는 가로 방향으로 평행하게 근섬유가 발달되어 있어 말린 오징어는 옆으로 잘 찢어진다.

18 다음 중 식품접객업의 교육시간으로 알맞은 것은?

① 3시간 ② 4시간
③ 6시간 ④ 8시간

19 다음 중 달걀 선별법이 아닌 것은?

① 투시법
② 비중법
③ 할란 판정
④ 후각판정법

20 HACCP의 의무적용 대상 식품에 해당하지 않는 것은?

① 빙과류
② 비가열 음료
③ 껌류
④ 레토르트식품

21 건조식품, 곡류 등에서 가장 잘 번식하는 미생물은?

① 세균
② 곰팡이
③ 효모
④ 유산균

22 반건조 생면의 수분 함량으로 적절한 것은?

① 40%
② 30%
③ 20%
④ 10%

23 다음 중 수중유적형의 대표적인 예로 맞는 것은?

① 우유, 마요네즈
② 버터, 마가린
③ 마가린, 아이스크림
④ 버터, 마요네즈

24 다음 중 허가된 인공감미료로 바른 것은?

① 둘신
② 사리클라메이트
③ 사카린나트륨
④ 메타니트로아닐린

25 이타이타이병의 유발물질은?

① 카드뮴
② 수은
③ 납
④ 크롬

26 에너지 공급원으로 감자 160g을 보리쌀로 대체할 때 필요한 보리쌀 양은? (단, 감자 당질 함량 : 14.4%, 보리쌀 당질 함량 : 68.4%)

① 20.9g
② 27.6g
③ 31.5g
④ 33.7g

27 우유 100g 중에 당질 5g, 단백질 3.5g, 지방 3.7g이 들어있다면 우유 170g은 몇 kcal를 내는가?

① 114.4kcal
② 167.3kcal
③ 174.3kcal
④ 182.3kcal

28 우엉이나 죽순을 삶을 때 이용하면 좋은 것은?

① 쌀뜨물
② 소금
③ 식초
④ 설탕

29 식단 작성 시 공급열량의 구성비로 가장 적절한 것은?

① 당질 50%, 지질 25%, 단백질 25%
② 당질 65%, 지질 20%, 단백질 15%
③ 당질 75%, 지질 15%, 단백질 10%
④ 당질 80%, 지질 10%, 단백질 10%

30 다음 원가의 구성에 해당하는 것은?

직접원가 + 제조 간접비

① 판매가격
② 간접원가
③ 제조원가
④ 총원가

31 다음 중 감각온도의 3요소가 아닌 것은?

① 기온
② 기압
③ 기류
④ 기습

32 마이야르(maillard) 반응에 영향을 주는 인자가 아닌 것은?

① 수분
② 온도
③ 당의 종류
④ 효소

33 인공능동면역의 방법에 해당하지 않는 것은?

① 생균백신 접종
② 글로불린 접종
③ 사균백신 접종
④ 순화독소 접종

34 식품위생법상 식품위생감시원의 직무가 아닌 것은?

① 영업소의 폐쇄를 위한 간판 제거 등의 조치
② 영업의 건전한 발전과 공동의 이익을 도모하는 조치
③ 영업자 및 종업원의 건강진단 및 위생교육의 이행 여부의 확인, 지도
④ 조리사 및 영양사의 법령 준수사항 이행 여부의 확인, 지도

35 단체급식이 갖는 운영상의 문제점이 아닌 것은?

① 단시간 내에 다량의 음식조리
② 식중독 등 대형 위생사고
③ 대량구매로 인한 재고관리
④ 적온 급식의 어려움으로 음식의 맛 저하

36 채소와 과일의 가스저장(CA 저장) 시 필수 요건이 아닌 것은?

① pH 조절
② 기체의 조절
③ 냉장온도유지
④ 습도유지

37 조리사 또는 영양사의 면허 취소처분을 받고 그 취소된 날부터 얼마의 기간이 경과되어야 면허를 받을 자격이 있는가?

① 1개월
② 3개월
③ 6개월
④ 1년

38 다수인이 밀집된 장소에서 발생하며 화학적 조성이나 물리적 조성의 큰 변화를 일으켜 불쾌감, 두통, 권태, 현기증, 구토 등의 생리적 이상을 일으키는 현상은?

① 빈혈
② 일산화탄소 중독
③ 분압현상
④ 군집독

39 위생 해충과 이들이 전파하는 질병과의 관계가 잘못 연결된 것은?

① 이 – 발진티푸스
② 쥐 – 페스트
③ 모기 – 사상충증
④ 벼룩 – 렙토스피라증

40 식품 등의 표시기준 상 열람표시에서 몇 kcal 미만을 “0”으로 표시할 수 있는가?

① 2kcal
② 5kcal
③ 7kcal
④ 10kcal

41 식품원재료의 분류에서 장과류에 속하는 것은?

① 사과, 배, 감
② 석류, 모과, 살구
③ 무화과, 오렌지, 시트론
④ 무화과, 포도, 딸기

42 다음 중 연탄에서 나오는 유독 물질은?

① 이산화탄소
② 일산화탄소
③ 타르
④ 벤조피렌

43 가장 심한 발열을 일으키는 식중독은?

① 포도상구균 식중독
② 살모넬라 식중독
③ 클로스트리디움 보튤리늄 식중독
④ 복어 식중독

44 달걀의 품질 무게에 따른 분류가 아닌 것은?

① 왕란
② 대란
③ 위생란
④ 소란

45 알칼리성 식품에 대한 설명 중 옳은 것은?

① Na, K, Ca, Mg가 많이 함유되어 있는 식품
② S, P, Cl이 많이 함유되어 있는 식품
③ 당질, 지질, 단백질 등이 많이 함유되어 있는 식품
④ 곡류, 육류, 치즈 등의 식품

46 식품의 보관방법으로 틀린 것은?

① 냉동육은 해동과 동결을 반복하지 않는다.
② 건어물은 건조하고 서늘한 곳에 보관한다.
③ 달걀은 깨끗이 씻어 냉장 보관한다.
④ 두부는 찬물에 담갔다가 냉장시키거나 찬물에 담가 보관한다.

47 다음 중 식품위해요소중점관리기준(HACCP)을 수행하는 단계에 있어서 가장 먼저 실시해야 하는 것은?

① 중요관리점 결정
② 식품의 위해요소를 분석
③ 기록유지 및 문서화 절차 확립
④ 한계기준 이탈 시 개선조치 절차 확립

48 식품위생법상 식품을 제조·가공 또는 보존함에 있어 식품에 첨가, 혼합, 침윤 기타의 방법으로 사용되는 물질(기구 및 용기·포장의 살균 소독의 목적에 사용되어 간접적으로 식품에 이행될 수 있는 물질을 포함한다)이라 함은 무엇에 대한 정의인가?

① 식품
② 식품첨가물
③ 화학적 합성품
④ 기구

49 습식열을 이용한 달걀요리의 종류가 아닌 것은?

① 포치드 에그(Poached egg)
② 보일드 에그(Boiled egg)
③ 코들드 에그(Coddled egg)
④ 서니 사이드 업(Sunny side up)

50 다음은 녹색 채소 조리 시 중조를 가하면 나타나는 결과를 설명한 것이다. 틀린 것은?

① 비타민 C가 파괴된다.
② 조직이 연해진다.
③ 녹갈색으로 변한다.
④ 진한 녹색을 띤다.

51 조리대를 비치할 때 동선을 줄일 수 있는 효율적인 방법이 아닌 것은?

① 조리대 배치는 오른손잡이를 기준으로 생각할 때 일의 순서에 따라 우측에서 좌측으로 배치한다.
② 조리대에는 조리에 필요한 용구나 기기 등의 설비를 가까이 배치하여야 한다.
③ 십자교체나 같은 길을 통해서 역행하는 것을 피한다.
④ 식기나 조리 용구의 세척장소와 보관장소를 가까이 두어 동선을 절약시켜야 한다.

52 다음 중 시장 조사원칙에 해당하지 않는 것은?

① 조사 탄력성의 원칙
② 조사 정확성의 원칙
③ 조사 고정성의 원칙
④ 조사 계획성의 원칙

53 음식의 주재료를 알맞은 모양으로 썰어 밑간을 하고 기름에 튀기거나 볶아 낸 뒤 다시, 준비한 부재료를 넣어 센 불에서 볶고, 육수를 조금 부어 조려주는 방법은?

① 첩(tie, 티에)
② 팽(peng, 펑)
③ 작(zha, 짜)
④ 류(liu, 리우)

54 식품 미생물을 이용하여 만든 식품은?

① 치즈
② 두부
③ 잼
④ 겨자

55 원가계산의 첫 단계로서 재료비, 노무비, 경비를 요소별로 계산하는 방법을 무엇이라고 하는가?

① 부문별 원가계산
② 요소별 원가계산
③ 제품별 원가계산
④ 종합 원가계산

56 철과 마그네슘을 함유하는 색소를 순서대로 나열한 것은?

① 카로티노이드, 미오글로빈
② 미오글로빈, 클로로필
③ 안토시아닌, 플라보노이드
④ 카로티노이드, 미오글로빈

57 냉동생선을 해동시키는 방법으로 영양 손실이 가장 적은 것은?

① 18~22℃의 실온에 방치한다.
② 40℃의 미지근한 물에 담근다.
③ 5~6℃ 냉장고 속에서 해동한다.
④ 비닐봉지에 넣어서 물속에 담가둔다.

58 다음 중 빠스의 의미로 옳은 것은?

① 실을 뽑다.
② 맛이 달다.
③ 설탕에 버무리다.
④ 살짝 데친다.

59 유지의 산패 정도를 측정하는 방법에 속하지 않는 것은?

① 과산화물값
② 오븐 시험
③ 아세틸값
④ TBA 시험

60 다음 중 집단급식소에 속하지 않는 것은?

① 초등학교의 급식시설
② 병원의 구내식당
③ 기숙사의 구내식당
④ 대중음식점

제2회 CBT 실전 모의고사

01	02	03	04	05	06	07	08	09	10
②	②	①	②	③	②	④	③	①	④
11	12	13	14	15	16	17	18	19	20
④	③	①	③	②	③	②	③	④	③
21	22	23	24	25	26	27	28	29	30
②	③	①	③	①	④	①	①	②	③
31	32	33	34	35	36	37	38	39	40
②	④	②	②	③	①	④	④	④	②
41	42	43	44	45	46	47	48	49	50
④	②	②	③	①	③	②	②	④	③
51	52	53	54	55	56	57	58	59	60
①	③	②	①	②	②	③	①	③	④

01 **밀가루의 종류**
- 강력분 : 글루텐함량 13% 이상, 식빵, 마카로니, 스파게티면
- 중력분 : 글루텐함량 10~13%, 만두피, 국수, 다목적용
- 박력분 : 글루텐함량 10% 이하, 케이크, 과자류, 튀김

02 피마자 – 리신, 매실 – 아미그달린, 모시조개 – 베네루핀

03 냉채 요리는 4℃가 적당하다. 연회의 성격을 상징적으로 나타내야 하며 재료가 신선하고 향이 있어야 하며 느끼하면 안 된다. 소화가 잘 돼야 하고, 국물이 없어야 한다.

04 데시벨(dB)은 음의 강도이다.

05 **화학적 식중독의 종류**
유기인제, 유기염소제, 유기수은제, 비소화합물

06 굴 소스는 조개로 만든 것이므로 단감이나 홍시와 함께 조리하면 구토와 설사를 유발할 수 있다.

07 새우나 게를 가열할 때 색이 적색으로 변하는데 이는 아스타산틴 때문이다.

08 식물성 유지 중 상온에서 액체상태로 요오드가에 따라 분류되는데
- 건성유 : 들기름, 아마인유, 호두, 잣
- 반건성유 : 대두유, 면실유, 유채기름, 참기름
- 불건성유 : 땅콩기름, 동백기름, 올리브유

09 탄(tun, 툰)은 부드러운 조직의 재료로 완자를 만들어 끓는 물 또는 육수에 빠르게 데쳐서 사용하는 조리법이다.

10 채소류는 160~170℃에서 3분 정도 튀긴다.

11 행인두부는 살구 씨의 안쪽 흰 부분을 갈아 사용한 요리로 두부처럼 하얗고 부드러워 행인두부로 불린다.

12 **단체급식 조리장을 신축 시 고려할 사항 순서**
위생 → 능률 → 경제 순이다.

13 용존산소량이 낮으면 오염도가 높다는 뜻이다.

14 결핵 중 비감염성인 경우는 제외된다.

15 수분활성도는 0과 1 사이의 값을 가지고 있으며 1을 넘지 않는다.

16 **간섭제**
달걀의 기능 중 하나로 거품을 낸 난백이 결정체 형성을 방해하여 매끈하며 부드러운 느낌을 준다. 셔벳이나 캔디를 만들 때 사용한다.

17 무늬를 내고자 오징어에 칼집을 넣을 때에는 껍질의 반대쪽 안으로 넣어야 한다.

18 **위생교육시간**
- 식품운반업, 식품소분판매업, 식품보존업, 용기·포장류 제조업 : 4시간
- 식품접객영업, 집단급식소 설치운영자 : 6시간
- 식품제조·가공업, 즉석판매제조·가공업, 식품첨가물 제조업 : 8시간

19 후각판정법은 신선한 달걀 선별법이 아니다.

20 **HACCP 의무 적용품목**
어묵, 냉동 수산식품 중 어류, 연체류·조미 가공품, 냉동 피자, 냉동만두, 냉동 면류, 빙과류, 비가열 음료, 레트로트식품, 배추김치 등이 있다.

21 건조식품, 곡류 등은 수분이 적은 식품(14~15%)으로 가장 잘 번식하는 미생물은 곰팡이다.

22 수분 함량을 20% 정도로 조절한 반건조 생면도 제조, 판매되고 있다.

23
- 수중유적형(O/W) : 우유, 마요네즈, 아이스크림, 크림수프
- 유중수적형(W/O) : 버터, 마가린

24 **허가된 인공 감미료**
사카린나트륨, 솔비톨, 아스파탐, 글리실리친산나트륨

25
- 카드뮴 – 이타이타이병
- 수은 – 미나마타병
- 크롬 – 신장장애, 혈뇨증
- 납 – 빈혈

26 **대체식품량**

$$= \frac{\text{원래 식품의 성분 함량}}{\text{대치 식품의 성분 함량}} \times \text{원래 식품량}$$

$$= \frac{14.4}{68.4} \times 160\text{g} = 33.7\text{kg}$$

27
- 당질 : $5 \times 4 = 20$
- 단백질 : $3.5 \times 4 = 14$
- 지방 : $3.7 \times 9 = 33.3$

$20+14+33.3=67.3$이다. 그러나 문제는 우유 170g에 대한 물음이므로

$$= \frac{67.3 \times 170}{100} = 114.41$$

28 우엉이나 죽순을 삶을 때는 쌀뜨물을 잠길 정도로 붓고 삶으면 쌀뜨물에 있는 효소의 작용으로 연화되어 색이 희고 깨끗하게 삶아진다.

29 영양섭취 기준 열량 구성비는 당질 65%, 지질 20%, 단백질 15%이다.

30 직접원가(직접재료비+직접노무비+직접경비)와 제조간접비(간접재료비+간접노무비+간접경비)의 합으로 구하는 것은 제조원가이다.

31
- 감각온도의 3요소 : 기온, 기습, 기류
- 감각온도의 4요소 : 기온, 기습, 기류, 복사열

32 마이야르 반응은 비효소적 갈변으로 단백질과 당의 결합으로 에너지의 공급 없이도 자연 발생적으로 이루어지며 열에 영향을 받는다.

33 인공능동면역은 인위적으로, 즉 능동적으로 항원을 투입하여 항체를 형성하는 것이다. 따라서 생균, 사균, 순화독소를 사용하여 예방접종을 하는 것은 인공능동면역에 해당한다.

34 **식품위생감시원의 직무**
- 식품 등의 위생적인 취급에 관한 기준의 이행 지도
- 수입·판매 또는 사용 등이 금지된 식품 등의 취급 여부에 관한 단속
- 표시기준 또는 과대광고 금지의 위반 여부에 관한 단속
- 출입, 검사 및 검사에 필요한 식품 등의 수거
- 시설기준의 적합 여부의 확인 검사
- 영업자 및 종업원의 건강진단 및 위생교육의 이행 여부의 확인·지도
- 조리사 및 영양사의 법령 준수사항 이행 여부의 확인·지도
- 행정처분의 이행 여부 확인
- 식품 등의 압류·폐기
- 영업소의 폐쇄를 위한 간판 제거 등의 조치
- 그 밖에 영업자의 법령 이행 여부에 관한 확인, 지도

35 대량구매는 재고관리가 용이하고 원가를 절감할 수 있다는 장점을 지닌다.

36 가스 저장은 과일 저장법으로 공기 중의 이산화탄소, 산소, 온도, 습도, 기체조성을 과실의 종류. 품종에 맞게 조절하여 장기 저장할 수 있는 방법이다.

37 조리사 또는 영양사 면허의 취소처분을 받고 그 취소된 날부터 1년이 지나야 면허를 받을 자격이 생긴다.

38 군집독이란 다수가 밀집한 곳의 실내공기와 연관이 있으며, 그 예방법은 환기이다.

39
- 이 – 발진티푸스, 재귀열
- 모기 – 말라리아, 일본뇌염, 황열, 사상충증, 뎅기열
- 파리 – 장티푸스, 파라티푸스, 콜레라, 이질
- 벼룩 – 발진열, 페스트, 재귀열
- 쥐 – 페스트, 서교증, 재귀열, 렙토스피라증(와일씨병)
- 진드기 – 쯔쯔가무시병

40 100㎖당 5kcal이면 0으로 표시할 수 있다.

41
- 인과류 : 사과, 배, 모과, 감
- 핵과류 : 복숭아, 대추, 살구, 자두
- 장과류 : 포도, 딸기, 무화과, 오디
- 감귤류 : 감귤, 오렌지 자몽, 레몬, 유자

42 연탄으로 인해 발생되는 유독물질은 일산화탄소로 산소보다 헤모글로빈과의 결합성이 더 강하기 때문에 산소공급을 차단시켜 어지러움증 등을 유발한다.

43 살모넬라 식중독
- 원인균 : 살모넬라균
- 증상 : 급성위염, 급격한 발열
- 원인식품 : 식육가공품

44 위생란은 품질 무게에 따라 정해진 달걀은 아니다.

45 인·황·염소 등을 많이 함유하고 있는 곡류, 육류, 어류는 산성식품이며, 칼슘, 나트륨, 칼륨, 철, 구리, 망간, 마그네슘을 많이 함유하고 있는 과일, 야채는 알칼리성 식품이다.

46 달걀을 씻어 보관하면 달걀 표면의 미세한 구멍으로 세균이 침투하여 상하게 한다.

47 HACCP 수행의 7원칙
- 원칙1 : 유해요소 분석
- 원칙2 : 중요관리점(CCP) 결정
- 원칙3 : 중요관리점에 대한 한계기준 설정
- 원칙4 : 중요관리점에 대한 감시 절차 확립
- 원칙5 : 한계기준 이탈 시 개선조치 절차 확립
- 원칙6 : HACCP 시스템의 검증 절차 확립
- 원칙7 : 기록유지 및 문서화 절차 확립

48 식품첨가물은 식품을 제조·가공 또는 보존하는 과정에서 여러 가지 목적으로 식품에 넣거나 섞는 물질을 말한다.

49 서니 사이드 업(Sunny side up)은 건식열을 이용한 달걀요리의 종류이다.

50 녹색 채소 조리 시 중조를 넣으면 색이 선명해지지만, 조직이 연화되면서 비타민 C의 파괴를 가져오는 단점이 있다.

51 조리대 배치는 오른손잡이를 기준으로 할 때 좌측에서 우측으로 배치하는 것이 동선을 줄일 수 있고 능률적이다.

52 시장조사의 원칙에는 적시성, 탄력성, 정확성, 계획성의 원칙이 있음

53 팽(peng, 펑)은 음식의 주재료를 알맞은 모양으로 썰어 밑간을 하고 기름에 튀기거나 볶아 낸 뒤 다시, 준비한 부재료를 넣어 센 불에서 볶고, 육수를 조금 부어 조려주는 방법으로 되직한 전분을 만들어 밑간이 된 주재료에 옷을 입혀 기름에 바삭바삭하게 튀긴 후 센 불에 양념을 넣어 빠르게 볶아 양념 또는 육수가 음식에 스며들 수 있도록 하는 조리법이다. 대표적인 요리는 깐풍기, 칠리새우가 있다.

54 치즈 – 우유에 레닌을 가하면 유단백질인 카제인이 분리되는데 이를 칼슘이온과 결합시킨 응고물에 염분을 가하여 숙성시킨 것이다.

55 원가계산의 구조

- 요소별 원가계산 : 재료비, 노무비, 경비의 3가지 원가요소를 몇 가지 분류방법에 따라 세분하여 원가계산별로 계산함.
- 부문별 원가계산 : 전 단계에서 파악된 원가요소를 분류 집계하는 계산절차
- 제품별 원가계산 : 요소별 원가계산에서 부문별 원가계산에서 파악된 부문비는 일정한 기준에 따라 제품별로 최종적으로 각 제품의 제조원가를 계산하는 절차

56 동물성 색소인 미오글로빈은 철분을 함유하고 있고 식물의 잎이나 줄기의 초록색인 클로로필은 마그네슘을 함유하고 있다.

57 냉장고에서 서서히 해동하는 것이 영양 손실이 가장 적다.

58 빠스는 '실을 뽑다.'라는 의미이다.

59 유지의 산패 측정법

- 과산화물값 : 자동산화의 초기산물인 과산화물을 측정
- 오븐시험 : 유지를 65℃의 오븐에서 저장하면서 산패도를 측정
- TBA 시험 : 유지의 산패가 진행됨에 따라 생성되는 Carbonyl 화합물 중 Malonadehyde의 생성에 근거를 둠

* 아세틸값 : 유지 1g을 비누화하여 유리되는 아세트산을 중화하는 데 필요한 수산화칼륨의 mg수로 유지의 신선도를 측정하는 수치이다.

60 집단급식소란 영리를 목적으로 하지 아니하고 계속적으로 특정 다수인에게 음식물을 공급하는 기숙사·학교·병원·기타 후생기관 등의 급식시설

제 3 회 CBT 실전 모의고사

정답 및 해설 P. 466

중식조리기능사 CBT 실전 모의고사

수험번호:

수험자명:

제한시간 : 60분

01 식품 등의 위생적 취급에 관한 기준으로 틀린 것은?

① 식품 등을 취급하는 원료보관실, 제조가공실, 포장실 등의 내부는 항상 청결하게 관리하여야 한다.

② 식품 등의 원료 및 제품 중 부패, 변질이 되기 쉬운 것은 냉동, 냉장시설에 보관 및 관리하여야 한다.

③ 식품 등의 제조, 가공, 조리 또는 포장에 직접 종사하는 자는 위생모를 착용하는 등 개인위생관리를 철저히 하여야 한다.

④ 유통기한이 경과된 식품 등은 판매의 목적으로 전시하여 진열·보관하여도 된다.

02 식품의 변질현상에 대한 설명 중 틀린 것은?

① 산패 : 지방질 식품이 산소에 의해 산화되는 것

② 발효 : 당질 식품이 미생물에 의해 유해한 물질로 변화되는 것

③ 변패 : 탄수화물 식품의 고유 성분이 변화되는 것

④ 부패 : 난백실 식품이 미생물에 의해 변화되는 것

03 화재 예방 조치방법으로 틀린 것은?

① 소화기구의 화재안전기준에 따른 소화전함, 소화기 비치 및 관리, 소화전함 관리상태를 점검하지 않는다.

② 인화성 물질 적정보관 여부를 점검한다.

③ 출입구 및 복도, 통로 등에 적재물 비치 여부를 점검한다.

④ 자동 확산 소화 용구 설치의 적합성 등에 대해 점검한다.

04 간디스토마와 폐디스토마의 제1중간숙주를 순서대로 옳게 짝지어 놓은 것은?

① 붕어 – 참게
② 잉어 – 가재
③ 사람 – 가재
④ 왜우렁이 – 다슬기

05 공기의 자정작용에 속하지 않는 것은?

① 산소, 오존 및 과산화수소에 의한 산화작용

② 여과작용

③ 세정작용

④ 공기 자체의 희석작용

06 식품위생법상 식품위생의 대상이 되지 않는 것은?

① 식품 및 식품첨가물

② 식품, 용기 및 포장

③ 식품 및 기구

④ 의약품

07 상수를 정수하는 일반적인 순서는?

① 예비처리 → 여과처리 → 소독

② 예비처리 → 본처리 → 오니처리

③ 침전 → 여과 → 소독

③ 예비처리 → 침전 → 여과 → 소독

08 쌀의 종류와 특성으로 옳은 설명이 아닌 것은?

① 자포니카형은 인도형으로 쌀알의 길이가 길다.
② 인디카형은 인도형으로 쌀알의 길이가 길고 찰기가 적다.
③ 자바니카형은 자바형으로 인디카형과 자포니카형의 중간 정도이다.
④ 자포니카형은 일본형으로 쌀알의 길이가 짧고 둥글다.

09 기온역전현상의 발생 조건은?

① 상부기온이 하부기온보다 낮을 때
② 상부기온이 하부기온보다 높을 때
③ 상부기온과 하부기온이 같을 때
④ 안개와 매연이 심할 때

10 자극성 피부염의 원인이 되는 금속은?

① 수은 ② 비소
③ 크롬 ④ 구리

11 일반적으로 생물학적 산소요구량(BOD)과 용존산소량(DO)은 어떤 관계가 있는가?

① BOD가 높으면 DO는 낮다.
② BOD가 높으면 DO는 높다.
③ BOD와 DO는 항상 같다.
④ BOD와 DO는 무관하다.

12 개인 안전관리 예방 방법으로 적절하지 않은 것은?

① 원·부재료의 이동 시 바닥의 물기나 기름기를 제거하여 미끄럼을 방지한다.
② 원·부재료의 전처리 시 작업할 분량만큼 나누어서 작업한다.
③ 기계의 이상 작동 시 기계의 전원을 차단하지 않고 정지된 상태만 확인한 후 작업해도 된다.
④ 재료의 가열 시 가스 누출 검지기 및 경보기를 설치한다.

13 다음 중 정제유가 아닌 것은?

① 참기름 ② 옥수수유
③ 해바라기유 ④ 콩기름

14 다음 중 신선한 달걀에 대한 설명으로 옳은 것은?

① 깨뜨려 보았을 때 난황계수가 작은 것
② 흔들어 보았을 때 진동 소리가 나는 것
③ 수양난백의 비율이 높은 것
④ 표면이 까칠까칠하고 광택이 없는 것

15 다음 중 독소형 식중독은?

① 장염비브리오균 식중독
② 아리조나균 식중독
③ 살모넬라균 식중독
④ 포도상구균 식중독

16 쌀의 품종 중에서 찰기가 가장 높은 종류는 무엇인가?

① 단립종 ② 중립종
③ 장립종 ④ 미립종

17 노로바이러스에 대한 설명으로 틀린 것은?

① 발병 후 자연 치유되지 않는다.
② 크기가 매우 작고 구형이다.
③ 급성 위장관염을 일으키는 식중독 원인체이다.
④ 감염되면 설사, 복통, 구토 등의 증상이 나타난다.

18 밀가루 반죽에 첨가하는 재료 중 반죽의 점탄성을 약화시키는 것은?

① 설탕 ② 우유
③ 소금 ④ 달걀

19 다음 육류 중 비타민 B_1의 함량이 가장 많은 것은?

① 쇠고기 ② 돼지고기
③ 양고기 ④ 토끼고기

20 다음 중 면(국수) 조리에서 첨가되는 소금의 역할이 아닌 것은?

① 글루텐에 대한 점탄성을 증가시킨다.
② 맛과 풍미를 향상시킨다.
③ 삶는 시간을 단축시키고, 보존성을 향상시켜준다.
④ 면을 삶을 때 끓어 넘치는 것을 방지한다.

21 잼 가공 시 펙틴은 주로 어떤 역할을 하는가?

① 신맛 증가
② 겔 형성
③ 향 보존
④ 색소 보존

22 영양소의 소화효소가 바르게 연결된 것은?

① 탄수화물 – 아밀라아제
② 단백질 – 리파아제
③ 지방 – 펩신
④ 당질 – 트립신

23 냉채를 조리할 때 재료 손질법으로 옳은 것은?

① 땅콩은 햇땅콩을 전날 미리 물에 불린다.
② 새우는 손질 후 물에 씻어 사용한다.
③ 해파리는 소금기를 적당히 남겨서 사용한다.
④ 오이는 설탕으로 문질러 씻은 다음 사용한다.

24 다음 중 먹는 물 소독에 가장 적합한 것은?

① 염소제 ② 알코올
③ 생석회 ④ 과산화수소

25 각 식품에 대한 대치 식품의 연결이 적합하지 않은 것은?

① 돼지고기 – 두부, 소고기, 닭고기
② 고등어 – 삼치, 꽁치, 동태
③ 닭고기 – 우유 및 유제품
④ 시금치 – 깻잎, 상추, 배추

26 주로 부패한 감자에 생성되어 중독을 일으키는 물질은?

① 셉신(Sepsine)
② 아미그달린(Amygdalin)
③ 시큐톡신(Cicutoxin)
④ 마이코톡신(Mycotoxin)

27 소화효소의 주요 구성성분은?

① 알칼로이드
② 단백질
③ 복합지방
④ 당질

28 다음 중 원가의 구성으로 틀린 것은?

① 직접원가 = 직접재료비 + 직접노무비 + 직접경비
② 제조원가 = 직접원가 + 제조간접비
③ 총 원가 = 제조원가 + 판매경비 + 일반관리비
④ 판매가격 = 총원가 + 판매경비

29 다음 중 자외선을 이용한 살균 시 가장 유효한 파장은?

① 250 ~ 260nm
② 350 ~ 360nm
③ 450 ~ 460nm
④ 550 ~ 560nm

30 열이 조리에 미치는 영향이 아닌 것은?

① 단백질의 응고(Proteins coagulate)
② 녹말의 젤라틴화(Starches gelatinize)
③ 설탕의 캐러멜화(Sugars caramelize)
④ 마리네이드(Marinade)

31 다음 중 이타이이타이병의 원인 물질은?

① 수은(Hg) ② 납(Pb)
③ 칼슘(Ca) ④ 카드뮴(Cd)

32 다음 중 눈을 보호하기 위한 가장 좋은 인공조명 방식은?

① 직접 조명 ② 간접 조명
③ 반간접 조명 ④ 전반확산 조명

33 다음 중 예방접종으로 획득되는 면역은?

① 인공수동 ② 인공능동
③ 자연수동 ④ 자연능동

34 중식 조리 방법 중 '폭'에 대한 설명으로 맞는 것은?

① 알맞은 크기와 모양으로 만든 재료를 기름에 조금 넣고 센 불이나 중간 불에서 짧은 시간에 뒤섞으며 익히는 조리법이다.
② 넉넉한 기름에 밑손질한 재료를 넣어 튀기는 조리법이다.
③ 재료를 1.5cm 정육면체로 썰거나 칼집을 낸 다음 뜨거운 물이나 육수, 기름 등으로 먼저 열처리한 뒤 센 불에서 재빨리 볶아 내는 조리법이다.
④ 적당한 모양으로 썬 주재료를 밑간하여 튀기거나 지지거나 볶아낸 뒤, 다시 부재료, 조미료와 센 불에서 뒤섞으며 탕즙을 재료에 흡수시키는 조리법이다.

35 다음 중 조리사 면허를 받을 수 없는 사람은?

① 미성년자
② 마약중독자
③ 비감염성 간염 환자
④ 조리사 면허의 취소 처분을 받고 그 취소된 날부터 1년이 지난 자

36 살모넬라 식중독 원인균의 주요 감염원은?

① 채소 ② 바다생선
③ 식육 ④ 과일

37 유동파라핀의 사용용도로 옳은 것은?

① 껌기초제 ② 이형제
③ 소포제 ④ 추출제

38 다음 중 국내에서 허가된 인공감미료는?

① 둘신(Dulcin)
② 사카린나트륨(Sodium Saccharin)
③ 사이클라민산나트륨(Sodium Cyclamate)
④ 에틸렌글리콜(Ethylene Glycol)

39 하루 동안 섭취한 음식 중에 단백질 70g, 지질 35g, 당질 400g이었다면 이때 얻을 수 있는 열량은?

① 1,995kcal ② 2,095kcal
③ 2,195kcal ④ 2,295kcal

40 아밀로펙틴에 대한 설명으로 틀린 것은?

① 찹쌀은 아밀로펙틴으로만 구성되어 있다.
② 기본 단위는 포도당이다.
③ α-1.4 결합과 α-1.6 결합으로 되어 있다.
④ 요오드와 반응하면 갈색을 띤다.

41 동물성 식품의 시간에 따른 변화 경로는?

① 사후강직 – 자가소화 – 부패
② 자가소화 – 사후강직 – 부패
③ 사후강직 – 부패 – 자가소화
④ 자가소화 – 부패 – 사후강직

42 박력분에 대한 설명으로 맞는 것은?

① 경질의 밀로 만든다.
② 다목적으로 사용된다.
③ 탄성과 점성이 약하다.
④ 마카로니, 식빵 제조에 알맞다.

43 일반적으로 식품 1g당 생균수가 약 얼마 이상일 때 초기부패로 판정하는가?

① 10^2개　② 10^4개
③ 10^7개　④ 10^{13}개

44 유화(Emulsion)와 관련이 적은 식품은?

① 버터　② 마요네즈
③ 두부　④ 우유

45 발연점을 고려했을 때 튀김용으로 가장 적합한 기름은?

① 쇼트닝　② 참기름
③ 대두유　④ 피마자유

46 소독약과 유효한 농도의 연결이 적합하지 않은 것은?

① 알코올 – 5%
② 과산화수소 – 3%
③ 석탄산 – 3%
④ 승홍수 – 0.1%

47 안토시아닌 색소가 함유된 채소를 알칼리 용액에서 가열하면 어떻게 변색하는가?

① 붉은색　② 황갈색
③ 흰색　④ 청색

48 전분의 호정화(Dextrinization)가 일어난 예로 적합하지 않은 것은?

① 누룽지　② 토스트
③ 미숫가루　④ 묵

49 다음 중 아래에서 설명하는 소독법은?

> 드라이 오븐을 이용하여 유리기구, 주사침, 유지, 글리세린, 분말 등에 주로 사용하며 보통 170℃에서 1~2시간 처리한다.

① 자비소독법
② 고압증기멸균법
③ 건열멸균법
④ 유통증기멸균법

50 어패류 매개 기생충 질환의 가장 확실한 예방법은?

① 환경위생관리
② 생식금지
③ 보건교육
④ 개인위생 철저

51 식품 조리의 목적으로 부적합한 것은?

① 영양소의 함량증가
② 풍미 향상
③ 식욕 증진
④ 소화되기 쉬운 형태로 변화

52 다음 중 중간숙주가 제1중간숙주와 제2중간숙주로 두 가지인 기생충은?

① 요충 ② 간디스토마
③ 회충 ④ 아메바성 이질

53 농후제의 종류가 아닌 것은?

① 가니쉬(Garnish)
② 뵈르 마니에(Beurre manie)
③ 루(Roux)
④ 리에종(Liaison)

54 신선도가 저하된 꽁치, 고등어 등의 섭취로 인한 알레르기성 식중독의 원인 성분은?

① 트라이메틸아민(Trimethylamine)
② 히스타민(Histamine)
③ 엔테로톡신(Enterotoxin)
④ 시큐톡신(Cicutoxin)

55 다음 중 생선의 신선도가 저하되었을 때의 변화로 틀린 것은?

① 살이 물러지고 뼈와 쉽게 분리된다.
② 표피의 비늘이 떨어지거나 잘 벗겨진다.
③ 아가미의 빛깔이 선홍색으로 단단하며 꽉 닫혀 있다.
④ 휘발성 염기 물질이 생성된다.

56 다음 중 후식의 정의로 올바르지 않은 것은?

① 후식은 음식을 먹고 난 뒤 입가심으로 먹는 것, 후식의 종류는 매우 다양하다.
② 후식은 식사를 끝내다, 치운다는 뜻이 있다.
③ 후식은 음식을 먹기 전에 입맛을 돋우기 위해 가장 먼저 먹는 것이다.
④ 후식은 더운 것과 찬 것이 있으며 더운 것을 먼저 내고 찬 것을 후에 제공하는 것이 일반적이다.

57 칼슘(Ca)과 인(P)의 대사이상을 초래하여 골연화증을 유발하는 유해 금속은?

① 철(Fe) ② 카드뮴(Cd)
③ 은(Ag) ④ 주석(Sn)

58 다음 중 신선한 달걀의 특징에 해당하는 것은?

① 껍질이 매끈하고 윤기가 흐른다.
② 식염수에 넣었더니 가라앉는다.
③ 깨뜨렸더니 난백이 넓게 퍼진다.
④ 노른자의 점도가 낮고 묽다.

59 음식물과 함께 섭취된 미생물이 식품이나 체내에서 다량 증식하여 장관 점막에 위해를 끼침으로써 일어나는 식중독은?

① 독소형 세균성 식중독
② 감염형 세균성 식중독
③ 식물성 자연독 식중독
④ 동물성 자연독 식중독

60 다음 중 차소육(叉燒肉)에 대한 설명으로 올바르지 않은 것은?

① 작살과 같은 꼬챙이에 고기를 끼워 굽는 돼지고기 바비큐 구이 요리이다.
② 양념한 돼지고기를 팬에 넣고 은은하게 조려서 만든 요리다.
③ 주로 뼈없는 돼지고기를 양념하여 맥아당을 이용해 윤기나게 구워내는 요리이다.
④ 화덕이나 오븐을 사용하여 굽는 요리이다.

제3회 CBT 실전 모의고사

01	02	03	04	05	06	07	08	09	10
④	②	①	④	②	④	③	①	②	③
11	12	13	14	15	16	17	18	19	20
①	③	①	④	④	①	①	①	②	④
21	22	23	24	25	26	27	28	29	30
②	①	①	①	③	①	②	④	①	④
31	32	33	34	35	36	37	38	39	40
④	②	②	③	②	③	②	②	③	④
41	42	43	44	45	46	47	48	49	50
①	③	③	③	③	①	④	④	③	②
51	52	53	54	55	56	57	58	59	60
①	②	①	②	③	③	②	②	②	④

01 유통기한이 경과된 식품은 판매를 목적으로 전시, 진열, 보관해서는 안 되며 폐기 처분해야 한다.

02 발효는 미생물에 의해 유기산 등 유용한 물질을 나타내는 현상이다.

03 소화기구의 화재안전기준에 따른 소화전함, 소화기 비치 및 관리, 소화전함 관리상태를 점검한다.

04
- 간흡충 : 왜우렁이(제1중간숙주) → 붕어, 잉어(제2중간숙주)
- 폐흡충 : 다슬기(제1중간숙주) → 가재, 게(제2중간숙주)

05 공기는 산소, 오존, 과산화수소에 의한 산화작용, 공기 자체의 희석작용, 세정작용, 자외선에 의한 살균작용, Co_2와 O_2의 교환작용 등에 의하여 자체 정화한다.

06 **식품위생의 정의**
식품, 식품첨가물, 기구, 용기, 포장을 대상으로 하는 음식에 관한 위생을 말한다.

07 상수정수의 순서는 침전 – 여과 – 소독의 순서로 진행되며 예비처리 – 본처리 – 오니처리는 하수도의 정수법이다.

08 자포니카형은 일본형으로 쌀알의 길이가 짧고 둥글둥글하다.

09 대기층 온도는 100m 상승할 때마다 1℃씩 낮아진다. 기온역전현상은 고도가 상승함에 따라 기온도 상승하여 하부기온보다 높을 때를 말하며 대기오염의 심각을 일으킨다.

10 크롬(자극성 피부염, 폐암), 수은(미나마타병), 납(빈혈, 신장장애)

11 하수의 위생검사지표로 BOD는 20ppm 이하여야 하고 DO는 5ppm 이상이어야 한다. BOD의 수치가 클수록 물이 많이 오염된 것이므로 DO는 낮아지게 된다.

12 안전을 위해 전원을 차단하고 실시한다.

13 참기름은 압착유이다.

14 신선한 달걀은 껍데기가 까칠까칠하며 광택이 없고, 오래된 것은 껍데기가 반들반들하며 광택이 있다.

15 **독소형 식중독**
포도상구균, 보튤리누스, 바실러스세레우스 식중독이 있다.

16 쌀은 단립종, 중립종, 장립종으로 구분되며 그중에서 가장 찰기가 높은 품종은 단립종이다.

17 노로바이러스는 장염을 수반하며 대개의 사람은 1~2일이면 치유된다.

18 설탕은 밀가루의 점탄성을 약화시킨다.

19 돼지고기의 비타민 B의 함량은 100g당 0.9mg이다.

20 소금은 글루텐에 대한 점탄성을 증가시켜 주고, 맛과 풍미를 향상시켜 주며, 삶는 시간을 단축해 주고, 보존성을 향상시켜 준다.

21 펙틴은 응고를 담당한다.

22 지방(리파아제), 단백질(트립신, 펩신)

23 햇땅콩을 사용하되 전날 물에 불려 맑은 물이 나올 때까지 씻어서 사용한다.

24 먹는 물 소독 – 염소소독

25 대치 식품이란 식단구성에 있어 같은 영양소를 함유한 식품끼리 대치하는 것으로, 단백질 – 닭고기, 칼슘 – 우유 및 유제품이므로 연결이 바르지 않다.

26 감자의 썩은 부위의 독성분은 셉신(Sepsine)이다.

27 소화효소는 단백질로 구성되어진다.

28 판매가격은 총원가에 이익을 합한 것이다.

29 자외선은 260nm(2,600Å)일 때 살균력이 가장 크다.

30 마리네이드(Marinade) : 고기를 조리하기 전에 간을 배게 하거나 육류의 누린내를 제거하는 것을 말한다.

31 수은(미나마타병), 납(빈혈, 신장장애), 크롬(자극성 피부염, 폐암)

32 눈의 피로도에 가장 적게 영향을 미치는 조명은 간접 조명이다.

33 인공능동면역이란 예방접종으로 획득되는 면역으로 생균백신의 접종을 통해 장기간 면역이 지속된다.

34 ①번은 초, ②번은 적, ④번은 팽 조리법이다.

35 마약중독자는 조리사 면허를 받을 수 없다.

36 살모넬라 식중독의 원인식품으로 육류 및 그 가공품, 샐러드, 우유 및 유제품, 달걀 등이다.

37 유동파라핀은 이형제로 빵틀로부터 빵이 잘 분리되도록 쓰인다.

38 국내 허가된 인공감미료는 사카린나트륨, 스테비오사이드, 아스파탐, D-솔비톨 등이다.

39 탄수화물과 단백질은 1g당 4㎉이고, 지방은 1g당 9㎉이므로 $(70 \times 4) + (35 \times 9) + (400 \times 4) = 2,195$㎉이다.

40 아밀로펙틴은 요오드와 반응하면 자색을 나타낸다.

41 동물은 도살 후 근육수축이 발생하여 경직이 일어나고 시간이 지남에 따라 자가소화와 부패의 순으로 이어진다.

42 박력분은 글루텐함량이 10% 정도로 탄성과 점성이 약하며, 케이크, 튀김, 비스킷 제조에 사용한다.

43 부패를 판정하는 기준의 생균수는 1g당 10^7~10^8개다.

44 유화식품은 마요네즈, 크림, 아이스크림, 버터, 우유 등이 있다.

45 발연점이 높은 기름은 대두유이다.

46 알코올은 70%일 때 가장 살균력이 뛰어나다.

47 **안토시아닌 색소변화**
산성 – 적색, 중성 – 자색, 알카리성 – 청색

48 **전분의 호정화**
전분에 물을 가하지 않고 160~180℃ 이상으로 가열하여 가용성 전분이 되는 현상. 묵은 전분의 호화를 이용한 음식의 한 종류이다.

49
- 자비소독법 : 100℃ 끓는 물 속에서 10~15분간 가열하는 소독법
- 고압증기 멸균법 : 고압증기 멸균 솥을 이용하여 121℃에서 15~20분간 살균하는 방법
- 유통증기 멸균법 : 100℃ 유통증기 중에서 30~60분간 가열살균하는 방법

50 생식을 통하여 감염되므로 생식을 금하는 것이 가장 확실한 방법이다.

51 조리의 목적은 식품의 외관, 향미, 식욕을 상승시키고, 소화를 용이하게 하여 식품의 영양효율을 높이는 것이며 안전상, 위생상의 목적도 있다.

52 중간숙주가 두 개인 기생충은 간흡충(간디스토마), 폐흡충, 횡천흡충, 광절열두조충이다.

53 수프의 맛을 증가시켜주는 역할을 하는 것이 가니쉬(Garnish) 재료이다.

54 알레르기성 식중독은 미생물에 의해 생성된 히스타민이라는 물질이 축적되어 일어나는 식중독이며 항히스타민제를 투여하면 치료가 된다.

55 신선한 생선은 눈알이 돌출되어있고, 아가미는 선홍색이며 비늘이 밀착되어 있다. 또한, 눌렀을 때 탄력이 있으며, 냄새가 나지 않아야 한다.

56 음식을 먹기 전에 식욕을 돋우는 것은 냉채(전채)의 역할이다. 정찬의 가짓수가 많을 때는 요리의 중간쯤에 입가심을 위해 정찬 중간에 먹기도 한다.

57 칼슘과 인의 대사이상으로 골연화증이 나타나는 이타이이타이병은 카드뮴이 원인 물질이다.

58 신선한 달걀은 6%의 식염수에 가라앉거나, 껍질이 거칠고, 농후 난백이 퍼지지 않아야 하며, 난황의 경우 점도가 높아야 한다.

59 감염형 식중독은 식품 내에 세균이 증식하여 세균을 대량으로 식품과 함께 섭취함으로써 발병하는 것이다.

60 차소육(叉燒肉)의 한자 의미는 꼬챙이 차(叉), 불사를 소(燒), 고기 육(肉)으로 이루어졌으며, 발음은 챠-샤오-로우 [chāshāoròu] 라고 발음한다. 중국요리에서 불사를 소(燒)는 일반적으로 조린다는 개념으로 사용되어서 구이요리가 아니라고 생각할 수 있다. 하지만 차소(叉燒)는 바비큐의 조리법이라고 이해하면 된다.

참고문헌

최신주방시설관리론, 한삭명, 석학당 2008. 8.

식품구매, 양일선 외 4, (주)교문사, 2012. 2.

실무 식품구매론, 김금란 외 2, 형설출판사, 2010. 3.

식품학 및 조리원리, 김숙희 외 5, ㈜지구문화, 2018. 2.

메뉴개발을 위한 조리원리, 안미령 외, ㈜ 지구문화, 2019. 3.

NEW 식품학, 김정숙 외 7, ㈜지구문화, 2019. 3.

사진으로 보는 전문 조리용어 해설, 염진철 외 3, 백산출판사, 2008. 8.

우리 음식 백 가지, 한복진, 현암사, 2009. 7.

식품구매, 양일선 외 4, ㈜교문사, 2012. 2.

학습모듈 LM1301010315_16v3_중식위생관리

학습모듈 LM1301010316_16v3_중식안전관리

학습모듈 LM1301010317_16v3_중식메뉴관리

학습모듈 LM1301010318_16v3_중식 구매관리

학습모듈 LM1301010319_16v3 중식재료관리

학습모듈 1301010320_16v3 중식 기초 조리실무

학습모듈 LM1301010307_중식 볶음 조리

학습모듈 LM1301010313_중식 밥 조리.pdf

학습모듈 LM1301010303_중식 육수·소스 조리.pdf

학습모듈 LM1301010314_중식 후식 조리.pdf

학습모듈 LM1301010312_중식 면 조리.pdf

학습모듈 LM1301010311_중식 구이 조리.pdf

학습모듈 LM1301010310_중식 조림 조리.pdf

학습모듈 LM1301010308_중식 튀김 조리.pdf

학습모듈 LM1301010302_중식 절임·무침조리.pdf

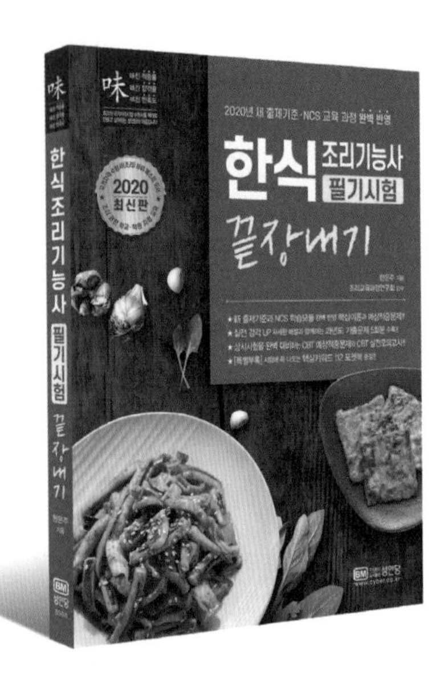

2020년 새 출제기준 · NCS 교육 과정 완벽 반영

한식조리기능사 필기시험 끝장내기

한은주 지음 | 조리교육과정연구회 감수

- ☑ 기출문제를 철저히 분석 · 반영한 핵심이론 수록
- ☑ 정확한 해설과 함께하는 예상적중문제 수록
- ☑ CBT 상시시험 대비 복원문제 및 실전모의고사 수록

2020년부터 새로 바뀐 한식조리기능사 필기시험은 기존 출제기준에 NCS 교육과정까지 반영되어 위생과 안전에 관한 내용과 조리상식이 추가되었다. 이에 이 책은 새로운 출제기준을 완벽 반영한 핵심이론과 예상적중문제, 실전모의고사를 수록하여 수험자가 문제 풀이를 통해 한식조리기능사 필기시험에 완벽하게 대비할 수 있도록 구성하였다. ㈜성안당의 『한식조리기능사 필기시험 끝장내기』로 기초부터 마무리까지 완벽한 학습을 통해 합격의 꿈을 이루자.

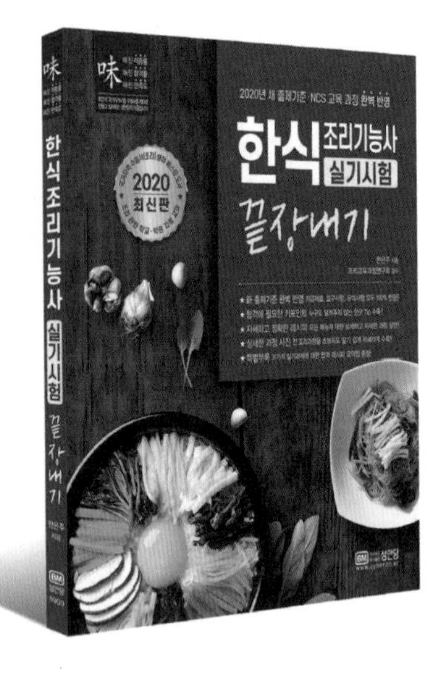

2020년 새 출제기준 · NCS 교육 과정 완벽 반영

한식조리기능사 실기시험 끝장내기

한은주 지음 | 조리교육과정연구회 감수

- ☑ 新 출제기준 완벽 반영 지급재료, 요구사항, 유의사항 모두 100% 반영
- ☑ 감독자의 시선에서 본 체크 POINT + 누구도 알려주지 않는 한끗 Tip 수록
- ☑ 31가지 모든 메뉴에 대한 상세하고 자세한 과정 설명

한식은 흔하고 친근해서 쉽게 생각하지만 알고 보면 재료 손질부터 마지막 고명 얹기까지 과정마다 정성이 듬뿍 들어가는 쉽지 않은 요리이다. 한식조리기능사 실기시험 합격률이 30%에 머무르고 있는 이유가 바로 여기에 있다. 이에 이 책은 2020년 출제기준에 맞춰 31가지 모든 실기시험 과제의 조리과정을 자세하게 설명하였고, 상세한 과정 사진을 제공하여 한식조리기능사 실기시험을 완벽하게 대비할 수 있도록 구성하였다.